# 電磁干擾防治與量測

董光天　編著

全華圖書股份有限公司

# 自序

　　本書累積作者過去多年在電磁干擾方面的工作經驗所撰寫，目前坊間有關電磁干擾書籍多以教科書方式編寫，本書為讀者做摘要性整理以問答方式逐一條列出一個問題、一個答案方式撰寫，以使讀者在從事電磁干擾防制與量測工作方面有一明確方向可資依循參用。

　　本書內容約一千題，依九大部分書寫，第一部份(174 題)為電磁干擾基礎理論應用分析，使讀者對電磁干擾工作先建立理論和分析工作能力，第二部份(265題)為電磁干擾防制工作重點分為結合、濾波、接地、隔離四大部分使讀者對電磁干擾防制工作能量建立有所認識依循，第三部份(187 題)說明電磁干擾工作重點首在做好電子裝備中最基本的電路板電磁干擾防制工作，第四部份(109 題)進一步說明除電路板以外電子裝備中的元件、模組、電路電磁干擾防制工作，第五部份(78題)說明如何做好由元件、模組、電路所組成之分系統、系統裝備層次的電磁干擾防制工作，第六部份(72 題)說明由電子裝備所衍生的電磁輻射及觸電傷害問題，第七部份(84 題)說明電磁干擾量測工作執行所需各項量測儀具、設施、方法等需求，第八部份(31 題)說明有關量測中所產生的誤差如何校正克服問題，對電子系統發射與接收干擾防制分析評估，第九部份(50 題)說明 5G 認知與高頻電路阻抗匹配的重要性，另於第九章之後以附錄專題研討方式以及舉證雷達站與微波站為範例說明有關其間相互干擾分析及防制方法。

　　本書總結電子裝備系統所涉電磁干擾防制與量測工作需求，以逐一問一答方式(約1000題)書寫以利讀者參閱應用，本書先介紹基礎理論應用分析，再就電磁干擾各項問題為防患於未然，通常是以防制工作為主，量測為輔，故本書內容將電磁干擾防制工作列為重點，而量測在找出電磁干擾問題所在與驗證裝備所定電磁干擾規格是否合格，其他由裝備所衍生的輻射傷害及有關量測誤差問題亦列入考量。

　　本書自 2002.1. 初版，修定版，修定二版，修訂三版，第五版，第六版，第七版，第八版連同本版已再版九次。除此，也有簡體字版由北京電子工業社出版社於 2003.10.與北京人民郵電出版社於 2009.2 在大陸發行，目前，新版書已改由電子書解碼付費方式在大陸發行中，由此可見本書受到兩岸讀者肯定。基此，期間不斷充實內容特於每一 Q/A 之後增補工程應用說明以應實務需求，使本書成為一典型電子電磁工程應用工具書，另又增加附錄一至七，以進一步提升讀者在電子電磁工作領域相關認知工作能量。

　　本版新增有關手機、基地台內容，主旨在說明人手一機已成人們生活中不可或缺的一部份，而手機與基地台輻射傷害也漸為人們所關切的問題。對此類輻射傷害早期係以所定規格檢測電場場強 $E$(V/m)、電磁場功率密度 $P$(mW/cm$^2$)大小為準。隨之科研者進一步瞭解輻射傷害計量對人體各部器官組織細胞所造成的傷害，進而代之以人體各部器官對電磁波輻射傷害能量的吸收率比值 specific absorption rate(SAR)(watt/kg) 大小為準。

　　對手機與基地台輻射防護工作，除常人所知對手機以儘量縮短通話時間，或以口袋式、腰帶式手機以耳機轉接方式，增長手機與使用者手機與耳部距離等方法避之以外，另對手機機匣本身製作所需隔離度亦多有所要求。對基地台輻射傷害防護，則以考量基地台天線安裝位置與人員住所之間距離與建築物隔離電磁波效益為主。另對手機與基地台天線所需設計各項參數如阻抗、增益、場型、極向、功率、構形、近遠場效應功能分析與設計指引均有詳述，以此希對讀者有所助益。

　　本書所附中譯英自序，各章節與附錄部份，係為讀者提供電子電磁裝備系統電磁干擾電磁調和英文專業名詞，以利讀者研閱原文資料方便中英文對照參用。

作者：董光天(K.T.TUNG.)

## 作者簡介

作者 30 年次(Aug 11, 1941)年滿 77 歲，籍貫安徽舒城，出生地廣西桂林，8 歲隨家人來台謀生，早期中小學就讀台北市南區各校，民國 55 年 25 歲畢業中正理工學院電機系，隨之部隊服役與兵工學校任教官職，之後於民國 60 年 30 歲進入中山科學院任科研工作 35 年。民國 55 年 25 歲少尉任職至民國 80 年 50 歲上校退伍，後續任文職科聘 15 年至民國 95 年 65 歲主任工程師退休。在中山科學院 35 年期間，歷任天線、通訊、雷達、電磁干擾、品保工作領域。其間民國 64 年、65 年曾赴美西北大學進修電機碩士，並於民國 91 年由全華書局發行作者所著電磁干擾防治與量測 1000 Q/A 一書，之後新版均增補內容，至民國 107 年已再版八次。除此，此書另有簡體字版(Oct. 2003, Feb. 2009)亦在大陸發行兩次。近新版書已改由電子書付費解碼方式續在發行中。

民國 95 年屆齡 65 歲退而未休，續任工研院電子電磁專業多項課程講師及任公教與民間廠家電子、電機、通訊、電磁工作領域專業諮詢顧問工作。

然人生無常，民國 102 年罹患肺癌，經台北榮總胸腔內科前主任蔡俊明、現任主任邱昭華、放射科陳一瑋醫生及其團隊與化療和放療部門成員細心診療得以穩定控制。另近亦幸得龍潭大學眼科莊雅容院長和畢仁山醫生治癒白內障而光明重現。由於這兩項重大個人身體保健工作得宜，尤以前者事關生命壽期。除此，第一牙科陳仁崇、中科院石園醫院院長趙信榮、外科褚德興、內科莊明憲、中醫廖思堯等醫師對本人身體保健工作亦多助益，使作者得以完成此書再版工作，並在電子專業上退而不休，繼續於此工作領域貢獻業界，基此，特別謹表內心萬分由衷謝意。

作者：董光天

**Autobiography**

A native of Shu Chen County, An Hui Province at age of 77, I was born in Gui Lin City, Guang Si Province in Aug. 11, 1941 and moved to live in Taiwan with my family at age of 8. Educated in primary, elementary, high school in Southern district of Taipei and graducted from C.C.S.T.A.(Chung Chun Science and Technology Academy), EE Department at age of 25 in 1966. I used to take service in field troop and to teach small arms as an instructor in ordnance school after graduation from C.C.S.T.A. Afterward, I entered C.S.I.S.T.(Chun Shan Institute Science and Technology) in 1971. I had worked in R/D job for 35 years from 1971-2006 in C.S.I.S.T. until I retired at age of 65 in 2006. Ranking as a captain at age of 25 to colonel at age of 50 in military service career. Afterward, I was transfered to civil service for another 15 years. I had worked in the field of Antenna, Communication, Radar, EMI/EMC in the past 35 years in C.S.I.S.T. before I retired as a Chief Engineering at age of 65 in 2006. During in C.S.I.S.T., I used to go abroad to study E.E. Master degree in Northwestern University, Evanston, Chicago, U.S.A. in 1975-1976. Just before I retired in 2006, Chun Hua book company published my book EMI/EMC protection and test 1000 Q/A in 2002. This book has been added supplements (Appedix) for many times in different topics. It has been published in 8th edition so far in 2018. Besides, The Simplication edition in Mainland China were also published twice in Oct. 2003 and Feb. 2009. For the time being, the New edition is on the way by E-book decode payment.

Currently, I am an instructor for several courses sponsored by Industry Technology Research Institue and a consultant in EE field for public/private organizations.

The life and fatal are unpredicated, I had hard luck because I was diagnosed lung cancer in 2013. However, I was lucky, director of Department of Chest Medicine former chief doctor, Chun-Ming Tsai, present chief doctor Chao-Hua Chia, Division of Radiation Oncology doctor Yi-Wen Chen, their team in chest medicine and all members of chemotherapy and radiation oncology department in Taipei Veterens General Hospital have cured me of lung cancer so effective that the clinic becomes under stable and control gradually. Besides, director of Universal eye center, Ya-Jung Chuang and doctor Jen-Shen, PI have cured me cataract recently. I have recovered from my vision almost. It makes me accomplished the publish of this 8th edition book at this moment. The more, Ihe first dental clinic, dentist Jen-Chung Chen, The Shi-Yung polyclinic of NCSIST (national chung-shan institute of science/technology) doctor of Shi-Yung clinic, Dr. Hsing-Road Chao. Surgeon, Dr Der-Shung Chu. Internal medicine, Dr Mieng-Hsin Chang. chinese herb Szu-Yao Liao are also very great help in keeping me health in right shape all the time. I feel deeply my health has been taken very well to make me to contribute my job in EE field without interruption after retirement. Based on this, I am very sincerely appreciated to thank their medical cure with all my heart. In particular, curing cancer is related to a patient how long he will live in his life.

Author, Kwang-Tien Tung.

# 講師簡歷

## 個人概況

姓　　名：董光天　　　　　學歷：美國西北大學電機碩士(民64-65)
性　　別：男　　　　　　　　　　　中正理工學院25期電機系(民51-55)
出生年：民國30年　　　　專長：天線、通訊、雷達、電磁干擾、衛星通訊
籍　　貫：安徽舒城
出生地：廣西桂林
地　　址：桃圓龍潭建國路

## 現況

1. 民國95年中心科學研究院屆齡65歲退休後轉任顧問職迄今。
2. 民國90年擔任工研院電子專業課程專任講師迄今，13項課程名稱如表列，細目請參閱工研院學習學院網站招生簡章說明。
3. 民國79～105年，擔任公務機關顧問專任衛星通訊地面站新進人員訓練。

## 經歷

1. 民國95年～2020：中山科學研究院顧問、工研院講師
2. 民國80～95年：中山科學研究院，科聘簡任10職等

   民國60～80年：中山科學研究院(上尉-上校)

   (1) 中山科學研究院任職，歷任微波、天線、品保、相列雷達各組，經歷研究助理、助理研究員、副研究員及主任工程師等職位
   (2) 兼任林口誠信公司、聲寶電信研究所、全國公證公司、炬神電子、均利公司、益航公司、國防大學、融程、昇銳、晶復、崇越、群光、桐邑、大銀、旭鼎、台電、德州儀器、世界通、公務機關等電磁干擾及衛星通訊課程講授與專業顧問工作
3. 民國58～60年，兵工學校中尉教官
4. 民國55～58年，部隊兵工連少尉副排長
5. 民國51～55年，中正理工學院電機系

| 投稿 | 著作 | 工作模式(退休) |
|---|---|---|
| 台北林口台灣電子檢驗中心稿件刊2004年(59期)至2014年(97益)計12篇電子專題刊出 | 全華圖書：<br>1.電磁干擾防治與量測(8ᵗʰ版)(2018)<br>2.衛星通訊(1ˢᵗ版)(2016)<br>電磁干擾防法與量測(簡體字版)：<br>1.北京電子工業出版社(2003)<br>2.北京人民郵電出版社(2009) | 授課：講授專業課程<br>顧問：專業指導解決排除問題 |

# 作者專任工研院講師 *13* 項課程名稱

- ☐1. 電磁干擾(EMI)防治設計與量測驗證(贈書)
- ☐2. 電路板(PCB)電磁干擾防治設計與量測驗證(贈書)
- ☐3. 靜電(ESD)防護設計與量測驗證(贈書)
- ☐4. 電子產品電磁干擾規格訂定與量測驗證分析(贈書)
- ☐5. 電磁脈衝(EMP)防法與量測 EMP $\Big\langle \begin{matrix} \text{NENP(核爆)} \\ \text{LENP(雷擊)} \end{matrix}$
- ☐6. 大型電子裝備系統間／系統內干擾分析與防治量測(贈書)
- ☐7. 各型天線設計(Antenna design)實務工程應用
- ☐8. 天線(AF)因素近場(NF)與遠場(FF)效應實務應用
- ☐9. 光纖系統發射與接收實務工程設計
- ☐10. 高頻電路阻抗匹配設計與 Smith chart 工程應用
- ☐11. 通信系統脈波博碼(PCM)錯率(BER)分析與防治(贈書)
- ☐12. 衛星通訊 Satellite communications(贈書)
- ☐13. 手機(Cell phone)／基地台(Station)輻射傷害規格吸收率(SAR)量測防治與天線設計(中英文對照)(贈書)

# 贈送書籍資訊

出版社：全華圖書

作　者：董光天　講師

**(1) 書籍名稱**：電磁干擾防治與量測 1000 問答(第九版)

(內容新增第九章 5G 認知及高頻電路阻抗匹配)

贈書課程名稱：第 1、2、3、4、6、11、12、13 項課程

**(2) 書籍名稱**：衛星通訊

贈書課程名稱：第 12 項課程

# 編輯部序

　　「系統編輯」是我們的編輯方針，我們所提供給您的，絕不只是一本書，而是關於這門學問的所有知識，它們由淺入深，循序漸進。

　　作者有累積多年在電磁干擾量測與電磁調合方面的工作經驗，全書以Q/A方式書寫計一千題，共分為九大章，從1.基礎理論應用分析2.結合、濾波、接地、隔離防制工作3.電路版電磁干擾防制4.元件、模組、電路電磁干擾防制5.裝備系統電磁干擾分析與防制6.輻射傷害7.量測儀具、設施、方法8.量測誤差9.5G認知與高頻電路阻抗匹配。內容由深入淺出結合理論與實務逐一問答方式，使讀者對想知道的問題立即獲得答案，以達到事半功倍的作用。

　　同時，為了使您能有系統且循序漸進研習相關方面的叢書，我們以流程圖方式，列出各有關圖書的閱讀順序，以減少您研習此門學問的摸索時間，並能對這門學問有完整的知識。若您在這方面有任何問題，歡迎來函連繫，我們將竭誠為您服務。

## 相關叢書介紹

書號：01386
書名：雜訊干擾及防止對策
編譯：廖財昌
20K/320 頁/240 元

書號：06312007
書名：衛星通訊(附部分內容光碟)
編著：董光天
16K/184 頁/320 元

書號：0599801
書名：電磁相容理論與實務(第二版)
編著：林明星.許崇宜.林漢年.
　　　邱政男.陳居毓
16K/312 頁/380 元

書號：05973017
書名：天線設計－IE3D 教學手冊
　　　(第二版)(附範例光碟)
編著：沈昭元
16K/216 頁/400 元

◎上列書價若有變動，請以
　最新定價為準。

## 流程圖

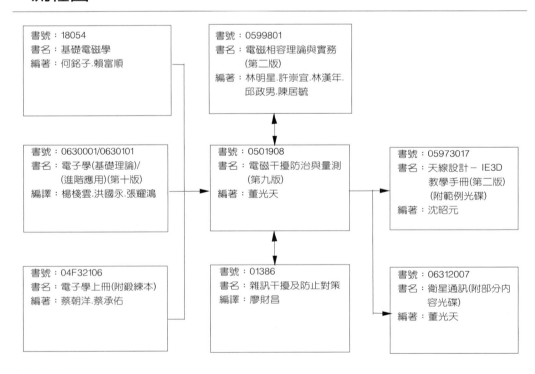

# 目　錄

# 1 基礎理論應用與分析

## **1.1** 電磁波輻射特性分析(附錄 1 附 J)

**Q1**： 電子與電磁相互關係為何？

**A**： 電子一般指 $R$、$L$、$C$、Transistor、Chip、CPU……等所組合的電子電路；電磁為由此電子電路加電工作時所衍生出來的電場、磁場效應。電子所指為電流、電壓、電阻；電磁所指為電場、磁場、空氣阻抗。其間關係 $V$ 對 $E$，$I$ 對 $H$，$R$ 對 $Z$；單位大小 $V$ 為伏特，$E$ 為伏特／米，$I$ 為安培，$H$ 為安培／米，$R$ 為歐姆，$Z$ 亦為歐姆。

工程應用：說明電子與電磁間能量單位轉換關係。

**Q2**： 電子與電磁功率相互關係為何？

**A**： 依 $E$ 對 $V$，$H$ 對 $I$，$R$ 對 $Z$，由 $P = V \times I = I^2 R = V^2/R$ 關係，可轉換為 $P = E \times H = H^2 Z = E^2/Z$，電子功率 $P = V \times I \cos\theta$ 單位為瓦，電磁功率 $P = E \times H \times \sin\theta$ 單位為瓦／米平方，（$\cos\theta$ 為電子電路功率因素，$\sin\theta$ 為電磁輻射功率因素）

$P = VI \cos\theta$

$P(\max) = VI$，（$\theta = 0°$，$V$、$I$ 同相位）

$P = EH \sin\theta$

$P(\max) = EH$，（$\theta = 90°$，$E$、$H$ 相互垂直）

工程應用：說明電子功率傳送 V.I.需同相位(0°)，電磁功率傳送 E.H.需相互垂直(90°)關係。

**Q3**： 電磁輻射空氣阻抗為 377 歐姆如何計算？

**A**： 由 $Z = E/H = \sqrt{\mu/\varepsilon} = \sqrt{4\Pi \times 10^{-7}/8.85 \times 10^{-12}} = 120\Pi = 377$ 歐姆

　　　 $\mu$ 為空氣導磁係數(permeability)，H/m(henry/m)

　　　 $\varepsilon$ 為空氣導電係數(permittivity)，F/m(farad/m)

工程應用：說明空氣阻抗導磁與導電係數，導出空氣阻抗 377 歐姆由來。

**Q4**： 如何導出電場、磁場單位為 $E = $ V/m，$H = $ A/m？

**A**： 電場：電場強度依法拉第定律電場強度與兩極板間分佈電荷量成正比，與極板面積大小成反比，依下列公式：

$$E = \frac{Q}{A} = \frac{Q}{A/d \times d} = \frac{Q}{C \cdot d} = \frac{\frac{Q}{C}}{d} = \frac{V}{d}(伏特／米)，\left(C = \epsilon \frac{A}{d} = \frac{A}{d}，\epsilon = 1\right)$$

　　　 磁場：磁場強度依安培定律 $\int Hds = I$

　　　 $H = I/ds$ ($ds$ 為線積分)$= I/S$ (安培／米)

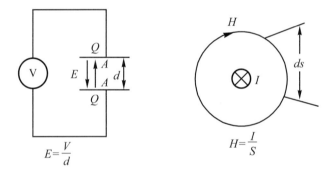

工程應用：說明 $E$ 由電容器充電現象在上下兩板間可量測到電場強度，一導線上通過電流可量測到磁場強度關係，可導出電場與磁場強度單位分為 $E = $ V/m，$H = $ A/m。

**Q5**： 如何以導電係數($\varepsilon$)和導磁係數($\mu$)導出光速？

**A**： $V = \dfrac{1}{\sqrt{\varepsilon\mu}} = \dfrac{1}{\sqrt{8.85 \times 10^{-12} \times 4\pi \times 10^{-7}}} = 3 \times 10^8 \text{m/s}$

工程應用：說明光速由通過以空氣為介質常數 $\varepsilon$ 與 $\mu$ 關係，可導出光速為 $3 \times 10$ m/s。

**Q6**： 電磁波行進極性定義為何？

**A**： 極性以行進中電磁波的電場方向為準，如為垂直稱垂直極向，如水平稱水平極向；如隨時間變化作圓周變化稱圓形極向(順時針稱右旋，逆時針稱左旋)，而水平及垂直均稱線性極向，圓形極向比線性極向要小 3dB。

工程應用：說明電磁波極性水平或垂直以電場變化方向為準，圓形極性則隨電磁波行進中作順時針或逆時針方向旋轉，極性相同耦合量最大，極性相反耦合量最小。

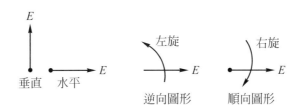

**Q7：** 電磁輻射近、遠場定義如何界定？

**A：** 一般輻射源依其特性可略分電壓源與電流源，電壓源在近場為高阻抗，電流源在近場為低阻抗，但在行經一段距離後均與空氣阻抗 377 歐姆匹配而輻射。因此近遠場定義就定在近場時所呈現的高阻抗(大於 377Ω)或低阻抗(小於 377Ω)與在遠場時所呈現的空氣阻抗 377 歐姆對比時，電磁波所行進的臨界距離，凡小此距離稱之近場，大於此距離稱之遠場，而此距離又與頻率波長有關，依公式 $d = \lambda/2\pi$，可大略計算出近遠場的臨界距離約為 $d = \lambda/2\pi = \lambda/6$。

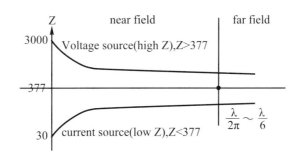

工程應用：說明近場干擾視輻射源與受害源屬性，分電壓源高阻抗與電流源低阻抗兩種，在同屬性干擾耦合量大，在不同屬性干擾耦合量小，遠場干擾則不計屬性，干擾量受電磁波傳送距離增大而遞減。

**Q8：** 為何在檢視近、遠場定義，除考量阻抗匹配距離 $d = \lambda/2\pi$ 為臨界距離外，尚需考量相位誤差所需距離 $R = 2D^2/\lambda$？

**A：** 一般如果比較頻率波長($\lambda$)與輻射源或接收源面徑大小($D$)，如 $D \ll \lambda$ 則僅運用 $D = \lambda/2\pi$ 來定義近場遠場臨界距離。如 $D \gg \lambda$ 則除運用 $d = \lambda/2\pi$ 定出近、遠場臨界距離外，尚需考量信號發射、接收的信號相位誤差問題，以 $R = 2D^2/\lambda$ 公式可計算出發射或接收間信號相位誤差在 $\lambda/16$ 以內；凡小於 $R$ 者，相位誤差在 $\lambda/16$ 以上；故欲使相位誤差越小，$R$ 值則越大，通常在 $D \gg \lambda$ 時，需考量 $d = \lambda/2\pi$ 及 $R = 2D^2/\lambda$，並取用兩者較大者為近遠場臨界距離。

工程應用：說明近遠場定義一由波行進間阻抗與空氣阻抗(377 Ω)之間關係式 $R = \dfrac{\lambda}{2\pi}$ 決定，一由行進波是否形成平面波相位在 $\dfrac{\lambda}{16}$ 時所需 $R = \dfrac{2D^2}{\lambda}$ 決定，通常取 $\dfrac{\lambda}{2\pi}$ 與 $\dfrac{2D^2}{\lambda}$ 之間較大值作為近遠場臨界距離值，然後再研析近遠場干擾屬性。

**Q9**： 由輻射源發射到接收源面徑上的信號相位誤差與兩者距離關係爲何？

**A**： 依$R = 2D^2/\lambda$，$\Delta = \lambda/16$

$R = D^2/\lambda$，$\Delta = \lambda/8$

$R = D^2/2\lambda$，$\Delta = \lambda/4$

$D$：天線面徑大小，$\lambda$：波長，$R$：距離，$\Delta$：相位誤差

由上式欲使信號相位誤差越小，距離需越遠，由此亦可驗證近距離爲球面波，遠距離爲平面波的原因。

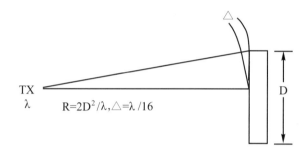

工程應用：說明平面波在不同相位差需求情況下，所需發射接收間距離，為求精確干擾量測，距離越遠相位差越小，量測干擾值越正確。

**Q10**： 電磁波在近場和遠場中自由空間衰減變化情況爲何？對干擾量測有何影響？

**A**： 一般依 $R = \dfrac{\lambda}{2\pi}$ 計算在 $R < \dfrac{\lambda}{2\pi}$ 時爲近場效應，自由空間衰減 0dB(不隨距離變化而信號衰減)。在 $R > \dfrac{\lambda}{2\pi}$ 時爲遠場效應，自由空間衰減依行徑距離而衰減(dB ＝ 20 log 1/$R$)；當距離增加一倍時衰減爲 6dB(－6 = 20 log 1/2)。在做雜訊量測時經研判該頻率爲近場時其信號強度維持不變，在遠場時其信號強度衰減則依 dB ＝20 log 1/$R$ 公式計算。

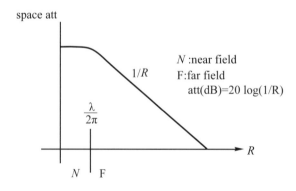

工程應用：說明按$R = \dfrac{\lambda}{2\pi}$近遠場臨界距離公式，由不同頻率波長雜訊，可瞭解那些頻率波長

雜訊在近場時，輻射雜訊量強度維持不變。那些頻率波長雜訊，在遠場時輻射雜

訊量強度是依 $db = 20\log\dfrac{1}{R}$ 公式計算而遞減。

**Q11**： 在近場中輻射源或以電場為主，或以磁場為主，是何意義？

**A**： 輻射源如以電壓源開路串聯共振方式輻射，在近場呈高阻抗效應，以電場輻射能量

為主。輻射源如以電流源閉路並聯共振方式輻射，在近場呈低阻抗效應，以磁場輻

射能量為主。

依法拉第(farady)定理導式，電場為主

$E = \dfrac{\rho}{\varepsilon} = \dfrac{Q/A}{\varepsilon} = \dfrac{Q}{\varepsilon A} = \dfrac{CV}{\varepsilon A}$，$E$ 與 $V$ 成正比

依安培(Ampere)定理導式，磁場為主

$\int H ds = I$，$H = I/ds = I/2\pi r$，$H$與$I$成正比

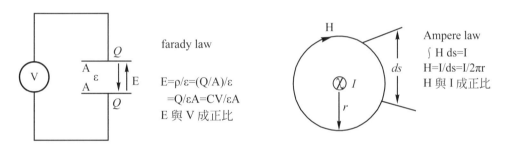

工程應用：說明近場中如以電壓源為輻射源，其輻射效應以電場為主，如在週邊有其他以電

壓源為受害源，則有最大干擾量。如以電流源為輻射源，其輻射效應以磁場為主，

如在週邊有其他以電流源為受害源則有最大干擾量，反之如週邊所存在的受害源

電壓源或電流源與輻射源電壓源或電流源性質相反，則有最小干擾量。

## *1.2* 天線概論

**Q1**： 天線功能定義為何？

**A**： 天線為一種經自由空間發射與接收 RF 電波的媒介感應裝置。

工程應用：說明天線是一種電磁與電子能量之轉換媒介裝置。

**Q2**： 天線工作原理為何？

**A**： 依基本傳輸線原理由串、並聯共振模式形成電磁波發射與接收的一種裝置。

工程應用：說明天線係按串聯或並聯工作原理，而有最大輻射或接收的一項機電電子與電磁

能量轉換裝置。

**Q3**： 如何研判天線工作用途？

**A**： 有經驗的工程師可經由天線外型結構大小瞭解各式天線的特性及用途。

工程應用：說明由結構外形大小，可初判其工作頻率及用途類別，如民用廣播通訊或軍用搜索追蹤雷達。

**Q4**： 由天線外形觀察大約有幾種？

**A**：　棒狀(rod)　　　　　環狀(loop)　　　　線狀(wire)　　　　板狀(plate)

反射面(reflector)　　拋物面(parabolic)　　變形拋物面(shaped reflector)

長方形(rectangular)　圓形(circle)　　　導波管(slot & horn)　　平面(square)

工程應用：說明依天線機械結構外形分類，可略判天場場型模式類別，如無方向性或有方向性，寬或窄頻波束，增益大小。

**Q5**： 如何決定天線頻寬？

**A**：　窄頻($<1.1$)、$[f(\text{low})+f(\text{high})]/2 \leq 1.1$　　　$(0.95+1.05)/2 = 1 \leq 1.1$

$f_0 = \sqrt{f(\text{low}) \cdot f(\text{high})}$　　　　　　　　　$f_0 = \sqrt{0.95 \times 1.05} = 1$

寬頻($>1.5$)、$f(\text{high})/f(\text{low}) \geq 1.5$　　　　$16/8 \geq 1.5$

$[f(\text{high})-f(\text{low})] < f_0 = [f(\text{high})+f(\text{low})]/2$　　$16-8 < f_0 = (16+8)/2$

工程應用：說明說明天線頻寬定義以高低頻之比值設定為參考，比值小頻寬窄，比值大頻寬寬。

**Q6**： 天線窄頻及寬頻定義下 SWR 應定為多少？

**A**：　窄頻 SWR $\leq 1.1$；寬頻 $1.5 \leq$ SWR $\leq 2.5$

工程應用：說明窄頻段天線較易做好阻抗匹配，所定駐波比(SWR)要求較嚴謹(SWR$\leq$1.1)。而寬頻段天線較難做好阻抗匹配，所定駐波比(SWR)要求較寬鬆(1.5 < SWR < 2.5)。

**Q7**： 天線場型大約有幾種？

**A**：　場型分水平($H$ plane)及垂直($E$ plane)場型兩種。

$H$ plane 為極向在垂直時(垂直極向)所繪出在 $H$ plane 上的場型。

$E$ plane 為極向在水平時(水平極向)所繪出在 $E$ plane 上的場型。

就場型分佈來看，有圓形(無方向性 OMNI)、圓錐形(concical)、單尖形(pencil beam)、扇形(fan beam)、變形扇形(shaped fan beam)等各種場型。

工程應用：說明由上視圖水平方位(H plane)及側視圖垂直方位(E plane)的不同場型分佈模式，可應用在不同廣視、通訊、雷達不同特定場型需求上。

**Q8**： 已知天線輻射面徑大小($A$)、及波長($\lambda$)，求算增益？

**A**：　$G(\text{ratio}) = k\dfrac{4\pi A}{\lambda^2}$，$k$：輻射效益：($K \leq 1.0$)

最大增益設計，$k = 1.0$，$G(\text{dB}) = 10 \log \dfrac{4\pi A}{\lambda^2}$

其他一般增益設計，$k < 1.0(0.5 < k < 1.0)$，$G(\text{dB}) = 10 \log k\dfrac{4\pi A}{\lambda^2}$

工程應用：說明一般天線可由天線外形大小(Aperature)及頻率波長($\lambda$)可概估天線增益大小，而 $k$ 值係指天線輻射面上輻射能量大小分佈狀態，與增益大小及旁波束高低有關，如 $k = 1$，能量呈均勻模式分佈，有最大增益值，旁波束為 $-13$ dB，如 $k = 0.81$，能量呈 $\cos\theta$ 模式分佈，增益值 $k = 0.81$，旁波束為 $-23$ dB，如 $k = 0.66$，能量呈 $(\cos\theta)^2$ 模式分佈，增益值 $k = 0.66$，旁波束為 $-32$ dB。

**Q9**： 已知天線波束場型 $H$ plane 3dB 波束寬為 $(\theta_{3dB})_H$，$E$ plane 3dB 波束寬為 $(\theta_{3dB})_E$，求此天線增益？

**A**： $G\,(\text{ratio}) = k / [(\theta_{3dB})_H \cdot (\theta_{3dB})_E]$

$G\,(\text{dB}) = 10\,\log\dfrac{k}{(\theta_{3dB})_H \cdot (\theta_{3dB})_E}$，$\theta$ in degree

k = 31000，方形面徑

k = 41253，圓形面徑

low $G$(dB)，0～5dB。

middle $G$(dB)，5～20dB。

high $G$(dB)，> 20dB。

工程應用：說明由已知 $(\theta_{3dB})_H$、$(\theta_{3dB})_E$ 及 $k$ 值可概估天線增益大小，此公式僅適用於大面徑窄波束天線。如用於小面徑寬波束天線增益評估誤差較大。

**Q10**： 何謂主動式天線、被動式天線？

**A**： 主動式：由電子電路控制輻射參數如信號強度大小與相位差及駐波比，多用在寬頻輻射，如 active antenna、phase array antenna。

被動式：由單一阻抗匹配器製成的天線，多用在窄頻輻射，如 rod、loop、dipole、horn。

工程應用：說明被動式天線多屬機構型天線由金屬棒或面組成，而主動式天線構形複雜，且涉週邊相關電子控制裝置，如相位移器及功率放大器所組成的相位移電子掃描天線。

**Q11**： 工作頻率範圍與天線用途區分為何？

**A**： 
| | | |
|---|---|---|
| kHz | 550～1650k | AM broadcast |
| MHz | 25～500M | Communication，remote control |
| | 88～108M | FM |
| | 50～400M | VHF TV |
| | 400～900M | UHF TV |
| | 900/1800M | GSM cell phone |
| | > 1000M | Radar，Microwave link |

工程應用：說明由工作頻率範圍大約可知天線用途類別。

**Q12**： 如何界定天線輻射功率大小？及其用途？

**A**： 低功率(mW-watt)，controller/GSM Cell Phone/Remote controller。

中功率(watt-kW)，AM Station/FM Station/powerful $T_x$/Jammer。

高功率(kW-MW)，Radar，high power Jammer。

工程應用：說明由工作功率大小，大約可知天線用途類別。

**Q13**： 如何計算輻射平均功率大小[$P(av)$]？

**A**： $P(av) = P(pk) \times$ D.C.(Duty Cycle)

$= P(pk) \times$ PW(pulse width) $\times$ PRF(Pulse Rate Frequency)

| D.C. = 1.0 | CW |
|---|---|
| D.C. < 1.0 | PULSE |
| D.C. = 0.5 | PCB |
| D.C. = 0.5~1.0 | Communication |
| D.C. = 0.01~0.5 | Radar |

工程應用：說明計算功率大小多以平均功率為準，而最大值功率多在特高功率單一脈衝可能造成損害情況下才考量最大值大小。

**Q14**： 天線共振原理有幾種？

**A**： 電壓輻射源：串聯共振(rod antenna)。

電流輻射源：並聯共振(loop antenna)。

相列陣輻射源：多個輻射源排列依各輻射源信號強度分佈及各輻射源間信號相位差關係組合成輻射相列陣。

工程應用：說明電壓及電流共振天線屬傳統式天線，而相列陣天線則屬先進式電子掃描式天線。

**Q15**： 如何區分天線極性用途？

**A**： 水平：TV、RADAR、Communication。

垂直：AM、FM、GSM CELL PHONE、Communication、Radar。

圓形(左、右旋)：Radar、Jammer。

工程應用：說明一般由不同極性模式水平、垂直、圖形可判讀所屬用途分類。

**Q16**： 一般天線專用規格參數有哪些項目？

**A**： 頻寬(窄頻或寬頻)。(NB、BB)

駐波。(SWR)

場型。(pattern)

增益。(gain)

　　功率。(power)

　　極向。(polarization)

　　阻抗。(impedence)

　　效率。(efficiency)

　　面徑。(aperature)

　　頻率。(frequency)

工程應用：說明天線專用規格參數共約 10 項。

## 1.3　電磁干擾量測專用單位

**Q1：** 如何區分系統內(INTRA)與系統間(INTER)干擾？

**A：** 系統內所指為零組件、電路板、模組、裝置層次。

　　　系統間所指為裝備、分系統、系統裝備間層次。

工程應用：說明系統內與系統間干擾層次差異性，系統內所指為裝備單元本體內的干擾問題，
　　　　　系統間所指為多個裝備單元本體相互間的干擾問題。

**Q2：** 類比與數位電路干擾特性不同在何？

**A：** 類比干擾現象為信號傳送強度大小、波形、相位失真。

　　　數位干擾現象為信號傳送傳送錯率比(BER)。

工程應用：說明類比著重觀察傳送信號變化失真情況是否造成干擾問題，數位著重觀察傳送
　　　　　信號是否正確問題(Bit Error Rate)。

**Q3：** 如何鑑定類比與數位信號干擾耦合量？

**A：** 類比與數位均依信號強度與頻率頻寬耦合量總和計算，一般發射與接收中心頻率相
　　　同時，僅計算信號強度耦合量，如大於接收的靈敏度則需考量干擾問題。如發射與
　　　接收中心頻率不同，且頻寬亦不同時則信號總耦合量除計算信號強度耦合外，尚需
　　　計算中心頻率差及發射與接收頻寬耦合量。

工程應用：說明類比與數位信號干擾分析，均按發射與接收間信號強度大小與頻率頻寬干擾
　　　　　耦合量大小，對比接收端耐受量大小方法，以評估是否造成干擾問題。

**Q4：** 何謂線性雜訊與非線性雜訊？

**A：** 電子組件加電工作時，所衍生的熱源雜訊及諧波雜訊稱之線性雜訊。二個以上電子
　　　組件加電工作時，所衍生的諧波互調變形成另一新頻率雜訊，或信號通過非線性材
　　　質所製造的組件而衍生出新的頻率雜訊，均稱之非線性雜訊。

工程應用：說明線性雜訊可由理論分析得知，而非線性雜訊由混附波產生，或因材質非線性
　　　　　變化，產生新的雜訊是難以理論分析得知。

**Q5：** 輻射場強(RE)單位為何選用 dBμV/m？

**A：** 因場強單位為 $E = $ V/m，而雜訊強度單如使用 V/m 則嫌過大，故改用μV/m；又以 dB 單位表示，故為 dBμV/m。換算公式20 log (μV/m) = dBμV/m

工程應用：說明由天線因子(A.F.) $AF = \dfrac{E}{V}$ 關係式中，其中$E$為天線所接收的雜訊輻射場強，而 $E$ 的量化單位為 V/m 或μV/m，如以 dB 示之即為 dBV/m 或 dBμV/m。

**Q6：** 傳導場強(CE)單位為何選用 dBμA？

**A：** 因場強單位 $H = $ A/m 計量過大，故改用 μA；又以 dB 單位表示，故為 dBμA。換算公式20 log (μA) = dBμA

工程應用：說明由線上所輻射的雜訊場強大小，與線上所傳導的雜訊電流大小成正比，即$H = $ $A/m$與 $I$ 成正比變化，故傳導場強可用雜訊電流大小表示，如以 dB 示之即為 dBA 或 dBμA。

**Q7：** 輻射場強(RE)量測中所使用的天線因素(A.F.)作用為何？

**A：** A.F.表示有一標準信號場強($E$)，以各式量測天線接收此標準信號強度($E$)與天線輸出端感應電壓($V$)之間 $E$ 與 $V$ 的比值；A.F. = $E/V$，此項 A.F.資料由製造廠家提供並輸入電腦程式作為輻射雜訊場強量測時運算之用。

$E = V$+A.F.  ($AF = E/V$)

dBμV/m = dBμV+A.F.(dB)

dBμV/m：待測雜訊場強

dBμV：量測天線感應電壓

A.F.(dB)：量測天線因素由製造廠家提供

工程應用：說明天線因素做為 EMI 量測時與待測雜訊場強，天線感應電壓之間關係式 AF = $E/V$。通常製造廠家會提供在不同檢測距離條件下，不同頻率 AF 響應值，以供量測工程師選用鍵入測試軟體檔案中。

**Q8：** 傳導(CE)場強量測中所使用的電流感應器(current probe)轉換阻抗($Z$)作用為何？

**A：** $Z$表示在一電流($I$)通過一導線時，以電流感應器環套接此導線所量測到感應電壓($V$)與電流($I$)的比值，$Z = V/I$，此項 $Z$ 資料由製造廠家提供並輸入電腦程式作為傳導雜訊場強量測運算之用。

$I = V/Z$   ($Z = V/I$)

dBμA = dBμV−dBΩ

dBμA：雜訊電流

dBμV：量測電流感應器感應電壓。

dBΩ：電流感應器轉換阻抗由製造廠家提供。

工程應用：說明如 dBΩ = 0 dB，則 dBμV = dBμA 表示此時電流感應器所量測到的雜訊電壓大小也就是線上的雜訊電流大小，實務中需參用由廠家所產製的產品 dBΩ對應頻率響應值為準。

**Q9**： 常用 EMI 單位 dBm 與 dBμV 如何轉換？

**A**： dBm 與 dBμV 間單位轉換視傳輸線特性阻抗而定，依計算公式

$P = V^2/R$，$P(\text{dBm}) = V^2/R + 30$

$\text{dBm} = 10 \log V^2 - 10 \log R + 30 = 20 \log V - 10 \log R + 30$

$\quad\quad = \text{dBμV} - 120 - 10 \log R + 30$

$R = 50 \quad\quad \text{dBm} = \text{dBμV} - 107 \text{(coaxial cable)}$

$R = 300 \quad\quad \text{dBm} = \text{dBμV} - 115 \text{(T.V.)}$

$R = 600 \quad\quad \text{dBm} = \text{dBμV} - 117 \text{(PWR supply)}$

工程應用：說明 dBm 與 dBμV 單位轉換關係，實務中先瞭解傳輸線組抗類別，代入 dBm = dBμV － 120 － 10 log ＋ 30 公式，可求出 dBm 與 dBμV 單位轉換關係。

**Q10**： 電場強度(V/m)與電場密度$(\text{W/m}^2)$，$(\text{mW/cm}^2)$單位如何轉換？

**A**： 依電磁波傳送能量公式

$P = E \times H = E^2/Z \, (Z = E/H)$

$10 \log P = 20 \log E - 10 \log Z \, (Z = 377)$

$P：\text{W/m}^2，E = \text{V/m}，Z = 377\Omega$

$\text{e.g.} P = 106 \text{W/m}^2，E = 200 \text{V/m}$

依電場密度$(\text{W/m}^2)$改 $\text{mW/cm}^2$需 $\times 0.1$

$\quad\quad\quad (\text{W/m}^2) = 10^3 \text{mW}/(10^2)^2 \text{cm}^2 = 0.1$

$\quad\quad\quad (\text{W/m}^2) \times 0.1 = \text{mW/cm}^2$

工程應用：說明 V/m 與 $\text{W/m}^2$單位轉換關係，此外亦可用$P = E^2/Z$公式以實數值代入計算如$P = 200^2/377 = 106 \text{ W/m}^2$，或$P = 200^2/3770 = 10.6 \text{ mW/cm}^2$。

**Q11**： 電場、磁場單位如何轉換？

**A**： 由空氣阻抗

$Z = E/H，E = H + Z \text{ (by log concept)}$

$\text{dBμV/m} = \text{dBμA/m} + 20 \log Z \, (Z = 377)$

$\text{dBμV/m} = \text{dBμA/m} + 51.5$

工程應用：說明電磁場強以 dB 表示其間相差 51.5 dB。

**Q12**： 磁場強度(A/m)與磁場密度(Tesla)，(pico Tesla)單位如何轉換？

**A**： 由磁場密度與強度關係$B = \mu H \, (\mu = 4\pi \times 10^{-7})$，$B = u + H \text{ (by log concept)}$

$\text{dBT} = 20 \log (4\pi \times 10^{-7}) + \text{dBA/m} = \text{dBA/m} - 118$

$\text{dBpT} = \text{dBT} + 240 = \text{dBA/m} + 122$

$(1\text{T} = 1 \text{ weber/m}^2 = 10^4 \text{ gauss})$

工程應用：說明磁場強度與密度關係，其間磁場密度常用 Tesla 為單位，但需熟悉用 1 Tesla = $10^4$ gauss 以 gauss 為磁場密度單位來表示密度大小。

**Q13：** 如何界定窄頻(NB)，寬頻(BB)雜訊量測？

**A：** 雜訊頻寬小於接收機中頻頻寬時所量測的雜訊強度稱之 NB Noise(dBμV/m、dBμA)，反之雜訊頻寬大於接收機中頻頻寬時所量測的雜訊強度稱之 BB Noise(dBμV/m/kHz，dBμV/m/MHz，dBμA/kHz，dBμA/MHz)。有關 BB Noise 單位有 kHz、MHz 之別，軍規採 MHz，商規採 kHz，而 BB 與 NB 間關係為 BB = NB+20 log(test frequency/specified RCV BW at different test frequency band)

以商規為例，BB 與 NB 間關係為

$$BB(dB\mu V/m/kHz) = NB+20 \log \left[\frac{\text{test freq}}{0.2\text{kHz}}\right]，9\sim150\text{kHz}$$

$$BB(dB\mu V/m/kHz) = NB+20 \log \left[\frac{\text{test freq}}{9\text{kHz}}\right]，150k\sim30\text{MHz}$$

$$BB(dB\mu V/m/kHz) = NB+20 \log \left[\frac{\text{test freq}}{120\text{kHz}}\right]，30M\sim1000\text{MHz}$$

工程應用：說明寬頻如民用以 kHz 為頻寬，如軍用以 MHz 為頻寬，窄頻如民用以 QP 為準，如軍用以 PK 值為準。一般民用所量測到的雜訊比軍用為低。

**Q14：** 在類比信號中如何轉換信號強度尖峰值(PK)、有效值(RMS)和平均值(AV)，請以 dB 計算？

**A：** 依 PK、RMS、AV 信號強度比值為 1：0.707：0.634，換算 dB 為 PK = 0dB，RMS = −3dB，AV = −4dB，在 EMI 量測評估中軍規以 PK 為準，商規以 QP 為準。

工程應用：說明一般電子系統信號大小常以 PK、RMS、AV 示之，而 QP 為 EMI 檢測民用電子產品雜訊時所採用的專用單位。

**Q15：** 在數位信號中如何轉換信號強度最大值(PK)與平均值(AV)？

**A：** 由 AV = PK × duty cycle(duty cycle = PW × PRF)

PW = pulse width

PRF = pulse rate frequency

工程應用：說明 PK 僅在檢測某一頻率信號之最大值，而 AV 則在檢測此一頻率信號大小的平均值。

## *1.4* 絕緣體與導體

**Q1：** 如何以阻抗大小(Ω*cm)來區別絕緣體、半導體、導體？

**A：** 絕緣體：$1k\Omega \cdot cm \sim 10M\Omega \cdot cm$。

半導體：$10\Omega \cdot cm \sim 1k\Omega \cdot cm$。

導體：$1\Omega \cdot cm \sim 10\Omega \cdot cm$。

工程應用：說明絕緣體阻抗高導電性差，導體阻抗低導電性好，計量以單位長度每公分阻抗
　　　　　大小為準，或以每平方公分阻抗大小或以每立方公分阻抗大小為計量標準。

**Q2：** 何謂漏電流(Leakage current)、電暈(Corona)、放電(discharge)、電弧(Arc)、靜電
　　　(electrostatic)？

**A：** ⑴漏電流：流經絕緣體的電流電壓突變時，絕緣體仍有漏電流可流過絕緣體。

　　　⑵電暈：如雷擊放出大場強能量感應絕緣體造成體內電荷電崩成電流衍生在絕緣體
　　　　　　　表面而使絕緣體變成導體。

　　　⑶電弧：電壓電流放電突變時，如經低阻抗導體電流很快洩放，如經高阻抗導體(絕
　　　　　　　緣體)會循導體四方擴散，如遇尖端外形因電流聚集密度大而發生電弧現
　　　　　　　象並產生寬頻段雜訊。

　　　⑷放電：正負電荷中和時的一種放電現象，與電暈現象不一樣，電暈多集中在一點
　　　　　　　放電且有放電脈絡可循，並在導體附近因電離空氣分子而發生響聲。如高
　　　　　　　壓絕緣子材質不良會引起放電效應產生寬頻雜訊干擾一般用電設備。

　　　⑸靜電：絕緣體內電子雖不易漂移但可儲能。一俟內在電能儲存大到一定程度並受
　　　　　　　外界因素觸發以大能量放電時稱之電弧，以小能量放電時稱之靜電。

工程應用：說明漏電流多用在電子產品安規檢測，電暈針對極大場強可使非導體變為導體而
　　　　　成為干擾源與受害源間之媒介體，放電現象可產生寬頻雜訊可能造成對週邊電子
　　　　　產品造成干擾，靜電為日常生活中所產生的一種小能量放電現象，但有時也會對
　　　　　電子元件造成損壞，故亦需加以防制。

**Q3：** 摩擦產生靜電、表面電流密度如何計算？

**A：** 電流密度$(\phi) = 15.1^{-6}(\varepsilon_1 - \varepsilon_2)$coulomb/m$^2$，由式中 $\phi$ 可知兩材質 $\varepsilon_1$、$\varepsilon_2$ 相差越大 $\phi$
越大，越易產生靜電。($\varepsilon$ 為材質介電常數)

工程應用：說明選用兩種不同材質物體相互摩擦可產生靜電，如兩材質間介電常數值相差越
　　　　　大越容易產生靜電。

**Q4：** 電磁波在不同介質常數的材質中行進速度有何變化？

**A：** 依公式 $V_E = V/\sqrt{\varepsilon}$，$V：3 \times 10^8$m/s，$\varepsilon$：dielectric constant。

工程應用：說明電磁波在越大介電常數值 $\varepsilon$ 中行進。其傳送速度越慢，由$V_\varepsilon = \dfrac{V}{\sqrt{\varepsilon}}$可轉換為$\lambda_\varepsilon$
$= \dfrac{\lambda}{\sqrt{\varepsilon}}$，如選用較大 $\varepsilon$ 值製作 PCB 面板，因 $\varepsilon$ 大 $\lambda_\varepsilon$ 小故可製成較小尺寸 PCB，而達
到縮小產品設計目的。

**Q5：** 說明絕緣體電性參數特性及 EMI 相關問題所在？

**A：** ⑴絕緣體表面汙染過高在電壓衝擊時會造成集膚電流形成寬頻段雜訊，防制方法以
　　　保持絕緣體表面清潔及勿以過高電壓衝擊改進之。

(2)高壓電暈放電造成可見光及可聞聲的 EMI 問題,防制方法以檢視絕緣體內有無空洞突出物及降低高壓設計以避免電暈放電改進之。

(3)由摩擦產生靜電或乾燥空氣流動造成靜電傷害線帶及硬品,防制方法以隔離套夾隔離改進之。

工程應用:說明絕緣體物性與電性間產生EMI關係成因,可協助瞭解以適當防制方法加以防治。

**Q6:** 說明導體電性參數特性及 EMI 相關問題所在?

**A:** (1)信號與迴路導線並列,間距越近越好可將線上雜訊抵消。

(2)利用兩線中電流流向相反原理可將磁場抵消,依此兩線間互絞越密隔離效果越好。

(3)同軸纜線:中心信號線及內緣迴路線由在外緣隔離線包紮可防制雜訊外洩空間及感應外來干擾。

(4)金屬導管:導波管可隔離低於工作截止頻率的頻率信號進入導波管。

(5)磁場隔離:具有渦流作用的隔離接地可防制減小外來磁場的滲入和本身磁場的外洩。

(6)附磁導體:以高磁性材質貼附導體可藉表面集膚損耗作用吸收傳導性雜訊。

(7)導磁環:呈圓筒狀套接線上可藉高頻高阻抗效應作用($P = I^2R$,$I$ 為雜訊電流,$R$ 為導磁環高頻電阻響應值)來吸收由傳導 CE 所產生的輻射 RE 雜訊能量。

(8)高壓裸線:注意曲度(bend)以免 bend 過大時因高壓游離空氣而產生電暈現象衍生寬頻雜訊。

工程應用:說明利用導體電性參數在 EMI 工程防制上的各種防治 EMI 具體作法,以達電磁調和工作目標。

# 1.5 電阻、電感、電容 *R.L.C.* 頻率響應

**Q1:** 電阻等效電路 R.L.C.如何分佈?

**A:** 電阻等效電路由電阻($R$)並接寄生電容($C_p$)及串接寄生電感($L_s$)組成。

工程應用:說明電阻特性細分由寄生並聯電容及寄生串聯電感所組成。

**Q2:** 電阻對頻率響應變化如何?

**A:** 電阻隨頻率升高而呈電容性及電感性變化。

電阻正常工作頻率為 $f < f_1$,($f_1 = 1/2\pi RC_p$)

電阻呈電容性 $f_1 < f < f_2$ ($f_2 = 1/2\pi\sqrt{L_sC_p}$)

電阻呈電感性 $f > f_2$ ($f_2 = 1/2\pi\sqrt{L_sC_p}$)

工程應用:說明電阻正常工作頻段在電阻呈純電阻頻率範圍,如頻率過高超出此範圍則呈電容,電感性變化而不具電阻性無法做為電阻使用。

**Q3**： 如何選用電阻正常工作頻率？

**A**： 依查電阻特性表中所列 $C_p$ 及 $L_s$ 值，將 $C_p$、$L_s$代入$f_1 = 1/2\pi RC_p$、$f_2 = 1/2\pi\sqrt{L_sC_p}$公式可計算出電阻對頻率的響應依 $f < f_1$ 為電阻適用工作頻率，如 $f$ 在 $f_1 < f < f_2$ 為電容性，如 $f$ 在 $f > f_2$ 為電感性故 $f$ 均為電阻不適用工作頻率，而電阻適用工作頻率為 $f < f_1$。

工程應用：說明如何選用正常電阻工作頻率範圍，才能使電阻在此頻率範圍內發揮正常電阻功效。

**Q4**： 電感等效電路 R.L.C 如何分佈？

**A**： 電感等效電路由串接寄生電感電阻 $R_p$ 及並接電感寄生電容 $C_p$ 組成。

工程應用：說明電感特性細分由寄生串聯電阻及寄生並聯電容所組成。

**Q5**： 電感對頻率響應變化如何？

**A**： 電感隨頻率升高而呈電容性，隨頻率降低而呈電阻性，電感正常工作頻率為 $f_1 < f < f_2$，（$f_1 = R_p/2\pi L$，$f_2 = 1/2\pi\sqrt{LC_p}$，$L$＝電感量，$R_p$＝寄生電感電阻，$C_p$＝寄生電感電容）

$f < f_1$，電感呈電阻性，不適用。

$f_1 < f < f_2$ 電感呈電感性(正常工作頻率)

$f > f_2$ 電感呈電容性(電感器內線圈寄生電容影響加大)，不適用。

工程應用：說明電感正常工作頻段在電感呈純電感頻率範圍，如頻率過高超出此範圍則呈電感，電容性變化而不具電感性無法做為電感使用。

**Q6**： 如何選用電感正常工作頻率？

**A**： 依查電感特性表中所列 $R_p$ 及 $C_p$ 值，將 $R_p$ 及 $C_p$ 代入$f_1 = R_p/2\pi L$、$f_2 = 1/2\pi\sqrt{LC_p}$公式可計算出電感對頻率的響應依 $f < f_1$ 為電阻性，$f_1 < f < f_2$ 為電感性，$f > f_2$ 為電容性中取 $f_1 < f < f_2$ 呈電感性為電感正常工作頻率。

工程應用：說明如何選用正常電感工作頻率範圍，才能使電感在此頻率範圍內發揮正常電感功效。

**Q7**： 電容等效電路 R.L.C.如何分佈？

**A**： 電容等效電路由串接電阻($R_s$)、寄生電感($L_s$)、並接電阻($R_p$)組成。

工程應用：說明電容特性細分由寄生串聯電阻電感及寄生並聯電阻所組成。

**Q8**： 電容對頻率響應變化如何？

**A**： 依電容共振頻率$f_0 = 1/2\pi\sqrt{L_sC}$ 計算 $f < f_0$ 為電容性，$f > f_0$ 為電感性。

工程應用：說明電容正常工作頻段在電容呈純電容頻率範圍，如頻率過高超出此範圍，則呈電感性而不具電容性無法做為電容使用。

**Q9：** 如何選用電容正常工作頻率？

**A：** 依查電容特性表中所列 $L_s$ 及 $C$ 值代入共振頻率 $f_0 = 1/2\pi\sqrt{L_sC}$ 公式計算，選取 $f < f_0$ 呈電容性為電容正常工作頻率。

工程應用：說明如何選用正常電容工作頻率範圍，才能使電容在此頻率範圍內發揮正常電容功效。

## 1.6 電阻、電感、電容本體雜訊分析

**Q1：** 電阻大體有哪幾種構形？

**A：**
| | |
|---|---|
| Carbon Composition | 碳質電阻 |
| Deposited Carbon Composition film | 植入式碳質電阻 |
| Pynolitic Carbon Film | 碳質片電阻 |
| Metal Film | 金屬電阻 |
| WireBound | 線狀電阻 |
| Microelectronic | 微電阻 |

工程應用：說明電阻構形分類。

**Q2：** 針型(lead)、面板型(surface mount)、微型(micro)、薄膜(film)型電阻特性為何？

**A：** 針型(lead)：因兩端有腳(lead)附有電阻，電感，不宜高頻使用。

面板型(surface mount)：無傳統式 lead 所帶電感抗的困擾，適合高頻使用。

微型(micro)：無電感及雜散電容，電阻值至為精密，適合超高頻使用。

薄膜(film)型：高精密度電阻可供 100M～1000M 頻段之固定電阻值工作使用。

工程應用：說明以電阻接腳分類電阻適用頻率範圍。

**Q3：** 何謂電阻雜訊(INTRINSIC RESISTOR NOISE)？

**A：** 含兩項熱源(thermal)及電流(current)雜訊。

熱源雜訊依 $V_t = \sqrt{4RKTB}$

$R$：Resistance of resistor，ohm

$K$：Boltzmann Constant($1.374 \times 10^{-23}$J/K)

$T$：absolute temp in kelvin(273+room temp)

$B$：noise BW(Hz)

$V_t$：nV

電流雜訊依 $V_i = I \cdot \sqrt{k/f}$

$I$：current through resistor(AC rms A)

$K$：noise quality constant of proportionality

$f$：frequency(Hz)

$V_i$：rms V/Hz of BW at frequency f

電阻雜訊電壓＝$\sqrt{V_t^2+V_i^2}$

工程應用：說明電阻雜訊源自材質熱源及所通過電流雜訊所組成。

**Q4**： 電阻本身有哪些 EMI 問題？

**A**： ⑴電阻值會隨頻率而變。

⑵電阻雜訊電壓受熱源及電流雜訊電壓影響。

⑶安裝工藝不良造成接觸不良影響電阻值。

⑷過強電磁場感應因熱效應改變電阻值。

⑸外在因素如潮濕、塵埃影響電阻值。

⑹過強電流產生電弧效應損壞電阻值。

工程應用：說明電阻雜訊由來成因。

**Q5**： 說明電阻各項電性參數特性及分析 EMI 相關問題所在？

**A**： ⑴電阻兩端間並聯寄生電容無法以接地方式消除而影響電阻正常工作頻率響應，如衰減器(attenuator)。

⑵電阻寄生電容與兩端點至地電容影響信號通過相位差，如回授放大器負載電阻(feed back amplifier plate load resistor)。

⑶電阻值隨頻率升降而變動，如寬頻段放大器(wideband amplifier)。

⑷電阻寄生電感影響電阻正常阻值如衰減器(shunt resistor in attenuator)。

⑸RF場強干擾造成電阻過熱而改變電阻值，如綜合型及金屬薄膜型電阻(composite and film resistor)。

⑹對RF場強干擾耐受性視外來場強感應圈數及電壓而定，如一般線狀螺形電阻(oridinary spiral wound resostor)。

工程應用：說明依電阻頻率響應所產生的有關電磁干擾問題。

**Q6**： 簡述電容結構及特性？

**A**： 由兩片金屬材質板或膜片，中間夾放介電材料成平板狀所構成，其間電容量 $C$ 以 $C=\varepsilon\dfrac{A}{d}$估算($A=\mathrm{m}^2$，$\varepsilon_r$：$\varepsilon$ relative to air，$d$：m，$C$：Farad。)

$C=\varepsilon_r \cdot 8.85 \times 10^{-12}\dfrac{A}{d}$ ($8.85 \cdot 10^{-12}$ 為空氣 $\varepsilon$ 值)

由兩長條金屬材質片捲成圓筒狀，中間夾放介電材料所構成，其間電容量 $C$ 以

$C=\dfrac{0.55 \times \varepsilon_r \times l}{\ln\dfrac{d_2}{d_1}}$估算

$l$：length of cylinder in cm

$d_2$：outer diameter of cylinder

$d_1$：inner diameter of cylinder

$\varepsilon_r$：$\varepsilon$ reltive to air

$C$：pF

工程應用：說明電容用於儲能大小直接與其間介電常數($\varepsilon$)有關，$\varepsilon$愈大，$c$愈大。

**Q7：** 電容電性參數為何？

**A：** 電容由並聯 $R_p$、串聯 $L$、ESR 組成，$R_p$ 為 dielectric insulation resistance，$L$ 為 In-ductuctance of leads，ESR 為 series resistance of leads，contact and foil，而 $C$ 為 Capacitance，$X_c = \dfrac{1}{\omega c} = \dfrac{1}{2\pi fC}$，由此延伸可導出 DF(dissipation factor)$=$ ESR/$X_c$，

D.F.(dissipation factor)$=$ ESR/$Z =$ ESR/$\sqrt{X_c^2 + (ESR)^2} =$ ESR/$X_c$ ($X_c \gg$ ESR)。

工程應用：說明電容本身儲能所具功率消散因素(D.F.)，D.F.越小儲能功效越好。

**Q8：** 如何評估電容接腳電感量值？

**A：** 由已知電容接腳大小外形直徑為$d$，接腳長為$L$

電感量依公式$L = \{4\ln(D/d)+1\}$nH/cm

電感抗依公式$X_L = 6.28f(\text{Hz})[4\ln(D/d)+1] \times 10^{-9}\Omega$/cm

$D =$ lead to return conductor

$d =$ lead diameter

$\dfrac{D}{d} = 5\sim10$

工程應用：說明接腳越短電感量越小，但接腳越細電感量則越大，一般接腳長短與粗細比例選用在 5～10 之間。

**Q9：** 舉例說明一般電容接腳電感量有多少？

**A：** 陶瓷(porcelain ceramic)　　　　　　　　　　1.4nh

鉭質(Wet anode tantalum)　　　　　　　　　25nh

鉭質(Solid tantalun)　　　　　　　　　　　　20nh

鉭質(foil tantalum，tubular case with lead)　　50nh

鉭質(foil tantalum，retangular case)　　　　　23nh

工程應用：說明電容接腳電感量越小越好，越小工作頻段越寬。

**Q10：** 電容器最高截止工作頻率受限那兩項因素？

**A：** 一、受限於共振頻率，$f_0 = \dfrac{1}{2\pi\sqrt{LC}}$，$C$ 為電容量，$L$ 為電容接腳電感量。電容器工作頻率應選在小於共振頻率。二、受限於高頻介電損益，如工作頻率大於共振頻率，因高頻介電損益(loss tanginet)過大而使電容器不堪使用。

工程應用：說明電容工作頻率受限因素，一為接腳電感量，一為電容本體損耗(loss tangent)。

**Q11**： 說明電容電性參數特性及 EMI 相關問題所在？

**A**： ⑴電容兩端接腳(lead)電感量過大影響電容器工作頻率，採用平面板形電容器或減短 lead 方法改善之。

⑵溫度及電壓巨變造成介質特性變化形同突波干擾損壞電容無法使用，可用並接電容以減緩溫度，電壓巨變所造成的損壞。

⑶不當銀質材料與介電材質膠貼會變成電容突變在射頻電容內產生 random noise，儘可能在電路中不採用此型電容。

⑷突變電壓大於工作電壓或超過額定溫度會使電解質電容有閃爍現象，需以保持電壓源與溫度在額定電壓工作範圍內改善之。

⑸樹脂或石英型介電質特性失效，會在極低頻 VLF 充放電時造成脈衝雜訊。

⑹樹膠類介電質電容容易生脈衝雜訊，應選用其他類介電質電容替代。

⑺強光、強波、X RAY 造成介電質極化作用而使如樹脂、石英、雲母類小電容受損，應採隔離措施改善之。

⑻因寄生電容、電感、構形大小造成共振，需注意設計避開共振頻率及加強隔離改善之。

工程應用：說明電容有關干擾問題及相對應解決方案。

**Q12**： 簡述電感結構及特性？

**A**： 由導線繞成單圈或多圈構成，電感量與線長、線徑有關，線長與電感量成正比，在線長為定值情況下，線徑小電感量大，線徑大電感量小。

工程應用：說明電感結構及其電性參數特性。

**Q13**： 如何計算電感器的電感量？

**A**： 依公式 $L = N\phi/I$

$L$：self-inductance in henrys。

$N$：number of turns，loops，or linkages。

$\phi$：magnetic flux in weber/m$^2$。

$I$：current in amperes。

工程應用：說明由 $LI = N\phi$ 公式如 $N =$ 常數，$LI$ 直接與 $\phi$ 有關，由線圈所產生的 $\phi$ 大小直接與通過線圈的電感量($L$)與電流($I$)有關。

**Q14**： 如何計算電感器的有效電感量？

**A**： $L_e = L/\{1-[LC_p(2\pi f)^2 \cdot 10^{-18}]\}$，($\mu$h)

Where $L = N\phi/I$(理論值)，reference as $Q/A$ 13。

$C_p = (4/3N) \cdot (1-1/N) \cdot (0.0088\varepsilon_r \cdot A/t)$　　　　(P.F.)

$N$：number of turns　　　　　　　　　　(integer)

$\varepsilon_r$：insulation dielectric constant　　　　　(dielectric)

A：layer area                                        $(\text{mm})^2$

t：dielectric thickness                             (mm)

工程應用：說明 $L$ 為電感本身自感量，而電感器有效電感量($L_e$)按公式計算與寄生電容($C_p$)與
頻率($f$)有關，$C_p$ 愈小，$f$ 越低，$L_e$ 則越大。

**Q15**： 如何計算電感器功率因素 $Q$ 值，共振頻率，功率因數？

**A**： $Q = 2\pi f \cdot L_e \cdot 10^{-6}/R$，$L_e$ reference as $Q/A$ 14

P.F.(PWR Factor)$= 1/Q$

$f_0 = 1/2\pi\sqrt{L_e C_p}$，$I = I_{max}$，$C_p$ reference as $Q/A$ 14

工程應用：說明由公式得知電感器有效電感量($L_e$)愈大，$Q$值亦愈大。依公式可串接一電阻降
低$Q$值，達成減低 EMI 信號工作目的。

**Q16** 說明電感電性參數特性及 EMI 相關問題所在？

**A**： ⑴電感線圈間電容造成共振干擾，$f_0 = 1/2\pi\sqrt{LC}$；$L$為電感量，$C$ 為線圈間電容。
需以重新設計或在線圈間加強隔離措施以減少共振干擾效應。

⑵線圈集膚作用及渦流磁滯損耗造成超額功率消耗，以採用非磁性鐵心，環形鐵心
繞線方法改善之。

⑶線圈間寄生電容過大影響電感量，以加大線間距離減小寄生電容方法改進之。

⑷兩電感器勿平行放置以減小相互干擾，兩電感器相互垂直放置相互干擾量最小。

⑸電流突然斷路經電感器產生暫態突變電壓干擾週邊電路，以加裝斷電器(relay)改
善之。

工程應用：說明電感在工程應用上因製作較難及調校複雜，常不列入 EMI 防制組件，而改用
於電路中功能性組件，如與電容串或並聯產生共振效應。

# *1.7* 隔離度 *VS* 金屬板

**Q1**： 金屬板隔離電磁波的原理爲何？

**A**： 利用金屬板阻抗與電磁波阻抗不同原理可將電磁波反射達成隔離效果。一般金屬板
阻抗甚小，而電磁波阻抗隨輻射源特性不同分高阻抗($E$ 場)、低阻抗($H$ 場)但均與
金屬板阻抗大小比較相差很多，因此引起很大反射形成隔離電磁波效果。

工程應用：說明金屬板對電磁波隔離以反射為主。

**Q2**： 如何定義電磁波阻抗？

**A**： $Z = E/H = KZ_0 = K\sqrt{\mu/\varepsilon} = K \cdot 120\pi = K \cdot 377$

$K = \lambda/2\pi r$ for voltage source(High $Z$)，$r \leq \lambda/2\pi$，near field

$K = 2\pi r/\lambda$ for current source(Low $Z$)，$r \leq \lambda/2\pi$，near field

$K = 1$ for any network，$r \geq \lambda/2\pi$，far field

亦可換頻率表示

$Z = Z_0 \cdot (\lambda/2\pi r) = 18000/r \cdot f(\text{MHz})$，$r \leq \lambda/2\pi$，(High Z)，near field

$Z = Z_0 \cdot (2\pi r/\lambda) = 7.9 \cdot r \cdot f(\text{MHz})$，$r \leq \lambda/2\pi$，(low Z)，near field

$Z = Z_0 = 120\pi = 377$，$r \geq \lambda/2\pi$，far field ·$r \leq \lambda/2\pi$，near field

$\lambda$：波長，以 m 表示

$r$：距輻射源的距離，以 m 表示。

工程應用：說明以空氣阻抗 377 Ω 為準，與輻射源波阻抗比較大於 377 Ω 為高阻抗電壓源，小
於 377 Ω 為低阻抗電流源，故 377 Ω 可用於區隔輻射源為電壓源或電流源屬性，以
$d = \lambda/2\pi$ 定為近遠場臨界距離，用以界定電磁波屬性。在近場電磁波能量雖存在但
因波阻抗不等於空氣阻抗而不能輻射，在遠場因波阻抗等於空氣阻抗故可輻射，
在近場輻射場強大小保持定值，在遠場輻射場強則受距離影響而減弱。

**Q3**： 如何由材質特性阻抗導出空氣阻抗？

**A**： $Z = \sqrt{j\omega\mu/(\rho+j\omega\varepsilon)}$

$\omega = 2\pi f$

$\mu =$ permeability of meterial in H/m

$\rho =$ conductivity of meterial in mhos/m

$\varepsilon =$ permeability of material in F/m

因空氣 $\rho \gg \omega\varepsilon$

$Z = \sqrt{j\omega\mu/(\rho+j\omega\varepsilon)} = \sqrt{j\omega\mu/j\omega\varepsilon} = \sqrt{\mu/\varepsilon}$

$= \sqrt{4\pi \times 10^{-7}/1/36\pi \times 10^9} = \sqrt{4\pi \times 36\pi \times 10^2}$

$= 120\pi = 377\Omega$

工程應用：由空氣導磁係數 $4\pi \times 10^{-7}$ h/m 與導電係數 $(1/36\pi) \times 10^{-9}$ f/m 可導出空氣阻抗為 $120\pi =$
377 Ω，此值與波行阻抗及隔離材質阻抗比較可算出有關阻抗匹配問題。

**Q4**： 說明 skin depth 定義與金屬表面阻抗關係？

**A**： skin depth 以 $\delta$ 表示，說明金屬表面電流滲入金屬表面深度的情況，$\delta$ 表示 63 % 的
表面電流滲入金屬表面時的深度，$Z$ 為金屬材質 barrier lmpedence。

$Z = |(1+j)/\rho\delta| = \sqrt{2}/\rho\delta$，$\Omega/\text{sq}$

$\delta = \sqrt{2}/\rho Z = 1/\rho \cdot \sqrt{\rho/\pi f\mu} = 1/\sqrt{\rho\pi f\mu} = \sqrt{10^{-3}/\pi f(\text{MHz})\mu\rho}$

$\delta = 0.066/\sqrt{f(\text{MHz})}$ mm for copper $= 2.6/\sqrt{f(\text{MHz})}$ mil for copper

$= 0.066/\sqrt{\mu\rho f(\text{MHz})}$ mm for any metal $= 2.6/\sqrt{\mu\rho f(\text{MHz})}$ mil for any metal

工程應用：說明集膚深度(skin depth)$\delta$，可用於瞭材質導電性好壞，如金屬材質 $\mu = 1$，$\rho = 1$，
$\delta$ 直接與頻率有關，低頻 $\delta$ 較深，高頻 $\delta$ 較淺，$\delta$ 較深隔離效益較差，$\delta$ 較淺隔離效益
較好。

**Q5**： 常見 $t > 3\delta$ 代表什麼意義？

**A**： $t = \delta$，$t = 2\delta$，$t = 3\delta$ 分別表示有 63％、86％、95％的表面電流滲入金屬表面的深度，$t > 3\delta$ 說明金屬板用於隔離電磁波時所需最小厚度 $t > 3\delta$。而 $\delta$ 則視各種金屬材質不同而不同。一般選用金屬時厚度都會大於 $3\delta$。所以並不需要考慮 $t > 3\delta$ 的問題。

工程應用：一般金屬厚度均遠大於集膚效應厚度，故有隔離效益。如小於集膚效應厚度表示表面干擾電流正滲入隔離材質，故無隔離效益。

**Q6**： 隔離度大小與金屬厚度($t$)，集層深度($\delta$)，表面阻抗($R$)，呈何關係？

**A**： 依公式 S.E.$= 20 \log (66.6 k e^{t/\delta}/R)$

$K = 1$ For far field $(r \geqq \lambda/2\pi)$

$K = \lambda/2\pi r$ for near field $(E)$

$K = 2\pi r/\lambda$ for near field $(H)$

$R = Z/(1+j) = 1/\rho\delta\Omega/\text{sq}$

$t =$ thick of metal in cm

$\delta =$ skin depth in cm

$\rho =$ conductivity of metal，mhos/m

$\mu =$ permeability of metal，H/m

$SE = 108 + 1314 t\sqrt{f(\text{MHz})\mu\rho} + 20 \log (K/\sqrt{f(\text{MHz})\mu/\rho})$

工程應用：以金屬為例 $\mu = 1$，$\rho = 1$，$k = 1$，在遠場 SE 與 $t \cdot f$ (MHz)有關，$t \cdot f$ (MHz)越大 SE 越好。但在近場 $k = \lambda/2\pi r(E)$，$k = 2\pi r/\lambda(H)$，一般 SE 對 $E$ 較好($k$ 較大)，SE 對 $H$ 較壞($k$ 較小)。

**Q7**： 如何計算低頻磁場隔離效果？

**A**： 依公式 SE $= 20 \log (1 + \mu t/2r)$

$\mu =$ permeability of metal

$t =$ thick of metal

$r =$ distance from source

工程應用：磁場隔離效果(SE)與材質導磁係數 $\mu$ 有關，$\mu$ 越大 SE 越好。

**Q8**： 如何計算金屬隔離盒內部的共振頻率？

**A**： 依公式 $f(\text{MHz}) = 150 \sqrt{\left(\dfrac{k}{l}\right)^2 + \left(\dfrac{m}{h}\right)^2 + \left(\dfrac{n}{w}\right)^2}$

$L =$ length of box in m

$W =$ width of box in m

$H =$ height of box in m

$K$、$m$、$n$ : postive integer 0，1，2，3…

$k$、$m$、$n$ 中不能同時其中兩個為 0。(選用 $k$、$m$、$n$ 三數時,最多其中一個為零)。

工程應用:由已知金屬盒長寬高可算出最低共振頻率,因頻率越低信號衰減越小影響隔離室內部檢測信號誤差亦越小,故此公式工程應用在找出最低共振頻率。

**Q9:** 由已知 $r$、$t$、$f$、$\mu$、$\rho$、如何計算低頻磁場、高頻電場、平面波的隔離度?

**A:**   $r$ : source to shield distance in m

    $t$ : thick of shield metal in mm

    $f$ : MHz

    $\delta$ : skin depth in mm

    $\mu$ : permeability of metal

    $\rho$ : conductivity of metal

    對低頻磁場:$\mathrm{SE} = 131t\sqrt{f\mu\rho} + 74 - 10\log(\mu/\rho f r^2)$

    對高頻電場:$\mathrm{SE} = 131t\sqrt{f\mu\rho} + 141 - 10\log(\mu f^3 r^2/\rho)$

    對平面波:$\mathrm{SE} = 131t\sqrt{f\mu\rho} + 108 - 10\log(\mu f/\rho)$

    對超薄型隔離膜:$(t/\delta \ll 1)$,$\mathrm{SE} = 20\log(1+500\mu t/r)$

工程應用:在近場如輻射源為電流源,則選用對低頻磁場 SE 公式,如輻射源為電壓源則選用對高頻電場 SE 公式,如在遠場則選用對平面波 SE 公式。

**Q10:** 實心金屬板與孔狀金屬板隔離功能有何不同?

**A:**   實心板完全利用反射原理隔離電磁波,孔狀板則利用由電磁波所感應在金屬板上的表面電流分佈狀態相互抵消原理隔離電磁波,前者反射作用會干擾原有輻射源,後者無反射作用不會干擾原有輻射源,但實心板隔離功效要比孔狀板為佳。因孔狀板不能百分之百消除由電磁波所感應的表面電流,而仍會有些微電磁波穿過之故。

工程應用:實心金屬板比孔狀金屬板隔離功能較好,兩者在周邊均有電磁波散射問題,除非金屬板面徑很大,否則隔離效果仍受限於散射問題而效益不佳。

## *1.8* 隔離材質的效益

**Q1:** 隔離工作目的為何?

**A:**   設法保持電磁輻射雜訊能量在預設區域內而不致外洩。

    防制電磁輻射雜訊由一區域進入另一區域而造成干擾。

    利用機構外形阻隔電磁輻射雜訊能量外洩。

工程應用:防制電磁波雜訊外洩造成對鄰近電子產品干擾。

**Q2:** 那些是影響隔離效益主要因素?

**A:**   ⑴電磁波的特性阻抗,如高阻抗(377-3000 歐姆),低阻抗(30～377 歐姆),中阻抗(空氣阻抗 377 歐姆)。

　　⑵阻抗(材質特性阻抗視材質與行進波間的阻抗匹配關係)。

　　⑶材質構形(貼裝部份是否密合連續)。

　　⑷隔離度視材質對頻率響應而定。

工程應用：一般金屬材質對防制電場有效，但對磁場隔離功效有限，因此如何應對低頻磁場
　　　　　隔離工作是為防制電磁場外洩的工作重點所在。

**Q3：** 隔離材質對電磁波的三大隔離功效為何？

**A：** 隔離材質隔離效果視隔離度而定，隔離度含三項隔離功能，一為反射(材質對入射
波的反射)，二為吸收(材質對入射波的吸收)，三為重覆反射吸收(入射波進入材質
中的再反射與吸收)。

工程應用：一般金屬隔離以反射為主，吸收為輔，如係高導磁性材質則以吸收為主，反射為
　　　　　輔。重覆反射吸收在隔離功能中所佔份量最輕。

**Q4：** 如何計算材質對電磁波反射量的大小？

**A：** 隔離材質對電磁波反射量的大小可分為對電場、磁場、平面波分別以dB計算如下。
對電場的反射量 $R(E)$，對磁場的反射量 $R(H)$，對平面波的反射量 $R(P)$。

$$R(E) = 354 - 20 \log (\sqrt{\mu f^3/\rho} \times r)$$

$$R(H) = 20 \log [0.462/(\sqrt{f\rho/\mu} \times r) + 0.136 \times \sqrt{f\rho/\mu} + 0.354]$$

$$R(P) = 168 - 20 \log \sqrt{\mu f/\rho}$$

$\mu$ : permeability of material

$\rho$ : conductivity of material

$f$ : Hz(EMI source frequency)

$r$ : Inch(EMI source to shielding material in distance)

工程應用：如材質係高阻抗(＞ 377 Ω)選用$R(E)$公式，如係低阻抗(＜ 377 Ω)選用$R(H)$公式，如
　　　　　係中阻抗(≈377 Ω)選用$R(\rho)$公式。

**Q5：** 為何材質對電磁波反射量計算有電場、磁場、平面波之分？

**A：** 因輻射源分電壓源與電流源兩種，電壓源在近場均為電場型高阻抗，電流源在近場
均為磁場型低阻抗，不論電壓源或電流源在遠場均為中阻抗，高阻抗界定為
377-3000Ω，中阻抗界定為377Ω，低阻抗界定為30-377Ω，而材質本身有其特性阻
抗，此阻抗大小如與行進波近場阻抗大小相差越大，因阻抗不匹配反射量亦越大。
因此如在近場為高阻抗，材質為低阻抗則反射大，如在近場為低阻抗，材質為高阻
抗則反射大。平面波則係指在遠場時波的阻抗均為377Ω，如材質阻抗與377Ω相差
越大則反射越大。

工程應用：材質隔離效益視材質本身阻抗與行進中電磁波阻抗大小之差比，如此差比越大，
　　　　　隔離效益越好，越小則越差。

**Q6**： 如何得知材質對電磁波吸收量的大小？

**A**： 材質對電磁波吸收量大小為 $A$ (Absorption)

$A = 3.34\sqrt{\mu f \rho} \times t$，$A(\text{dB}) = 20\log(3.34\sqrt{\mu f \rho} \times t)$

$\mu$：permeability of material

$f$：frequency(Hz)

$\rho$：conductivity of material，mhos/m

$t$：thickness of material(inch)

工程應用：一般金屬材質$\mu = 1$，$\rho = 1$，對電磁波吸收效益與頻率有關，頻率越高吸收效益越好。

**Q7**： 如何得知材質內電磁波反射與吸收量大小？

**A**： 視材質本身對電磁波反射與吸收量大小及材質和安裝界面阻抗匹配情況可知材質內電磁波反射與吸收量大小。此項在材質內的行進與反射波可經材質的吸收而減弱。依此吸收、反射、再吸收、反射的持續動作可達到對電磁波的衰減作用。

工程應用：由材質阻抗與電磁波阻抗 377 Ω相互匹配情況可得知材質對電磁波反射吸收量大小，如兩者阻抗匹配相差愈大，則反射大於吸收，如相差愈小，則吸收大於反射。

**Q8**： 如何計算材質對電磁波的總隔離衰減量(dB)？

**A**： S.E(shielding effectiveness)＝$R(E)+A+Int(R+A)$

$= R(H)+A+Int(R+A)$

$= R(P)+A+Int(R+A)$

$Int(R+A)$：internal $R$ and $A$ in side of shielding material

$R(E)$：Reflection to $E$ field

$R(H)$：Reflection to $H$ field

$R(P)$：Reflection to plane wave

$A$：Absorption of material

工程應用：SE 分對$E$、$H$、$P$，其中$R(E)$、$R(H)$用在近場，$R(\rho)$用在遠場，$A$ 則視材質吸收性好壞而定，$Int(R + A)$則為電磁波進入材質內二次反射與吸收效益情況。

**Q9**： 求知 $R(H)$，reflection to $H$ field，對頻率的響應變化？

**A**： 一般以金屬材質為例，$\mu$、$\rho$，均略為 1.0，依公式

$R(H) = 20\log[0.462/(\sqrt{f\rho/\mu} \times r)+0.136 \times \sqrt{f\rho/\mu}+0.354]$

$R(H) = 20\log[0.462/\sqrt{f}+0.136 \times \sqrt{f}+0.354]$，If $\mu = \rho = 1.0$

參用式中前二項$1/\sqrt{f}$，$\sqrt{f}$ 變化可知 $f$ 越高，$R(H)$ 越大。

$R(E) = 354-20\log(\sqrt{\mu f^3/\rho} \times r)$

$R(E) = 354-20\log(\sqrt{f^3} \times r)$，If $\mu = \rho = 1.0$

參用式中$\sqrt{f^3}$ 項化，可知$f$越高，$R(E)$ 越小。

$$R(P) = 168 - 20 \log (\sqrt{\mu f}/\rho)$$
$$R(P) = 168 - 20 \log (\sqrt{f})，\text{If } \mu = \rho = 1.0$$

參用式中 $\sqrt{f}$ 項變化，可知 $f$ 越高，$R(P)$ 越小。

工程應用：如輻射源為電流源(loop)在近場選用$R(H)$，如輻射源為電壓源(rod)在近場選用$R(E)$，如在遠場不論電流源(loop)或電壓源(rod)選用$R(\rho)$。

**Q10**：如已知隔離材質 $\mu$ (permeability)、$d$ (thick)、$r$ (distance from source to material)，試求出隔離度(dB)？

**A**：　S.E.(dB)$= 20 \log (1+1/2 \times \mu d/r)$

工程應用：參閱 $\mu$、$d$、$r$ 三項參數，以 $\mu$ 為主，如材質為高導磁性材質(high $u$)則隔離效益愈好，此式僅適用於窄頻不適用於寬頻。

**Q11**：隔離材料 $\mu$ 值對頻率響應如何？

**A**：　高 $\mu$ 值材料均用在 L.F.隔離，$\mu$ 值越大吸收隔離效果越好，但如 RF 能量過高造成 $\mu$ 值呈飽和現象，則會降低隔離效果。

工程應用：材料 $\mu$ 值飽和視 $\mu$ 值對頻率響應及電流大小而定，如材料 $\mu$ 值頻寬愈寬及所能承受電流愈大，則其隔離效益愈好。

**Q12**：單層與多層 $\mu$ 值隔離材質對 RF 隔離效果有何不同？

**A**：　單層用在 RF 低能量隔離、多層用在 RF 高能量隔離，如 RF 能量過高層數不夠時，會有飽和現象而減低隔離效果，一般 $\mu$ 值材料，較低$\mu$值材料較易飽和，較高 $\mu$ 值材料較不易飽和，高 $\mu$ 值材質因其不易飽和，故有較好隔離功效。

工程應用：隔離效益首選 $\mu$ 值大小，$\mu$ 愈大隔離效益愈好，其次考量單層用於低能量隔離，多層用於高能量隔離。

**Q13**：為何隔離室隔離板結構為夾層板，兩面為金屬板，中間為木質板(plywood)？

**A**：　如純為金屬板則對磁場較無隔離效果，(金屬板主要對電場反射很大而有隔離效果)，故需在兩金屬板間以非金屬(木質板 plywood)隔開，利用木質板較高 $\mu$ 值特性隔離(吸收)磁場來達成對電磁場的隔離。

工程應用：夾層板多為高 $\mu$ 值材料，專門用於隔離低頻磁場，金屬板用於隔離高頻電場，兩者合一可達到兼顧隔離低頻$H$場及高頻$E$場功能需求。

**Q14**：如何做好良好的隔離工作？

**A**：　(1)良好導體(如金屬)用在隔離(反射)高頻電場。

(2)高導磁性材質用於隔離(吸收)低頻磁場。

(3)一般導電性材質對電場均有隔離反射效果。

(4)隔離材料厚度小於 $\lambda/4$ 時隔離效果為定值，大於 $\lambda/4$ 則隨後度增加而增加隔離效果。

(5)多層隔離會增加隔離效果，但需考量層數過多時，在實用上會使纜線變粗不易彎曲而影響纜線彎曲柔軟需求。

⑹減小金屬匣開口大小，加強結構密合度，材質不生銹可提昇隔離度。

⑺隔離接點及接觸面處理需平整光滑整潔，結構需密合間隙力求微小，如用墊片需按規定加壓使間隙減至最小。

⑻所有纜線、接頭、開口、蓋板、固定螺絲等，隔離措施需做到週延性、連續性、密合性。

工程應用：需整合物性機構與電性材質兩項工作合一始可做好隔離工作。

## 1.9  暫態突波

**Q1：** 如何計算暫態突波能量大小？

**A：** 以平均值計算暫態突波能量大小，平均值為最大值乘突波的 duty cycle，算式如下：
$P(AV) = P(pK) \times Duty\ Cycle = p(pK) \times PW(pulse\ width) \times PRF(pulse\ rate\ frequency)$。

工程應用：一般波形能量以平均值表示，平均值約為最大值 0.6 倍(−4 dB)，此值可用於計算一般正弦波平均值(Analog)。但如係 Digital 波形則需依 $P(AV) = P(pK) \times PW \times PRF$ 公式計算平均值，而暫態突波即為 Digital 波形的一種波形，如 *PRF* 為 1 為單一突波，如 PRF 大於 1 為多個連續突波。

**Q2：** 一般電子裝備中 Duty Cycle 值為多少？

**A：** 通用裝備 D.C. = $10^{-5} \sim 10^{-10}$ (燈具、點火、斷電器、馬達、開關、影印機)
雷達裝備 D.C. = $10^{-1} \sim 10^{-2}$
電腦裝備 D.C. = 0.5
通訊裝備 D.C. = 0.1〜1.0(T.V.Radio Communication 站)

工程應用：依不同電子裝備功能需求需有不同 duty cycle 設計值，家電裝備 duty cycle 至小所產生的突波很小，雷達裝備 duty cycle 亦不大但其 P(pK) 很大，所以 P(AV) 也很大。電腦裝備 duty cycle 居中，而通訊裝備以輻射功率愈大愈好，故 duty cycle 可大至 1。

**Q3：** 暫態突波頻譜多呈何種情況分佈？

**A：** 依突波產生時態 time domain 波形為例區分 step、impulse、triangular function，然後再依該波形的 risetime 及 pulse width 可定出頻率頻譜寬，頻譜寬第一個轉折點為 $1/\pi t$ (pulse width)，第二個轉折點為 $1/\pi t_r$ (risetime)，如圖示：

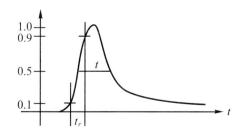
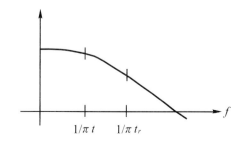

工程應用：注意波形由時域轉為頻域頻譜分佈第一及第二轉折點，如$t$，$t_r$愈小頻譜分佈則愈寬，表示雜訊頻譜亦愈寬，對其週邊電子裝置所造成的干擾可能率亦愈高。

**Q4：** 暫態突波能量大小範圍為何？

**A：** 由 $\mu$V、mV、V、kV 不等(小自 spike，大至 lightning stroke)。

工程應用：此處 $\mu$V、mV、V、 kV 所指為突波最大值 P(pK)而言，小自 ripple、spike……大至 LEMP，NEMP。

**Q5：** 暫態突波波形形狀大概分幾種？

**A：** (1)超大指數型波形(large exponential transient)。
　　 (2)大型振盪型波形(large ringing transient)。
　　 (3)小型突波型波形(small spikes)。
　　 (4)小型振盪型波形(small ringing transient)。

工程應用：三大參數影響決定突波波形，(1)最大值 P(pK)，(2)起始時間(risetime)及滯留時間(duration time)，(3)尾隨振盪(ring wave)漣波。

**Q6：** 暫態突波衍生雜訊特性為何？對什麼電路最易造成傷害？

**A：** 暫態突波所產生的雜訊均為寬頻雜訊(broadband noise)，對快速邏輯電路(faster logic family)最易造成傷害。

工程應用：暫態突波所生寬頻雜訊頻率，因與高速數位電路工作頻率相近，因頻率耦合大故易造成干擾。

**Q7：** 電源電壓突變不穩(power disturbance)會對電子用品造成哪些傷害？

**A：** 燈具：在 120V 電源上有大於 0.3V 電壓變化會造成對燈具發光閃爍，此項缺點可裝穩壓器改善之。
　　 空調：馬達產生暫態突波，此項缺點可加裝馬達啓動電容來抑制突波。
　　 電腦：僅幾個 ms 時間長的突變電壓就會造成對電腦記憶體的傷害，此項缺點可由穩壓器改善之。

工程應用：較小幅度電源電壓不穩可藉穩壓器平穩波動電壓。較大幅度電源電壓不穩，則需以電容性裝置平衡由電壓不穩突變所造成的電感性突變電壓。

**Q8：** 哪些種電壓突變會造成對電腦的傷害？

**A：** Voltage dip(96V) for 16ms，(dip ＝ sag)，undervoltage for sag ($\geq$30 cycles)
　　 Voltage spike(200V) for 100$\mu$s(Spike ＝ surge)
　　 Overvoltage(130V) for 100 ms(overshoot ＝ surge)
　　 outage (0V) for 0.5s～2m
　　 Past failure records：87 % failure due to voltage dip (sag) and (outage)

工程應用：電腦裝置工作失效，大多由供電中發生，供電突然中斷多時(long outage)或供電中突然中斷一時(short outage)所造成。

**Q9**： 電腦用電，電腦穩壓範圍需求在多少伏特？

**A**： 依 ANSI/IEEE STD466-1987 穩壓範圍在高壓不超過 120 的+6 %(surge)，低壓不低於 120 的－13%(sag)，應在 127.2V～104.4V 之間。

工程應用：根據供電電壓 120 伏 + 6%-13%變化範圍，說明電腦供電電源穩壓工作電壓範圍。

**Q10**： 電源有哪些擾動不穩現象及其產生原因？

**A**： sag(dip)：電壓突降不穩，如雷擊、開啓大負載。

Surge(spike)：電壓突升不穩、負載突降如變壓器升降壓錯接線。

Outage：電壓突告消失一段時間，如變壓器失效。

Harmonic disfortion：諧波干擾(在正常波形上有諧波存在)，如DC-AC，AC-DC轉換器，整流器，開閘式電源供應器均有寬頻雜訊存在。

Frequency deviation；頻率不穩，如信號產生器振盪信號頻率不穩。

Transient；暫態突波如雷擊、開關、啓動裝置、斷短路控制電路均會產生突波。

Electrical noise；雜波干擾，如雷達、無線電、工業機電所產生的雜訊。

工程應用：說明電源不穩所產生的干擾現象。

**Q11**： 在電壓突升(surge)及突降(sag)中所定升降規格幅度大小爲何？

**A**： 突升(surge)高於正常電壓(pk)的 3～8 %或 6 %。

突降(sag)低於正常電壓(pk)的 13 %。

工程應用：依 ANSI/IEEE STD 466-1987 電壓正常變化定出突升與突降百分比範圍。

**Q12**： 在電壓突告消失中(outage)所定消失時間規格爲何？

**A**： 電壓突告消失(outage)時間，自 0.5 秒至幾小時不等(0.5s ＞ 2m，2s～2m，＞ 2m)。

工程應用：供電電壓突告中斷(outage)時間長短不一，對供電電子裝置所造成的損害程度亦不一。

**Q13**： 在頻率不穩中(frequency deviation)所定規格爲何？

**A**： 一般定在 60±0.5Hz，固態元件裝備較不受頻率不穩影響，馬達(disk、driver)及穩壓器(feuo-resonant regulator)較易受頻率不穩影響。

工程應用：頻率不穩對一些需穩定頻率驅動的電子裝置會造成干擾。

**Q14**： 在諧波干擾中(harmonics distrortion)所定規格爲何？

**A**： 諧波干擾中所定規格爲除了主波外的所有諧波能量是否對週邊裝備造成干擾爲準。一般電腦裝置尚可承受低位準的諧波干擾，但不能承受如由非線性電壓電流變化的 overload transformer，arcing(fluorescent lighting)，Fero-magnetic device(regulating transformer)，SCR(used in PWR supply，converter)等所產生的高位準諧波干擾。

工程應用：由低頻所產生的高頻諧波如與受害源工作頻率相同時，比較此項高頻諧波信號強度與受害源信號工作信號強度可評估是否造成干擾。

**Q15：** 在電壓雜訊中(electrical noise)所定規格爲何？

**A：** electrical noise大多由switching PWR supply；Motor，brush arcing，radio tranmitter 產生，一般依雜訊來源特性定出規格值，故無特定限制值可供參考。

工程應用：視不同雜訊源特性定出不同規格限制值，一般雜訊強規格限制值較寬鬆(較高)，雜訊弱規格限制值較嚴謹(較低)。

## *1.10* 發射接收系統干擾模式分析

**Q1：** 發射對接收系統干擾模式有那幾種？

**A：** 有三種，一爲頻段內(Co-channel)，二爲鄰近頻段內(Adjacent channel)，三爲頻段外(out of band)。

工程應用：視雜訊頻率頻寬接近受害源工作頻率頻寬程度而定，完全相同爲Co-Channel，接近時爲 Adjacent channel，在外時爲 out of band。

**Q2：** 何謂頻段內(Co-Channel)相同干擾模式？

**A：** 如發射與接收中心頻率與頻寬完全相同稱之頻段內干擾模式，此時干擾僅需計算由發射端進入接收端天線所收到的 RF 信號強度並與接收端靈敏度比較，如信號干擾大於靈敏度則有干擾，如等於靈敏度則視同臨界干擾(Margin)，如小於靈敏度則無干擾。

工程應用：Co-Channel因中心頻率頻寬相同有最大頻率頻寬耦合量，評估干擾只需計算比較接收信號與干擾信號大小，可知是否造成干擾。

**Q3：** 何謂鄰近頻段內(Adjacent Channel)干擾模式？

**A：** 指發射端中心頻率與頻寬極爲接近接收端中心頻率與頻寬，其干擾模式又分兩種，一爲混附波(Inter modulation Interference)二爲調幅波(Cross modulation)。

工程應用：混附波(IMI)由發射源與週邊其他干擾源，混合產生一新頻率雜訊源進入接收端造成干擾。如此時接收端正常信號受到干擾信號產生變形稱之調幅波(cross modulation)干擾。

**Q4：** 何謂混附波(I.M.I)干擾？

**A：** 雖然發射端中心頻率與接收端中心頻率不一致，但發射端所產生混附波頻率仍有可能進入接收端造成干擾，如發射端中心頻率爲 100MHz，接收端爲 150MHz，但由發射端所產生的混附波頻率也有 150MHz 則此混附波將直接對接收端造成干擾。

工程應用：IMI通稱由兩個或兩個以上不同頻率及其諧波，相互混和產生一新的信號頻率信號稱之混附波(IMI)，如$|mf_1 \pm nf_2| = f(\text{IMI})$。

**Q5**： 何謂調幅波(Cross modulation)干擾？

**A**： 信號調幅波受到干擾而變形稱之調幅波干擾，一般會造成對接收機所接收信號由正常的線性變化變爲非線性變化而失眞。

工程應用：正常調幅波變化，隨調幅因子大小而呈線性調幅變化，但因有外來干擾因子存在，而使此項線性調幅變化變為非線性調幅變化稱之為調幅波干擾，此項干擾常發生在通信發射接收系統中。

**Q6**： 何謂頻段外(out of band)干擾？

**A**： 一些距離接收端中心頻率甚遠的雜訊頻率，因進入接收端與接收端內部元件工作頻率混波產生新的干擾頻率造成對接收端的干擾現象。

工程應用：一些頻段外雜訊頻譜，也會因混附波關係與接收系統內部元件工作頻率產生新的干擾頻率，造成對後級中頻的干擾。

**Q7**： 頻段內(co-channel)的干擾現象爲何？

**A**： 對接收機會造成靈敏度減額(desensitige)接收信號遭遮蔽(overide，mask desired signal)解調信號失眞(distortion in detected O/P)，自動頻率控制線路失效(A.F.C.ckt mulfunction)等干擾現象。

工程應用：頻段內干擾(Co-channel)因頻率頻寬有最大耦合量干擾情況最嚴重，而頻率頻寬完全重合會對信號造成靈敏度降額，遮蔽信號、信號失真、飽和失效等等干擾現象。

**Q8**： 鄰近頻段內(adjacent channel)干擾現象爲何？

**A**： 對接收機造成靈敏度減額(desensitigation)，信號調幅失眞(modulation distortion)，混附波干擾(I.M.I)等干擾現象。

工程應用：鄰近頻段內干擾信號越接近受害源中心頻率頻寬，干擾現象越嚴重。

**Q9**： 干擾造成接收機靈敏度減額成因爲何？

**A**： 干擾造成接收機自動增益控制電路(A.G.C.)工作失效而減低接收機增益造成靈敏度減額，如干擾信號過大造成飽和現象而使接收機無法工作。

工程應用：干擾信號干擾自動增益控制電路(A.G.C.)，影響調諧正常接收信號大小的靈敏度。

**Q10**： 混附波干擾(I.M.I.)以何種算式表示？

**A**： $|mf_1 \pm nf_2| = f_0$

$m$、$n$ 爲正整數，$mf_1$ 表信號源 $f_1$ 的諧波，$nf_2$ 表信號源 $f_2$ 的諧波，$f_0$ 表混附波新的頻率，如 $|mf_1 \pm nf_2| = f_0$ 所產生的混附波與接收端(被干擾源)頻率($f_0$)相吻合，則此項混附波產生的新頻率 $mf_1 \pm nf_2$ 會對接收端 $f_0$ 造成干擾。

工程應用：混附波(IMI)通式為$|mf_1 \pm nf_2 \pm pf_3 \cdots\cdots| = f_0$，按此通式 IMI 信號頻率可至無窮多個，但實務應用中低次階信號較強，高次階信號較弱，以干擾分析工作為例，應先評估低次階較強信號是否對受害源造成干擾為主。

**Q11**： 頻段外(out of band)雜訊波干擾以何種算式表示？

**A**： $|Pf_{Lo}+gf_{SR}| = f_{1F}$，表示雜訊 $Pf_{Lo}$ 與 $gf_{SR}$ 混波後產生新的頻率與接收端中頻相吻合時會對中頻造成干擾，$Pf_{Lo}$ 示由本地振盪器所產生的 $p$ 次諧波 $Pf_{Lo}$，$gf_{SR}$ 示由外來(out of fand)雜訊源所產生的 $g$ 次諧波 $gf_{SR}$，兩者混附成一新的雜訊頻率取其絕對值有兩個雜訊頻率，如其中之一與中頻相同會造成對該中頻干擾。

工程應用：頻段外(out of band)雜訊干擾，以分析接收系統內中頻級是否受到干擾為主。

**Q12**： 按混附波(I.M.I.)定義如 $f_0 = 300$，$f_1 = 360$，求I.M.I第三次位階干擾時，雜訊頻率 $f_2$ 應為多少？

**A**： 依 3rd I.M.I.，$2f_2 - f_1 = f_0$，$2f_2 - 360 = 300$，$f_2 = 330$

依 3rd I.M.I.，$2f_1 - f_2 = f_0$，$2 \times 360 - f_2 = 300$，$f_2 = 420$

頻率 $f_2 = 330$ 或 420 與 $f_1 = 360$ 混附均可干擾 $f_0 = 300$

$f_1 = 360$ 示信號源 1 頻率，$f_2$ 示雜訊頻率並將與 $f_1$ 混附，$f_0$ 示接收端頻率。（$f_1$：source，$f_2$：squrious，$f_0$：victim）

工程應用：按三次階 IMI，$|2f_2 \pm f_1| = f_o$，$|2f_1 \pm f_2| = f_o$，由設定已知 $f_1$ 及 $f_o$，由取絕對值正或負，可求出 $|2f_2 \pm f_1| = f_o$，$|2f_1 \pm f_2| = f_o$ 式中 $f_2$ 有兩值(330 與 420)，或由設定已知 $f_2$ 及 $f_o$，由取絕對值正或負，亦可求出 $|2f_2 \pm f_1| = f_o$，$|2f_1 \pm f_2| = f_o$ 式中 $f_1$ 值有兩值。

**Q13**： 按頻段外(out of band)干擾模式評估一頻率為 $f_{SR} = 1250$MHz 是否對一接收機中心頻率為 130MHz，IF 為 30MHz 造成干擾？

**A**： 按本地振盪器頻率 $f_{LO} = f_0 + f_{1F} = 130 + 30 = 160$ 按 out of band 干擾模式

$|pf_{LO} \pm gf_{SR}| = f_{1F}$

$f_{SR} = |pf_{Lo} \pm f_{1F}|/g$

set g = 1，for max spurious response

$f_{SR} = |8 \times 160 \pm 30|/1 = 1250$ or $1310$，$(p = 8)$，$(g = 1)$

當 out of band $f_{SR} = 1250$MHz 巧合干擾到以 $f_{Lo} = 160$ 的 8 次諧波 $8 \times 160$ 和 1F = 30MHz 混波所產生的頻率 1250MHz $(8 \times 160 - 30)$ 相吻合。

工程應用：頻段外(out of band)干擾係指外來雜訊頻率與接收中心頻率相差甚遠，但進入接收端與混波器產生新的混附波頻率信號，而此新的混附波頻率信號又恰與接收端中頻頻率相同而造成干擾問題。

**Q14**： 試計算頻道內(co-channel)某一接收機的靈敏度？設此接收機的頻率為 1.36GHz，IF BW = 2MHz，crystal NF = 8dB。

**A**： 按頻道內(co-channel)接收機的干擾耐受度即為此接收機的 Noise flow(noise background)

$\text{Noiseflow} = -174 + 10 \log BW + \text{N.F.}$

$\qquad = -174 + 10 \log 2 \times 10^6 + 8$

$\qquad = -103 \text{dBm}$

工程應用：靈敏度即 $S/N$ 比，當 $S=N$ 時，$S$ 為靈敏度，$N$ 為背景雜訊(noise flow)，由 $N=KTB$ 可導出 heat noise flow PWR $= -174 + 10 \log BW$ ($BW$ 為熱雜訊寬度)。再加上該電子產品本身 N.F.(noise figure)，可導出電子產品 total noise flow PWR $= 174 + 10 \log BW +$ N.F.。

## 1.11 干擾現象物理分析

**Q1：** 哪些是發射源產生干擾雜訊的原因？

**A：** ⑴發射源的隱性頻率(image frequency)。

⑵發射源對接收源所產生的混附波(IMI)與調幅(cross modulation)干擾。

⑶發射源的不當調幅調變輸出。

⑷接收機本地振盪雜訊。

⑸電腦裝置時序信號(clock)傳送衍生雜訊。

⑹電機裝置如馬達、繼電器。

⑺電力系統如火花電暈(arcing，corona)雜訊。

⑻大氣如雷擊、太陽黑子(sun spot)雜訊。

工程應用：說明發射源產生雜訊的緣由分析。

**Q2：** 哪些是接收源感受干擾雜訊的原因？

**A：** ⑴接收源射頻頻率選用不當造成雜訊滲入干擾。

⑵接收源射頻端遭干擾呈飽和現象。

⑶混附波(IMI)與調幅干擾(crosstalk)。

⑷電源線雜訊耦合至接收源造成干擾。

⑸電子盒、箱櫃隔離不佳滲入接收源造成干擾。

工程應用：說明接收源接收雜訊的緣由分析。

**Q3：** 輻射源輻射頻率頻譜特性有哪三種？

**A：** ⑴窄頻頻譜(narrow band)：多由單一頻率高功率發射機產生 NB Noise，如 CW 外加各式調變信號(AM、FM、FSK、PSK)。

⑵寬頻頻譜(broad band)：多由電機裝置如 MOTOR、RELAYS、PWR LINE 產生 BB NOISE，自然界如大氣、太陽黑子也會產生 BB NOISE。

⑶脈衝頻譜(pulsed transient source)：脈衝係一項短暫干擾源，可能為單一突發性亦可能為連續規則或不規則性，如電力線傳送中所發生的火花(arcing)、電暈(corona)現象，高壓絕緣子間漏電火花現象，馬達換相器雜訊，電子裝置開關(switching)動作，小功率如邏輯電路，大功率如雷達。脈衝頻譜特性視脈衝波形、脈衝上升時間、脈衝寬時間而定。

工程應用：輻射源雜訊頻譜寬窄不一，緣由輻射源不同電性參數的波形最大峰值，波形成形上升時間，波形滯留時間所致。

**Q4**： 干擾耦合現象有哪些途徑？

**A**： ⑴傳導性(conductive coupling)：

天線端感應輸入；

電源線輸入；

控制線、介面線輸入；

地迴路輸入；

⑵電感性與輻射耦合(inductive/radiating coupling)

電感性輻射場強感應；

電容性輻射場強感應；

反射與再反射；

大氣、平流層、電離層反射。

工程應用：經空氣耦合依原輻射源特性不同，電壓源為電容性耦合，電流源為電感性耦合，一旦由輻射性耦合至電子盒或線帶則變成傳導性耦合，如途經天線、電源線：信號線、地迴路等傳至電子盒。

**Q5**： 試說明由天線端感應干擾情況？

**A**： 依天線頻寬分窄頻、寬頻兩種，如發射與接收中心頻率相同視為完全感應，如發射為窄頻，接收為寬頻接收則為完全接收稱之窄頻感應(Tx BW < RCV BW)。如發射為寬頻，接收為窄頻接收則為部份接收稱之寬頻感應(Tx BW > RCV BW)。

工程應用：接收頻寬如大於發射頻寬，可接收發射所有雜訊，如小於發射頻寬則僅可接收發射部份頻寬雜訊，前者稱之full coupling，干擾情況較為嚴重，後者稱之partial coupling，干擾情況較為輕微。

**Q6**： 試說明由電源線端感應干擾情況？

**A**： 電源線上的雜訊多來自電源產生器本身，一般均係濾波處理不妥所致，但也有因電源線途經週邊其他電子裝備由傳導、輻射耦合模式將雜訊感應至電源線上。

工程應用：電源線多為低頻，其諧波最高不超過 MHz，故電源雜訊頻段即在此範圍。

**Q7**： 試說明控制線、介面線感應干擾情況？

**A**： 由於電子模組、裝備、分系統、系統均由控制線、介面線所連接，如在線中帶有雜訊則此雜訊將隨控制線、介面線進入電子裝備造成干擾。

工程應用：控制線、介面線本身均帶有雜訊，其間相互交連干擾情況，將視電性上是否有交連互通傳導性，或走線安排是否有輻射性相互感應而定。

**Q8：** 試說明地迴路感應干擾情況？

**A：** 地迴路爲提供電子電路工作時的一項等電位參考面，在低頻時因此地迴路阻抗低，不會造成地迴路雜訊電壓過高而耦合至鄰近電路造成干擾問題，但在高頻因此地迴路阻抗變高而形成地迴路雜訊電壓過高而耦合至鄰近電路造成干擾問題，在低頻地迴路多採單點接地，但需注意地迴路長度與雜訊頻率波長關係以免引起共振高阻抗效應形成干擾，反之在高頻地迴路多採多點接地以減小地迴路阻抗及地迴路長度的耦合量以避免形成干擾。

工程應用：低頻地迴路因線阻低，較不易產生高雜訊電壓。高頻地迴路因線阻高，較容易產生高雜訊電壓。在 EMI 防制工作應注意高頻地迴路 EMI 問題。

**Q9：** 試說明近場、遠場輻射場強感應干擾情況？

**A：** 輻射場強(radiation)大小變化在遠場時($D >= \lambda/2\pi$)隨距離($r$)成$1/r$ 變化，但在電子裝備中或 PCB 間距離很近時，形成近場效應($d <= \lambda/2\pi$)，在近場輻射場強中除了有輻射項(radiation)外還有電感性(induction)場強及靜電場(electro)場強，此三項場強大小隨距離($r$)成$\dfrac{1}{r}$，$\dfrac{1}{r^2}$，$\dfrac{1}{r^3}$變化。

工程應用：近場中如輻射源為電壓源(rod)，$EM$波能量以$E$場為主$P = \dfrac{E^2}{Z}$。如輻射源為電流源(loop)，$EM$波能量以$H$場為主$P = H^2Z$。在遠場$EM$波能量以$E$、$H$為主。$P = E \times H$，$Z = E/H$。

**Q10：** 試說明電感性耦合干擾情況？

**A：** 電纜線間有電感性耦合干擾，此項干擾可以加大線間距離，相互以垂直方式佈線排除之，而在電路板中路徑間相互干擾也有電感性耦合干擾，尤其需特別注意電路板上的電感線圈組件和變壓器之類的電感性組件均爲干擾的主要來源。

工程應用：電感性干擾源以帶有電感器或線圈所形成的 loop 線路為主，其週邊所輻射的磁場會感應到鄰近線路產生感應電流形成雜訊電壓，造成對週邊電子裝置的干擾。

**Q11：** 試說明反射與再反射干擾情況？

**A：** 信號傳送如經多重路徑直接波會與間接波(反射波與再反射波)合成後，因相位關係此反射與再反射波會對直接波產生干擾作用，形成信號忽大忽小的現象。

工程應用：對直接波與反射波或與再反射波所形成的干擾波，以同相位時有最大干擾波，作為評估此項反射波或再反射波是否造成干擾的成因。

**Q12：** 說明大氣、平流、電離層反射干擾情況？

**A：** 在遠距離通訊中，地面輻射源會經由空間大氣、平流、電離層反射至地面對正在通訊中的信號造成干擾。

工程應用：經大氣層、平流層、電離層的電磁波因反射、折射、散射、繞射作用而回至地面造成干擾問題。

**Q13**：哪些是耐受性干擾所需注意的項目？

**A**：　頻寬、選擇性、靈敏度、非線性(隱性響應、混附波、調幅)。

工程應用：頻寬與非線性可列入頻率耦合範圍，靈敏度與選擇性可列入信號強度範圍，需整合頻率差距與信號強度兩項可定出耐受性干擾量(以 dBm 表示)。

**Q14**：試說明頻寬干擾現象？

**A**：　設計需求頻寬如為寬的頻寬會收到寬頻的雜訊，並造成對寬頻接收機的干擾。

工程應用：頻寬越寬所收到的週邊環境雜訊亦越寬，對受害源所造成的干擾亦越大。

**Q15**：試說明選擇性干擾現象？

**A**：　選擇性係指濾除工作頻寬以外雜訊的能力，一般單頻接收機選擇性較易制作，但寬頻接收機需對不同單一頻率調變至所需接收的頻率，在製作上比較精密複雜，但不易造成對射頻和混波器過度負載，中頻多為固定窄頻調制並比射頻端選擇性為窄。非接收機裝置如數位處理器通常均未限工作頻寬限制，工作頻寬愈寬數位處理容量愈大，類比信號對低能量射頻類比信號干擾耐受性較高，對高能量數位脈衝信號干擾則十分敏感。

工程應用：對類比電路一般射頻頻寬較寬、選擇性較好、中頻頻寬較窄、選擇性較差、選擇好易受干擾、選擇性差不易受干擾。對數位電路因工作信號位準(Volt)比類比工作信號位準(mV)為高，較不易受到干擾。

**Q16**：試說明靈敏度干擾現象？

**A**：　高靈敏度電路設計的缺點在容易感應極微弱的雜訊信號，高靈敏度反應也會在混波器和中頻過載負荷時出現非線性響應現象。對電磁調和而言，靈敏度設計在以能接收到所需收到的信號為準，而並不需要過高的靈敏度以免雜訊的滲入造成干擾。

工程應用：高靈敏度電子裝備，需配合本身低雜訊位準才能收到微弱外來信號。

**Q17**：試說明非線性干擾現象？

**A**：　由於在射頻級多為寬頻接收缺乏適當的選擇頻率處理能量，而需將混波器設計為線性工作響應以完成射頻輸入信號和本地振盪器的正常混波工作，但因混波器的非線性工作特性將導致隱性響應、混附波、調幅、靈敏度降低等干擾現象。

工程應用：非線性電子組件工作時，因組件有雜質對通過線性信號會產生混附波雜訊響應，造成非線性干擾問題。

**Q18**：試說明非線性隱性響應(image)干擾現象。

**A**：　在超外差接收機中，隱性頻率出自本地振盪器，此項不需要的隱性頻率可藉由射頻端的良好選擇性功能去除以免對後級產生干擾現象。

工程應用：應設法消除隱性頻率所造成的混附波干擾問題，一般以頻段濾波器(band filter)濾除不需要的隱性頻段頻率，而保留正常工作所需的頻段頻率。

**Q19**： 試說明非線性混附波(IMI)干擾現象。

**A** ： 當兩個或兩個以上信號經過非線性組件如電晶體、兩極體時會產生新的雜訊頻率，如信號源 $A$ 頻率為 $f(A)$，其諧波為 $Mf(A)$，而信號源 $B$ 頻率為 $f(B)$，其諧波為 $Nf(B)$，此信號源 $A$、$B$ 經過非線性組件時產生新的頻率 $f = |Mf(A) \pm Nf(B)|$，這個新的頻率 $f$ 即為衍生的雜訊頻率如和電路中工作頻率相同時可能造成對電路的干擾。

工程應用：由非線性混附波(IMI)所產生的新雜訊頻率，如與受害源工作頻率相同，因相互頻率耦合量有最大值，可能因此造成干擾問題。

**Q20**： 試說明非線性調幅(cross modulation)干擾現象。

**A** ： 載波(CW)信號遭雜訊干擾視為失真調幅信號時稱之為調幅干擾(cross modulation)，在信號源方面，一個信號源可能會受到週邊鄰近另一信號源耦合干擾產生調幅干擾，在接收源方面，可能由於過強調幅信號造成大於負荷非線性調幅干擾。

工程應用：如正常線性調幅信號受到干擾呈失真現象，稱之非線性調幅干擾。

**Q21**： 試說明非線性靈敏度降低干擾現象。

**A** ： 過強雜訊信號會干擾影響自動增益電路而降低電路的正常靈敏度響應。

工程應用：自動增益電路受雜訊干擾無法正常控制輸入信號位準大小，影響原有接收信號靈敏度，造成非線性靈敏度降低干擾現象。

**Q22**： 電磁調和對發射機應如何管制？

**A** ： 廠家依有關單位管理規定核發發射機中心頻率及頻寬功率管制規定製作產品。

工程應用：對高功率發射機中心頻率及頻寬應予優先管制，儘量將其頻率頻寬設計遠離受害源頻率頻寬範圍。

**Q23**： 電磁調和對低功率輻射源如何管制？

**A** ： 一般專指小型通訊器材和遙控器而言，如對講機、民用通訊機、手機、遙控車門、安全系統等，對此等輻射源應在通訊遙控距離上加以限制可控制輻射源的功率大小，另外在通訊使用頻段上加以限制可控制輻射源的頻譜使用範圍。因此對輻射源的功率和頻率加以管理可避免對其他的電子裝備的干擾。

工程應用：對近距離傳送信號，儘量選用低功率輻射源，以免錯用高功率輻射源，而可能干擾週邊其他電子裝置。

**Q24**： 電磁調和如何管制接收機？

**A** ： 首須做好接收機中本地振盪器雜訊溢出的防制工作，加裝濾波器可濾除此項雜訊，以免接收機本身產生干擾問題。

工程應用：本地振盪器雜訊頻寬越窄，與外來射頻信號雜訊頻寬在混波器中所產生的混附波雜訊頻寬亦越窄，這樣可以做好管制接收機本身所產生的干擾問題。

**Q25**： 電磁調和如何管制邏輯處理器？

**A**： 做好時序(clock)脈衝(clock drived pulses)雜訊控制工作，介面線雜訊耦合防制工作，雜訊直接進入電源線防制工作，雜訊直接感應進入電子盒防制工作，電路板雜訊輻射性及傳導性防制工作。

工程應用：低速 clock 產生較低雜訊頻譜，高速 clock 產生較高雜訊頻譜，先瞭解低速或高速所產生的雜訊頻譜範圍，作好雜訊防制工作。

**Q26**： 電磁調和如何管制重型電氣用品？

**A**： 電氣用品中的開關及繼電器、馬達、電機動力裝置均為干擾源多以濾波器抑制此項雜訊。

工程應用：重型電氣用品多屬低頻產品，一般多以傳統各式濾波器濾除由此項低頻產品所產生的不算很高的雜訊頻率(MHz)，但需注意雖雜訊頻率不高，但雜訊信號因重型電氣用品負載電流較大，所產生的雜訊強度則較強，應注意此項較強雜訊信號對週邊電子產品所造成的干擾。

## 1.12 光 纖

**Q1**： 略述光纖傳遞發展史？

**A**： 1976 年美國亞特蘭大貝爾研究所現場模擬成功，是一項以玻璃纖維做為導光的光纖電纜。

工程應用：光纖研發模擬首以玻璃纖維為材料。

**Q2**： 光纖(光波)波長的特性為何？

**A**： 光波與無線電波一樣都是電磁波，但比電磁波頻率為高($f > 3 \times 10^{14}$Hz)如紅光波長為$0.6328\mu$m，紅外線波長為$0.85\mu$m。

工程應用：光纖工作頻率範圍約在$10^{14}$ Hz～$10^{16}$ Hz 之間。

**Q3**： 試說明光波通信容量情況？

**A**： 以光波頻率$f > 3 \times 10^{14}$Hz為例，與微波比較$f = 3 \times 10^9$Hz比較，光波比微波大約高 10 萬倍($10^5$)。這表示以光為信號載波，其通信容量在理論上要比微波大 10 萬倍。

工程應用：以光波頻率$10^{14}$與電磁波$10^9$比較，可略知工作頻率容量相差$10^5$約 10 萬倍。

**Q4**： 簡述早期光波通信實用範例？

**A**： 烽火示警、煙火傳信、鏡子反射、海上信號燈傳送電碼、光波通信發射端需光源，接收端需備光偵測器及光波傳送所經過的光纖及光電耦合器。

工程應用：早期光波通信以目視觀察光源信號變化為主。

**Q5：** 簡述光波傳送原理(optic fiber)？

**A：** 一般 optic fiber 屬於介質波導型，是以石英玻璃，或多成份玻璃當做介質，光纖是由折射率較高的核心(core)和折射率較低的外殼(cladding)構成。利用折射率的差異，光波由核心射向外殼時會產生內反射而將光束由一端傳至另一端。

工程應用：光波傳送係利用光在兩種不同折射率材質中產生內反射而傳送信號。

**Q6：** 有幾種不同模式的光纖結構？

**A：** ⑴多模式級射率(multimode step index)：光纖核心折射率與外殼折射率呈階梯狀分佈，因為多模式，核心較大約60μm 左右。

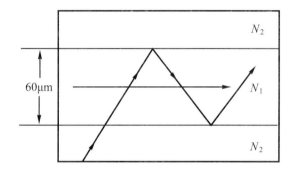 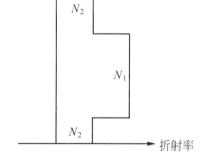

⑵多模式級斜率(multimode graded index)：光纖核心折射率與外殼折射率呈拋物狀分佈

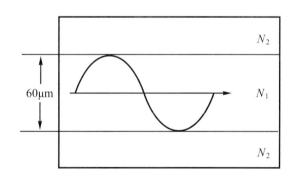 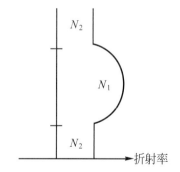

⑶單模式級射率(single mode index)：與多模式級射率(multimode index)特性相同，但核心較細5μM，僅能傳送一個模式。

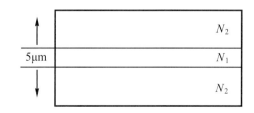 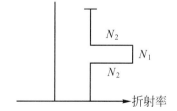

工程應用：折射率呈步階式分佈，多用於窄頻信號傳送。折射率呈拋物線式分佈，多用於寬頻信號傳送。

**Q7：** 試比較光纖和導線物性差異？

**A：** 光纖由純度極高的二氧化矽($SiO_2$)組成，核心及外殼均由 $SiO_2$ 組合，但折射率分佈不一，核心直徑約$60\mu m$，比頭髮$70\mu m$ 還細，而導線最細的尚比光纖截面積大 30 倍，光纖材質為玻璃，不導電，不短路用以導光，導線用以導電。

工程應用：光纖與導線最大不同處在光纖為非導體，而導線為導體，一與光傳送有關，一與電傳送有關。

**Q8：** 試說明光纖優劣點？

**A：** (1)優點：不受雜訊干擾，不發射雜訊，保密性高，無串音，絕緣好，安全(耐火、耐蝕)，容量大損失小傳輸遠，體積小重量輕，傳輸穩定(不受溫度影響)，單線傳輸。

(2)缺點：不宜輸送大功率信號，光纖過於細小不易施工接續。

工程應用：光纖最大優點是不受外界電磁波干擾，但其內部仍有來自光電互換過程由電所產生的雜訊，仍會隨光波傳送。雖容量大但不宜傳送高功率信號是其缺點。

**Q9：** 光纖是利用什麼原理導光行進？

**A：** 光纖以幾何光學中的 Snells law 來說明導光原理，也就是利用全反射原理導光，光只有在入射角大於臨界角時才可在光纖中傳播，光在核心中行進方向沿中心軸呈近似正弦波行進。

工程應用：Snell law 說明當光纖兩種材質中，內部折射率大於外部折射率時，光會依全反射原理在光纖中行進。

**Q10：** 那些因素造成光纖傳輸損失？

**A：** (1)吸收：材料不純，在波長$0.95\mu m$、$1.38\mu m$ 最嚴重。

(2)散射：核心折射率不均勻。核心與外殼間界面不規則。

(3)接續與彎曲：施工與加工工藝不佳。

工程應用：光纖傳速損耗主要來自材質純度與施工工藝。

**Q11：** 什麼是影響光纖頻帶寬度的主要因素？

**A：** 延遲失真(delay distortion)是由信號傳送中分散(dispresion)現象所造成，此因信號中含有諧波，雜波的群速度(group velocity)不盡相同造成波形擴散失真現象。

分散現象有三種，①模式分散(Model dispersion)；②導波分散(waveguide dispersion)；③材料分散(material dispersion)。

(1)模式分散：由各模式間折射率不同的群速度所造成的模式分散。

(2)導波分散：由每一頻率各有不同的群速度形成導波分散。

(3)材料分散：折射率是波長的函數，不同波長有不同的的群速度而造成分散。

工程應用：分散造成延遲失真是影響光纖頻寬的主要因素，而分散含三項造成影響分散比重，依次為材料分散、模式分散、導波分散。

**Q12**： 試說明光纖材質折射率大小與信號傳送群速度關係？

**A**： 折射率大，群速度慢，折射率小，群速度快。

工程應用：光纖群速度快慢與折射率大小成反比。

**Q13**： 已知光纖長度 $L$ (km)，半功率光譜寬度 $W$ (nm)，每公里波長的材質分散量 $X$ (ps/nm/km)，求此材質光纖的頻寬(MHz/km)？

**A**： 依公式材質分散量 $T = L \times X \times W$

$Q = 1(\text{km}) \times 75(\text{ps/nm/km}) \times 40(\mu m) = 3\text{ns/km}$

頻寬(6dB)$= 1/2 \times 1/Q = \dfrac{1}{2} \times \dfrac{1}{3\text{ns/km}} = 150\text{MHz/km}$

工程應用：光纖頻寬與材質分散量成反比，分散量越小頻寬越寬，反之頻寬越窄。

**Q14**： 如何消除光纖各種模式分散問題？

**A**： 斜射率光纖核心的折射率呈拋物線分佈，在中心軸折射率大，在離中心軸愈遠折射率愈小，而群速度與折射率大小成反比，因此可使信號在中心傳送慢一點，在週邊傳送快一點，這樣恰好可以使整體群速度相等而消除模式分散問題。

工程應用：採用拋物線分佈折射率材質可疏解分散問題，適用於寬頻段如係步階式分佈折射率材質因分散問題較嚴重只能用在窄頻段。

**Q15**： 一般典型斜射光纖(multimode graded index)頻寬為多少 MHz/km？

**A**： B.W.(6dB)$= 1/2 \times 1/Q$，$Q$為材質分散量，$Q = 1.2\text{ns/km}$

B.W.$= \dfrac{1}{2} \times \dfrac{1}{1.2\text{ns/km}} = 400\text{MHz/km}$

工程應用：因分散隨光行進距離愈形嚴重而影響工作頻寬，故頻寬是以 MHz/km 單位表示。

**Q16**： 光纖通信系統有那種調變方式？

**A**： ⑴直接調變：亦稱內調變或強度調變。

⑵外調變：機械式裝置以光柵控制強度耦合量。

工程應用：一為直接以電子式調變光的強度，二為間接以機械式光柵調變光的強度。

**Q17**： 為何光纖系統外調變法未能實用？

**A**： 外調變法是以光柵開關把信號耦合到光源上，基本上是一種機械式裝置，不能用於高速調變，但可改進以電光、聲光、磁光效應(electro-optic，aconstic-optic，maguetic-optic)達到高速調變目的，其工作原理是以電、聲、磁來改變光纖的折射率控制信號強度和相位，但是仍有費用高、體積大、效率低、操作難、維護不易等缺點。

工程應用：外調機械式調變，主要受限於不能做高速調變而無法實用化。

**Q18**： 何謂光纖通信直接調變(內調變、強度調變)？

**A**： 如 LED(Light Enitting Diode)、LD(laser diode)是以電流直接驅動而發光，光源的光功率與流經半導體內部的電流大小直接成正比，故稱直接調變或強度調變，而解調則利用檢光器如 pin diode、Avalanche photo diode 可把光的信號轉爲電的信號而達到解調的目的。

工程應用：內調電子式調變，以電流直接控制光源功率大小，達成調變信號大小目的。

**Q19**： 那些是光纖通信系統的主要元件？

**A**： (1)發射機(Transmitter)：以信號電流直接驅動光源，使光源能發出與信號電流大小成正比的光信號，故亦稱光源驅動器(driver)。

　　(2)光源(light source)：轉換電爲光能，常用的光源有 LED、LD、LASER 多種，LED 發射光爲無方向性呈散光現象，LD 則有聚光作用，其中以 LASER 光源爲最強。

　　(3)耦合器(Coupler)：一在光源與光纖連接處是將光源射出的光耦合到光纖核心處，一在光纖與檢光器連接處是將光纖微弱信號耦合到檢光器的有效感光區。

　　(4)連接線(patch cord)：用於配線架上作各種配線用，是做光的連接而非電的連接。

　　(5)連接器(Connector)：供光纖間連接用，是一種套接式(plug in type)裝置。

　　(6)交接器(splice)：永久性接續裝置用於光纖間延續之用。

　　(7)檢光器(photo detector)：將微弱光信號轉成電流信號，如 PIN 二極體。

　　(8)接收機(Receiver)：將電流信號放大、等化、整形同步、再生。

　　(9)中繼器(Repeater)：將信號放大用於長距離傳輸系統。

工程應用：(1)、(2)列發射部份，(7)、(8)列接收部分，(3)(4)(5)(6)列介面部份，(9)如同信號放大器。

**Q20**： 簡述光纖、光纜制作歷程？

**A**： (1)光纖：1960 年代傳輸損失太大尙不實用。

　　　　　1970 年代克服困難作出低傳輸損失 20dB/km 光纖。

　　　　　1980 年代做出極低傳輸損失 0.2dB/km，$1.55\mu m$ 的光纖。

　　(2)光纜：在光纖外層加一層甚薄的保護層稱之預鍍層(precoat)以加強光纖韌度而成光纜，光纖則僅由同心不同折射率玻璃組成，內層稱核心(core)，外層稱外殼(cladding)。外外層爲 $SiO_2$ 外套，再外層爲預鍍層(precoat)，最外層以 Nylon、Teflon 外套包紮。

　　典型的光纖結構，核心直徑爲$50\mu m$，$SiO_2$ 外套直徑爲$125\mu m$，預鍍層爲$150\mu m$，Nylon(Teflon)外套爲$900\mu m$

工程應用：光因光纖材質易損，經強化包裝成爲實用性的光纜。

**Q21**：那些是光纖應用上的技術難題？

**A**：　優點：細如頭髮重量輕，不導電只導光的玻璃材料。

　　　缺點：①太細不易處理，玻璃材質不易加工，在光纖需切割作連續時如切割技術不佳會造成傳輸功率 3dB 的損失。

　　　　　②因光纖有效截面積小，且材料$SiO_2$安定熔點高達 2000℃，如加工接續不良會造成重大傳輸損失。

　　　　　③光纖與組件間通連規格一致性，如選用不當會因介面不匹配造成損失。

工程應用：主要缺點在光纖與組件間組抗匹配問題，常需以中繼器將信號放大補償之。

**Q22**：那些是影響光纖傳送信號功能的主要因素？

**A**：　⑴折射率分佈模式(step or parabolic)與光波傳導分散有關並直接影響光纖的工作頻寬，折射率差比$[\Delta=(n_1-n_2)/n_1]$越小，光纖工作頻寬越寬，一般寬頻均採用 parabolic 折射率分佈模式，因為 parabolic 折射率分佈的折射率差比要比 step 為小。($n_1$為光纖核心折射率，$n_2$為光纖外緣折射率)。

　　　⑵光纖波長選用需參閱材質對頻率波長吸收情況而定，一般選用波長 0.8～1.5$\mu m$，因此段波長的光波在材質中傳送衰減最小。

　　　⑶光纖因彎曲所造成的信號傳送衰減與可彎曲度成反比，彎曲度越小(彎曲幅度越大)信號衰減越大。而彎曲度與光纖折射率差比$[\Delta=(n_1-n_2)/n_1]$成反比，折射率差比($\Delta$)越大光纖可彎曲度越小信號衰減越大。又彎曲度與波長成正比，波長越短可彎曲度越小信號衰減亦越大。

工程應用：電性方面以考量材質折射率分佈為主，物性方面以考量施工工藝為主。

# 2

# 結合、濾波、接地、隔離防制工作

## 2.1 結　合

### 2.1.1 結合面阻抗特性分析

**Q1：** 電性結合(bonding)未做好會造成那些影響？

**A：** 對交流電源線會造成絕緣損壞現象，對信號源會減小信號強度增加雜訊強度，對電子裝備系統會增加雜訊強度。

工程應用：未做好結合工作，會使接點或接面阻抗上升，造成雜訊電壓上升 EMI 問題。

**Q2：** 結合面電性阻抗頻率響應情況如何？

**A：** 一般平滑清潔緊密接觸面的良好導體電性阻抗約 1mΩ，阻抗頻率響應在低頻(kHz)顯示為直流電阻、電阻值依直流電阻值公式計算，而阻抗頻率響應在高頻(MHz、GHz)因寄生電感、電容涉入產生共振顯示為交流電阻變化。直流電阻值與材質電阻係數、長度成正比，與截面積成反比；交流電阻要比直流電阻為大且呈電感性、電容性。並聯共振，串聯共振阻抗頻率響應變化。直流電阻較易計算，交流電阻(阻抗)則需視材質對頻率響應及結合面面積大小與頻率波長關係而定，一般交流阻抗隨頻率升高而升高。在並聯共振時阻抗較高，在串聯共振時阻抗較低，而整體交流阻抗頻率響應呈上升型正弦波波形變化。

工程應用：結合面電性阻抗隨頻率上升而上升，因此在低頻不會產生 EMI 問題，但隨頻率上升因阻抗上升產生較高雜訊電壓形成 EMI 問題。

**Q3：** 結合面阻抗規格定義爲何？

**A：** 直流電阻爲 2.5mΩ，交流阻抗係隨頻率升高而呈電感性、電容性、電感電容並聯、串聯共振性阻抗變化。故交流阻抗規格並無定值而以越小越好爲規格需求，一般仍以個位數 mΩ做爲規格要求範圍。

工程應用：一般結合點或面的面徑大小，均遠小於雜訊波長，其對頻率相對應的阻抗變化，均以直流電阻示之。一般 2.5 mΩ接點或接面所形成的雜訊電壓不足以造成 EMI 問題，故定 2.5 mΩ爲結合組抗規格值。

**Q4：** 一般結合帶(bond strap)阻抗頻率響應如何？

**A：** 結合帶常用於接地，外形呈細長方形金屬帶，電性等效電路爲電感、電容並聯電路並有共振頻率；凡小於此共振頻率者爲電感性，凡大於此共振頻率者爲電容性。依結合帶材質所具電感量與結合安裝界面電容依公式 $f = \dfrac{1}{2\pi\sqrt{LC}}$ 可計算出共振頻率。

在實務應用上要特別注意有無此項共振頻率，如有此項共振頻率在結合處會產生最大傳導性雜訊電壓源。

[電壓＝雜訊電流 × 結合處阻抗(並聯共振時阻抗值最大)]。

工程應用：結合帶適用於疏導寬頻雜訊，而較細導線則適用於疏導窄頻雜訊。

**Q5：** 結合方法有幾種？阻抗特性如何？

**A：** 結合方法有兩種，一爲直接法，一爲間接法。

⑴直接法：
　①將兩塊清潔平整的金屬面經加壓接合，量測直流電阻約在 0.5～50mΩ/cm²。
　②以螺絲或螺帽鎖定，使用工具加壓約在 1200～1500PSI(85～110kg/cm²)。
　③以點焊方式固定，適用於小電流信號，不適用於大電流如電源箱斷電器。
　④濕硬焊(dip brazing)適用永久性結合可防銹。
　⑤以焊接方式固定結合面適用於重機電裝備。
　⑥炸藥熔接固定，以藥包熔接法固定接合面，適用於大電流如雷擊接地棒、接地板、接地網。
　⑦導電膠、導電填充物、溶劑、乳劑可使用於固定接點或活動接點。

⑵間接法：
　①持續器(jumper)短小圓桶狀金屬胚用於連接兩段導體以保持電性連通。
　②金屬帶(strap)多呈平行構形，長寬比約爲 5：1。
　③墊片(gasket)各種形狀均有用於保持兩導體接觸面電性連通。

工程應用：直接法比間接法爲好，因直接法結合點或面阻抗比間接法結合點或面阻抗爲低。

**Q6：** 結合面材質電性特性需求為何？

**A：** 結合面由兩種金屬面相結合，其間力求兩者材質相同，平整平滑接觸以避免射頻電流在結合處因材質不同，接觸面粗糙阻抗變大而產生雜訊電壓。

**工程應用：** 儘量採用相同金屬材質相結合可減低雜訊電壓。

**Q7：** 不同線號的交流直流電阻($R_{ac}/R_{dc}$)頻率響應情況如何？

**A：** 原則上選用 $R_{ac}/R_{dc}$ 對頻率響應變化愈小者愈佳。一般線號愈小者(細線)，$R_{ac}/R_{dc}$ 比值愈大，電阻愈大，線號愈大者(粗線) $R_{ac}/R_{dc}$ 比值愈小電阻愈小。就電阻大小頻率響應是隨頻率升高而升高。

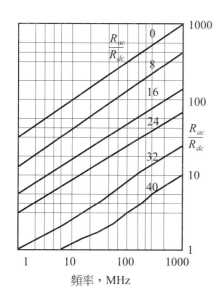

$$R_{ac} = \frac{1}{2\pi r \delta}$$

$$\delta = 5033\sqrt{\frac{\rho}{\mu f}}$$

$\rho =$ resistivity of material(ohm-cm)

$\mu$：permeability(H/m)

$f$：Hz

$r$：conductor radius(cm)

$\delta$：Skin depth(cm)

線號：0、8、16、24、32、46

**工程應用：** 由行錄可查知不同線號 $R_{ac}/R_{dc}$ 比值，其中 $R_{dc}$ 可依 $R_{dc} = =\rho \cdot \frac{l}{A}$ 公式算出 $R_{dc}$ 值，再查 $R_{ac}/R_{dc}$ 對應不同頻率 $R_{ac}/R_{dc}$ 比值大小，如 $R_{ac}$ 值選 40 號線，$R_{ac}/R_{dc} = 10$，at $f = 1000$ MHz，可算出 $R_{dc} = 1$ mΩ，$Rac = 10$ mΩ。

**Q8：** 圓形導體與方形導體直流電阻($R_{dc}$)如何計算？

**A：** 依公式 $R_{dc} = \rho\frac{l}{A}$(圓形)

$\rho$：材質電阻係數 mΩ/cm

$l$：線長(cm)

$A$：線截面積(cm²)

依公式 $R_{dc} = 100/\rho t$(方形)

$\rho$：conductivity(ohm)$^{-1}$

$t$：metal thick(mm)

工程應用：如導體材質相同，圓形導體$R_{dc}$與長度、截面積有關，方形導體僅與厚度有關。

**Q9：** 圓形導體與方形導體交流電阻$(R_{ac})$如何計算？

**A：** 依圓形導體公式

$R_{ac} = R_{dc}(d/4\delta + 1/4)$

$R_{dc} = \rho \cdot l/A$

$\delta = 0.066/\sqrt{\sigma \mu f(\text{MHz})}$

e.g copper wire

$R_{ac} = R_{dc}(3.78 \times d\sqrt{f(\text{MHz})} + 1/4)\text{m}\Omega$

$\sigma$：conductivity

$\mu$：permeability

$f$：frequency

$d$：wire diameter

$l$：length

$A$：cross section area

$\delta$：skin deepth

$\rho$：resistance coefficient

依方形導體公式

$$R_{ac} = \frac{369\sqrt{\dfrac{\mu f(\text{MHz})}{\sigma}}}{1 - e^{-t/\delta}}$$

$$\delta = \frac{0.066}{\sqrt{\mu \sigma f(\text{MHz})}}$$

$\mu$：permeability

$f$：frequency

$\delta$：skin depth

$\sigma$：conductivity

$t$：thickness

e.g copper$R_{ac} = 369\sqrt{f(\text{MHz})}$  $\mu\Omega/\text{sq}$

AL$R_{ac} = 476\sqrt{f(\text{MHz})}$  $\mu\Omega/\text{sq}$

Steel$R_{ac} = 12.6\sqrt{f(\text{MHz})}$  $\text{m}\Omega/\text{sq}$

工程應用：圓形導體 $R_{ac}$ 與 $R_{dc}$ 線徑有關，方形(面板)導體 $R_{ac}$ 與材質、頻率有關。

## *2.1.2*　各式結合方法

**Q1：** 不良接合會造成對信號那些傷害？

**A：** 對交流電源線因接觸不良會生熱燒毀絕緣物，對信號線因接觸不良會使信號強度減小並使雜訊強度提高，對裝備系統因接觸不良會使信號傳送強度減弱而影響整體功能。

工程應用：不良結合組抗上升，造成雜訊電壓上升。

**Q2：** 簡述結合面阻抗對應頻率響應變化情況？

**A：** 一般金屬面平整光滑經加壓接觸密合時直流電阻在 $1\text{m}\Omega \sim 2.5\text{m}\Omega$ 之間，直流電阻係指對低頻而言，交流阻抗在高頻則有電感電容效應產生並有共振現象。

工程應用：結合面阻抗在低頻(Hz、kHz)呈 $R_{dc}$，在高頻(MHz、GHz)呈 $R_{ac}$ 變化，頻率愈高 $R_{ac}$ 值愈大。

**Q3：** 結合面接合有那些方法？

**A：** ⑴螺絲鎖定：鎖定加壓值在 $1200 \sim 1500\text{PSI}(85 \sim 110\text{kg/cm}^2)$

⑵焊接固定：適用於低熔點接觸，不適用於大電流電路因過熱而損及接點。

⑶濕硬焊固定：屬永久性接觸需注意生銹問題。

⑷藥包焊接：以藥包產生高溫熔接兩金屬形狀不規則的接觸面，多用在雷擊接地擊銅板與導線間的焊接。

⑸導電膠、導電液：材質選用較低阻值在 $\text{m}\Omega\text{-cm} \sim \mu\Omega\text{-cm}$，較高阻值(碳纖材質)在 $3\text{m}\Omega\text{-cm} \sim 100\text{m}\Omega\text{-cm}$。

工程應用：依實務需求不同而有不同對點或面的結合方法。

**Q4：** Jumper 的用途為何？

**A：** Jumper 用在兩導體間有一空間需以導體銜接，此導體多為短圓形導線兩端並有接線環，因線較長關係只適用於較低頻率(小於 10MHz)的裝置，Jumper 也常用在防制靜電。

工程應用：跳線列為用於低頻接地的一種方法。

**Q5：** Strap 的用途為何？

**A：** Strap 用在一導體端點需與地接地時以扁平線連接接地。扁平線(Strap)比圓形線(round)為好因 round 導線尺寸比 strap 為大且另需接線環配裝不佾 strap 扁平線可以螺絲直接固裝簡便。strap 線長對線寬比例約為 5：1。

工程應用：扁平線長寬比約為 5：1，多用於接地疏導寬頻雜訊。

**Q6：** gasket 的用途為何？

**A：** gasket 用在二導體間有間隙存在時需以墊片填充間隙保持二導體的良好導電連續性，gasket 可製成多種形狀如圓柱形、扁平形、方形裝填於不同形狀的溝槽中(Slot)。

工程應用：墊片多用在填充空隙，以使電子盒整體保持良好導電性形同 Farady cage 效應，可防制雜訊外洩或感應外來雜訊。

**Q7：** 結合常用的 Jumper、strap 電性等效圖為何？

**A：** 電性等效圖相等於電阻電感串接再和電容並接，其中 $R(dc) = K\dfrac{l}{A}$（$K$：材質電阻係數，$l$ 線長，$A$ 線徑面積），$R(ac) = \dfrac{1}{2\pi r d}$（$r$＝線半徑，$d$＝集膚深度），$d = 5033\sqrt{\dfrac{K}{\mu f}}$（$K$：材質電阻係數，$\mu$：材質導磁係數，$f$：頻率）。電感為 Jumper 或 strap 線長的電感量，電容為 Jumper 或 strap 與其連接金屬面間的電容量。

工程應用：跳線與扁平線在開路(斷路)或短路(通路)不同情況下對應頻率，在開路呈並聯共振模式。在短路呈串聯共振模式。其他低於共振頻率或高於共振頻率，在開路或短路中均呈電感或電容及電容或電感交變模式。

## 2.2 濾　波

### 2.2.1　電感、電容、介質濾波器

**Q1：** 單一電容器濾波原理為何？

**A：** 依電容抗 $X_c = 1/(2\pi fC)$ 算式，如 $C$ 為定值，頻率越高電容抗越小，濾波效果越好，理論上其工作頻率可至無窮大，但因受限電容器接腳電感影響而有共振頻率；凡小於此頻率者電容器仍呈電容抗頻率響應，凡大於此頻率者電容器呈電感抗頻率響應而不具濾波效果。由電容器電容量 $C$ 和電容器接腳電感量 $L$ 可依 $f_0 = 1/(2\pi\sqrt{LC})$ 公式計算此電容器的工作共振截止頻率 $f_0$。如電容器接腳電感為 $L$，要濾除低頻則選用大電容，要濾除高頻則選用小電容。

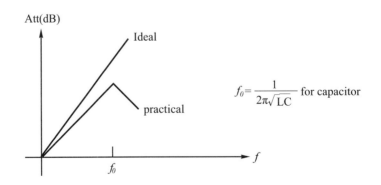

工程應用：單一電容器均並聯接裝電路中，多用於濾除高頻雜訊，俗稱低通濾波器(low pass filter)。

**Q2**： 單一電容器工作截止頻率 $f_c$ 如何計算？

**A**： 單一電容器均以並聯方式接裝信號源與負載源之間，設信號源輸出阻抗與負載輸入阻抗相同時，濾波功能 dB 數與頻率、阻抗、電容關係為 $dB = 20 \log (\pi RCf)$，而工作截止頻率依此式計算為 $f_c = 1/(\pi RC)[0dB = 20 \log (\pi RC \times 1/(\pi RC))]$。凡 $f > f_c$ 為濾波工作區，$f < f_c$ 為濾波非工作區。

工程應用：$f_c = 1/\pi RC$ 僅適用於信號源內阻 $R_s$ 等於負載源阻抗 $R_L$，實務上 $R_s$ 常不等於 $R_L$。此時 $f_c$ 不等於 $1/\pi RC$ 且 $f_c$ 向高頻方向移動。即如 $R_s = R_L$，$f_c = 10$ k，$R_s \neq R_L$，$f_c = 100$ k，表示 $R_s = R_L$ 濾除雜訊起自 10 k，而 $R_s \neq R_L$ 濾除雜訊起自 100 k，兩相比較前者比後者濾波功能為佳。

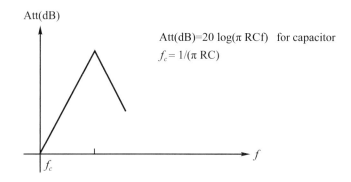

Att(dB)=20 log(π RCf)　for capacitor

$f_c = 1/(\pi RC)$

**Q3**： 單一電感器濾波原理為何？

**A**： 依電感抗 $X_L = 2\pi fL$ 算式，如 $L$ 為定值，頻率越高電感抗越大濾波效果越好，理論上其工作頻率可至無窮大，但因受限電感器線圈間寄生電容影響而有共振頻率(亦稱工作截止頻率)；凡小於此頻率者電感器仍呈電感抗頻率響應，凡大於此頻率者電感器呈電容抗頻率響應，因電感器係串接信號源與負載源之間，當頻率至高時形同斷路會使信號源上的高頻雜訊產生反射而無濾波效果。

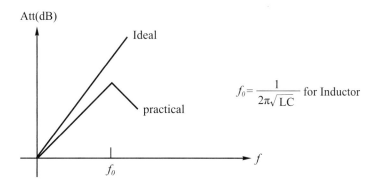

$f_0 = \dfrac{1}{2\pi\sqrt{LC}}$ for Inductor

工程應用：單一電感器如串聯接裝電路中，多用於濾除高頻雜訊，但在高頻電感器呈高電感抗，會將要濾除的雜訊反射至信號源形成共振現象，因有此缺點實務上均不以電感器做為低通濾波器(low pass filter)。

**Q4：** 單一電感器工作截止頻率 $f_c$ 如何計算？

**A：** 單一電感器均以串接方式接裝信號源與負載源之間，設信號源輸出阻抗與負載輸入阻抗相同時，濾波功能 dB 數與頻率、阻抗、電感關係為 $dB = 20 \log((\pi Lf)/R)$，而工作截止頻率依此式計算為 $f_c = R/(\pi L) [0dB = 20 \log((\pi L)/R \times R/(\pi L))]$。凡 $f > f_c$ 為濾波工作區，$f < f_c$ 為濾波非工作區。

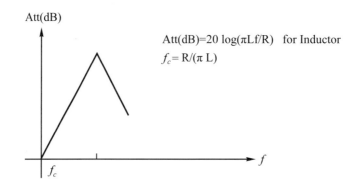

工程應用：$f_c = \dfrac{R}{\pi L}$ 僅適用於信號源內阻 $R_s$ 等於負載源阻抗 $R_L$，實務上 $R_s$ 常不等於 $R_L$，此時 $f_c$ 不等於 $R/\pi L$，補充說明如 Q2。

**Q5：** 單一電容或電感用於濾波與 L、Π、T 型濾波器功能有何不同？

**A：** 濾波器頻率響應曲線呈垂直最好，(斜率越大，在工作頻率中對濾除雜訊功能 dB 數亦越大，如 60dB/decade > 40dB/decade)；以單一電容或電感為例，對濾除頻率響應功能為 20dB/decade，L 型濾波器為 40dB/decade，Π型 T 型濾波器為 60dB/decade；因此就濾波器濾波功能頻率響應優劣排列為 Π，T 型(60dB/decade)、L 型(40dB/decade)、單一電容或電感(20dB/decade)。

工程應用：一般濾波組件愈多濾波功能愈好，但組合組件 L、C 本身需高精度寬頻組件，否則會因頻率上升產生共振雜訊而影響濾波頻寬功能。

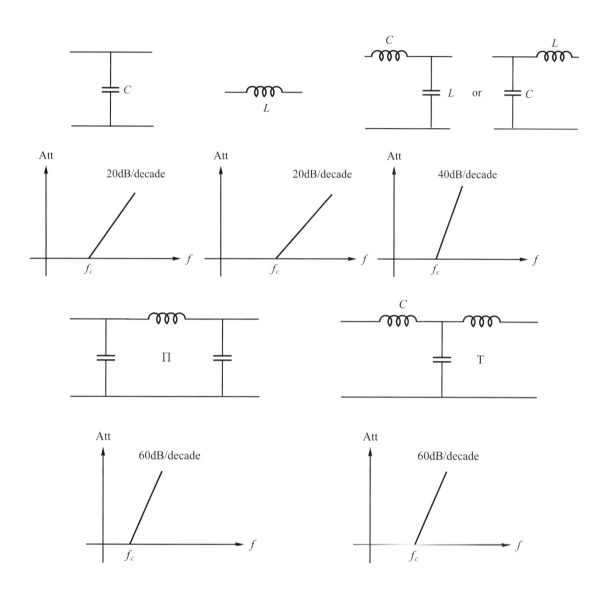

**Q6：** 接用濾波器時，為何需考量兩端阻抗高低？

**A：** 接用濾波器時，需考量兩端阻抗高低阻抗匹配，一般單一電容適用於兩端為高阻抗電路，單一電感適用於兩端為低阻抗電路。其他 L、T、π 各型濾器則視電感、電容組件組合而定，如濾波器阻抗和信號源，負載不匹配時會使原有工作截止頻率偏移，使雜訊濾波功能減低，甚至未將雜訊濾除減低反使雜訊在工作截止頻率附近遭到放大。

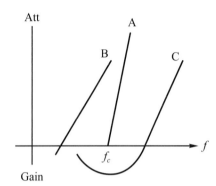

A:ldeal
B: $f_c$ shifting
　　degradation in Att
C:noise amplified and shifted
　　due to high Q in resonace.
　　from Impedence mismatching

工程應用：當濾波器組件 L 或 C，與信號源或負載源阻抗不匹配時，會產生工作截止頻率漂移如 B，濾波功能降低還可能反將雜訊放大等現象如 C。

**Q7：** 何謂介質濾波器？(Ferrite bead)

**A：** 高頻雜訊通過介質，介質藉高消耗因素(high loss factor)特性，將雜訊吸收變成熱能而達成濾除雜訊效果。

工程應用：介質濾波器吸波功能與介質電阻值有關，依公式 $P = I^2 R$、$I$ 為雜訊電流大小，$R$ 為介質(高導磁性材質)電阻值，$R$ 越大，$P$ 越大表示吸波功能越好。

**Q8：** 介質濾波器功能頻率響應如何？

**A：** 介質濾波器阻抗等效圖為電阻與電感並聯，電阻頻率響應在低頻(kHz)為低電阻，高頻(MHz)為高電阻。電感頻率低頻(kHz)為高感抗，高頻(MHz)為低電感抗。依並聯阻抗特性低頻時信號經低電阻值通過，高頻時雜訊經高電阻通過並藉由介質高消耗因素(high loss factor)特性將高頻雜訊吸收變成熱能而達成消除高頻雜訊效果。

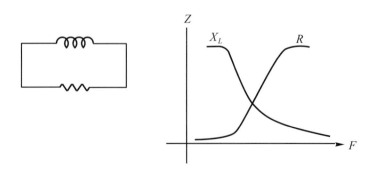

工程應用：介質濾波器為一項純電感與電阻並聯裝置，其吸波功能依R值而定，一般R值越大
吸波越大表示抑制雜訊功能越好。

**Q9：** 如何選用介質濾波器？

**A：** 各種介質濾波器廠家均附有電阻與電
感抗阻抗頻率響應曲線，此項曲線多
呈正弦波(上半部)分佈，一般選取正
弦波阻抗頻率響應曲線最高點處頻率
為設計者所需濾除之雜訊頻率，而介
質濾波器濾波功能效益則視介質的材
質(電阻)而定，電阻越高，濾波效果
越好。

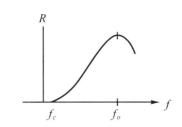

工程應用：介質濾波器因通過雜訊電流過大或頻率過高，在 $f_o$ 會使介質飽和而使R值下降影
響吸波功能。

**Q10：** 如何處理電容、電感接腳問題？

**A：** 電容接腳過長會偏移原設計需求的濾波工作截止頻率，且減低對雜訊的濾波效果，
故電容接腳越短越好。而電感結構因電感圈數間有寄生電容存在需要電感平衡消
除，故電感需有一定長度接腳並利用接腳長度上的電感量以平衡電感的寄生電容。

工程應用：依共振頻率 $f_o = 1/2\pi\sqrt{LC}$，是影響濾波器工作頻段的主要因素，$\sqrt{LC}$ 越大，$f_o$ 越
小，工作頻段愈窄。如係低通濾波器(low pass filter)，$C$ 為並聯電容，$L$ 為接腳電
感，如係高通濾波器(high pass filter)，$C$ 為串聯電容，$L$ 為並聯電感。因 $L$ 為線圈
式電感其間也存在寄生電容，最佳情況電感器自身電感電容相互抵消，如不能相
互抵消多餘的$L$，將降低共振頻率$f_o$，而使濾波有效工作頻段變窄。

**Q11：** 如何處理濾波器阻抗匹配接用問題？

**A：** 濾波器兩端安裝阻抗不匹配時，將影響濾波功能，各種濾波器皆有其工作頻率，如
阻抗不匹配時會造成對雜訊有放大的作用，此項效應可用電感串接電阻及電容並接
電阻方法，可降低電路中共振 $Q$ 值，$(Q = WL/R = WRC)$如$Q = WL/R$ 式中電感串
接電阻或 $Q = WRC$ 式中電容並接電阻可降低 $Q$ 值，使濾波頻率響應曲線變化由對
雜訊有放大異常現象轉為正常濾波功能而達成濾除雜訊的效果。

工程應用：如信號源阻抗等於負載阻抗，其間所接濾波器有最大濾波效益，如信號源與負載
阻抗過高或過低都會影響濾波功能，廠家提供濾波器功能資料都是在信號源阻抗
等於負載阻抗情況下檢測所得，然而實務上這兩項阻抗很少相等，所以所接裝的
濾波器功能通常都比廠家所示的功能為差。

**Q12：** 一般介質濾波器濾除雜訊功效如何？

**A：** 介質濾波器多用於數位電路以濾除由數位電路所衍生的高頻雜訊，數位脈衝信號所產生的雜訊頻率脈衝信號起始時間(rise time)在 100ns 時，雜訊頻率可達 3MHz，10ns可達 30MHz，1ns可達 300MHz。一般介質濾波器工作頻率可分低、高兩個頻段，一為 3 至 30MHz，一為 30～300MHz 而濾波效果則視阻抗頻率響應而定。介質濾波器阻抗約在 150～200 歐姆之間，對雜訊衰減有 6～12dB 效果。

工程應用：介質濾波器(ferrite bead)用於吸收輻射在空氣中的雜訊場強，對雜訊衰減不是很高約在 6～12 dB。

**Q13：** 如何安裝濾波器？

**A：** 安裝濾波器要注意接地，對共膜式(CM)雜訊需接地，對差膜式(DM)雜訊則不需接地，對接線兩端需隔離良好以避免雜訊滲入，而接地阻抗過高時會形成雜訊電壓耦合至濾波器造成電路內部 EMI 問題。

工程應用：做好濾波器接地工作，可避免雜訊反射形成濾波器工作頻段中漣波問題。而漣波大小又會影響信號源與負載間阻抗匹配問題，按 ripple (dB) = 10 log (SWR)公式，已知 ripple (dB)大小可計算 *SWR* 瞭解阻抗匹配情況。

**Q14：** 濾波接頭電性特性及濾波功效如何？

**A：** 濾波接頭為在一般接頭信號傳送的 PIN 上加裝介質環(ferrite ring)而成，當信號傳送時，含有高頻雜訊會被介質環吸收變為熱能而達成消除雜訊的功能，此項接頭多製成 D 型接頭多用於數位信號傳送並接裝於信號傳送輸出、入端。其濾波功能形同 L、T、Π型貫穿電容器(Feed through capacitor)，一般濾波功能在 1MHz 以上，詳細此型濾波器功能可依廠家提供的資料查出。

工程應用：濾波接頭(filter built-in connector)形同 π 型低濾波器(low pass filter)，因製作精密、介質環價格高，一般市面上濾波接頭不多。廠家多收到訂單才設計製作，所以價格十分高昂。

**Q15** 決定濾波器功能三大要素為何？

**A：** 一為斜率(slope)，二為漣波(ripple)，三為偏移(rolling)；
斜率所指為濾波器在工作截止頻率點 $f_c$ 以上濾波功能頻率響應變化情況，slope愈抖(愈垂直)，濾波功效愈好，slope 愈緩(愈水平)，濾波功效愈差；

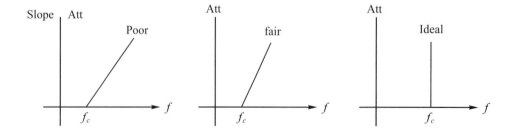

漣波所指為在濾波工作頻段中濾波功效平穩度情況，如變化起伏大表示駐波大，對通過濾波器的雜訊有反射的作用，即未將雜訊濾除反而將雜訊反射回信號源造成對信號源的干擾，因此駐波大反射雜訊大，駐波小反射雜訊小。如漣波變化為 0.2dB，SWR = 1.05；1dB，SWR = 1.25；3dB，SWR = 2.0(ripple dB = 10 log SWR)。

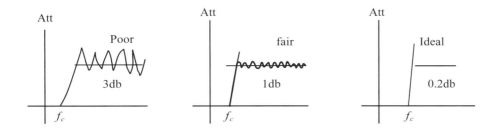

偏移(rolling)　　　　所指為濾波器工作截止頻率點$f_c$偏移而影響原設計之工作截止頻率濾波功能。

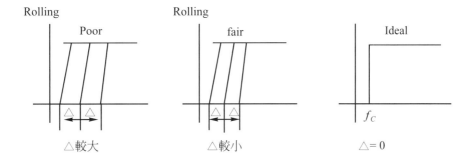

濾波器由電感、電容組件組成，依不同設計需求特性有不同 slope、ripple、rolling 頻率響應變化。如常用三種不同設計多組件 L.C.組合濾波器其 slope、ripple、rolling 特性如表列。

|  | Bessel | Chebyshev | Butterworth |
|---|---|---|---|
| Slope | Less sharp | Sharpest | Sharper |
| Ripple | Larger | Smallest | Smaller |
| Rolling | Stable | Stable | Unstable |

工程應用：濾波器組成組件越多形成多級(multi-stage)濾波器，固可改善濾波工作起始頻率點的工作曲線斜率而趨向垂直。但如組成組件不夠精密，對頻率呈非線性響應變化，會在濾波工作頻段產生漣波問題，影響信號源與負載間阻抗匹配，造成傳送信號降低問題。偏移多因組件溫度變化過熱，造成工作頻率偏移漂動，而影響原定濾波工作起始頻率。

## 2.2.2 導磁環(ferrite bead)特性與應用

**Q1：** 導磁環材質特性如何？

**A：** 導磁環為一種利用高導磁性材料滲合其他一或多種鎂、鋅、鎳金屬在 2000°F 燒聚而成，其濾波原理為吸收高頻雜訊化為熱能，但對較低頻信號則無影響。一般固態鐵心也有導磁功能，但不如等分鐵心材質好，因等分鐵心具有高均勻度導磁性結構，對時間及溫度變化極具穩定性且無渦流損耗是一種標準用於製作導磁環的材料。

工程應用：導磁環是一種高導磁材質，對電磁波有吸收轉換為熱能的功效。

**Q2：** 導磁環多製作成那些模式濾波材料？

**A：** 依使用模式不同可將此項防制材料製成 bead、snap、clamp、pin、ring 形狀直接套接於電纜線或接頭上可抑制高頻雜訊，但對 D.C 及低頻信號不造成影響。

工程應用：導磁環依構形不同可使用於不同場景需求，如 PCB trace、wire、pin (lead)、cable、connector、box、structure frame，etc.。

**Q3：** 一般廠家多生產那兩種導磁材料用於製作各種導磁環？

**A：** 一般因應市場需求，廠家常產兩種型號的導磁材料，一種編號為 28 號用於抑制10M-1G 雜訊，一種編號為 33 號用於抑制 1M-30M 雜訊。

工程應用：依導磁材質頻率響應不同，可製作出不同頻段的導磁環用於吸收不同頻段的雜訊場強。

**Q4：** 導磁材料阻抗對頻率響應情況為何？

**A：** 導磁材料對頻率響應至為敏感，如超過工作頻段，材質本身core loss增大，導磁係數急驟降低，前者使 Insertion lose 變大，後者對高頻雜訊抑制效果減低。故 ferrite材質在高頻時所呈現的高阻抗變化是本項材質最大特性，也是可用在吸收高頻雜訊的主要原因。一般的ferrite材質阻抗對頻率響應曲線呈正弦波圖形，正弦最高點為最大阻抗也是最佳吸收雜訊工作點，而工作頻段視此最大阻抗頻率響應量，吸收效果隨阻抗變化而變化，阻抗愈大吸波效果愈好。愈小愈差。

工程應用：頻率過高會造成導磁材料磁化飽和現象，而降低吸波效果，形同單一電容器因接腳電感造成共振效應而降低濾波效果一樣。

**Q5**： 導磁材料體積大小與阻抗關係如何？

**A**： 體積愈大阻抗愈大，對雜訊抑制效果亦越好，一般體積大一倍，阻抗亦大一倍。

工程應用：導磁材料體積大雜訊小與其阻抗成正比，而阻抗越大吸收空間電磁波雜訊效果越好，所以體積大的導磁環其吸收雜訊效果亦較好。

**Q6**： 導線通過 ferrite bead 圈數多寡對雜訊抑制效果如何？

**A**： 導線重複多繞幾圈通過 ferrite 則有較佳抑制雜訊效果。

工程應用：導磁環穿孔構形目的在使線體通過其間，而達到吸收線上溢出雜訊效果，如果線體能多次通過導磁環，當可提升吸收雜訊效果。

**Q7**： 選用 ferrite bead、snap、clamp 要注意那些工程應用準則？

**A**： 須知所要衰減中心頻率頻寬範圍，須知所要衰減雜訊分貝數，依公式預估計算

$$dB = 20 \log (Z_s + Z_L + Z_F)/(Z_s + Z_L)$$

$Z_s$ : source impedence

$Z_L$ : load impedence

$Z_F$ : ferrite impedence

由上式計算如 $Z_s$、$Z_L$ 為已知數，選用不同 $Z_F$ 值有不同衰減值(dB)，$Z_F$ 愈大衰減值愈大，同理也可由先定出所欲對雜訊的衰減值計算出 $Z_F$，再由不同材質的 $Z_F$ 找出所需要的 ferrite，範例說明如下：

對 100MHz 雜訊如何選用那種類型 ferrite 有抑制雜訊 15dB 的效果？

設塑膠隔離導線(flat ribbon cable) $Z_s = Z_L = 25\Omega$

由 $dB = 20 \log (Z_s + Z_L + Z_F)/(Z_s + Z_L)$

$$15dB = 10^{15/20} = \frac{25 + 25 + Z_F}{25 + 25} , Z_F = 231\Omega$$

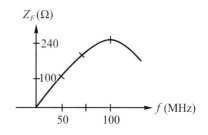

由查 $Z_F$ v.s. ferrite 28 號材料中可選用 28 B2480，$f = $ 100MHz，$Z_F = $ 240Ω最接近題設需規格$Z_F = 231Ω$，故選取 28B2480 ferrite 吸收 100MHz 附近的雜訊。

工程應用：由公式 $dB = 20 \log (Z_s + Z_L + Z_F)/(Z_s + Z_L)$

如$Z_F \gg Z_s + Z_L$，dB 為正值吸收效果好。如$Z_F \ll Z_s + Z_L$，dB≈0 無吸收效果。導磁環用在低阻抗電路要比高阻抗為佳。

### 2.2.3 突波抑制器

**Q1:** 突波抑制器有哪幾種？

**A:** 一般抑制外來突波大小分三種：

(1)半導體式 semi-conductor(variable resistor)　　小突波

(2)氣體放電式 gas discharge　　　　　　　　　　中突波

(3)電能放電式 crowbar　　　　　　　　　　　　大突波

工程應用：小、中、大突波以電壓區分約在 mV、V、kV 之間。

**Q2:** 如何選用突波抑制器？

**A:** (1)計算電源電路電壓最大變化量是否配當小於所安裝抑制器 break voltage。

(2)評估電路中零組件最大耐突波電壓大小。

(3)計算電路中最大突波電流並由突波抑制器中I-V特性曲線中找出 $V_c$ (Clamp voltage) 及 $V_c$ 時的工作電流($I_c$)。

(4)由 $V_c$ 及 $I_c$ 並依突波時態($8 \times 20\mu s$)波形可計算出此突波抑制器所消耗的功率(joules)。

(5)比較突波抑制器消耗功率(joules)需小於規格功率值，以免抑制器本身遭燒毀。

範例說明：設有一$8 \times 20\mu s$ 波形之雷擊波感應 120V 電源線，在電源線端點開路感應電壓為 2000V，電源線阻抗為 20Ω，此電路中零組件最大耐突波電壓為 400V，求如選用 metal oxide suppressor $V$ (break)= 200V，PWR handling = 0.5 joules，$I$(pk)= 250A，是否適合此電路中以防制此項雷擊波的傷害？

(1)電源電壓最大變化量＜$V$ (break)。

$(120+120 \times 10\%)\sqrt{2} = 185 < 200$。

(2)最大耐突波電壓 = 400V

(3)查 METAL OXIDE SUPPRESSOR 工作 I/V曲線變化$I$ (surge)= $V$ (OPEN CKT)/ $R$(PWR)= 2000/20 = 100A，slope $R$= 20，得知 $I_c = 82$，$V_c = 360$。

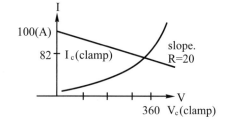

(4)$T_1 - T_2 = 8\mu s$，$T_2 - T_3 = 20\mu s$，

$$P(\text{PWR}-\text{dissipation}) = \frac{1}{2}\int_{T_1}^{T_2} V_c I_c + \frac{1}{2}\int_{T_2}^{T_3} V_c I_c$$

$$= 0.5 \times 360 \times 82 \times 8 \times 10^{-6} + 0.5 \times 360 \times 82 \times 20 \times 10^{-6}$$

$$= 0.7 \text{ joules}$$

(5)比較突波能量$P = 0.7$joules 及 Metal oxide suppressor $p = 0.5$ joules，因 $P = 0.7$ $> p = 0.5$，如採用 metal oxide 則被燒毀，故需另選用 PWR handling 較大的suppressor，如$P = 0.8 > p = 0.7$ 以替代 $p = 0.5$ suppressor。

工程應用：特別注意突波抑制器本身最大消散負荷功率，以免外來突波過大而燒毀失效。

**Q3**： 如何計算突波抑制器衰減分貝數？

**A**： $\text{dB} = 20 \log \dfrac{突波感應電路開路感應電壓(\text{O.C.V})}{突波器截止工作電壓(\text{Clamp Voltage})}$

e.g.$\text{dB} = 20 \log \dfrac{2000}{360} = 15$

工程應用：O.C.V.為外來突波大小，clamp voltage 視突波抑制器規格而定，抑制突波效果(dB)按 dB = 20 log O.C.V./clamp voltage 公式計算。

**Q4**： 突波抑制器功效與突波源產生相位變化關係如何？

**A**： 突波源產生瞬間會因相位不同，使突波有時被抑制，有時未被抑制。

工程應用：除相位時序不同外，其他亦有因極性正負不同，使突波有時被抑制、有時未被抑制現象。

**Q5**： 選用突波器應考量哪些電性功能參數？

**A**： 優先考量PWR handling，選用 Variable/zener arrestor 要注意寄生電容(parasific capacitance)與 lifetime，一般寄生電容在 $100 \sim 3000$pF，如用在PWR Line 或 telephone line 對寄生電容要求不作考量，但對 high speed data link 需作考量，因在high speed data link 不能承受過大電容性負載變化。

工程應用：在如PWR line，telephone 低頻工作，因電容抗很大，不會對突波抑制器造成影響，但在如 high speed data link 高頻工作，因電容抗變小耦合量增大，會對突波抑制器造成電容器負載干擾，影響突波控制器截止工作電壓。

**Q6**： 突波抑制器的使用時限定義為何？

**A**： 在特定突波電流大小下突波抑制器未燒毀所能使用的最高次數。

工程應用：突波電流大小與使用次數時限有關，突波電流愈大使用壽期愈短，突波電流愈小使用壽期愈長。

**Q7**： 突波抑制器的失效定義為何？

**A**： 在突波抑制器通過額定電流時所能承受突波脈衝寬(duration，$\mu s$)為定值時的脈衝次數。以脈衝寬(impulse duration)$100\mu s$ 為例：

以 50A 衝擊可承受$10^6$次 pulse 衝擊，

以 100A 衝擊可承受$10^5$次 pulse 衝擊，

以 500A 衝擊可承受$10^2$次 pulse 衝擊，

以 1000A 衝擊可承受 10 次 pulse 衝擊，

以 4000A 衝擊可承受 1 次 pulse 衝擊。

工程應用：最大脈衝電流乘以脈衝寬為突波抑制器所能承受的最大能量，而使用壽期與可承受衝擊次數成反比。

**Q8**： 如何安裝連用突波抑制器與保險絲？

**A**：

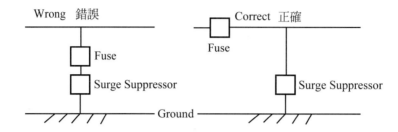

工程應用：突波抑制器應與保險絲成並聯接地，而非串聯接地。

## 2.2.4 濾波器功能特性

**Q1**： 依用途如何分類 EMI 濾波器？

**A**： 用於EMI防制的濾波器可分兩類，一種是用於系統間(intersystem)的Communication signal filter，一種是用於系統內(intrasystem)的 PWR line filter。

工程應用：系統間濾波器以濾除發射與接收信號中所帶諧波與雜波為主，系統內濾波器以濾除電源所帶諧波與雜波為主。

**Q2**： 用於系統間的濾波器以何種模式濾除雜訊？

**A**： ⑴由固定選頻式(IF)fixed turned filter 決定超外差接收機選擇性頻率響應。

⑵可調式頻率預選器(preselector)用於射頻(RF)輸出端濾除非工作頻段之外的諧波及雜訊。

⑶射頻(RF)預選器可選用可調式預選器(turnable preselector)、固定式預選器(fixed preselector)、頻段濾波器(bandpass filter)濾除工作頻段外雜訊。

⑷Notch filter用於濾除窄頻過強的中心頻率，並讓週邊所需量測的諧波雜訊通過。

⑸高頻、低頻濾波器用於保護接收機前端接收信號或易受干擾的線路。

⑹高功率低頻濾波器用於發射機輸出端以抑制諧波及雜訊信號。

工程應用：對類比信號在發射端以濾除信號源諧波、雜波為主，對接收端以濾除自射頻、本地振盪、混波、中頻、低頻各級間諧波、雜波為主。對數位信號以濾除數位信號脈衝波所衍生的諧波、雜波及脈衝波之間交連雜波為主。

**Q3**： 一般用在系統間(inter)的濾波器 I/P、O/P 阻抗有多大？

**A**： 一般多在 50、72 歐姆，而 Audio 頻率則用 600 歐姆，VHF 或較低 UHF 則用 300 歐姆。

工程應用：依低、中、高頻(kHz、MHz、GHz)系統$1/\rho$、$o/\rho$阻抗依序為 600、300、50 歐姆。

**Q4：** 一般用在系統內(intra)的濾波器 I/P、O/P 阻抗有多大？

**A：** 一般 I/P、O/P 阻抗均不相同，如在低頻電源內阻(I/P)均小於 1 歐姆，而負載常為高阻抗(O/P)，且 I/P、O/P 阻抗大小變化亦隨頻率變化而變化。

工程應用：一般電路電源多為低阻抗，負載多為高阻抗。如果電路中信號源為低阻抗時，電路頻率響應為低 $Q$ 值寬頻設計。信號源為高阻抗時，電路頻率響應為高 $Q$ 值窄頻設計。

**Q5：** 用於系統內(Intra)的濾波器以何種模式濾除雜訊？

**A：** ⑴防制 RF 雜訊進入 A.C.電源。

⑵單一電源供給幾個電路使用時需防制經由共地阻抗耦合雜訊由一電路傳至另一電路造成干擾。

⑶防制一些如工具、電氣用品、工業機具由 ARC discharge 所產生的 transient 寬頻雜訊，以免進入電源系統造成干擾。

⑷防制一些如鎢絲燈、點火系統、繼電器、線圈、開關裝置所產生的傳導性寬頻雜訊進入電源系統造成干擾。

⑸防制易受干擾的電子裝置如電腦、轉換器、電點火裝置均可能受到電源雜訊干擾。

工程應用：防制由共地關係介面耦合所產生的雜訊為主。

**Q6：** 濾波器功能如何定義？

**A：** 依公式 $att(\text{dB}) = n \cdot 20 \log(f/f_{co})$

$n$ 為濾波器 L.C.組合組件數，$f$ 為信號頻率，$f_{co}$ 為信號截止頻率，$n=1$ 時濾波器由單一電感或電容組成，$n=2$ 時濾波器由 L.C.所組成的 L 型濾波器，$n=3$ 時濾波器由 2L.C.或 2C.L 所組成的 Π型濾波器或 T 型濾波器，$n=4,5,6\cdots$ 則由多個 L.C 所組成的多級型(multi-stage)濾波器。一般 $n$ 越大，$att(\text{dB})$ 亦越大，但也有其限制，如 $n$ 過多 L.C.間的寄生電感、電容亦越大會產生 ring 效果而影響濾波器的駐波比(SWR)和介入損益(Insertion loss)。

工程應用：多級組件的濾波器比單級組件濾波器功能為佳，但需注意其間組件對頻率響應關係，應儘量選用精密寬頻響應組件，才不致產生漣波(ring)效應而影響濾波器功能。

**Q7：** 如何計算單一組件 L 或 C 的濾波效果？

**A：** 單一組件 L 或 C 的濾波組件與信號源阻抗($Z_g$)與負載阻抗($Z_L$)大小有關。

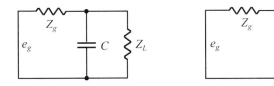

$$att(\text{dB}) = 20 \log\left(\frac{\omega C Z_g Z_L}{Z_g + Z_L}\right), \quad att(\text{dB}) = 20 \log\left(\frac{\omega L}{Z_g + Z_L}\right)$$

工程應用：單一並聯電容適用於較高信號源與負載阻抗，單一串聯電感適用於較低信號源與負載阻抗。

**Q8：** 已知 $Z_g$ (sourceZ)，$Z_L$ (loadZ)，如何選用 L.C 組合的濾波器？

**A：** 一般以 $Z = 50$ 歐姆為準，$Z_g > 50$ 定為 $Z_g(H)$，$Z_g < 50$ 定為 $Z_g(L)$，$Z_L > 50$ 定為 $Z_L(H)$，$Z_L < 50$ 定為$Z_L(L)$。面向 $Z_g(L)$ 接 L，面向 $Z_g(H)$ 接 C，同理面向 $Z_L(H)$ 接 C，面向 $Z_L(L)$ 接 L。(H)示 high，(L)示 low。

如圖示範例說明

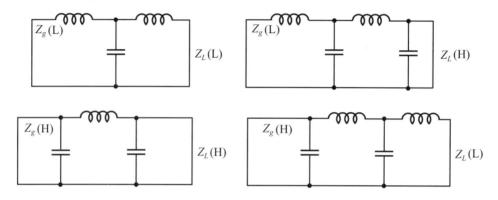

工程應用：以圖示 low pass filter 為例，面向電感適用接裝低阻抗信號源或負載，面向電容適用接裝高阻抗信號源或負載。

**Q9：** 如何防制隔離變壓器本身干擾問題？

**A：** 一般用在低增益及不敏感電路的隔離變壓器本身對高頻雜訊即有隔離的作用，但如用在高增益及高敏感電路則因高頻雜訊經線圈電容及電感的耦合形成初級線圈對次級線圈的干擾，為防制此項干擾多採法拉第隔離方法(Farady shield)將在次級線圈的雜訊電流以 conducting foil 方法包紮並疏通至地。

工程應用：變壓器以產生磁場干擾為主，故以具有防制磁場外洩功能的磁性箔帶(conducting magnetic foil)包裝隔離線圈以防磁場外洩。

**Q10：** 說明隔離變壓器的用途？

**A：** (1)隔離電源線雜訊以免干擾敏感儀具。

(2)利用良好共模式雜訊排斥比(MAX CM noise rejection)阻絕初級線圈到次級線圈的雜訊。

(3)如共用電源時以阻隔一儀具上的雜訊經電源接地耦合至另一儀具造成干擾。

(4)減小由線圈至地間 CM Noise 所產生的 DM Noise(Noise across winding)。

工程應用：隔離變壓器多用於防制低頻雜訊干擾，常與電源連用以達隔離電源雜訊為主。

## 2.2.5 濾波器功能分類與阻抗匹配關係

**Q1**： 依濾波器功能性質概分那兩大類？

**A**： 一種用在系統間的濾波器如 Communication or noise filter，一種用在系統內的濾波器如 PWR line filter。

工程應用：系統間以濾除較高頻雜訊為主，系統內以濾除較低頻雜訊為主。

**Q2**： 用在系統間(Intersystem)的濾波器功能特性為何？

**A**： ⑴濾除接收機中頻工作頻寬以外的雜訊(band pass filter)。

⑵濾除接收機中射頻端頻道選擇器工作頻寬以外的雜訊(RF preselector)。

⑶濾除接收機中各級工作頻率選擇器以外的雜訊(band pass filter)。

⑷濾除發射機中心工作頻率週邊過高的雜訊，以免造成對其他組件的干擾(band rejection filter)。

⑸濾除低頻或高頻雜訊，以抑制此項雜訊對發射、接收中組件工作頻率的干擾(Low pass or high pass filter)。

⑹濾除某一段窄頻過強信號，以免燒毀後接組件(Notch filter)。

工程應用：依發射與接收系統各級頻段與功能不同，濾除該工作頻段週邊所存在的雜訊。

**Q3**： 用於系統間(Intersystem)濾波器輸出入阻抗值大小為多少？

**A**： 用於系統間的濾波器輸出入阻抗均相等，一般常用阻抗為 50、75、300、600 歐姆(Audio)，50 歐姆(RF)、300 歐姆(VHF、UHF)。通常用於接收機部份的濾波器 Insertion loss 要求較寬鬆，但用於發射機部份的濾波器為避免影響輸出功率對濾波器的 Insertion loss 要求特別嚴謹，原則上愈小愈好。

工程應用：配合系統高低頻工作阻抗，約分低(600 Ω)，kHz、中(300 Ω)，MHz、高(50 Ω、75 Ω)，GHz 三個區間。

**Q4**： 用於系統內(Intrasystem)濾波器主要功能在防制那些雜訊？

**A**： ⑴濾除 AC 電源線上的雜訊。

⑵濾除總電源供給多個線路使用時所經過共用接地相互耦合的雜訊。

⑶濾除大型電機裝置、電動工具等因電刷電弧效應所產生的寬頻雜訊。

⑷濾除一些如鎢絲燈、點火系統、繼電器、線圈裝置、開關裝置所產生的暫態寬頻雜訊。

⑸保護一些靈敏度較高的裝置如轉換器、電腦、電點火裝置。

工程應用：濾除以電源與一些低頻電子裝置所產生的諧波、雜波為主。

**Q5：** 什麼是決定濾波器功能的最主要因素？

**A：** 濾波器基本上由單一組件(L 或 C)或多個LC組件組合而成，通常濾波功能視組件多少而定，單一組件濾波功能約為 20dB/decade，多個組件如二個(L、C組合)為 40dB/decade，三個(T 或 Π組合)為 60dB/decade，四個(L、C串並聯)為 80dB/decade，五個(L、C串並聯)為 100dB/decade，原則上濾波器L.C.組合組件愈多濾波功能愈好，但組件過多會衍生電感電容雜訊效應，除非選用精密的L.C.組件，否則如以一般性的 L、C 組件制作高頻濾波器是難以達到預期濾波功效。

工程應用：濾波器功能好壞由工作起始頻率穩定性是否 rolling，濾波工作曲線斜率(slope)是否垂直，濾波工作頻段內是否平直(ripple)三項內在因素決定。而外在因素需考量濾波器與信號源，負載間阻抗匹配問題。

**Q6：** 那些是主要影響濾波器功能的因素？

**A：** ⑴一般濾波器的參數依工作截止頻率，LC組件個數及組合方法可判讀其濾波功能。如分 20dB/decade、40dB/decade…。但因頻率過高時會產生濾波器輸出、輸入的相互耦合及衍生雜散電感、電容問題而影響濾波功能。正常情況下濾波工作頻段約為 10 倍的工作截止頻率($10f_{co}$)。如單一組件(L 或 C) $f_{co}$ 為 1MHz，濾波功能為 20dB/decade，依 $f_{co} = 1$MHz 及 $10f_{co}$ 定義濾波功能可至 10MHz($f = 10f_{co} = 10$MHz)，即 $f >$ 1MHz，$f <$ 10MHz 時濾波功能可保持為 20dB/decade。

⑵濾波器型式及級數組合如單一 L 或 C，兩個組件如 L、C 的 L 型組合，三個組件 2L・C 或 C・2L 如 T 或 Π型組合，多個組件 L、C 如串並聯組合，級數與組合組件個數有關，組合組件愈多級數亦愈多。

⑶濾波器選用與濾波器接頭阻抗匹配，一般大型濾波器用在低頻，小型用在高頻。隔離安裝可充分發揮濾波功能，尤其是用在高頻微型濾波器或 IC 濾波器時要特別注意濾波器 I/P、O/P 端相互耦合干擾隔離問題，在 I/P、O/P 加裝高隔離度接頭及做好濾波器本身隔離才能充分發揮濾波功能。其他通訊用的中頻濾波器如有制式接頭及隔離配置要比沒有接頭及隔離配置的濾波器濾波功能為好，而用在低頻如電源濾波器則不需配置接頭及隔離措施，可直接搭接使用。

工程應用：先決定選用濾波器功能類別，如 LP、HP、BP、BS、NF、preselector。由組件外觀可初步研判大型組件用在低頻，小型組件用在高頻，並需做好濾波器阻抗與信號源、負載源兩端阻抗匹配問題。

**Q7：** 電源線雜訊多來自何處？

**A：** 一為本身在 AC/DC、DC/AC 過程中由組件所產生的雜訊，一為多項裝備共用接地因雜訊流經此共用地引起相互耦合干擾，一為電源線本身感應外來廣播、電視、通訊、高壓線、雷達、重機械等信號雜訊。

工程應用：電源雜訊多來自 AC 轉換為 DC 過程中所產生的雜訊，其中又以電路在半波整流過程中，Diode recovery 工作週期時所產生的雜訊最為嚴重。

**Q8**： 電源濾波器的電性功能特性為何？

**A**： 一般設計可通過 D.C，60Hz，400Hz，Insertion loss≦0.2dB，att≧60dB at 10kHz to 1GHz 或 10GHz。

工程應用：以濾除電源工作頻率如 60 Hz 或 400 Hz 以上的雜訊頻率為主，如欲濾除極低頻率雜訊所需濾波組件體積十分龐大，在工程實務需求並不實用。對小於幾 kHz 雜訊，因 kHz 波長極度大於週邊電子裝置或線長，不足以造成干擾問題。因此濾波多從幾 kHz 開始。

**Q9**： 試說明濾波器濾波功能與阻抗頻率響應關係？

**A**： 濾波器兩端相接的信號源與負載阻抗對濾波功能影響至大，一般面向L組件常接低阻抗，面向C組件常接高阻抗，如接裝錯誤會嚴重減低濾波功效。如以$Z(G)$表信號源阻抗，$Z(L)$表負載源阻抗，有四種阻抗高低組合方式如下圖。

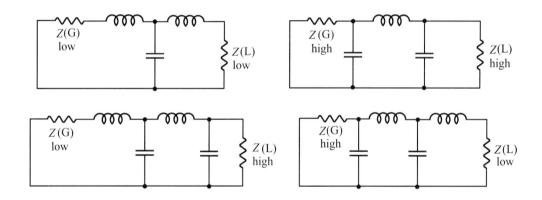

$Z(G)=$ source $Z$。

$Z(f)=$ filter $Z$。

$Z(L)=$ load $Z$。

對高頻濾波器特別需注意其輸出入端相互耦合干擾問題，為防制此項干擾應將濾波器裝在隔離盒中，兩端並以接頭(bulkhead)連接至信號源與負載源，如下圖

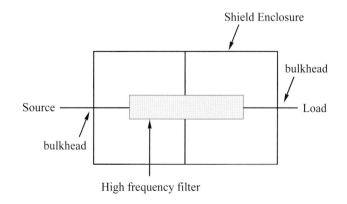

工程應用：如接裝濾波器與信號源、負載阻抗不匹配，會產生工作截止頻率偏移，工作曲線
　　　　　斜率失真。於濾波頻率不但未將雜訊濾除反將雜訊放大等失效狀況。

**Q10**： 隔離變壓器工作原理為何？為何需要將初級和次級隔離？

**A**： 一般變壓器分降壓和升壓，通常在升壓的一端電壓較高所產生的輻射雜訊亦較大會
耦合至初級線圈造成干擾問題。為防制此項干擾需在次級線圈週邊加裝法拉第隔離
(Farady Shield 是一種磁性材料呈鉑片狀在沿線圈包紮可防止磁場輻射外洩)，以防
制次級線圈所輻射的磁場雜訊對初級線圈造成磁場感應干擾。而此項鉑片的作用在
將所感應的磁場雜訊變為電流經接地疏導之。

工程應用：磁性箔片可防制磁場外洩，隔離變壓器由電感性線圈組成，而線圈是產生磁場的
　　　　　主要源頭，為防止磁場外洩故以防磁箔片包紮線圈外緣。

**Q11**： 隔離變壓器用在那些防制 EMI 工作？

**A**： ⑴隔離電源雜訊以防制對高靈敏度電子裝備干擾。
⑵對共膜式雜訊(CM noise)有拒斥作用。
⑶裝備共用電源時可隔離裝備雜訊對另一裝備經由電源共用互通所造成的干擾。
⑷減小因共膜式雜訊(CM noise)所引起的差膜式雜訊(DM noise)。
⑸阻隔線圈間靜電效應。

工程應用：隔離變壓器多用在抑制如電源類所產生的低頻雜訊。

## *2.2.6* 電感、電容、L、π、T 及 Band pass，band stop 濾波功能頻率響應

**Q1**： 電感濾波功能頻率響應？

**A**： 電感單獨用在濾波(low pass)串接電路中，濾波功能分貝數依公式 $dB = 10 \log(1+F^2)$
計算

$$F = \frac{\pi L}{R} \cdot f$$

$$f_c = \frac{R}{\pi L}$$

$\pi$：常數(3.1416)

$L$：電感器電感量

$R$：信號源阻抗，負載阻抗

$f$：雜訊頻率，$f_c$：工作截止頻率

At $F = 1$，$dB = 10 \log(1+1^2) = 3$

At $F = 10$，$dB = 10 \log(1+10^2) = 20$

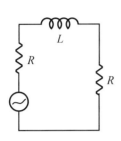 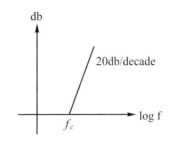

　　單一電感濾波功能頻率響應爲 20dB/decade

工程應用：本項濾波公式用於低通濾波器(low pass filter)，由$f_c = R/\pi L$可知工作起始頻率及工作曲線斜率(slope)20 dB/decade。

**Q2：** 電容濾波功能頻率響應？

**A：** 電容單獨用在濾波(low pass)並接電路中，濾波功能分貝數依公式$dB = 10 \log (1+F^2)$計算

$F = \pi RCf$

$f_c = 1/\pi RC$

$\pi$：常數(3.1416)

$C$：電容器電容量

$R$：信號源阻抗，負載阻抗

$f$：雜訊頻率，$f_c$：工作截止頻率

At $F = 1$，$dB = 10 \log (1+1^2) = 3$

At $F = 10$，$dB = 10 \log (1+10^2) = 20$

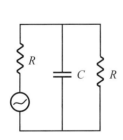 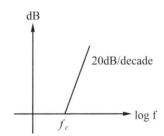

　　單一電感濾波功能頻率響應爲 20dB/decade

工程應用：本項濾波公式用於低通濾波器(low pass filter)，由$f_c = 1/\pi RC$可知工作起始頻率及工作曲線斜率(slope)20 dB/decade。

**Q3**： L型濾波器功能頻率響應？

**A**： L型濾波器(low pass)接裝在信號源和負載之間，$L$ 為串接，$C$ 為並接。$L$ 接低阻抗端 $R(L)$，$C$ 接高阻抗端$R(H)$，濾波功能分貝數依公式

$\mathrm{dB} = 10 \log (1-F^2D^2/2+F^4)$

$D = 0$，$\mathrm{dB} = 10 \log (1+F^4)$

At $F = 1$，$\mathrm{dB} = 10 \log (1+1) = 3$

At $F = 10$，$\mathrm{dB} = 10 \log (1+10^4) = 40$

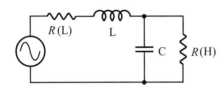 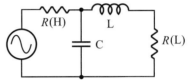

L型濾波器功能頻率響應為40dB/decade

$D$、$d$、$F$ 解說及相互關係式

$D = (1-d)/\sqrt{d}$ damping factor

$d = L/CR^2$ damping ratio

$F = \dfrac{\omega}{\omega_0} = \dfrac{f}{f_0}$

$d = 1$，$D = 0$，Ideal damping

$\omega_0 = \sqrt{2} \cdot R/L = \sqrt{2}/RC$

$\mathrm{dB} = 10 \log (1+F^4) = \mathrm{dB(max)}$

$d \neq 1$，$D \neq 0$，underdamping or overdamping

$\omega_0 = \sqrt{2/LC}$

$\mathrm{dB} = 10 \log (1-(F^2D^2/2)+F^4)$

工程應用：由$f = 1/2\pi\sqrt{LC}$可知工作起始頻率及工作曲線斜率(slope)40 dB/decade，要比單一組件工作曲線斜率(slope)20 dB/decade 為佳。

**Q4**： Π型濾波器功能頻率響應？

**A**： Π型濾波器(low pass)接裝在信號源與負載之間，$L$ 為串接，$C$ 為並接，$L$ 接低阻抗端 $R(L)$，$C$ 接高阻抗端 $R(H)$，濾波功能分貝數依公式

$\mathrm{dB} = 10 \log (1+F^2D^2-2F^4D+F^6)$

IF $D = 0$，$\mathrm{dB} = 10 \log (1+F^6)$

At $F = 1$，$\mathrm{dB} = 10 \log (1+1) = 3$

At $F = 10$，$\mathrm{dB} = 10 \log (1+10^6) = 60$

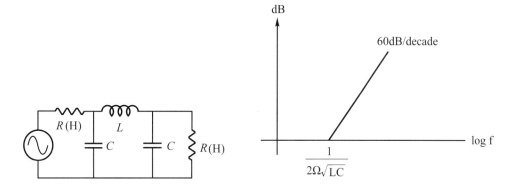

Π型濾波器功能頻率響應為 60dB/decade，$D$、$d$、$F$ 定義解說及相互關係式

$D = (1-d)/\sqrt[3]{d}$ damping factor

$d = L/2CR^2$ damping ratio

$F = \omega/\omega_0 = f/f_0$

$d = 1$，$D = 0$，Ideal damping，$\omega_0 = \sqrt{2/LC} = 2R/L = 1/RC$

$dB = 10 \log(1+F^6) = dB(max)$

$d \neq 1$，$D \neq 0$，underdamping or overdamping，$\omega_0 = \sqrt[3]{2/RLC^2}$

$dB = 10 \log(1+F^2D^2-2F^4D+F^6)$

工程應用：由 $f = 1/2\pi\sqrt{LC}$ 可知工作起始頻率及工作曲線斜率(slope) 60 dB/decade，要比單一組件 20 dB/decade 及 $L$ 型兩個組件 40 dB/decade 為佳。

**Q5：** T 型濾波器功能頻率響應？

**A：** T 型濾波器(low pass)接裝在信號源與負載之間，$L$ 為串接，$C$ 為並接，$L$ 接低阻抗端 $R(L)$，$C$ 接高阻抗端 $R(H)$，濾波功能分貝數依公式

$dB = 10 \log(1+F^2D^2-2F^4D+F^6)$

IF $D = 0$，$dB = 10 \log(1+F^6)$

At $F = 1$，$dB = 10 \log(1+1) = 3$

At $F = 10$，$dB = 10 \log(1+10^6) = 60$

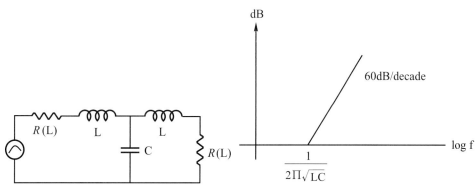

T 型濾波器功能頻率響應為 60dB/decade，$D$、$d$、$F$ 定義解說及相互關係式

$D = (1-d)/\sqrt[3]{d}$ damping factor

$d = R^2 C/2L$ damping ratio

$F = \dfrac{\omega}{\omega_0} = \dfrac{f}{f_0}$

$d = 1$，$D = 0$，Ideal damping

$\omega_0 = \sqrt{2/LC} = R/L = 2/RC$

$dB = 10 \log(1+F^6) = dB(max)$

$d \neq 1$，$D \neq 0$，underdamping or over damping

$\omega_0 = \sqrt[3]{2R/L^2 C}$

$dB = 10 \log(1+F^2 D^2 - 2F^4 D + F^6)$

工程應用：說明同上 Q4。

**Q6：** 如何將電感、電容、L、Π、T low pass 濾波器變為 high pass 濾波器？

**A：** 原則上將 $L$ 變為 $C$，$C$ 變為 $L$，串變並，並變串方式可將 low pass 變為 high pass 或將 high pass 變為 low pass？如圖示下列

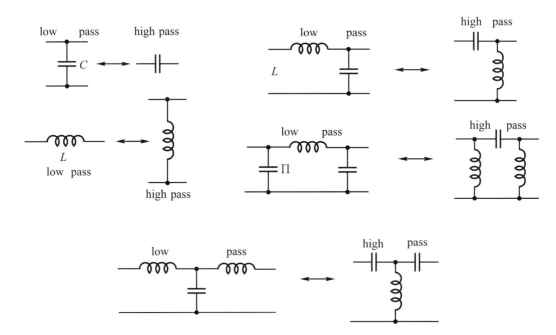

工程應用：按構形不變變動組件屬性原則，將 low pass filter 中並聯電容、串聯電感改為並聯電感、串聯電容即變為 high pass filter。

**Q7：** 振盪比($d$)對濾波功能有何影響？

**A：** 濾波器振盪比$d$(damping ratio)設計至為重要$d$與濾波器工作頻段中漣波(ripple)有關，$d=1$為理想振盪漣波為零，$d<1$為低度振盪(under damping)有小幅漣波，$d>1$為高度振盪(over damping)有大幅漣波，而漣波大小與振盪器輸出入阻抗駐波比有關，$d=1$，SWR $=1$。$d>1$，SWR $>1$。如漣波過大駐波比太大時濾波器形同反射器會將大部分的待濾除雜訊反射回信號源而無法達成濾波的功能。

工程應用：濾波器工作頻段曲線，如呈直線表示漣波至小無反射，可將雜波順利濾除落地。
　　　　　如呈振盪曲線，則有反射時將無法順利將雜波濾除落地。

**Q8：** 設計 L、Π、T 型濾波器時如何選用適當正確振盪比$d$值？

**A：** L 型濾波器，$d=L/CR^2$

　　　Π型濾波器，$d=L/2CR^2$

　　　T 型濾波器，$d=R^2C/2L$

工程應用：由$R$、$L$、$C$值代入公式，使濾波器振盪比$d$值趨近 1，可得最小漣波值。

**Q9：** 簡要說明如何設計 L、Π、T 濾波器 L.C.組合值？

**A：** L 型

依$d=1$，$w=2\pi f=\dfrac{\sqrt{2}R}{L}=\dfrac{\sqrt{2}}{RC}$

由設計工作截止頻率$f$及信號與負載阻抗$R$可算出$L$或$C$。

Π型

依$d=1$，$w=2\pi f=\dfrac{2R}{L}=\dfrac{1}{RC}$

由設計工作截止頻率$f$及信號與負載阻抗$R$可算出$L$或$C$。

T 型

依$d=1$，$w=2\pi f=\dfrac{R}{L}=\dfrac{2}{RC}$

由設計工作截止頻率$f$及信號與負載阻抗$R$可算出$L$或$C$。

工程應用：如何設計濾波器選用$L$、$C$，視工作起始頻率與信號源，負載阻抗而定，此屬濾波器設計工程師職責，電子工程師只須瞭解如何正確選用濾波器即可。

**Q10**: 簡要說明如何設計 band pass，band stop filter？

**A**: band pass 及 band stop filter 由 Π filter 變形而成，一般就原有 Π filter 在 $L$ 上串接 $C$，在 $C$ 上並接 $L$ 即成 band pass filter，反之在 Π filter $L$ 上並接 $C$，在 $C$ 上串接 $L$ 即成 band stop filter 如圖示：

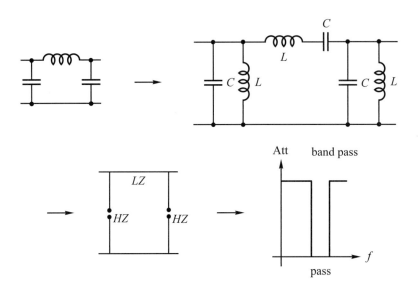

$f_0 = 1/2\pi\sqrt{LC}$，L.Z = series resonance，HZ = parallel rosonance
(short)　　　　　　　　(open)

e.g $L = 160\mu h$，$C = 150pF$，$f_0 = 1MHz$

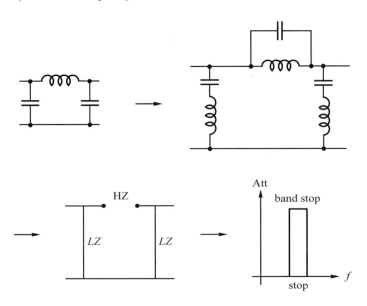

工程應用：應用串聯共振對頻率有最小阻抗值，並聯共振對頻率有最大阻抗值的原理，可設計出 band pass filter(串聯共振)與 band stop filter(並聯共振)。

## 2.3　接　地

### 2.3.1　單點與多點接地

**Q1**：　何謂單點、多點接地？

**A**：　　單點為多個電子裝置共用一接地點，多點為多個電子裝置各有其接地點。

工程應用：按接地點模式，區別單點(只有一點)接地與多點(一點以上)接地。

**Q2**：　如何選用單點、多點接地？

**A**：　　單點接地多用低頻，因單點接地為多個電子裝置共用一接地點，各電子裝置的接地線間電容抗 $X_c = 1/2\pi fc$，在低頻 $X_c$ 很大使線間雜訊不易耦合，電感抗 $X_L = 2\pi fL$，在低頻 $X_L$ 很小不會在線上產生雜訊電壓。$R$ 為線阻在低頻比高頻為小，$X_L$ 為電感抗在低頻比在高頻為小，故單點接地適用於低頻，反之如在高頻仍用單點接地則接地線間電容耦合量增大，接地線本身電阻及電感會增大而使線上的雜訊電壓亦增大不利於高頻接地，故需將各電子裝置的接地改為短線就近接地而成多點接地模式。

工程應用：在低頻單點接地，不會引起 $R$、$L$、$C$ 頻率效應造成干擾問題，故可單點接地。反之單點接地用於高頻會引起 $R$、$L$、$C$ 頻率效應，造成干擾問題，故需將單點改多點接地。

**Q3**：　單點接地接地線電性需求為何？

**A**：　　接地線的阻抗愈小愈好，以免因阻抗過大形成雜訊干擾源經共用接地點而傳至鄰近電子裝置造成干擾問題。

工程應用：除考量低阻抗接地線以外，如細綿較適用於窄頻雜訊落地，如係寬頻雜訊則需改採較粗或扁平線接地，此係由細線屬窄頻共振，粗線屬寬頻共振原理所致。

**Q4**：　多點接地各接地點間距離電性需求為何？

**A**：　　多點接地由各電子裝置個別接地，因接地線短可不考慮接地線阻抗問題，但需注意各接地點間距問題，如距離設計不當會造成共振干擾問題，因此多點接地共用一接地面時其間距離與雜訊頻率關係必須認真考量，以避免產生多點接地干擾問題。

工程應用：多點間接地距離多採用 $\lambda/20$，$\lambda$ 取自於接地面上最大雜訊頻率的波長。

**Q5**：　多點接地共用接地面點與點間阻抗(Z)頻率響應變化如何？

**A**：　　依在金屬平面上任意兩點間射頻阻抗頻率響應計算公式為

$Z = R(RF)\left[1 + |\tan(2\pi d/\lambda)|\right]$

$R(RF) = 0.26 \times 10^{-6}\sqrt{\mu f/\rho}$ for conductor at RF frequency

$d$ : distance between two grounded points(cm)

$\lambda$ : wave length(cm)

$\mu$ : permeability of material to copper

$\rho$ : conductivity of material to copper

$Z = R(RF)(1+|\tan 2\pi d/\lambda|)$

$Z = R(RF)(1+0.3) = 1.3R(RF)$，$d = \lambda/20$

$Z = R(RF)(1+1.0) = 2.0R(RF)$，$d = \lambda/8$

$Z = R(RF)(1+\infty) = \infty R(RF)$，$d = \lambda/4$，$\infty$表無窮大

由上式計算多點接地間距離越近越好($d = 0$，$z = R(RF) = MIN$)，這樣可以使 $Z$ 趨近最小值，特別注意兩點間距離要避免共振頻率的 $\lambda/4$ 以免形成兩點間 $Z$ 趨近最大值而產生最大雜訊電壓。$[V = I \times Z]$

工程應用：按公式 $Z$ 與 $R(RF)$、$d$ 有關，一般$d$取$\lambda/20$對原金屬接地面 $R(RF)$ 約提升 30%，尚在設計規範需求以內。而另一項影響$Z$大小的是 $R(RF)$，所以金屬面材質 $R(RF)$ 大小也很重要，應選用$R(RF)$ 愈小材質，$Z$ 值愈小愈適用於高頻多點接地金屬接地面低阻抗需求。

Q6： 一般如何界定選用單點或多點接地？

A： 按 $Z = R(RF)[1+|\tan(2\pi/\lambda)|]$式中 $d = \lambda/20$ 定為單點，多點選用臨界距離，說明如圖示

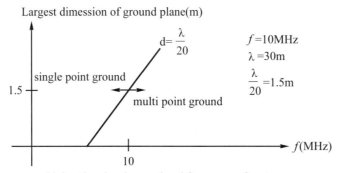

如圖示接地面板最大尺寸為 1.5m 時，凡頻率大於 10MHz 選用多點接地，凡小於 10MHz 選用單點接地(因頻率小於 10MHz 時，其 $\lambda/20$ 則大於 1.5m，而接地面板尺寸為 1.5m 不符多點接地低阻抗需求故需將多點接地改為單點接地，按 $Z = R(RF)[1+|\tan(2\pi/\lambda)|]$ 式中 $d = \lambda/20$ 定為單點，多點選用臨界距離說明如圖示：

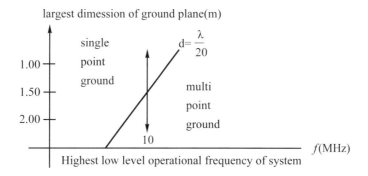

如圖示雜訊頻率為 10MHz，凡接地面小於 1.5m 時選用單點接地，大於 1.5m 時選用多點接地。(因接地面板小於 1.5m 時已不符 $\lambda/20 = 1.5m$ 的需求，故需將多點接地改為單點接地)。

工程應用：由圖示 $d = \lambda/20$ 為界，左側為低頻屬單點接地範圍，右側為高頻屬多點接地範圍。

**Q7：** 如何選用單、多點接地線？

**A：** 在低頻因多採單點接地，而線間因無雜散電容且線本身電阻及電感抗在低頻時呈低電阻，低電感抗響應，故接地線選用一般低阻抗良好導線即可。(不需選用隔離線)。

在高頻因多採多點接地，而線間因有雜散電容耦合，且線本身電阻及電感在高頻時呈高電阻，電容性、電感性、電容電感並聯高阻抗、電容電感串聯低阻抗頻率響應變化。故接地線需採用高品質隔離度良好的隔離線，並注意多點接地間距離($d$)和雜訊頻率波長($\lambda$)間關係應保持 $d \leq \dfrac{\lambda}{20}$。

工程應用：先行評估單點接地所引起的低頻雜訊是否造成干擾，如有干擾則需將單點改多點接地。

## 2.3.2  共模、差模與單點、多點接地關係

**Q1：** 電磁干擾防制接地的工作目的為何？

**A：** 提供系統裝備接地以防制外來、內部輻射性(RE，RS)、傳導性(CE，CS)干擾及人員安全防護，如防止漏電、觸電傷害、輻射傷害。

工程應用：接地工作目的在疏導電子盒表面所帶表面電流雜訊，及線帶上隔離材料上所帶表面電流雜訊直接落地，以免未接地而將此項雜訊電流因累積共振效應形成干擾問題。

**Q2：** 何謂共模接地所引起的 EMI 問題？

**A：** 因有雜訊電流流過共模接地阻抗形成雜訊電壓而耦合至鄰近電路造成干擾稱之共模(CM)干擾。

工程應用：通常因共地所引起的共模接地干擾，可用不共地方式消除。

**Q3：** 如果接地面上有不同雜訊位階電壓時各工作區應做何佈置？

**A：** 以Reference point為工作區參考，依低、中、高位階接地雜訊電壓順序排列，越高的接地雜訊電壓接地點需越遠離 Reference point 工作區，如表示

| High ＞ 200mV |
| --- |
| Mid 20mV～200mV |
| Low 0～20mV |
| Reference point |

工程應用：儘量將高雜訊電壓遠離受害源(reference)，以免造成干擾問題。

**Q4：** 如何防制共膜(CM)阻抗耦合量？

**A：** 降低導線、編織綿、外匣、支架、電路板、機構體等可作為接地材質的阻抗，選用材質阻抗愈低 CM 阻抗耦合量愈小。

工程應用：共模接地上的雜訊電壓與通過雜訊電流大小，共模接地阻抗有關，雜訊電流為外來因素，如選用低接地阻抗材質材料，可降低共模接地上的雜訊電壓，以免因共模接地造成對鄰近電路的干擾。

**Q5：** 說明計算圓形導體電感量大小？

**A：** 圓形導體電感量與線長、線徑有關，依公式 $L = 0.2l \times \ln(4l/d)\mu\text{H}$，$l$ 為線長，$d$ 為線徑，$l$、$d$ 單位為 meter，$L$ 為 $\mu$H。

e.g. $l = 10\text{m}$，$d = 0.37\text{m}$，$L = 9.36\mu H$

$X_L = \omega L = 2\pi fL = 2\pi \times 10^6 \times 9.36 \times 10^{-6} = 58\text{H} \cdot$ ($f = 1\text{MHZ}$)

工程應用：一般線圈式電感器電感量($L$)與長度成正比，與線徑成反比，電感抗大小按$X_L = 2\pi fL$公式計算。如再計通過雜訊電流大小，即得雜訊電壓大小。

**Q6：** 說明計算圓形導體直流、交流電阻值大小？

**A：** $R(DC) = \sigma(l/A)$，$\sigma$：材質阻抗係數，$l$：線長，$A$：線截面積。

$R(AC) = 0.076R(\text{cm}) \times \sqrt{f(\text{Hz})} \times R(DC)$，$R(\text{cm})$：線徑。

工程應用：在低頻只考量$R(DC)$，在高頻$R(AC)$隨頻率升高而升高，其間$R(AC) = K \cdot R(DC)$，而$K$值與線材特性、長短、線徑有關。

**Q7：** 扁形導體(STRAP)電感量大小如何計算？

**A：** 長為 $l$，寬為 $\omega$，厚為 $t$ 的扁形線($\omega \gg t$)

依公式 $L = 0.002\left[\ln\dfrac{2l}{\omega ft} + 0.5 + 0.2235 \cdot \dfrac{\omega + t}{l}\right]\mu\text{H}$

工程應用：以 strap 用在接地線為例，按 $V_N = I_N \times 2\pi fL$ 公式 $L$ 愈小愈好，由 $L$ 公式 $l$ 為接地線長愈短愈好，而寬度($W$)、厚度($t$)、頻率($f$)其間變化對 $L$ 關係至為複雜，其中 $W \times t$ 與頻寬響應有關，$W \times t$ 愈大適合寬頻雜訊落地。

**Q8**： 已知類比信號干擾耐受度為 10mV(at 40kHz) 電源供應器 switching 電流為 5mA，求線長電感量為 $1\mu H/m$ 時，選用最大線長長度？

**A**： 由 $Z = \omega L \cdot l = 2\pi f \cdot l$，$l = Z/(2\pi fL)$

$Z = \dfrac{V}{I} = \dfrac{10\text{mV}}{5\text{mA}} = 2$，$l = \dfrac{2}{2\pi \times 40 \times 10^3 \times 10^{-6}} = 8\text{m}$

工程應用：按公式 $V_N = I \times 2\pi fL$，其中 $I$ 與 $f$ 均已知，$V_N$ 與線長 $L$ 有關，由線材質的單位長電感量 1 $\mu$H/m，可算出線長的總電感量，得知線長總電感雜訊電壓大小。

**Q9**： 那些方法可用在抑制消除 CM Impedence Coupling？

**A**： 不共用接地面(seperation of ground return)

平衡電路(floating balanced system)

中斷接地環路(ground loop disconnect)

工程應用：(1)不共地可由單點改多點接地。

(2)平衡使信號線與迴路線上的雜訊電流大小相等，方向相反而相互抵消雜訊，平衡信號線與迴路線路徑等長，阻抗相等電壓相等同電位無電流輸出原理，而消除共模雜訊電壓。

(3)中斷、接地環路，因無電流流動而消除共模雜訊電壓。

**Q10**： 如何改善 CM Impedence path？

**A**： 經由分離線路再接至單點接地，一般線路中耐受性(EMS)程度高低略可依 PWR/control/digital/audio/video 順序排列，最佳 CM 接地方法為將上述各線路 return 分離，最終再將各個 return 接至 PWR GND。

工程應用：原如無干擾問題可將各迴路信號流經共模接地，但有相互干擾問題則不能將各迴路信號流經共模接地，而需將各迴路信號單獨各自經地回到信號源。

**Q11**： 如何應用接地線或面(wire/plane) dimension $d \neq (\lambda/20)$ 來選用單點，多點接地方式？

**A**： $d < \lambda/20$ 採單點接地

$d > \lambda/20$ 採多點接地

例：$f = 10$MHz，$\lambda = 30$m，$\lambda/20 = 30/20 = 1.5$m。

$d < 1.5$m 採單點接地，適用低頻。

$d > 1.5$m 採多點接地，適用高頻。

工程應用：需同時考量 $\lambda/20$ 準則與實際電子產品接地面徑大小 $d$ 之間關係，一般已知 $d$ 值再行瞭解信號雜訊頻率取其 $\lambda/20$ 值與 $d$ 值比較，如 $d < \lambda/20$ 採單點接地，$d > \lambda/20$ 採多點接地。

**Q12**：有那些方法可用在 cut CM ground loop 以消除 CM Impedence coupling？

**A**：　平衡式差膜放大器 balances DM Amp

　　　緩衝放大器 Buffer Amp

　　　隔離變壓器 Isolation transformer/balun

　　　光纖耦合器 fiber optics coupler

工程應用：前三者利用電流大小相等方向相反，等電位無電流輸出，隔離雜訊原理來消除CM
　　　　　雜訊。而光纖耦合器係利用射頻與光纖信號工作頻率差距很大無法耦合原理消除
　　　　　CM 雜訊。

**Q13**：說明 balanced DM Amp 用於消除 CM Impedence coupling 工作原理？

**A**：　利用 balanced DM Amp 高阻抗輸入可平衡使流向 CM ground 的雜訊電流減至最小，
　　　達成抑制 CM ground 雜訊電壓耦合至週邊電路的干擾量。

工程應用：利用低頻電容抗呈高阻抗原理，可減小 $CM$ 雜訊電流，故 balanced DM Amp 多用於
　　　　　濾除低頻雜訊。

**Q14**：Balanced DM Amp 用於消除 CM 雜訊工作限制在那些方面？

**A**：　依公式 CMRR(CM Rejection Ratio)＝ $-20 \log R_s(Z_A - Z_B)/(Z_A + Z_s)(Z_B + Z_s)$

　　　Balanced DM Amp 多用於 $R_s$(source)＝$Z_A/100$，$Z_B/100$，工作頻率至 100kHz。

　　　如 $f > 500$kHz，$R_s$ 會增大而不適用於 $Z_A = Z_B \gg R_s$ 原則，故 CMRR 與頻率響應有
　　　關，頻率越高，$R_s$ 越大 CMRR 負的越大越不利於 CM 雜訊的消除。

工程應用：由公式 CMRR，$R_S$ 越小、CMRR 越大越好，但如頻率升高，$R_S$ 隨之上升不利 CMRR
　　　　　功效，故 CMRR 僅限用於低頻(Hz～kHz)。

**Q15**：說明 Buffer Amp 可用於消除 CM 雜訊工作原理？

**A**：　在信號源與負載間安裝 Buffer Amp 可分離信號源和負載間供電接地。

工程應用：將信號源與負載接地分離共同接至 Buffer Amp，由 Butter Amp 將此雜訊電流調整，
　　　　　相位相差 180°方式來消除此項 CM 雜訊。

**Q16**：說明 isolation transformer 可用於消除 CM 雜訊工作原理？

**A**：　依公式 $V$(Noise)＝$\dfrac{j\omega C_p R_L}{1+j\omega C_p R_L}$ 利用 isolation transformer 初次級間耦合電容 $C_p$ 為 0 時

　　　（ $C_p =$ 0），$V$(Noise)＝ 0，$C_p \neq 0$ 時可在初次級間加裝 Electrostation shield 而使
　　　$C_p \approx 0$，此型變壓器在 1kHz 隔離度可達 100～140dB，工作頻段可到 1MHz。

工程應用：Isolation Transformation 用於消除低頻 CM 雜訊，如係高頻雜訊依 $X_C = 1/2\pi fC$、$X_C$
　　　　　變小耦合量變大，而使消除高頻雜訊效益降低，故不適於消除高頻 CM 雜訊。

**Q17**：說明 Balun(CM choke) 消除 CM 雜訊工作原理？

**A**：　利用不平衡(電流流向相同)轉為平衡(電流流向相反)的原理，將兩電流流向相同轉
　　　為相反，利用安培定律將此兩電流流向相反的輻射雜訊抵消，稱之為 Balun(Unbalance

to Balance)，而 CM 電流即為兩流向相同的電流，需以 Balun(CM choke)的方法將 CM 兩電流流向相同的電流轉為相反的電流從而將雜訊消除。

工程應用：Balun 用於轉換同相位的雜訊電流為異相位雜訊電流，此項 CM Choke 接點均標示 說明如何接裝電路中相關位置，只要按圖示接腳接妥就具 Balun 工作功效。

**Q18**： 說明 Fiber optics and opto couple 消除 CM 雜訊工作原理？

**A**： 通常用在 Driver 和 Receiver 之間可隔離 Driver 與 Receiver 之間的地迴路而達成消 除 CM 雜訊的目的，但需注意 opto couple component 中存有雜訊電容對高頻的隔離 有減弱的作用，光纖纜線及接頭不易安裝維修，對類比信號的線性及工作區響應較 差，故光纖多用在數位系統，因其有寬頻特性故可承受高容量高速資料傳送。

工程應用：需注意雜散電容，依 $X_C = 1/2\pi fC$ 公式在高頻 $X_C$ 減小耦合量增大，對消除高頻雜 訊的不利影響。

**Q19**： 說明電纜線中 CM noise 消除線長與接地關係？

**A**： 如 CM noise 為 LOW freq(up to 100kHz)，應將 cable shield 單端接地，如 shield Cable 長度小於 $0.05\lambda$ 宜採單端接地，此係因雜訊頻率低，波長長且大於纜線甚多， 不易引起共振輻射現象故採用單端接地。如在高頻或線長大於 $0.05\lambda$，cable shield 應兩端接地，對低位準視訊信號(low level video signal)採用 Triax cable 並需以兩 端接地，此型 cable 內層用為 signal return，外層用為 shield，內層接至 signal reference 接地，外層接至 chassis 接地。

工程應用：低頻波長遠大於線長，共振效率至低，採單端接地。如高頻波長變短與線長相近 呈 $\lambda/4$ 或 $\lambda/4$ 奇數倍時，共振效率提升形成輻射源或感應源，此時應改雙端接地，形 同環狀電路其間信號與迴路上雜訊因信號大小相等、流向相反可相互抵消。

## 2.3.3 共模接地耦合(CM ground)

**Q1**： 何謂理想接地？

**A**： 接地阻抗為零，並依正確接地需求方式接地，如單點、多點、單多點混合接地可使 寬頻無窮大雜訊電流疏導至地稱之理想接地。

工程應用：依 $V_N = I \times Z$，如接地阻抗 $Z$ 為 $0$，$V_N = 0$。

**Q2**： 如何計算電流流經金屬的積膚表面深度？

**A**： $\text{skin depth} = \sqrt{\dfrac{2}{\omega\mu\sigma}}$，$\omega = 2\pi f$

$\mu$：permeability of meterial

$\sigma$：conductivity of material

工程應用：一般金屬 $\mu = 1$、$\sigma = 1$，skin depth 與 $f$ 成反比。$f$ 越高，skin depth 越薄，表示在高頻 時，高頻表面電流均在金屬表面流通。

**Q3**：　如何計算金屬板單位面積的阻抗？

**A**：

$$R(ac) = \frac{\sqrt{\dfrac{\pi f \mu}{\sigma}}}{1 - e^{-t/\delta}} \ , \ \delta = \frac{0.066}{\sqrt{\mu \sigma f}}$$

　　$f$：frequency，MHz

　　$\mu$：permeability

　　$\sigma$：conductivity

　　$t$：thickness，mm

　　$\delta$：skin depth，mm

　　$R$：$\mu\Omega$/sq，m$\Omega$/sq

$$R(dc) = \rho \frac{l}{A}$$

　　$\rho$：resistance coefficient

　　$l$：length，cm

　　$A$：cross section area，cm$^2$

工程應用：金屬 $\mu = 1$、$\sigma = 1$，$t \gg \delta$，$R(ac)$ 可簡化為 $R(ac) = 369\sqrt{f(\text{MHz})}$。$R(ac)$ 與 $f(\text{MHz})$ 成正比，流經金屬表面的雜訊頻率越高 $f(\text{MHz})$，金屬阻抗 $R(ac)$ 亦越高。

**Q4**：　數位電路中共地電感抗干擾現象為何？

**A**：　如共地電感抗過大，依 $V = LdI/dt$ 公式計算 $I$ 為雜訊電流，$L$ 為共地電感抗，$V$ 為耦合雜訊電壓，$L$ 越大，$V$ 越大形成正或負極性突波(spike)電壓會對數位電路傳送信號造成干擾(logic error)而影響原有 BER(bit error rate)值。

工程應用：依公式 $V_N = L \times dI/dt$，除電感量 $L$ 以外，$dI/dt$ 瞬時變化量越大 $V_N$ 亦越大，$V_N$ 會造成數位電路傳送 Bit error 問題。

**Q5**：　如何計算一圓形導體對地的電感量？

**A**：　依公式 $L = 0.2\ln\left(\dfrac{4h}{d}\right)\mu$h/m

　　$h$：Conductor to ground in distance，cm

　　$d$：diameter of conductor，cm

工程應用：依公式為理論值計算對地 $L$ 值實務如加裝隔離線 $L$ 值要比理論公式計算量為小。

**Q6**：　如何計算一對圓形導體的電感量？

**A**：　依公式 $L = 0.4\ln\dfrac{2D}{d}\mu$h/m。$D > 3d$

　　$D$：distance between conductors，cm

　　$d$：diameter of conductor，cm

工程應用：$V_L = Ldi/dt$，$L$ 用在計算雜訊電壓大小。

**Q7**： 如何計算 PCB 上 trace 的電感量？

**A**： Narrow trace ($\omega/h \leq 1$)

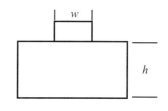

$$L = 0.2\ln\left(\frac{8h}{\omega} + \frac{\omega}{4h}\right) \mu h/m$$

Wide trace ($\omega/h \geq 1$)

$$L = \frac{1.26}{\frac{\omega}{h} + 1.393 + 0.667\ln\left(\frac{\omega}{h} + 1.444\right)} \mu h/m$$

工程應用：trace 本身有電感量，信號雜訊電流流經 trace 時，trace 週邊會輻射雜訊場強，造成
　　　　　對旁邊 trace 上信號干擾問題。

**Q8**： 如何計算兩電感器的總電感量？

**A**： $L = \dfrac{L_1 L_1 - M^2}{L_1 + L_2 - 2M}$

$L_1$、$L_2$：電感器 1、2 電感量

$M$：$L_1 L_2$ 間互感量。

工程應用：依公式總電感量($L$)與兩電感量大小($M$)成正比，$M$ 越大、$L$ 越大，$M$ 越小，$L$ 越小。

**Q9**： 何謂柵狀接地(gridded ground)？

**A**： 柵狀接地是一種經串並聯方式組合在一起的接地方式，適用於 PCB 上工作信號特
性一致時所採用的接地方式，如圖示。

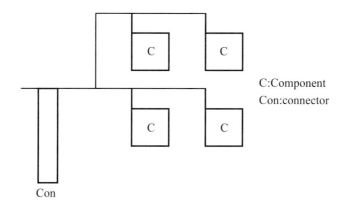

C:Component
Con:connector

工程應用：如工作信號完全一致相同，依 $Z = \dfrac{V}{I}$ 公式，Comp 所示 $Z$ 亦相同，按圖上方 2 個 $Z$ 串
聯與下方 2 個 $Z$ 串聯後並聯所得總 $Z$(connector)，表示 Comp 的 $Z$ 值與 connector 的 $Z$ 值
相同，實務應用如已知 Comp 的 $Z$ 值，其外接 connector 的 $Z$ 值選用是和 Comp 的 $Z$ 值
相同的。

**Q10：** 如何消除減小 PCB 上 trace 的電感量？

**A：** (1)減短 trace 長度：將高速 logic ckt 佈在接近 PCB I/P 端以減短 trace 長度。

　　　(2)加寬 trace 寬度：寬度越寬，電感愈小。

　　　(3)減小 trace 行徑面積：trace 面積愈小，電感愈小。

　　　(4)多層接地：增多接地面可分散減小電流而減低雜訊電壓。

工程應用：就長度、寬度、面積、接地方式(多層)方面著手重新設計可減小 trace 電感量。

**Q11：** 舉例說明如何計算因 trace inductance 所引起的雜訊電壓 $V(L)$？

**A：** $I$：logic Switching curremt(mA)　　　　8mA

　　　$t$：logic Swing time(ns)　　　　　　　4ns

　　　$L$：trace inductance(nh)　　　　　　　20nh

$$V(L) = L\frac{di}{dt} = 20 \times 10^{-9} \times \frac{8 \times 10^{-3}}{4 \times 10^{-9}} = 40\text{mV}$$

檢視 $V(L)$ 是否大於或小於 logic swing voltage $V(s) = 4\text{V}$，如 $V(L) = 40\text{mV} = 0.04\text{V}$ ≪4V，$V(L)$ 低於 $V(s)$40dB 無干擾之慮。如 $L$ 增大($L = 200\text{nh}$)，則 $V(L) = 400\text{mV} = 0.4\text{V} < 4\text{V}$，雖 $V(L)$ 仍低於 $V(s)$20dB，但如 $L$ 再增大時，$V(L)$ 逐漸接近 $V(s)$ 故需要考量 $V(L)$ 干擾 $V(s)$ 問題。

工程應用：由公式可直接算出 trace 所產生的雜訊電壓，再與正常工作電壓比較可評估是否造成干擾問題。

**Q12：** 在 logic 組件間接用 bypass capacitor 功能為何？

**A：** 電容可減緩因 PWR Supply 暫態突波對 logic 電路 transition 的干擾，但電容因有 lead inductance 會產生共振頻率而限制其工作頻寬，造成對一些在工作頻寬以外的雜訊無法加以抑制。

工程應用：旁路濾波器(by pass filter)多並聯電路中濾除高頻雜訊。

**Q13：** 兩並聯 $C$ 連同 $L$ 如何計算瞭解濾波適用工作頻率的響應區？

**A：**

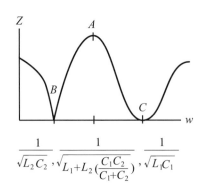
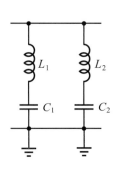

適用工作頻率($\omega$)應避免選在高阻抗 A 點 $\omega = \dfrac{1}{\sqrt{(L_1+L_2)\left(\dfrac{C_1 C_2}{C_1+C_2}\right)}}$，工作頻率應選在低

阻抗 B 或 C 點 $Z = \dfrac{1+S^2 L_1 C_1}{S_1 C_1} \Big/ \dfrac{1+S^2 L_2 C_2}{SC_2}$，($S = j\omega = j2\pi f$)。

工程應用：為避免單一濾波電容在共振頻率產生高阻抗問題，常以另一組電容與其並聯可使
共振頻率偏移，達成共振高阻抗不在工作頻段的設計需求。

## 2.3.4 各種接地模式阻抗說明

**Q1：** 試說明直流電阻與交流電阻間變化關係？

**A：** 電阻分直流與交流響應變化，直流電阻依公式 $R(DC) = \rho\dfrac{l}{A}$，直流電阻與材質阻值

係數 $\rho$、線長 $l$、截面積 $A$ 有關。交流電阻與線長、頻率、波長有關。一般交流電
阻多大於直流電阻，依各種線質材料不同，交流電阻＝$k$，直流電阻，$k$ 質即表示線
材料不同時有各不同 $k$ 值($k > 1$)。

工程應用：$R(ac) = K \cdot R(dc)$，$K \geq 1$，$K$ 與材質特性、頻率有關，同一材質如頻率上升 $K$ 亦變大，
即 $R(ac)$ 隨頻率升高而升高。

**Q2：** 如何計算一段線的共振頻率？

**A：** 設線總長的電感量為 $L$，線與地間的電容為 $C$，依共振頻率公式 $f = 1/2\pi\sqrt{LC}$ 可計
算共振頻率 $f$。

工程應用：在共振頻率時，不論端點為開路或短路均有最大雜訊輻射量，開路以 $E$ 場為主，短
路以 $H$ 場為主。

**Q3：** 如何計算一段線上的並聯共振阻抗 $Z(P)$？

**A：** 依公式 $Z(P) = Q\omega L$，$L$ 為線長電感量，$\omega = 2\pi f$，$Q$ 為線共振常數 $Q = \dfrac{\omega L}{R(AC)}$，$R(AC)$

為線共振時電阻值，$Z(P) = Q\omega L = \dfrac{\omega L}{R(AC)}\omega L = \dfrac{(\omega L)^2}{R(AC)}$。

工程應用：$Q$ 為共振常數，並聯需乘 $Q$，$Z(p)$ 為最大值，但受 $R(ac)$ 在高頻因升高關係，會使 $Z(p)$
變小而趨向定值。因並聯共振 $Z(p)$ 產生最大值是 EMI 問題來源，故需瞭解線長與頻
率四分之一波長關係以避免此項問題發生。

**Q4：** 如何計算一段線上的串聯共振阻抗 $Z(s)$？

**A：** 依公式 $Z(s) = \omega L/Q$，$Q = \omega L/R(AC)$，$L$ 為線長電感量，$\omega = 2\pi f$，$Q$ 為線共振常
數，$R(AC)$ 為線共振時電阻值，$Z(s) = \omega L/Q = \omega L/\omega L/R(AC) = R(AC)$。

工程應用：$Q$ 為共振常數，串聯($Z_s$)需除 $Q$，$Z(s)$ 雖會變小，但 $R(AC)$ 會隨頻率升高而變大，故
需列入 EMI 問題來源，首需選用低阻抗值線帶可避免在高頻時產生高阻抗高雜訊
電壓。

**Q5**： 如何計算線的特性阻抗 $Z_0$ ？

**A**： 依公式 $Z_0 = \sqrt{L/C}$，$L$、$C$ 為單位線長的電感量與電容量。$L$：Herry/M，$C$：Farady/M。

工程應用：依 $Z_o = \sqrt{L/C}$ 公式，$L$ 為線長單位長度電感量，$C$ 為線間單位長度電容量，由線阻 $Z_o$ 是否與信號源 $R_s$，負載 $R_L$ 匹配係是否造成 EMI 的重要因素。

**Q6**： 已知線的特性阻抗 $Z_0$ 及線長 $x$，如何計算此線的輸入阻抗 $Z(\text{in})$ ？

**A**： $Z(\text{in}) = jZ_0 \times \tan\beta x$，$\beta = \dfrac{2\pi}{\lambda}$

$Z(\text{in}) = jZ_0 \times 0$，$x = 0$，short

$\qquad = jZ_0 \times 1$，$x = \lambda/8$

$\qquad = jZ_0 \times \infty$，$x = \lambda/4$，open

Resonance at $Z(\text{in}) = jZ_0 \times \infty$，by $x = n \times \dfrac{\lambda}{4}$ where $n$ is integer，1、3、5…。

工程應用：EMI 關切點在 $Z(\text{in})$ 是否在最大值，按公式 $X = \lambda/4$，$Z(\text{in}) = \infty$，此點有最大輻射雜訊場強。

**Q7**： 如何計算導線的直流與交流電阻？

**A**： 直流電阻 $R(DC) = \rho\dfrac{l}{A}$，$\rho$ 為線的阻值係數以銅質線為例，$\rho = 1.72 \times 10^{-8}$ohm/m，$l$ 為長度，以 m 計，$A$ 為線的截面積以 m² 計，銅線 $R(dc) = 1.72 \times 10^{-8} \times \dfrac{l}{A}$，交流電阻 $R(ac) = R(dc) \times [R/4d + 1/4]$，$R$ 為線徑以 mm 計，$d$ 為集膚作用深度，$d = 0.066/\sqrt{\mu\sigma F(\text{MHz})}$ 以 mm 計。以銅為例 $\sigma = \mu = 1$，一般 $R/2 > d$，銅線 $R(ac) = R(dc)(3.78R\sqrt{f(\text{MHz})} + 0.25)$

工程應用：$R(ac)$ 直接受集膚作用深度影響，頻率越高，$R(ac)$ 越大，雜訊電壓亦愈強。

**Q8**： 如何計算線的電感量($\mu$H/m)？

**A**： 線電感量除本身電感量外，也受距地高度($h$)的影響，依公式 $L = 0.2 \cdot \ln\left(\dfrac{4h}{d}\right)$，其中 $d$＝線徑(m)，$h$：線距地高度(m)，$L$ 單位：$\mu$H/m

工程應用：線距地越近，線電感量越大，雜訊場強亦越大。

**Q9**： 如何計算扁平線(strap)電感量？

**A**： 扁平線電感量依公式 $L = 0.002\left[\ln\dfrac{2l}{b+c} + 0.5 + 0.22\left(\dfrac{b+c}{l}\right)\right]$

$b$：扁平線寬度，$c$：扁平線厚度，

$l$：扁平線長度，$L$ 單位：$\mu$H。

工程應用：扁平線電感量對應寬頻變化量較小，可用在疏導寬頻雜訊。

**Q10**： 如圓線與扁平線截面積相同，如何比較兩線的電感量？

**A**： 扁平線長寬比為 5：1 時，扁平線電感量為圓線的 45 ％，扁平線長寬比為 10：1 時，扁平線電感量為圓線的 55 ％，扁平線越長其電感量越接近圓線電感量。

工程應用：截面積相同、扁平線電感量比圓形線電感量為小，較適合用於接地線疏解寬頻雜訊落地。

**Q11**： 如何評估扁平線的共振頻率？

**A**： 如扁平線變成 U 型狀會增加扁平線的自感量，依 $f=\dfrac{1}{2\pi\sqrt{LC}}$ 公式 $L$ 增大會降低扁平線的共振頻率。

工程應用：平面型狀扁平線自感量較 $U$ 型狀扁平線自感量為小，依共振公式 $f=1/2\pi\sqrt{LC}$，$L$ 小，$f$ 大，$L$ 大 $f$ 小，$f$ 大表示寬頻響應，$f$ 小表示窄頻響應，所以平面型扁平線要比 $U$ 型狀扁平線在濾除寬頻雜訊效果上要好很多。

**Q12**： 如何計算金屬板的直流電阻值？

**A**： 依公式 $R(dc)=100/\sigma t$，$\Omega$/sq

$\sigma$：金屬傳導係數，$\sigma=5.8\times10^7$mhos/m　$t$：金屬厚度(mm)　或　$R(dc)=17.2/\sigma t$，$\mu\Omega$/sq

工程應用：$R(dc)$ 直接與材質有關，一為電性傳導係數，一為厚度，$R(dc)$ 是以單位厚度為準下所量測到的單位面積阻抗值($\Omega$/sq)，而當厚度($t$)加大時形同流過一立方體截面積加大會使 $R(dc)$ 變小，故 $R(dc)$ 與 $t$ 成反比關係。

**Q13**： 如何計算金屬板的交流阻抗值？

**A**： $Z(ac)=369\sqrt{\mu f/\sigma_r}/1-e^{-t/\delta}$，$\mu\Omega$/sq

$\mu$：金屬導磁係數，H/m

$f$：頻率，MHz

$\delta$：集膚深度，cm，$\delta=\dfrac{0.066}{\sqrt{\mu\sigma f}}$

$t$：金屬厚度，mm

$\sigma$：金屬傳導係數，mhos/m

因一般 $\delta\ll t$，$R(ac)$ 可簡化為

$Z(ac)=369\sqrt{f(\text{MHz})}$，$\mu\Omega$/sq，copper plane

$Z(ac)=476\sqrt{f(\text{MHz})}$，$\mu\Omega$/sq，Al plane

$Z(ac)=12.6\sqrt{f(\text{MHz})}$，m$\Omega$/sq，Steel plane

工程應用：一般金屬 $\mu=1$、$\sigma=1$ 且 $\delta\ll t$，代入 $Z(ac)$ 公式可得 $Z(ac)$ 僅與 $\sqrt{f(\text{MHz})}$ 有關，頻率越高 $Z(ac)$ 越大，金屬板表面雜訊電壓愈大。

**Q14**：如何計算金屬接地板的 $R(dc)$ 與 $R(ac)$ 阻抗頻率響應大小變化？

**A**：　依公式 $Z = R(dc)+jZ(ac)[1+|\tan(2\pi d/\lambda)|]$

如 $d \leq \lambda/20$，$\tan(2\pi d/\lambda) = 0.32$

$Z = R(dc)+jZ(ac)[1+0.32] = R(dc)+j1.32Z(ac)$

$R(dc)$沿用題 12，$Z(ac)$沿用題 13。

如 $d = \lambda/8$，$\tan 2\pi d/\lambda = 1.0$

$Z = R(dc)+jZ(ac)[1+1] = R(dc)+j2 \cdot Z(ac)$

$R(dc)$ 沿用題 12，$Z(ac)$ 沿用題 13。

如 $d = \lambda/4$，$\tan 2\pi d/\lambda = \infty$

$Z = R(dc)+jZ(ac)[1+\infty] = R(dc)+j\infty \cdot Z(ac)$

$R(dc)$ 沿用題 12，$Z(ac)$沿 用題 13。

\*$d$ 表示金屬板上兩點間距離。

\*$\lambda$ 表示感應至金屬板上的頻率波長。

工程應用：金屬接地板阻抗($Z$)與金屬板$R(dc)$、$Z(ac)$，金屬板上兩接地點間距離($d$)，雜訊頻率波長($\lambda$)有關，其中$R(ac)$、$Z(ac)$可由金屬材質參數得知，在實務應用上需瞭解避免 $d = \lambda/4$，$Z = \infty$ 現象造成干擾問題。

**Q15**：如何評估 L 型長條金屬塊阻抗大小？

**A**：　依公式 $Z = Z(ac) \times l(\mathrm{cm})/\rho(\mathrm{mm})$

$Z(ac)$ 沿用題 13

$l(\mathrm{mm})$ 示 L 型長條金屬塊長度。

$\rho(\mathrm{mm})$ 示 L 型長條金屬塊截面積週邊長度

$\rho = abcdef$ 週邊長度

$l$：長度

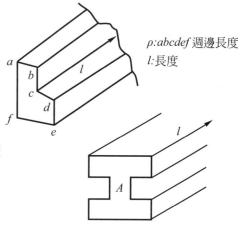

$\rho$:$abcdef$ 週邊長度
$l$:長度

工程應用：L型長條金屬塊多用於電子盒構形組裝，如已知雜訊電流流過此處，乘上L型長條金屬塊阻抗大小，可知此處雜訊電壓大小。

**Q16**：如何計算 I 型長形金屬塊阻抗？

**A**：　依公式 $R = 17.2l/A$，$\mu\Omega$ for copper。

$R = 29l/A$，$\mu\Omega$ for al。

$R = 101l/A$，$\mu\Omega$ for steel。

$l$：I 型長條金屬塊長度(mm)

$A$：I 型長條金屬塊截面積大小(mm²)

工程應用：將 L 型改為 I 型，其他說明同上(Q15)。

**Q17**： 如何計算地網的低頻阻抗？

**A**： 低頻指 D.C.至幾百週，地網中每一單位阻抗為 $r$，整合成形 $R$ 值如圖示：

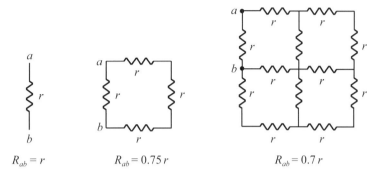

$R_{ab} = r$ $\qquad$ $R_{ab} = 0.75r$ $\qquad$ $R_{ab} = 0.7r$

工程應用：在低頻地網設計中加大地網構形可降低地網總阻抗，有利疏導雜訊電流落地。

**Q18**： 如何計算地網的中頻阻抗？

**A**： 中頻指幾百週至以地網中單一方形環路週長接近 $\lambda/10$ 時的頻率，阻抗值為

$Z = R + 2\pi fL$

$Z = R_{ab} + 2\pi fL$

$R_{ab} = 0.75r$

$L(abcd) = 待測，abcda \approx \dfrac{\lambda}{10}$

$f = $ 外來感應地網的中頻干擾頻率

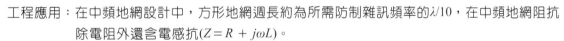

工程應用：在中頻地網設計中，方形地網週長約為所需防制雜訊頻率的$\lambda/10$，在中頻地網阻抗除電阻外還含電感抗($Z = R + j\omega L$)。

**Q19**： 如何定義地網的高頻阻抗？

**A**： 高頻指頻率高於地網中單一方形環路週長接近 $\lambda/10$ 時的頻率，因其間電感電容效應涉入而有共振頻率產生，共振頻率為單一方形環路週長 $\lambda/4$ 的整數倍，高頻阻抗則按 Q14 方法計算。

工程應用：在高頻地網設計中，除$R$外還包含$L$、$C$兩項，因含$L$、$C$兩項介入產生共振頻率，並屬環路並聯共振模式而有最大阻抗值，為避免此項共振頻率在選用方形環路週長時，應避開雜訊頻率波長$\lambda/4$或$\lambda/4$奇數倍。

**Q20**： 已知正方形地網的總阻抗 $Z_{sq}$，求如改成長方形地網如何計算其總阻抗？

**A**：

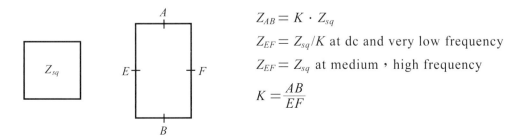

$Z_{AB} = K \cdot Z_{sq}$

$Z_{EF} = Z_{sq}/K$ at dc and very low frequency

$Z_{EF} = Z_{sq}$ at medium，high frequency

$K = \dfrac{AB}{EF}$

工程應用：正方形改長方形地網接地阻抗，中高頻接地阻抗不變，低頻接地阻抗變小有利於
　　　　　低頻接地。

**Q21**： 如何計算半圓接地體的接地電阻？

**A**： 　依公式 $R = \rho/2\pi a$

$\rho$：接地處地質阻值，$\Omega/cm^3$ or $\Omega$-cm

$a$：半圓接地棒半徑大小，cm

工程應用：接地棒如係半圓形接地棒，在已知安裝接地棒處地質阻值 可計算出接地電阻值。

**Q22**： 已知接地棒長度、半徑、土質阻抗，如何計算接地棒的接地電阻？

**A**： 　依公式 $R = \dfrac{\rho}{2\pi L}\left(\ln\dfrac{4L}{a} - 1\right)$

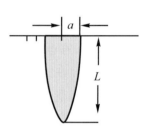

$\rho$：土質阻抗，$\Omega$-cm

$L$：接地棒長，cm

$a$：接地棒半徑，cm

工程應用：土質阻抗影響接地電阻最大，其次為接地棒長度與半徑
　　　　　大小。

**Q23**： 如何計算多個接地棒的接地電阻？

**A**： 　依公式 $R = \dfrac{\rho}{2\pi nL}\left[\ln\dfrac{4L}{a} - 1 + \dfrac{2KL}{\sqrt{A}}(\sqrt{n} - 1)^2\right]$，公制。

$R$：接地電阻，ohm

$\rho$：土質阻抗，$\Omega$-cm

$L$：棒長，cm

$a$：棒半徑，cm

$n$：棒數(地網面積$A$內放置接電棒數)

$A$：地網面積大小，$cm^2$

ln：常用對數

$K$：與放置接電棒個數$n$有關

| $n$ | $K$ | $n$ | $K$ |
|---|---|---|---|
| 2 | 0.58 | 12 | 0.15 |
| 3 | 0.43 | 16 | 0.12 |
| 4 | 0.34 | 20 | 0.10 |
| 8 | 0.21 | 24 | 0.09 |

依公式 $R = \dfrac{0.52 \cdot \rho}{nL}\left[\ln\left(\dfrac{2L}{3D}\right) - 1 + \dfrac{2KL}{\sqrt{A}}(\sqrt{n}-1)^2\right]$，英制

$\rho$：ohm-meter(soil resistivity)

$L$：feet(rod length)

$D$：inch(Diameter of rod)

$A$：sq feet(Area)

$R$：resistance earth grounding(resistance of earth connection with ground rods，ohm)

$K$：同前表，$K$ 與 $n$ 有關

工程應用：按公式接地棒棒數多少，影響接地電阻最大，其他按參數代入公制或英制公式，均可計算出多個接地棒接地電阻值。

**Q24**：如何安裝接地棒可得最小接地低阻抗效果？

**A**：⑴尋找低土質阻抗係數地區裝置接地棒。

⑵接地棒長比短好，粗比細好，多比少好。

⑶一般選用土質阻抗 50Ω-m～400Ω-m

⑷一般接地棒直徑多用 1.5 吋(4cm)，接地棒長 1 呎(30cm)。棒長隨埋入土中深度而定，深度有 1、2、3 米或更深深度不等。

⑸一般27×27米地面積大小，如以土質阻抗 50Ω-m，棒長埋設深度 3m，棒徑 2cm，棒數10×10為例，埋設接地棒可得最小接地電阻約 2 歐姆。

工程應用：優先選取低阻抗土質地區安裝接地棒，安裝接地棒土深深度與面積大小，能改善降低接地電阻不是很顯著。參閱 Q28 細部說明。

**Q25**：一般接地棒對不同土質阻抗(Ω-cm)的生銹反應狀況如何？

**A**：

| Resistivity(Ω-cm) | 生銹狀況 |
|---|---|
| ＜400(泥地) | 很嚴重(水份高泥地) |
| 900-1500 | 嚴重 |
| 1500-3000(乾地) | 中等 |
| 3500-8000 | 輕微 |
| 8000-20000(雪地) | 不計(南北極) |

工程應用：土質阻抗愈小表示導電性愈好，但因土質較潮濕，對接地棒則容易造成生鏽問題。

**Q26**：為何有時不單獨使用接地棒而需要將接地棒和地網結合一起使用？

**A**：因單獨使用接地棒需埋在較深土中，如需埋設許多接地棒則需大面積開挖極深的土方，因施工不易且成本高，故改用可開挖淺深度的土方並將金屬網(mesh)鋪設此開挖地中，再以接地棒銜接亦可得低阻抗接地阻抗值。

工程應用：在較淺開挖土方中，安裝接地棒與地網是最經濟有效的接地方式。

**Q27**：如何計算接地網，連同接地棒成一接地系統的接地電阻？

**A**：

依公式 $R = \dfrac{\rho}{\pi L}\left[\ln\dfrac{L}{D \cdot r} + K_1\dfrac{L}{\sqrt{A}} - K_2\right]$，公制

$\rho$：土質阻抗，ohm-cm

$L$：所有接地棒間的總長度，cm

$r$：接地棒半徑，cm

$D$：接地棒埋設深度，cm

$A$：地網面積，cm²，$l$ (長)，$\omega$ (寬)，$A = l \times \omega$

$K_1$：沿用題 23，$K_1 = K$

$K_2$：

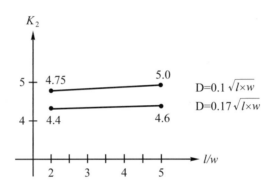

$R$：接地電阻，ohm

依公式 $R = \dfrac{1.045\rho}{L}\left[\ln\left(\dfrac{2L}{D \cdot R}\right) + K_1\dfrac{L}{\sqrt{A}} - K_2\right]$，英制

$A$：地網面積，ft²

$D \cdot R$：接地棒埋設深度(feet)×接地棒直徑(inch)

$L$：所有接地棒間的總長度，feet

$\rho$：土質阻抗，ohm-meter

$K_1$：參閱題 23，$K_1 = K$

$K_2$：同上。

$R$：接地電阻，ohm

工程應用：注意 $K_1$、$K_2$ 值選用，$K_1$ 與接地棒棒數有關，棒數愈多 $K_1$ 愈小，$K_2$ 與土方開挖面積大小有關，面積愈大，$K_2$ 愈小，$K_1$、$K_2$ 愈小代入公式，$R$ 值愈小(接地電阻愈小)。

**Q28**： 試範例說明接地網連同接地棒的接地系統接地電阻值狀況？

**A**： 以直徑1cm的銅質纜線連同地網面積大小240m²
為例，土質阻抗為 50Ω-m，深度為 60cm，地
網每邊長 15.5m (240m² ＝ 15.5 × 15.5)，安裝
10 個接地棒，接地電阻為 1.6 ohm，如地網面
積越大，其他各項參數不變，接地電阻隨地網
面積變大而減小，故地網埋設越大接地電阻越
小。如表列示 Area、R對應數值。

| Area (m²) | R(ohm) |
|---|---|
| 240 (15.5×15.5) | 1.6 |
| 940 (30.5×30.5) | 0.8 |
| 3720 (61×61) | 0.4 |
| 23250 (152×152) | 0.2 |

理論上地網埋設面積越大越好，可得較低接地電阻，實用上開挖大面積土方安裝地
網施工不易，成本亦高，一般接地電阻(R)要求在 1.6 ohm 為高標，通常R值選用在
3ohm～5ohm 之間，故實際地網開挖面積並不需要如上表所示那麼大。

工程應用：一般建築物接地電阻要求在 3～5 ohm，因土質受天候影響時有變化，為經濟效益
考量多在屋頂安裝整排多個避雷針，再整合以少數接地棒接地，形同屋頂單個或
少數避雷針接至開挖土方所埋設的地網避雷原理是一樣的。前者施工簡單費用較
經濟，後者施工複雜費用高昂，但後者因以地網接地要比前者以接地棒接地效益，
對疏導雷擊電流效果要好很多。

## 2.3.5　電纜線佈線接地

**Q1**： 線與線間耦合雜訊模式有幾種？

**A**： ⑴電感、電容耦合

⑵共用地耦合

⑶線長單端或雙端接地共振耦合。

工程應用：電感來自電流源，電容來自電壓源。共用地耦合如信號源為電流源則為電感性耦
合，如信號源為電壓源則為電容性耦合。單端接地為電壓源電容性耦合，雙端接
地為電流源電感性耦合。

**Q2**： D.C.濾波器用途為何？

**A**： D.C.濾波器即一般所稱貫穿式電容濾波器(feed through capacitor)主要用在濾除 D.
C.上所含的漣波(ripple)雜訊。

工程應用：此型濾波器使用時需將外殼接地，濾波效果更佳。

**Q3**： A.C.濾波器用途為何？

**A**： A.C.濾波器即一般所稱 A.C. PWR line filter，主要用在濾除 AC 信號及 PWR line 上
所含的各種雜訊如 ring、spike。

工程應用：此型濾波器使用時需注意最大功率負荷量，以免ring、spike 過大時可能燒燬濾波器
而使濾波功能失效。

**Q4：** 低頻線如何防制干擾？

**A：** 在低頻信號不易做好隔離工作，故改以物性方法用絞線方式消除低頻雜訊干擾，如 AC、單相、三相線信號線需與中心線互絞，DC或信號線需與零伏或迴路線互絞，互絞一般只適用於kHz，對消除MHz以上雜訊效果不佳，另需以隔離線來防制MHz以上高頻雜訊干擾。

工程應用：低頻隔離可用高導磁性材質吸收磁場，但此型材質價格昂貴且施工不易，故改以物性將導線互絞方式消除線上雜訊電流所輻射的雜訊場強。

**Q5：** 高頻線如何防制干擾？

**A：** 同軸電纜線用於高頻信號傳送，需注意阻抗頻率響應變化及線長與雜訊頻率波長關係，一般線長小於雜訊頻率波長的$\lambda/10$時，應單端接地，如大於雜訊頻率波長的$\lambda/10$時，應雙端接地。

工程應用：高頻信號傳送時，線上因有$R$、$L$、$C$變化響應會影響同軸電纜線的特性阻抗，而當線長為雜訊頻率波長的$\lambda/10$時，因輻射效率至低，故可單端接地，但如線長逐漸變長大於$\lambda/10$接近$\lambda/4$時，其輻射效率亦逐漸提升至最大值。此時如仍單端接地線體本身將成天線效應而輻射或感應雜訊，但如改兩端接地可將線體變成環狀模式，而環狀上方電流與下方電流大小相等方向相反可將輻射雜訊抵消。

**Q6：** 說明隔離線適用防制干擾範圍？

**A：** (1)對 clock、driver、switching、oscillator、PWR supply 裝置多採單層隔離線。

(2)對高靈敏度信號線需採用多層隔離線，並注意選用單端或雙端接地問題，對較低頻雜訊宜用單端接地(因波長大於線長)，對較高頻雜訊宜用雙端接地(因波長接近線長)。

工程應用：隔離線隔離效益與材質隔離效果、隔離層數有關，有關單或雙端接地選用準則參用上題 Q5 說明。

**Q7：** 說明接頭防制干擾作法？

**A：** (1)接頭需清潔，接觸需密合(2.5mΩ以內)

(2)接頭接點依信號特性射頻、數位、類比、電源次序排列，各組信號線和迴路線需成對就近配置佈線。

(3)勿將輸出、輸入線安置在同一接頭。

工程應用：低阻抗接點低雜訊電壓，利用信號與迴路信號電流大小相等方向相反原理可抵消雜訊。

**Q8：** 如何安排電纜線中信號線與電源線佈線工作？

**A：** (1)低頻電源線和信號線均需互絞。

(2)隔離類比與數位信號線，輸出與輸入線，小信號與大電流信號線。

(3)電源線及大電流信號線沿機匣週邊佈線，可使溢出的雜訊藉接觸機匣而消散。

(4)隔離數位線與高靈敏度線以免受大電源、強信號、控制線的干擾。

(5)增加地線防制大信號對小信號的干擾。

(6)共膜接地阻抗越小越好(小於 5mΩ)。

工程應用：電源線以物性互絞方式消除雜訊，信號線以選用隔離線方式消除雜訊。

**Q9**： 如何安排電纜線接地問題？

**A**： (1)接地線越短越好。

(2)如有暫態大電流存在，最好選用單點接地，接地線應選較粗線可安全洩放大電流落地。

(3)高頻應選用多點接地，接地點位置選在靠近射頻元件處，多點接地間距離應小於雜訊頻率的二十分之一波長，特別注意多點接地間距離避開雜訊頻率的四分之一波長以免產生共振高阻抗效應形成雜訊電壓。

工程應用：電纜線接地是以如何降低纜線接地阻抗為目的，接地阻抗愈低，雜訊電壓亦愈低。

**Q10**： 如何計算纜線環路面積所輻射的雜訊大小？

**A**： 如環路面積長( $l = 200cm$ )，寬( $W = 20cm$ )，線上電流( $I = 20\mu A$ )，依輻射雜訊場強公式 $RE = 20 \log (l \times W \times I)$ ， $RE = 20 \log (200 \times 20 \times 10 \times 10^{-6}) = -28dB\mu V/m$

工程應用：輻射場強大小與通過線上電流與環路面積成正比，設線阻為 1 Ω，代入公式得 dB$\mu$V/m。

**Q11**： 如上題條件，同樣的環路線有 20 條，雜訊輻射量增為多少？

**A**： 依公式為一條環路雜訊輻射量+20 log $N$($N$ 為同樣環路線線數)。20 條相同環路線 $R_E$ $= -28dB\mu V/m + 20 \log 20 = -2dB\mu V/m$

工程應用：依公式20 log $N$ ($N$為線數)，可計算當有$N$條線所帶相同雜訊時的總雜訊場強量。

**Q12**： 如何防制共膜式雜訊輻射？

**A**： (1)避免使用因共膜接地(CM)耦合雜訊由一電路傳至另一電路。

(2)如需使用環路電路，儘量減小壞路面積。

(3)減小共膜式接地阻抗可減小雜訊電壓。

(4)加裝磁性共軛環吸收高頻共膜電流雜訊。

(5)選用濾波接頭濾除高頻雜訊。

工程應用：治本以降低共模式接地阻抗為主，其他如加裝 CM choke，filter built-In Connector 皆為治標方法。

**Q13**： 如何計算電纜線上高頻諧波的輻射量大小？

**A**： 如題 10，依公式 $RE = 20 \log (H \times l \times I_n)$ ， $I_n$ ： $n$次諧波

題設 TTL 信號 $T_r = 20ns$ ， $I = 10mA$ ， $f_n = 50MHz$ ， $T = 1\mu s$ ， $H = 0.5cm$ ， $l = 200cm$ 求 $I_n = I_5$ 高頻諧波時的輻射量。

由 $20 \log I_5 = 20 \log I - 20 \log (T/T_r) - 40 \log (\pi f_n T_r)$

$$= 20 \log 10 \times 10^{-3} - 20 \log \left(\frac{1 \times 10^{-6}}{20 \times 10^{-9}}\right) - 40 \log (\pi \times 50 \times 10^6 \times 20 \times 10^{-9})$$

$$= -114，代入 20 \log (H \times l \times I_n) = 20 \log (H \times l) + 20 \log I_n \; (20 \log I_n = 20 \log I_5)$$

$$= 20 \log (200 \times 0.5) + (-114) = -74 \mathrm{dB}\mu\mathrm{V/m}$$

工程應用：設線阻為 1 Ω，代入公式得 dBμV/m。

按 $\mathrm{dB}\mu\mathrm{V} = \mathrm{dB}\mu\mathrm{A} + \mathrm{dB}\Omega$，If $R = 1\;\Omega$，$20 \log R = 20 \log 1 = 0\;\mathrm{dB}\Omega$，$\mathrm{dB}\mu\mathrm{V} = \mathrm{dB}\mu\mathrm{A}$，同理

$\mathrm{dB}\mu\mathrm{V/m} = \mathrm{dB}\mu\mathrm{A/m}$。

**Q14：** 如上題條件，同樣的線並列 20 條，雜訊輻射量增為多少？

**A：** 由上題一條線，第五次諧波輻射量為 $-74\mathrm{dB}\mu\mathrm{V/m}$，依公式 20 條線並列為 $-74 + 20 \log N = -74 + 20 \log 20 = -48\mathrm{dB}\mu\mathrm{V/m}$

工程應用：如一條線輻射量為 + 10 dBμV/m，$N$ 條線並列按增加量公式計算為 + 10 dBμV/m + 20 log $N$。

## 2.3.6 儀具安全接地

**Q1：** 安全接地目的為何？

**A：** 安全接地目的在防制人員受到漏電流傷害而採取的安全接地措施。

工程應用：安全接地針對防制人員觸電傷害所設計的一種接地方式。

**Q2：** 觸電人員傷害定義為何？

**A：** 觸電傷害視觸電電流大小和觸電時間長短而定，電流大小依電源開路電壓和電源內阻與人體阻抗關係而定，一般電源內阻甚小，觸電電流大小全視人體阻抗而定，即 $I = V/R$，$V$ 為電源電壓，$R$ 為人體阻抗，其中 $R$ 值視人體皮膚乾濕不一相差很大，因而造成對人體感應電流的大小也不一樣。

工程應用：觸電傷害程度視觸電電流大小、觸電時間長短、觸電人體部位而定。

**Q3：** 試說明 D.C.AC(60Hz)漏電對人體傷害情況？

**A：**

| D.C(mA) | AC(mA) | 傷害情況說明 |
| --- | --- | --- |
| 0-4 | 0.5～1.0 | 輕微反應 |
| 4-15 | 1～3 | 驚嚇反應 |
| 15-80 | 3～21 | 反射作用 |
| 80-160 | 21～40 | 肌肉抽筋 |
| 160-300 | 40～100 | 呼吸困難 |
| > 300 | > 100 | 致命傷害 |

工程應用：D.C.與頻率無關能量無累積效應，對人體傷害需較大電流，AC 與頻率有關能量有累積效應，對人體傷害僅需較小電流就會造成傷害。

**Q4：** 試說明觸電反應情況對應觸電電流大小與頻率關係？

**A：** 頻率低時低電流即可造成觸電傷害，頻率高時則需較高電流才會造成觸電傷害，此因低頻，高頻電流流經皮膚時所形成的集膚效應(skin effect)不同所致，在低頻時集膚效應深度較深比較容易造成對人體的傷害，在高頻時集膚效應深度較淺，比較不容易造成對人體的傷害，因此在高頻時需有較大電流才會對人體造成傷害，如低頻 60Hz，0.5～1.0mA 就會對人體造成觸電反應，但高頻 70kHz，則需 100mA 才會對人體造成觸電反應，如高頻再高至 100～200kHz，觸電反應則由對皮膚的刺痛，耳鳴轉為熱能燒傷皮膚反應。

工程應用：依集膚效應(skin depth)公式 $\delta = \dfrac{0.066}{\sqrt{\mu\sigma f(\text{MHz})}}$ mm，信號源頻率愈低，skin depth 愈深，所以只要很小電流就會對人體造成傷害。

**Q5：** 試說明乾濕程度不同時，人體皮膚感應不同電壓阻抗值變化情況？

**A：** 人體皮膚乾濕度不同時人體阻抗大小變化對應觸電電壓高低情況如下表

| 電壓 | 100V | 200V | 300V | > 300V |
|------|------|------|------|--------|
| 乾燥 | 3000 | 1800 | 1200 | 1000 |
| 帶水氣 | 1500 | 1200 | 1000 | 1000 |
| 潮濕 | 800 | 650 | 650 | 650 |
| 潮濕帶鹽 | 325 | 300 | 300 | 300 |

表內數值：人體阻抗歐姆值，如觸電電壓為 100 伏，在潮濕情況人體皮膚阻抗反應為 800 歐姆。人體感應電流為電壓除以表內所示人體阻抗值。$\left(I = \dfrac{100}{800} = 125\text{mA}\right)$

工程應用：人體阻抗隨空氣濕度不同而變化，乾燥時阻抗高，人體觸電感應電流小，潮溼時阻抗低，人體觸電感應電流大。

**Q6**： 試說明觸電電流大小(mA)，觸電時間(second)長短與人體傷害安全計量關係？

**A**：

| $I$(mA) | $T$(second) | Remark |
|---------|-------------|--------|
| 200 | 0.1 | |
| 40 | 0.5 | |
| 30 | 1.0 | |
| 25 | 2.0 | $I$、$T$ 值大於表內數據為傷害值。 |
| 20 | 6.0 | $I$、$T$ 值小於表內數據為安全值。 |
| 18 | 10.0 | $I$ 對應 $T$ 為安全傷害臨界值。 |
| 17 | 50.0 | $I$ 為 50/60Hz 電源。 |
| 16 | 100.0 | |

工程應用：人體觸電安全計量不變，計量以觸電電流大小與觸電時間乘積計之，電流愈大所
　　　　　能承受觸電時間愈短，電流愈小所能承受觸電時間愈長。

**Q7**： 單相及三相電源安全接地如何接法？

**A**： 單相電源的中性線(Neutral)需在斷電器(breaker)處接地，其他電子電機裝備接地亦
接至斷電器接地處。三相電源安全接地由中性線落地，不論單相或三相電源的中性
落地點均不得在負載端落地而需在中性線進入負載端之前經斷電器接地。

工程應用：單相或三相電源安全落地均以中性線落地。中性線形同纜線外殼隔離線，所有漏
　　　　　電均由外殼隔離材料收集落地，達成安全接地防制人員觸電危害目的。

**Q8**： 簡要說明目前國際上的一些安全接地規定情況？

**A**： 國際電機協會(IEC)為美國及大多數國家所認同，歐洲經濟體(EEC)由歐洲各國間相
互認證以消除貿易障礙。

其他國家級(N.L.)各國參考

IEC-65，Comsumer electronic eng

IEC-380，Electrical safety of office Machine

IEC-435，safety of data processing eng

IEC-601，safety of Medical electrical eng

各自訂定安全接地法則。

工程應用：各國安全接地規定不一，細部說明請參閱所定規定說明。

**Q9**： 簡易說明 IEC 接地安全需求？

**A**： ⑴安全與非安全電壓

訂定 42.4V peak 為安全與非安全電壓臨界值。

⑵電源分佈接地與安全接地

TN 系統：電源中性線直接接地，所有金屬件應整合接至安全接地(protective earth)。

TT 系統：電源中性直接接地，所有金屬件分別以金屬棒接地。

IT 系統：電源中性線以浮點經 1kΩ接地，所有金屬件應整合接至安全接地。

⑶電擊防護

慎防大電力系統裝備對操作人員傷害，對可能漏電組件應妥為接地。裝備接地與接地組件間阻抗不超過 0.1 歐姆(量測條件 120V，50-60Hz)。

工程應用：雷擊衝擊電流在 KA 範圍，此大電流在途經線帶或電子盒落地，會使地電壓忽然上升形成高電壓干擾源。

**Q10**： 漏電電流產生有那幾種形態規格大小？

**A**： 依裝備特性需求分 CLASS 1(需接地)，CLASS 2(已有隔離不需接地)兩種。

Class1 手提式裝備 0.75mA

移動式裝備 3.5mA(5mA for UL 478)

固定式裝備 3.5mA

Class2 各式裝備 0.25mA(IEC.UL)

工程應用：漏電規格不論裝備形態均在 mA 範圍。

**Q11**： 如何模擬量測漏電電流？

**A**： 先以電流表串接 1500Ω(模儀人體阻抗)如頻率高於 600Hz，另需並接 150nF 電容以模擬高頻時電流對人體較不敏感的響應，對 Class 1(需接地)裝備量測，需將安全接地拆除並以量測表接在裝備盒與地之間，或將裝備經隔離變壓器於裝備加電中在電源端和裝備盒間量測漏電電流。

對 class2(已有隔離不需接地)裝備量測，因無接地線在裝備加電中於電源端和裝備盒之間量測漏電電流。

工程應用：依裝備本身有接地與未接地(floating)兩種模式，量測漏電電流方法不同，前者需將接地線拆除後量測，後者因無接地線可直接量測。

**Q12**： 試說明醫療器材漏電電流規定情況？

**A**： ⑴ IEC-601 Safety of Medical Electrical Equipment 醫療裝備安全規定

⑵ NFPA(National Fire protection Association)防火構建設計安全規定

⑶ AAMI(Association for Advancement of medical Instrumentation)先進醫療裝備電氣設計安全規定

工程應用：醫療器材漏電電流規格要求至為嚴謹，一般均訂定在 μA 範圍。

**Q13**：試說明漏電流對病患等級傷害分級？

**A**：　第一類對嚴重病患者，所有醫療器材需專業人員操控以避免病患遭受傷害。

第二類對臥床仍可自身行動病患者，其週邊醫療器材經專業人員設定可自動運作而不需在場操控者。

第三類對一般病患者，病患者本身有自主能力能適當處理漏電傷害。

工程應用：醫療人員對醫療器材，視病患嚴重性程度等級不同，做不同等級方式處理。

**Q14**：醫療器材電源插座模式有何特別規定？

**A**：　為避免醫療器材電源插座插錯供電插座，兩者電源插座火線(Hot，black)，中性(white，Neutral)，地線(ground，green)插座孔形狀不一(火線為較短形開口，中性線為較長形開口，地線為半圓形開口)可避免發生醫療器材電源插座插錯供電插座情況。

工程應用：刻意設計電源插座口構形不一，以免插錯電源插座，造成損及醫療器材及人員危害問題。

**Q15**：常見漏電流大小為多少？

**A**：　以常用 115VAC 為例，病患觸電電流大小限制值為20$\mu$A。

工程應用：一般健康人漏電電流限制值規格定在 mA，病患訂在$\mu$A。

**Q16**：醫療電子裝備器材盒的漏電流大小為多少？

**A**：　裝備器材儀表盒(Chassis leakage current)漏電流定義為儀表盒表面電流流經地線漏電流最大值需由裝備在加電斷電四種情況下檢測到最大漏電電流(四種情況分為裝備加電火線中性線正接，裝備加電火線中性線反接，裝備斷電火線中性線正接，裝備斷電火線中性線反接。)即在四種不同情況下所量測到的漏電電流取其中最大值做為此裝備器材儀表盒的漏電電流值大小。一般按傷害等級分三級如表列。

| Risk | Category | Leakage limit(rms) |
|---|---|---|
| 1 | General | 500$\mu$A |
| 2 | High risk | 100$\mu$A |
| 3 | Extreme risk | 20$\mu$A |

工程應用：醫療器材漏電電流規格定在$\mu$A 範圍，依傷害等級不一可分三級。

**Q17**： 試說明漏電流通過人體阻抗頻率響應關係？

**A**： 在低頻($f<$1kHz)人體阻抗(skin impedence)
約為 1kΩ，在高頻( $f>$1kHz)人體阻抗隨
頻率升高而遞減，在高頻($f>$ 100kHz)人體
阻抗則約保持為 10Ω。人體阻抗頻率響應
變化如圖示。

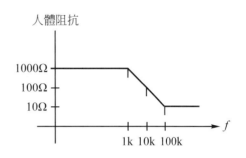

工程應用：人體阻抗隨頻率上升而減小，看似在高
頻因阻抗低感應電流大，但依集膚效應
skin depth 在高頻雖感應電流較大，但 skin
depth 較淺，感應電流均在人體皮膚表面流動而未滲入皮膚造成傷害。反之低頻 skin
depth 較深，對人體危害較大。

**Q18**： 如何選用防制漏電電流的電容？

**A**： 由 $I = \dfrac{V}{X_C} = \dfrac{V}{1/\omega C}$

$\qquad = V \cdot \omega C$

$\qquad = V \cdot 2\pi f C$

$C = \dfrac{I}{2\pi f \cdot V} = \dfrac{20 \times 10^{-6}}{2\pi \times 60 \times 115} = 460\text{pF}$

$I = 20\mu\text{A}(漏電電流)$

$f = 60\text{Hz}$

$V = 115\text{V}$

$C = 460\text{pF}$

工程應用：由簡單電容抗電壓電流關係公式，可算出防制漏電電流電容量大小($C = I/2\pi f \times V$)。

## 2.4 隔 離

### 2.4.1 隔離實務應用

**Q1**： 隔離效果與材料孔徑大小呈何關係變化？

**A**： 一般隔離材料(如金屬)呈面板狀，但為通風而需開孔(如圓形、長方形、橢圓形)，
此孔徑大小及形狀直接影響隔離效果，如下圖示：

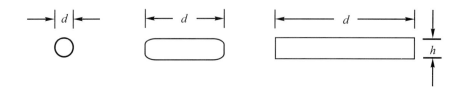

S.E.(Shielding effectiveness)$= 100 - 20 \log [d \cdot F] + 20 \log [1 + \ln(d/h)]$

$d$：mm，$F$：MHz，$d \leq (\lambda/2)$，$d \gg$ thickness (h)

工程應用：一開口大小形狀不一，以取外形最長面徑長度為準，依公式$\lambda_C = 2d$，$d$為長度可算
　　　　　出防制雜訊頻率波長$\lambda_C$，如$d = 1$ cm，$\lambda_C = 2$ cm，$f_C = 15$ GHz，凡$f > f_C$可通過此開
　　　　　口，凡$f < f_C$不能通過此開口。

**Q2：** 對較大型開口或通風口如何做好隔離？

**A：** 以良導體(copper mesh，thin film)做好開口週邊連續性隔離措施，可抑制雜訊輻射
　　　量。而開口部份則以緻密金屬網敷蓋之。

工程應用：大型開口可通過低頻(kHz)、中頻(MHz)、高頻(GHz)雜訊，為阻隔此項寬頻雜訊通
　　　　　過大型開口，需另加裝金屬網縮小開口面徑，以防制低、中頻雜訊滲入。

**Q3：** 對顯示器幕上輻射能如何抑制？

**A：** 選用防輻射性材料可抑制幕上scanning spot所輻射的雜訊，但也會造成減低光的穿
　　　透度而影響顯示器幕上的亮度。

工程應用：以高導磁性吸收材料製成隔離板放在螢光幕前，可防制幕上所輻射的雜訊場強。

**Q4：** 如何計算編織網與蜂槽隔離網隔離度？

**A：** 編織網(mesh)

　　　S.E.(shielding effecfiveness)

　　　$S.E. = 10 \log (\lambda/2d) - 20 \log \sqrt{n}$

　　　$d$：hole diameter，$n$：number of hole

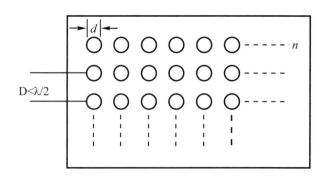

蜂槽網(Honeycomb)

S.E. = 2.5dB，$l = w$

　　 = 50dB，$l = 2w$

　　 = 75dB，$l = 3w$

　　 = 100dB，$l = 4w$

$l$：length of honeycomb

$w$：width of honeycomb

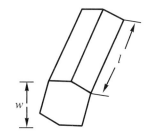

工程應用：蜂槽網構形上因有深度，對隔離有補助的效果，要比沒有深度的編織網隔離效果要好一些。

**Q5：** 金屬盒蓋板隙縫長度及寬度(間隙)與隔離度關係如何？

**A：** 隙縫長度影響雜訊通過波長，按導波管截止波長公式計算 $\lambda$ (cut off) $= 2L$ ($L$ 為隙縫長度)，$\lambda > 2L$ 不能通過隙縫，$\lambda < 2L$ 可以通過隙縫。而間隙寬度則用於補強隔離效果，越密合隔離效果越好。

$L$：長度
$w$：寬度

$L$：與通過頻率高低有關($\lambda$cut off $= 2L$)

$w$：與隔離度(S.E.)好壞有關。($w = 0$，S.E. $= \infty$)

工程應用：開口面徑 $L \times W$，一般 $L > W$，為計算開口最低工作截止波長是以 $L$ 長度為準，依 $\lambda_C = 2L$ 公式可算出 $\lambda_C$ 及 $f_C$ ($f_C = V/\lambda_C$，$V = 3 \times 10^8$ m/s)。

**Q6：** 如何安排在開口附近導線走向？

**A：** 導線如在開口附近，導線走向應垂直於開口方向，以減少耦合場強干擾。

工程應用：應用平行導線走向耦合量最大，相互垂直走向耦合量最小原理，將導線走向垂直於開口可減少場強干擾耦合量。

**Q7：** 如何藉用陰性板(image plane)來改善 PCB 的輻射雜訊？

**A：** 如 PCB 隔離不好可以加裝 image plane 方式改善，image plane 為一片平整薄形導體(一般呈鉑片狀)，可用於隔離作用，其工作原理如圖示可由 image plane 將 PCB 上的 CE 雜訊藉 $I_1 = I_2$ 方向相反原理加以抑制消除。

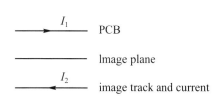

工程應用：Image plane 用於消除當信號線與迴路線間距過大，而無法有效消除差模式(DM)雜訊時，而在其間另加裝一層 Image plane 作為消除抑制 DM 雜訊的方法。

**Q8**： 一般 coating 對電磁場隔離效果如何？

**A**： coating 以噴金屬粉為主，對反射電場有效，對反射磁場無效。對磁場的隔離吸收需選用高 $\mu$ 材質材料，一般金屬對磁場吸收均無效果。故 coating 金屬粉無法隔離低頻磁場的穿透，而只能藉反射來隔離電場。

工程應用：以前 coating 多係金屬粉末，僅對反射電場有效。近研發出高導磁性材料製成平面板，對磁場有吸收效果，適用於隔離低頻磁場。

**Q9**： coating 為何可增加隔離效果？

**A**： 一般 coating 在增加傳導性，使表面 conductivity 更好，可增加對電場的反射，而 conductivity 與 resistance 呈反比，resistance 愈小，conductivity 愈大，一般 coating 較差者 $R = 1\Omega/sq$，較好者 $R = 0.1\Omega/sq$。在工藝上 coating 阻抗與材質特性及厚薄有關，硬品設計所需 coating 之處如 sharp edge、corner、round 因形狀特殊間隙太小不易均勻 coating，另需以噴霧劑方法補強處理。

工程應用：coating 在增加導電性使之成為良導體以此增加對電磁波中電場的反射量。

**Q10**： 哪些是產生低頻磁場的主要干擾源及被干擾源？如何防制？

**A**： AC、DC 高功率纜線(PWR CABLE)、高功率變壓器(PWR transformer)、AC，DC 馬達、繼電器、開關等，均為產生低頻磁場的干擾源。

羅盤、攝影機、顯示器、電子顯微鏡均為較易感受磁場干擾的被干擾源。

採用高導磁性材料對磁場有吸收及引導作用可用來隔離磁場穿透。達成防制磁場干擾的功效。

工程應用：低頻磁場會在金屬表面形成表面電流，循電子盒細縫或開口處滲入形成干擾源，最有效的防制方法是將電子盒、接頭密封形同 Farady cage，而使表面電流無法滲入內部。

**Q11**： 一種圓形隔磁環外徑為 $b$，厚度為 $t$，材質為 $\mu$，說明此環的隔磁效果？

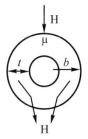

**A**： 環中心磁場為 0，高導磁性材質 $\mu$ 因低磁阻特性，對磁場具有導向作用可使外來所需隔離的磁場讓其通過環形隔離環而使環中心部份磁場為 0。(如線帶置於中心則視為保護區不受外來磁場的干擾)。

工程應用：選用不同構形的隔離環，將欲防磁干擾的成品置於其環中心位置，可防制成品免受磁場干擾。

**Q12**：舉例說明一些隔離高導磁性材料對磁場有多少隔離效果？

**A**：

| 材質(0.02″厚) | $\mu$ | Shielding(dB) | Saturation(gauss) |
|---|---|---|---|
| Hipemon<br>0.8mickel，0.2 iron | 400000 | 100 | 8000 |
| Hipemik<br>0.9mickel，0.1 iron | 75000 | 85 | 15000 |
| Sulucon iron<br>0.03 Si-Fe | 5000 | 62 | 20000 |
| Carbon Steel<br>1010 | 1000 | 58 | 22000 |

工程應用：高導性材質的導磁係數越大，隔離效果越好，缺點在飽和磁化量偏低，如雜訊電流過高或雜訊頻率過高都會很快造成材質磁化飽和，而使導磁吸收能量降低的缺點。

**Q13**：如何克服高 $\mu$ 質材料因飽和而影響隔離效果問題？

**A**：高 $\mu$ 質材料在高密度磁場中會產生飽和現象而破壞原有 $\mu$ 值影響隔離效果。因飽和產生 $\mu$ 變質但 $\mu$ 值材料可由重新燒鍊恢復原有 $\mu$ 值。另外可選用具有較高飽和點的 buffer shield 材質包裝在原有 $\mu$ 值材料週邊可藉因外圍有較高飽和點的材質保護而不致影響原有 $\mu$ 值材料的隔離效果。

工程應用：選用較高 $\mu$ 質且具較高飽和 $\mu$ 值的導磁材料，是防制高 $\mu$ 值飽和的最佳方法。

**Q14**：一般圓孔蓋板隔離度對固定孔孔距及開孔個數呈何關係變化？

**A**：S.E. $= 1/s^2$，$s$：固定孔孔距。

　　S.E. $= \sqrt{n}$，$n$：固定孔個數。

工程應用：比較 $1/s^2$ 與 $1/\sqrt{n}$ 關係，SE 受 $1/s^2$ 影響要比 $1/\sqrt{n}$ 要大。

**Q15**：長方形及圓形導管隔離最低通過頻率波長如何計算？

**A**：長方形　　　TE(10)mode

　　$\lambda c = 2a$　　　最低截止波長

　　$\lambda < \lambda c$　　　可通過頻率波長

　　$\lambda > \lambda c$　　　不可通過頻率波長

　　圓形　　　　TM(11)mode

　　$\lambda c = 0.6d$　　　最低截止波長

　　$\lambda < \lambda c$　　　可通過頻率波長

　　$\lambda > \lambda c$　　　不可通過頻率波長

工程應用：比較 $\lambda_C = 2a$，$\lambda_C = 0.6d$，如 $a = d$，對長方形 $\lambda_C = 2a$，對圓形 $\lambda_C = 0.6a$，因長方形 $\lambda_C = 2a$ 大於圓形 $\lambda_C = 0.6a$，故長方形 $f_C$ 頻率較低，圓形 $f_C$ 頻率較高，對阻隔雜訊頻率圓形比長方形為好。($f > f_C$，$\lambda < \lambda_C$，$f$ pass，$f < f_C$，$\lambda > \lambda_C$，$f$ stop)。

## 2.4.2 隔離材質與構形 *V.S.* 隔離度

**Q1**： 隔離效應含那三大項功能因素？

**A**： $R$ (反射)，$A$ (吸收)，$B$ (材質內部反射與吸收)

工程應用：金屬以反射為主，非金屬如導磁材料以吸收為主。

**Q2**： 材質對電磁波吸收效果如何計算？

**A**： $A$ (吸收)$= 3.34 \times 10^{-3} \times t \times \sqrt{FG\mu}$(dB)

　　　$t$：材質厚度，單位 mil(unit of 0.001 inch)

　　　$F$：Hz

　　　$G$：材質傳導性(conductivity relative to copper)

　　　$\mu$：材質導磁性(permeatility relative to air)

工程應用：吸收效果取決材質導磁性($\mu$)，$\mu$ 大可至萬計，而 G 介於 0～1 之間。

**Q3**： 材質對電磁波反射效果如何計算？

**A**： $R$ (反射)$= 20 \log Z_w/4Z_b$，$Z_w =$ wave $Z$，$Z_b =$ barier $Z$，其中 $Z_w$ 可能為高阻抗(電場)，亦可能為低阻抗(磁場)，而 $Z_b$ 可能為高阻抗(鐵)，亦可能為低阻抗(銅)。

工程應用：$Z_b$ 為材料材質阻抗，$Z_w$ 為波阻，$Z_w$ 大小視輻射源特性而定，如是電壓源在近場為高阻抗($Z_w \gg 377\,\Omega$)，如是電流源在近場為低阻抗($Z_w \ll 377\,\Omega$)，如在遠場 $Z_w$ 不論電壓源或電流源均為 377 $\Omega$，材質對 EM 波反射效果按上說明代入公式計算。

**Q4**： 說明材質對平面波的反射效果？

**A**： $R$ (反射)$= 108 + 10 \log (G/\mu f$(MHz))dB。$G$：材質傳導性(conductivity relative to copper)，$\mu$：材質導磁性(permeability relative to air)，一般金屬材質(High $G$, low $\mu$) 在 L.F 時 $R$ 較大，在 H.F.時$R$較小。

工程應用：如係金屬材質 $\mu \approx 1$、$G \approx 1$，$R$ (反射)與頻率成反比，L.F.時 $R$ 較大，HF 時 $R$ 較小。

**Q5**： 說明材質對電場反射的效果？

**A**： $R$ (反射)$= 354 + 10 \log (G/f^3 \mu r^2)$

　　　$G$：材質 conductivity relative to copper

　　　$f$：Hz

　　　$\mu$：材質 permeability relative to Air

　　　$r$：distance from source to barrier in inch

　　　$R$：隨頻率升高而遞減，同時也隨距離增加而遞減。

工程應用：本項公式主要用在近場，如材質為金屬 $\mu = 1$，對電場 $R$ (反射)較大，如材質為非金屬 $\mu \gg 1$，對電場 $R$ (反射)較小。

**Q6**： 說明材質對磁場反射的效果？

**A**： $R$ (反射)$= 20 \log [0.462/r \times \sqrt{\mu/fG} + 0.13r\sqrt{Gf/\mu} + 0.354]$dB。

一般金屬材質如銅、鐵，$R$隨頻率升高(至 500kHz)而遞增，但大於 500kHz 以上時隨頻率升高而遞減。$r$、$u$、$f$、$G$ 定義同 Q5。

工程應用：本項公式主要用在近場，如材質為金屬 $\mu = 1$，對磁場 $R$(反射)至小，$H$場能量皆轉換為表面電流分佈在金屬表面，如有開口或縫隙即在電子盒內部形成輻射性干擾源，如材質為非金屬又屬高導磁性材質，則可將表面電流吸收轉為熱能消散，達成抑制磁場干擾的目的。

**Q7**： 以磁性與非磁性材質為例說明對電磁波的吸收與反射效果？

**A**： 以吸收、反射電磁波效應對應非金屬，金屬材質頻率響應列表說明如下。

| 材質 | 頻率 | 吸收 | 反射 | | |
|---|---|---|---|---|---|
| | | | 電場 | 磁場 | 平面波 |
| $\mu \geqq 1000$(非金屬) | < 1kHz | Bad | Excel | Fail | Good |
| | 1-100kHz | good | Good | Bad | Fair |
| | > 100kHz | Excel | fair | Poor | Fair |
| $\mu = 1$(金屬) | < 1kHz | Fail | Excel | Bad | Good |
| | 1-100kHz | Bad | Excel | Poor | Good |
| | > 100kHz | good | Good | Fair | Fair |

工程應用：金屬以反射 EM 波中電場為主，非金屬高導磁性材質以吸收 EM 波中磁場為主。

**Q8**： 設被干擾源線段面積為$10^{-3}$m²，干擾源磁場密度為$10^{-3}$weber/m²，工作頻率為 120Hz，求此線段所受感應電壓及所需隔離 dB 數？

**A**： 由公式 $\phi =$ 磁場密度 $\cos \omega t \times$ 面積 $= 10^{-3} \cos \omega t \times 10^{-3} - 10^{-6} \cos \omega t$

$V = d\phi/dt = d/dt(10^{-6} \cos \omega t)$

$\qquad = (\omega \times 10^{-6} \sin \omega t)$volt $\quad \sin \omega t = 1$(max)

$\qquad = 2\pi \times 120 \times 10^{-6}$ volt $\quad \omega = 2\pi f$

$\qquad = 750\mu$V $= 58$dB$\mu$V

線段所受感應電壓為$750\mu$V，所需隔離為 58dB 以上。

工程應用：本題感應電壓直接由磁場密度($B$)換算，另按安培定律磁場強度($H$)，$H = I \times 2\pi r$亦可算出感應電壓，其中$H$由 $B = \mu H$ 可算出 $H$。其中 $r$ 由面積($A$)，$A = \pi r^2$ 可算出 $r$，由 $H$、$r$ 可算出 $I$，將 $I$ 乘以線段$R$可得感應電壓 $V$。

**Q9**： 已知隔離面板開孔大小如何計算隔離度？

**A**： 基本上，依導波管開口大小可知通過截止波長(頻率)，$\lambda = 2a$，$a$為開口長度，$b$為開口寬度。

一般設計

垂直極向，$SE \geq 20 \log(\lambda/2a)$，$a \leq \lambda/2$

水平極向，$SE \geq 20 \log(\lambda/2b)$，$b \leq \lambda/2$

一般以先算垂直極向 SE 如符合需求即可定出$a$，而 $b$ 選用大約採 $b = \dfrac{a}{2}$。

**工程應用**：開口邊長 $a \times b$ 取較長的一邊邊長如 $a > b$，取 $a$ 作為計算工作截止波長的標準 $\lambda_c = 2a$。凡 $\lambda > 2a$，此 $\lambda$ 不能通過開口，凡 $\lambda < 2a$，此$\lambda$可以通過開口，由$\lambda$可換算$f$，可知工作截止頻率($f_C$)，達成抑制雜訊頻率$f < f_C$ 之時的隔離效果。

**Q10**： 如何計算金屬板間隙(gap)隔離度$A$(dB)？

**A**： 依金屬板結合間隙大小($L$ 示長度，通常$L$ (長度)$\gg W$ (寬度)，$D$ 示深度)，可由公式：

$$A(\text{dB}) = 0.0018 \times D \times f \times \sqrt{(f_c/f)^2 - 1} = 0.0018 \times Df \times \sqrt{\left(\frac{1.5 \times 10^4}{L \times f}\right)^2 - 1}$$

$L$：gap length(cm)，$D$：gap depth(cm)

$f$：EMI operating frequency，(MHz)

$f_c$：cut off frequency of a gap，$f_c = 15000/L$。

$A(\text{dB}) = 27 \times D/L$ for a rectangular gap

$A(\text{dB}) = 32 \times D/L$ for a circular gap

**工程應用**：圓形開口比長方形開口隔離為佳。

**Q11**： 蜂巢式開口隔離效果如何計算？

**A**： 依公式$A$ (dB)$= 27L/g - 20 \log N$

$L$：厚度(thickness of cover panel)

$g$：面徑大小(largest dimension of cell)

$N$：開口數(number of cell)

**工程應用**：蜂巢式隔離效果比平面板隔離效果為佳，因蜂巢式具有深度的優勢增加了隔離效果。

**Q12**： 說明隔離材質表面阻抗與隔離度，透光度的關係變化？

**A**： 表面電阻($\gamma/sq$)，隔離度(SE)，透光度($T$)，$\gamma/sq$ 愈小，SE 愈好，$T$ 愈差，SE 與 $T$ 成反比，想要 SE 好則需犧牲$T$。

**工程應用**：表面電阻愈小，導電性愈好，可提升隔離效果，但會使透光度變差。

### *2.4.3* 金屬盒各型開口隔離設計

**Q1**： 舉例說明金屬盒各型開口情況？

**A**： 蓋板、圓孔、電纜線進出口、開關箱、顯示器面框架、通氣通風口等。

工程應用：開口愈大，進入開口雜訊頻率愈低，反之愈高。開口愈小，可阻隔低、中頻雜訊進入電子盒，對高頻隔離需再縮小開口才可阻隔高頻雜訊。

**Q2**： 已知開口長為 $l$，寬為 $\omega$，如何計算對垂直及水平極向的隔離效果？

**A**： 對垂直極面，$SE(dB) = 20 \log (\lambda/2l)$，$l \leq \dfrac{\lambda}{2}$

對水平極面，$SE(dB) = 20 \log (\lambda/2\omega)$，$\omega \leq \dfrac{\lambda}{2}$

工程應用：對垂直極面(向)取開口較長的 $l$ 為準，對水平極面(向)取開口較短的 $w$ 為準。

**Q3**： 如開孔週邊大小長度及深度為 $0.01\lambda$，試求其隔離度(dB)？

**A**： $SE(dB) = 0.0018 \times d \times f\,(MHz) \times \sqrt{(f_c/f)^2 - 1}$

$d$：開口深度(cm)，$l$：開口長度(cm)

$f(MHz)$：工作頻率

$f_c\,(MHz)$：工作截止頻率

$f_c = 14986/l$，方形開口

$f_c = 17577/l$，圓形開口

如果 $f_c > 3f$，$SE(dB)$ 可改寫成

$= 27 \times d/l$，方形開口。

$= 32 \times d/l$，圓形開口。

工程應用：將外來雜訊工作頻率 $f(MHz)$ 代入 $SE(dB)$ 公式，可算出方形或圓形開口對雜訊頻率 $f$ (MHz)的隔離效果。

**Q4**： 如何計算蜂巢式開口的隔離效果？

**A**： $SE(dB) = 27 \times d/l - 20 \log N$

$d$：面板厚度，$l$＝開口邊長，$N$：開口數。

工程應用：$d$ 愈大、$l$ 愈小、$N$ 愈少、$SE(dB)$ 愈好。

**Q5**： 如何計算一面板上開口隔離效果？

**A**： 設開口間中心間距($S$)均等

$SE(dB) = K \cdot d/R + 20 \log (S/r)^2$

$K = 27$ 方形開口

$K = 32$ 圓形開口

$d$：面板厚度

$R$：方形面板邊長或圓形面板圓周長

$S$：兩個方形或圓形開口中心間的間隔

$r$：方形面板上方形開口或圓形面板上圓形開口直徑大小

設開口間中心間距$(s)$不等，$s^2 = A/N$，$A = r^2$

$$SE(dB) = K \times d/R + 20 \log \frac{s^2}{r^2}$$

$$= K \times d/R + 20 \log \frac{A/N}{r^2} \text{，} (s^2 = A/N)$$

$$= K \times d/R + 20 \log \frac{A}{r^2 N} \text{，} (A = r^2)$$

$$= K \cdot d/R - 20 \log N$$

$A$：方形或圓形面板面積大小

$N$：開口個數

工程應用：由$K = 32$圓形開口，$K = 27$方形開口，圓形開口要比方形開口隔離為佳。

**Q6**： 說明金屬漆阻抗$(\Omega/sq)$與隔離度關係？

**A**： 金屬漆阻抗越小，導電性越好，反射越大，隔離度越好，阻抗大小單位以$\Omega/sq$ 表示。金屬漆至薄以 microns 為單位因吸收效果不好，故隔離以反射為主，但反射隔離效果隨頻率升高而遞減(電場隨頻率升高，隔離度遞減・磁場在頻率 1MHz 以下隨頻率升高而隔離度遞增，磁場在頻率 1MHz 以上隨頻率升高而隔離度遞減)。電場及磁場$(f > 1MHz)$隔離度遞減率約為 20dB/decade in frequency increasment from 1MHz to 1GHz。頻率大於 1GHz 時此項隔離度遞減率轉趨平緩，漸成遞減率為零常數值。

工程應用：金屬漆以反射電場為主，對磁場因反射至小又無法吸收磁場，故對隔離磁場效果不佳。

**Q7**： 顯像管(Conductive Glass)材質阻抗$(\Omega/sq)$與透光度關係變化如何？

**A**： 依金屬漆阻抗越小，導電性越好，反射越大，隔離度越好，透光度則較差。一般材質 10-100$\Omega/sq$ 透光度約 60～80 ％，400$\Omega/sq$ 透光度約 95 ％。如採用材質 1000$\Omega/sq$透光度雖可達 95 ％，但隔離度幾乎降到零。因此一般多選用阻抗 100$\Omega/sq$材質，一方面可達透光度 80 ％，另方面隔離度頻率響應自 500kHz 到 1GHz 有 80dB 到 10dB 效果。

工程應用：兼顧電磁波隔離度與透光度需求，慎選適當材質阻抗$(\Omega/sq)$。

**Q8**： 開口週邊所用的墊片功能為何？

**A**： 墊片功能在填充接觸面不平整時所存在的間隙，墊片有硬軟兩種，其品質優劣視材質導電性、緻密性、彈性而定。

工程應用：墊片在填充兩金屬介面間隙，改善其間導電連續性增加隔離效益。

**Q9**： 加裝墊片後的接觸面間隙度如何定義？

**A**： 墊片加裝於兩金屬面之間，因金屬面平整度不一使墊片厚度亦隨金屬面平整度不一而變化，間隙度(Joint unevenness)定義為墊片加壓後使接觸面完全接觸情況下來檢視墊片厚度的變化，取最厚的墊片厚度和取最薄的墊片厚度之差即為此墊片的間隙度。

工程應用：間隙度越小越好，否則成環狀圓形同 loop Antenna，會將電子盒內雜訊外洩，或感應外來雜訊至電子盒內部造成干擾問題。

**Q10**： 試說明墊片間隙度($H_{avg}$)和加壓度($P_{avg}$)的關係？

**A**： 依間隙度定義在墊片加壓後接觸金屬面最厚($H_{max}$)的部份和最薄($H_{min}$)的部份所加的壓力分為 $P_{max}$、$P_{min}$。墊片平均厚度為 $H_{avg}＝(H_{max}+H_{min})/2$，平均加壓力為 $P_{avg}＝(P_{max}+P_{min})/2$，$H$ 單位以 cm 計，$P$ 單位以 PSI 或 kg/cm$^2$ 計。

工程應用：需注意加壓度過大會壓壞墊片。

**Q11**： 常用的墊片有那幾種？

**A**： ⑴編織型條狀墊片(Knitted Wire Mesh Gasket)

　　多呈條狀具彈性，截面呈圓形、方形的一種長條形金屬編織物所構成的墊片，而此截面有些是中空型，有些是塡有塡充物以作為支撐。此型墊片多用在各種框架週邊，以此墊片可加強金屬框架與週邊結構組合的密合度而達成隔離的效果。

　　⑵編織型面板墊片(Oriented Immersed Wire Gasket)

　　由導電性細線和混合膠制成面板形狀厚薄不一的墊片，一般細線密度在150wire/cm$^2$，面板墊片柔軟度視混合膠(樹脂)材質硬軟度而定，面板墊片大小和厚度及硬軟度視需求選用而定，其品質優劣取向於所選用金屬線導電性，即線的阻抗越低越好。

　　⑶海棉型各式墊片(Conductive Plastics and Elastomer Gasket)

　　由海棉材質(form)混合導電粉制成各種長形條狀、圓形條狀、方形條狀、特殊構形墊片，選用導電粉和海棉混合時此型材料導電性優劣以阻抗Ω/cm$^3$ 表示，一般材質阻抗選用約在0.001Ω/cm$^3$～0.01Ω/cm$^3$間。

　　⑷金屬彈性墊片(Spring finger Stock Gasket)

　　直接以金屬片依需求制成各型彈性墊片，多使用於隔離室大型門框週邊，其優劣性依金屬片導電性及彈性持久性而定，一般因彈性疲勞關係會使間隙加大在使用一段時間需拆下換新，又因門需常開關因金屬片摩擦，氧化生銹而影響導電性亦需拆下換新。

工程應用：編織型墊片功能與材質隔離、編織密度有關。海棉型質輕易變形，適合機構特殊造形使用，彈性墊片因壽期限制，如有間隙需置換新品。

**Q12**： 試比較 Q11 中所述各種墊片隔離度(dB)功效？

**A**： 表列數字為隔離度 dB 數

|  | *a* | *b* | *c* | *d* |
|---|---|---|---|---|
| 10kHz | 25-30 | > 45 | > 35 | > 10 |
| 10MHz | > 100 | > 100 | > 100 | > 120 |
| 1GHz | > 90 | > 90 | > 95 | > 100 |
| 10GHz |  |  | > 70 | > 100 |

*a*：編織型條狀墊片
*b*：編織型面狀墊片
*c*：海棉型墊片
*d*：金屬彈性墊片。

工程應用：*a*、*b*適用較低頻，*c*、*d*適用較高頻。

## 2.4.4 電纜線隔離與轉換阻抗關係

**Q1**： 隔離效果有哪三大要素？

**A**： ⑴隔離材料優劣選用。
⑵線端接地方式。
⑶佈線安裝方法。

工程應用：材質本身隔離效益及安裝工藝方法得當，決定隔離效果好壞。

**Q2**： 隔離材料隔離電磁波工作原理為何？

**A**： 隔離效果緣自材質對電磁波的反射與吸收，其中反射作用係因波前阻抗與材質阻抗不匹配所致，吸收作用係由電磁波行進金屬表面集膚作用(skin effect)所致，一般金屬材質在低頻(Hz～kHz)除本身係高導磁性材質外，均無吸收電磁波能量功能，非高導磁性材質厚度在 0.1～0.3mm 時集膚作用甚差吸收功能不佳，如欲提昇吸波功能則須選用較厚材質且材質導磁係數越大越好，以加深集膚作用深度可達吸波效果。

工程應用：隔離效果含反射與吸收兩項，金屬以反射為主，非金屬(高導磁性材質)以吸收為主，另因集膚效應與頻率、材質導電性、導磁性有關，頻率越高，集膚效應越淺雜訊不易滲入內部造成干擾，反之越深，這就是不易做好低頻隔離的原因。導電性在 0～1 之間，導磁性變化至大在 1～數萬，導磁係數愈大吸收效果愈好。

**Q3**： 如何做好隔離線端接地？

**A**： 除了注意選用接頭與施工工藝外，需特別注意隔離線外緣與接頭及接頭與機匣間銜接方法。一般均以隔離線外緣直接接於機匣或經接頭直接接於機匣外緣為標準接法。

工程應用：隔離線端與接頭介面接合力求密合做到極低阻抗需求，以免產生共模雜訊感應迴路線造成干擾問題。

**Q4**： 說明以 10kV 靜電感應不同隔離線及接頭所產生的感應電壓大小？

**A**： (1)隔離線未接機匣至地 　　　　　　　　　　> 20 volt

　　 (2)隔離線排線接地(drain wire ground) 　　> 16 volt

　　 (3)隔離線焊接接頭接至機匣接地 　　　　　 2 volt

　　 (4)隔離線不經接頭直接固定機匣接地 　　　 0.6 volt

工程應用：隔離線接裝介面阻抗愈低，靜電感應電壓愈低。

**Q5**： 如何設計兩個不同隔離線阻抗間的阻抗匹配？

**A**： 設一組隔離線阻抗為$Z_1$，另一組為$Z_2$，$Z_1 Z_2$間阻抗匹配為$Z = \sqrt{Z_1 \times Z_2}$，而此段阻抗匹配器線段長為$\lambda/4$。

工程應用：如以同軸電纜線為例，選定 $Z$ 值需代入 $Z = \dfrac{138}{\sqrt{\varepsilon}} \log \dfrac{R}{r}$ 公式，計算所需纜線中介電常數 $\varepsilon$ 值及信號線直徑 $r$ 值(如 pin 直徑大小)、迴路線直徑 $R$ 值(如 ring 直徑大小)。

**Q6**： 如何區分隔離線平衡性與非平衡性？

**A**： 平衡性係指線間信號線(+)與迴路線(−)分別對一參考點(地)阻抗值相同時稱之平衡。非平衡性係指線間信號線僅對迴路線阻抗值而言，因無參考點(地)，故稱之非平衡。

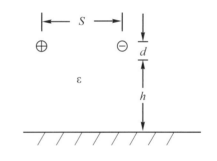

平衡性特性阻抗計算公式：

$$Z_0 = \frac{276}{\sqrt{\varepsilon}} \log \frac{4h}{d\sqrt{1+\left(\frac{2h}{S}\right)^2}}$$

非平衡性特性阻抗計算公式：

$$Z_0 = \frac{138}{\sqrt{\varepsilon}} \log \frac{R}{r}$$

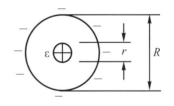

工程應用：平衡與地有關，不(非)平衡與地無關。平衡在研析信號至地與迴路至地間電位是否相等，如相等稱平衡。如不相等稱之不平衡。非平衡與地無關俗稱浮點接地，最易區別平衡與非平衡，對線而言平衡係指線在電路中運作是否平衡，不平衡係指線未接上電子盒之前與地無關的形態(floatng)。

**Q7**： 隔離度與材質集膚電流關係如何？

**A**： 場強干擾感應電纜線外皮隔離材料轉為表面電流、高隔離度材料集膚電流均在材質表面流動可將干擾場強反射至自由空間而僅有極少量的集膚電流滲入材質內部，反之低隔離度材料集膚電流大部滲入材質內部如再乘以材質阻抗即形成在隔離線內的雜訊電壓。

工程應用：集膚電流均勻分佈在良導體淺層表面，不易滲入金屬內部，集膚電流均勻分佈在不良導體深層表面，容易滲入金屬內部。前者屬高隔離度，後者屬低隔離度。

**Q8**: 隔離度與材質集膚阻抗(transfer impedence)變化關係如何？

**A**: $Z(Transfer)=V/I_s$隔離線內雜訊電壓$(V)$與表面電流$(I_s)$之比，如在隔離線上的隔離效果越差滲入隔離線內的電流越大所形成的雜訊電壓$(V)$亦越大。故由$Z(transfer)=V/I_s$式中可知$I_s$為定值，$V$越小，$Z$亦越小，表示隔離線隔離度越好。

工程應用：選用低集膚材質阻抗材料，可製成高隔離度纜線。

**Q9**: 試說明集膚阻抗$(Z_T)$與頻率響應關係？

**A**: $f<$ 100kHz 依歐姆定律，$Z_T=\rho\dfrac{l}{A}$計算 DC 電阻值。

$f>$ 3MHz $Z_T$ 大小與隔離線的信號線與迴路線間電感漏效應(leakage inductance between center/return conductor)大小成反比。

$f>$ 10MHz 信號與迴路線間電感漏效應呈指數大小成長，且兩線間亦有耦合電容存在而會感應隔離線上的地線阻抗形成雜訊電壓，此項缺點可由雙編織隔離地線(double braid)改善之。

工程應用：集膚阻抗$(Z_T)$與頻率關係，LF、$Z_T$ 大，隔離差，HF、$Z_T$ 小，隔離好。

**Q10**: 何謂隔離線地迴路耦合(ground loop coupling)？

**A**: 電路中信號接地與機匣接地間存有雜散電容$(C_p)$此項雜散電容越大，信號接地所感受的地迴路雜訊電壓也越大，反之越小。地迴路耦合(G.L.C)，依公式 G.L.C(dB)$=$$-20\log V$(Signal to ground)$/V$(chassis to signal ground due to parasific between chassis and signal ground)，可計算地迴路雜訊耦合量大小。

以 $f=$ 1kHz，$C_p=$ 1pF　　　　 G.L.C.$=-200$dB

$C_p=$ 10pF　　　　 G.L.C.$=-180$dB

$C_p=$ 100pF　　　 G.L.C.$=-160$dB

$C_p=$ 1000pF　　　 G.L.C.$=-140$dB

可見 $C_p$ 越小，G.L.C(dB)也越小，$C_p$ 越大，G.L.C(dB)也越大。

工程應用：利用電容抗公式 $X_C=1/2\pi fC_p$，$C_p$ 越小，$X_C$ 越大，G.L.C.量越小。

**Q11**: 試說明同軸電纜線接地準則？

**A**: (1)如在 kHz 有 GLC 問題存在，coaxial cable 應直接接至隔離接頭。

(2)如在 kHz $<f<$ 10MHz，隔離座改用金屬接頭接至機匣。

(3)如在 $f>$ 10MHz，單點信號接地改多點信號接地以形成多個loop方式消除雜訊電流。

(4)雙層隔離中以內層(inner braid)分接信號地兩端(Signal ground)，以外層(outer braid)分接機匣地兩端(chassis ground)對外來雜訊干擾有最佳抑制效果。

(5)一導線單端接地形同單偶極輻射天線，雜訊可由此輻射或接收外來輻射雜訊，而線長共振頻率與波長關係為 $l = \lambda/4$。其他諧振關係為 $l = (2n+1)\lambda/4$，$n$ 為 0、1、2…。

(6)一導線兩端接地形同雙偶極輻射天線，雜訊可由此輻射或接收外來輻射雜訊，而線長共振頻率與波長關係為 $l = \lambda/2$。其他諧振關係為 $l = (2n+1)\lambda/4$，$n$ 為 0、1、2…。

(7)如雜訊場強在近場以 $E$ 場為主，對線帶 ground loop 呈高阻抗電壓干擾源響應。以 $H$ 場為主，對線帶 ground loop 呈低阻抗電流干擾源響應。

(8)對雙端接地隔離線隔離效果(shielding coupling)依公式計算：

$$S.C = 20 \log \frac{Z_T \cdot Z_L \cdot C}{Z_{sh}(Z_L + Z_G)} = 20 \log \frac{V_0}{V_{cm}}$$

$V_0$　Undesired differential voltage across load。

$V_{cm}$　Common mode voltage source and load。(ground loop CM voltage)

$Z_T$　Cable transfer impedance

$C$　Coupling capacitance between shield/ground

$Z_{sh}$　Shield external impedence(twist pair effect)

$Z_L$　Load impedence

$Z_G$　Source impedence

工程應用：低頻波長如遠大於纜線長度，因纜線無 $R$、$L$、$C$ 頻率響應變化，不會因阻抗變化而造成阻抗不匹配干擾問題。但頻率升高波長變短與纜線長度成 $\lambda/4$、$\lambda/2$ 共振關係時，需注意隔離及單端或雙端接地引發共振干擾問題。

**Q12**：隔離線隔離接地有哪幾種接地方式？

**A**：　單層隔離線單端接地。

　　　單層隔離線兩端接地。

　　　雙層隔離線單端接地。

　　　雙層隔離線兩端接地。

　　　多層隔離線單端接地。

　　　多層隔離線兩端接地。

　　　單端接地線帶呈單偶極(mono pole)天線輻射或接收雜訊。

　　　雙端接地線帶呈環形狀(loop)天線輻射或接收雜訊。

工程應用：隔離層數愈多，隔離效果愈好，但需注意單端接地所輻射的 $E$ 場與雙端接地所輻射的 $H$ 場干擾效應。

## 2.4.5 電纜線隔離接地

**Q1：** 那些是影響電纜線隔離接地品質好壞的因素？

**A：** 隔離線材質、接地線接地方法(浮點接地、接大地、接箱櫃殼、接電路地)、接地施工工藝。

工程應用：接地品質考量以材料品質、接地方法、施工工藝三大因素為主。

**Q2：** 試說明隔離材料與隔離度效果的關係？

**A：** 隔離效果視材質對電磁波反射和吸收大小而定，反射大小視行進波在近場阻抗特性大小與材質阻抗大小差異而定，如相差越大反射越大，如相差越小反射越小。而吸收多少視電磁波在此材料表面集膚作用深度而定，深度越深者吸收效果越好，深度越淺者吸收效果越差。一般金屬材質對電磁波撞擊在材質表面所形成的表面電流集膚深度至淺，大部分能量均形成反射重回自由空間，小部份能量滯留在金屬表面。反之，非金屬材質尤其是高導磁材質的表面電流集膚深度至深，大部分能量均消耗在材質裡面，小部份能量才反射重回自由空間。

工程應用：隔離材料以金屬材質與非金屬材質為主，金屬以反射電磁波為主，非金屬以吸收電磁波為主。

**Q3：** 如何做好隔離線終端隔離措施？

**A：** 慎選與隔離線相匹配的接頭，鎖緊接頭與纜線，接頭與接頭，接頭與面板。特別注意纜線外緣需直接與接頭、機匣接地，纜線終端隔離結合阻抗可細分二段，一為纜線與接頭約小於 3mΩ，二為接頭與機匣約小於 0.5mΩ。一般纜線與接頭結合制作工藝較難，如結合不良會造成阻抗過高缺點，接頭座與機匣因外形平整結合施工較易可做好較低結合阻抗需求，故一般纜線與接頭結合阻抗較高，接頭與機匣結合阻抗較低。

工程應用：重點在如何做好隔離線與接頭介面結合匹配問題，力求其間阻抗愈低愈好。

**Q4：** 以 10kV ESD 衝擊不同接法的隔離線與接頭時，在接頭上的感應電壓有多大？

**A：** ⑴導線隔離未接機匣，接頭感應 20 伏。

⑵排線接地，接頭感應 16 伏。

⑶隔離線直接焊接接頭，接頭以螺絲鎖定機匣，接頭感應 2.0 伏。

⑷情況如⑶，螺絲以規定磅數鎖緊，接頭感應 1.25 伏。

⑸隔離線、接頭、機匣以全方位360°緊密結合，接頭感應 0.6 伏。

工程應用：機構介面密合，呈低阻抗，可降低 ESD 感應電壓。

**Q5：** 電纜平衡線與不平衡線的隔離方法有何不同？

**A：** 平衡線的信號線(正)對地的阻抗與迴路線(負)對地的阻抗完全相等時稱之平衡，對平衡線的隔離係將信號線或迴路線包在隔離線裡面。不平衡線的信號線(正)通常在中心，四周以某種介質材料做支撐，外緣為迴路線(負)，對不平衡線的隔離係將隔離線包在迴路線外緣。

工程應用：平衡線力求信號線與迴路線等長，因兩線組抗相等可得信號與迴路線等電位位差稱之平衡，如電位位差大小不等稱之不平衡。

**Q6：** 說明電纜線轉換阻抗(Transfer Impedence)與隔離度關係？

**A：** 隔離線隔離效果越好，表示滲入隔離線的表面電流越少，在隔離線上的所感應的雜訊電壓也越小，如依公式 $Z(T) = V/I$ 雜訊電壓 $V$ 越小，$Z(T)$ 越小，隔離度亦越好。

工程應用：纜線隔離度通常以 dB 表示，也有以轉換阻抗(Transfer Impedence)表示，兩者關係互為反比 $SE(dB) = 1/Z(T)$。

**Q7：** 說明轉換阻抗 $Z(T)$ 頻率響應關係？

**A：** (1)頻率小於 100kHz，$Z(T)$ 依歐姆定律計算。

(2)頻率大於 3MHz，$Z(T)$ 依電纜線中心導體和隔離材質間電感漏效應大小而定。

(3)頻率大於 10MHz，$Z(T)$ 依電纜線中心導體和隔離材質間電感，電容效應因急驟變大而使在高頻時隔離度變差。

工程應用：一般 $Z(T)$ 在低頻(kHz)最大、中頻(MHz)最小、高頻(GHz)居中。SE(dB) 依次低頻最差、中頻最好、高頻居中。

**Q8：** 為何雙層隔離線的隔離度較好？

**A：** 因雙層隔離線的轉換阻抗 $Z(T)$ 頻率響應比單層隔離線為低。在 1-10MHz 頻段間，$Z(T)$ 頻率響應呈負指數變化，在大於 10MHz，$Z(T)$ 頻率響應呈正指數變化。一般同軸電纜線的 $Z(T)$ 在小 100kHz，$Z(T)$ 為 $-40\Omega/m$，在大於 100kHz，$Z(T)$ 隨頻率升高而升高，相對應隔離度亦降低。如 100kHz，$Z(T) = -40\Omega/m$；1MHz，$Z(T) = -30\Omega/m$；10MHz，$Z(T) = -20\Omega/m$；100MHz，$Z(T) = 0\Omega/m$；1000MHz，$Z(T) = 20\Omega/m$；10GHz，$Z(T) = 40\Omega/m$。$Z(T)$ 越小，隔離度越好，$Z(T)$ 越大，隔離度越差。

工程應用：雙層比單層構形緻密，可隔離寬頻雜訊通過，且雙層 $Z(T)$ 要比單層 $Z(T)$ 為低，故雙層 SE(dB) 比單層 SE(dB) 為佳。

**Q9：** 如何改善纜線上地迴路耦合量(G.L.C)？

**A：** 以接頭、接頭板、電纜線組成信號線傳送系統，纜線上地迴路(G.L.C.)耦合量直接和接頭板與纜線中迴路線對地間電容有關，GLC 雜訊即由此電容傳送，如此項電容越小由 GLC 耦合的雜訊亦越小，如此項電容越大由 GLC 耦合的雜訊亦越大。

工程應用：地迴路耦合量(G.L.C)依電容抗公式 $X_C = 1/2\pi fC$，$X_C$ 與 $f$、$C$ 成反比，$X_C$ 越大，G.L.C.越小，$X_C$ 越小，G.L.C.越大。

**Q10：** 簡述纜線隔離度好壞與接地關係？

**A：** 隔離度與材質和隔離層數有關，材質導電性愈好，層數愈多隔離度越好，纜線兩端接地與單端接地對雜訊隔離效果響應不一，單端接地時纜線長度應避免和雜訊頻率的四分之一波長或四分之一波長的奇數倍波長相等，以免形成開路電壓雜訊源(voltage source)。同理雙端接地時，纜線長度應避免和雜訊頻率的四分之一波長或四分之一波長的奇數倍波長相等，以免形成閉路電源雜訊源(current source)。

工程應用：隔離度與材質、隔離層數有關，而纜線接地模式(單端或雙端)與其引發雜訊共振模式有關，單端為電壓源輻射或感應 $E$ 場為主，雙端為電流源輻射或感應 $H$ 場為主。

## 2.4.6 電纜線隔離與干擾防制

**Q1：** 何謂差膜式(DM)雜訊，共膜式(CM)雜訊？

**A：** 差膜式雜訊係指信號線與迴路線上所含的雜訊，一般正常情況如 $Z_a = Z_b$ 在信號線和迴路線上雜訊因大小相等、方向相反均可抵消，可依 DM 雜訊等於零，但實務上因線間電感，電容阻抗對地效應不易平衡，故無法做到 $Z_a = Z_b$ 而使 DM 雜訊等於零。共膜式雜訊係指信號線與地之間及迴路線與地之間因阻抗不平衡時($Z_a \neq Z_b$)，所產生的兩個大小相等、方向相同的雜訊電流途經接地阻抗($Z_g$)形成共膜式(CM)雜訊電壓($2I_c Z_g$)。

工程應用：DM 雜訊較易掌控消除，CM 不易掌控消除。DM 雜訊來自電路中工作信號所含諧波、雜波，而 CM 由 DM 雜訊經地迴路形成。

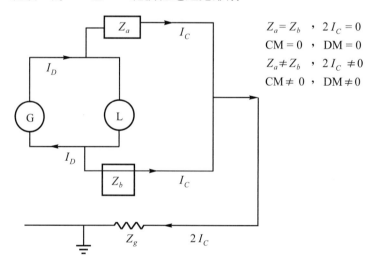

$$Z_a = Z_b \quad , \quad 2I_C = 0$$
$$CM = 0 \quad , \quad DM = 0$$
$$Z_a \neq Z_b \quad , \quad 2I_C \neq 0$$
$$CM \neq 0 \quad , \quad DM \neq 0$$

**Q2:** 差膜式(DM)雜訊與共膜式(CM)雜訊有何不同？何者干擾為大？

**A:** 差膜式雜訊因$I$(電流)大小相同、方向相反，本身可相互抵消；而共膜式雜訊因$I$(電流)大小相同而方向也相同，本身不能相互抵消反增強。因此共膜式雜訊要比差膜式雜訊干擾為大。

$$
\begin{array}{cc}
\xrightarrow{\quad I_D \quad} & \xrightarrow{\quad I_C \quad} \\
H=0 & H \neq 0 \\
\xleftarrow{\quad I_D \quad} & \xrightarrow{\quad I_C \quad} \\
DM & CM
\end{array} \qquad \text{DM noise<CM noise}
$$

工程應用：CM 雜訊由兩組 DM 同相位雜訊合成，故 CM 雜訊一般均大於 DM 雜訊，又因多組 CM 雜訊經共地混合成寬頻混附波(IMI)雜訊。

**Q3:** 如何消除差膜式(DM)與共膜式(CM)雜訊？

**A:** 將信號線與迴路線間 DM 間距(A)減至最小，可將差膜式雜訊減至最小；共膜式雜訊則需力求信號線至地與迴路線至地之間 CM 阻抗平衡，如在平衡時則無共膜式電流輸出造成共膜式雜訊，或以阻抗平衡電路平衡信號線至地與迴路線至地之間阻抗，亦可達成消除共膜式雜訊。

抗可減小 CM 雜訊電壓。

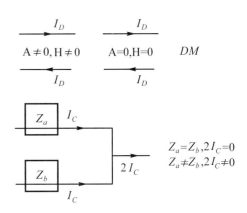

工程應用：DM 雜訊是源頭，CM 雜訊來自 DM 雜訊，最好先抑制 DM 雜訊，也就是設法抑制工作信號中所含的諧波雜波做起，再就設法減低 CM 雜訊所經過地迴路阻

**Q4:** 為何使用互絞線，其對雜訊防制效果如何？

**A:** 互絞線為一種物性方法，將信號線與迴路線互絞，利用其間電流流向相反，線間相互垂直有最小耦合原理將雜訊減至最小；互絞線多用於低頻(kHz)工作範圍，在單位長度線長中互絞圈數越多，消除雜訊效果越好。一般在額定互絞圈

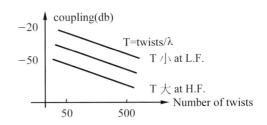

數中，頻率越低隔離效果越差(Hz)，頻率越高隔離效果越好(kHz)。但頻率高到MHz則因線間電感、電容效應而失效。

工程應用：低頻 $H$ 場至難防制，如以電性方法需以價格高昂製成的高導磁材料包裝線帶，加
　　　　　上施工不易重量問題難以克服，故改以物性互絞線方式來消除 $H$ 場雜訊。

**Q5：** 各式 D 型接頭輸出、入線如何排列？

**A：** 一般D型接頭(9，15，25，37，50 pin)所接信
　　　號線、迴路線應成對相鄰排列，可減小自身輻
　　　射及感應外來場強干擾。如接頭PIN數夠用應

O O O O O O ········ $S_1$ Signal
$S_1$ $R_1$ $G_1$ $S_2$ $R_2$ $G_2$　　$R_1$ return
　　　　　　　　　　　　　$G_1$ ground

　　　將各組信號線與迴路線成對緊鄰排列並加接地可增隔離效果；如接頭PIN數不夠用
　　　而使接地PIN需共用時應考量選用相互不會造成干擾的成對信號線、迴路線共用地
　　　組合在一起。

工程應用：每組信號及迴路線配置一地線為最佳佈線安排，但實務上如無干擾問題，地線均
　　　　　與多組迴路線共用，以減少接頭使用 pin 數，可讓多餘 pin 移作其他信號使用。

**Q6：** 傳輸線中的雜訊如何外洩？如何感應外來場強干擾？

**A：** 雜訊外洩及感應外來場強干擾皆因電纜線隔離不好所致，一般隔離材質特性可決定
　　　隔離度好壞，其中隔離材料中 $R$ 與 $L$ 比值 $R/L$ 大小可決定隔離工作截止頻率，$R/L$
　　　越小，工作截止頻率越低，對低頻隔離效果越好。

工程應用：除材質$R/L$比值與$f_c$有關以外，如有極高頻雜訊還要注意隔離材質與迴路線間電容
　　　　　抗問題，因極高頻電容抗減小，造成電容性雜訊耦合干擾問題。

**Q7：** 如何選用兼顧高低頻率隔離良好的電纜線？

**A：** 選用高隔離度的隔離線可對電場有良好隔離效果，如將線內信號線與迴路線互絞可
　　　對磁場有良好的隔離效果。因此選用含有互絞線高隔離度的電纜線可兼顧高低頻率
　　　隔離效果。

工程應用：互絞線適用於低頻 kHz 範圍，單位長度內互絞圈數愈多隔離效果愈好。

**Q8：** 何謂地環路(ground loop coupling)雜訊耦合？

**A：** 凡各電路線路中有共用接地者，如其中一電路雜訊
　　　電流流經共用接地而產生雜訊電壓會耦合至鄰近電
　　　路造成干擾，稱之地環路雜訊耦合干擾。

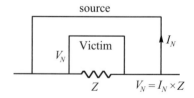

工程應用：因多組電路迴路共地可能產生干擾問題，最簡易
　　　　　排除方法是將共地改為不共地。

**Q9：** 如何消除地環路干擾？

**A：** 將帶有干擾雜訊的接地系統與易受干擾的電路接地分離，可避免帶有干擾雜訊電壓經由共地傳至易受干擾的電路。

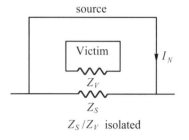

工程應用：雖將共地改為不共地消除了傳導性干擾，但須注意高頻雜訊經空氣因低電容抗耦合而產生的輻射性干擾。

**Q10：** 何謂共膜式干擾電纜線？

**A：** 外來磁場干擾經由電纜線與接地間環路面積耦合，因電纜線隔離不好所形的干擾膜式式稱之共膜式干擾電纜線，此項干擾大小與電纜線隔離度、外來磁場強度、耦合環路面積大小、磁場強度方向與耦合環路面積方向有關，(平行時耦合量最大，垂直時耦合量最小)，與頻率亦有關，頻率愈高雜訊耦合量亦愈大。

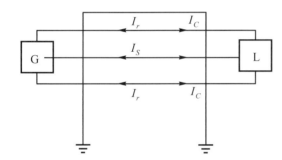

$I_s$：signal(DMI)
$I_r$：return(DMI)
$I_c$：(CMI)
$A$：loop area
$B$：external magnetic field density
$V$：noise voltage，$V = 2\pi fBA \cos \theta$
$\theta =$ coupling angle between $B$ and $A$

工程應用：纜線間干擾量與線本身$R$、$L$值有關，$R$、$L$值愈大，雜訊電壓愈大，而線間須注意高頻雜訊低電容抗相互耦合干擾問題。

**Q11：** 在鄰近變壓器週邊線帶如何佈線，可將變壓器所輻射的磁場干擾減至最小？

**A：** 依變壓器所放位置輻射磁場方向為準，週邊線帶走向與此磁場方向相同時有最大干擾耦合量，與此磁場方向垂直時有最小干擾耦合量。

工程應用：早期未研發出隔離磁場材料，均以調整方位與距離可適度減低磁場干擾。

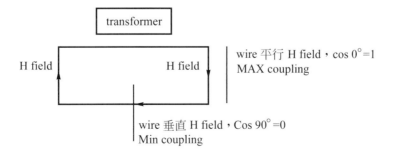

**Q12**： 如何抑制減弱變壓器所輻射的磁場干擾？

**A**： 在變壓器四周另以隔離罩(Shielding Ring)包紮，可藉由此隔離罩上感應電流所產生的磁場抵消原有變壓器所輻射的磁場。

工程應用：一種是以防磁外洩的隔離罩將磁場變壓器完全罩住。一種是以防磁箔片敷蓋變壓器繞線線圈。利用在防磁箔片上所產生的感應電流方向，與變壓器線圈上的電流方向剛好相反的原理來抵消所產生的磁場。

**Q13**： 如何抑制導線上磁場雜訊？

**A**： 將導線纏繞高磁性材質材料上(cup，toroid)，可將由導線所輻射出的磁場雜訊侷限於此項高磁性材料中，以避免此項磁場外洩到空間而干擾週邊線帶或電子膜式件。

工程應用：利用高磁性材料具有吸收消散磁場功能，來抑制線上所外洩的雜訊磁場。

**Q14**： 隔離變壓器用在抑制何種膜式干擾？

**A**： 隔離變壓器用在隔離共膜式雜訊電流，對差膜式信號電流通過則無影響。

工程應用：隔離變壓器多用在濾除由電源所引起的共模式雜訊。

**Q15**： 共膜式共軛環(CM Choke)如何消除共膜式雜訊(CM Noise)？

**A**： 將信號線和迴路線上所帶同方向共膜式雜訊電流以反方向纏繞使在共軛環中所產生信號線與迴路線上的磁場雜訊相互抵消，而消除共膜式雜訊。

工程應用：依廠家所提供 CM Choke 接腳接線圖接裝信號線、迴路線、地線各處接點。

**Q16**： 如何消除類比信號共膜式耦合干擾？

**A**： 以平衡式電路方式，可藉由信號線對地與迴路線對地間阻抗平衡原理，使流經共用地的電流為零；如此可消除共膜式雜訊電壓達成抑制類比信號共膜式耦合干擾工作目的。此項消除共膜式耦合干擾功效將視平衡電路平衡性而定，平衡性愈好功效愈好，如不平衡則功效依 $20 \log X$ 計算，其中 $X$ 為不平衡度誤差值，如完全平衡，$X$ 為 0，功效為負無窮大表示完全消除共膜式耦合干擾(Decoupling $= -\infty$)，如 $X = 0.01$，Decoupling $= -40$dB，如 $X = 0.1$，decoupling $= -20$dB 顯見 $X$ 值愈大，decoupling 愈差，$X$ 值愈小 decoupling 愈好。)

工程應用：平衡電路在平衡信號線至地與迴路線至地的電位差，如兩個電位完全相等電位差為 0，即無雜訊電流流出，以此消除共膜式雜訊電壓。

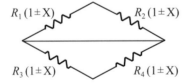

Resistor tolerance : $X$
Rejection coupling : $20 \log X$

**Q17**： 何謂纜線轉換特性阻抗(Transfer Impedence)？

**A**： 纜線轉換特性阻抗(T.I.)定義為說明電纜線隔離度($S$)。T.I.愈小，$S$愈好，反之T.I.愈大，$S$愈壞。此項關係可由算式定義得知，由 $Z = V/I$ 式中，$I$ 表示由外來場強感應纜線所形成的纜線表面的感應電流，$V$表示纜線隔離因有$I$的滲入再乘以隔離材質的阻抗所形成的電壓$V$，$Z$表示 $V$ 與 $I$ 間的關係 $Z = V/I$ 由式中可知如 $I$ 為定值，$V$ 將視纜線隔離度而定，如為高隔離度線則 $I$ 滲入纜線內較小，故所形成的$V$亦小。依 $Z = V/I$，$I$為定值 $V$ 小時$Z$亦小，$Z$ 小表示高隔離度纜線，反之 $Z$ 大表示低隔離度纜線。

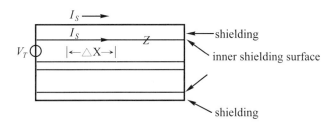

$Z_T = V_T/I_s \Delta X$

$Z_T$：transfer Impedence

$I_s$：surface current

$\Delta X$：unit length

$V_T$：induced noise voltage due to the penertration of $I_s$ to inner shielding surface

$V_T = I_s$(inner shielding surface $I$) × $Z$(Impeence of inner Shielding meterial)

工程應用：纜線組抗愈低，隔離度愈好。工程實務選用高隔離纜線時，有時型錄中規格直接標示隔離度有多少 dB，有時僅標示轉換阻抗(transfer impedence)。此時可由 transfer impeence 相對應隔離度(dB)資料中可得知隔離度(dB)值。

**Q18**： 如已知線帶轉換特性阻抗($Z$)，如何轉換為隔離度(dB)？

**A**： 依$Z$單位為歐姆／米，此項參數可由纜線電性資料查出，依隔離度公式 shielding(dB) $= 20 \log Z$ 可算出隔離度，如 $Z = 0.5$，shielding--6dB，$Z = 0.005$，shielding $= -26$dB，$Z$ 愈小，shielding 愈好。

工程應用：依公式 SE(dB) $= 20 \log Z$，$Z$(transfer impedence)，$Z$ 與 SE(dB)成反比關係，即 SE(dB) $= \dfrac{1}{Z}$，$Z$愈小，SE(dB)愈好。

**Q19**：常用同軸電纜線轉換阻抗特性頻率響應如何？

**A**：　依公式：

$$Z = \frac{R \cdot (1+j)\frac{t}{\delta}}{\sin h\left[(1+j)\frac{t}{\delta}\right]}，R = 1/2\pi r\delta t。$$

$\delta$：Skin depth

$t$：thick of shielding

$r$：diameter of cable

$$\text{At L.F. } Z = \frac{R \cdot (1+j)\frac{t}{\delta}}{\sin h\left[(1+j)\frac{t}{\delta}\right]} = (R \cdot K)/\sin h(k)，(t = \delta)，K = (1+j)\frac{t}{\delta}$$

$$= R，[k = \sin h(k)]$$

$$\text{At H.F. } Z = \frac{R \cdot (1+j)\frac{t}{\delta}}{\sin h\left[(1+j)\frac{t}{\delta}\right]} = (R \cdot K)/\sin h(k)，(t \ll \delta)，K = (1+j)\frac{t}{\delta}$$

$$= 0，[k \gg 1，\sin(k) \approx \infty]$$

由在低頻 $Z = R$，在高頻 $Z = 0$，可見電纜線電性特性在低頻時 $Z = R$，隔離度較差；而在高頻時 $Z = 0$，隔離度較好；由此可見電纜對低頻隔離效果較差($Z = R \neq 0$)，因此另需以互絞線方法輔助以增強對低頻隔離的效果。

工程應用：由 SE(dB)與 $Z$ (transfer impedence)成反比關係，而 $Z$ 在低頻比在高頻為大，故得在低頻的 SE(dB)要比在高頻的 SE(dB)為差，而須以互絞線方法增加對低頻的隔離效果。

**Q20**：一般電纜線轉換阻抗對應頻率響應變化情況如何？對電纜線隔離度影響又如何？

**A**：　如將頻率略分 kHz、MHz、GHz，低、中、高頻三個區間，轉換阻抗 $Z$ 對低、中、高頻率呈中、低、高趨勢變化。在低頻，$Z$ 值中等，對低頻有些隔離效果；在中頻，$Z$ 值趨小，對中頻隔離效果最好；在高頻因線間 L.C.效應出現，$Z$ 值又變大，對高頻隔離效果要比中頻為差。一般隔離線層數與隔離度好壞成正比，層數愈多，隔離效果愈好。

工程應用：纜線隔離度對中頻(MHz)最佳、高頻(GHz)次佳、低頻(kHz)最差。但低頻波長遠大於電子盒面徑大小與線帶長度，其間雜訊溢出量至低，雖低頻的電性隔離度不佳，但電性雜訊溢出量亦甚低，兩相考量實務上不見得會有太嚴重低頻干擾問題。

**Q21**：一般電纜線與接頭連用時對隔離要求何者優先考量？

**A**：　一般電纜線的隔離度要比接頭隔離度要好，所以需優先選用較好的接頭以提升接頭隔離度來配合電纜線組合使用。

工程應用：比較纜線與接頭介面，及接頭與電子盒介面隔離度，前者較高後者較低，所以要優先處理好隔離度較差部份，也就是要優先做好接頭與電子盒間的隔離度問題。

**Q22**： 常用接頭隔離度情況如何？

**A**： 常用同軸電纜線接頭有 OSM、BNC、N 型，而決定接頭隔離度好壞的參數有兩項，一為電阻，一為互感量；電阻指接頭中傳送信號的針形 PIN 及迴路信號的圓形 RING 材質阻抗，電阻愈小愈好。互感量指接頭針形 PIN 與圓形 RING 間的電感互感量，其間互感量愈小愈好。一般 OSM、N 形接頭的電阻及互感量要比 BNC 形接頭要小些；以 BNC 為例，接頭電阻在 2mΩ，互感量在 5pH，如採用 OSM、N 形接頭，接頭的電阻及互感量要比 BNC 形接頭小 5～10 倍，因此接頭的隔離度好壞完全視接頭材質的好壞而定；電纜線的隔離度除視材質的好壞外尚須考量線的隔離層數，層數愈多隔離度亦愈高。電纜線的長度與感應雜訊頻率波長亦有關連原則上電纜線長選用越短越好。

工程應用：接頭隔離度在物性方面要做好本身構形精密度，及與其結合點或面間的介面低阻抗需求問題。電性方面要求低電感抗、低電阻、低電容抗材質所製造的接頭，當雜訊電流通過時才不會產生高雜訊電壓。

## 2.4.7 電纜線 EMI 防制接地設計

**Q1**： 線間干擾有哪些模式，又雜訊模式有哪幾種？

**A**： 干擾模式：電感、電容、共振、地迴路。

雜訊模式：諧波、突波、脈波、暫態。

工程應用：依不同雜訊模式波形，經時域轉換為頻域，可得雜訊頻譜分佈信號強度與雜訊頻率頻寬資料。由此資料可在線間產生不同組抗干擾模式，形同傳輸線上阻抗含有串聯共振、電感、並聯共振、電容等交替變化模式。

**Q2**： 電纜線 EMI 防制工作重點為何？

**A**： (1)濾波器：濾除 AC/DC 線上高頻雜訊。

(2)線間互絞：電源(單相／三相)各相線與中心線互絞。

信號(信號與迴路線互絞)。

(3)接地與線長：$l < \lambda/10$ 宜採單端接地。

$l > \lambda/10$ 宜採雙端接地。

(4)隔離線：適用 clock、driver、switching、oscillator、PWR。

如 digital 信號(大於 5V)宜採雙層隔離。(double shield)

如 analog 信號屬低位準且頻率大於 450kHz 應將線互絞並加隔離套。

高敏感度信號線採多層隔離線。因信號線多半不會太長，故可考量採用單端接地。以避免因雙端接地所形成的環路雜訊干擾。

RF 信號隔離線因頻率較高易形成地迴路干擾可考量將雙端接地改爲單端接地。以消除地迴路所形成的干擾。

(5)接頭：RF 接頭需接觸良好。D.C. < 2.5mΩ

D 型接頭(9，25，37，50 pin)依 PWR、Digital、Analog 信號順序分區安裝以防制 PWR 對 analog 干擾。

(6)佈線：一般雜訊頻率小於 1MHz 宜採互絞線以消除磁場感應干擾。

在高位準信號線與低位準信號相近時應加強隔離以防制耦合干擾。

爲避免小信號受到大信號干擾，其間應另增接地線以加強隔離效果。

必須共膜接地時，依美規 CM impedence 阻抗應小於 5mΩ。

(7)接地：越短越好以減小 LC 干擾耦合量，暫態大電流宜採單點接地方式。

單點接地多用於低頻電路佈線，其間接地阻抗 $Z = 0.26 \times 10^{-6}\sqrt{f}\,\Omega/square$，因 $f$ 爲低頻 $Z$ 值很小符合接地低阻抗需求。

多點接地多用於高頻電路佈線，而兩點間距離需小於 $\lambda/20$ 以免在高頻時兩點間阻抗升高而不符合接地低阻抗需求。

工程應用：按(1)至(7)項防制工作準則，執行纜線 EMI 防制工作。

**Q3：** 箱櫃組合式接地如何安排？

**A：** 箱櫃式(CONSOLE)組合式接地分信號接地(SIGNAL)與電源接地(PWR)。

信號接地採單點：低頻裝備如 RECORDER、DIFF AMP、SWEEP CKT、DRIVER。

信號接地採多點：高頻裝備如 IF AMP、DEMOD、MIXER、LO、PRESELECTOR、RF STAGE。

電源接地：電源均屬低頻裝備多採單點接地。

信號接地與電源接地整合後再共同接至箱櫃接地點落至大地接地棒。

工程應用：一般箱櫃如 19 英吋大小，高頻放在最上層，各電子盒採多點接地，中頻放中層，各電子盒視情況採單點或多點接地，低頻放下層採單點接地。

**Q4：** 已知地迴路長、寬、排線數、雜訊電流如何計算輻射性雜訊量？(類比信號)

**A：** 依公式 $E = E_s + 20 \log(L \cdot H \cdot I) + 20 \log N$

$E_s$：外來場強干擾、$L$：地迴路長、$H$：地迴路寬

$I$：雜訊電流、$N$：排線數

$E_s$：60dBμV/m，$L = 200$cm，$H = 20$cm $I = 10\mu$A，$N = 20$。

$I = 60 + 20 \log(200 \times 20 \times 10 \times 10^{-6}) + 20 \log 20$

$= 58$dBμV/m

工程應用：公式中 $20 \log(L \times H \times I)$ 由 $20 \log(L \times H \times I \times R)$ 式中，$R$ 爲線阻因假設 $R = 1\ \Omega$，故將 $20 \log(L \times H \times I \times R)$ 簡化爲 $20 \log(L \times H \times I)$。

**Q5**： 已知地迴路長、寬、排線數、雜訊電流、脈衝寬、脈衝上升時間，如何計算輻射性 5th 雜訊量(數位信號)？

**A**： 依公式 $E = E_s + 20\log(L\cdot H\cdot I) + 20\log N$

$I_n(\text{dB}) = I(\text{dB}) - 20\log(T/T_r) - 40\log(\pi f_n T_r)$

$E_s = 60\text{dB}\mu\text{V/m}$，$I = 10\text{mA} = 10^{-2}\text{A}$

$L = 200\text{cm}$，$T = 50\mu s$

$H = 0.5\text{cm}$，$T_r = 20\mu s$

$N：20$

$f(\text{clock})：10\text{MHz}$，$f_n = 5\text{th clock} = 5\times 10\text{MHz} = 50\text{MHz}$

$I_n(\text{dB}) = I(\text{dB}) - 20\log(T/T_r) - 40\log(\pi f_n T_r)$

$20\log I = 20\log 10^{-2}\text{A} - 20\log(50\mu s/20\mu s) - 40\log(\pi\times 5\times 10\text{MHz}\times 20\mu s)$

$\qquad = -40 - 8 - 139 = -187\text{dBA}$

$E = E_s + 20\log(L\cdot H\cdot I) + 20\log N$

$\quad = E_s + 20\log(H\cdot L) + 20\log I + 20\log 20$，$20\log I = -187$

$\quad = 60 + 20\log(0.5\times 200) + (-187) + 20\log 20$

$\quad = -61\text{dBV/m} = (-61+120)\text{dB}\mu\text{V/m} = 59\text{dB}\mu\text{V/m}$

工程應用：原地迴路上所感應的雜訊電壓$(E)$與干擾源場強$(E_s)$，地迴路感應面積$(L\times H)$，由場強感應在迴路上的感應電流$(I)$，迴路上排線數$(N)$有關。由關係式$E = E_s\times(L\times H)\times I\times N$轉換為場強，以$20\log$量化表示計算公式可改為$E = E_s + 20\log(L\times H\times I) + 20\log N$。

**Q6**： 已知互絞線線長 $l$ (meter)，波長$\lambda$ (meter)，互絞數$n$ (number of twist/meter)；如何計算互絞線隔離度？

**A**： 依公式 $\text{dB} = 20\log\left[\dfrac{1}{2nl+1}\left(1+2nl\sin\dfrac{\pi}{2n\lambda}\right)\right]$

如$L = 2\text{m}$，$\lambda = 30\text{m}$ $(f = 10\text{MHz})$

$n = 40\text{ turns/m}$

$\text{dB} = 20\log\left[\dfrac{1}{2\times 40\times 2+1}\left(1+2\times 40\times 2\sin\dfrac{\pi}{2\times 40\times 30}\right)\right]$

$\qquad = -44\text{dB}$

工程應用：按公式設 $l$ 為定長，隔離度 dB 與互絞數 $n$，波長$\lambda$有關。$n$越大，頻率高$\lambda$短，互絞線隔離度越好。

# 3

# 電路板電磁干擾防制

## *3.1* PCB 問題重點分析

**Q1：** PCB 路徑間相互干擾有哪項重要參數？

**A：** ⑴路徑間相隔距離，越近干擾越大，越遠干擾越小。

⑵路徑長度越長耦合量越大。增加量依20 log 1(cm)公式計算。如$I=$ 10cm，耦合量增加為20 log 10 = 20dB。

⑶終端阻抗匹配校正，依20 log $Z$/100，如路徑間阻抗為 100Ω，終端負載為47Ω。
Impedence corretion = 20 log 47/100 = −6.5dB。

**工程應用：** PCB 路徑間干擾與路徑間隔及長度有關，加上終端阻抗不匹配除影響正常信號傳送外，會產生反射與入射信號共振 EMI 問題。

**Q2：** 舉例說明 PCB 路徑間耦合干擾量計算法？

**A：** 設路徑間耦合量為−34dB，路徑長耦合量為 20dB，終端阻抗匹配耦合量為−6.5 dB，總耦合量為(−34)+20+(−6.5)=−20.5dB = 9.4％。

如在 PCB 上一 trace 工作電壓為 5V，依總耦合量為 9.4％計算，則此一 trace 上的 5V 信號有$5V \times 9.4\% = 0.47V = 470mV$ 耦合至另一 trace 上。

**工程應用：** 先計算PCB路徑間總耦合量百分比，乘以路徑上工作電壓即得總耦合雜訊電壓。

**Q3：** 為何 PCB 過長時會有 EMI 問題？

**A：** 因PCB 長度過長，信號行經 TRACE 會有延遲情形($T_d$)發生，在與數位信號傳送脈衝波上升時間比較($T_r$)，如 $2T_d > T_r$會有 pulse ring 現象。

如 $2T_d < T_r$ 則無 pulse ring 現象。

工程應用：PCB 路徑過長，使信號傳送至終端因阻抗不匹配產生反射信號，並與後續傳送中的信號撞擊產生干擾問題。

**Q4：** 如何消除 PCB 上 PULSE RING 現象？

**A：** (1)減小 PCB 母板介面反射。

(2)減小 trace 間相互干擾量。

(3)減短 PCB 母板長度避免產生因 $2T_d > T_r$ 而產生的 pulse ring 干擾現象。

工程應用：數位電路 pulse 波形如無干擾 pulse 呈標準方形，如有干擾 pulse 波形則附有 ring 雜訊，只要干擾不造成 pulse 工作電壓過高或過低，皆不影響數位信號 1 或 0 判讀正確率。

**Q5：** 如何計算信號在不同材質($\varepsilon$) trace 上行進的延遲時間($T_d$)？

**A：** 設 $V = 3 \times 10^{10}$cm/s $= 30$cm/ns 如在介質中行進則為：

$V_\varepsilon = V/\sqrt{\varepsilon}$ cm/ns $= 30/\sqrt{\varepsilon}$ cm/ns

$T_d = S/V\varepsilon$ 設 $S = 1$cm，$T_d = 1/V\varepsilon = \sqrt{\varepsilon}/30$ns/cm

$T_d = \sqrt{\varepsilon}/30 = 1/30 = 0.033$ns/cm，$\varepsilon = 1.0$(空氣)

$T_d = \sqrt{\varepsilon}/30 = \sqrt{2.3}/30 = 0.050$ns/cm，$\varepsilon = 2.3$ (樹脂)

比較 $\varepsilon = 1$，$T_d = 0.033$，$\varepsilon = 2.3$，$T_d = 0.050$，$\varepsilon$ 值越大，$T_d$ (延遲)亦越大，表示信號行進速度在介質中變慢。

工程應用：按公式 $T_d = \sqrt{\varepsilon}/30$ ns/cm，可計算信號在不同介質常數情況中信號行經的時間。

**Q6：** 什麼情況下 PCB 會產生 overshoot？

**A：** 當 PCB 負載端阻抗大於 PCB trace 特性阻抗時，會產生 overshoot，如 $R_L = 400$，$R_0 = 100$，反射係數 $= (R_L - R_0)/(R_L + R_0) = (400-100)/(400+100) = +0.6$，+號表示 overshoot，overshoot 會造成 false trig (false pulse)。

工程應用：overshoot 會在數位信號傳送中，因其為正反射會使原本位置為 0 的信號變為 1，稱之 fast up false pulse。

**Q7：** 什麼情況下 PCB 會產生 undershoot？

**A：** 當 PCB 信號端阻抗小於 PCB trace 特性阻抗時，會產生 undershoot，如 $R_g = 20$，$R_0 = 100$，反射係數 $= (R_g - R_0)/(R_g + R_0) = (20-100)/(20+100) = -0.6$，-號表示 undershoot，undershoot 會造成 mis clock (missed pulse)。

工程應用：undershoot 會在數位信號傳送中，因其為負反射會使原本位置為 1 的信號變為 0，稱之 slow down false pulse。

**Q8：** 試說明 PCB 板長短與阻抗匹配關係？

**A：** PCB 板越短，信號在 trace 上行進的 $T_d$ 亦短，而由反射所造成衝擊信號($T_r$)傳送的機率也相對降低，因此不需太重視 PCB 的端點負載阻抗匹配問題，反之 PCB 板越長，信號在 trace 上行進的 $T_d$ 變長，而由反射造成衝擊信號($T_r$)傳送的機率也相對升高，因此特別需要重視 PCB 的端點負載阻抗匹配問題。由於 PCB 板越長，$T_d$ 越長($2T_d > T_r$)時，反射造成衝擊 Incoming pulse signal 的機率也就越高會形成 overshoot，undershoot 干擾現象，對高速邏輯傳送資料可能造成 false triggering，miss(reduce) clock rate 失效模式，對 PCB trace 阻抗匹配問題需做好終端介面匹配工作可避免因此項反射所造成的干擾問題。

工程應用：PCB 路徑較長，信號行進時間較長($T_d$)，數位信號發生 overshoot 或 undershoot 機率較高。依 $2T_d > T_r$ 關係有 EMI 問題，$2T_d < T_r$ 關係無 EMI 問題，因高速數位電路 $T_r$ 較快(小)，低速數位電路 $T_r$ 較慢(大)，如設 $2T_d$ 為定值，高速數位電路發生 EMI 問題的機率要比低速數位電路發生 EMI 問題的機率為高。

**Q9：** 如何做好 PCB 板上 signal 與 return trace 安排？

**A：** 如 PCB 空間許可應將 signal/return trace 緊鄰排列，一可利用信號與迴路電流流向相反消除雜訊，二可保持固定間距維持 trace 間的特性阻抗，如係高速資料傳送，為加強隔離可在 signal/return 與另組 signal/return 間加一接地(ground)，又如 signal/return pairs 太多而 PCB 空間亦有限需共用地時，應注意將不會造成干擾的 signal/return pairs 共同接地可免除因共地耦合形成一高位準 signal/return 信號經共同接地干擾到一低位準 signal/return 信號。

工程應用：PCB EMI 問題主要在排除因 return traces 共地所產的 EMI 問題。

**Q10：** 一般 PCB EMI 防制重點工作為何？

**A：** ⑴妥當安排母板接頭 signal/return/ground trace 間相互位置以避免相互干擾。

⑵避免將高頻高位準(high level，high frequency)信號線和低位準高敏感(low level，high sensitive)線並列一起，以避免 high level signal 對 low level signal 干擾。

⑶如母板過長比較信號在母板上傳送信號延遲時間($T_d$)如 $2T_d$ (two way，signal to load to signal)$> T_r$ (risetime of pulse digital)則需考量確實做好 trace 端點與負載間阻抗匹配問題，以避免反射造成干擾問題。

⑷為消除雜訊可用背板繞線接地(雙面 PCB 一面為接地面)或多層板不共地方式改進之。

工程應用：PCB EMI 防制工作重點在 trace 上所帶雜訊信號強度、頻率頻寬、信號行進速度快慢、接頭品質、接地方式有關。

## *3.2* 繞線板、單層板、多層板

**Q1**：　什麼是繞線板？

**A**：　結構上一面為 PWR plane，一面為 PWR return/zero signal reference return plane，面間 pin hole 用於固定聯絡繞線(wirewrap)另有一個 1～10μF 鉭質電容接在繞線板 PWR plane 輸入端。

工程應用：鉭質電容用於濾除電源雜訊，而繞線板是一種將 PWR 及 PWR return 放在 PCB 的兩面的一種 PCB 設計模式。

**Q2**：　繞線板 random 繞線的目的為何？

**A**：　random 繞線目的在消除線上所輻射的傳導性與輻射性雜訊(CE、RE)。

工程應用：繞線是利用兩線相互垂直可將雜訊抵消的原理，將一些線隨意按不同方向佈線，形同相互垂直可讓輻射雜訊在空氣中自行抵消。

**Q3**：　PCB 上低、中、高邏輯電路工作區如何安排？

**A**：　依高頻高速、中頻中速、低頻低速各邏輯電路工作區次序、頻率越高，速度愈快者安排在接近 PCB I/O 端，頻率越低，速度愈慢者安排在遠離 PCB I/O 端。

工程應用：按 $2T_d < T_r$ 不會產生 EMI 問題排序。

**Q4**：　為何高頻高速邏輯電路要設計在接近 PCB I/O 處？

**A**：　因設計在 PCB I/O 處使高速高頻電路工作路徑最短，藉由此較短路徑傳送信號延遲時間可小於邏輯脈衝信號開關時間($2T_d < T_r$)原理消除因反射造成干擾問題，如傳送中信號所產生的 overshooting 及 undershooting 現象。

工程應用：按 $2T_d < T_r$ 不會產生干擾原理，因高速數位電路 $T_r$ 很小，$2T_d$ 需更小才能使 $2T_d < T_r$ 不產生干擾問題，而需要 $2T_d$ 變小也就是將信號行經路徑變短，才能在信號速度為定值時，使 $2T_d$ 時間變小，達到 $2T_d < T_r$ 不會產生干擾的需求。

**Q5**：　不良過長 PCB trace 佈線有哪些缺點？

**A**：　常因 PCB 路徑佈線過長形成 trace 上高電感抗，因 trace 過長 trace 間相互干擾耦合量增大，同時在 trace 上的雜訊輻射量及感應量亦增大。

工程應用：過長 PCB trace 除了高電感抗形成高電感抗雜訊電壓以外，其與鄰近線間還有耦合寄生電容問題，如有高頻雜訊存在也會對鄰近線帶造成電容性雜訊干擾問題。

**Q6**：　什麼是最佳 PCB 電源供給方式？

**A**：　如 PCB I/O 接點夠多(除供信號使用外尚有多餘接點)，採各個單獨供電方式較易做好電源 TRACE 間的阻抗匹配工作。在各個單獨供電 I/P 端接裝鉭質電容器(decouping capacitor，1～10μF)，如在極高頻則加裝並聯陶質電容器(decoupling capacitor，0.01～0.1μF)，此等電容器均用於濾除電源雜訊。

工程應用：PCB I/O 接點很多，可將各組電源 trace 間隔儘量變小，可降低電源 trae 阻抗，也就是降低電源 trace 上流過雜訊電流所形成的雜訊電壓。

**Q7：** 微形高速電路(micro strip trace)如何設計防制 EMI？

**A：** trace 轉角處90°改45°以改善反射影響造成干擾，電源及 I/O 濾波器安裝需接近 PCB I/P 端，PCB I/O 端採寬面，短捷路徑以利信號隔離變壓器及光纖隔離器安裝。

工程應用：因 trace 轉角 90°處雜訊電流密度過高，輻射雜訊場強強度過強，需將轉角 90°改 45°以減低所輻射的雜訊場強，各項濾波器愈接近 PCB I/O 端安裝濾波效果愈好。

**Q8：** 為何有多層板 PCB 設計？

**A：** 高速 LOGIC 電路如選用單層板不易克服 CM 共用接地阻抗干擾問題，但如選用多層板則因上下層板的接地完全獨立分置於上下層銅鉑板，可消除在單層板上因各電路共地阻抗(common mode impedence)所引起的干擾問題。

工程應用：多層板要比單層板面積為小，多層板上 trace 較短，輻射雜訊量較弱，又零組件分裝各層，而各層間 PCB 板子有隔離效果，亦可減低由組件及路徑所輻射出的雜訊強度。

**Q9：** 如何做好控制 PCB 雜訊輻射量及耐受度？

**A：** ⑴信號及迴路間 trace 安排儘量採用最小環路面積。

⑵信號及迴路間距離越近越好。

　①可自行消除雜訊輻射。

　②可保持 trace 間的特性阻抗不變。

⑶選用低功率低雜訊 logic 組件。

⑷選用短腳 chip 可減小 chip 與 ground plane 間面積以減小輻射量。

⑸無腳 chip IC 或平面形 IC 組件的寄生 R，L，C 阻抗極小雜訊亦低，工作頻段(CLOCK RATE)可至 4GHz。

工程應用：信號與迴路 trace 間距離愈近，trace 阻抗亦愈低，由 trace 上所輻射的雜訊場強亦愈低。

**Q10：** PCB 設計工作重點為何？

**A：** ⑴預留 PCB10％空間供 I/O 及接地使用。

⑵選用較寬 trace 電源及接地(＞1mm)，可得較低阻抗。

⑶妥當處理低增益低位準(mV)類比線路接地線以免受高速數位線路高位準(V)信號干擾。

⑷目視接地面材質不透光。

⑸檢視信號線間的耦合干擾量，如 ECL cross talk 不超過 20mW，TTL crosstalk 不超過 0.1V，CMOS cross talk 不超過 0.2V，如 crosstalk 過大應增大線間距離或在線間增置地線可降低線間相互干擾量。

(6)$V$(dc)接頭處接裝 1〜10$\mu$F 低頻鉭質電容或0.01$\mu$F 高頻陶質電容或 0.01〜0.001$\mu$F 超高頻電容。

(7)$V$(dc)每 2 個 DIPS 接裝0.01$\mu$F 高頻陶質電容。

(8)因應高速邏輯電路供電需求宜採多端分流供電方式供電。以減小電路上電流量。

(9)多利用多層板電源及接地在板外，信號傳送在板內可減低干擾問題。

(10)由電腦程式協助設計接地及佈線。

工程應用：trace 寬度、長度'間距是雜訊電流流經 trace 產生雜訊電壓的三大變數，長度為定值，寬度寬阻抗低，寬度窄阻抗高，間距大小與阻抗高低對 PCB trace 間相互干擾是利弊互見，間距大干擾量小，但阻抗高又會提升干擾量，間距小干擾量大但阻抗低又會減低干擾。至於如何設計取得最小干擾量，一般依 3W 法則行之，即間距等於 trace 寬度($W$)稱之 3W rule。

## 3.3 背板與母板

**Q1：** PCB EMI 防制工作重點為何？

**A：** (1) TRACE 材質阻抗愈小愈好。

(2)整體 TRACE 垂直與水平走向佈線構形安排。

(3) TRACE 末端阻抗匹配。

(4)信號 TRACE 佈線與特性阻抗設計。

(5) TRACE 間相互耦合。

(6) TRACE 長度不宜太長。

工程應用：注意(3)，因一般信號源阻抗與路徑阻抗均可依使用者選擇匹配，而負載阻抗變化高低不一，難以與路徑定值阻抗匹配，形成反射干擾問題，故需特別注意 trace 末端阻抗匹配問題。

**Q2：** 背、母板 EMI 防制工作重點為何？

**A：** (1) I/O 接頭各 PIN 間相互耦合干擾需加隔離改善之。

(2)採用 Random 佈線可減小背母板的 RE 雜訊輻射。

(3)傳送高品質信號、提升 S/N 比。

(4)地環路面積控制、愈小愈好。

(5)阻抗匹配控制(TRACE 間，TRACE 末端)可減小反射。

(6)板間接頭選用，多選用 SIGNAL 與 GROUND PAIR 組合。

(7)板間阻抗因接用 CONNECTOR PIN 而降低，如板間原設計為 50〜70Ω，板間接用接頭後會降至 30〜40Ω。

(8)適當選用接頭阻抗並與 PCB TRACE 阻抗匹配。

工程應用：注意(7)，一般 PCB trace 阻抗會因接用接頭及負載而降低 20〜40 Ω，在實務為彌補此項降額阻抗，需在設計時預將 trace 阻抗提升以補償此項降額阻抗。

**Q3**： 如何做好 PCB 上 TRACE 定位與區域定位(PARTITION)工作？

**A**： SIGNAL 旁邊安置 GROUND TRACE，對 CLOCK TRACE 四周以 GUARD 與 SHUNT TRACE 加以隔離，AC CHASSIS PLANE 形同 FARADY SHIELD PARTITION 用於隔離場強干擾(HF BUS 靠近 SYSTEM CARD，LF BUS 靠近 BACK CARD)。

工程應用：區域定位是指 PCB 中有部份區塊，因干擾問題嚴重而需對此區塊做出特別加強防制 EMI 工作。

**Q4**： 試說明 BACKPLANE 上一些 EMI 問題？

**A**： ⑴結構上屬 DAUGHTER CARD AND PLUG-IN MODULE，最外層在 MICROSTRIP 結構上為 SINGAL TRACE，最外層在 STRIPLINE 結構上為 SOLID PLANE。

⑵ PLUG-IN MODULE 與 MAINBOARD，CARDCAGE 互成 90° 銜接。

⑶注意 PWR PLANE 因高頻所引起的高阻抗響應變化。

⑷注意多個 TRACE 並行時相互耦合干擾問題。

⑸ TRACE 阻抗匹配控制與 TRACE 間加裝電容衍生 LOADING 問題。

⑹場強干擾 INTERBOARD、DAUGHTER CARD、CARD CAGE。

⑺選用 LOW 阻抗材質 PWR PLANE。

⑻去耦合電容用於去除由組件組合 PWR PLANE 的 RFCE 雜訊電流。

⑼大型電容(BULK)用於防止因組件過多而使 PWR 供電電壓降低，以電容儲能方式儲備電壓能量供驅動組件(IC chip)運作使用。

工程應用：注意⑸，在 PCB trace 間加裝電容可濾除 trace 上所帶雜訊，但因負載(loading)問題，需注意是否影響 trace 上正常工作信號傳送延遲(delay)問題。

**Q5**： 如何做好平行 OVERLAYING TRACE EMI 防制工作？

**A**： ⑴ CROSSTALK：兩信號間加裝 GROUND PLANE。

⑵ GROUND SLOTS：TRACE 上穿孔會降低原設計 TRACE 阻抗值。

⑶ TRACE TERMINATION：防制 TRACE 末端反射。

工程應用：⑴ Ground plane 可將線上雜訊疏導落地。

⑵ slot 本身約有 1～3 nH 電感量，會產生電感性雜訊電壓，又會影響原設計 trace 阻抗值與負載阻抗值不匹配現象，從而造成反射干擾問題。

**Q6**： 如何做好阻抗控制和電容負載問題？

**A**： 背板阻抗因 CAPACITOR LOADING 造成 TRACE TERMINATION 不匹配引起反射，故需評估 TRACE 在 OPEN CKT 和 FULL LOAD 情況下的阻抗變化(40～60Ω)，來設計所需 trace 阻抗值。

工程應用：trace 阻抗會因負載而降低，在設計時應先預將 trace 阻抗提升，以平衡此項降額阻抗。

**Q7**： 如何做好 INTERBOARD RF 電流干擾防制工作？

**A**： ⑴ CLOCK CARD RF 電流會干擾 I/O CARD。

(2)將 I/O CARD 與 CLOCK CARD 依上下反面位置(在 board 的上下面)安裝可抑制 CLOCK CARD 對 I/O CARD 的干擾。

(3)以 STRIPLINE 模式佈線 CLOCK TRACE 可降低 RE 雜訊。

工程應用：(3)因 stripline PCB 係將干擾源 clock trace 埋在構形中，其雜訊不易經週邊非導體介質材料外洩，而干擾週邊 trace 上工作信號。

**Q8：** 如何做好 DAUGHTER CARD 對 CARD CAGE 場強干擾防制工作？

**A：** (1) RF 場強會在 BACKPLANE、CARD CAGE 間形成 CM 雜訊電壓。

(2)在 BACKPLANE 與 CARD CAGE 間以 SHORT CKT 方法消除 DAUGHTER CARD 上 EDGE CURRENT，可降低 DAUGHTER CARD 與 CARD CAGE 的雜訊。

(3) LOGIC GROUND PLANE 與 AC CHASSIS PLANE 間 RF 阻抗需小於 $1m\Omega$。

工程應用：(2)雜訊由 PCB 上 slot 的 eddy current 產生，如何消除 eddy current 與 slot 大小及 slots 間安排位置有關，如 slots 愈靠近，在其週邊的 eddy current 因大小相等方向相反，可適度降低由 slots 所產生的雜訊場強。

**Q9：** 如何安排 PCB 信號、電源、接地層次問題？

**A：** (1)以四層為例，通常二層供信號、二層供電源，信號在外層、電源在內層。

(2)信號層與電源層相互垂直可減小干擾。

(3)將背板的接地面就近接至機匣接地。

工程應用：增加(4)，小信號線距電源線愈遠干擾愈小。

**Q10：** 試說明插頭插槽(CONNECTOR SLOTS)對干擾的影響？

**A：** SLOT 過多存有電容，形同負載會降低信號位準也會影響信號傳送延遲(DELAY)時間，對 DELAY 影響需加補償，因此需要提升信號傳送速度(EDGE TIME)以補償延遲時間。

工程應用：在高速數位信號傳送時，插頭插槽會有電容效應造成信號傳送延遲問題，但如電感大於電容效應則有信號傳送超前問題，兩者之一均需以 edge time 超前或延遲補償之。

**Q11：** 試說明介面連接對干擾的影響？

**A：** (1)介面連接愈短愈好，以免造成不連續的干擾影響及信號傳送的延遲(DELAY)形成反射干擾。

(2)介面接頭多選用信號接地配對(SIGNAL/GROUND PAIRS)可消除介面信號的 CE、RE 雜訊。

工程應用：增加(3)，做好介面阻抗匹配工作。

**Q12：** PCB 上有關機械加工構形應注意那些事項？

**A：** (1) I/O 接頭濾波器安裝及 TRACE TERMINATION 選用安裝。

(2) BYPASS 電容接地安裝工藝。

(3)接至背板接地面的工藝要求。

(4)纜線隔離外緣接至機匣落地工藝要求。

(5)所有迴路及隔離面在 GROUND STICH 落地要求。

(6)電源及迴路面積(GROUND LOOP)採最小構形設計。

(7)對高雜訊的 TRACE 及易受干擾的 TRACE 做相互垂直90°走向佈線安排以免耦合干擾。

(8)對易受干擾信號 TRACE 應依 3W 定則以左右 GUARD TRACE 及上下 SHUNT TRACE 方式加以隔離。

工程應用：(5) stitch 意在接地面有不連續現象發生時，需將不連續點或面，設法以某種方法改成為連續性良導體的接地面。

**Q13**： 對信號 TRACE 走向應注意哪些 EMI 防制工作？

**A**： (1)信號 TRACE 設計中減少使用轉接如 VIAS、HOLE 以免增加電感(1～3$\eta$h for lea Vias or hole)。

(2) daisy chain trace 用在 LOW REFLECTION TRACE 設計，RADIAL TRACE 需裝 TERMINATION BOARD 以減小 OVERSHOOT、RINGING 干擾。

(3)儘量少用 STUB I/O 接頭，尤其不要用在 CLOCK 訊號傳送中以免阻抗不匹配造成反射。

工程應用：(1)、(2)、(3)作法皆在減小反射，以使信號順利傳送為目的。

**Q14**： 何時需要選用 SIGNAL TERMINATION？

**A**： 在高速邏輯電路中需考量加裝TRACE TERMINATION，比較信號在PCB行進時間($t_d$)與信號傳送 EDGE TIME ($t_r$)，如$2t_d > t_r$，則需加裝 termination，如 $2t_d < t_r$，則不需加裝 termination。

工程應用：需加裝 termination，意在做好 trace 與 load 之間阻抗匹配工作，以免反射過大造成 overshoot 或 undershoot 干擾問題。

**Q15**： 如何抑制 PCB crosstalk？

**A**： (1)多個平行緊密排列的 signal trace 會造成相互干擾，對過長的 trace 一般均需加裝 termination。

(2)對易受干擾的 trace 應與易產生干擾的 trace 作互相垂直(90°)的佈線安排。

工程應用：(1)做好 trace 與 load 間阻抗匹配，可減小因反射造成在 trace 上產生共振雜訊，對鄰近 trace 上信號干擾問題。

**Q16**： 如何控制地環路？

**A**： (1)多層背板中減小 pwr/ground 間 trace 的面積。

(2)儘可能將 ground plane 就近與 pwr trace 佈建。

(3)為了對稱目的多將 PWR/GND trace 佈線在 PCB 中央位置，其他信號佈於兩側。

(4)在背板中使用面積較小的多層板以減小面積較大的單層板，依此可減小因面積過大平行 TRACE 分佈過長所造成的 CROSSTALK 干擾。

(5)加寬高雜訊 TRACE 和高敏感 TRACE 間的距離，可減小 CROSSTALK 的干擾。

工程應用：(2) PWR 與 Ground trace 間距離愈近，阻抗愈小，可降低在 PWR 上雜訊電流所輻射的雜訊場強，對週邊信號造成干擾問題。

**Q17**： 試說明背板(BACKPLANE)上接地槽(GROUND SLOT)干擾影響？

**A**： (1)GROUND SLOT 會產生 CM 電流對信號傳送有遲滯作用而增加信號 PROPOGATION DELAY 時間。

(2)過多 GND SLOT 使接地面形成不連續現象而影響迴路信號流回信號源的平穩性。

(3)在 SLOT 週邊對迴路信號電流會產生渦流造成信號相位移現象。

(4) SLOT 電感對信號的 RISETIME 有遲滯的作用。

工程應用：(4)一般 slot 開口很小電感效應比電容效應為大，如係大型 slot 電容效應變大，對數位信號 risetime 如 $L$ 比 $C$ 效應為大，對 risetime 有變短影響。如 $C$ 比 $L$ 效應為大，對 risetime 有變長影響。

## 3.4 PCB Trace 電場、磁場干擾耦合

**Q1**： Trace 間電容耦合有哪兩種模式？(電場)

**A**： 一為 trace 間電容耦合(Intention coupling，lumped capacitor)供電路中存有電容相互干擾分析使用。一為 trace 與地間電容耦合(unintention coupling，stray capacitor)供電路中雜散電容干擾分析使用。

工程應用：trace 間電容耦合屬輻射性耦合，耦合量大小視電容抗大小而定($X_C = 1/2\pi fC$)，一般高頻 $X_C$ 小，$C$ 耦合量大，低頻 $X_C$ 大，$C$ 耦合量小。

**Q2**： 兩 trace 間相互干擾量與 PCB 上哪些參數有關？

**A**： 依公式 $V_2/V_1 = R_2 C_{12}/(1+R_2(C_{1g}+C_{2g}))$，(電場)

$V_1$：TRACE1 信號源

$V_2$：trace1 信號源感應到 TRACE2 雜訊電壓

$R_2$：trace2 上 $R_{S2}$ (信號源 O/P 阻抗)與 $R_{L2}$ (負載阻抗)並聯阻抗。($R_2 = R_{s2}//R_{L2}$)

$C_{12}$：trace1 與 trace2 間的電容耦合量

$C_{1g}$、$C_{2g}$：trace1，trace2 對地的雜散電容量

通常 $C_{12} \gg C_{1g}$，$C_{2g}$，$V_2/V_1 = R_2 C_{12}$，$V_2 = V_1 R_2 C_{12}$，因 $V_1$ 為定值，$R_2$ 亦為定值，$V_2$ 直接與 $C_{12}$ 有關成正比變化，故 $V_2$ 視 $C_{12}$ 大小而定，$C_{12}$ 愈大 $V_2$ 亦愈大，干擾量亦愈大。

工程應用：一般 $C_{12} \gg C_{1g} \cdot C_{2g}$，所以兩 trace 間干擾量以 $C_{12}$ 為主，$C_{1g}$、$C_{2g}$ 要在極高頻依 $X_C = 1/2\pi fC$，$X_C$ 變小耦合量變大，才會產生 trace 與地間雜訊干擾問題。

**Q3：** 兩線間電容耦合量如何計算？(電場)

**A：** 依公式 $C_{12} = 28\varepsilon/\ln(2D/d)$，pF/m

$\varepsilon$：線間介質常數(容電率)

$D$：線間距離

$d$：線徑

$D/d$ 愈大，$C_{12}$ 愈小，表示 $D$ 愈大兩線間電容耦合量 $C_{12}$ 愈小。

工程應用：$C_{12}$ 公式是用在計算線間 $C$ 耦合量，實務線間雜訊耦合量尚需代入 $X_C = 1/2\pi fC$ 公式計算，高 $f$ 低 $X_C$ 雜訊耦合量大，低 $f$ 高 $X_C$ 雜訊耦合量小。

**Q4：** 兩 trace 間電容耦合量如何計算？(電場)

**A：** 依公式 $C_{12} = 28\varepsilon/\ln(\pi S/(w+t))$，pF/m

$\varepsilon$：線間介質常數(容電率)

$S$：trace 間距離

$W$：trace 寬度

$t$：trace 厚度

因 $S \gg W$，$t$，由式中 $S$ 愈大，$C_{12}$ 愈小。

工程應用：說明同 Q3，Q3 用在兩線間，Q4 用在兩 trace 間，兩線間與線距、線徑有關，兩 trace 間與 trace 間距、寬度、厚度(高度)有關。

**Q5：** 兩 TRACE 間加裝 ground trace 功能為何？(電場)

**A：** ground trace 作用在減小 trace 間的電容耦合量，但也會產生 trace 對 ground 間的雜散電容。

工程應用：ground trace 不宜過長，否則會因雜散電容引起耦合感應電場干擾問題。

**Q6：** 磁場耦合有哪些參數？

**A：** $B = \mu H$，$\mu =$ material of permeability $\mu(\text{air}) = 4\pi \times 10^{-7}$H/m

$H$：field intensity(A/m)，$B$：field density(tesla，weber/m$^2$)

工程應用：導磁係數 $\mu$ 愈大，磁場密度 $B$ 愈大，磁場耦合量亦愈大。

**Q7：** 如何計算線圈所產生的磁力線數？

**A：** 由公式 $L = N\phi/I$，$\phi = LI/N$

$\phi$：amount of flux，$N$：number of turns，$I$：current，$L$：self inductance。

工程應用：由 $LI = N\phi$ 所示與磁場強度 $H$ 有關。如將週邊介面材質導磁係數 $\mu$ 計入，由 $B = \mu H$ 可得知磁場密度 $B$ 大小。

**Q8：** 如何計算磁場感應線圈的感應電壓？

**A：** 由公式 $V = 2\pi fBAej^{2\pi ft}\cos\theta$

$f$：frequency，$B$：flux denisty，$A$：loop area

$\theta$：loop area 垂直方向與磁場方向的夾角($\cos 0^\circ =$ MAX)

工程應用：$\cos\theta$ 表示 loop area 垂直方向與磁場方向的夾角，如 $\cos\theta$ 改為 $\sin\theta$ 表示 loop area 水平方向與磁場方向的夾角，當 $\cos 0^\circ$ 或 $\sin 90^\circ$ 均可得最大值。

**Q9：** 如何計算兩 trace 間的耦合磁場感應電壓？

**A：** $V = M_{12}I_1$，$M_{12}$：mutual inductance relates number of flux line from $I_1$ in trace1 to couple trace2。

$I_1$：current in trace1

$V$：Induced voltage due to product of $M_{12} \cdot I_1$

工程應用：$M_{12}I_1 = B_1 dS_2$，$B_1 = \phi$ from $I_1$，$S_2 =$ 2nd loop area，$I_1 = I$ in first loop。

**Q10：** 如何計算兩線間的相互電感量？

**A：** 依公式 $M = 0.1\ln[1+(2h/D)^2]\mu H/m$

$h$：wire to ground，distance

$D$：distance between two wires

兩 trace 平行排列耦合量大，兩 trace 相互垂直排列耦合量小。

工程應用：當 $2h/D > 1$，兩線間相互電感量增大。$h/D > 0.5$。

當 $2h/D < 1$，兩線間相互電感量減小。$h/D < 0.5$。

## 3.5 PCB trace EMI 防制方法

**Q1：** 那兩種是 PCB 中常用的 trace 設計模式？

**A：** 一為 Microstrip 分 surface、embedded 兩種型式，surface 的 signal trace 外露在空間屬外建式，Embedded 的 Signal trace 內藏於介質材料中屬內建式。Microstrip(surface) 多用於 fast clock 因屬外建式所產生的雜訊較高，一般需要另加隔離以防制 RE 雜訊溢出。一為 stripline 分為 Single、Double 兩種型式，Single 的 Signal trace 置於上下兩層 surface trace 之間，double 則有二個 signal trace 置於上下兩層 reference trace 之間，stripline(single,double) 多用於 slow clock，因均屬內建式所產生的雜訊較低，一般不需另加隔離即可防制雜訊溢出。

工程應用：Microstrip 多用在高速數位電路，stripline 多用在低速數位電路。

**Q2：** Microstrip 與 stripline 何者電容耦合量較大？

**A：** 一般 stripline 中所採用的材質介質常數($\varepsilon$)較大，依 $C = \varepsilon A/d$ 公式，$\varepsilon$ 大，$C$ 大，故 stripline 的電容耦合量要比 Microstrip 為大，因此如有雜訊存在 stripline 要比

Microstrip 較能耦合更大的雜訊量。

工程應用：高雜訊信號應採用 Microstrip，因電容耦合量較小，可減低高雜訊耦合量，低雜訊信號應採用 stripline，雖電容耦合量較大可收到較多低雜訊信號，但低雜訊信號位準不高，尚不致造成干擾問題。

**Q3**： 信號在 Microstrip 與 stripline 傳送 delay 何者為大？

**A**： 因 stripline 的材質介質常數 $V(\varepsilon)$ 比 Microstrip 為大，依 $V(\varepsilon)=\dfrac{V}{\sqrt{\varepsilon}}$，$\varepsilon$ 愈大，$V(\varepsilon)$ 愈小，表示 delay 愈大，(速度慢意謂 delay 大，速度快意謂 delay 小)故 stripline delay 比 microstrip 為大。

工程應用：Microstrip 以空氣為介質常數($\varepsilon=1$)，stripline 以選定某種介質為介質常數($\varepsilon>1$)，依 $T=\sqrt{\varepsilon}/30$ ns/cm 公式，得知 Microstrip 的 delay time 比 stripline delay time 要快些，故較適用於高速數位電路。

**Q4**： 一般四層(four layer)板如何安排？

**A**： 一般依 $S_1$、$G$、$P$、$S_2$ 排序，$S_1$ 安裝組件，$S_2$ 為 solder side，$G$ 為 ground，$P$ 為 PWR，其中 $G$、$P$ 間隔越小越好，可維持較低 $G$、$P$ 間特性阻抗，$S_1$、$S_2$ 差膜(DM)雜訊，因信號大小相等，方向相反可自行抵消。

工程應用：儘量選用 G.P. trace 間距較小的組合，可降低阻抗減小電源雜訊電壓。

**Q5**： 一般六層(six layer)板如何安排？

**A**： 第一種：其中四層用於 Clock、HF 組件(Comp)

    $S_1$ 組件／Microstrip

    $G$ 接地

    $S_2$ 組件／stripline

    $S_3$ 組件／stripline

    $P$ 電源

    $S_4$ 接著面／Microstrip

    $S_1$、$S_2$ 距 $G$ 越近越有利於雜訊消除。

    $G$、$P$ 距離遠阻抗變大，雜訊升高

    $P$ 介於 $S_3$、$S_4$ 不利 $S_3$、$S_4$ 間雜訊消除

  第二種：PWR、GND 放中層，其餘四層放兩側

    $S_1$ 信號

    $S_2$ 信號

    $G$ 接地

    $P$ 電源

    $S_3$ 信號

$S_4$ 信號

$G$、$P$ 放中層相距近，阻抗低，雜訊小

$S_2$、$G$ 雜訊消除最佳

$S_1$、$G$ 雜訊消除欠佳

$S_3$、$G$ 雜訊消除較差

$S_4$、$G$ 雜訊消除最差

第三種：增加 $G$ 有較佳雜訊消除效果

$S_1$ 信號

$G$ 接地

$S_2$ 信號

$P$ 電源

$G$ 接地

$S_3$ 信號

$S_1$、$G$、$S_2$ 雜訊消除最佳

$P$、$G$ 相距近，阻抗低，雜訊小，$S_3$、$G$ 雜訊消除次佳。

工程應用：1. $PG$ 間距大雜訊高，接近 $P$ 的 $S_3$、$S_2$ 路徑信號大多屬大信號不怕 $P$ 高雜訊干擾，且 $S_3$、$S_2$ 構形上又屬 stripline 有介質常數保護，可抗拒 $P$ 高雜訊干擾。

2. $PG$ 間距小雜訊低，接近 $P$ 的 $S_3$、$S_4$ 路徑信號大多屬小信號不怕 $P$ 低雜訊干擾，而帶有較高雜訊的 $S_2$、$S_1$ 信號路徑安排近 $G$ 接地，可使 $S_2$、$S_1$ 雜訊就近 $G$ 接地處落地。

3. 有多個 $G$ 路徑表示信號中多含有雜訊，需要多個 $G$ 接地路徑疏通雜訊落地。

**Q6：** 一般八層(eight layer)板如何安排？M.S(microstrip)、S.L(stripline)

**A：** 第一種，除 PWR、GND 外，六層為信號及組件

$S_2 G$，$S_3 G$ 雜訊消除效果最佳。

$S_4 P$，$S_5 P$ 雜訊消除效果不佳。

| $S_1$ | $S_2$ | $G$ | $S_3$ | $S_4$ | $P$ | $S_5$ | $S_6$ |
|---|---|---|---|---|---|---|---|
| M.S | M.S | | S.L | S.L | | M.S | M.S |
| Surface | embedded | | | | | Embedded | Solder |
| Comp | Signal | | Signal | Signal | | Signal | |

第二種，四層為信號，三層為接地(迴路)

| $S_1$ | $G$ | $S_2$ | $G$ | $P$ | $S_3$ | $G$ | $S_4$ |
|---|---|---|---|---|---|---|---|
| M.S | | S.L. | | | S.L. | | M.S. |

$S_1$、$G$、$S_2$，$S_3$、$G$、$S_4$ 雜訊消除效果最佳。

$G$、$P$ 阻抗小，雜訊低。

工程應用：按信號 high or low RE、fast digital or slow digital、low or high Capacitance coupling 需求，選用 Microstrip or stripline 構形模式。*PG* 間距小阻抗低雜訊小。*PG* 間距大阻抗高雜訊大。*G* 層數愈多，表示信號中含有雜訊需要經 *G* 疏導落地。

**Q7**： 一般十層(ten layer)板如何安排？M.S(Microstrip)、S.L(stripline)

**A**： 六層為 signal，三層為接地(迴路)。

| $S_1$ | $G$ | $S_2$ | $S_3$ | $G$ | $P$ | $S_4$ | $S_5$ | $G$ | $S_6$ |
|---|---|---|---|---|---|---|---|---|---|
| M.S | | | S.L | S.L | | | S.L | S.L | M.S |

$S_1 GS_2$，$S_5 GS_6$ 雜訊消除效果最佳，$S_3 G$、$S_4 G$ 雜訊消次佳。

$G$、$P$ 阻抗小，雜訊低。

工程應用：同 Q6 說明。

**Q8**： 何謂 20*H* 定則？

**A**： PCB 中如 PWR 與 GND 面大小一致時，在週邊有雜訊溢出，一般將 GND 面界略為加大時，可將此項 PWR 雜訊經 GND plane 消除，如已知 PCB 中 PWR 和 GND 間距離為 *H*，將 GND plane 週邊延伸 20H 長度時，原 GND plane 四周大小要比 PWR plane 大 20*H*，可將在 PWR plane 週邊的雜訊經此加大 GND plane 延伸部份(20*H*)疏導至地，而達到防制雜訊溢出的效果。

工程應用：20H 定則在擴大接地面少許，以便接收信號面上在週邊所外洩的輻射雜訊場強。

**Q9**： GND plane 10*H*、20*H*、100*H* 防制雜訊外洩效果有何不同？

**A**： 10*H* 因 GND plane 延展部份過小，對消除雜訊效果有限，如延至20*H* 可消除 70％的雜訊，如再延至100*H* 可消除 100％的雜訊，延展愈大消除雜訊效果愈好。但100*H* 佔用空間過大不合設計需求，故選用以20*H* 可消除 70％溢出雜訊為宜。

工程應用：適度延展 GND plane 週邊長度(20H)，可吸收 PCB 上在週邊外洩的輻射雜訊。

**Q10**： GND plane 20*H* 定則可防制雜訊外洩，是否有其他副作用？

**A**： 因 PWR 與 GND plane 大小不一會改變原有設計的 PWR/GND 間阻抗值。

工程應用：因 PWR 與 GND 兩塊板大小不一，會改變原有阻抗設計值影響阻抗匹配之外，也會改變原有電容值影響信號傳送速度。

**Q11**： PCB 上何時採用單點接地，或多點接地？

**A**： $f < 1MHz$ 採單點接地，$f > 1MHz$ 採多點接地。單點接地多用於 Audio/Analog/60Hz D.C PWR，多點接地多用於 Video/RF CKT。

工程應用：PCB 單多點接地除與頻率有關，也與 PCB 面徑大小有關，較大面徑 PCB 板可適用於較低頻多點接地，較小面徑 PCB 板僅可適用於較高頻多點接地。

**Q12**： 導線阻抗頻率響應如何變化？

**A**： 導線阻抗隨頻率升高而呈不同阻抗響應變化，在低頻時，阻抗呈直流電阻變化($R_{dc}$)，高頻時，阻抗呈並串聯共振，並聯阻抗為 $R_p = (WL)^2/R_{ac}$，串聯阻抗為 $R_s = R_{ac}$

$(Q = WL/R_{ac}, R_p = QWL, R_p = (WL)^2/R_{ac}, R_s = WL/Q = R_{ac})$。一般頻率越高阻抗隨之升高，並聯共振點在線長$\lambda/4$處阻抗有最大值並隨頻率升高在$3\lambda/4$、$5\lambda/4\cdots(2\eta+1)\lambda/4$處阻抗逐漸減小，而串聯共振點在$\lambda/2$處有最大值，並隨頻率升在$\lambda$、$3\lambda/2$、$2\lambda\cdots$處阻抗逐漸增大。$(W = 2\pi f)$

工程應用：依端點開路或短路，導線阻抗對頻率呈現串聯低阻抗、並聯高阻抗、電感、電容交替變化，對線帶 EMI 防制工作在選用低阻抗線帶，特別注意在最低頻率$\lambda/4$處所產生的最高並聯阻抗值，此為線帶輻射雜訊最強之處。

**Q13：** 何謂 Image plane？有何用途？

**A：** Image plane是一層銅膜，提供一低阻抗通路使RF信號回流至接地，以此可消除RF信號中的高頻雜訊，lmage plane 係用於 PCB 中加強接地效果的一項設計方法。

工程應用：一般 DM 信號與迴路間間距很小，但因故間距過大時，為消除此過高輻射雜訊，可在間距間加裝 Imagine plane，以抑制消除此項輻射雜訊。

**Q14：** PCB 中為何需多加 GND Plane？

**A：** 如信號源平行並列而無GND plane則各信號源間會產生相互干擾問題，如加裝GND plane 並與信號源配對，利用信號大小相等，方向相反原理可將雜訊抵消達成 EMI 防制工作目的。

工程應用：多加 GND plane 目的在消除電源或信號線上所帶雜訊，多加 GND plane 需注意與電源或信號線搭配阻抗匹配問題以外，也要考量 PCB 面徑增大及費用問題。

**Q15：** PCB 上有 hole 處對雜訊外洩有何影響？

**A：** PCB 上 hole 處形同電感效應，RE 雜訊即由此處溢出。

工程應用：hole 用在多層板連線是除了在 PCB 上由電路 loop 或零件 lead 所產生的雜訊以外最大輻射雜訊。hole 越小、電感越小、雜訊輻射亦最小。又因 hole 多在 PCB 上對其週邊鄰近 loop 及 lead 就近可能會造成干擾，所以在設計上 hole 越小越少越好。

**Q16：** PCB 上 partitioning 功能定義如何？

**A：** (1)儘量將同一功能電路聚集此區，可減短所需 trace length 因 trace 過長所引發的電感、電容效應及反射干擾問題。
(2)因 partitioning 屬小區域多用在高頻設計，接地採多點接地可消除 CM eddy current。
(3)如區域內 hole 間距需配合多點接地，hole 間距離應小於 $\lambda/20$。

工程應用：屬區間設計也就是小範圍空間設計，可將EMI問題局限此區間以免干擾鄰近區間。

**Q17：** 邏輯電路 EMI 問題癥結何在？

**A：** LOGIC 電路 EMI 問題係由 logic 電路中高速 $di/dt$ 變化所引起，$di/dt$ 變化率越大EMI 問題越嚴重，如 CROSSTALK、RIPPLE 均為干擾現象。

工程應用：依公式$V = L \cdot di/dt$，選用低電感量trace、較小數位組件工作電流(low, driving current)、較長數位組件工作起始時間(slow rise time)，可降低邏輯電路輻射雜訊強度。

**Q18**： 如何防制高速 logic 所引起的 EMI 問題？

**A**： ⑴以 Clock skew ckt 控制 logic 信號的 edge rate(rise time)可將 logic 信號的 risetime 減緩以減少 logic 信號所引起的雜訊頻譜，一般 risetime ＞ 5ns 雜訊頻率較窄不需考量 EMI 問題，risetime ＜ 5ns 雜訊頻率較寬則需考量 EMI 問題。

⑵加大 trace 間的距離，適當安排 trace 路徑走向可減小 trace 間的 crosstalk、ripple、reflection EMI 問題。

工程應用：依公式 $f = 1/\pi t_r$，$t_r$ 越短，雜訊頻率越寬，反之越窄。高速數位電路 $t_r$ 小，產生較寬頻雜訊。低速數位電路 $t_r$ 大，產生較窄頻雜訊。

**Q19**： 如何計算信號在 PCB 上的傳送速度？

**A**： 依公式 $V(\varepsilon) = V/\sqrt{\varepsilon}$，$\varepsilon$ 為 PCB 的介電常數，$V$ 為光速，$V(\varepsilon)$ 為信號在以 $\varepsilon$ 為介電常數材質 PCB 上信號傳送速度，一般 PCB 的製作材質 $\varepsilon$ 常數為 2～5 間。以 $\varepsilon = 4.0$ 為例，$V(\varepsilon) = 15\text{cm/ns} = 6\text{inch/ns}$。

工程應用：$\varepsilon$ 除影響信號傳送速度以外，依 $\lambda_\varepsilon = \lambda/\sqrt{\varepsilon}$ 公式 $\varepsilon$ 也是影響 PCB 外形大小的重要因素，$\varepsilon$ 值越大 PCB 可做的越小。

**Q20**： PCB 上多點接地間距離應保持多少？

**A**： 兩點間距離應保持 $\lambda/20$ 以內。如雜訊頻率為 1GHz，$\lambda = 30\text{cm}$，$\lambda/20$ 為 1.5cm。距離應保持 ≤1.5cm，如 PCB 材質 $\epsilon = 2.3$，$\lambda/20$ 距離為 $\dfrac{\lambda/20}{\sqrt{\varepsilon}} = \dfrac{1.5}{\sqrt{2.3}} = 1\text{cm}$。多點接地兩點間距離應保持 ≤1cm。

工程應用：選用 $\lambda/20$ 間距需考量最大干擾信號頻率波長，及是否可在 PCB 本身面徑大小上找到 $\lambda/20$ 間距兩點，$\lambda/20$ 的 $\lambda$ 與 PCB 材質 $\varepsilon$ 有關，實務上 $\lambda/20$ 中的 $\lambda$ 是以 $\lambda_\varepsilon$ 為準($\lambda_\varepsilon = \lambda/\sqrt{\varepsilon}$)。

# 3.6  PCB trace 及 cable EMI 防制

**Q1**： PCB trace 間那些參數會影響 trace mutual coupling？

**A**： ⑴互感電容、電感、trace 形狀及佈線、材質、信號強度及 risetime。

⑵ Trace 間距、長度、距地間距。

⑶端點阻抗匹配。

⑷耦合干擾電壓(spike/damp/overshoot/undershoot)造成 data error(pre-trig，clock error)。

⑸高頻 switching Noise 耦合至 I/O line。

工程應用：增加⑹，trace 本身寬度、高度、長度($W \times h \times l$)及材質導電性是影響 trace 本身阻抗對應頻率頻寬變化的主要因素。

**Q2：** 說明 trace 阻抗與負載阻抗匹配反射問題？

**A：** 設信號源(source)耦合至接受源(Victim)的耦合干擾電壓 Victim 阻抗($R_0$)有關，如 load 為 short CKT($R_L = 0$)，當 $R_0 \gg R_L$ 為 100 % 負反射，耦合干擾電壓最小，如 load 為 oper CKT ($R_L = \infty$)，當 $R_0 \ll R_L$ 為 100 % 正反射，耦合干擾電壓最大。因此儘可能選低阻抗負載可降低反射干擾問題，如係高阻抗負載，可藉由在 load I/P to ground 安裝電容濾除高頻雜訊以免反射過大造成干擾，但電容有充放電作用，本身需消耗能量並延遲影響 data transfer time，故 driver 的設計需要更大輸出能量以彌補 driver 輸出能量因電容充放電所造成的能量不足影響。

工程應用：當 $R_L \gg R_o$，由正反射形成 overshoot 現象，產生由 0 變 1 錯率(BER)。當 $R_L \ll R_o$，由負反射形成 undershoot 現象，產生由 1 變 0 錯率(BER)。當 $R_L \approx R_o$，數位信號 0 或 1 不受干擾不會發生錯率(BER)，而 0 或 1 信號上會有 ring 現象，但不影響數位信號 0 或 1 正常傳送，所以做好 $R_L$ 與 $R_o$ 阻抗匹配工作是解決 BER(bit error rate)的最重要方法。

**Q3：** 說明 PCB layout EMI 防制設計準則？

**A：** ⑴佈線 trace 越短越好。

⑵高速高位準 data trace 遠離易受干擾高靈敏的 analog signal trace。

⑶ trace 並列有干擾時，注意干擾耦合量與 trace 長度關係，以免形成反射干擾。

⑷將雜訊和敏感的 trace 就近 ground plane 安置可減小兩者相互間干擾耦合量。

⑸雜訊和敏感 trace 間距離加大可減小相互間干擾耦合量。

⑹將雜訊和敏感 trace 分置 PWR 和 ground plane 兩面形同隔離可減小相互間干擾耦合量。

⑺對敏感電路採用低 I/P 阻抗藉由負回波可減低干擾，並可另接電容至地以濾除高頻雜訊，但須注意電容充放電時，延遲影響信號 pulse rise time。

⑻避免使用高阻抗負載可減小正回波反射干擾。

⑼干擾源和被干擾源 trace 必須 cross 時，應採相互垂直排列可減低相互干擾量。

⑽在干擾源和被干擾源 trace 間，加裝 ground guard trace 可減低約 10dB 相互干擾耦合量。

工程應用：PCB layout 以針對 trace 與 trace 上所安裝的組件為主，trace 以考量相互間干擾及終端阻抗是否匹配反射為主，組件以考量工作信號強度與頻率諧波頻譜為主。

**Q4：** 試分析 PCB RE 雜訊？

**A：** 一般 PCB RE 雜訊特性與頻譜分佈，信號強度，工作頻率(CLOCK)、脈波上升及寬度(rise time，duration)、來復率(PRF)，量測距離等各項因數有關。而 RE 雜訊模式分兩種，一為 clock 屬規則性 Narrow band Harmonics of fixed multiples of $f_0$，coherent。一為 Random 屬非規則性 Broadband，Non-coherent。Clock 雜訊因係 coherent regular 形式，regular 雜訊以 $V$，或 $I$ 計，Random 雜訊因係 Non-coherent Random 形式，Random 雜訊以 PWR 計。

工程應用：PCB RE 雜訊電壓由 PCB 上組件工作信號特性及流經 trace 阻抗大小而定，規則性雜訊可由組件工作信號所附諧波得知，非規則性雜訊多源自組件加電時產生的熱源雜訊或由其他雜訊混合所產生的混附波雜訊。

**Q5：** 如何控制 PCB RE 雜訊？

**A：** (1)選用 slowest rise time，lowest PWR 組件。

(2)減小 area of signal and return trace。

(3)採用 ground plane 做 return route。

(4)高速 clock 中採用 guard trace，尤其在 cpu 有多個 O/P 時，因 Driver PWR 很大，需在 O/P trace 間以 guard trace 隔離相互間雜訊干擾。

(5)分離高速 clock 與 data I/O trace 佈線，以免雜訊輻射相互干擾。

(6) PCB 四周如有邊際輻射效應可將 trace 內移，或以 ground plane 隔離。

工程應用：PCB RE 雜訊除與工作信號特性有關，其他如 PCB trace 阻抗大小與 layout 方法位置亦有關。增加 Ground trace 及 Ground plane 也是抑制 RE 雜訊的方法。

**Q6：** 單層與雙層板中 PWR/Return trace 如何安排？

**A：** 單層板中 PWR/Return 平行相距越近越好，以保持其間特性阻抗，又 trace 間較近時可使其間電容增大以平衡 trace 的電感。如整塊 plane 阻抗較大時可改用面積較小的 Mesh or grid 來減低阻抗。在雙層板中 PWR/Return 平行相距越遠越好，一可形成低阻抗輸送線，又可因為雙層板 PWR 及 Return 分在板上下方面有隔離效果可抑制雜訊干擾。

工程應用：利用單層板因 PWR/return 在同一平面，電流大小相等方向相反原理來抑制雜訊。而雙層板則完全利用 PWR 與 Return 分置板上下方的隔離效果來抑制雜訊。

**Q7：** PCB 中的 bridge 功能為何？

**A：** Bridge 為在 PCB 上 barriers 中的一個缺口，安裝在 un-plated barriers 間可限制 Noise Current 的流向，使除必須通過的信號電流通過 bridge 外其他 Noise 電流可被 Bridge 以外的 barriers 所阻隔，而達到防制 Noise 電流由一區流向另一區的功能。

工程應用：bridge 形同 bandpass filter，可阻隔除工作所需頻率頻寬信號以外的雜訊頻率通過。也就是只讓設計中的工作頻率通過，其他頻率不能通過。

**Q8：** 如何減低 PCB trace 間相互感應量？

**A：** (1) trace 間相距越遠越好。

(2)注意 I/O 所接裝的感應天線。

(3)注意 clock 為 NB Noise，Data 為 BB Noise 的特性。

(4) source 與 Victim 間的共用 trace 走向長度越短越好。

(5)以 ground plane 分離 source/Victim 或以 guard trace，shunt trace，來隔離 source/Victim。

(6)在數位電路中以 Clock 為干擾源，Video 為被干擾源。

工程應用：(3)，Clock 為單一工作頻率，可由數位脈波$t_r$得知諧波頻率分佈內容，data 由多組 clock 信號傳送時，由各 clock 雜訊混合形成寬頻混附波雜訊(IMI)，此 IMI noise 遠比單一 clock 所含雜訊為寬，所以將 clock 列為 NB noise，data 列為 BB noise。

(6)，clock 工作頻率及其雜訊頻寬均在 MHz 範圍，而 Video 工作頻寬亦在 MHz 範圍，基於頻率相同時有最大耦合量原理，故如以 clock 為 EMI source，Video 可列為 Victim。

**Q9**： 如何減小 clock 與 I/O trace 間的雜訊耦合？

**A**： (1) trace 間距離越大越好。

(2) clock trace 左右邊加 guard trace，上下邊加 shunt trace 形同高隔離度 coaxial cable 可有效隔離雜訊外洩。

(3) 將 clock 與 I/O trace 分置不同 PCB 層面。

工程應用：注意(1) trace 間距離加大，可減低雜訊耦合量，但也會因 trace 間距加大產生阻抗增大問題，此時應加寬 trace 截面積(寬×高)或選低阻抗材質來減低因 trace 間距加大阻抗增大問題。

**Q10**： 說明 PCB trace 阻抗與 load 阻抗匹配響應問題？

**A**： 設 $Z_0$ 為 trace $z$，$E_L$ 為 load $Z$，$Z_s$ 為 source $z$。

$Z_L > Z_0$ 為正反射會形成脈衝 over shoot 使原 logic 由 0 變為 1。

$Z_L < Z_0$ 為負反射會形成脈衝 undershoot 使原 logic 由 1 變為 0。

$Z_s > Z_0 \ll Z_L$ 形成脈衝 ringing 共振干擾。

對脈衝波形的影響如圖示：

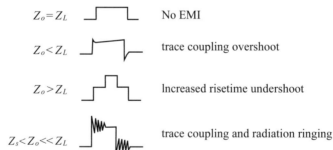

工程應用：$Z_L \gg Z_o$，由多次正反射累積在時序上同一位置同相位，原由微弱反射脈波逐漸增大為強度脈波，形同 logic 中所示 1 信號。$Z_L \ll Z_o$ 由多次負反射累積在時序上同一位置異相位將原來有的脈波逐漸減弱，形同 logic 中所示 1 信號變為 0 信號。

**Q11**： 如何改善直角反射雜訊問題？

**A**： 為避免 sharp bend(right angle)所引起的高阻抗不匹配反射，應改用 turncated bend(round angle)可減低因 sharp bend(right angle)所引起的反射雜訊。

工程應用：直角反射最大、鈍角次之，圓角最小。

**Q12**： PCB 上如何選用 Radial，Daisy Chain 佈線？

**A**： 在 PCB 上 Clock or signal fan out distribution 信號選用 Radial 佈線或 Daisy Chain 佈線需依 trace length ($l$)，pulse rise time ($t_r$)，propogation delay time ($t_{pd}$)相互關係而定，按公式及圖示。

$l < t_r/2t_{pd}$ 採用 Radial distribution 方式。

$l > t_r/2t_{pd}$ 採用 Daisy chain distribution 方式。

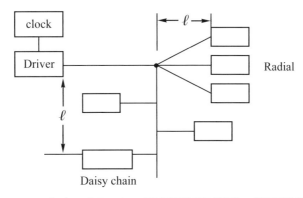

工程應用：依$2T_{pd} > t_r$，EMI 存在，$2T_{pd} < t_r$，EMI 不存在原則，對高速數位電路宜採較短$l$佈線(radial)，對低速數位電路可採較長 $l$ 佈線(daisy chain)。

**Q13**： 如何防制由 PWR LEAD 所造成的傳導性干擾(CS)問題？

**A**： low pass filter 濾除 D.C.電壓中所含高頻雜訊，zener diode 用於防制突波(transient)干擾。Linear stalilizer 用於穩定 D.C O/P 電壓。

工程應用：理想 DC O/P 電壓，穩定性高，不含高頻連波(ripple)，不受突波干擾而失效。

**Q14**： 如何防制 PCB 上 trace 與 I/O cable 所輻射的雜訊？

**A**： ⑴ trace 及 cable 形同天線在$\lambda/4$時 RE 雜訊最大。

⑵在 High speed，high level 時，I/O trace 長度越短越好。

⑶電子組件緊鄰 PCB I/O 接頭處安裝以減短 PCB 上的 trace length。

⑷將同一信號特性的電子組件分置在同一區內。

⑸設計高速高位準數位信號及低位準高靈敏度類比信號相鄰的 trace 越短越好。

⑹採用 barriers 控制 PWR，Ground plane 雜訊電流自 source 流向 Victim。

⑺接頭 pin 位置安排依 high Noise signal 應遠離 Sensitive Analog 及 I/O pin 為原則排列，如 pin 間雜散電容在 3pF 時對如 rise time 為 ns 的 logic Signal 會造成干擾問題。

工程應用：防制 EMI 工作重點在 PCB trace 和介面接頭及接頭延伸 cable 問題，一在整體阻抗匹配問題，一在 trace + connector + cable length 總長度，與來自 trace 端工作組件工作頻率在此線段所引起的雜訊寬頻共振問題。原則上力求總長度越短越好，如過長會形成寬頻雜訊共振問題。

**Q15**： 說明 I/O cable 輻射雜訊情況？

**A**： ⑴ I/O cable 可經由 cross talk 感應高頻雜訊，一般在高頻及快速 switching 時 cross talk 較為嚴重。

⑵ PCB 雜訊多來自 NB clock harmonics，BB data signal，PWR supply switching noise 而此等雜訊均可由 I/O cable 或 internal cable 感應成 CM、DM 雜訊並經由 trace/cable 輻射。

工程應用：I/O cable 為被動元件，而在其上的工作信號為主動元件，輻射雜訊則與工作信號強度、頻率頻寬、隔離度、阻抗匹配、線長、端點接地模式有關。

**Q16**： 如何做好以 CM filter 防制 cable EMI 問題？

**A**： 以 CM、DM 濾波及屏蔽隔離為主。以 CM、DM 濾波器安裝在裝備內組件及電路上濾除所有的 CM、DM Noise。CM、DM filter 如 Capacitor、ferriers bead thougth filter、pin filter、composition CKT etc 在使用上 CM filter 需要良好接地，一般數位裝備 $V_{cc}$ return 因有雜訊不宜作為電容接地，應改以 chassis 為接地而安裝位置以直接接至 I/O 接頭 chassis 處為主。選用 foroid 型 CM Ferrite balun 可消除 CM Noise 電流以抑制 CE 雜訊約 10dB，安裝位置如選在裝備內儘可能裝在靠近 EMI source O/P 處，可先將 Noise 濾除以免經 cable 線溢出。安裝位置如選在裝備外儘可能裝在近 I/O 接頭處，可消除裝備內經 chassis 內緣及接頭溢出的雜訊。I/O cable shield 接地需接至 chassis ground 長度越短越好，以減小其間電感量，如 cable 在裝備內，Balun 應裝在干擾源源頭處，儘可能靠近 Back plane connector，如 cable 在裝備外，Balun 應裝在接頭外緣處以抑制 CE 雜訊。

工程應用：CM 雜訊與 ground plane 有關，CM filter 使用時必需做好 filter 接地工作，才能使 filter 發揮最大濾波效益。

**Q17**： 如何計算 I/O cable transfer impedence $(Z_T)$？

**A**： 依公式 $E = 1300f\,(MHz) \times I\,(mA) \times Z_T\,(\Omega) \cdot l^2\,(m)/Z_0\,(\Omega) \times 1/R(m)$

如 $E = 20\mu V/m$，$I = 1mA$，$Z_0 = 400$，$f = 30M$，$l = 2m$，$R = 1m$，試求 $Z_T = ?$

$E$：外來場強$(\mu V/m)$，$I$：場強感應 cable 表面電流(mA)

$Z_T$：耐受外來場強 $E$ 干擾所需 cable transfer impedence

$l$：線長，$R$：測試距離(m)，求 $Z_T$ 值$(m\Omega/m)$？

$$Z_T = \frac{E \times Z_0 \times R}{I \times l^2 \times f \times 1300}$$

$$= \frac{20 \times 400 \times 1}{1 \times 2^2 \times 30 \times 1300} = 50 \text{ m}\Omega/\text{m}$$

工程應用：由上列各項條件參數帶入公式可求得 I/O cable 所需隔離度，此處隔離度以轉換阻抗 $(Z_T)$ 示之。

## *3.7* PCB 電路中 decoupling capacitor 應用

**Q1**：　PCB 電路中為何需接用 decoupling capacitor？

**A**：　在電壓供給低速小功率邏輯電路如 CMOS，PCB trace 阻抗對低速信號傳送響應變化不大，故不考慮干擾問題，但在高速如 TTL 因 PCB trace 阻抗響應變化增加故需考量接用加裝 decoupling capacitor，一面可用於貯能，一方面可用於濾除雜訊。

工程應用：數位電路中組件工作供電最有效最經濟的模式，是在需要工作時才供電。如選 D.C.或 A.C.皆不符此項原則，decoupling capacitor 可在貯能中需要放電時供給組件工作，並可同時濾除組件所產生的雜訊。

**Q2**：　decoupling capacitor 如何發揮貯能功效？

**A**：　decoupling capacitor 形同一貯能器，可供 logic ckt gate 開啓所需的 inrush current，以免電源直接供電因線長電壓降損失而影響 logic ckt gate 所需的 inrush current 大小。

工程應用：decoupling capacitor 均就近裝在所需供電工作的數位元件附近，以免除供電路徑過長損耗問題。

**Q3**：　如何選用 decoupling capacitor 大小？

**A**：　由 $C = I/(dv/dt)$，$(Q = CdV = I \cdot dt)$

　　　　$C$：decoupling capacitor

　　　　$I$：transient current(inrush current)depend on different logic family

　　　　$dV$：voltage variation at capacitor O/P

　　　　$dt$：risetime of logic family

工程應用：由 $Q = CV$ 公式導出 $C = I(dV/dt)$，將已知參數 $I$、$V$、$t$ 代入公式可算出 $C$ 值。

**Q4**：　已知 PCB 上的 trace 電感量，如何計算雜訊電壓？

**A**：　由 logic 元件 gate switch 電流及 rise time 資料可依 $V = L \cdot di/dt$ 公式計算雜訊電壓，如 $L = 70\text{nH}$，$di = 30\text{mA}$，$dt = 30\text{ns}$，$V = 70 \times 10^{-9} \times (30 \times 10^{-3})/(3 \times 10^{-9}))$ $= 700\text{mV}$

　　　　$L$：途經 chip 元件 lead 及 trace 總電感量(nH)

　　　　$di$：chip 元件的 switching current(mA)

　　　　$dt$：chip 元件的 switching time(risetime)，(ns)

工程應用：由公式 $V = L \cdot di/dt$ 可算出雜訊電壓 $V$，其中 $L$ 是含信號所經組件 lead 及 trace 總長的電感量，力求長度越短、$L$ 越小，雜訊電壓亦越低。

**Q5**：　如何做好 PCB 上選用安裝 decoupling capacitor 事宜？

**A**：　⑴參用各型 logic family(CMOS、HCMOS、TTL、STTL、LSTTL、ECL-10k)所定的 NIL 值(noise of immunity level)算出所需接裝 decoupling capacitor 電容值。

(2) decoupling capacitor 安裝所經 trace 路徑越短越好，以減少因 trace 過長，trace 電感過大所引起的過大雜訊電壓。($V = L \cdot di/dt$)

工程應用：由單一電容對雜訊頻率濾波衰減值公式，$\text{Att(dB)} = 20 \log (\pi RC) f$。$R = R_s = R_L$，$C$：decoupling capacitor，$f$：noise frequency。由已知 $NIL = \text{Att (dB)} = 20 \log (\pi RC) f$ 公式中可算出所需 $C$ 值。

## 3.8 PCB 旁路及去耦合電容及大型電容應用

**Q1：** 有那三種主要用於防制 EMI 的電容？

**A：** 旁路(bypass)：用於濾除高頻雜訊一般採並接方法，一端接信號，一端接地。

去耦合(decoupling)：用於供給 PCB 上組件工作電流所需觸發脈波傳送能量及濾除高頻雜訊。

大型(bulk)：用於供給 PCB 上各組件群總和工作電流所需觸發脈波傳送驅動能量。

工程應用：旁路電容僅用在濾除高頻雜訊不具貯能功能。去耦合電容可貯能，同時也能濾除雜訊。大型去耦合電容貯能能量大，可供多個組件所需工作電流，因其為大電容僅能濾除來自低速數位元件所含的低頻諧波雜訊。

**Q2：** 試說明接用電容對頻率工作響應情況如何？

**A：** 需注意共振頻率，共振頻率與電容大小及電容接腳電感量有關，電容實用頻率應小於共振頻率，而大於共振頻率時則電容性變為電感性。

工程應用：由 $f_c = 1/\pi RC$ 及 $f_o = 1/2\pi\sqrt{LC}$ 可算出電容濾波起始頻率 $f_c$ 及共振頻率 $f_o$，介於起始與共振之間的頻寬($f_o - f_c$)才是電容實務上可用工作頻率範圍。

**Q3：** 已知IC組件工作電壓、電流、開關時間、如何選用電容量？(decoupling capacitor)

**A：** 依 $Q = CV$，$Idt = Cdv$，$I = C\dfrac{\Delta V}{\Delta t}$，$C = \dfrac{I}{\dfrac{\Delta V}{\Delta t}}$。$C = \dfrac{20\text{mA}}{5\text{V}/5\text{ns}} = 20\text{pF}$

如某 I.C.組件 Switching Current = 20mA，Swing Voltage = 5V，Switching time = 5ns decoupling capacitor = 20pF。

工程應用：代入 $C = I/\dfrac{\Delta V}{\Delta t}$ 公式，可算出所需電容量(pf)。

**Q4：** 如何安裝 decoupling capacitor？

**A：** Decoupling capacitor 通常安裝於 PCB 與 GND 間，越接近所需接裝的 IC 組件越好，以免途經 PCB trace 過長時，因電感電容效應加大而引起共振。

工程應用：力求去耦合電容的 lead 與經 lead 到數位元件 trace 距離長度越短，功率損耗越小。且可避免共振效應影響電容工作頻寬。

**Q5**：　如何界定組件低、中、高速工作範圍？

**A**：　以組件 risetime 長短界定低、中、高速範圍

低速 risetime > 5ns

中速 1ns < risetime < 5ns

高速 risetime < 1ns

工程應用：因高速數位電路發展很快，數位 risetime 越來越快，對低、中、高速範圍界定也隨
　　　　　之改變。

**Q6**：　decoupling capacitor 有時採用雙電容並聯，其工作效能爲何？

**A**：　採雙電容並聯對 Decoupling capacitor 可改善對濾除雜訊的頻寬響應，但也會造成
　　　　偏移原來中心工作頻率的缺點。

工程應用：依 $f_o = 1/2\pi\sqrt{LC}$，在 decoupling capacitor 旁串聯一小電容可使 $C$ 變小，$f_o$ 變大而增大
　　　　　濾波頻寬。但依 $f_c = 1/\pi RC$，因 $C$ 變小使濾波工作起始頻率變大不利於濾除較低頻
　　　　　段的雜訊頻率。

**Q7**：　在 PWR 和 GND 之間安裝 Decoupling capacitor，如 GND 與 PWR 間採 20$H$ rule 佈
　　　　線對中心工作頻率有何響應？

**A**：　20$H$ rule 是 GND 略長於 PWR-plane 的一項設計，其目的在消除雜訊外洩效應(fringe
　　　　effect)，但因 PWR 與 GND trace 長度不對稱，且 GND 長於 PWR 20$H$($H$爲 PWR 與
　　　　GND 間距離)，而使原影響共振頻率的電容減小，造成原共振頻率偏移升高。

工程應用：20H rule 用在消除 PCB 邊緣外洩雜訊，但也會使兩板間 $C$ 值減小，共振頻率增大，
　　　　　而有擴展濾波頻寬的好處。

**Q8**：　在何種情況下 PCB 上不需裝用 decoupling capacitor？

**A**：　在低速 logic family PCB 上如 TTL(risetime > 5ns)可直接利用 PWR/GND 間電容作
　　　　decoupling capacitor 工作效應。

工程應用：一般低速數位電路就濾波需求，不需裝 decoupling capacitor，高速數位電路需要裝
　　　　　decoupling capacitor，用低速可用 PWR/GND 間較大雜散電容濾除較低頻雜訊，而高
　　　　　速需選用較小 decoupling capacitor 電容濾除較高頻雜訊。

**Q9**：　PCB 上 ground stitch 與 EMI 關係爲何？

**A**：　ground stitch 會造成 board 和 chassis 間電位差，此項電位差即爲共膜式射頻輻射性
　　　　(CM RF Emission)雜訊產生的原因。

工程應用：ground stitch 係指接地面因有細縫阻抗上升，如有雜訊電流流過會產生雜訊電壓。

**Q10**：　PCB 上的 imagine plane 的功能爲何？

**A**：　一般 imagine plane 均裝置在接近 PCB 信號層下做爲消除 PCB 上輻射性雜訊(RE)與
　　　　傳導性雜訊(CE)之用。

工程應用：Imagine plane 裝在 Signal 與 return 之間，可消除其間差膜式雜訊(DM Noise)。

**Q11**： 一般 Decoupling capacitor(D.C.)選用工作區間參數爲何？

**A**： 組件 risetime ＞ 5ns，不需 D.C，risetime ＜ 5ns 則需 D.C 如雜訊頻率 ＞ 66MHz 選用0.01$\mu$F 並聯 100pF，如雜訊頻率 ＜ 66MHz 選用0.1$\mu$F 並聯0.001$\mu$F。

工程應用：decoupling capacitor選用準則，$C$ 值越大適用濾除低頻雜訊，$C$ 值越小適用濾除高頻雜訊。

**Q12**： 大型(bulk)電容用途爲何？

**A**： PCB 上同一區中所有組件運作時所需供給電流，電壓整合之最大電容負載量。$Q = CV$，$C = Q/V = Idt/dV$。bulk 電容僅做爲能量儲備以供 drive pulse 使用而與電磁干擾防制濾除雜訊無關。爲防制突變電壓(surge)干擾，bulk capacitor耐壓設計選用時，爲正常 bulk capacitor 工作電壓的二倍。

工程應用：大型(bulk) decoupling capacitor，因 $C$ 值大僅適用於濾除低速數位電路所產生的較低頻雜訊。

**Q13**： 舉例說明，常用 logic family 工作電壓與干擾耐受度電壓大小？

**A**：

| type | swing(V) | noise margin(V) | Immunity % | Immunity |
|------|------|------|------|------|
| TTK | 5.0 | 1.25 | 25(1.25/5.0) | high |
| CMOS | 5.0 | 1.00 | 20(1/5) | middle |
| ECL-10k | 0.8 | 0.10 | 12(0.1/0.8) | low |

工程應用：選用較高 Immunity 數位組件，可承受較高雜訊干擾電壓。

## 3.9 PCB 佈線與接地

**Q1**： PCB 中那些 logic family 易受干擾，那些不易受干擾？

**A**： 易受干擾電路：Micro logic、Video ckt、low level analog
不易受干擾電路：High level ckt、Non clock logic、linear pwr supply、pwr amp

工程應用：由 logic 組件 Immunity level 排序表中得知各組件耐受度高低情況。

**Q2**： 接地的目的有哪兩項？

**A**： 一爲信號接地在防制電路的 EMI 問題
一爲安全接地在防制人員的 hazard 問題

工程應用：一在裝備雜訊落地，一在人員觸電安全。

**Q3**： 接地的功能定義爲何？

**A**： (1)接地做爲信號傳送參考點。
(2)提供一低阻抗落點讓雜訊電流經此點落地。
(3)在電路接地網路設計中設法找出最小環路落地。
(4)儘可能在易受干擾電路中設計接地落地。
(5)避免 EMI 電流流向接地網路造成耦合干擾。

工程應用：不接地形同漂浮，俗稱floating，對信號及迴路沒有參考點，對外來RS、CS干擾因無接地無法將雜訊落地，而且會在原處造成共振干擾問題。

**Q4：** 單點接地適用於哪些接地模式需求？

**A：** (1)適用於低頻共膜式阻抗共地設計需求，先將各電路接地共用一點，再將各模組接至箱櫃共用一點接地。(ckt ground on PCB，chassis ground to rack cansole)。

(2)適用頻段至 MHz，如頻率至 GHz，接地阻抗變大雜訊電壓提昇需由單點接地改為多點接地。雜訊頻率過高接地點衍生雜散電容而有漏電流(SNEAK CURRENT)產生，如漏電流不經原接地點落地而回流至電路中會形成干擾。

(3)將相同性質電路的接地點接在一起，再找適當點做單點落地。

(4)將干擾性最大的電路就最近單點處落地。

工程應用：雖單點接地方法模式不同，但最終接地點或面阻抗越低越好，也就是要做好bonding使 bonding resistance 降至最小值。

**Q5：** 多點接地適用於哪些接地模式需求？

**A：** (1)適用於高頻共膜式阻抗分地式設計需求。

(2)電路、模組就近接地以減小單點接地因接地線過長在高頻形成阻抗過高的問題。

(3) HYBRID GROUNDING 以電容阻隔直流及低頻雜訊，多用在當兩個模組件相距較遠時除模組以多點落地外對兩模組間信號聯線另需以電容接地消除雜訊，但需注意兩線因線長有電感與所接電容產生的共振效應。如 $C = 0.1\mu F$，$L = 0.1\mu F$，依 $f = 1/2\pi\sqrt{LC}$，$f = 1.6MHz$ 說明在 1.6MHz 時有最大雜訊輻射量(RE、CE)和感應量(RS、CS)。

工程應用：多點接地主要考量，一為材質阻抗大小，阻抗越小越好，二為兩點或多點間距離與雜訊頻率波長關係，原則上沿用 $d = \lambda/20$。

**Q6：** 如何安排大型裝備系統接地？

**A：** (1)因線長需要加隔離，在線與裝備間介面接頭外緣應接裝備外殼接地。

(2)電源與裝備宜採分離式接地系統，於最終端再整合為一直接落地。

(3)機閘供高頻迴路電流接地。

(4)電路以 $10\sim100\mu F$ 電容經機閘接地。

(5)機櫃用於安全接地。

(6)接地施工儘量以焊接方式接地。

工程應用：因大型裝備含低、中、高不同頻段裝備統稱寬頻，為疏解此項寬頻雜訊，對選用的接地線或面其阻抗需有寬頻響應，如扁平線strap 或較厚較大面積的metal pannel。

**Q7：** 裝備接地線阻抗($Z$)對頻率變化響應如何？

**A：** $Z = Z_0 \tan\left(2\pi f \cdot x \cdot \sqrt{\dfrac{L}{C}}\right)$

$C$：線與地間電容量

$L$：線長電感量

$x$：線長

$f$：雜訊頻率，$(\lambda = v/f)$

$Z_0$：接地線特性阻抗

線長($x$)為波長($\lambda$)的 1/4 奇數倍時 $Z = Z(\text{MAX})$，$(x = \lambda/4, x = 3\lambda/4, x = 5\lambda/4\cdots)$，雜訊的輻射與傳導輻射量(RE，CE)，感受量(RE，CS)最大。

工程應用：線長要注意避免落在最高頻雜訊頻率$\lambda/4$之處，因線材阻抗隨頻率上升而增大，故需優先考量高頻高阻抗所形成高雜訊電壓。

**Q8：** PCB 排線工作重點為何？

**A：** (1)先安排 ground trace。

(2)儘量將 critical signal 如高頻 clock，高靈敏度信號靠近 ground return trace 佈線。

(3)隔離安排高敏感組件及輸出入端接點。

(4)慎選單、多點接地方式。

工程應用：就(1)，含越大雜訊的信號 trace，越靠近 Ground trace 佈線，可將雜訊直接感應落地。

**Q9：** 計算 PCB trace 寬度與電感量的關係？

**A：** 依公式 $L = 0.05\ln(2\pi h/w)$，$\mu$H/inch

如 $w$ 減為原有 $w$ 的一半，$L$ 減小為原有 $L$ 的 70 %　$[\ln(2\pi h/w/2)] = \ln(4\pi h/w)$，

$\ln\left(\dfrac{4\pi h/w}{2\pi h/w}\right) = \ln 2 = 0.7$

工程應用：trace 高度不變、寬度變小，電感變小，雖對電感抗雜訊電壓降低有利，但因寬度變小、截面積變小，電阻會變大，會形成電阻性雜訊電壓增升問題。

**Q10：** 線與面的阻抗頻率變化響應情況如何？

**A：** 線與面阻抗均隨頻率升高而升高，線呈現線阻抗變化，每頻率升高 10 倍阻抗升高 20dB，$Z(\text{increased}) = 20$dB/decade。面呈現面阻抗變化，每頻率升高 3.16 倍阻抗升高 10dB。$Z(\text{increased}) = 10$db/decade。

工程應用：對應頻率上升的線阻上升率比面阻上升率為高，選線或選面多與接點間距離有關，選面多用在極近距離($\lambda/20$)，選線則用在較遠距離($\lambda/4$)。

**Q11：** PCB 設計上有 ground plane 與無 ground plane 有何不同？

**A：** 無 Ground Plane PCB 各 SIGNAL TRACE 需配一 RETURN TRACE 形成一信號迴路(因在 PCB 上每一信號需一對 RETURN TRACE)，多組信號則需多組 RETURN

TRACE，故所佔面積很大。有 GROUND PLANE PCB 可供各組信號 RETURN TRACE 使用，因而可使 PCB 一面供各組 SIGNAL TRACE 佈線外，另一面做爲 GROUND PLANE 供各組 RETURN TRACE 使用可減少所需 PCB 的面積。

工程應用：有無 Ground plane 與 Ground plane 共地有關，有 Groumd plane 可供多組信號 return 使用，無 Groumd plane 每一 Signal 需配置一 return。

**Q12**： 何謂斷面式接地面(BROKEN GROUND PLANE)？

**A**： 在 PCB 設計 GROUND PLANE 如 RETURN TRACE 不多而不需要在 PCB 背面整個做爲 GROUND PLANE 而只取部份區間做爲 GROUND PLANE 時稱之 BROKEN GROUND PLANE。

工程應用：在 PCB 整塊板上，僅就實務隔離需求劃出一區塊作爲接地面，稱之 broken Ground plane。

**Q13**： 如何減低 PCB 上 TRACE 間電感、電容耦合量？

**A**： 電感：儘量不要佈在同一 PCB 面上並避免平行佈裝大電感器。(採相垂直佈裝互感量較小)

電容：TRACE間距離愈遠耦合量愈小。TRACE與地間雜散電容愈小經地耦合雜訊亦愈小。

工程應用：trace 上電感效應主要來自 trace 上所安裝的電感器，而非 trace 本身的電感量，trace 上電容效應除與 trace 間間距大小及 trace 至地雜散電容有關以外，另頻率高低是影響雜訊耦合量的重要因素，低頻因電容抗大耦合量小，干擾小，高頻因電容抗小耦合量大、干擾大。

**Q14**： 單、多層板上 TRACE 及 COMPONENTS 所造成的干擾何者爲大？

**A**： 單層板：TRACE EMI 爲主，COMPONENT EMI 爲次。

多層板：COMPONENT EMI 爲主，TRACE EMI 爲次。

單層板因 PCB 面積較大，TRACE 較長較多，故 EMI 以 TRACE 爲主，而多層板因 TRACE 較短較少，COMPONENTS 較多，故 EMI 以 COMPONENTS 爲主。

工程應用：單層板面徑較大、trace 較長、component 較多，要比多層板面徑較小、trace 較短、component 較少，所輻射的雜訊場強要強一些。一般多層板因有隔離作用，雜訊輻射量要比單層板沒有隔離作用小一些。而且單層板因 trace 較長含有低、中、高頻較寬雜訊。多層板因 trace 較短僅含中、高頻較窄雜訊。其他組件 Component 接腳甚短僅輻射高頻雜訊。(低、中、高頻率分指 kHz、MHz、GHz)。

**Q15**： 如何佈線輸出入(I/O)接地？

**A**： ⑴I/O 線 DECOUPLING 及 SHIELDING 需在 CLEAN GROUND AREA，I/O 介面應安排在低阻抗接地區。

⑵對易受干擾電路 I/O 工作區應加隔離。

(3)機閘接地供 ESD 防護用。

(4)電路與 CLEAN GROUND 間的 10～100nF 電容器用於濾除雜訊。

工程應用：I/O 接地向內對 PCB trace，向外對 connector，一般多選用 D type 接頭，阻抗值約 100～120 Ω 之間。I/O 接地向內接至 ground trace，對外接至 connector Ground pin。另 connector 需與機匣接好，才能將共膜式電壓降至最低值。

**Q16：** 如何佈線電路接地？

**A：** (1)勿將數位接地面延伸與類比接地面共用一接地面。

(2)勿將數位接地面延伸與 I/O 接地面共用，如必須共用需加裝緩衝器(buffer)如 opto-isolator，buffer IC，series resistor，choke，capacitor，transient suppressor。

工程應用：數位信號工作電壓(swing voltage)在 3～5 伏之間，而類比信號工作電壓在 $\mu V$～mV 之間，數位為干擾源，類比為受害源，儘量避免數位與類比共地以免數位對類比造成干擾。

## 3.10　PCB 端點阻抗反射干擾

**Q1：** PCB 端點阻抗反射干擾成因為何？

**A：** PCB 上的 trace/cable 長度大於工作頻率波長而端點阻抗又不匹配時，則有反射造成干擾正常信號情況發生。

工程應用：trace/cable 長度不一影響在其上的共振頻率頻譜分佈，長度較長可供較低頻、中頻、高頻共振，長度較短僅供中、高頻共振，端點阻抗是否匹配視 trace 與 load 阻抗是否相近而定。

**Q2：** PCB 端點阻抗反射與正負回波關係為何？

**A：** 設 $R_0$ 為 trace/cable 特性阻抗，$R_L$ 為端點負載阻抗，當 $R_L < R_0$ 時為負回波會使傳送中的信號降低(slow down risetime of pulse)，當 $R_L > R_0$ 時為正回波會使傳送中的信號升高(fast up risetime of pulse)，

工程應用：負波造成 slow down，意將原數位 1(5 V)信號降為 0 (0 V)形成錯率(BER)。正波造成 fast up，意將原數位 0(0 V)信號升為 1 (5 V)形成錯率(BER)。

**Q3：** 舉例說明 $R_L$、$R_0$，反射係數($x$)要求在 0.15 時如何界定 $R_L/R_0$ 比值範圍？

**A：** 依反射係數 $R.C = \left| \dfrac{R_L - R_0}{R_L + R_0} \right| = X = 0.15$

$$1 + X = 1 + \frac{R_L - R_0}{R_L + R_0} = \frac{2R_L}{R_L + R_0}$$

$$1 - X = 1 - \frac{R_L - R_0}{R_L + R_0} = \frac{2R_0}{R_L + R_0}$$

$$\frac{1+X}{1-X}=\frac{R_L}{R_0}, \quad \frac{1+0.15}{1-0.15}>\frac{R_L}{R_0}>\frac{1-0.15}{1+0.15}$$

$$1.35>\frac{R_L}{R_0}>0.74$$

檢視 $R_L/R_0$ 比值是否在 1.35 和 0.74 之間，如不在 0.74～1.35 之間，則需調整 $R_L$，$R_0$ 值。以使PCB端點反射係數保持在 0.15，如需嚴謹設計反射係數定在 0.1、0.05，則 $R_L/R_0$ 設計要求範圍更加狹小。如下表：

| 反射係數 | $R_L/R_0$比值範圍 | 阻抗匹配情況 |
|---|---|---|
| 0.15 | 0.74～1.35 | 不佳 |
| 0.10 | 0.81～1.22 | 較佳 |
| 0.05 | 0.90～1.10 | 最佳 |

工程應用：先定出多大反射係數(反射量)，會造成多大錯率(BER)是設計者所能承受的範圍，再由反射係數，依公式可算出 trace 與 load 阻抗大小可容許變化的範圍。

**Q4**： 如何做好 PCB 端點阻抗匹配工作？

**A**： 做好 $R_0$，$R_L$ 阻抗匹配及 trace 長度設計可使信號 propagation delay ＜ signal risetime 以減小 reflection，換言之，trace 或 wire 愈短，propagation delay 愈小造成對信號傳送 Reflection 的機率也減小，藉此可消除端點反射干擾問題。

工程應用：優先考量 trace 長度設計越短越好，如仍會有干擾問題，則需另以他法補助改善終端 trace 與 load 阻抗匹配問題。

**Q5**： PCB trace $R_0$設計時為何需提昇 $R_0$ 阻抗值？

**A**： 在多層高速電路板 trace width 大約為 20mil，且多以 strip line 方式制作。但因鄰近兩接地面影響會降低 strip line $R_0$，為做好和負載阻抗匹配需將 strip line $R_0$ 預作提昇以便和 $R_L$ 匹配，如原 strip line $R_0$ 為 60～80 歐姆，提昇後應至 300 歐姆，一方面克服因接地面降低阻抗效應，一方面為和負載匹配故需酌情提昇原 PCB $R_0$ 阻抗由 60～80Ω至 300Ω。

工程應用：trace $R_0$ 可由電腦輔助計算，按此先銑製測試模板安裝組件(負載)，以網路分析儀檢測阻抗匹配 load down 情況，再重新銑製所需提升 trace 阻抗值。

**Q6**： 說明 PCB trace 長度(L)，$t_r$(risetime of logic pulse)，$n$(number of fan arts)之間關係？

**A**： 依公式 $L=10t_r/\sqrt{n}$，$t_r$ 越短表示在高速 speed logic 中 trace 不宜過長以免形成 Propagation delay ＞ risetime of logic 造成負載端反射正負回波干擾。$n$ 表示 PCB trace 分流支數(fanout)在 PCB 中可藉由多個 Trace 分散負載而縮短所需 trace 長度，故 $n$ 愈多，$L$ 則愈短。

工程應用：依公式分流可減短 trace 長度，也就是縮短信號行進時間 $T_d$(delay time)，對 $2T_d < T_r$ 符合 EMC 要求是有利的。而且經分流信號因行經信號路徑不一，會因相位不同產生信號相互抵消作用，而減低雜訊輻射量。

## 3.11 PCB 數位邏輯電路(clock ckt)

**Q1：** clock ckt 在 PCB EMI 所居角色為何？

**A：** clock ckt 為 PCB 上的主干擾源，其衍生雜訊頻譜與 clock ckt 所產生的 digital 信號 risetime 有關，依公式 $f = 1/\pi t$ 計算，risetime 為 0.7ns、1.5ns、2.0ns 雜訊頻譜分佈為 0.7ns，$f = 455$MHz。1.5ns，$f = 212$MHz。2.0ns，$f = 160$MHz。在 PCB trace 安排上首需對 clock ckt 做好安排，再安排其他 signal trace。

工程應用：依公式 $f = 1/\pi t$ 公式，可算出數位信號所產生的雜訊頻譜。由此可評估其雜訊強度是否對週邊電子裝置造成干擾。

**Q2：** 如何做好 clock ckt EMI 防制工作？

**A：** (1)將 clock ckt 放在 PCB 中間位置並儘量與接地點(GROUND STITCH)接近。

(2) clock ckt O/P 作輻射狀安排，儘可能不要集中在某一方向以免 trace 間太狹窄造成干擾。

(3)在 trace 末端需做 termination 處理以免反射造成干擾，如未做 termination 處理，clock trace 形同 Mono pole antenna 輻射雜訊。

(4)對產生信號振盪器(oscillator，crystal)以最短接點接裝 PCB 上，以免產生共振頻率干擾。

(5)將低位準較易受干擾的 PCB trace 儘可能遠離 clock ckt。

(6)對 clock ckt 模組件加裝隔離罩(Farady cage)以抑制輻射性雜訊溢出。

(7)加強 clock ckt 接地效應(Imagime plane)消除輻射雜訊。

工程應用：依公式 $f_d = 1/\pi t_d$，$f_r = 1/\pi t_r$ ($t_d$：pulse duration time，$t_r$：pulse risetime)，可算出 clock 所產生雜訊頻譜範圍第一轉折點 $f_d$ 及第二轉折點 $f_r$，$f$ 介於 $f_d$ 與 $f_r$ 之間雜訊信號強度依 20 dB/decade 遞減，$f > f_r$ 依 40 dB/decade 遞減，而我們所關切的 clock 諧波，如 clock $f = 3$M、諧波 9M、15M、21M……均分佈其間，而 clock EMI 工作重點在防制 clock $f$ 中最強第三諧波(3rd garmonic)雜訊，是否對週邊電子裝置造成干擾。其他高位階諧波如 5、7、9、……因雜訊信號強度遞減而列入次要排序考量。

**Q3：** 何謂區域性接地面(localized ground plane)？

**A：** 指 PCB 上一塊 Solid copper plane 未與 ground plane 或 ground stitch 連接的一小塊區域性獨立接地面，多用於如 clock ckt 會產生干擾雜訊的 PCB 接地面。為避免對週邊電路造成干擾，故以區域性接地面作為 clock ckt 專用接地區以隔離週邊接地面可抑制 clock ckt 對週邊其他 ckt 經地耦合所形成的干擾。

工程應用：亦稱 broken ground plane，係專對 PCB 上特定干擾源，如 clock ckt 安排在 PCB 上獨立劃出一區塊，做好此區塊週邊隔離工作，可避免經地耦合干擾週邊區塊。

**Q4：** 如何安排 clock ckt 的 trace length？

**A：** 越短越好，可減小 trace 電感量。Trace 上落地點儘量少，可減少因落地點(Vias hole)所形成電感量增大產生輻射性雜訊。Clock trace 端加裝阻抗匹配器(termination)，可消除因反射所產生的干擾雜訊(overshoot，undershoot)。

工程應用：clock 信號最好直達負載，trace 越短越好，如在途中 trace 增裝組件因接地而會產生渦流形成雜訊源($V =$ eddy current x hole or vias inductanc)。

**Q5：** 如何計算 PCB trace 長度受信號傳送 risetime($t_r$)及信號傳送時間延遲($t_d$)，所引起的反射干擾？

**A：** 依公式 $L = t_r/2t_d$ 可計算在 $t_r$，$t_d$，已知情況下 trace 設計最長可允許不產生反射干擾的長度。如 $t_r = 2$ns，$t_d = 0.05$ns/cm，$L = 2$ns/$2 \times 0.05$ns/cm $= 20$cm，即信號傳送 risetime 為 2ns，信號在某種材質的 PCB 上進行時 $t_d = 0.05$ns/cm，則 trace 長度需大於 20cm 才不致引起反射，如小於 20cm 則會因 trace 過短而使信號傳送至末端，引起反射造成對傳送信號的干擾。

工程應用：按 $2T_d < T_r$ 無反射干擾問題，$2T_d > T_r$ 有反射干擾問題，如將 $L$ (trace length)計入，依 $2t_d \times L$ 與 $t_r$ 關係，$t_d$：ns/cm，$L$：trace length (cm)，$t_r$：risetime of Component (ns)，由已知 $t_d = \sqrt{\varepsilon}/30$ ns/cm，$t_r$：risetime of Component (ns)，可計算出 $L$ (trace length)在多長時會形成 $2T_d L > T_r$ 有反射干擾問題，在多短時會形成 $2T_d \cdot L < T_r$ 無反射干擾問題。

**Q6：** 如何安排設計 PCB 上 trace EMI 防制問題？

**A：** ⑴對 clock trace 需就近安排 image plane。
⑵儘可能以最短方式設計 trace length，並保持 trace 間特性阻抗不變。
⑶對會引起反射的 trace 末端需加裝 termination。
⑷勿將敏感性 trace 太靠近 clock trace 佈線。
⑸儘可能少在 PCB 上穿孔(如 Vias or hole)，以減小輻射性雜訊及因穿孔所引起 PCB 不連續性所衍生的 EMI 問題。
⑹運用 3$W$ 法則( $W$ 為 trace 的寬度)定為兩 trace 間至少需相距一個 $W$ 寬度，以減小兩相鄰 trace 間的干擾。

工程應用：PCB 上 trace EMI 多來自 clock 與 PWR，clock 雜訊頻率較高，對 Video 裝置工作頻率有干擾之慮。PWR 雜訊頻率較低，對 IF 與 Audio 裝置工作頻率有干擾之慮。

**Q7：** 在結構上 Microstrip 與 stripline 對 EMI 雜訊輻射防制效果有何差異？

**A：** Microstrip：因信號行徑 trace 位居 PCB 外層，且無遮蔽故 RE 較大，又信號與 image plane 間電容較小所形成信號傳送 delay 亦較小，故此型 Microstrip 多用在高速邏輯電路設計。

Stripline：因信號行徑 trace 位居 PCB 內層，因有遮蔽故 RE 較小，又信號與 image plane 間電容較大所形成信號傳送 delay 亦較大，故此型 stripline 多用在低速邏輯電路設計。

工程應用：Microstrip 用在高速數位電路，輻射雜訊較強。Stripline 用在低速數位電路，輻射雜訊較弱。

**Q8：** 如何消除 PCB 層與層間 EMI 問題？

**A：** 跳層多以 Vias，hole 聯結，儘可能將 clock ckt 安排在同一層 PCB 上，避免 clock 雜訊經 vias，hole 傳至另一層 PCB，不要在 solid ground plane 上穿孔可減低 RE 雜訊。

工程應用：層與層間可隔離輻射性雜訊 (RE)，但層與層間因信號傳送需在層間穿孔，除穿孔本身有雜訊輻射以外，信號本身傳送時也會產生傳導性雜訊 (CE)。

**Q9：** guard 與 shunt trace 做何用途？

**A：** guard trace 安置於 signal trace 左右兩側，shunt trace 安置於 signal trace 上下兩側，兩者與信號相距需至少一個信號 trace 的寬度 (W)，guard 與 shunt 形同同軸電纜線的外層隔離線，對中心信號傳送有隔離的作用，也就是可將信號上的輻射與傳導雜訊經 guard 和 shunt trace 疏導至地，而達到防制雜訊外洩為目的，guard 實務上多用於單層或兩層 PCB 上的 signal trace，且兩端需接地，長度在 $\lambda/20$ 以內，在 signal 和 guard 間不宜安裝組件。shunt 實務上多用於 6 層以上的 PCB，以防制信號上的雜訊外洩至上下鄰近 signal trace 造成干擾。

工程應用：只要在 PCB 上信號 trace 週邊佈有多餘和信號傳送無關的 trace，大多都屬於做來隔離防制高強度大信號所散出來的雜訊，如按水平方向在高強度大信號週邊佈建隔離 trace 稱之 guard，如按垂直方向 (多層板) 在高強度大信號週邊佈建隔離 trace 稱之 shunt。

**Q10：** PCB 上 trace termination 有那種接法？

**A：** 有五種不同接法 (series，parallel，thevenin，RC，diode)

Series

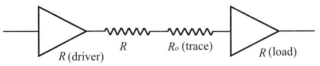

$R_d$ : driving devices O/P impedance

$R$ : series resistor(15～75$\Omega$)

$R_0$ : trace impedance

$R_L$ : load impedance

$R_d < R_0$，$R_d < R_L$，$R = R_0$，

Parallel

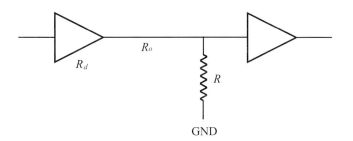

$R_d = R_0 = R$
$R = 50\sim150\Omega$ ($R$含消耗功率)

Thevein

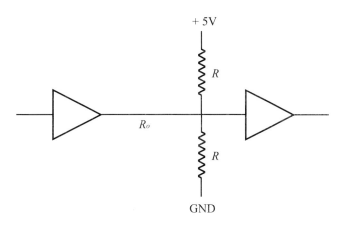

For TTL，$R = 2R_0$，proper transition between logic high and low

RC

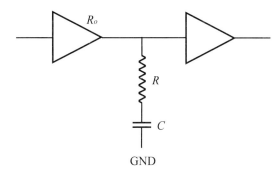

$R = R_0$
$C = 20\text{-}600\text{pF}$
$T = \text{RC} > 2t_{pd}$ ($t_{pd}$ : propagation delay time)
Noise flow to GND during switching
with minor delay V.S. signal propagation on $R_0$

Diode

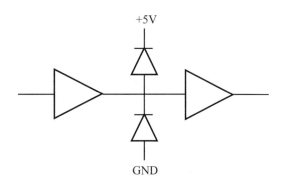

+5V

GND

Limit overshoot on trace
low PWR dissipation
for low speed signal design

工程應用：**series**，串接$R$值，在使$R(\text{driver}) = R = R_o(\text{trace})$，如$R(\text{driver}) = 30\ \Omega$，$R_o(\text{trace}) = 100\ \Omega$，求$R$。

由$R_o = R(\text{driver}) + R$，$100 = 30 + R$，$R = 70$。

**parallel**，設$R_o = 33$，$R_d = 100$，求$R$。

依$Z_o = R \times R_d/(R + R_d)$，$33 = 100R/(R + 100)$，$R = 50\ \Omega$。

**Thevein**，依$Z_o = R_1//R_2$，$I = V/(R_1 + R_2 + Z_o)$。

如$Z_o = 132$，$R_1 = 220$(pull up)，$R_2 = 330$(pull down)。

$I = V/(R_1 + R_2 + Z_o) = 5/220 + 330 + 132 = 7.32$ mA

$V(\text{ref}) = V_{cc} \times R_2/(R_1 + R_2) = 5 \times 330/(220 + 330) = 3$V

driving voltage(5V) > refrence voltage(3V)，OK。

*RC*，

$R//R_L$ to match $R_o$

If $R = 50$，$C = 100$ pf，$T = RC = 50 \times 100$ pF $= 5$

example：given：$2T_{pd} = 3$ ns，$T = 5$ ns，$T_r = 6$ ns。

find：EMI or EMC

Ans：total delay time $= 2T_{pd} + T = 3 + 5 = 8$ ns

rise time of pulse $= 6$ ns

$2T_{pd} + T = 8$ ns > rise time of pulse $= 6$ ns，EMI existing。

**Diode**

$Z_o$：doesn't need to be known。

$D_1$，$D_2$：Schotty and fast switching diode to limit overshoot on trace。

usage：Commonly used inside MCU(microcontroller Ckt unit) for protection of I/O port。

**Q11**： 加裝 Decoupling Capacitor 對 PCB clock 信號有何影響？

**A**： 原 clock 信號近似直角脈波，加裝 Decoupling 電容會遲緩脈波的上升下降時間 (risetime，falltime變長)，使原直角形脈波變成圓純角形脈波可降低輻射性雜訊量。

工程應用：直角形脈波變圓鈍角形脈波，在降低電流密度，也就是降低了輻射性雜訊量。

**Q12**： 已知 $R(s)$，$R(L)$，$T(r)$，求 Decoupling capacitor？

**A**： 由 $R(s)=$ source $R$，$R(L)=$ Load $R$，$T(r)=$ logic component risetime

$C = 0.3 T(r)/R(t)$，$R(t) = \{R(s) \times R(L)\}/\{R(s)+R(L)\}$，$T(r) = 5\text{ns}$，$R(t) = 140\Omega$，

$C = \{0.3 \times 5 \times 10^{-9}\}/140 = 10\text{pF}$

工程應用：由已知信號源、負載阻抗與元件 risetime 可求知所需安裝 decoupling capacitor 電容量
大小。

**Q13**： 已知 $f(H)$，$R(t)$，求 Decoupling capacitor？

**A**： 由 $f(H) =$ highest frequency to be filtered，$f(H) = 20\text{MHz}$。

$R(t) = \{R(s) \times R(L)\}/\{R(s)+R(L)\}$，$R(t) = 140\Omega$。

$C = 100 \div \{f(H) \times R(t)\} = 100 \div \{20 \times 10^6 \times 140\} = 0.035\mu\text{F}$

工程應用：decoupling capacitor 具有濾除元件雜訊功能，如已知信號源、負載阻抗與定出所需
濾除雜訊最高頻率，可求知所需安裝 decoupling Capacitor 電容量大小。

**Q14**： 如何消除 clock ckt 中的串音干擾問題？

**A**： 運用 3W 法則，由加大 trace 間距離(3W)可減低 trace 間信號耦合干擾以抑制 clock
ckt 中串音問題。(3W 法則為 trace 間距離應三倍於 trace 的寬度)

工程應用：一般運用 3W 法則，如因串音過大需加大 trace 間距離，雖可減小串音耦合量，但
也要注意因 trace 間距加大後阻抗變大，使流經 trace 上雜訊電壓上升問題。

## *3.12*　PCB 數位及類比電路 EMI 防制設計

**Q1**： PCB 上的 DM 與 CM 雜訊何者為大？

**A**： 一般 CM 比 DM 雜訊為大，因 DM noise 源自信號與迴路(Signal/return)因電流大小
相等方向相反可自行抵消所產生的雜訊不大，而 CM noise 源自信號與迴路到地的
雜訊電流因同相位自行相加所產生的雜訊要比 DM noise 異相位為大。

工程應用：DM 雜訊指工作信號所含諧波，而 CM 來自 DM,並取同相位雜訊相加比 DM 雜訊異
相位相減要大些，如想減小 CM 最佳方法在選用低雜訊元件，先降低 DM 雜訊源頭
自可降低 CM 雜訊。

**Q2**： PCB 上的主干擾源為何？如何防制？

**A**： clock 所衍生的雜訊(Broad Band Noise)為主干擾源，可藉由對 Clock Line 適當佈
線、接地、緩衝(buffering)改善之。另減緩 clock rise time/Slew clock edges 可減縮
Noise frequency band。減緩 clock risetime 可由串接電阻、並接電容、加裝 buffer
等 slowdown risetime 方法完成，但對電路有 loading 副作用，為改善此項缺點以改
用導磁環(ferrite bead)套接線上可直接吸收雜訊並可消除 loading 副作用。

工程應用：注意如在電路中加裝串並聯電阻或電容雖可降低 $Q$ 值而降低雜訊，但需注意串並聯
電阻電容過大會因 loading 過大影響電路整體功能，如靈敏度與選擇性。此時可改
以 ferrite bead，直接套接在 CPU lead O/P 端以抑制 CPU clock 所帶諧波雜訊。

**Q3**： 如何抑制 back plane 和 daughter board RE 雜訊？

**A**： 一般 buses 上的 high switching current 會產生較高 RE 雜訊，此時應改用多層板增加 ground plane 改善之，尤其對高速高頻高位準 clock 信號 trace 應儘量安排靠近 return trace 以消除 RE 雜訊，故對高速 back plane board 應採附有 ground plane 多層板，對 daughter board 的 clock signal 與 return 間 loop area 應力求 Minimum。

工程應用：優先考量以減小 Signal 與 return 間距，可消除信號中所含諧波雜訊為主，其次增設 ground plane 亦可將雜訊疏導至地，但會增加 PCB 設計製作成本。

**Q4**： 何謂 Ringing？對信號傳送影響如何？

**A**： Ringing 由連接線或 trace 間介面阻抗不匹配所致，low ringing 對信號傳送波形有影響，high ringing 如超出信號傳送的干擾耐受度則對信號傳送造成干擾。

工程應用：傳送信號由於阻抗不匹配而引起反射，而此反射信號與入射信號(信號源信號持續向負載傳送)，在同相位時就會產生 ringing 現象。

**Q5**： 信號傳送中 $T(PD)$ 與 $T(T)$ 引起反射的干擾關係為何？

**A**： $T(PD)$ 為信號傳送中行進延遲時間，(line propagation delay in ns per unit length)，$T(T)$ 為信號傳送轉換時間(transition time)如 $T(PD) > T(T)$ 則會引起反射。

工程應用：$T(PD)$ 為信號行進單位距離所需時間，$T(T)$ 為信號成形(如數位方波上升成形)所需時間，因如 $T(PD) > T(T)$ 反射波會撞擊行進波而造成干擾。如 $T(PD) < T(T)$，反射波因時差關係不會撞擊行進波造成干擾問題。

**Q6**： 舉例說明各型 logic family 信號行經 trace 會引起反射最短的路徑長度($l$)？

**A**：

| Logic family | Transition time $T(T)$ | Critical time length($l$) |
|---|---|---|
| | Pulse risetime to pulse fall time(ns)。$t(r)/t(f)$ | $2 \times T(PD) \times$ length ($l$) |
| 74HC | 6.0 | $2 \times 1.7 \times l = 6$，$l = 1.75$ft |
| 74ALS | 3.5 | $2 \times 1.7 \times l = 3.5$，$l = 3.4$ft |
| 74AC | 3.0 | $2 \times 1.7 \times l = 3.0$，$l = 3.0$ft |
| 74AS | 1.4 | $2 \times 1.7 \times l = 1.4$，$l = 5$inch |
| 4000B CMOS | 40 | $2 \times 1.7 \times l = 40$，$l = 12$ft |
| $T(PD) = 1.7$ns/ft，$T(PD) = 1.017\sqrt{0.475\varepsilon + 0.67} = 1.7$ns/ft，$\varepsilon = 4.5$ microstrip | | |

工程應用：依 $2T(PD) \times L = T(T)$，EMI/EMC 定則，如已知元件信號工作時間 $T(T)$ 及信號行經時間 $T(PD)$，可計算信號行經 trace 不會造成干擾的最短長度，例如 $2 \times 1$ ns/cm $\times L = 6$ ns，$L = 3$ cm。

**Q7**： 如何安裝 Decoupling capacitor？

**A**： 選在緊鄰電源 $V_{cc}$ 處安裝 Decoupling capacitor，以減少途經 trace 上電感所產生的雜訊，此項雜訊電壓 $V$ 與 $L$、$i$、$t$ 有關如下式。

$V = Ldi/dt$（$L$為 trace 電感，$i$為 switching current，$t$為 switching time）。

工程應用：Decoupling Capacitor 就近 CPU 安裝，一可減少 trace 過長銷耗供給 D.C.功率問題，二可減少 trace 過長所產生過高電感抗雜訊電壓問題。

**Q8**： PCB 上 Decoupling Capacitor 選用應注意那些事項？

**A**： Decoupling capacitor lead 越短越好，以免產生共振影響工作頻率。如 ceramics Plaster film type decoupling capacitor lead length 僅 2.5～5.0mm。flat ceramic Capacitor 可直接安裝在 I.C. package 下方以減少 pin to pin 電感量可將工作頻率提升至 50MHz。

工程應用：Decoupling Capacitor lead越短，濾波工作頻寬越寬。（$f = 1/2\pi\sqrt{LC}$，$C$ = D.C.，$L$：D.C. lead。$L$ 越小，$f$ 越大，濾波頻寬越寬）。

**Q9**： 說明如何選用安裝 standard logic(74HC)所需的 Decoupling capacitor？

**A**： ⑴ 1ea 22$\mu$F bulk capacitor 安裝在 PWR supply I/P 端。

⑵每 10ea SSI/MSI Package 安裝一個1$\mu$f tantalum capacitor。

⑶每 2-3ea LSI package 安裝一個1$\mu$F tantalun capacitor。

⑷Octal bus buffer/driver IC or MSI package 安裝一個 22nF ceramic or polyester cap。

⑸每 4 package SSI logic 安裝一個 22nF ceramic or polyester capacitor。

工程應用：由數位邏輯元件所需驅動電流($I$)、工作電壓($V$)、脈波工作起始時間($t$)，依公式可算出

D.C.電容量 $C = Q/V = I \times dt/V = \dfrac{I}{\dfrac{dV}{dt}}$。

**Q10**： 常見電路中電源供給 trace 上串接少量電感其作用為何？

**A**： 此項小量(nh)電感用於消除(衰減)電源(VDC)中所含的雜訊。

工程應用：利用 $V_L = \omega L = 2\pi f L$，（$f$ 為 ripple 高頻雜訊、$L$ 為串接電感量），可衰減 trace 上所含高頻 ripple 雜訊。

**Q11**： 類比電路輻射雜訊成因為何？如何防制？

**A**： 多由放大器迴授電路失效(feedback loop inability)，耦合不佳(poor decoupling)，輸出不穩定(outstage inability)所致，對迴授電路需調整增益以免電路工作飽和產生過大輻射雜訊，對耦合不佳防制工作重點在注意電容和電路上電感所產生的共振問題，對輸出不穩定主要來自電容負載所產生的相位落後問題，使迴授電路產生異相位影響放大器增益，如相位落差過大可並聯電容，增加電容量使相位落差變小來改善電路輸出不穩問題。

工程應用：對類比電路干擾問題，多以調諧消除電路本身共振問題為主。

**Q12**： 開關式電源供應器(switching p.s.)輻射及傳導雜訊成因為何？如何防制？

**A**： ⑴磁場雜訊來自電路中高位準電流環路($di/dt$)。

⑵電場雜訊來自電路中高位準電壓環路(high $dv/dt$ node to earth)。

⑶經由不平衡差膜式(DM)電流所產生的共膜式(CM)CE 雜訊。

⑷輸出端的共膜(CM)、差膜(DM)RE/CE 雜訊。

⑸通常在低頻時差膜式雜訊和高頻時共膜式雜訊比較顯著，如果 switching 頻率控制得宜，則雜訊僅為窄頻段雜訊，而寬頻段雜訊多由輸入端的整流兩極體在逆向工作(reverse recovery switching)時產生。

⑹防制磁場溢出工作重點在隔離，尤其是對變壓器的隔離可由安裝位置調整方向以減小相互干擾量，加裝隔離罩等方法以抑制磁場的輻射干擾。

⑺防制電場溢出工作重點在疏導抑制減小雜訊電壓至地耦合量，可從減小雜訊電壓至地的耦合電容量，提供共膜式電流流向適當路徑等方法做起，以免形成過大共膜式雜訊電壓。

工程應用：Switching P.S.工作頻率自早期 20 kHz、40 kHz、……100 kHz，至近期有高達 MHz。在選用不同工作頻率 Switching P.S.之時，儘量避開 Switching P.S.的諧波雜訊與其所供電的電子產品工作頻率相重合，可減低頻率相同時頻率干擾耦合量。

**Q13**： 如何消除 SWITCHING P.S.中由整流器所產生的寬頻段雜訊及突波(spike)雜訊？

**A**： 在電流(A.C.)輸入端和整流器(RECTIFIER)間裝置$L$型高頻濾波器可濾除寬頻段雜訊。濾波效果可依 Simple LC filter 公式計算如圖示：

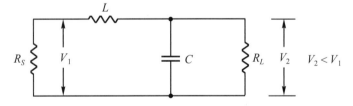

$$|V_1/V_2| = |1-w^2LC((R_L/(R_s+R_L))+jw((CR_LR_s+L)/(R_s+R_L))|$$

$|V_1/V_2| = |1-w^2LC|$，if low $R_s$, high $R_L$。

switching p.s.輸出 D.C.電壓因含有 Spike 雜訊在輸出端會產生 RE、CE 雜訊，可選用低電阻貯能式電容(10W ESL reservoir 電容)吸收此項 spike 雜訊。

工程應用：Switching P.S.雜訊來自整流器中 diode 工作在 reverse 過程中，為使$di/dt$迅速消失，在 reverse 瞬時中易產生 spike，與寬頻雜訊 ripple。spike 以電容吸收，ripple 以高頻濾波器(low pass filter)濾除。

**Q14**： 如何設計改善類比電路干擾耐受度？

**A**： ⑴選用線性組件，(非線性組件會產生 BB 雜訊)。

⑵儘量設計較窄頻段放大器，並提升信號位準。

⑶加裝平衡電路消除 CM 雜訊。

⑷隔離 I/O 信號以防制外來干擾信號。

工程應用：以提高信號強度也就是提升本身受干擾的耐受度，與避開和本身工作頻率相同的干擾源頻率，在這兩方面著手改善本身的干擾耐受度。

**Q15**： 如何設計改善數位電路干擾耐受度？

**A**： 將較易受干擾信號(CRITICAL LOGIC CKT)需設計遠離高位準信號(high level logic ckt)，選用 filter built-in I/O 接頭，將干擾信號區完全隔離。(Isolation)。

工程應用：除軍規可能選用 filter built-In Connector 以外，一般商規作法均以設法提升本身耐受度或遠離干擾源方式行之。

**Q16**： 如何設計改善暫態突波(transient)對電路干擾？

**A**： 突波多由電源開啓關閉所引起，一般在電源輸入至電路前加裝突波抑制器加以抑制。或將突波疏導至電路模組盒外接地，以免耦合至 PCB 接地造成干擾。

工程應用：在 on-off 所引起的 transient，在 on 時因依 Lentz's law 有反電動勢，電流上升較慢。但在 off 時，因斷電效應電流下降很快，由 $di/dt$ 公式可知如 $di$ 為定值、$dt$ 越小、$di/dt$ 越大，transient 干擾量亦越大。所以在選用突波抑制器規格時是以 off 時所需防制的 transient 能量為準。

**Q17**： 如何設計改善靜電(ESD)對電路干擾？

**A**： 靜電會經由共模式接地(CM)將靜電電流傳至裝備，其他如 PCB 不當接地，雜散電容、電路耦合也會將靜電傳至裝備造成干擾，一般如裝備接地良好基本上可避免靜電干擾，如裝備外殼形狀有突出物，靜電可經由此突出物產生干擾場強而感應週邊 I/O 線帶。因此裝備外殼應力求平整圓滑密合以利靜電感應在金屬表面電流能迅速疏導至接地。

工程應用：選用高導電性材質製作的電子盒與線帶，並接至接地線接地是基本上最佳防制ESD方法。

**Q18**： 突波及靜電(transient，ESD)防制工作重點在那些方面？

**A**： ⑴濾波隔離防制突波及靜電進入電路。

⑵設計防制電路吸收此項突波及靜電。

⑶做好接地可將突波及靜電疏導至地。

工程應用：一般突波指能量較大的 Surge、sag 和能量較小的 spike，transient 係指突波的模式，如 ESD 也是 transient 突波的一種，只是 one shot mode，low level energy。如指一般突波則指 surge sag，spike，而發生的頻率有時是 one shot mode,有時是 multi shot mode。防制方法有隔離、吸收、接地。

**Q19**： 那些是影響 logic noise immunity 因素？

**A**： 雜訊信號強度位準大小及組件工作響應速度與靈敏度。

工程應用：$A$ 是雜訊信號強度，$B$ 是雜訊信號頻率頻寬，將 $A$ 加 $B$ 的干擾總量與 logic 組件工作信號總量相比，可得知 logic 組件工作信號耐受度。

**Q20**： 微處理器中的 watchdog 功能爲何？

**A**： 微處理器中干擾失效狀況會造成 counter 及 address register upset 而 watchdog 是一種 timer，其輸出直接接至輸入可使電路工作重新 Reset，而 timer 設計又可分爲 Mono-stable 及 Astable，Mono-stable 爲單一觸發只動作一次，Astable 則可多次觸發使電路 Reset 重新工作。

工程應用：Watchdog 功能在 Reset，是微處理器中一項信號處理保護措施。用於干擾時形同 timer 可重置電路工作以避免干擾造成電路失效。

**Q21**： 比較突波與射頻對類比電路干擾影響？

**A**： ⑴小型突波一般對類比電路干擾影響不大。

⑵射頻對類比電路干擾影響可造成 D.C. bias shift 而使類比電路工作失真。

工程應用：突波與射頻干擾能量比較，因突波為 one-shot 干擾能量有限，射頻為 muti-shot(如 CW mode 或 high PRF pulse mode)干擾能量要比突波 one shot 干擾能量為大。因此射頻對類比電路要比突波對類比電路的干擾影響要大些。

**Q22**： 那些是提升類比電路干擾耐受度方法？

**A**： ⑴減小電路工作頻寬。

⑵提升信號位準大小。

⑶選用平衡信號電路。

⑷隔離易受干擾電路。

工程應用：⑴、⑵屬於設計防制工作範圍，⑶、⑷屬於工程防制工作範圍。

## 3.13 PCB 介面輸出入線(I/O)

**Q1**： I/O 線上雜訊來自何處？

**A**： ⑴ PCB 上組件所產生的 CM、DM 雜訊耦合至 I/O 線上。

⑵電源雜訊耦合至 I/O 線上。

⑶ CLOCK 衍生雜訊耦合至 I/O 線上。

⑷空間環境雜訊耦合至 I/O 線上。

⑸未經濾波的資料鏈傳送中附有雜訊耦合至 I/O 線上。

⑹不當的 CHASSIS、SIGNAL、FRAME 接地產生雜訊耦合至 I/O 線上。

⑺ I/O 接頭選用不當未將雜訊濾除而耦合至 I/O 線上。

工程應用：I/O線感應雜訊與線本身隔離效益、線與接頭、接頭與電子盒、接頭與PCB有關。另外線長與雜訊頻率波長亦有關，而線長又和雜訊波長耦合效率有關，要將雜訊干擾量乘以耦合效率，才能得到I/O線長所輻射或感應的真正雜訊量。

**Q2：** 如何防制I/O線上RE與CE雜訊？

**A：** ⑴選用低雜訊組件並安排在PCB上最佳位置，接頭外緣與CHASSIS間介面需要做好全方向360°結合固定以加強隔離防制雜訊外洩與感應外來雜訊干擾。

⑵接頭如採 PIGTAIL GROUND 僅適用於小於1MHz，一般 pig tail ground 用在 Audio 頻段。

⑶儘量將 I/O DRIVER，RECEIVER 放在靠近 I/O 接頭處以免途經 PCB 上敏感 TRACE 工作區間造成干擾源(I/O driver)及被干擾源(Receiver)現象。

工程應用：I/O線上CE雜訊是源頭，RE是因線帶與接頭隔離不佳，由CE雜訊外洩所致。

**Q3：** 何謂區間式PCB佈線安排？

**A：** 區間式(PARTITIOUING)指將較敏感性電路集中在PCB某一區域並加以隔離保護以免受到鄰近電路雜訊的干擾。

工程應用：區間式PCB佈線可分為 E 類(emission)與 S 類(susceptibility)，E 類將干擾源限制於此區內，以免雜訊外洩干擾鄰近電子電路。S 類將受害源限制於此區內加以保護，以免外來雜訊對其干擾。最常用的方法是以圍籬(fence)方式將此區包圍起來，並做好接地工作以備疏導雜訊。

**Q4：** 何謂靜區(QUIET AREA)安排？

**A：** ⑴將 PCB 上數位、類比，電源接地與靜區接地完全隔離以免使靜區受到鄰近干擾源經共用接地耦合造成干擾。

⑵I/O 端安裝 470pF～1000pF 電容濾除高頻雜訊。

⑶以區間法(PARTITION)或壕溝法(MOAT)構築靜區(QUIT AREA)，在靜區 I/O 處加裝ISOLATION TRANSFORMER，FIBER OPTICS，DIGITAL FILTER強化干擾防制工作。

⑷I/O線上加裝高阻抗CM INDUCTOR，FERRITE BEAD以濾除I/O線上高頻雜訊。

工程應用：靜區在使區內雜訊降至最低程度，因此區已和週邊區域隔離，但因信號仍與週邊區域互通，所以干擾防制工作重點，落在防制信號雜訊進入靜區，及如何濾除外來雜訊所需安裝各式濾波器措施問題。

**Q5：** 如何防制PCB上內在雜訊耦合？

**A：** ⑴在區間之間加隔離(FENCE)防制一區間干擾到鄰近另一區間。

⑵接地面每隔 $\lambda/20$ 間距加裝金屬隔離牆(FENCE)。

⑶以分區域(PARTITION)、壕溝(MOATING)方式隔離，分區域是將高干擾組件侷限於一特定區域內。壕溝為不含雜訊信號和電源 TRACE 通過的區域，對信號和電源雜訊有隔離的作用。

(4)ISOLATION TRANSFORMER，OPTICAL ISOLATOR，CM DATA LINE FILTER 均用在跨越壕溝(MOAT)消除雜訊的組件。

(5)BRIDGE為連接兩區間的通道區(BETWEEN PWR PLANE/CLEAN QUIET ZONE)。

工程應用：防制工作重點在防止一區塊 trace 上的雜訊，進入另一區塊 trace 造成干擾問題，各種隔離方法如(1)～(5)。

**Q6：** 如何做好壕溝區(MOATING)隔離工作？

**A：** (1)以 ISOLATION TRANSFORMER，OPTICAL ISOLATION 隔離 I/O 和 PCB 間 EMI 問題。

(2) I/O 接頭外緣需接至機匣(CHASSIS GROUND)。

(3)在 I/O 線上接裝 BYPASS CAPACITOR(一端接線上，一端接機匣接地可濾除 I/O 線上雜訊)。

(4)音頻雜訊可以 PIGTAIL 方法加以消除。

(5)選用 BYPASS CAPACITOR 需了解所需濾除雜訊頻寬及突波電壓大小。

(6)在 ETHERNET 網路中以 ISOLATION TRANSFORMER 保護 CONTROLLER，以 CM DATA LINE FILTER 濾除 CM NOISE，以 FERRITE BEAD 濾除 PWR NOISE，以 DECOUPLING CAPACITOR 濾除 HF NOISE。

工程應用：Moating 用於只讓連接 PCB 上兩區塊的信號通過，並阻隔雜訊由一區塊進入另一區塊，各種阻隔方法如(1)～(6)。

**Q7：** 如何做好壕溝區通道(BRIDGE)EMI 防制工作？

**A：** (1)通過 BRIDGE TRACE 加裝 FERRITE BEAD 濾除 PWR NOISE。

(2)壕溝區內 PCB 需加裝 IMAGE PLANE 可消除 RF NOISE。

(3)壕溝區內 IMAGE PLANE 需多點接地至 CHASSIS GROUND。

(4)在通道附近 IMAGE PLANE 需接地可防制 ESD 干擾。

(5)在通道(BRIDGE)兩端有 RF NOISE 需接 DECOUPLING CAPACITOR 可消除通過 BRIDGE 間 TRACE 上 NOISE。

工程應用：bridge 用於只讓連接 PCB 上兩區塊間 trace 上的工作信號通過，並阻隔 trace 上的雜訊由一區塊進入另一區塊，各種阻隔方法如(1)～(5)，bridge 針對 trace 雜訊排除，Moating 針對 zone 雜訊排除。

**Q8：** 電感性與電容性濾波功能有何不同？

**A：** 電感性在吸收 HF 雜訊能量，電容性在疏導 HF 雜訊能量。(HF: high frequency)

工程應用：電感性如 ferrite bead，利用線上散出雜訊磁場場強，經高導磁性材質製成的 ferrite bead 吸收轉換為熱能，電容性如採並接方式或利用高頻低電容抗原理來濾除高頻雜訊(low pass filter)，如採串接方式利用低頻高電容抗原理來濾除低頻雜訊(high pass filter)。

**Q9** : 在 I/O 接頭處如何接裝 BYPASS CAPACITOR？

**A** : 一端接信號線，一端接 CHASSIS GROUND，一般電容選用值約在 100pF～1000pF，但此項電容僅用於 HF NOISE 濾除(對 ESD 突波電壓如 1.5kV、6kV 則無防制效果)。安裝位置在 DLF(DIGITAL LINE FILTER)和 I/O CONNECTOR 之間，多用於 RF、SPIKE、EFT 干擾防制。

工程應用：by pass capacitor 用在濾除高頻雜訊，均以並聯方式安裝電路元件輸出端接腳處，或在針對電路輸出端瞭解所需濾除雜訊頻率，選用不同工作頻率的 bypass capacitor。

**Q10** : DLF 防制干擾功能為何？

**A** : DLF 為一項高阻抗源可用於抑制進入線路的高壓突波和高頻雜訊。DLF(digital line filter)和 DC(DECOUPLING CAPACITOR)並聯使用。DLF 為電感性、DC 為電容性兩者並聯使用形成並聯共振具有高阻抗特性故可阻隔 HF 雜訊。

工程應用：DLF 為電感性，DC 為電容性兩者並聯使用可形成並聯最大阻抗效應，優點對 B.S. (Band stop)雜訊有最佳阻隔效益，缺點有頻寬限制。

**Q11** : 各型 I/O 接頭如何接地？

**A** : (1) D TYPE-HOUSING TO GROUND。

(2) BNC TYPE-ISOLATED FROM SYSTEM GROUND。

(3) PLASTIC TYPE-FLOATING TO GROUND。

(4) AUDIO TYPE-HOUSING TO GROUND。

工程應用：按不同接頭型式，有不同接地模式如(1)～(4)。

**Q12** : 如何防制視頻類比顯示器 EMI 問題？

**A** : (1)儘量採用 LOW SLEW RATE VIDEO GENERATOR 信號傳至 ANALOG MONITOR。

(2)在 VIDEO GENERATOR 和 I/O 間裝配 FILTER 濾除 RGB 三原色雜訊。

(3)做好水平、垂直、同步 TRACE 阻抗控制。

(4)隔離 PWR 工作區對 RGB 工作區干擾影響。

(5)保持 PCB 中各層 VIDEO TRACE 阻抗值為常數。

(6)將易受干擾類比信號均置於保護區內以避免數位信號干擾。保護區所指為由區間 (PARTITION)壕溝(MOAT)、隔離(ISOLATION)所形成的 EMI 保護區。

(7)20$H$定則多用在數位及類比區間(PARTITION)PWR PLANE 設計，以消除 SIGNAL TRACE 在 PWR PLANE 週邊殘留的 RE 雜訊。

(8)通道(BRIDGE)用在數位，類比區間(PARTITION)信號傳送。

(9)視頻濾波器(VIDEO FILTER)安裝接近 I/O 接頭處，接腳要儘量短以免影響濾波工作頻率。

(10)裝在同軸線外緣和裝備機匣接地間(SHIELD OF COAXIAL，SYSTEM CHASSIS GROUND)的 AC SHUNT 電容是用以去除 RF SHUNT CURRENT。

工程應用：類比顯示器成像畫面清晰穩定，畫面成形由水平及垂直掃描兩大部份組成，水平方面掃描由 Sawtooth wave 控制，在 Sawtooth 穩定上升(low slew rate)EMI 問題較少，但需注意在 sawtooth wave scan feedback (blanking scan)，因 $di/dt$ 變化量大所產生的 EMI 問題。而垂直方面掃描由電源 60 Hz 控制，同時出現兩個畫面(各 30 Hz)，因 $di/dt$ 變化量小，較少 EMI 問題。至於畫面本身清晰度則與 Video 信號中存在雜訊有關，有關這三方面 EMI 防制方法如(1)～(10)。

**Q13：** 如何防制視頻數位顯示器 EMI 問題？

**A：**　(1)在高雜訊信號線上裝用 SIGNAL LINE FILTER。

　　　(2)數位、類比區間加壕溝隔離。

　　　(3) I/O 接頭，纜線外緣接地應接至機匣接地。

　　　(4)在 VIDEO GENERATOR 到 I/O CONNECTOR 區段應裝配在隔離區內。

　　　(5)在 DIGITAL 到 ANALOG 區間裝置 FERRITE BEAD 濾除高頻雜訊。

　　　(6)應用20$H$準則、GROUND PLANE 通常大於 SIGNAL PLANE 20$H$ ($H$為 SIGNAL 到 GROUND PLANE 間的距離。)以抑制疏通 SIGNAL PLANE 上 RE 雜訊溢出。

工程應用：數位顯示器成像畫面清晰度，視 Video 數位 $S/N$ 而定。$S/N$ 越大，$S$ 的 discrete Level 越多越細，對 $N$ 的鑑別能力越強，表示成像畫面越清晰，有關數位顯示器 EMI 防制工作以處理提升成像 Video 信號$S/N$為主，有關防制方法如(1)～(6)。

**Q14：** PCB 板供電量保險絲規格如何訂定？

**A：**　依 UL/950/CSA C22.2#950 規格訂定保險絲電流值

| $V$(OPEN CKT) | $I$(SHORT) | FUSE |
|---|---|---|
| 0～21.2V | 5A | 8A |
| 21.3～42.4V | 3.2A | 8A |

工程應用：按規格安裝 8A Fuse，保護 PCB 供電在 open ckt 與 short ckt 所定$V$、$I$值。

## 3.14　PCB CM、DM 雜訊輻射量

**Q1：** PCB 上 RE 輻射雜訊多來自何處？

**A：**　PCB 上 RE 雜訊多來自 CM 電流經過接地迴路阻抗形成雜訊電壓，而 CM 電流可藉由大型接地面(large ground plane)，並聯路徑(shunt trace)減小接地阻抗及增加隔離路徑(guard trace)等方法加以防制。

工程應用：PCB 上 RE 均來自由 trace 所形成 loop，loop RE 雜訊以$H$場為主。如 trace 端點過長，或 trace 在 PCB 銑成 Monopole、dipole 天線模式，或如電子盒上方所附柱狀散熱棒，或因元件接腳接觸不良等所形成 rod，rod RE 雜訊以 $E$ 場為主。

**Q2：** 說明 CM 雜訊與 trace 佈線關係？

**A：** PCB 上雜訊多由 CM noise 造成，如將 PCB 上 trace 佈線儘可能對稱化則可減低 CM noise，但實務上因有組件安裝而使此項 trace 對稱性破壞，由阻抗不平衡而產生 CM 電流，而此電流流經線路中共用地的地迴路阻抗形成地迴路雜訊電壓，如果此地迴路外接一長度的線段，可形成天線輻射雜訊，因此治本之道在做好 trace 佈線的對稱性及降低地迴路阻抗，佈線阻抗對稱平衡性可根本消除 CM 電流來源，而降低地迴路阻抗僅在治標只可降低 CM 電流流經地迴路的雜訊電壓。

工程應用：CM 雜訊電壓，由流經 CM ground 的電流大小和 CM ground 阻抗大小而定，減小 CM 電流由減小 DM 雜訊做起，儘量選用 low CM ground 阻抗材質，保持信號至 CM ground 與迴路至 CM ground trace 長度相等，可由等阻抗得等電位差而減小 CM 電流等方法抑制 CM 雜訊電壓。

**Q3：** 說明 DM 雜訊與 trace 佈線關係？

**A：** 如線路佈線的 trace 完全為對稱式，則 DM 電流可相互抵消，但實用上因裝了 IC、R.L.C 等組件而將對稱式破壞變成非對稱式產生 CM 電流，如此時外接一米長線段，依 $\lambda/4 = 1m$，$\lambda = 4m$ 相當於 $f = 75MHz$，如 PCB 含有 75MHz 雜訊，此項雜訊即可在一米長線上因共振作用而有最大輻射雜訊量。其他按輸送線共振原理，奇次倍頻率如 $f = 3 \times 75MHz = 225MHz$，$f = 5 \times 75MHz = 375MHz$ 均有輻射雜訊量只是比主共振頻率 75MHz 為小。(設 75MHz 輻射雜訊量為 0dB，225MHz 為 $-10dB$，375MHz 為 $-14dB$)。

工程應用：DM 雜訊電壓，由流經信號與迴路的電流雖大小相等方向相反，但因 trace 間隔使信號與迴路上雜訊無法完全消除，而產生 DM 雜訊電壓。對 DM 雜訊本身而言，信號與迴路間距越小阻抗越低，可達成減低 DM 雜訊電壓的效果。

**Q4：** 簡述 PCB 外接線段 CM、DM 雜訊輻射情況？

**A：** (1)外接線段長度與雜訊頻率有關，避免接用與雜訊頻率四分之一波長的線段長度。

(2) pigtail 長度與雜訊頻率有關，一般 pigtail 有一共振點對某一特定頻率接地效果特別好可使外接線段雜訊量減低。

(3)加強線段隔離可減小 CM、DM 雜訊溢出量。

工程應用：DM 因包在線帶內層 RE 較小，CM 因與線帶外層隔離接地，RE 直接輻射空氣中，RE 較大。

**Q5：** PCB 上如何減低 CM 電流？

**A：** (1)儘量做好 CM loop 阻抗平衡設計可減小 CM 電流。

(2)減小 CM loop 接地阻抗可減低 CM 雜訊電壓。

工程應用：CM 由 DM 產生，減小 DM 是治本工作。(1)、(2)是治標工作，減小 DM 由選用 low noise 元件、安排 Signal 與 return trace 間距，選用 low 阻抗 trace 做起。

**Q6：** 為何 PCB CM 雜訊要比 DM 雜訊為大？

**A：** DM 雜訊可由 trace 間信號和迴路線信號電流大小相等方向相反原理抵消。CM 雜訊由 CM loop 阻抗不平衡所形成，因 CM 電流在同相位時相加，且 CM loop 要比 DM loop 為大等原因，故 CM noise 要比 DM noise 為大。

工程應用：CM noise 是由 DM noise 外洩造成，DM 是規則性信號，但經混附波(IMI)效應與同相位加成影響，使原來 DM noise 變為 CM 寬頻雜訊信號。

**Q7：** 如何簡單計算 PCB 外接線段輻射場強？

**A：** (1)外接線段上電流 $I$ (ant)

$I$ (ant)＝$V$ (noise)/$Z$(int)+$Z$(ant)

$V$(noise)＝ PCB 端點雜訊電壓

$Z$(int)＝ PCB 內阻

$Z$(ant)＝外接線段阻抗形同天線效應

(2)外接線段輻射場強 $E$

$E = 60 \times I$(ant)/$r$

$r$：空間某一定點距外接線段距離

工程應用：此處外接線段端點為 open，形同單點接地 Monopole $\lambda$/4 共振模式，輻射場強 $E$ 值計算沿用 $E$ 公式 $E = 60 \times I$ (Ant)/$r$。

**Q8：** 說明 PCB 雜訊和 trace 寬度大小關係？

**A：** trace 越寬電流密度越小，雜訊強度愈小。

trace 越狹電流密度越大，雜訊強度愈大。

一般單層板因 loop area 較大，RE 亦較大，多層板因 loop area 較小，RE 亦較小。其他如在 trace 上下加裝 shunt trace 及左右加裝 guard trace 均可隔離改善雜訊輻射。

工程應用：PCB trace 高度不變、寬度加大、trace 截面積加大、電流通過阻力減小，雜訊輻射場亦隨之減小。此寬度加大影響 trace 間距，依 3W 定則兩 trace 間距離亦增大，其間阻抗亦增大雜訊輻射場強亦隨之增大。所以需要考量寬度加大後，雖可減小幅射雜訊場強，但也是注意因 trace 間距加大阻抗變大，所引起的高輻射雜訊場強問題。

**Q9：** PCB 上的 RE 雜訊和 PCB 外接線上的 RE 雜訊何者為大？

**A：** 一般外接線線長如小於雜訊頻率波長的 $\lambda$/10，RE 雜訊至小且比 PCB 本身輻射的雜訊為小。如外接線線長大於雜訊頻率波長的 $\lambda$/10 並接近 $\lambda$/4，RE 雜訊變大並比 PCB 本身輻射的雜訊為大。

工程應用：一般 PCB 本身輻射雜訊多來自 PCB trace，因 trace 不是很長多屬高頻輻射場強。如 PCB 外加上 PCB 電子盒的外接導線，因導線較長多屬中、低頻輻射場強，RE 輻射場強大小與雜訊頻率波長及線長有關，波長越接近線長如 $l = \dfrac{\lambda}{4}$ 形成共振輻射量最大。

## 3.15 PCB 特殊構形設計 EMI 防制

**Q1：** 直角彎向與鈍角彎向 TRACE 所產生 EMI 有何不同？

**A：** 直角彎向的 TRACE 電容較大，鈍角彎向的電容較小，直角轉向阻抗匹配不好會產生 RE 雜訊，並會使經過直角轉向 TRACE 上的信號脈波 RISETIME 加大而使 DIGITAL 信號 PULSE 變形，一般低頻(kHz)尚可使用直角轉向，高頻(MHz)以上需改用鈍角或圓形弧狀(ROUND BEND)轉向以減小 RE 雜訊輻射量。

工程應用：直角截面積小、電流密度大、輻射雜訊強。

直角截面積大、電流密度小、輻射雜訊弱。

直角 risetime 短、雜訊頻寬較寬。

直角 risetime 長、雜訊頻寬較窄。

**Q2：** 如何選用 PCB 上所需 FERRITE DEVICE？

**A：** ⑴用於吸收隔離外來場強對導線、組件、線路的干擾。

⑵用在與電容相組合而成的 LOW PASS 濾波器。(FERRITE 當作電感器與電容做 L 型組合的 LP FILTER)。

⑶單獨用在高頻(> 1MHz)雜訊衰減，利用其在高頻材質呈高電阻效應可將 EM WAVE 轉換為熱能原理而將高頻雜訊吸收。

工程應用：依 ferrite device 對線上雜訊吸波轉換為熱能效益公式，Att (dB) = $20 \log (R_s + R_L + R_f)/(R_s + R_L)$。如 $R_f \gg R_s + R_L$，Att (dB) 較大，如 $R_f \ll R_s + R_L$，Att (dB) 較小。因此特性可知 ferrite device 套接在信號源與負載為低阻抗值時，濾除雜訊效果較好，反之較差。

**Q3：** 如何選用不同 $\mu$ 質 FERRITE 對應所需吸收雜訊工作頻段？

**A：** $\mu - 2500$，for $f < 30$MHz

$\mu = 850$，for 25MHz $< f <$ 250MHz

$\mu = 125$，for $f > 200$MHz

工程應用：高頻選用較低導磁係數材質(低 $\mu$ 值)，係因如在高頻選用高 $\mu$ 值，容易飽和使 ferrite 吸波功能失效。一般高 $\mu$ 值低飽和量，低 $\mu$ 值高飽和量。

**Q4：** 何謂 GROUNDED HEATSINK？用途為何？

**A：** 是一種接地散熱裝置，亦可用在防制 EMI 干擾，一般多用於大型積體電路(VLSI)，$f > 75$MHz，因高功率、高速組件產生高熱需加排除，但因 HEATSINK 外形高突形同一 MONOPOLE 輻射源，故在 PCB 上的雜訊可經由 HEATSINK 輻射出去，為防制此項雜訊輻射在 HEATSINK 四周做好大面積接地工作可疏導此項雜訊至地或在 HEATSINK 四周加裝圍籬以防止此項雜訊輻射外洩而干擾週邊組件。

工程應用：隔離由 heatsink 所輻射的雜訊有兩種方法，一種在其週邊加裝圍籬，減小輻射場強對週邊電子裝置干擾，一種在該元件底部接地，力求全面接地以疏解在元件表面所存在的雜訊表面電流。

# 4

# 元件、模組、電路電磁干擾防制

## 4.1 二極體及功率晶體干擾防制

**Q1：** 舉例說明人體靜電對 logic 元件傷害情況？

**A：** 以 CMOS 元件為例靜電傷害功率為 $1\mu J$，而人體對電子元件所產生的靜電傷害時間約為 150ns。依 energy＝PWR × time 公式，該元件實際感應靜電功率為 PWR ＝ energy/time ＝ $1\mu J$/150ns ＝ 6.6Watt。

工程應用：logic 元件所能承受的 ESD 轉換為熱能能量以 Joules 表示，而該元件感應熱功率大小，依公式 energy(Joules)＝ PWR(watt) × time(second)，可算 PWR(watt)大小。一般 energy 為定值，time 指人體接觸元件時間，因為因人而異 time 長短不一，ESD 對元件的傷害程度亦不同。

**Q2：** 那些是影響靜電臨界值(threholds)因素？

**A：** (1)對元件 pin 接觸模式可分為單一 pin 或多個 pin 觸摸。

(2)靜電脈衝極性有正或負極性兩種感應。

(3)與製造廠出貨年份有關(與儲藏期有關)。

(4)製造廠家規格品質不一。

工程應用：ESD threhold 是一項 ESD 對元件造成傷害的總能量，而此總能量與(1)～(4)變化因素有關。

**Q3**： 說明功率二極體和功率晶體(PWR diode/transistor)產生雜訊原因？

**A**： 二極體在順向電壓時導通，但在逆向電壓時二極體本身不能導通而又需將原在二極體的電荷排除，在此極短時間內需將此大量電荷排除的動作就會產生暫態突波(transient)。二極體在逆向作用中形同干擾源，但相反的如 Clamping diode 則可用此特性來抑制雜訊。

工程應用：diode 在逆向電壓時產生暫態突波，形成寬頻雜訊源，雜訊強度視 diode reverse current 而定，transistor 分 $A$、$B$、$C$、class，如屬 $C$ class 純屬信號放大型，當信號放大雜訊亦隨之放大。

**Q4**： 如何防制 Diode 在 Rectification 中所產生的雜訊？

**A**： (1)與 Diode 並接濾波電容(bypass capacitor)。

(2)與 Diode 串接電阻。

(3)在 Diode lead 處套接 ferrite bead。

(4)選用 recovery 較 smooth 的 diode。

(5) Diode 遠離其他磁性金屬以免感應增加 Diode 週邊的電感量。

工程應用：doide 用在半波整流，形同 RC 充放電電路，當 doide forward 時，RC 充電，當 doide reverse 時，RC 放電，因 Recovery time 很快會發生雜訊，此時需以(1)～(5)方法抑制 diode recovery 所產生的雜訊。

**Q5**： RF 場強會對 diode 產生何種干擾現象？

**A**： RF 場強所產生的感應電壓會改變 diode 的 bias 電壓而影響 switching 動作使正常輸出失真，一般小功率裝置($\leq 25$mW)如受場強干擾會因吸收 RF 能量而燒毀，大功率裝置因 junction capacitance 在 10-15pF 可感應 RF 能量造成提升原 diode 電壓而熱燒毀元件。

工程應用：RF 場強所含 EM wave，其中電場會經電容效應提高對 diode 的電壓效應，其中磁場會經電感效應提高對 diode 的電流效應，綜合升壓(電壓)與升流(電流)作用，升壓在影響 diode bias 電壓，升流在提升功率可能燒毀元件，而且 RF 頻率越高，電容抗越低，元件越容易感應 RF 干擾。

**Q6**： 如何防制減小功率晶體雜訊？

**A**： (1)以 RF snubber 旁路 Collector-emitter 高頻雜訊，RF snubber 由樹膠或陶瓷 0.1～1.0 $\mu$F 電容串接幾歐姆碳質電阻組成。

(2)在 Collector-emitter 間加裝 Clamping device。

(3)選用適當 transition time 的晶體以避免因 transition time 過長容易造成功率晶體工作飽和產生 EMI 問題。

(4)功率晶體多裝在散熱片上，在晶體和散熱片間需裝隔離墊片形同 Farady Shield 用以阻隔漏電流回流至晶體形成 loop 而輻射雜訊。

⑸選用 isolated collector 型功率晶體可減小 collector 至 chassis 間電容 10 倍。

⑹對特大高功率晶體(kW)應並接使用可減小寄生電感,如 500A power transistor,1600A/$\mu$s switching transistor。單一晶體寄生電感 100nh 可造成 $LdI/dt = 160V$ 突變電壓變化,如並接此型五個晶體電感可減小至 20nh,突變電壓降為 32V。

工程應用:功率晶體雜訊與晶體本身材質純正度有關,一般不含雜質製作的晶體屬線性晶體,不會產生額外寬頻雜訊。反之含有雜質製作的晶體屬非線性晶體,會產生如混附波寬頻雜訊。有關防制方法如⑴～⑹。

**Q7**: 為何 SCR 有防制雜訊產生效果?

**A**: SCR 在 OFF 時不會受負載 PWR factor 突降影響而產生電流消失突變現象,也就是採用 SCR 開關可在電流消失時 SCR 可緩衝電流中斷狀態而減低輻射雜訊量。

工程應用:SCR 常用在家電產品如電扇需轉速平穩,SCR 可藉控制電流平穩輸出達到控制易達定速轉動目的,因電流變化平穩故無 EMI 雜訊問題。

## 4.2 接 頭

**Q1**: 簡述各式接頭電性工作定義?

**A**: 接頭是一項被動裝置,用於信號的傳送,電性功能上分為導體和非導體兩大部分,導體在傳送信號,非導體在阻絕不需要的信號。

工程應用:接頭用於連接兩組電子盒以纜線為媒介的一項介面裝置,一般中心 pin 為 signal,週邊金屬環 ring 為 return,在 signal 與 return 之間以非導體介質常數 $\varepsilon$ 為絕緣體填充其間,一作為隔離 signal 與 return 之用,二作為調整接頭特性阻抗之用。由 pin、ring 半徑大小 $r$,$R$ 與 $\varepsilon$ 值,可依公式 $Z = \dfrac{138}{\sqrt{\varepsilon}} \log \dfrac{R}{r}$ 算出接頭阻抗大小。

**Q2**: 說明會影響接頭干擾的各項參數?

**A**: 互耦合(crosstalk)、特性阻抗、接點阻抗、介入損失、轉換阻抗(transfer impedence)、隔離,濾波接頭。

工程應用:接頭中心 pin 及週邊 ring 的電阻、電感、電容值大小是造成感應雜訊的主因。pin 為金屬棒由電阻串聯電感組成,週邊 ring 金屬環除本身有電阻電感以外,與 pin 間尚有電容效應。就接頭 EMI 問題,以選用低電阻、低電感、低電容金屬材料為首要考量因素。

**Q3**: 如何定義接頭上各接點(pin)間雜訊干擾耦合量(cresstalk)?

**A**: 依公式 $X_{ab} = 20 \log V$(noise on victim pin)$/V$(noise on source pin)

如 Victim pin 週邊有多個($N$)等距離 Source pins 時,$X_{ab}$ 耦合量則增為 $20 \log N$(coherent source signal)或 $10 \log N$(noncoherent source signal)。

工程應用：如干擾源為規則協調性雜訊，是以$V$或$I$表示，如 sine，clock [$20\log(V\,or\,I)$]。如干擾源為非規則協調性雜訊，是以 PWR 表示如熱雜訊、混附波雜訊[$10\log(PWR)$]。由規則性所產生的較低頻強雜訊對受害源的耦合量要比非規則性所產生的較高類弱雜訊對受害源的耦合量為大。

**Q4：** 說明接頭上各接點(pin)間雜訊干擾耦合模式($E/H$)？$E=$電容，$H=$電感。

**A：** 一般接頭接點(pin)間干擾耦合量模式視pin上所帶電流而定。如小於 30mA，pin間干擾耦合模式以電容耦合為主，較少考量電感耦合。如大於 30mA，pin 間干擾耦合模式除電容耦合外，尚需考量電感耦合且電流愈大電感耦合量亦愈大。

工程應用：干擾量大小以 $di/dt$ 為主，由 $V_L=Ldi/dt$，$V_L$ 與 $di/dt$ 微分變化有關，當 $di$ 越大，需考量 pin 上所帶有的電感性雜訊電壓 $V_L$，而 pin 與 pin 間電容性雜訊電壓是和其間電容抗有關，而電容抗又與頻率有關，一般低頻因電容抗高，雜訊耦合量低，無干擾問題。但在高頻因電容抗低，雜訊耦合量高有干擾問題。而依 $V_C=idt/C$ 其中 $i$ 與電容抗高低有關，電容抗高，$i$ 小，電容性雜訊電壓低；電容抗低，$i$ 大，電容性雜訊電壓高。

**Q5：** 如何改善接頭上各 pin 間的干擾耦合量？

**A：** 在接頭上 pin 間加一 ground pin 約可減少 20dB 干擾耦合量。

工程應用：接頭中有許多 pin，這些 pin 除給 signal 與 return 選用以外，其他多餘的 pin 多預留給接地用，如在 signal 與 return 週邊選用 pin 作為接地，形同在 signal 與 return 週邊加裝 shielding 一樣，可以防制 signal 與 return 雜訊外洩或感應外來雜訊。

**Q6：** 如何計算圓形接頭上兩 pin 間的差膜電容量？

**A：** 依公式 $C=\pi\varepsilon/\log\left(\dfrac{2S}{d}\times\dfrac{D^2-S^2}{D^2+S^2}\right)$

$\varepsilon$：兩 pin 間介質材料介質常數。

$S$：兩 pin 間距離(mm)。

$d$：pin 直徑(mm)。

$D$：圓形接頭直徑大小(mm)。

工程應用：兩 pin 間雜訊干擾量大小依 $C$ 大小而定，$C$ 大雜訊耦合量大，而 $C$ 大小優先取決於 $\varepsilon$ 和 $S$，$\varepsilon$ 越大依 $C=\varepsilon\dfrac{A}{d}$ 公式 $C$ 越大。而 $S$ 越小依 $C=\pi\varepsilon/\log\left(\dfrac{2S}{d}\times\dfrac{D^2-S^2}{D^2+S^2}\right)$ 公式 $C$ 越大。所以為減小兩 pin 間 DM 電容量，應選用較小 $\varepsilon$ 值，與加大 $S$(兩 pin 間距離)可降低雜訊耦合量。

**Q7**： 試說明接頭 pin 間干擾耦合量對頻率響應關係？

**A**： 頻率低耦合量低，頻率高耦合量高，以 $D$ type 接頭為例。如 1kHz，各 pin 間電壓耦合量約為 $10^{-4}$，pin 間有 ground 者耦合量較小約為 $10^{-5}$。

| freq(Hz) | source(V) | Victim(V) | |
|---|---|---|---|
| | | pin to pin | pin-gd-pin |
| 1k | 1 | $10^{-4}$ | $10^{-5}$ |
| 10k | 1 | $10^{-3}$ | $10^{-4}$ |
| 100k | 1 | $10^{-2}$ | $10^{-3}$ |
| 1M | 1 | $10^{-1}$ | $10^{-2}$ |

工程應用：pin 本身有 $L$，pin 與 pin 間有 $C$，低頻 $X_C$ 大、$X_L$ 小，雜訊耦合量低，高頻 $X_C$ 小、$X_L$ 大，雜訊耦合量高。

**Q8**： 試說明接頭阻抗與通過信號 delaytime 關係？

**A**： 一般接頭阻抗在低頻工作時，因低頻波長遠大於接頭長度故不考慮接頭受信號通過 delaytime 問題，但在高頻尤其是數位信號 risetime 甚快的情況下，需考量接頭阻抗與信號通過 delaytime 問題，以一長度為 5cm 的接頭為例，其間介質常數為 4.0 (Teflon)，依 $V = 3 \times 10^{10}$cm$/\sqrt{\varepsilon}$ 公式，信號在接頭段的速度為 $V = 3 \times 10^{10}$cm$/\sqrt{4}$ $= 1.5 \times 10^{10}$cm/s $= 15$cm/ns，如接頭長為 5cm，信號通過接頭的時間為 0.3ns$(t = l/V = 5/15 = 0.3)$，如以 0.3ns 為信號通過接頭的延遲時間而又相當於不會造成對阻抗匹配影響的 1/10 波長時，此頻率可預估為 $f = 1/\pi \times 0.3 \times 10^{-9} = 1000$MHz，而 100MHz 的 $\lambda/10$ 相當於 1000MHz。換言之，當信號 risetime $\leq$ 0.3ns 時，$f \geq$ 100MHz，此時接頭需注意接頭的阻抗匹配問題。當信號 risetime $\geq$ 0.3ns 時，$f \leq$ 100MHz，此時接頭中的信號波長 $\geq$ 接頭長度不需考量接頭的阻抗匹配問題。

工程應用：比較接頭長度$(L)$與通過頻率波長$(\lambda)$，如 $L \gg \lambda$ 因共振效率至低無干擾問題，如 $L \approx \lambda$ 因共振效率變高，有干擾問題。

**Q9**： 試說明 PCB 與接頭阻抗介面對頻率響應關係？

**A**： 一般 PCB 接頭電感量約為 20nh，電容約 1.5pF，依 $Z = \sqrt{L/C} = \sqrt{20nh/1.5pF} = 115\Omega$，如接至 PCB 阻抗為 80、100、…、160、180 歐姆時，接頭與 PCB 介面間傳輸電壓變化量如下表列。電壓比 = connector $Z$/PCB $Z$

connector impedence = 115Ω，參用 Q8 情況

| PCB(or load)impedence | connector/PCB 間電壓變化比 | | Variation in signal or EMI amplitude(dB) $f>100$MHz |
|---|---|---|---|
| | $f<100$MHz | $f>100$MHz | |
| 180 | 1 | 0.63(115/180) | 4.00 |
| 150 | 1 | 0.76(115/150) | 2.38 |
| 140 | 1 | 0.82(115/140) | 1.72 |
| 115 | 1 | 1.00(115/115) | 0.00 |
| 100 | 1 | 1.15(115/100) | 1.21 |
| 80 | 1 | 1.43(115/80) | 3.10 |

工程應用：設接頭阻抗為 115Ω，在低頻 $f>100$ MHz 不受 PCB 負載變化影響，接頭輸入、輸出信號保持定值不變。但在高頻 $f>100$ MHz，則受 PCB 負載變化影響，接頭輸入、輸出信號會因負載變化而變動，如負載變大，接頭輸出信號會變小(load down)，如負載變小，接頭輸出信號會變大(load up)。

**Q10**： 接頭接點阻抗大約是多少？

**A**： (1)良好接頭接點阻抗約為 0.1mΩ。

(2)不良接頭接點阻抗約為 10mΩ。

(3)接點需良好接觸及防銹處理，在接點 pin 處加敷(plating)一層薄膜(tin plated,gold plated)。

(4)鍍金雖導電性良好但材質較軟易磨損，現多改用 hard gold alloy plating。具有導電性良好、防銹好、高硬度等優點。

工程應用：接頭 pin 長度(L)很短，對中、低頻(K、M)波長而言 $\lambda>L$，阻抗視同低頻(DC)響應，接頭接點阻抗均以 DC mΩ 表示，如更好接頭接點阻抗定為 0.1 mΩ。

**Q11**： 一般 RF 接頭的介入損失(lnsertion)是多少？

**A**： 頻率 100M 至 1000M，lnsertion loss 約為 0.1～0.3dB。

工程應用：介入損失與 RF 接頭製作材質及構形精密度有關。材質中含有雜質是造成 lnsertion loss 的主因，頻率越高 Insertion loss 越大，構形精密度不佳阻抗變大，消耗工作信號功率也是造成 insertion loss 的原因。

**Q12**： 簡述一般濾波接頭濾波功能？

**A**： 濾波接頭形同 Π type 濾波器，一般 50 歐姆系統中在 10MHz 有 20dB，100MHz 有 80dB 濾波功能，在低小於 100kHz 則無濾波功能。

工程應用：因 $\pi$ 型濾波器如欲濾除低頻雜訊，其間串接 $L$ 及並接 $C$ 外形均很大，而濾波接頭外形不大只適用於高頻濾波，而不適用於低頻濾波。

**Q13**：簡述一般同軸電纜接頭濾波功能？

**A**：本項接頭多用在濾波大於 10kHz，常用有效範圍在濾除大於 10MHz 雜訊，接頭本身為不平衡(unbalanced line)與同軸電纜接用時需將接頭外緣與電纜線外緣隔離套做360°密合銜接，使接頭原 unbalanced line 轉為與電纜線一致的 balanced line。

工程應用：同軸電纜接頭形同貫穿式電容濾波器，此型電容濾波均呈並聯接地才有最大濾波功效，而濾波接頭未接纜線前因與接地無關無濾波功效(unbalanced line)。唯在濾波接頭與纜線結合後，接頭外殼與纜線隔離層相通連至電子盒外殼接地才能發揮正常濾波功能(balanced line)。

**Q14**：簡述大型濾波接頭濾波功能特性？

**A**：大型濾波接頭可承載 5A，多用在低度 D.C 工作電壓。此型接頭用在 50 歐姆系統中，濾波工作頻率在 100kHz 以上，並常和 Transzorbs or Varistor 連用以防制突波大電流的干擾。

工程應用：低通濾波器(low pass filter)用於濾除高頻雜訊，其工作頻段高低與電容器大小有關，低頻選用大電容，高頻選用小電容。此處濾波接頭因需與 50 Ω纜線連用，需特別設計為 50 Ω濾波接頭。其中用於防制突波大電流的 Transzorbs or Varistor 是和濾波接頭並聯使用，也就是先抑制突波大電流，而後濾除由突波所產生的雜訊。

**Q15**：選用接頭應注意那些電性參數？

**A**：阻抗、接頭接點材質導電性、工作電壓、工作頻率、駐波比、電磁干擾、接頭型式與大小。

工程應用：接頭分通用接頭與校正接頭，通用型用於一般纜線和電子盒介面轉接信號，電性與物性規格視工作需求而定。校正接頭因用於校正檢測儀具功能，接頭本身的電性與物性規格要求很高，如電性駐波比、物性構形精密度。

## *4.3* 類比、數位主動元件耐受度

**Q1**：如何定義線性與非線性類比電子裝置的耐受度？

**A**：耐受度(RS)＝裝置頻寬／裝置輸入雜訊。

RS = device BW/device input noise。

如干擾源為線性雜訊(Coherent broadband transient or pulse)，V/I concept

$$RS = \frac{B}{N} = \frac{B}{\sqrt{4RFKTB}} = \sqrt{\frac{B}{4RFKT}}$$

如干擾源為非線性雜訊(Noncoherent, arc discharge)，PWR concept

$$RS = \frac{\sqrt{B}}{N} = \frac{\sqrt{B}}{\sqrt{4RFKTB}} = \frac{1}{\sqrt{4RFKT}}$$

$B =$ B.W. in Hz

$N$ : Internal noise voltage in mV

$R$ : resistive component of equivalent I/P impendence in ohm

$F$ : noise figure of receptor in ratio

$KT$ : $4 \times 10^{-21}$ W/Hz， Boltzmanns K at 27℃，$KT = 1.38 \times 10^{-23} \omega/°$K/HZ$\times(273 + 27)$ °K

工程應用：線性雜訊因可預估雜訊頻率頻譜，依 RS 公式與頻譜寬($B$)有關。非線性雜訊因屬混附波模式無法預估雜訊頻率頻譜，依 RS 公式與頻譜寬($B$)無關。

**Q2**： 試簡化類比線性 $RS = \sqrt{\dfrac{B}{4RFKT}}$ 為實用算式？

**A**： 將 $KT = 4 \times 10^{-21}$ 代 RS 公式得 $RS = 0.8 \times 10^{10}\sqrt{B/RF}$

　　　$RS = 198 + 10 \log(B/RF)$dB

工程應用：將已知線性雜訊頻寬$B$，組件 1/$P$ 阻抗，組件本身雜訊比(Noise figure)，代入 RS 公式可算出組件耐受度層次。

**Q3**： 試簡化類比線性 $RS = \dfrac{B}{N}$ 為實用算式？

**A**： 將 $RS = \dfrac{B}{N}$ 化為 PWR 算式 $RS = \dfrac{B^2}{N^2} = \dfrac{B^2}{4RS}$

　　　$S$ : RCV sensitivity，$R$ : 1/P resistance，$B$ : bandwidth

　　　$= 20 \log B - S$(dBW) $- 10 \log 4R$，$S$(dBW) $= S$(dBm) $- 30$，$10 \log 4R = 6 + 10 \log R$

　　　$= 24 + 20 \log B - 10 \log R - S$(dBm)

工程應用：將已知線性雜訊頻寬$B$，組件 1/$P$ 阻抗，組件靈敏度$S$，代入 $RS$ 公式可算出組件耐受度層次。

**Q4**： 如接收機靈敏度 $S = -104$dBm，輸入阻抗為 50Ω，頻寬為 1MHz，求此接收機耐受度？

**A**： 依題 2、題 3 算式，查接收機 $F = 10$

　　　$RS = 198 + 10 \log(B/RF) = 198 + 10 \log(10^6/50 \times 10) = 231$

　　　$RS = 24 + 20 \log B - 10 \log R - S$(dBm)

　　　　$= 24 + 20 \log 10^6 - 10 \log 50 - (-104) = 231$

工程應用：RS 值大小表示耐受度高低，RS 值愈大耐受度愈強，RS 值小耐受度愈弱。

**Q5**： 試說明廣播、電視系統接收機耐受度情況？

**A**： 廣播電視頻段略分為四：AM(550k-1650k)、FM(88M-108M)、VHF(54M-88M，174M-216M)、UHF(470M-890M)，AM 易受寬頻大氣雜訊干擾，FM、TV 易受車輛點火雜訊干擾。

工程應用：AM 屬低頻 kHz，FM 屬中頻(幾十 MHz)，TV 屬高頻(數百 MHz)，其耐受度首先考量週邊環境干擾源頻率如相近或相同干擾大，如與干擾源頻率差距很大干擾小。

**Q6**： 說明點對點微波通訊耐受度情況？

**A**： 此型通訊模式可分四類：Microwave Relay(2-126Hz)、Satellite Relay(2-16GHz)、Ionosphenic scatter(400-500MHz)、Tropospheric scatter(1.8-5.6GHz)，因所用系統天線有高度指向性及系統高 S/N 值，故不易受外來雜訊干擾。

工程應用：點對點通訊天線輻射與接收場型均為極窄波束，除非干擾源方位直接與受害源方位相對應(line of sight)可能造成干擾外，其他方位不相對應(out of sight)干擾源信號均從受害源天線旁波束進入，因耦合信號不強常不會造成干擾。

**Q7**： 說明導航接收機系統耐受度情況？

**A**： 導航接收系統天線指向性十分精密且系統S/N值亦高，故不易受外來雜訊干擾，導航系統如下列

VHF Omni Range，108-118MHz

TACAN (tactical Air Navigation)

Marker Neacons，76.6-75,4MHz

ILS(Iustrument landing System)，108-118MHz

Altimeter，4.2-4.4GHz

Direction Finding，405-415MHz

Land，1638-1708kHz

工程應用：說明同 Q6。

**Q8**： 如何界定數位裝置信號干擾耐受度？

**A**： 依公式 $RS = \frac{B}{N_V} \times R$

$B$：bandwidth in Hz，$\frac{1}{\pi t}$ ($t$：pulse risetime in second)

$N_V$：worst case dc noise margin in volt

$R$：digital device I/P resistance in ohm

$RS = \frac{0.32}{N_V t} \times R$

如下表示不同 digital device 有不同的耐受度(RS)。RS 值越大，耐受性越強。

|  | $N_V$ | $t$ | $R$ | susceptibility rating(RS) |
|---|---|---|---|---|
| HCMOS | 1 | $10^{-8}$ | $10^6$ | $0.3 \times 10^{14}$ |
| CMOS | 1 | $10^{-7}$ | $10^6$ | $0.3 \times 10^{13}$ |
| STTL | 0.3 | $3 \times 10^{-9}$ | $3 \times 10^3$ | $1.0 \times 10^{12}$ |
| ECL 10k | 0.1 | $2 \times 10^{-9}$ | $2 \times 10^3$ | $0.3 \times 10^{12}$ |
| TTL | 0.4 | $10^{-8}$ | $3 \times 10^3$ | $2.2 \times 10^{11}$ |

工程應用：將 digital 元件電性參數 $R$、$N_V$、$t$ 代入 RS 分式，可算出不同元件 RS 值，選用 RS 值越大，耐受度越大。

**Q9**： 如何界定類比裝置干擾耐受度？

**A**： 依類比裝置本身耐受度情況分級如下。

| 耐受度(由大至小) | 類比裝置種類 |
|---|---|
| 180-260 | low noise Amplifier |
| 160-240 | IF/logIF Video amplifier |
| 150-200 | crystal video amplifier |
| 110-160 | Audio pre-amplifier |
| 80-120 | low level, low $Z$ amplifier |
| 60-110 | low level，High $Z$ amplifier |
| 60-110 | Audio amplifier |

數字說明耐受度指數大小比值，指數大耐受性強，指數小耐受性弱

工程應用：參閱本章節 4.3，Q2、Q3 所列公式，將相關參數代入得知 RS 值，並按 RS 值大小排序，可瞭解類比裝置耐受度高低情況。

**Q10**： 簡述類比信號與數位信號耐受性對應干擾信號強度變化情況？

**A**： 一般耐受性程度分四區((1) No Malfunction，(2) Quasi linear region，(3) Nonlinear，(4) Destructive region)。耐受性程度與干擾信號強度關係曲線如圖示

工程應用：由圖示可知數位信號比類比信號耐受為高，此因數位信號位準(如 TTL 5 V)比類比信號位準($\mu$V，mV)為高，不易受到干擾之故。

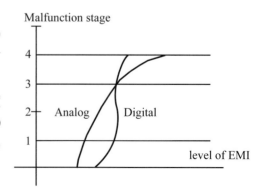

**Q11**： 如何定義數位信號傳輸錯率比(BER)？

**A**： BER 含兩種模式錯率，一為錯認干擾信號為正常信號(false acceptance)，一為干擾信號將正常信號遮蔽使原有存在的信號錯認為不存在的信號(false dismissal)。因此 false acceptance 相當於 probability of false alarm，而 false dismissal 相當於 one minus probability of detection。

工程應用：BER 最簡單定義，原正常信號為 1，突變為 0，或原工常信號為 0 突變為 1 的失效情況，稱之 BER(bit error rate)，BER 越低，系統功能性越好，BER 越高，系統功能性越差。

**Q12**： 在 Ninary PAM 系統中，以本身組件高斯雜訊比(S/N)及外來正弦波雜訊比(S/I)為干擾參數時的系統資料傳送錯率變化情況(BER)如何？

**A**： 以 S/I 為參數(S/I = 5、10、15、20、25)可繪出以系統本身加電所產生的 S/N 比為變數時相對應的系統資料傳送錯率變化量(BER)如下表。

| S/I = 5 | S/N | 13 | 15 | 17 | 19 | 21 | 23 |
|---|---|---|---|---|---|---|---|
| | BER | $10^{-2}\sim10^{-3}$ | $10^{-3}$ | $10^{-4}$ | $10^{-5}\sim10^{-6}$ | $10^{-7}\sim10^{-8}$ | $10^{-11}$ |
| S/I = 10 | S/N | 13 | 15 | 17 | 19 | 21 | 23 |
| | BER | $10^{-4}$ | $10^{-5}$ | $10^{-7}$ | $\sim10^{-10}$ | $10^{-10}\sim10^{-12}$ | $>10^{-12}$ |
| S/I = 15 | S/N | 13 | 15 | 17 | 19 | 21 | 23 |
| | BER | $10^{-4}\sim10^{-5}$ | $10^{-6}$ | $10^{-9}$ | $10^{-11}\sim10^{-12}$ | $>10^{-12}$ | $>10^{-12}$ |
| S/I = 20 | S/N | 13 | 15 | 17 | 19 | 21 | 23 |
| | BER | $10^{-5}$ | $10^{-7}$ | $10^{-12}$ | $>10^{-12}$ | $>10^{-12}$ | $>10^{-12}$ |
| S/I = 25 | S/N | 13 | 15 | 17 | 19 | 21 | 23 |
| | BER | $10^{-5}\sim10^{-6}$ | $10^{-8}$ | $10^{-12}$ | $>10^{-12}$ | $>10^{-12}$ | $>10^{-12}$ |

S/I：外來雜訊，S/N：系統本身雜訊

工程應用：設系統間外來信號雜訊比($S/I$)為定值，系統內信號雜訊比($S/N$)越大，BER 越小，或設系統內信號雜訊比($S/N$)為定值，系統間外來雜訊比(S/I)越大，BER 越小。

**Q13**： 簡述電視畫面所受干擾情況？

**A**： 由畫面干擾情況可分 dots、lines、bars、lose syn、lose roll。一般電視對外來干擾源可分三種，一為 Random EMI，S/I 臨界值 26dB，二為 CW EMI，S/I 臨界值 42dB，三為 pulse EMI，S/I 臨界值 15dB。

工程應用：畫面干擾出現 dots 與 pulse EMI 有關，畫面突呈現不明亮點或花紋，與 Random EMI 有關，畫面突呈現在掃描線有不清晰不穩定現象或暗點與 Random EMI 有關，而原畫面三原色組合比例失調會有色散現象。lose syn 與 lose roll 與 CW EMI 有關，lose syn 指畫面水平方向掃描受到 CW 干擾，畫面呈現不同步不穩定現象；lose roll 指畫面垂直方向掃描受到 CW 干擾，畫面呈現不同步不穩定現象。

**Q14：** 如何計估被干擾源(Victim)工作頻寬外(out of band)的 EMI 干擾耦合量？

**A：** 依待測件被干擾源工作頻段可分 passband 與 stopband，所稱 out of band 即為 stopband 工作區內所能濾除 out of band 中雜訊的工作能量以 $T$ (dB)示之，$T$ (dB)為 Amplifier logic or Filter relative transmission gain(dB)。

$$T \text{ (dB)} = -10 \log [1 + f(\text{EMI})/f(co)]^{2n}$$

$f(\text{EMI})$：外來干擾源雜訊頻率

$f(co)$：passband 的工作截止頻率

$n$：stages of flat or butterworth flter

由上式 $n = 1$，$f(\text{EMI})/f(co) = 10$，$T = -20$dB/decade。

$n = 2$，$f(\text{EMI})/f(co) = 10$，$T = -40$dB/decade。

餘類推 $n = 3$，$T = -60$dB/decade，$n = 4$，$T = -80$dB/decade，$n = 5$，$T = -100$dB/decade。

$n$ 越大表示此型接收機對工作頻段外的濾除雜訊功能越好。($n$ 越大表示級數越多)。

工程應用：$n$ 越大表示級數越多，濾波功能越好，但是級數越多濾波器組合 $LC$ 組件也越多，因組件過多除本身對工作信號有衰減作用外，也會因 $LC$ 對應頻率有共振作用產生連波(ring wave)，影響濾波器本身駐波比[ripple (dB) = $10 \log (SWR)$]。

**Q15：** 試簡述雷達射頻干擾計算機及民用通訊頻道的原因？

**A：** 雷達射頻信號會在計算機中晶體的 base junction 處形成一對地的電容抗迴路，干擾超外差檢波器而影響原有信號的調幅 Envelope。雷達射頻信號會干擾通訊正常音頻整流(Audio Rectification)的電流電壓響應工作曲線，而使輸出波形失真。

工程應用：雷達射頻多在 1 GHz 以上，一些電容性電子裝置最容易受到高頻干擾源干擾，因電容抗在高頻呈現低電容抗，故易感應如雷達高輻射場強干擾。

**Q16：** 簡述射頻信號感應干擾一般二極體情況？

**A：** 如以 1N914 diode 為例，工作電壓為 0.7V 當受射頻 5～400mV 干擾時會在正常工作電流上感應出 0～20mA 雜訊電流。在 $V < 0.7$V 雜訊電流較小，在 $V > 0.7$V 雜訊電流呈指數增大。

工程應用：先將射頻電壓(mV)轉換為電場($E$)，由電場($E$)再轉換為磁場($H$)，由磁場($H$)再轉換為電流($I$)，當射頻信號很大時，會感應出很大電流可能燒毀二極體，由 $V \rightarrow E \rightarrow H \rightarrow I$ 過程參閱附錄 1 附 H，電磁電子能量互換模式演算說明。

**Q17**： 簡述電晶體受雜訊干擾的現象為何？

**A**： 一般低位準的電晶體較易受干擾，干擾會造成對檢波及放大功能的傷害，而晶體寄生電阻及電容和外來突波會影響正常原有工作頻段內的電性正常功能。

工程應用：造成晶體工作響應曲線由線性工作區轉為非線性工作區，而影響對信號放大或檢波正常功能運作。

**Q18**： 那些是晶體本身所產生的雜訊？

**A**： 晶體本身所生雜訊有三項：Thermal、Shot、flicker。一般高頻電晶體因本身寄生電感、電容因共振產生不規則雜訊，此項雜訊多呈高斯(gaussian noise)分佈，如晶體用在線性則無雜訊，如用在開閘(switching)模式則會產生 250k～2M 雜訊，如用在轉向器(lnvert)會產生 15～200M 雜訊，為防制此項干擾雜訊的產生應選用較低而又合乎需求的 Switching transistor，儘可能減短 Switching 信號所經路徑，以免對路徑週邊的其他電子組件造成干擾。對高功率晶體應安裝在金屬殼板上，晶體輸出入腳以扁平型為宜，一可避免腳過長過細電感量過大引起雜訊輻射，二可用於散熱可保護大功率晶體過熱現象。

工程應用：Thermal noise 與溫度上升、材質中雜質所引起的非線性寬頻雜訊有關，Shot 與寄生 $R$、$L$、$C$ 共振有關，flicker 形同連續性 ripple、spike 與晶體工作頻率有關。

## 4.4 類比、數位放大器干擾分析

**Q1**： 簡述類比放大器雜訊電壓大小($V_n$)與電流大小($I_n$)及雜訊比(N.F.)計算法？

**A**： 依公式 $V_n = 8KTBR_s + 2V_n^2 + 2(I_n R_s)^2$

N.F. $= V_n/8KTBR_s = \{1+[2V_n^2+2(I_nR_s)^2]\}/8KTBR_s$

$KT = 4 \times 10^{-21}$ W/Hz，Boltzmannis Constant at 27℃

$B =$ B.W.(Hz)，Amplifier Bandwidth，by spc

$V_n$、$I_n =$ noise $V$(Volt)，noise $I$(amp)，by test

$R_s =$ mΩ source impedance，by spc

一般標準 OP Amp 的 $V_n$ 在 10Hz～10kHz 間 $V_n$ 大小變化在 50nV/$\sqrt{\text{Hz}}$～10nV/$\sqrt{\text{Hz}}$。

一般標準 OP Amp 的 $I_n$ 在 10Hz～10kHz 間 $I_n$ 大小變化在 10nI/$\sqrt{\text{Hz}}$～3nI/$\sqrt{\text{Hz}}$。

工程應用：NF 與類比放大器 $V_N$、$I_N$ 成正比，與 $B$(amplifier bandwidth)成反比。因 $B$ 越小，$Q$ 越大，NF 越大，反之，$B$ 越大，$Q$ 越小，NF 越小。

**Q2**： 如何計算 O/P 放大器 $BW_{3dB}$ 與 $t_r$(risetime)間的關係式？

**A**： $(BW)_{3dB} =$ Unity Gain BW $\times R_2/R_1$

$R_1 =$ O/P Amp I/P impedence

$R_2 = $ O/P Amp feedback impedence，$(R_2 \gg R_1)$

$\text{BW}_{3dB} = 1/\pi t_r = 0.32/t_r$

e.g.Unity Gain BW $= 10\text{MHz}$，$R_1 = 100\text{k}\Omega$，$R_2 = 1\text{M}\Omega$

$\text{BW}_{3dB} = $ Unity BW $\times \dfrac{R_2}{R_1} = 10\text{M} \times \dfrac{1\text{M}\Omega}{100\text{k}\Omega} = 100\text{MHz}$

$t_r = 0.32/\text{BW}_{3dB} = 0.32/100\text{M} = 0.0032\mu s$

工程應用：先由 $\text{BW}_{3dB} = $ unity $BW \times \dfrac{R_2}{R_1}$，算出 $\text{BW}_{3dB}$。

代入 $t_r = 0.32/\text{BW}_{3dB}$，算出 $t_r$。

**Q3：** 試說明類比放大器 Slew rate 與 BW 關係？

**A：** Slew rate 對類比放大器影響 BW 不大，但對數位放大器如 Slew rate 過慢則會使原方形脈波變形為三角形波。並會造成放大器 BW 變窄的現象。

工程應用：類比放大器本身工作曲線 slew rate 就很平緩，對 $BW$ 沒有什麼影響。但對數位放大器因 slew rate 要求很快速，如太慢會使方波變三角波，底部波寬加大，影響放大器頻寬問題。

**Q4：** 如何計算放大器共膜式拒斥比(CMRR)？

**A：** 依公式 CMRR $= V_{CM}/V_0/G$

$V_{CM}$：放大器輸入端共膜式雜訊電壓。

$V_0$：因 $V_{CM}$ 存在影響放大器輸出的電壓變化。

$G$：放大器增益。

CMRR(dB) $= 20 \log \left( \dfrac{V_{CM}G}{V_0} \right)$，一般 CMRR(dB)在 $60 \sim 120\text{dB}$，在低頻 $100\text{Hz}$ 以內，CMRR 有 $120\text{dB}$。在高頻 $100\text{Hz}$ 以上，CMRR 呈指數下降由 $120\text{dB}$ $(f < 100\text{Hz})$降至 $60\text{dB}(f = 100\text{kHz})$。

工程應用：CMRR 主要用在濾除低頻雜訊，基本工作原理利用 $X_C = 1/2\pi fC$ 在低頻為高電容抗，可阻隔低頻雜訊，在高頻為低電容抗，不利阻隔高頻雜訊。

**Q5：** 設放大器 CMRR $= 100\text{dB}$，如放大器增益為 $40\text{dB}$，求此放大器的雜訊電壓輸出大小？

**A：** 由 $V_{CM}G/V_0 = $ CMRR 公式計算 $V_0$

$G = 40\text{dB} = 10^2$，CMRR $= 100\text{dB} = 10^5$，

$V_0 = V_{CM}G/\text{CMRR} = V_{CM} \times 10^2/10^5 = V_{CM} \times 10^{-3}$

如 $V_{CM} = 10\text{V}$(共膜式雜訊電壓)

則 $V_0 = 10\text{mV}$(放大器雜訊輸出電壓)

工程應用：由已知 CM 雜訊電壓 $V_{CM}$，經接裝 $CMRR$ 放大器可濾除低頻雜訊，先查知 CMRR 抑制器功能在頻率如 $1$ kHz，CMRR 值為 $10^5$，功率放大器放大係數 $= 100$，由 $V_o = V_{CM} \times G/CMRR$ 公式，如 $V_{CM} = 10$ V，經 CMRR CM 雜訊可降為 $V_o = 10$ mV。

**Q6：** 試比較標準功率放大器(OP Amp)，共膜拒斥(CMR)，差膜拒斥(DMR)頻率響應？

**A：**

| 頻率 | | 1k | 10k | 100k | 1M | 10M | 100M | 1G | 10G |
|---|---|---|---|---|---|---|---|---|---|
| CMR | 低增益大信號 | 40 | 36 | 28 | 20 | 10 | | | |
| | 高增益小信號 | 40 | 36 | 28 | 20 | 10 | 6 | | |
| DMR | 低增益大信號 | 0 | 0 | 0 | 0 | 6 | 20 | 20 | 20 |
| | 高增益小信號 | 0 | 0 | 0 | 26 | 46 | 60 | 60 | 60 |

由表中所示 CMR 工作頻段在 10MHz 以內，如頻率大於 10MHz 因線間寄生電感影響而使 CMR 工作失效。DMR 與 CMR 相反在低頻 1MHz 以內 DMR 無作用，在高頻大於 10MHz，DMR 才開始工作。

工程應用：CMRR 用在低頻較好，高頻較差。

DMRR 用在高頻較好，低頻較差。

一般 DM 雜訊在低頻較高，而 DMRR 在低頻消除雜訊功效也不好，所以在低頻對 DM 雜訊改以物理互絞線處理。另 CM 雜訊在高頻較高，而 CMRR 在高頻消除雜訊功效僅 20～60 dB，不偌在低頻有 60～120 dB 之高。

**Q7：** 試述類比功率放大器耐受性 CS、RS 情況？

**A：** 類比裝置電性功能中的 Slew rate 均很低，不受外來極高頻傳導性(CS)雜訊的干擾 (因類比裝置 Slew rate 不快不足以反應出對外來高頻 CS 信號的干擾)，但類比裝置易受高頻(VHF)輻射干擾而使類比裝置輸出呈閃動變化(fluctuation)。一般調幅波 (Modulated wave)要比載波(CW)對類比裝置的干擾較為嚴重。又類比裝置中的同步電路最易受調幅波干擾而飽和，此項干擾頻率多在 30M～500M。

工程應用：CS 與 slew rate 有關，RS 與頻率有關，slew rate 是時態反應問題，frequency 是與含 CW 信號或 CW + modulate wave 信號有關，如僅 CW 信號會產生信號波動(fluctuation) 現象，如另加 modutate wave 使 CW + modulate wave 變大，易產生信號飽和(saturation) 現象。

**Q8：** 如何檢測線性與非線性放大器耐受度？

**A：** 設定放大器輸出變化不超過 10％變化量為準，一般以場強 50V/m 左右照射線性放大器並觀察放大器受干擾情況，常態在場強大於 50V/m 時，放大器會受干擾使輸出變化量超過正常的 10％，但對非線性放大器執行耐受性測試時，以場強 55V/m～75V/m 照射常使放大器輸出變化量超過正常的 10％，而最正確的耐受度量測應自弱場強漸增至強場強逐點量測找出對放大器的耐受度臨界值。

工程應用：線性放大器耐受度比非線性放大器耐受度為高，因場強照射依規格執行寬頻段場強照射，而線性放大器諧波為窄頻雜訊，其感受寬頻場強照射量，要比非線性放大器諧波為寬頻雜訊，所感受寬頻場強照射量為小，所以線性比非線性放大器耐受度為高。

**Q9：** 簡述邏輯裝置電磁干擾特性為何？

**A：** 邏輯裝置是一項 ON/OFF 裝置(1、0 交變)，其工作電壓靈敏度在幾百 mV，工作功率在能使邏輯 1、0 交變時所需最小的功率稱之臨界功率，凡干擾信號功率大於此項臨界功率時就會造成對邏輯電路的干擾。基本上 logic 較不受 DC 干擾，但其本身在 1、0 交變時所輻射的雜訊頻寬至寬可達 VHF、UHF 頻段，如 ECL 及新進 STTL 的 clock speed 可超過 1000MHz 其雜訊頻率可達 GHz。而類比裝置則多為低頻，工作頻寬亦比數位窄，雜訊頻率多在幾十 MHz 以內。

工程應用：long $t_r$ 用在 low speed digital，工作 bandwidth 較窄(信號容量小)，所產生的雜訊寬度較窄。short $t_r$ 用在 high speed digital，工作 bandwidth 較寬(信號容量大)，所產生的雜訊寬度較寬。

**Q10：** 如何定義邏輯元件族的耐受度等級？

**A：** 耐受度＝ D.C. noise margin voltage/swing voltage

D.C. noise margin voltage ＝干擾影響邏輯數位 1、0 變化的雜訊電壓。

Swing voltage ＝元件 1、0 交變工作電壓如 0.8V、3V、3.4V、3.5V、5V 等。

各式邏輯元件耐受度情況(%越大，耐受度越高)

| logic family | swing voltage(V) | noise voltage(mV) | immunity % |
|---|---|---|---|
| Schottky TTL | 3.4 | 300 | 9 |
| low PWR Schottky | 3.4 | 300 | 9 |
| Advance Schottky | 3.4 | 300 | 9 |
| Advance low PWR Schottky | 3.4 | 300 | 9 |
| Fast(fairchild) | 3.0 | 300 | 10 |
| GA AS(1.2V) | 1.0 | 100 | 10 |
| ECL-10k | 0.8 | 100 | 12 |
| ECL-100k | 0.8 | 100 | 12 |
| TTL | 3.4 | 400 | 12 |
| Low PWR TTL | 3.5 | 400 | 12 |
| MODFET | 0.6～0.8 | 100 | 14 |
| CMOS | 5.0 | 1000 | 20 |
| High speed CMOS | 5.0 | 1000 | 20 |

工程應用：按各型邏輯元件耐受度，由低至高排列供設計者選用參考。通常先行選取所需功能性元件，並參閱耐受度所能承受雜訊電壓(mV)，同時評估在此元件週邊是否存在危害干擾源，與以何種耦合方式感應元件造成干擾。

**Q11**： 邏輯元件的 D.C.與 A.C. Noise Margin 有何不同？

**A**： D.C. noise margin 係指元件 driving gate 輸出電壓與驅動邏輯信號 1、0 所需輸入電壓間之差，如LS-TTL元件在pulse width為 10ns時為D.C. 500mV。AC noise margin 係指在不同 pulse width 時 AC 雜訊造成對邏輯信號 1、0 的干擾，pulse width 愈窄所能承受 AC noise 干擾能量愈大。pulse width 愈寬所能承受 AC noise 干擾能量愈小。

工程應用：DC noise margin 係指在固定脈波寬情況下，脈波電壓所能承受雜訊電壓的耐受度。
AC noise margin 係指在不同脈波寬情況下，脈波電壓所能承受雜訊電壓的耐受度。
一般脈波寬較窄，脈波強度較強，耐受性較高。反之脈波寬較寬，脈波強度較弱，耐受性較低。

**Q12**： 簡述邏輯元件對工作頻寬外的雜訊抑制情況？

**A**： 以LS-TTL為例雜訊頻寬為 30MHz($t_r$ = 10ns)對 50MHz雜訊的抑制能量為 4.43dB，對 100MHz雜訊的抑制能量為 10dB(Noise Rejection above D.C. noise margin in dB)。

工程應用：元件 50 MHz 雜訊較強，對外來信號干擾耐受度較高，元件 100 MHz 雜訊較弱，對外來信號干擾耐受度較低。

**Q13**： 如何定義邏輯元件雜訊能量耐受度大小？

**A**： 元件雜訊能量大小為雜訊功率大小乘以波形波寬。依公式$P(\text{noise}，\text{joules}) = \dfrac{V_n^2}{R} \times \tau$

$V_n$：造成電路 Switching 的雜訊電壓。

$R$：推進級 O/P 阻抗和元件 I/P 阻抗的並聯阻抗

$\tau$：元件脈波寬(pulse width)

如依上式各型元件雜訊功率 $P(\text{noise}，\text{joules})$約為 TTL(1～1.5nJ)、CMOS(3nJ)、ECL(0.05nJ)、STTL(0.1～0.2nJ)。

工程應用：耐受度大小以功率×波寬轉換為熱能，是否損及元件正常工作為準。

**Q14**： 如何減小電磁干擾對 logic chip 的衝擊？

**A**： ⑴在 TTL 和 transistor 間加裝 clamping Schottky 可避免 transistor 飽和。

⑵選用元件較 sharp 的$V_{(\text{out})}/V_{(\text{in})}$工作曲線可提昇元件的耐受度，但也會增加元件本身的雜訊輻射量。

⑶選用 die to pin bonding wire 可減小大電流的電流路徑，如在元件 $V_{cc}$ 和 ground 之間加裝此線可減小電流路徑面積(loop area)而減低雜訊輻射量。

⑷如 Chip 需金屬罩，此金屬罩需接地。

⑸儘可能選用較低 Swing voltage chip(在無外界干擾的情況下)以減低 chip 本身雜訊輻射量。

(6)儘可能選用低阻抗輸入 chip 以減低雜訊電壓耦合量($V = IZ$，$Z$ 小，$V$ 小)。

(7)選用無腳 chip(leadless)(surface mount)。

工程應用：減小 EMI 對 logic chip 干擾防制方法，一針對 chip 本身防制工作，如(2)、(5)、(6)、(7)，一針對 chip 週邊加強防制工作如(1)、(3)、(4)。

**Q15**： 如何改善 line driver and receiver 干擾問題？

**A**： (1)以遲滯電路改善 short noise pulse 耐受度。

(2)以平衡電阻串接 balanced receiver I/P 改善 Receiver 平衡度提昇 CM Rejection，但也會影響 Receiver 靈敏度。

(3)以 Schottky 等抑制大能量脈衝、突波、靜電干擾。

(4)對大電流 driver 儘可能安排在 PCB I/O 位置，以減短路徑對週邊組件干擾。

工程應用：改善 line driver and receiver 問題，一針對本身防制工作，如(1)、(4)，一針對週邊加強防制工作如(2)、(3)。

## 4.5 類比裝置耐受性及防制方法

**Q1**： 如何定義線性與非線性類比裝置的輻射性耐受度？

**A**： 由雜訊分類為 Coherent、Noncoherent，依 RS = device B.W./device I/P noise 可訂出 $RS_c$、$RS_{nc}$。

Coherent $RS_c = B/N = B/\sqrt{4RFKTB} = \sqrt{B/4RFKT}$

Noncoherent $RS_{nc} = \sqrt{B}/N = \sqrt{B}/\sqrt{4RFKTB} = 1/\sqrt{4RFKT}$

$B$：BW，Hz

$N$：Internal noise voltage，receptor sensitivity，dBm

$R$：resistive component of equivalent I/P Z，ohm

$F$：Noise fiqure of receptor，ratio

$KT$：$4 \times 10^{-21}$W/Hz from Boltzmann's K at t = 27℃

Coherent(broadband transient，regular pulse emission)

Noncoherent(unmodulated arc discharge，random noise)

工程應用：線性輻射與雜訊頻寬有關，因雜訊頻譜可由已知線性波形經富氏函數轉換為規則性頻率分佈，非線性輻射與雜訊頻寬無關，因雜訊頻譜無法由富氏函數轉換為規則性頻率分佈。

**Q2**： 如何以功率計算 Coherent $(RS_c)_p$？

**A**： 依公式$(RS_c)_p = (RS_c)^2 = (B/N)^2 = B^2/4R(FKTB)$

$$= B^2/4R(N_p) = 20 \log B - N(\text{dBW}) - 10 \log 4R$$

$$= 20 \log B - [N(\text{dBm}) - 30] - 10 \log 4R$$

$$= 24 + 20 \log B - 10 \log R - N(\text{dBm})$$

e.g. receptor Sensitivity $N$dBm $= -104$，$R = 50\Omega$，$B = 1$MHz，find $(RS_c)_p$

$(RS_c)_p = 24 + 20 \log 10^6 - 10 \log 50 - (-104) = 231$dB

工程應用：由已知雜訊頻譜 $B$，元件輸入阻抗 $R$，元件信號接收靈敏度 $N$，依公式可算出元件耐受度層次，$RS$ 值越大，耐受度越大，反之越小。

**Q3：** 如何以 $B$、$R$、$F$ 計算 coherent $(RS_c)_P$？

**A：** $RS_c = B/\sqrt{4RFKT} = \sqrt{B/4RFKT} = \sqrt{B/4R \times 4 \times 10^{-21}F} = 0.8 \times 10^{10}\sqrt{B/RF}$

$(RS_c)_P = \left(0.8 \times 10^{10}\sqrt{B/RF}\right)^2 = 198 + 10 \log (B/RF)$

e.g. $B = 10^6$Hz，$R = 50\Omega$，$F = 10$

$(RS_c)_P = 198 + 10 \log (10^6/50 \times 10) = 231$dB

工程應用：由已知雜訊頻譜 $B$，元件輸入阻抗 $R$，元件信雜比 $F$，依公式可算出元件耐受度層次，$RS$ 值越大，耐受度越大，反之越小。

**Q4：** $RS_c$、$RS_{nc}$ 計算值大小代表什麼意義？

**A：** $RS_c$ 表示外來雜訊為 Coherent 時裝置所能承受的耐受度，$RS_{nc}$ 表示外來雜訊為 Non-coherent 時裝置所能承受的耐受度。此值愈小耐受度愈低，此值愈大耐受度愈高。

工程應用：$RS_c$ 與 $RS_{nc}$ 之別在 $C$ 指雜訊為規則性 Coherent 雜訊，$nc$ 指雜訊為非規則性 noncoherent 雜訊。

**Q5：** 電子裝置中何種裝置耐受度最低？

**A：** 如已知 $B$、$F$、$N$，由 $RS_c = 198 + 10 \log(B/RF)$ 式中瞭解對低輸入阻抗 ($R$) 及低 ($F$) 類比裝置有較高的耐受度，但在實用電路中因裝置週邊電路介面耦合影響會使阻抗 ($R$) 及 ($F$) 升高，而使干擾情況變為嚴重，造成耐受度的降低。

工程應用：一般雜訊頻寬 $B$ 越寬，$Q$ 值越小，信號強度較弱，耐受度較低。雜訊頻寬 $B$ 越窄，$Q$ 值越大，信號強度較強，耐受度較高。另元件輸入阻抗 $R$ 越小，感應雜訊越小，耐受度越高，輸入阻抗 $R$ 越大，感應雜訊越大，耐受度越低。

**Q6：** 在廣播電視領域中干擾的耐受度如何劃分？

**A：** 依耐受度等級列分 (RS Rating)、AM 為 195dB，FM 為 215dB，TV(low band，54-88MHz) 為 230dB，(upper band，174-216MHz) 為 230dB，(high band，470-890MHz) 為 225dB，dB 值愈小耐受度愈低，dB 值愈大耐受度愈高。

工程應用：耐受度由 Q2、Q3 所列公式計算，由弱到強可列序為 AM、FM、T.V.(VHF)、T.V.(UHF)。

**Q7：** 在通訊頻段領域中干擾耐受度如何劃分？

**A：** 一般通訊在 10kHz-2GHz 之間，VLF(RS rating 150dB) 比 UHF(RS rating 235dB) 耐受度為差，而在 1GHz 以上則多為微波中繼站 (Microwave link)，耐受度 RS rating 值為 245dB 要比 VLF(150dB)、UHF(235dB) 通訊頻段較不易受到干擾。此因微波中繼站天線具有高指向性 (Narrowbeam) 不易受週邊雜訊干擾及微波接收機高信號雜訊 (S/N) 比可提升微波通訊耐受度。

工程應用：通信頻段在低頻(< 30 MHz)多以寬波束發射／接收，至 VHF、UHF(200～1000 MHz) 發射／接收天線波來變窄，再至 Microwave(> 1 GHz)發射／接收天線波束更窄，形成點對點通訊。由寬波束易受干擾，窄波束不易受干擾情況，得知低頻寬波束耐受度較低，高頻窄波束耐受度較高的差別劃分。

**Q8：** 簡述由電晶體所產生的雜訊情況？

**A：** 一般晶體在線性模式運作較少產生雜訊，但如用於開關(switching)模式因有快速電流變動，會產生共振250kHz～2MHz雜訊，同理變相器(Inverter)也會產生 15-200MHz 雜訊(其間以 60MHz 最嚴重)。

工程應用：如晶體用在線性放大、整流，因 $di/dt$ 變動平緩較少產生雜訊，如晶體用在閘門on/off，因$di/dt$變動急劇 $di/dt$ 值變大，會產生寬頻雜訊。

**Q9：** 如何做好類比裝置的 EMI 防制工作？

**A：** ⑴頻寬：選用正確與 Analog I/P 相符的 B.W.信號。

⑵阻抗：選用低輸入阻抗類比電路。

⑶反耦合：對decoupling電容依公式RCW＝1，$C = 1/RW = 1/R \times 2\pi f$，如信號源阻抗與類比電路 I/P 阻抗($R$)並聯為 10kΩ，所需濾除雜訊頻率($f$)為 100kHz，則$C = 1/10 \times 10^3 \times 2\pi \times 100 \times 10^3 = 160pF$

⑷隔離：防制環境場強干擾及雜訊溢出，通常以 Farady cage 方法作為隔離措施。

⑸平衡：平衡匹配阻抗可改善 CM EMI 問題，Balun(Unbalance to balance)用在轉換兩個裝置間阻抗不平衡至平衡的一項阻抗匹配裝置。

⑹共地：勿將數位電源接地與類比電源接地共用接地以防制數位(V)電路干擾類比(mV)電路。

⑺音頻：防制高頻高位準信號(50mV～100mV)對音頻組件干擾，應在音頻組件輸入端加 feed through 電容，ferrite socket 之類的高頻雜訊消散器。

⑻雜散電壓：由不良 bonding 引起非線性寬頻雜訊而干擾到類比電路。

工程應用：類比信號 EMI 防制工作，主要在防制類比信號振幅不發生過高過低，波形不嚴重失真，波形相位不嚴重超前或落後，各項防制方法如⑴～⑻。

## *4.6* 數位裝置耐受性及防制方法

**Q1：** 數位裝置與類比裝置 EMI 特性有何不同？

**A：** 數位比類比耐受度為高，因類比工作電壓在nV to mV，而數位工作電壓則在mV to V，故類比信號較易受干擾。類比信號所受干擾現象有波形失真、相位偏移；數位信號所受干擾現象則僅指 1.0 state 傳送錯率比(BER)。

工程應用：數位與類比 EMI 均與 S/N 有關，類比 EMI 除要瞭解外來雜訊對波形失真的影響外，還要注意元件本身的信雜比(Noise figure)，數位 EMI 工作主要在提升 S/N 比，以降低傳送資料的 BER(bit error rate)。

**Q2：** 數位與類比裝置對頻率關係為何？

**A：** 類比裝置頻寬多在幾個 MHz 以內，數位則多在數十，至數百 MHz，(按 $f = 1/\pi t_r$，$t_r =$ risetime of digital component)，一般數位對 Narrow band 干擾耐受度要比類比要高，但也因數位工作頻寬較寬，比較容易受到其他干擾源干擾。

工程應用：數位信號較強(volt)，工作頻寬較寬，類比信號較弱(mV)，工作頻寬較窄，兩者比較數位信號耐受度較高，但因雜訊頻寬較寬，易對週邊其他電子裝備造成干擾。類比信號雖耐受度較低，但因工作頻寬較窄，週邊其他電子裝置雜訊不易進入類比信號工作頻寬，造成干擾。

**Q3：** 如何計算 logic component 干擾耐受度等級？

**A：** Noise Immunity grade = DC Noise margin/swing voltage

D.C noise margin = difference between $V_{out}$ of driving gate and $V_{in}$ required by drive gate to recognize 1 or 0

Swing voltage = Amplitude of swing voltage

e.g.TTL grade = 400mV/3.4V = 12 %

CMOS grade = 1V/5V = 20 %

百分比越高，耐受度越高。

工程應用：評估 logic 組件所能承受 D.C.雜訊電壓位準大小，如 CMOS grade 工作電壓 5 V，所能承受 D.C. noise 電壓為 1 V。如週邊組件所產生的 D.C. noise 電壓有超過 1 V，則需置換工作電壓在 5 V 以上的 logic 組件，才能抑制 D.C. noise 1 V 的干擾。

**Q4：** 說明 logic 裝置所受干擾現象？

**A：** ⑴ logic state 1、0 變化異常(1 變 0，0 變 1)

⑵共振干擾造成 ringing noise 干擾正常信號使 gate 信號失真(A train of false switching of gate before it stabilizes)。

⑶不當 termination 造成 ringing noise 干擾正常信號，使 gate 信號失真。(A train of false switching of gate after it switches)。

工程應用：當負載與 logic 組件阻抗嚴重不匹配時，會產生 logic state 1.0 異常變化，一般性干擾僅在 logic 1 或 0 state 上有輕微連波(ringing noise)現象。

**Q5：** 說明 logic 裝置所產生 Noise 情況？

**A：** CE 雜訊多由電源、信號、接地線產生。

RE 雜訊多由 chip、component trace 產生。

工程應用：CE雜訊與信號源信號模式、電性參數、線帶長度、線帶隔離、線帶兩端接地(單端或雙端)有關，類比信號 CE 雜訊頻率較低可至 30 MHz，數位信號 CE 雜訊頻率較高可至 50 MHz 甚至 100 MHz，如對 PCB 而言，則指 trace 上所帶的雜訊。*RE*雜訊與信號源信號模式、電性參數、組件接腳長短電感量有關，如與線帶、trace 長度相比，組件接腳較短所產生的雜訊頻率要比 CE 雜訊頻率為高。RE、CE 為一體兩面，一般 CE 為 EMI 源頭，RE 係因 CE 過高又防制工作不佳所引起。

**Q6：** 如何防制 logic chip 的 EMI 問題？

**A：** (1)在 TTL O/P 接用 clamping schottky 避免飽和問題。

(2)慎選 chip $V_{in}$/$V_{out}$ transfer curve 提升 Noise margin。

(3)選用 die to pin bonding wire 減低大電流路徑環路面積。

(4)選用 multi-layer IC substrate 加強隔離效果。(on site Chip decoupling)。

(5)金屬罩用於 Chip Ovolt 接地。

(6)選用 chip 最長可用的 transition time，可得最窄雜訊頻譜。最大 swing voltage 具有最大耐受度，最小 swing voltage 易受干擾具有最小耐受度。

(7)已知 chip 功率消耗量，選用最小 chip I/P 阻抗值可得最小雜訊電壓。

(8) Chip 安裝工藝需緊密切合。

工程應用：logic Chip 是 logic 電路中的主干擾源，防制方法一從本身做起如(2)、(4)、(6)、(7)，一從週邊做起如(1)、(3)、(5)、(8)。

**Q7：** line driver/receiver 有那幾種接法？

**A：** 有三種接法，一為不平衡(Unbalanced)，二為半平衡(pseudo-balanced，Unipolar differential)，三為平衡(True balanced，differential or bipolar)。

(1) Unbalanced 僅由 signal 和 return 組成極易受空間雜訊及鄰近地雜訊和地環路感應雜訊電壓干擾，如一般所使用的 RS-232 or RS-423 傳輸線。

(2) pseudo-balanced 由一組 driver-Receiver 組成 driver 可同時傳送兩組脈波，極向相同一組脈波升起時，另一組下降，利用此現象可消除 CM noise。

(3) True balanced 信號是以正、負(對地)兩信號傳送，因 driver 與 receiver 間並無 ground connection 連接，故無 return path 關係而無涉 CM 干擾問題，在 Receiver 端僅接收 DM 信號，但 Receiver 端很難做到阻抗平衡，故仍有 CM 問題，因此 balance Receiver 要看其輸入阻抗是否平衡，也就是對 CM 雜訊的排拒能力而定 (CMR = Common mode rejection)。如 balanced differential receiver sensitivity = 100mV，可承受 10V CM 信號，則 CMR = 10V/100mV = 100 times(40dB)。

工程應用：因接法不同對 EMI 抑制效果亦不同，(1)形同 floating 較易受到外界雜訊干擾，(2)利用極向升降時極向相反 180°原理，一組 pulse 與另一組 pulse 反相 180°，可消除因 pulse 同相時 0°所形成的 CM noise，(3)因需接地可將雜訊疏解至地，但信號至地與迴路至地阻抗，是否能做到平衡為是否能消除 CM 雜訊的關鍵所在。一般 CMR 在低頻功能較好，在高頻功能較差。

**Q8**： 重點說明改善 Driver-Receiver EMI 問題？

**A**： ⑴利用遲滯電路改善 short noise pulses。

⑵在 balanced Receiver I/P 串接電阻可改善對稱性，但因 CM Rejection 也會降低靈敏度。

⑶利用截止(clamp)功能抑制高能量脈波如 ESD transient 干擾。

⑷對大電流 driver 需加隔離，對 driver $V_{cc}$ ground 應採獨立接地環路，不要與其他電路共用接地。

工程應用：一從本身做起如⑴，一從其週邊做起如⑵、⑶、⑷。

## 4.7 顯示器 EMI 防制

**Q1**： 顯示器 EMI 問題多集中在那方面？

**A**： ⑴由顯示器週邊控制線路所產生的 VHF/UHF 頻段幅射場強雜訊對附近電路造成干擾。

⑵在顯示器電子槍掃描時電子瞬時打擊 screen 造成一種電崩現象而產生大量電量(ARCING)電流回流至顯示器對共模線圈造成干擾。

⑶在顯示器本身陽極驅動產生高阻抗電場及調向偏轉線圈產生低阻抗磁場對附近電路造成干擾。

工程應用：由檢測顯示器背面電子槍附近場強最強，可得知 EMI 源頭所在，早期在沒有發明防磁材料(magnetic foil)以前對磁場無法作有效隔離，只好將受害源移置遠處，無形中加大了顯示器設計空間，近期因有多種防磁效應方法，已可避免由電子槍高壓所產生磁場對週邊電子裝置的干擾，一些防制方法如⑴、⑵、⑶。

**Q2**： 如何防制顯示器電子槍掃描時由電量(ARCING)造成的干擾現象？

**A**： 電量電流(Arcing current)經 CRT PIN 到 Aguadag arc path 形同 RLC Ckt 經 spark gap 形成 arcing 可釋放 100-800A ring 電流直到 arc 消失為止，此時如將抑制器(suppressor)裝在 CRT 與 drive ckt 之間可保護 drive ckt 免受 CRT Aguadag arc 電流干擾。經查 drive ckt 與 CRT aguadag 間電壓高達 1000V，其間所經 ARC path 只有幾歐姆阻抗可藉採用 ferrite bead 套裝線上將此幾歐姆低阻抗路徑提昇至 100-300 歐姆而達到吸收減低 Arc current 效果。

工程應用：如採用抑制器，需注意此型 suppresser 抑制高壓工作範圍。如換用 ferrite bead 需注意 Arcing 所釋放的幾百安培電流，可能造成 ferrite bead 磁場飽和而使吸波效果失效問題。

**Q3：** 如何防制 CRT 及 VDT(video display terminal)共軛環所受磁場干擾？

**A：** 共軛環極易受由週邊 AC/DC，DC/AC converter 及大電流線帶所產生的磁場干擾，過去曾利用磁場感應的方向特性以移動 VDT 的位置方向可減低磁場干擾耦合量。現在則以高導性材料(magnetic foil)包裝 CRT 與 VDT 加強隔離以防制外來 AC/DC，DC/AC converter 所產生磁場的干擾。

工程應用：水平共振環(H. yoke)與垂直共軛環(V. yoke)，是用於控制電子槍電子在水平與垂直方向的運動，電路工作波形為 Sawtooth wave，此類波形易受磁場干擾，而使電子在 screen 上運動失常，最有效防制的方法是將 CRT/VDT 用 magnetic foil 包紮，可隔離外來磁場的干擾。

**Q4：** 一般 CRT 隔離度需求規格為何？

**A：** 一般 CRT 隔離度依 CRT Video pulse 及 yoke drive 而定，以 Video pulser：20 to 50V，頻率 10 to 30MHz，yoke drive：3A，頻率 15 to 20kHz 為例，依商規 FCC 10-100kHz 無隔離需求；10～300MHz，隔離度要求 10-40dB。依軍規 MIL-S-461，10-100kHz 隔離度要求 20～50dB；10～300MHz，隔離度要求 30～70dB。

工程應用：隔離度與頻率關係視隔離材料性質而定，一般金屬材質在低頻對電場反射很大，對磁場反射不大，由此剩餘磁場轉換為表面電流分佈在金屬表面，而沿金屬表面開口、細縫滲入內部形成干擾源。因此對金屬而言，隔離度在低頻較差，在高頻較好。

**Q5：** 用於 CRT 幕上隔離材料(coating)隔離度(S.E)特性如何？

**A：** 依隔離度(S.E)公式計算 $SE(dB) = 20 \log K/rfR$

$K = 7 \times 10^{11}$，$r = 1$ Meter，$f$：Hz，$R =$ ohm/sq

e.g $SE = (dB) = 20 \log(7 \times 10^{11}/1 \times 10^6 \times 5) = 100$，$f = 10^6$，$R = 5$，$r = 1$

$SE = (dB) = 20 \log(7 \times 10^{11}/1 \times 10^6 \times 20) = 90$，$f = 10^6$，$R = 20$，$r = 1$

由上式可知如 CRT screen 材質 $R = 5$ ohm/sq 對 $f = 10^6$，$SE = 100$dB，$R = 20$ ohm/sq，對 $f = 10^6$，$SE = 90$dB，由公式計算 SE 與 $R$ 成反比，$R$ 越小表示隔離材質導電性越好，隔離度 SE 也越好，反之 $R$ 越大表示隔離材質導電性越差，隔離度 SE 也越差。

工程應用：Coating 材料因係金屬材質，對 CRT screen 上由電子槍所發射的電子撞擊在 screen 上會產生輻射場強，因金屬材質對電磁場有隔離效應，故可將此項輻射場強適度降低。

**Q6：** CRT 幕上隔離材質與透光度關係如何？

**A：** 依透光度($T$)公式計算 $T$ 與 $R$ 關係式為

$$T = 100(1 - e^{-aR1/2}) = 100\{1 - (1/e^{a\sqrt{R}})\}$$

$\alpha$：transmission extinction coefficient(0.383)

$R$：Resistance(ohm/sq)

e.g. $R = 5$，$\alpha = 0.383$，$T = 0.58$

$R = 20$，$\alpha = 0.383$，$T = 0.81$

由公式計算 $R$ 越小，$T$ 越小，$R$ 越大，$T$ 越大，表示較小 $R$ 值材質導電性較好，隔離度(SE)較好，但透光度($T$)較差。反之$R$大，SE 較差，$T$較好。

工程應用：透光度與透光係數$\alpha$(tramission extinction coefficient)有關，$\alpha$值越大，透光度越大。

**Q7：** 以網狀隔離材料(mesh)填塞 CRT SCREEN 週邊對電磁場隔離效果如何？

**A：** 以 40 wires/cm(100 wire/inch)Mesh 植入 CRT SCREEN 週邊為例，對磁場小於 100kHz 無隔離效果，對大於 100kHz 以上漸有隔離效果，由 100kHz 至 1MHz 有 10-30dB 隔離效果，由 1MHz 至 30MHz 有～50dB 隔離效果。對電場隔離效果至好，由 1kHz 至 30MHz 均有 70～80dB 隔離效果，但自 30MHz 至 10GHz 由 80dB 遞減為 30dB。

工程應用：一般 mesh 為金屬材質，因集膚效應深度($\delta$)與頻率平方成反比，在低頻(kHz)集膚深度($\delta$)很深，無法隔離磁場滲入，所以用 mesh 填塞 CRT screen 四周框架，在低頻的隔離效果是不佳的。

**Q8：** 先進式 plasma，liquid crystal，EL(electio-luminescent)顯示器是否需要隔離度設計？

**A：** 先進式平面板形 display 多用低高壓，如 plasma(100-200V)，liquid crystal(10-40V)工作信號電壓較高，故不易受外來場強干擾。又工作信號電壓傳送迅速至慢所造成的雜訊輻射量亦小，如 plasma display 為例其間 Matrix elements turn on time 可長達 150$\mu$s，rate 僅 50～60Hz，故雜訊輻射量至低。

(1) LCD EL display 由低功率 CMOS 控制，雜訊輻射量亦不高。

(2) EL display 由+-200V 控制 row，+-60V or +-90V 控制 column 亦屬低高壓，不易受外來場強干擾。

(3) 一般 plasma，liquid crystal，EL display 由於本身工作信號電壓較高，不易受外界干擾故本身不需做特別隔離措施，除非此型 display 另定有特別 emission 限制需求或依軍規對 10k-30M 需有 0～20dB 的隔離需求，否則不需做特別隔離措施。

工程應用：面板式與通統式 CRT，主要差異性在面板式是低電壓、低輻射場強，CRT 為高電壓高輻射場強，故對面板式 CRT 低輻射場強的隔離度要求不如通統式 CRT 高輻射場強隔離度為高。

## *4.8* 暫態突波防制

**Q1：** 如何計算暫態突波能量大小？

**A：** 能量大小以平均功率計算，平均功率＝功率最大值×功率因素(突波波寬×突波強度)。一般電子裝備功率因素接近 1 雷達為$10^{-2}$～$10^{-1}$，電腦為 0.5。

工程應用：平均功率$P(av)$是以信號強度$P(pk)$乘以波形滯留時間，而波形滯留時間為波寬×波復率$(PW \times PRF)$，故得$P(av) = P(pk) \times PW \times PRF$。其中$PW \times PRF$為 duty cycle 亦稱功率因素，視電子裝備功能需求不同，功率因素範圍可自 0 變化至 1。

**Q2：** 那些是常產生暫態突波的干擾源？

**A：** 白日燈(鎢絲或日光)、點火系統、繼電器、線圈、馬達(電刷轉向器)、開關。此等類干擾源常對電腦、數位裝置、控制裝置造成干擾。

工程應用：所列暫態突波干擾源裝置多與電感性線圈有關，而線圈又以磁場干擾為主，除非暫態突波能量非常大，一次突波能損及裝備以外，一般突波僅對裝備造成短暫失效，突波消失後裝備仍可恢復正常工作。

**Q3：** 雷擊暫態突波的電性參數為何？

**A：** 波寬$50\mu s$突波上升$0.5\mu s$，頻譜分佈第一轉折點 6.3kHz，($f = 1/\pi t = 1/\pi \times 50\mu s = 6.3kHz$)，第二轉折點 636kHz，($f = 1/\pi t = 1/\pi \times 0.5\mu s = 630kHz$)，第一與第二轉折點間電流頻譜分佈遞減量為 20dBμA/kHz/decade、雷擊平均電流能量為 30kA、電流頻譜強度為 300dBμA/kHz。

工程應用：雷擊傷害主要來自瞬間所產生的大電流，由波寬 $50\mu s$ 及波上升 $0.5\mu s$，可算出頻譜分佈狀態有兩個轉折點 6.36 kHz、636 kHz，而在 6.36 kHz 與 636 kHz 之間電流遞減量為 20 dBμA/kHz/decade。由這些參數可先評估頻率耦合量，再評估電流耦合量，兩項加成為總干擾量，可作為評估是否損及裝備之參考。

**Q4：** 暫態突波波形大體分那幾種？

**A：** 依波形強度和波形形狀概分三種。
　⑴大型突波(larger exponential transient，overdamped)：主要突波能量大，隨後振盪的小突波很小(small ring)。
　⑵大型突波(larger exponential transient，underdamped)：主要突波能量大，隨後振盪的小突波亦大(large ring)。
　⑶小型突波(Small spikes)
　　突波能量小，不規則突發性產生。突波產生率可能係單一突波或多個突波(連續或不連續)，視突波干擾源特性而定。

工程應用：⑴如配電盤斷電器所產生的突波，⑵如雷擊波所產生的主突波，隨後振盪小突波係指雷擊主突波後所產生的second stoke，⑶如電源線所產生的正向突波(surge)、負向突波(sag)、突然中斷(outage)等。

**Q5：** 電源不穩電子裝置受干擾現象如何？

**A：** ⑴電源小幅度不穩會造成燈光閃爍，但可由穩壓器克服此種干擾現象。
　⑵馬達空調起動引起電源不穩可由裝置起動電容調整功率因素($\cos\theta$)克服之。
　⑶電源不穩持續幾個 ms 會造成電腦記憶失效，可由裝置穩壓器克服之。

(4)非線性負載如 Switching PWR Supply 和 SCR control 會產生電流變化失眞引起突波干擾，可由裝置緩衝器克服之。

工程應用：振幅不穩如⑴，暫態不穩如⑵，相位錯亂如⑶，頻率不穩如⑷。

**Q6：** 電壓不穩有那種現象及造成電腦失效原因？

**A：** ⑴ Surge：電壓高於標準值的 3～8 ％。(103～108 ％)。

⑵ Sag：電壓低於標準值的 3～8 ％。(97～92 ％)。

⑶ Outage：電壓忽然中斷幾個 cycle。

造成電腦失效原因如下

⑴由 surge 如雷擊、電源開路、電機裝備啓動所形成的 voltage spike 干擾佔 40 ％。

⑵由 sag 如電流短路所形成的 voltage 突降干擾佔 9 ％。

⑶由 outage 如電路不穩所形成的 voltage 中斷干擾佔 1 ％。

⑷由 oscallatory 如起動電容充放電、在切換所形成的 voltage 大幅突變干擾佔 50 ％。

工程應用：電壓過度不穩如 Surge、sag、outage、oscillation 現象，輕則對電腦造成暫態失效，但仍可藉 Reset 恢復正常運作功能。重則對電腦造成永久失效喪失記憶能量，也無法藉 Reset 恢復正常運作功能。

**Q7：** 實例說明電壓不穩干擾電腦情況？

**A：** ⑴電壓大幅突降至 96 伏達 16ms。爲干擾電腦主因。

⑵電壓大幅突升至 200 伏達 100$\mu$s。會對電腦造成干擾。

⑶電壓忽升至 130 伏達 100ms。會對電腦造成干擾。

幾乎 90 ％電腦失效由於電壓大幅突降原因所致，一般電腦供電系統電壓穩定度以 120 伏爲例，在 104V～125V 之間。(120V 的 87 ％爲 104V，120V 的 106 ％爲 125V，電壓變化量幅度爲 −13％ 至 +6 ％)。

工程應用：電壓大幅突降是造成斷電的主因，如斷電時間過長會造成對電腦記憶能量消失，即使 Reset 也無法恢復電腦正常運作功能。

**Q8：** 電源線耦合雜訊的方式有那三種？

**A：** ⑴傳導性：由電源產生器產生的雜訊隨電源線傳送至其他電子裝備的電源線。

⑵輻射性：電源雜訊經自由空間輻射或由外來雜訊感應電源線。

⑶交互性：電源線與鄰近導線因寄生電阻 $R$、電容 $C$、電感 $L$ 交互感應雜訊。

①低頻：RLC 效應以考量磁場爲主。

②中頻：RLC 效應以考量電場爲主。

③高頻：RLC 效應以考量電、磁場爲主。

工程應用：⑶交互性，在低頻近場對磁場最難做好隔離工作，是以做好防制磁場爲主，到中頻大多屬近遠場，隔離工作範圍由磁場逐漸轉以電場防制工作爲主，到高頻均轉爲遠場效應，在遠場電場磁場並存並重，防制工作轉爲隔離電磁場兼顧需求工作範圍。

**Q9**： 如何消除電源線上的 DM 及 CM 雜訊？

**A**： ⑴避免使用高阻抗共膜穩壓器輸出接至低阻抗輸入的電子裝備。(DM)

⑵慎選低雜訊輸出的穩壓器以免干擾負載。(DM)

⑶吃電量大的重裝備盡量靠近電源供應器安裝，以減小對其他小型電子裝備的影響。(DM)

⑷迴路線需經接地處理使高頻雜訊經接地疏導。(CM)

⑸低頻採單點接地，中頻、高頻採多點接地。(CM)

工程應用：CM 雜訊來自 DM 雜訊，先做好 DM 雜訊控制工作可減緩抑制 CM 雜訊工作壓力，現多選用 switching P.S，其雜訊頻段隨 switching P.S.工作頻率提升而提升至高頻段雜訊，因高頻雜訊空氣衰減大致使高頻雜訊強度減弱，對週邊高頻電子裝置干擾減小。反之低頻雜訊空氣衰減小致使低頻雜訊強度增強，對週邊低頻電子裝置干擾增大。在傳導性低、高頻雜訊所引起的雜訊電壓大小，則視雜訊頻率低、高與流經導線(地線)阻抗對應頻率低、高大小而定。一般導線在低頻為 D.C.阻抗，在高頻隨頻率上升 A.C.阻抗亦呈上升趨勢，因此在低頻為低雜訊電壓，在高頻為高雜訊電壓。

# 4.9 電路 EMI 問題診斷

**Q1**： EMI 問題診斷應從何處著手？

**A**： 由 RE、CE 量測找出試件中的雜訊頻譜，再由此雜訊頻譜中找出由試件中那些元件或電路中所產生，並以最有效最簡易的方法加以排除。

工程應用：先行瞭解元件為信號雜訊源頭，由選用低雜訊元件做起，並注意由各元件組合所產生的混附波(IMI)寬頻雜訊，並設去以 bonding、filtering、grounding、shielding 等方法加以排除。

**Q2**： 那些是產生雜訊頻譜的信號參數資料？

**A**： 一般可由試件信號參數資料如 Clocks、Memory cycles、data rates、scan rates、Switch frequency 中得知所衍生的雜訊強度與頻譜分佈狀況。

工程應用：由信號成形所需時間($t_r$)與滯留時間($t_d$)，可得知頻譜分佈狀態，由頻譜第一轉折點 $(1/\pi t_d)$ 與第二轉折點$(1/\pi t_r)$之間信號強度遞減率為 20 dB/decade，對其間任一頻率雜訊強度可藉由 $10^{\frac{-x}{20}}$ 算式計出在該頻率雜訊強度，如由第一轉折點所算出的頻率$(1/\pi t_d)$為 100 k，雜訊強度為 10 mV，在 100 k × 10 = 1 MHk 頻率雜訊強度為 $10\,mV \times 10^{\frac{-20}{20}}$ = 1 mV。在 100 k × 5 = 500 k 頻率，雜訊強度為 $10\,mV \times 10^{\frac{-10}{20}}$ = 0.3 mV。餘類推。

**Q3：** 如何以隔離法找出可疑 EMI 問題所在處？

**A：** 由隔離分區法可找出可疑 EMI 問題所在區間位置後，再研判此區間內可能產生 EMI 問題的干擾源。

工程應用：如將 *A*、*B*、*C* 列為可能產生 EMI 三個區塊，如經檢測 ABC 整合有 EMI，單獨 AB 有 EMI，單獨 BC 有 EMI，單獨 AC 無 EMI，由此研判 B 顯然是造成 EMI 的源頭。

**Q4：** 如何鑑定試件量測中的雜訊是否由電源供應所引起？

**A：** ⑴以 CM、DM choke 接裝電源線可先消除電源線上的雜訊，並確認此項雜訊是否由電源所產生，⑵將電源線繞成環狀，如雜訊量測變小，可驗證電源線有雜訊存在。

⑶將電源線拉直以垂直方向忽改水平方向或水平方向忽改垂直方向時可由量測儀表中看出雜訊是否有最大的變化量，如此項雜訊變化量很大表示此電源線中確有雜訊存在。

工程應用：以⑴電性方法，來抑制 EMI 驗證是否有 EMI 存在，以⑵、⑶物性方法，變動線帶所在位置狀態可觀察線帶是否有雜訊存在。

**Q5：** 電源線上的 RE、CE 雜訊相互關係為何？

**A：** 電源線上的 RE 係由 CE 產生，因此做好電源線上的 CE 工作也就是做好降低 RE 的工作。一般 CE 雜訊防制方法很多，以裝置濾波器為常用的方法，而電源 CE 雜訊多由電路中的信號雜訊(Harmonics)、元件雜訊(fast recovery diode)、信號傳送(switching current)所引起，可由裝置濾波器、隔離、佈線等各種方法來消除 CE 雜訊。CE 因導線隔離不好而溢出成為 RE。(CE 係指導線中所含的雜訊故稱傳導性，CE 經自由空間輻射在外而成 RE，故稱輻射性。)CE、RE 兩者互為因果，CE 是因 RE 是果。

工程應用：CE 是因，RE 是果，而實際雜訊頻率頻譜與信號源信號所在位置與其接線帶長度有關，線帶越長其上可含低、中、高頻雜訊，線帶漸短含中、高頻雜訊，線帶很短僅含高頻雜訊。

**Q6：** 如何防制電子模組件的 RE、CE 雜訊？

**A：** 除了由電源線上的 CE 雜訊所產生的 RE 雜訊外，一般 RE 雜訊多來自電子模組件中 PCB 上的電子組件。CE 雜訊多在 50MHz 以內而 RE 雜訊可高至 GHz 頻段，對電路 CE 雜訊防制可將 D.C./A.C. PWR filter 裝於 PCB I/P 端，妥善安排 D.C./A.C. PWR Lead 佈線，AC PWR Lead 佈線，I/P 與 O/P 佈線，AC 電源濾波器。對電路 RE 雜訊防制則著重於 PCB 上的元件接腳輻射雜訊量和 PCB 上的路徑輻射雜訊量，以選用無腳型(surface mount)電子元件和妥善設計 PCB 上路徑阻抗匹配(trace impedence matching)可有效抑制 RE 雜訊量。

工程應用：電子組件是 EMI 源頭，需妥善處理組件週邊所發生的 EMI 問題如上述各項防制作法。

**Q7：** 如何防制電路上的 CM、DM 雜訊？

**A：** 一般 CM 雜訊多來自電纜線，需由檢測電纜線中找出 CM 雜訊來源，因 CM 雜訊與接地有關需特別注意 PCB 與 Chasis 接地問題，通常以電流感應器(current probe)和小型天線(whip antenna)檢測定位 PCB 及 Chasis 發生 CM 雜訊位置所在，而抑制方法多以減小接地雜訊，採用高品質隔離線，套接共模式軛環(CM choke)來消除 CM 雜訊。一般 DM 雜訊多由線路中雜訊電流流經環路面積產生雜訊電壓所致，最有效的方法在減小環路面積及濾除電源線中的雜訊，對信號線中的共振雜訊可藉由調低電路共振因素(damping factor)來降低 DM 雜訊輻射量。

工程應用：雖然 CM 雜訊來自 DM 雜訊，但在電路上 DM 和 CM 雜訊是共存的，而各有其防制方法如上述各項防制作法。

**Q8：** 簡述電路共振雜訊與電路共振因素($Q$)關係？

**A：** 電子元件所產生的雜訊頻率與數位電路中 Clock 的 ring 頻率重合時會使 clock 電流在某些頻段中產生 peak 形成干擾，此項共振電流 peak 大小與線路中 $Q$ 值有關，而 $Q$ 值與線路中 $R$、$L$、$C$ 組件配置有關，其中 peak 與 $Q$、$Q$ 與 $R$、$L$、$C$ 間關係式如下：$\text{peak} = Q/\sqrt{1-(1/4Q^2)}$，$Q = \dfrac{1}{R}\sqrt{\dfrac{L}{C}}$。

工程應用：$Q$ 值越大，信號強度越大，所附諧波雜訊亦越大，就電性功能需求 $Q$ 大、BW 窄、選擇性差、靈敏度高、$Q$ 小、BW 寬、選擇性好、靈敏度低。以 EMI 考量儘量降低 $Q$，如能符合功能性 $Q$ 小、BW 寬、選擇性好、靈敏度低需求規格，就不需要選用可能造成 EMI 問題的高 $Q$ 值電路設計。

**Q9：** 如何找出電路中元件和線路的共振頻率？

**A：** 一般使用 $E$、$H$ 場強檢測器接至頻譜儀觀察電路上何處輻射場強最大，通則為先以 $H$ 場檢測器確定大概位置，再以 $E$ 場檢測器進一步確定共振頻率所在位置。($H$ 場檢測器為 loop 適合較大區域檢測，$E$ 場檢測器為 tip 適合較小區域檢測)。

工程應用：以 $E$ 場檢測器檢測元件安裝腳所散出的 $E$ 場雜訊場強，以 $H$ 場檢測器檢測電路上所散出的 $H$ 場雜訊場強。

**Q10：** 如何消除電路中元件和線路的共振頻率？

**A：** 串接電阻可用於抑制電路中的 $Q$ 值來減低共振頻率時信號的 peak 值，導磁環專用於吸收某一特定頻段的共振頻率，在負載端亦可並接電阻減小共振頻率時信號的 peak 值，但如在負載端並接此項電阻而影響電路功能則需換裝緩衝電路(snubber network)替代之。

工程應用：元件和線路結合皆有共振頻率 $f_o = 1/2\pi\sqrt{LC}$，而信號強度可用 $Q$ 值表示。$Q$ 值越大、信號雜訊也大。$Q$ 值大小如係並聯共振 $Q = \omega RC$，如係串聯共振 $Q = \omega L/R$。如適度串並聯 $R$ 或 $C$ 皆可降低 $Q$ 值，而達到降低雜訊工作目的。

**Q11**：　試簡要說明電路設計中 EMI 防制工作重點為何？

**A**：　⑴力求將信號的迴路線與信號線儘量接近以減小環路面積，接地以最短途徑最小阻抗為主，以便消除 CE 雜訊。

　　⑵電路中的 CE 雜訊需研判由 CM 或 DM 產生，再採用以何種方法消除 CM、DM 雜訊。

　　⑶為了減小雜訊電壓，除了儘量減小雜訊電流及接地阻抗外，電纜線端點阻抗匹配亦為防制工作要點，如將阻抗匹配做好可使雜訊電流疏導避免因反射造成駐波在原接地阻抗面形成更大雜訊電壓。

　　⑷為消除線路中因雜散 $R$、$L$、$C$ 所產生的雜訊共振頻率，通常以降低線路中 $Q$ 值的方法改進之。

工程應用：電路設計以 PCB 上 trace 為主，⑴作法在消除信號 DM 雜訊，⑵作法先排除 DM 雜訊再排除 CM 雜訊，⑶作法在做好終端阻抗匹配工作，以免反射過大形成 overshot 或 undershot 干擾現象。

## *4.10* EMI 問題診斷法

**Q1**：　一般依何法診斷 EMI 問題所在？

**A**：　一般需先經 RE、CE 量測找出元件、電路、線帶等雜訊信號大小及頻譜，再由此頻譜找出干擾源所在，並以最有效及省時的方法加以消除。除此，一般可由試件信號特性資料如 Clock、Memory Cycles、Data rates、CRTscan rates、PWR Supply switching frequency 中得知其所衍生的頻譜分佈狀況；依此，由隔離分區法可逐一找出可疑干擾源所發出的雜訊頻譜並加確認。

工程應用：一般分治本與治標，治本主要在 PCB 電路設計，涉及元件選用、trace 阻抗、負載阻抗、阻抗匹配 EMI 防制工作。治標在不變動原 PCB 與電子盒整體架構下，以補強方式將雜訊抑制到可通過 EMI 規格檢測標準以下為工作目的。治本因涉及變更設計改善方案較為複雜，治標改善方案較為簡便，不論治本或治標皆需以不影響原電路工作功能為前提。

**Q2**：　如何查驗 RE、CE 雜訊非由電源所引起？

**A**：　⑴以 CM、DM Choke 接在電源線上先行消除電源線上的 CE、RE，再行量測試件以確認此項 RE、CE 雜訊是否由試件產生。

　　⑵以高導磁環(ferritecore)套接電源線消除電源雜訊，再行量測試件以確認此項 RE、CE 雜訊是否由試件產生。

　　⑶將電源線繞成環狀放置亦可消除減低線上雜訊。

　　⑷將電源線拉直分別以垂直方向或水平方向放置量測雜訊大小，如垂直與水平方向量測差異很大，表示此電源線雜訊輻射量大；如差異很小表示此電源線雜訊輻射量小。

工程應用：分別以電性與物性方式檢測RE、CE雜訊源頭，電性以(1)、(2)方法查驗，物性以(3)
(4)方法查驗。

**Q3：** 電源線上的 RE、CE 雜訊量關係爲何？

**A：** 由於電源上的 RE 多由 CE 所引起，因此做好電源線 CE 防制工作也就是最好降低
RE的工作；一般電源線的CE雜訊多由電路中信號雜訊(Harmonics)，元件雜訊(fast
recovery diodes)，信號電流(Switching current)所引起，並由信號線耦合至電源線
輸出形成 CE 雜訊，再經自由空間輻射形成 RE 雜訊。

工程應用：本項說明是以完全排除電源線上雜訊爲前提下，瞭解信號迴路因與電源共地，信
號所帶雜訊經電源共地關係，可在電源線上量測到信號 DM、CM 雜訊。

**Q4：** 電子產品中RE、CE多來自何處？

**A：** 電源線雜訊頻譜大多落在30MHz以內，屬CE範圍。而電路板上零組件雜訊頻譜多
超出 30MHz 以上，屬 RE 範圍。

工程應用：CE多源自電子盒內PCB trace所形成的loop，RE多源自PCB上元件接腳，比較trace
長度均大於元件接腳長度，故 CE 雜訊頻率較低 RE 雜訊頻率較高。

**Q5：** 如何處理電子產品共模式(CM)雜訊？

**A：** 一般CE雜訊多來自電纜線輻射，故須由檢測電纜線找出共模式(CM)雜訊來源；因
CM雜訊與接地有關，需特別注意PCB與CHASSIS接地問題，以電流感應器(CUR-
RENT PROBE)量測電纜線CM雜訊，或以小型天線(Whip Antenna)檢測定位PCB、
CHASSIS 接地雜訊方法亦可找出 CM 雜訊位置所在，而抑制方法多以減小接地雜
訊，採用高品質隔離線，套接共模式軛環(CM Choke)來消除雜訊。

工程應用：CM 雜訊與地迴路有關，如 CM 電留存在，治本在減小地迴路阻抗和迴路面積大
小，可降低 CM 雜訊電壓。治標在選用高規格隔離線，以防制 CM 雜訊外洩。

**Q6：** 如何處理電子產品差模式(DM)雜訊？

**A：** 一般DM雜訊多由信號線或迴路線中的雜訊電流流經信號線與迴路線而形成雜訊電
壓$(V = IR)$或因外來雜訊場強感應信號與迴路線間環路面積而形成雜訊電壓
$(V = BAjw\cos\theta$，$B$爲外來雜訊磁場場強密度，$A$爲環路面積，$W = 2\Pi f$，$\theta$爲磁場
方向與環路平面間垂直方向夾角)；最有效的防制方法在減小環路面積及強化濾除
在電源線中的射頻雜訊電流，而信號線中由共振所產生的雜訊可由調制降低共振因
素(damping)來減低雜訊共振量。在 PCB 上設法找出元件或線路共振頻率及共振所
在位置，一般均使用近場$E$, $H$場檢測器(NearfieldE.Hprobe)接至頻譜儀可觀察PCB
上何處輻射場強最大；檢測方法爲先使用$H$場檢測器確定PCB電路中電流源輻射雜
訊所在處，再以$E$場檢測器確定 PCB 電路中電壓源輻射雜訊所在位置。$H$ 場檢測器
爲環狀(loop)較適合大區域檢視使用，$E$場檢測器爲柱狀(tip)較適合小區域檢視使用。

工程應用：DM 雜訊流向與地迴路無關，DM 在 signal 與 return 上流動的雜訊，都是元件工作信
號中所含的諧波雜訊，此項雜訊可由小型$E$、$H$probe 來檢測雜訊外洩所在位置。

**Q7：** 如何抑制 PCB 上元件或線路共振頻率？

**A：** 設法先找到共振干擾源並記錄此干擾源共振時最大值($pk$)，一般可由串接一電阻或裝置導磁環(Ferritebead)來抑制信號 $pk$ 值大小，電阻用於遲滯電路中的 $Q$ 值可達成減弱 $pk$ 值，導磁環可專用於吸收共振源$pk$所產生的雜訊，其他在負載端可並接電阻減小共振 $pk$ 值，但如因並接電阻而影響線路整體功能時，則需加裝緩衝電路(Snubber Network)補償之。

工程應用：由$E$、$H$ probe可量測到最大雜訊場強，而此項最大雜訊場強多為共振頻率所至，治本在調降電路工作功能$Q$值，治標在抑制正外洩的雜訊場強，如套接導磁環吸收外洩雜訊。

**Q8：** 如何做好具體隔離工作？

**A：** 以場強檢測器沿試件及機殼週邊可檢視定位輻射雜訊溢出所在位置，找出輻射雜訊溢出所在位置後再以頻譜儀掃描方式找出雜訊頻率及強度以供防制工作執行參考用；隔離工作重點在選用高隔離度材質使接觸阻抗降至最小值，另一方面在工藝施工需加強結構密合度，必要時需另加墊片補強並注意界面接觸壓力以免縫隙形成雜訊場強外洩。

工程應用：本項隔離工作以電子盒為對象，除必需在間隙處加強隔離外，電子盒面板開口如通風口形狀正方形、長方形、圓形皆有其不同工作截止頻率與波長($f_c/\lambda_c$)。凡 $f>f_c$，$\lambda<\lambda_c$，$f$可通過通風口，凡 $f<f_c$，$\lambda>\lambda_c$，$f$不可通過通風口。

**Q9：** EMI 設計防制工作重點在那方面？

**A：** 做好信號線中迴路電流的隔離與接地工作，因一般信號中信號電流多在隔離良好的情況下傳送，例如同軸纜線信號電流在介質包裹下傳送，而迴路電流則與隔離接地有關，所以除了力求將信號與迴路間距離縮小外，可利用其間雜訊電流在信號與迴路間大小相等方向相反的特性來抵消雜訊外洩；其他尚需慎選隔離線以防制雜訊外洩或感應外來場強干擾，又電纜線端點阻抗匹配亦為工作重點，因將阻抗匹配做好可使雜訊電流得以疏導，以免因反射造成駐波在原接地阻抗面形成雜訊電壓。為消除線路中因雜散 $R$、$L$、$C$ 所產生的雜訊共振，通常以降低線路中 $Q$ 值為主，亦可減小雜訊共振電流。隔離度效益完全取決於兩隔離材料間相結合的阻抗大小，此項結合阻抗越小隔離越好，越大隔離越差。

工程應用：一般 EMI 防制工作重點在處理 return 上所含雜訊，此乃因不論在 trace 或 cable 中 return 皆與 ground 共地有關，所以必需處理好 return 線上雜訊問題，才不會將 return 線上雜訊因共地關係，而將雜訊傳至其他線路 return 線上造成干擾問題。

# 5

# 裝備系統電磁干擾分析與防制

## 5.1 系統內、系統間 EMI 分析與防制

**Q1：** 系統內 EMI 問題多來自那些方面？

**A：** ⑴共模式阻抗耦合干擾，干擾源以電源為主，並因接地阻抗過高而引起 CM Noise。⑵各線路間導線相互耦合。⑶高速高頻數位電路因阻抗不匹配反射造成干擾。⑷高功率、高增益干擾源干擾低位準類比放大器形成回授干擾影響放大器放大工作區功率飽和問題。⑸開關式電源供應器及電感負載突波干擾鄰近線路。⑹電源雜訊干擾高靈敏度類比放大器。

工程應用：系統內指系統本身內部 EMI 問題，就系統本身規格而言定有 *S/N* 比，*S* 為系統工作信號強度，*N* 為系統內各部位所產生雜訊總和，小自 PCB 中至電子盒，大至分系統、系統。

**Q2：** 電子電路耐受性係針對那些干擾源而言？

**A：** ⑴電場、磁場、電磁場。⑵雷擊或大電流、高電壓突波干擾。⑶靜電電流與靜電場。⑷ EMP 電壓、電流、場強。

工程應用：電子電路耐受性視電路本身屬性電壓源或電流源，對應干擾源屬性電壓源或電流源，在近場以電場或磁場為主或在遠場以電磁場為主，在近場，電壓源對應電場，電流源對應磁場，在遠場，電壓源或電流源均可對應電磁場，而在傳導性方面則以高電壓、大電流，評估對電子電路損害狀況為主。

**Q3**： 電子電路中應注意那些系統間 EMI 設計工作？

**A**： (1) CPU 為主干擾源，將先經 buffer 再接 Bus 方法來抑制 EMI 問題。(2)當數位類比轉換器(Digital to Analog Converter)接至 bus 時，因 bus 上 switching HF noise 會干擾 DAC 需在 DAC 與 BUS 之間加裝 buffer/latch 防制此項 HF noise，但如 D.A.C 在低速工作 BUS 上的 Noise 可由濾波器(RC)濾除而使 Analog O/P 處 Noise 減至最小。

工程應用：此處所指系統間係指將數位視為一系統，類比視為另一系統，當 D/A 或 A/D 轉換時，其間介面所發生需要處理的 EMI 問題。

**Q4**： 如何防制由 Relay load 或 Inductive load 所引起的雜訊干擾？

**A**： 如 Relay load 或 Inductive load 通過為 DC operated，以加裝 zener diode，gas discharge 可減低因 DC 通過 load 的 Transient Noise 大小。如 Relay load 或 Inductive load 通過為 AC Operated，以加裝 hysteresis comparator 可減低因 AC 通過 load 的 A.C Noise 大小。

工程應用：Relay 與 Inductive device 均屬電感性干擾源，所產生的雜訊電壓直接與本身電感量、通過電流瞬時變化有關 $V_L = L \cdot di/dt$，其間所產生的雜訊可由上述方法加以抑制。

**Q5**： 如何防制 low level Amp 正回授共振干擾？

**A**： (1)限制放大器增益以減小正回授干擾。(2)低頻濾波器濾除 pwr 及 return 線上的雜訊。(3)隔離各級 pwr 與 ground line。(4)大於 1MHz 工作頻率，各級需加隔離以防制輻射性干擾耦合。(5)分離 I/P 與 O/P 線以防制電纜線耦合干擾。(6)對頻率低於 100kHz，信號位準低於 100mV 的信號線應加強隔離互絞處理。(7)對低位準視頻信號，因較易受干擾應選用雙層(內外隔離)隔離線(triax cable)。

工程應用：low level Amp 屬於小信號放大，本身耐受性不高易受外來信號干擾，尤其正回授共振干擾信號特別大，容易造成 low level Amp 飽和失效，有關防制方法如(1)～(7)方法。

**Q6**： 為避免 logic family 干擾問題應注意那些電性參數選用？

**A**： 一般 logic family 電性參數有 clock frequency(MHz)，Rise time(ns)，O/P current (mA)，I/P current(mA)，Voltage Swing(Volt)，Noise Margin(mV)，Heat(PJ)=Gate PWR × Delay(ns)，I/P load(mA)，O/P drive(mA)，其中

clock frequency(MHz)：由 Clock frequency 可知主頻干擾信號。

Risetime(ns)：由 Risetime 可知雜訊頻譜範圍。

Voltage Swing(V)：由 Voltage Swing 大小可知工作電壓大小。

Noise Margin(mV)：由 Noise Margin 大小可知干擾耐受性高低。

Heat(PJ)=Gate PWR × Delay：由 PJ(pico joules)可知各型 logic family 工作熱功率大小，並藉此評估由 RF 場強感應 logic family 所產生 RF 功率大小與原 logic family 工作 gate 功率大小比較可得知 Noise Margin 值。

工程應用：logic family 元件是否受損，端視 Heat (joules) ＝ gate PWR(watt) × delay (component operating duration time)的 Heat energy 是否損及元件。

**Q7**：　試說明電路中各種組件輻射情況？

**A**：　一般組件除像 transformer，coil，inductor 在低頻有較高 RE 雜訊外，其他組件在低頻 RE 均不甚顯著，而 CPU 等則屬高頻 RE 雜訊源。

工程應用：低頻組件多屬電感性元件，輻射場強以磁場為主，也是最難防制的一項 EMI 工作，通常以吸波如以磁箔帶(magnetic foil)包紮，或以疏導方式如磁導芯(magnetic core)安裝在組件週邊可適度抑制磁場干擾。CPU 屬高頻元件，輻射場強以高頻電場為主，因高頻空氣衰減大，對週邊元件或環路干擾將視實際感應量而定。

**Q8**：　試說明雜訊場強大小與那些電性參數有關？

**A**：　依公式 $E(\text{V/m}) = 1.3f^2(\text{MHz}) \cdot A(\text{cm}^2) \cdot I(\text{Amp})/R(\text{m})$，$E$ 與頻率($f$)平方，信號電流與迴路間所含面積($A$)，信號電流($I$)，距離($R$)有關。

工程應用：公式 $E$ (V/m) ＝ $1.3f^2$ (MHz) × $A(\text{cm}^2)$ × $I(\text{Amp})/R$ (m)，如按安培定律 $I = H \cdot ds$，$ds = 2\pi r$，$H = \dfrac{I}{ds} = \dfrac{I}{2\pi r}$，$A = \pi r^2$，$r = \sqrt{\dfrac{A}{\pi}}$，$H(\text{A/m}) = I/2\pi \times \sqrt{\dfrac{A}{\pi}}$，比較 $E$ 與 $H$ 公式，$E$ 與 $r$ 有關以 $A = \pi r^2$ 表示，$H$ 與 $r$ 有關以 $r = \sqrt{A/\pi}$ 表示。

**Q9**：　Diode limiter 用於 EMI 防制功效為何？

**A**：　一組正反接並聯 Diode limiter 可裝在接收機輸入端作為防制雷擊及過強 RF 干擾之用，其功能在削弱突波波峰大小(clipped)來減弱進入接收機的干擾量。

工程應用：limiter 基本定義在削減去除規格所定過高輸入信號，如規格訂定 500 V，如超過 500 V 在 800 V 時，經 limiter 可將 800 V 減為 500 V 來保護後級電路免其受損。

**Q10**：　對低位準類比放大器 EMI 防制工作重點為何？

**A**：　(1)選用此型放大器需注意 Sensitivity，N.F，B.W。(2)對 Audio pre-amplifier 工作頻率選用勿高於 2MHz 以免受 RF 干擾。(3)此型放大器串接時需注意輸出功率大小如 O/P PWR 過大應防制 feedback loop 中寄生電容共振干擾問題。(4)應具備防制 ripple 及 transient 干擾能量，此項干擾多來自電源在選用供電電源 EMI 規格時應注意選用高規值 PSRR(PWR Supply rejection ratio)的電源，以避免 ripple 及 transient 對 low level analog Amp 造成干擾。(5)注意放大器工作頻率，Amp $f < fco$ 為其工作區有放大作用。Amp $f > fco$ 為非工作區無放大作用。

工程應用：低位準類比放大器是耐受性等級甚低的一種電子裝置，需特別注意週邊其他電子裝置對其干擾，一些可行防制方法如(1)、(2)、(3)。

**Q11**： 說明分析 AM Rectification EMI 問題及防制方法？

**A**： 設 AM Rectification 工作截止頻率為 fco，干擾頻率為 $f$，當 $1 < f/fco < 100$ 時，因晶體 emmitter 至地間及 Base 至 Emitter 間並聯電阻，電容效應顯著而形成分壓效應，使正常輸入電壓不能以全額電壓波形輸入 BE(base to emitter)，造成放大器直流壓偏移使 Amp 飽和而減低靈敏度。防制方法以採用高隔離線防止外界高頻干擾場強耦合及採用 L.pass filter 濾除高頻 noise 為主，使外界高頻 Noise 無法滲入 Analog Amp I/P 來消除高頻干擾所造成放大器直流偏移使 AMP 飽和及減低靈敏度干擾問題。

工程應用：晶體正常工作區為線性響應工作區，如有 $RF$ 干擾會將原線性工作區工作偏壓 bias 轉至非線性工作區，甚至造成飽和現象而失真。因此防制工作重點，在隔離 $RF$ 干擾進入 Amp I/P，造成放大器直流偏移問題。

**Q12**： 簡易說明 logic ckt 較易干擾 Anolog ckt 的原因？

**A**： logic ckt 工作電壓在 volt(1V～10V)，而 Analog ckt 工作電壓在 mV，因 logic 比 Analog 工作電壓為高，故 logic 較易對 Analog 造成干擾。

工程應用：除 logic ckt 工作電壓比 Analog ckt 工作電壓為高以外，logic ckt 工作信號所產生的雜訊頻譜很寬與 Analog ckt 工作信號重合性很高，這也視造成 digital 對 Analog 干擾的原因。

**Q13**： 說明 Noise Margin 與 immunity 定義區分？

**A**： Noise Margin，(1)$(V_{in})$low min…(2)$(V_{out})$low max…(3)$(V_{in})$low min…(4)$(V_{out})$low max。
(1)最小改變 logic state 最低 I/P 電壓。
(2)最大改變 logic state 最低 O/P 電壓。
(3)最小改變 logic state 最低 I/P 電壓。
(4)最大改變 logic state 最低 O/P 電壓。

工程應用：Noise Morgin 係指干擾影響正常工作信號的最低雜訊強度位準。Immunity 係指正常工作信號所能承受最大雜訊強度干擾量大小。

**Q14**： 電子組件除本身耐受度外，尚需考量那些因素？

**A**： (1)電源漣波、突波、(2)線間耦合、(3)負載不匹配反射、(4)溫度效應。

工程應用：組件本身耐受度是由設定條件下，檢測出工作信號所能承受最大雜訊干擾量，除此設定條件以外，如(1)(2)(3)(4)也是影響耐受的因素。

**Q15**： 試計算線長 $V_L = 2m$，受到 $E = 20V/m$，$f = 1MHz$ 干擾，線端以 $V_C = 0.001\mu F$ 接地，試求線的 I/P 端雜訊電壓大小？(線徑 $d = 1cm$，線高 $h = 10cm$)

**A**： $V = I \times \dfrac{Z_0 \cdot Z_L}{Z_0 + Z_L}$，$I = 1.5 \times E \times (L/\lambda)$。$V$：mV，$I$：mA

$E$：external E，V/m

$L$：length of wire，m

$\lambda : 300/f(\text{MHz})$

$Z_0 = 136\ln(2h/d)$

$h$ : height，wire to ground

$d$ : diameter of wire

$Z_l = X_C = \dfrac{-j}{\omega_c} = -j/(2\pi f_c)$

$I = 1.5 \times E \times L/[300/f(\text{MHz})] = 1.5 \times 20 \times 2/(300/1.0) = 0.2\text{mA}$

$Z_0 = 136\ln(2h/d) = 136\ln[(2 \times 10)/1] = 407$

$Z_L = \dfrac{-j}{2\pi fc} = \dfrac{-j}{2\pi \times 1 \times 10^6 \times 0.001 \times 10^{-6}} = -j160$

$V = I \cdot \dfrac{Z_0}{Z_0 + Z_L} = 0.2\text{mA} \times \dfrac{407(-j160)}{407 + (-j160)} = 47.6\text{mV}$

工程應用：以共振頻率在線上可產生最大雜訊電壓為準，評估線的$1/P$端雜訊電壓，先由共振頻率電感抗電容抗相等關係 $X_L = X_C$ 求出線長電感量，由已知 $X_C$ 求出 $X_L$。($1/\omega C = \omega L$、$1/2\pi fC = 2\pi fL$、已知 $C$、$f$，求出 $L$，得$2\pi fL = X_L$)，代入$V = IZ_o/(Z_o + X_L)$可求出雜訊電壓$V$。

**Q16**： 類比與數位電路中如何做好頻率管制？

**A**： 類比低位準電路在Audio/Video/RF應考量做好頻率管制。數位電路應注意clock frequency 的三次諧振避免與接收機工作頻率重合，並設法以$\Delta t$ delay 方法將 clock switching time 與 switching PWR supply time squence 分開，以避免 clock switching 受到 switching PWR supply transient 干擾。

工程應用：兩個電子裝置工作頻率相差越遠，相互間頻率耦合量越小，所謂頻率管制就是將兩個工作信號頻率加以分離，頻率相差越大越好。

**Q17**： 試說明商用環境場強規格？

**A**：

| $f$ (MHz) | dB$\mu$V/m | V/m | Remark |
|-----------|-----------|-----|--------|
| 0.01-0.5 | 120 | 1.0 | 1 |
| 0.5-2.0 | 136 | 6.3 | 2 |
| 2-30 | 146 | 20 | 3 |
| 30-80 | 124 | 1.6 | 4 |
| 80-300 | 136 | 6.3 | 5 |
| 300-1000 | 126 | 2.0 | 6 |
| 1000-10000 | 160 | 100 | 7 |

1、4 輻射功率較低(LF)

2、3、5、6 輻射功率較高(AM、HF、FM、TV)

7 輻射功率最高(Radar)

工程應用：軍用裝備輻射場強規格為 200 V/m。

**Q18**：如何計算圓形導體及扁平線電感量？

**A**： round conductor $\qquad\qquad L = \dfrac{\mu_0 l}{2\pi}\left[\ln\left(\dfrac{4l}{d}\right) - 1\right]$

Flat strap $\qquad\qquad\qquad\quad L = \dfrac{\mu_0 l}{2\pi}\left[\ln\left(\dfrac{8l}{w}\right) - 1\right]$

round conductor above return plane $\quad L = \dfrac{\mu_0 l}{2\pi}\ln\left(\dfrac{4h}{d}\right)$

flat strap above return plane $\qquad L = \dfrac{\mu_0 l}{2\pi}\ln\left(\dfrac{2\pi h}{w}\right)$

$l =$ length(m)

$\mu_0 = 4\pi \times 10^{-7}$ h/m

$W =$ width(m)

$h =$ height(m)

$L =$ lnductance(henry)

$d$、$w$ 越大，$l$、$h$ 越小，$L$ 則越小。

一般接地線所用的 round conductor，flat strap，低頻($f < 10$k)以電阻為主，高頻($f > 10$k)需將電感效應計入，而電感量大小計算則按上式計估。

工程應用：兩種均在接地疏導雜訊，圓形導體工作頻寬較窄，扁平導體工作頻寬較寬。

**Q19**：已知 $V_{CM}/V_S = 20$dB Noise，導線阻抗($Z$)，線端 I/P 耐受度(sensitivity)，求雜訊為 1MHz 時所需接裝濾波電容大小？

**A**： 依公式 $V_{cm}/V_s = X_c \cdot Z/(X_c + Z)$

$X_c = 1/2\pi f_c \cdot C$，$V_s =$ sensitivity of victim I/P

$Z =$ cable lmpedence，$V_{cm} =$ CM noise voltage on cable

$20$dB $= 20 \log 10 = 20 \log (V_{cm}/V_s) = 20 \log [X_c \cdot Z/(X_c + Z)]$

$10 = \dfrac{X_c \cdot Z}{X_c + Z}$，If $Z = 400$，$X_c = 10.25$

$X_c = \dfrac{1}{2\pi f_c \cdot C}$，$C = \dfrac{1}{2\pi f X_c} = \dfrac{1}{2\pi \times 10^6 \times 10.25} = 0.015\mu$F

工程應用：由 $V_{CM}/V_s = 20$ dB、$V_{CM}/V_s$(ratio) $= 10$

代入 $V_{CM}/V_s = X_C \cdot Z/(X_C + Z)$ 公式，$Z = 400$、$X_C = 10.25$

再由 $X_C = 1/2\pi fC$、$C = \dfrac{1}{2\pi f X_C}$、$f = 1$ M、$X_C = 10.25$，

可求出 $C = 0.015\mu$F。

**Q20**： 說明各型突波(transient type)特性及有關防制方法？

**A**： (1)特性

| Transient | Characteristics | Audio data 10V | Video 3V | Control 25V | Telephone 120V | PWR 400V |
|---|---|---|---|---|---|---|
| Lightning | 3kV，8×20$\mu s$ | 6 | 7 | 6 | 5 | 5 |
| EMP | 1kV，1-10MHz | 3 | 6 | 3 | 4 | 4 |
| PWR line | 3kV，100kHz | — | — | — | — | 4 |
| Surge PWR line transicent | 600V，10$\mu s$ | — | — | — | — | 4 |
| ESD | 3kV，50ns | 2 | 3 | 2 | 2 | 1 |

(2)防制(下列編號 1～7 所示組件用於對應(1)特性表內所列應採用之防制組件)

　① ： Resistor，Capacitor

　② ： low pass RC or LC filter

　③ ： zener，diode，transorf

　④ ： Varistor

　⑤ ： spark gap

　⑥ ： 3 element ckt(gap，inductor，varistor)

　⑦ ： More complex CKT

工程應用：參閱(1)特性表內所列編號 1、2、……7，再查閱(2)防制編號①②……⑦相對應所需採用之防制組件。

**Q21**： 說明平衡線路消除 CM NOISE 頻率適用範圍？

**A**： 利用平衡線路對 CM ground reference 的平衡特性可減低 CM noise，平衡線路適用頻率範圍多在 1MHz 以內，如 Audio/Instrument/servo CKT。如果CM雜訊在 1MHz 以上因平衡線路中有雜散電容會破壞其平衡性而失效。

工程應用：平衡線路在低頻(＜1 MHz)線路阻抗可保持一定值，CM 電位差可為 0、無 CM 電流、無 CM 雜訊電壓。在高頻(＞1 MHz)線路阻抗因在高頻受 $R$、$L$、$C$ 響應變化無法保定值，CM 電位差不為 0，會有 CM 電流流動，而產生 CM 雜訊電壓。故在高頻因線路阻抗不平衡而使消除 CM 雜訊電壓功能失效。

**Q22**： 何謂開閘管制？(Gating)

**A**： 軍用裝備中在高功率工作時，如以 trig 信號 short down I/P of Victim(RCV)稱之 Blanking，在民用裝備中試將如 switching PWR supply noise short down 以消除對週邊電路的干擾稱之 gating。

工程應用：blanking 與 gating 皆為人為設定，當在工作信號正常工作時段中，為消除由此信號
所造成的干擾問題，而將此信號暫時遮蔽起來或暫停發射稱之開閘管制。

**Q23**：如何以軟體檢控影響 Data transmission error 問題？

**A**：同位法(parity check)：設計特定軟體檢視 error 並排除之，如無 parity check Data 則
需重新傳送。

重置(Reset)：error 進入 program flow 執行程式立即停止，Reset(Non-operative
command)意自 program flow 中有 error 發生之處重新切入。

工程應用：Data error 一由 Data Transmission 源頭本身有誤，一為電路中介面阻抗不匹配反射引
起 overshot or undershot 造成 data Transmission data error，前因軟體 data 有誤，後因硬
體設計不當所造成，這兩種 data 有誤情況，均可以軟體檢測方式排除。

## 5.2 通訊發射與接收電磁干擾分析

**Q1**：通訊系統裝備 EMI 問題在何？

**A**：發射不要干擾到接收，接收必須要收到發射的信號，又發射與接收需在原定已知環
境中(不受環境干擾)達成通訊工作任務。

工程應用：通訊系統間 EMI 問題，分系統間(inter)與系統內(intra)，inter 為 $S/I$ 比，intra 為 $S/N$ 比。
此處 $S/I$ 所指為發射至接收的信號強度，$I$ 為環境中所存的干擾源信號，此處 $S/N$ 所指
為接收系統本身信雜比。一般通信裝備均定有 $S/N$ 規格值，通信裝備 EMI 需視整合
$S/I$ 與 $S/N$ 最終 $N$ 值，再與接收系統耐受度比較，來評估是否有 EMI 問題。

**Q2**：發射與接收干擾問題分類有哪三種？

**A**：頻寬內干擾(co-channel)：干擾信號頻寬直接進入接收機的中頻頻寬形成干擾。

頻寬邊緣干擾(adjacent-channel)：由混附波進入接收機射頻頻寬內或其邊緣形成干
擾。

頻寬外干擾(out of band EMI)：由發射機的諧波進入接收機主波或由發射機的主波
進入接收機諧波形成干擾。

工程應用：除考量頻率頻寬對受害源頻率頻寬干擾耦合量以外，還需要比較信號強度才知是
否有干擾問題。

**Q3**：如何分析發射與接收間電磁調和問題？

**A**：發射端：發射功率，增益。

媒介：信號傳送增益。

接收端：接收功率、增益。

電磁調和：I/N Interference to noise ratio at RCV I/P。

$$I/N = P_T(fo) + G_T - \text{space att} + G_R - P_R + CF(BW) + CF(\Delta f)$$

$P_T(fo)$：dBm at $T_X$ O/P PWR

$G_T$：$T_X$ Ant Gain in dB

Space att：propagation loss in dB

$G_R$：RCV Ant Gain in dB

$P_R$：RCV susceptibility threshold at fo in dB

CF：correction factor for $T_X$ B.W. and RCV B.W and freq seperation($\Delta f$) between $T_X$ and RCV

工程應用：$I/N$ 所指$I$為干擾源雜訊耦合至受害源雜訊信號強度，$N$ 為受害源最小信號接收靈敏度，即 $S=N$。$I/N$ 公式所含發射接收各項電性參數如 $P_T$、$G_T$、$P_R$、$G_R$、$CF(\Delta f)$、$CF(BW)$ 及空氣衰減(space att)均列式中，如 $I/N \gg 1$ 表示 $I \gg N$ 有干擾，如 $I/N = 1$ 干擾臨界值，$I/N \ll 1$ 表示 $I \ll N$ 無干擾。

**Q4：** 如何計算 C.F.(BW) in $\Delta f$，($\Delta f \neq 0$，$\Delta f = 0$)？ and CF($\Delta f$)？

**A：** $\Delta f = 0$(RCV BW $> T_X$ BW) $\Delta f = 0$，表示發射與接收中心頻率相同時($\Delta f = 0$)，因 RCV BW $> T_X$ BW 表示 RCV 接收到全部$T_X$信號，此時 C.F.(BW) $= 0$。

$\Delta f = 0$(RCV BW $< T_X$ BW) $\Delta f = 0$，表示 RCV BW 僅收到$R_X$ BW 的部份信號，此時 CF(BW) $\neq 0$。

$\Delta f = 0$， CF(BW) $= k\log$(RCV BW/TX BW)

$K = 0$，RCV BW $\geqq T_X$ BW，Co-channel

$K = 10$，RCV BW $< T_X$ BW，noiselike(r.m.s)

$K = 20$，RCV BW $< T_X$ BW，pulse(pk)

$\Delta f \neq 0$ 發射端 modulation sideband 進入接收端中心頻率

$CF_m(BW) = k\log$(RCV BW/TX BW)$+M(\Delta f)$

$K$同$\Delta f = 0$ 時，$K = 0$，$K = 10$，$K = 20$ 定義

$M(\Delta f)$：modulation sideband level in dB below $T_X$ PWR at $\Delta f$。

$\Delta f \neq 0$ 發射端中心頻率功率進入接收端中心邊緣工作頻率($T_X$ PWR enter RCV offtune response)

$CF_S(BW \neq 0) = K\log$(RCV BW/TxBW)$+ S(\Delta f)$

$K$ 同$\Delta f = 0$ 時，$K = 0$，$K = 10$，$K = 20$ 定義

$S(\Delta f)$：RCV selecivity in dB below RCV fundamental susceptibility at $\Delta f$

$CF(\Delta f) = 40\log \dfrac{(B_T + B_R)/2}{\Delta f)}$

$B_T$：Tx BW，$B_R =$ RCV BW

$\Delta f$：Tx 與 RCV 中心工作頻率頻差

CF$_m$與CF$_S$選用準則： 比較 M($\Delta f$)與 S($\Delta f$)大小，選用兩者中較大者作為$\Delta f \neq 0$時的 CF 值。(CF$_m$與 CF$_s$兩者中選一計算 CF($\Delta f \neq 0$)值) 參閱附錄 1，I 項範例說明。

工程應用：頻率與頻寬[$CF(\Delta f)/CF(BW)$]分別計算，其中$CF(\Delta f) = 40 \log \dfrac{(B_T + B_R)/2}{\Delta f}$，僅涉$B_T$、$B_R$、$\Delta f$三個參數較為單純。$CF(BW)$則較複雜，需先行瞭解區分$\Delta f = 0$ 或$\Delta f \neq 0$情況下評估$CF(BW)$，如$\Delta f = 0$ 又$RCVBW > T_X BW$，$CF(BW) = 0$。如$RCVBW < T_X BW$，$CF(BW)$則視干擾信號模式不同，$CF(BW)$計算公式亦不同，如$\Delta f \neq 0$，除需按$CF(BW)$視干擾信號模式不同，採用不同$CF(BW)$計算公式以外，還要將$M(\Delta f)$計入成$CF_m(BW)$，再與$CF_s(BW) = S(\Delta f)$比較，經比較$CF_m(BW)$與$CF_s(BW)$，取其中較大值作為$\Delta f \neq 0$時的總終$CF(BW)$值。參閱附錄 1 附 I 說明。

**Q5：** 如何分析發射機所發出的諧波輻射量(Harmonics-emission)？

**A：** $P_T(fo_T \pm \Delta f)$dBm/channel $= P_T(fo_T)$dBm$+ M(\Delta f)$dB

$P_T(fo_T)$dBm：中心工作頻率功率

$M(\Delta f)$dB：modulation envelope model

$M(\Delta f) = M(\Delta f_i) + M_i \log(\Delta f/\Delta f_i)$

$\Delta f$：seperation from ref freq(Harmonic $f$ from $T_X f_o$)

$\Delta f_i$：freq of applicable region ($T_X$ BW)

$M_i$：slop of modulation for applicable region，dB/decade

$M(\Delta f_i)$：dB below fundamental

$\tau$：pulse width

$\Delta \tau$：pulse rise and fall time

| Type of Modulation | $i$ | $\Delta f_i$ | $M(\Delta f_i)$ | $M_i$ |
|---|---|---|---|---|
| AM communication And CW radar | 0 | $0.1B_T$ | 0 | 0 |
| | 1 | $0.5B_T$ | 0 | $-133$ |
| | 2 | $B_T$ | $-40$ | $-67$ |
| AM Voice | 0 | 1Hz | $-28$ | 0 |
| | 1 | 10Hz | $-28$ | $-28$ |
| | 2 | 100Hz | 0 | $-7$ |
| | 3 | 1000Hz | $-11$ | $-60$ |
| FM | 0 | $0.1B_T$ | 0 | 0 |
| | 1 | $0.5B_T$ | 0 | $-333$ |
| | 2 | $B_T$ | $-100$ | 0 |
| Pulse | 0 | $1/10\tau$ | 0 | 0 |
| | 1 | $1/\pi(\tau + \Delta\tau)$ | 0 | $-20$ |
| | 2 | $1/\pi\Delta\tau$ | $-20\log(1+\tau/\Delta\tau)$ | $-40$ |

工程應用：由表中查知不同調幅模式(type of modulation)中$\Delta f_i$、$M(\Delta f_i)$、$M_i$值、$\Delta f$值代入$M(\Delta f)$
公式中，可算出$M(\Delta f)$。再將此值代入$P_T(f_{OT})$dBm $+ M(\Delta f)$公式[$M(\Delta f)$為負值]，
可算出發射機的諧波大小。

如$P_T(f_{OT} + \Delta f)$ dBm $= P_T(f_{OT})$ dBm $+ M(\Delta f)$

$= 10 + (-80) = -70$ dBm at $f_{OT} = 10$ M，$f_{OT} + \Delta f = 10 + 40 = 50$ M，$M(\Delta f) = -80$dB。

表示主頻為 10 M，功率為 10 dBm，諧波為 50 M，功率為$-70$ dBm。

**Q6：** 如何評估發射機的混附波(IMI)信號強度？

**A：** 混附波係由兩個或兩個以上信號經非線性組件產生高諧次和差頻率信號稱之混附波(IMI)，IMI頻率位階以$f(IMI) = mf_1 \pm nf_2$ 表示，$mf_1$ 為發射機 1 的諧波，$nf_2$ 為發射機 2 的諧波，$f(IMI)$為新合成的混附波頻率，IMI 中以 3 次位階信號強度最大 [$f(IMI) = 2f_1 \pm f_2$，$f(IMI) = 2f_2 \pm f_1$]。

工程應用：由富氏轉換數學模式(fouries series transformation)得知奇次諧波比偶次諧波大，而且次階越低信號越強，因此在評估IMI頻率信號強度時，以最低次位階(3rd)為優先考量防制重點。

**Q7：** 如何評估混附波(IMI)是否對被干擾源造成干擾？

**A：** 依$f(IMI) = mf_1 \pm nf_2$ 公式計算高階次混附波信號頻率，一般階次越高，信號強度越弱，先行參閱被干擾源耐受度，如被干擾源工作頻率為 300MHz，耐受度為$-30$ dBm，由$f(IMI) = 2f_1 - f_2 = 2 \times 200 - 100 = 300$MHz 信號強度為$-20$dBm $>$被干擾源工作頻率 300MHz 信號耐受度$-30$dBm，故 $f(IMI)$三次階混附波($2f_1 - f_2$ 中 $m = 2$，$n = 1$，$m+n = 3$ 次階)會對被干擾源造成干擾。

工程應用：說明同 Q6。

**Q8：** 如何評估諧波的信號強度？

**A：** 由公式 $P_T(f_{NT})$dBm $= P_T(f_{OT})$dBm$+A \log N$

$P_T(f_{NT})$：諧波功率強度大小。

$P_T(f_{OT})$：主波功率強度大小。

$A$：諧波信號強度大小變化斜率，通常為負值。

$N$：第$N$次諧波。

如 $P_T(f_{nT}) = 30 - 10 \log 10 = 20$，表示主波為 30dBm 時，如諧波斜率為$A = -10$，第 10 次諧波功率則為 20dBm。

工程應用：依公式諧波斜率為負($A$值為負值)，諧波位階為$N$，斜率$A$值負的越大，諧波位階越高，$N$越大諧波功率則越小。

**Q9：** 分析超外差和調頻，視頻接收機 EMI 問題有何不同？

**A：** 超外差為通訊接收機含射頻、混波、本地振盪、中頻、聲頻，而調頻(TRF = Tuned Radio Frequency)，視頻(Crystal video frequency)接收機則不含混波和中頻，因超外差和調頻，視頻接收機構形組件不同，故對 EMI 問題分析的方向亦不同。

工程應用：AM 為調幅、FM 為調頻、Video 為視頻、FM 的 $S/N$ 比要比 AM 的 $S/N$ 大 20 dB、Video 又比 FM 頻率為高，為改善畫面清晰度，Video $S/N$ 比要求更高。對耐受度因 $A/M$ $S/N$ 不高(10～20 dB)要比 FM $S/N$(20～40 dB)更容易受干擾，由信號位準步階級劃分 (discrete levels)，比較 AM 較小信號和 FM 較大信號可供劃分位階(discrete levels)空間 FM 比 AM 要大很多，故 FM $S/N$ 要比 AM $S/N$ 大很多，且 AM 調幅信號強度變化不一，比較難做好 $S/N$ 的調制工作，FM 因信號強度一致，只有頻率變化，比較容易做好 $S/N$ 的調制工作。

**Q10**：射頻干擾接收機有哪三種模式？

**A**：　(1)頻寬內(co-channel)：干擾信號進入接收機主頻道造成接收機靈敏度降低，對主信號造成遮蔽干擾，與主信號混附造成主信號失真現象或使自動頻率控制線路失效，而耐受度直接與接收機的雜訊位準有關，也就是所稱接收機靈敏度(Susceplibility = RCV noise level = RCV Sensitivity)。

(2)頻寬邊緣(adjacent channel)：一些接近中頻頻寬內的雜訊會進入中頻級工作頻率，造成靈敏度降低，此因係雜訊干擾影響自動增益控制線路在非線性工作情況下因飽和產生靈敏度失效。(desensitization)

一些接近頻寬內的雜訊會對正常工作頻率產生調幅干擾(cross modulation)，而此項雜訊多因接收機各級中因組件非線性工作時所產生的混附波雜訊常對工作頻率頻寬內的信號造成干擾(Inter-modulation)。

(3)頻寬外(out of band)(spurious)：一些頻寬外的強雜訊會在接收機中產生 IM1 雜訊干擾，而超外差接收機中常有頻寬外(out of band)雜訊和本地振盪器諧波共振產生一新的雜訊(IM1)進入中頻形成干擾。

工程應用：(1)干擾源與受害源頻率頻寬完全一致，評估是否有干擾存在，只比較兩者信號強度大小(RCV noise level ＞ or ＜ RCV sensitivity)。

(2)干擾信號主要來自調幅干擾(cross modulation)，此因由接收機本身內部所產生的混附波頻率可能和受害源相同或非常接近受害源頻率而造成干擾問題。

(3)干擾信號主要來自外界環境不明雜訊滲入接收機，因混附波產生新的和受害源相同的雜訊頻率所造成的干擾問題。

**Q11**：以發射機雜訊為干擾源，以接收機耐受度為被干擾源，試計算其間干擾臨界值？

**A**：　$T_x$ PWR ＝ 50dBm，noise PWR ＝ 56dBm below $T_x$ PWR

$T_x$ noise bandwidth ＝ 100kHz，$T_x$ Ant gain ＝ RCV Ant gain ＝ 3dB

Space att ＝ 58dB，RCV sensitivity ＝ －107dBm

Find：EMI margine

Solution：$50-56-20 \log 100 \cdot 10^3 + 3 - 58 + 3 - (-107) = -51$(51dbm below-107dbm)

工程應用：比較干擾源耦合至受害源信號強度為 － 5 dBm，和 RCV Sensitivity ＝ － 107 dBm，因 － 51 ＞ － 107 有干擾，干擾臨界值 ＝ － 51-( － 107) ＝ 56 dBm。

**Q12**： 以兩個發射機所產生的混附波為干擾源，以接收機耐受度為被干擾源，試計算其間
干擾臨界值。

**A**： RCVF ＝ 450M，$T_x f_1$ ＝ 451M，$T_x f_2$ ＝ 452M，

RCV Gain ＝ $T_x f_1$ Gain ＝ $T_x f_2$ Gain ＝ 3dB

$T_x f_1$ ＝ $T_x f_2$ ＝ 50dBm，RCV sensitivity ＝ −107dBm

Channel BW ＝ 50Hz，$T_x f_1$ to $T_x f_2$ ＝ 24.5m

RCV to $T_x f_1$ ＝ 12m，RCV to $T_x f_2$ ＝ 30.5m

以 $T_x f_1$ 對 RCV 的 noise 干擾，求 Interference Margine

(1) $T_x f_1$ PWR ＝ 50dBm

(2) $T_x f_1$ noise PWR below $T_x f_1$ PWR ＝ 56dBm

(3) $T_x f_1$ channel BW ＝ 50Hz ＝ 20 log 50 ＝ 34

(4) $T_x f_1$ Ant gain ＝ 3dB

(5) space att ($T_x f_1$ to RCV)＝32+20 log 451(MHz)+20 log 12/1000(km)＝ 47

(6) RCV Ant gain ＝ 3dB

(7) Noise PWR at RCV Ant O/P ＝(1)−(2)−(3)+(4)−(5)+(6)＝50−56−34+3−47+3 ＝ −81

(8) RCV Sensitivity ＝ −107

(9) Interference Margin ＝ −81−(−107)＝ 26dB，−81 ＞ −107，EMI existing

以 $T_x f_2$ 對 RCV 的 noise 干擾，求 Interference Margin

(1) $T_x f_2$ PWR ＝ 50dBm

(2) $T_x f_2$ noise PWR below $T_x$ PWR ＝ 56dBm

(3) $T_x f_2$ channel BW ＝ 50Hz ＝ 20 log 50 ＝ 34

(4) $T_x f_2$ Ant gain ＝ 3dB

(5) space att ($T_x f_2$ to RCV)＝32+20 log 452(MHz)+20 log 30.5/1000(km)＝ 55

(6) RCV Ant gain ＝ 3

(7) Noise PWR at RCV Ant O/P ＝(1)−(2)−(3)+(4)−(5)+(6)＝50−56−34+3−55+3 ＝ −89

(8) RCV Sensitivity ＝ −107

(9) Interference Margin ＝ −89−(−107)＝ 18dB，−89 ＞ −107，EMI existing

三次階混附波對 RCV 干擾頻率分析

$mf_1 \pm nf_2$ ＝ $2f_1 \pm f_2$ ＝ 2×451±452＝ 450，1354

$mf_1 \pm nf_2$ ＝ $f_1 \pm 2f_2$ ＝ 451±2×452＝ 453，1355

其中 $mf_1 − nf_2$ ＝ 2×451−452＝ 450MHz 與 RCV 工作頻率 450MHz 相同會對 RCV
造成干擾。

工程應用：由(1) ＋ (2)……＋ (6)得(7)，射頻接收機輸出端雜訊干擾量與(8)接收機靈敏度比較，
如(7)＞(8)有干擾，如(7)＜(8)無干擾，如(7)＝(8)干擾臨界值。

**Q13**： 設接收機電性參數頻率＝ 158.1MHz，中頻＝ 10MHz，本地振盪＝ 147.4MHz，靈
敏度＝−107dBm，天線增益＝ 3dB。發射機頻率＝ 39.525MHz，功率＝ 100W，天
線增益＝ 0dB，求發射機諧波對接收機主波干擾臨界值？(若發射，接收相距 30m)

**A**： 發射機諧波對接收機主波干擾臨界值

(1) RCV $fo＝$ 158.1M

(2) $T_x fo＝$ 39.525M

(3) $n＝$ RCV$fo/T_x fo＝$ 158.1/39.525 ＝ 4

(4) $nT_x fo＝$ 4×39.525M ＝ 158.1MHz

(5) $\Delta f＝nT_x fo−$RCV$fo＝$ 158.1−158.1 ＝ 0MHz，發射機四次諧波干擾接收機主波。

(6) $T_x$ 四次波干擾 RCV

If $T_x$ PWR ＝10 log 100×10³＝ 10 log 10⁵＝50dBm

PWR at $nT_x fo$ below $T_x fo$，by −72dBm(by $T_x$ 4th harmonics amplitude distribution)

spaceatt ＝ 32+20 log $f$(MHz)+20 log (km)

＝ 32+20 log 158.1+20 log 30/1000

＝46

RCV gain ＝ 0dB，$T_x$ gain ＝ 3dB

PWR at RCV ＝50−72−46+0+3 ＝−65

RCV sensitivity ＝−107

EMI margin ＝−65−(−107)＝ 43dB，−65 ＞−107，EMI existing

工程應用：說明同 Q12，評估$T_x$諧波對 RCV 主波干擾。

**Q14**： 設接收機電性參數 RCV$f＝$ 158.1M，IF ＝ 10.7M，local ＝ 147.4M，sensitivity ＝
−107dBm，Ant gain ＝ 0dB，發射機電性參數$T_x f＝$ 452.9M，PWR ＝ 50W，ANT
gain ＝ 6dB，求發射機主波對接收機諧波干擾臨界值？(設發射、接收相距 6m)

**A**： (1) RCV $f＝$ 158.1M

$T_x f＝$ 452.9M

$P＝$ 452.9/158.1 ＝ 3

(2) $f(Lo)＝$ 147.4M

(3) $f(IF)＝$ 10.7M

(4) $Pf(Lo)±f(IF)−T_x f＝$ 3×147.4±10.7−452.9＝ 0，21.4MHz

If 0，or 21.4MHz ＞ RCV IF，No Spurious EMI(21.4MHz offset 10.7MHz by 10.7MHz)

*If 0，or 21.4MHz ＜ RCV IF，with Spurious EMI(10.7MHz on tune 10.7MHz by 0MHz)

(5) $T_x$ PWR $= 10 \log 50 \times 10^3 = 47\text{dBm}$

(6) $T_x$ Ant Gain $= 6\text{dB}$，RCV Ant Gain $= 0\text{dB}$

(7) space att $= 32 + 20 \log 452.9 + 20 \log 6/1000 = 41\text{dB}$

(8) PWR at RCV $= 47 + 6 - 41 + 0 = 12$

(9) RCV *fo* susceptibility $= -107$

(10) PWR at RCV *nfo* below RCV *fo* $= -92$(Spurious correct)

(11) spurious susceptibility $= 12 + (-92) = -80$

(12) EMI margin $= -80 - (-107) = 17\text{dB}$，$-80 > -107$，EMI existing

工程應用：說明同 Q13，評估$T_X$主波對 RCV 諧波干擾。

## 5.3 系統內與系統間電磁調和設計

**Q1：** 何謂系統內(intra)、系統間(inter)干擾問題？

**A：** 系統內多指較小單機模組本體或單機模組與單機模組介面間所發生的干擾問題，系統間多指兩大系統裝備或多個系統裝備介面間所發生的干擾問題。

一般先就兩大系統間先行分析系統間干擾問題，此項干擾分析係指已知干擾源及受害源的信號特性與強度及中心頻率與頻寬，以及者間距離與方位，以此可評估干擾源感應至受害源射頻輸出端干擾量，如此項干擾量低於受害源靈敏度 10dB 以上，可定為兩大系統間電磁調和驗測標準。反之如項干擾量高於受害源靈敏度 10 分貝以上，兩大系統間則有干擾之慮。此時需再進一步評估受害源系統內抗干擾能力，如系統內抗干擾力夠強不受干擾源干擾，此時綜合系統間與系統內電磁干擾限制值即為兩大系統間之電磁調和值。如系統內抗干擾能力不足以抑制干擾干擾此時可確認兩大系統間確有干擾問題，需以各種干擾防制方法加以抑制，以達電磁調和工作目標。

對受害源干擾現象分析一般可分兩大類，一為類比信號系統，一為數位信號系統，對類比系統干擾係指信號受干擾所產生的信號大小變化，相位偏移變形，波形失真是否符合測驗標準，對數位系統係指數位信號傳送錯率比是否符合驗測標準。

有關類比信號與數位信號驗測標準與數資料可參閱下表列說明。

工程應用：先行評估 Inter EMI 如無干擾問題，不需另行評估 Intra EMI 問題，如 Inter EMI 有干擾問題，則需進一步分析 Intra 加上 Inter 有無干擾問題。一般是計算 Inter + Intra 對 Intra 的干擾量和 Intra 的耐受量做出比較，如 Inter + Intra 干擾量 > Intra 耐受量，有干擾問題。如 Inter + Intra 干擾量 < Intra 耐受量，無干擾問題。如 Inter + Intra 干擾量 = Intra 耐受量，干擾臨界值。

驗測標準與數據資料

| 項次 | 驗測項次說明 | 驗測標準與數據資料 |
|---|---|---|
| 類比信號干擾 | 驗測工作信號調幅波是否受到干擾而變形，主要觀察調幅波是否由線性變為非線性失真波形及干擾信號過大造成飽和現象使接收機無法正常工作 | 本項驗測在確定調幅波是否受到干擾，一般以調幅波形所受信號強度大小，相位變化，波形失真等干擾程度是否對裝備功能造成失效影響而定 |
| 數位信號干擾(BER) | 電子裝備數位傳送有 PAM，PCM，PM，PWM四種，由外來干擾信號比(S/I)與本身系統信雜比(S/N)互動關係可定出在不同 S/I 與 S/N 值時之數位傳送錯率比(BER)，一般按已知電子裝備所在使用環境定出 S/I 值，再由 BER 需求定出所需電子裝備本身 S/N 值 | 由電子裝備工作需求 BER 值可定出在 S/I 為定值時所需 S/N 值作為電子裝備驗測標準值，一般 S/I，S/N 值越大，BER 值越小 e.g<br>S/I=15，S/N=13，BER=$10^{-4}$<br>S/I=15，S/N=15，BER=$10^{-6}$<br>S/I=20，S/N=13，BER=$10^{-5}$<br>S/I=20，S/N=15，BER=$10^{-7}$<br>如已知 S/I=20，BER=$10^{-5}$<br>可求出數位電子裝備需選用 S/N=13 作為驗測標準 |

**Q2**： 系統內干擾問題有哪些項目？

**A**： 系統內干擾以單機為例有下列各項目：

(1)單機本身加電時所輻射的雜訊量(RE)。

(2)單機加電衍生雜訊經電源線耦合，對鄰近介面單機造成干擾(CS)。

(3)單機電源雜訊經電源線耦合至單機造成該項單機工作失效(CS)。

(4)外來雜訊場強對單機造成工作失效(RS)。

(5)單機本身雜訊場強對週邊其他單機干擾造成工作失效(RS)。

(6)單機加電雜訊經導線外送的雜訊量(CE)。

(7)單機如有天線時經天線感應耦合外來雜訊或經天線本身輻射雜訊造成單機本身工作失效或週邊單機工作失效。(RS、CS)

工程應用：系統內干擾問題以RE/CE/RS/CS四項為主，以系統內裝備本身為主取向RE/CE，以系統內裝備耐受性為主取向 RS、CS。RE/CE/RS/CS 定義分為輻射性干擾量(RE)、傳導性干擾量(CE)、輻射性耐受量(RS)、傳導性耐受量(CS)。

**Q3**： 系統間(Inter)干擾問題有哪些項目及防制方法？

**A**： 因系統間干擾多指各大系統裝備之間的干擾問題，故以發射與接收間介面問題為主，所需考量的問題有四大項目(頻率管理分配、工作時間分配、相對位置安排、發射接收指向安排。)

分述如下：

(1)頻率管理分配：

　①發射部份

　　❶調變頻寬

　　❷脈波上升與下降時間

　　❸諧波、雜波濾波

　　❹頻率運用分配佈置

　②接收部份

　　❶頻段預選器

　　❷濾波器

　　❸交連器

(2)工作時間分配

　①暫停發射以免造成干擾

　②分配發射時間時序以免重疊造成干擾

(3)相對位置安排

　①調整位置距離加大空間以避免干擾

　②調整位置高度加大位差以避免干擾

　③利用自然地形屏蔽以避免干擾

　④波束直接耦合並減小旁波束耦合量

(4)發射接收指向安排

　①調整發射接收波束避免直接耦合

　②對某方向有干擾現象加以屏蔽

　③調整發射接收相對高度位置以避免干擾

　④發射接收天線波束耦合量大小調整

　⑤發射接收天線極向耦合量調整

工程應用：系統間與系統內最大不同，在系統內主要以考量系統本身干擾耐受性問題為主。而系統間是以考量外來系統輻射雜訊，進入受害系統射頻級的干擾量大小，是否對該系統造成干擾問題。因干擾源與受害源位處兩地，除電性參數外尚須考量物理參數，如頻率管理分配、工作時間分配、相對位置安排、發射接收指向安排等問題。

**Q4**：　系統內(Intra)干擾防制方法有哪些？

**A**：　有 4 種方法分述如下：

(1)組件與線路：對一些易產生突波的裝置應加防制如繼電器、開關、電感器等，防制方法以加裝濾波器、突波抑制器為主。

(2)濾波

　①電源線濾波：以濾波器、導磁環、濾波接頭，隔離變壓器，濾除電源雜訊。

②信號線濾波：以濾波器為主，視功能需求以低頻(LP)、高頻(HP)、頻段(BP)、頻段拒斥(BR)各式濾波器濾除信號線上所含雜訊。

(3)隔離

①機匣及箱框隔離與工作區建築物隔離。

②材質隔離度選用。

③選用各式隔離墊片、各式墊片安裝加壓磅數、接合處介面間隙度要求，模組件金屬盒開口大小及加裝隔離網規格需求。

(4)佈線

①纜線：

❶按信號強度大小與頻譜分佈特性分類佈線。

❷按信號頻率波長及線長關係採一端單點接地或兩端雙點接地。

❸按電源、信號、控制線功能不同需求選用不同電纜線。

❹注意佈線中地迴路干擾問題。

❺佈線位置走向及隔離接地配置需求。

②接頭：

❶全向性360°週邊密合安裝力求接頭與機匣面板密切接合。

❷依濾波工作需求選用各式濾波接頭。

③接地：

❶結構性：小自線路、電纜、機匣、箱櫃、大至工作房、建築物等各項接地需求與準則。

❷結合性：各種結合方式，注意接合面的光滑密合度，選材應選用高導電性不易氧化生銹的材質作為結合標準。

工程應用：系統內 EMI 問題以 RE/CE/RS/CS 為主，所有各項防制方法，皆力求各單機經認證符合相關 RE/CE/RS/CS 規格檢測，再行組裝驗證功能性是否符合需求，否則會因可能由 EMI 問題造成功能性失效，而須重新設計製作造成巨大損失。

**Q5：** 如何防制電纜線外來雜訊場強干擾？

**A：** ⑴減小電纜線地迴路感應面積。

⑵對低頻採用互絞線。

⑶選用成對信號傳送的隔離線。

⑷選用隔離良好的同軸電纜線。

⑸選用避免干擾的光纖信號線。

工程應用：電纜線感應外來雜訊防制方法如⑴～⑸的方法以外，另一項重要因素是感應效率直接影響干擾量大小，而感應效率與纜線長度、纜線兩端接地狀況(單端或雙端接地)、雜訊頻率波長有關。一般線長與雜訊頻率波長越相近雜訊耦合量越大，反之越小。如線長$l$與雜訊頻率波長$\lambda$有$l = \lambda/4$ 或 $\lambda/4$ 奇數倍關係可形成共振效應，雜訊耦合量可達最大值。

**Q6：** 如何防制各種地迴路干擾問題？

**A：** ⑴減小線路與接地迴路面積。

⑵電路板採浮點接地。

⑶選用平衡線路設計。

⑷選用濾波器(貫穿式濾波電容)。

⑸裝備箱櫃內採用浮點接地隔離機匣。

⑹對整個地迴路加以隔離。

工程應用：因信號、迴路常與地迴路共用，而地迴路上所含各類雜訊會傳至共地迴路形成雜
訊電壓造成對信號干擾，有關防制迴路干擾方法如⑴至⑹。

**Q7：** 如何防制傳導性雜訊溢出？

**A：** ⑴濾波器濾除電源供給模組件的電源雜訊。

⑵選用光纖隔離器或隔離變壓器。

⑶選用濾波接頭，貫穿式電容濾除高頻雜訊。

工程應用：傳導性雜訊(CE)存在於信號(signal)、迴路(return)、地迴路(Ground)。*CE*主要指信號
源信號中所含雜訊，此項雜訊會經地迴路耦合至其他電路迴路上形成雜訊電壓，
造成對電路正常信號干擾，有關防制方法如⑴至⑶。

**Q8：** 如何防制共膜式接地阻抗耦合干擾？

**A：** ⑴勿將直流、交流接地共用，避免類比、數位接地共用。

⑵信號線各自成對配置迴路線。勿共用迴路線。

⑶勿隨意接地至機匣，依規定採單點或多點接地。

⑷迴路線採較大截面積的線段可減小線的阻抗。

工程應用：共膜式接地是在多個電路迴路共地時，而不會產生干擾的一種節省路徑(trace)作
法，換言之，如採共膜式接地產生干擾問題，就需將各電路迴路各自獨立不共地
方式運作，有關防制方法如⑴至⑷。

**Q9：** 如何防制線間干擾耦合量？

**A：** ⑴依不同特性分組排列，勿將不同特性的信號線混合排列(如直流、交流電源線，
類比、數位線不宜就近混合排列)。

⑵交流電源線沿機匣週邊或底部排線。

⑶直流、交流電源線相距越遠越好。

⑷射頻類比線(如視頻)選用同軸線並沿機匣週邊或底部採最短路徑佈線。

⑸射頻數位線，應將 CLOCK 和 DIGITAL 信號分離並沿機匣週邊或底部佈線，且
與其他線保持最大距離。

⑹低位準類比信號線應採隔離線且越短越好以避免交流電源和數位號的干擾。

⑺勿將電纜線整紮穿過機匣開口(儘量採用接頭方式連接機匣內外電纜線)以免造成

機匣內雜訊外洩或外來雜訊滲入機匣。

(8)勿將電纜線懸浮通過機匣開口因有空隙會造成機匣隔離失效。

(9)通過機匣的各組線帶，採相互垂直方式通過機匣可減小相互干擾量。

工程應用：線間干擾耦合量大小與 1.線本身隔離度大小有關，2.線長與雜訊頻率波長有關，
　　　　　3.線上傳送信號特性有關，4.線阻抗大小有關，5.線兩端接地(單端或雙端)方式有
　　　　　關，6.線的擺設水平、垂直、環狀有關，有關防制方法如(1)～(9)。

**Q10：** 如何防制金屬盒雜訊外洩問題？

**A：** (1)金屬接合面避免噴漆物，如需防銹應選用防銹導電漆。

(2)接縫處應做好重疊密合並以螺絲鎖緊，如間隙過大需以墊片填充密合。

(3)金屬盒蓋板如非以螺絲鎖緊而是以合葉式擺合方式密封，應注意合葉式固定銷個
數越多越好。越多蓋板密封性越好。

(4)如需隔離網用在開口處，網開口越小越好以避高頻雜訊滲入。網框四周需加墊片
以加強隔離效果。

工程應用：依電磁學基本原理一封閉金屬電子盒內，不論外界場強多大，其內部 $E$、$H$ 均為 0。
　　　　　但是電子盒如有開口或細縫，在電子盒金屬表面的電磁場就會轉換成表面電流，
　　　　　由開口或細縫滲入電子盒形成干擾源，造成對電子盒內電路板與 I/O 接頭干擾。有
　　　　　關防制方法如(1)至(4)。

**Q11：** 如何防制塑膠製的模組盒干擾問題？

**A：** (1)在塑膠盒內部-噴注導電漆使內緣形成金屬狀薄膜而形同金屬盒，噴注導電漆後
的金屬表面阻抗應在 $1\Omega/sq$。

(2)塑膠盒噴注金屬漆後所形成的金屬盒需確保可用於模組的接地需求。

(3)如涉及熱傳問題在盒內有關部位應加裝銅或鋁箔以疏導熱源。

(4)高位準電路如開關式電源供應器，視頻(video)、數位(clock)振盪器需以銅質盒隔
離，又電源供應器有熱傳問題需散熱，需以加裝散熱片方式排除。

工程應用：塑膠制模組盒內 PCB 形同浮點接地 floating，外來環境雜訊可直接耦合至 PCB 造成
　　　　　干擾問題，如將塑膠模組盒噴上金屬漆變成金屬盒，此時將 PCB 接地接至金屬盒，
　　　　　可將外來環境雜訊場強所形成的表面電流疏導至地，有關防制方法如(1)至(4)。

## 5.4 電子裝備系統 EMI 防制工作重點

**Q1：** 如何選用電子零組件？對靈敏電路設計有何需求？

**A：** 視需要選用低雜訊電子零組件，特別注意環境溫度變化與雜訊升高問題。
選用抗干擾性較強電路，對暫態變化的干擾源需加特別防護。

工程應用：電子零組件除考量本身熱源雜訊以外，其阻抗對工作頻段的電性阻抗特性($R$、$L$、
　　　　　$C$)變化與串、並共振效應直接與工作頻寬、靈敏度、雜訊有關。

**Q2**： 對電擊需注意那些防護措施？

**A**： 電擊是一種寬頻暫態干擾波，雜訊頻寬約在 50MHz 以內，場強高達數十 kV/m，感應電流也在數十 kA/m，對電擊有效的防護措施是做好電子裝備接地工作，對有開口的箱蓋需加強密合，對線帶需做好隔離接地，對天線需加裝避雷器及延遲器 (Relay)，對護罩需加金屬條或金屬網等。

工程應用：雷擊是一種高能量暫態突波，對電子產品干擾量主要來自地雜訊電壓的突升，因各式電子產品皆有接地措施，而雷擊高能量突波是經由地線感應產生極高地雜訊電壓，因此如何抑制此項極高的地雜訊電壓，是防制雷擊危害的重點工作。

**Q3**： 對點火系統需注意那些防護措施？

**A**： 點火系統多為低頻電路，為防制由射頻信號所感應的射頻能量需將點火系統的線路以絞線方式處理並在輸入端加裝濾波器及做好隔離工作。

工程應用：因 RF 頻率與點火系統工作頻率相差很大，由 RF 頻率直接干擾點火系統的可能性很小，而真正由 RF 對點火系統造成的干擾，係來自 RF 輻射功率密度大小，再由 $P = E \times H = E^2/Z = H^2Z$ 公式中 $P = H^2Z$，取 $H$ 項轉換為 $I$ 感應到點火工作線路，再乘以工作線路阻抗，可知影響點火系統的雜訊電壓大小。如果此項雜訊電壓大於點火系統工作電壓，就會引起點火系統誤觸發問題。

**Q4**： 如何防制大氣雜訊干擾？

**A**： 大氣雜訊係由飛行體上的突出物如天線因飛行中摩擦大氣所產生的一種連續性寬頻段雜訊，需經由選用隔離器及濾波器可防制此項大氣雜訊的干擾。

工程應用：由飛行體在飛行中，因與空氣摩擦產生電暈效應(corona effect)，使機身表面帶有表面電流，如此項雜訊表面電流，流向機身有開口或細縫處而滲入機身內部，就可能造成干擾問題。

**Q5**： 如何防制天線間的相互干擾？

**A**： (1)以隔板就近防制兩天線間的干擾耦合。

(2)調整天線間極向耦合(同極向耦合最大，異極向耦合最小)。

(3)收發天線間水平及垂直位置調制，可得最小耦合量。

(4)頻段如重合越近耦合量越大，越遠耦合量越小。

(5)收發天線波束耦合量計算可供評估是否造成干擾。

(6)收發天線工作時間錯開，可避免造成干擾。

工程應用：大體可分為電性與物性兩方面，電性如(2)、(4)、(5)，物性如(1)、(3)、(6)，其他如天線增益、空氣衰減、發射機功率、信號模式(*CW* or pulse)亦需列入考量。

**Q6**： 如何防制類比信號對數位信號的干擾？

**A**： 在數位電路輸入端預置雜訊濾波器、配置抑制雜訊電路、絞線消除雜訊等方式可提高數位信號接收數碼的正確機率比(BER)。

工程應用：類比信號頻率一般比數位信號頻率要低很多，如類比信號要對數位信號有干擾，多係因由多個類比信號頻率產生與數位高頻信號相同的高頻混附波雜訊所致。

**Q7：** 如何防制數位信號對類比信號的干擾？

**A：** 由數位信號產生的寬頻雜訊極易對類比信號造成干擾，選用適當的濾波器濾除數位信號所產生的寬頻雜訊是最直接的防制方法。

工程應用：低速數位信號產生較低頻寬頻雜訊，高速數位信號產生較高頻寬頻雜訊，類比信號由低到高頻信號，如商用 AM 電台、FM 電台、再高頻可至 TV、再高頻可至微波通訊與軍用雷達裝備、手機基地台等。如數位雜訊頻段和類比工作頻段相同，在比較信號強度大小，可評估是否有干擾問題。

**Q8：** 如何防制高強度場強對數位電路的干擾？

**A：** 對模件做好隔離工作以防場強滲入干擾，對電路提昇數位碼傳送脈衝電位差(swing voltage)，對導線選用高隔離度線帶，對接頭選用濾波接頭。

工程應用：高強度場強因產生高雜訊電壓，會對數位信號工作電壓形成 overshot、undershot、ring 干擾現象，而使 BER(bit error rate)提升造成數位資料傳送失效。

**Q9：** 如何防制高強度磁場對 CRT、LED、Microprocessor、PWR supply、Wire/Cable 的干擾？

**A：** 對模件以防磁盒、防磁導磁漆、防磁帶固裝，對線帶選用絞線、防磁帶，對電路提昇工作電流位準。

工程應用：一般高強度磁場對電子盒的干擾防制工作，主要在防制電子盒金屬表面由磁場感應的表面電流，一在防制此項表面電流滲入電子盒內，二在設法疏導金屬表面電流至地，三在以高隔離度護罩隔離電子盒以免遭受磁場干擾。

**Q10：** 如何防制線帶產生共振干擾鄰近電路？

**A：** 調整線帶長度、選用低 $Q$ 值線帶、改變線帶接地方式(單點或雙點)、變動線帶接地點位置。

工程應用：線帶共振的頻率波長與線長有關，一般如已知鄰近電路工作頻率波長，應避免選用線長與波長呈 $l = \frac{\lambda}{4}$ 或 $\frac{\lambda}{4}$ 奇數倍關係的共振效應，以免線帶產生最大輻射量干擾其鄰近電子電路。

**Q11：** 如何防制高強度連續波(雷達波)對一般電子裝備的干擾？

**A：** 加裝箱櫃隔離、選用高隔離度纜線、固裝接頭、檢視接地導電是否良好、在適當位置安裝吸波材料。

工程應用：連續波(CW)的平均功率等於 CW 的最大值。一般輻射場強都很大，所以需要特別做好隔離工作，尤其是磁場隔離工作，如係低頻磁場更難做好隔離工作，如係高頻磁場較易做好隔離工作，此乃因低頻 skin effect 深度較深容易滲入內部，高頻 skin effect 深度較淺不易滲入內部之故。

**Q12**： 如何防制電源線對週邊線帶的干擾？

**A**： ⑴電源線、電流越大越需要以絞線方式處理。

⑵信號線儘量遠離電源線安置。

⑶電源線兩端應予隔離接地。

⑷電源線安置儘量接近模件盒四周佈建。

⑸佈線依電源線、大功率信號線、小功率信號線次序，中間另加地線以加強隔離效果。

⑹對低週磁場防制以絞線方式，對高週電場防制以隔離方式處理最有效

⑺注意雜訊頻率波長與線長關係，如單端接地避免線長$\lambda/4$的開路共振(rod)，如雙端接地避免線長$\lambda/4$的短路共振(loop)。對線長$\lambda/4$的奇數倍線長頻率要注意也會引起諧波共振效應。

工程應用：電源線屬低頻電子裝置所產生低頻磁場很難防制，最有效的方法是不和週邊電子電路共地，其次儘量加強接地效應使電源線上雜訊儘可能疏導至地。

## 5.5 隔離、結合、濾波、接地、佈線工作目的

**Q1**： 隔離工作的目的爲何？

**A**： 隔離主在對電子硬品及輸出入線帶做好防制雜訊外洩及滲入的工作，對硬品著重於機匣蓋板及開口處的密合工作，如機械加工精密度、隔離片材質選用、接頭選用安裝工藝等，對線帶以選用適當隔離線爲主，隔離線的隔離度視所需雜訊隔離 dB 數而定。

工程應用：特別注意電子盒、接頭、線帶介面結合隔離問題，電子盒因有通風需求，時有方形或圓形開口，要注意開口隔離工作頻率，凡高於隔離工作頻率的雜訊頻率需評估是否會造成干擾問題，最簡易檢查隔離是否做好，建議用*RF*電壓表量測電子盒、接頭、線帶三者介面間是否有共膜式(CM)雜訊電壓存在，作爲評估隔離好壞的依據。

**Q2**： 試簡述材質隔離度與頻率響應關係如何？

**A**： 材質隔離度主要依材質對電磁波的反射與吸收效果而定，一般金屬材質對電磁波反射很大，但吸收效果很小，金屬材質在高頻(MHz、GHz)時因反射效果很大，可用於高頻的電磁場隔離。如在低頻金屬材質對磁場反射效果很小，金屬材質不適用於低頻隔離而需另選高導性材質以吸收方式，提昇在低頻對電磁波的隔離效果。

工程應用：一般均以金屬材料作爲隔離電磁波之用，電磁波能量含電場與磁場兩項，如在近場視輻射源性質不同，如爲電壓源以 $E$ 場爲主，如爲電流源以 $H$ 場爲主，如在遠場電磁場並重，所以評估隔離度對頻率關係應分別觀察 $E$ 對 $f$、$H$ 對 $f$、$E/H$ 對 $f$ 的隔離度高低，來評估實務應用上所需隔離度大小。

一般頻率分低(kHz)、中(MHz)、高(GHz)，在kHz因磁場很難隔離所以隔離度最差。

在 MHz 較易做好電場與磁場隔離工作，隔離度最佳。在 GHz 因材質在高頻有 $R$、$L$、$C$ 及共振效應隔離度要比 MHz 較差。因此在 kHz、MHz、GHz 隔離度排序中，MHz 最佳、GHz 次之、kHz 最差。

**Q3：** 結合的工作目的爲何？

**A：** 結合工作的目的在保持兩金屬面間的阻抗一致性並維持其間良好導電性，但由於結合面材質不同，結合時結構間隙、結合形狀等問題均會造成電性結合面電位差產生電磁波輻射問題，一般要求以結合面間導電性是否良好爲準，如結合面間阻抗 ≤2.5mili 歐姆均可視爲合格。如因使用過久生銹會造成兩結合面間高阻抗雖有微量電流通過也會產生高雜訊電壓，故對結合面常需擦拭以保持良好導電性。

**工程應用：** 一般結合間阻抗訂定 ≤2.5 mΩ，係指結合點或面遠小於雜訊頻率波長，形同 D.C.響應。Bonding Resistance 正式規格應寫成 2.5 mΩ(DC)。因均屬 D.C.響應所以將 D.C.省略寫成 2.5 mΩ。但如雜訊在極高頻的波長可短至接近結合點或面尺寸大小，此時需將 Bonding resistance 寫成幾十 mΩ(AC)以示與幾 mΩ(DC)區隔。

**Q4：** 濾波工作目的爲何？

**A：** 濾波指在電子硬品中去除主波工作頻率以外的一切諧波、雜波而言，諧波多由主波產生。濾波工作是從根本上抑制主波工作頻帶以外的諧波、雜波信號強度以免造成對鄰近電子硬品干擾。濾波如採電感、電容或L型濾波器多用在窄頻段濾波。如採 $\Pi$、T 型濾波器或多項式電感電容濾波器多用在寬頻段濾波。如採電感、電容串並聯濾波器多用在濾除某一特定寬頻段雜訊。如採電感電容並聯濾波器多用在濾除某一特定窄頻段雜訊。如採高導磁環多用在套接線上吸收高頻(MHz)雜訊，如採金屬共振腔(Cavity)多用在微波頻段雜訊抑制可將高能量微波雜訊以共振吸收方式消除之。

**工程應用：** 濾波分低通、高通、頻段通過、頻段遏止。(low pass，high pass，band pass，band stop)均以設法將所需濾除雜訊疏導至地，另一種由高導磁性材質製成的各型導磁環(ferrite bead)，可吸收雜訊電磁波轉換為熱能。雖然由多個組件 $R$、$L$、$C$ 組成的濾波器，要比單一 $R$、$L$、$C$ 組成的濾波器功能為佳。但要注意除非多個組件 $R$、$L$、$C$ 組成的多級濾波器是由選用精密 $R$、$L$、$C$ 組件組成，否則因不良 $R$、$L$、$C$ 組件對應頻率響應，會使多級濾波器功能不如預期的好。導磁環工程應用應注意選用高電阻值，導磁環中如雜訊電流過大及頻率過高，會造成導磁環飽和功能失效問題。

**Q5：** 接地的工作目的爲何？

**A：** 未接地電路稱浮點接地，因電路爲浮點接地無法將雜訊排除，如有雜訊感應此電路會在此處形成雜訊電壓。但在電路運用上有許多雜訊需要排除才能正常工作，而這些雜訊排除是以接地的方法加以疏導，因此接地工作目的是在以各種接地方式將雜訊排除。一般接地直接與信號、電源線迴路有關，如何將迴路線上雜訊以接地的方法將雜訊導通至地爲接地工作的重點。

工程應用：接地自 PCB、module、box 以 Connector、wire 為介面連至另一組 PCB、module、box 而組成 subsystem equipment，再由多個 subsystem equipments 組成 system equipment。其間又分信號、電源、大地接地，凡此接地工作重點如安排得當，將反映在自 PCB 到 sysem 各個層級上接地阻抗大小。如能減小接地阻抗，也就是減低雜訊電壓對裝備系統的干擾。

**Q6：** 佈線工作目的為何？

**A：** 佈線工作範圍至廣，小自 PCB 板上 trace，中至 PCB 板間連接 wire，大至模組與裝備間介面 cable 等各種佈建均屬佈線，PCB trace 佈線視單層或多層板需求不同而有不同規定，單層板多用在較大面積佈線多採相互垂直方式佈置減少相互耦合干擾量，背面亦採混雜(Random)式接線藉 Random 原理消除雜訊。多層板則著重於接地面共用安排，力求避免電路間共用地產生干擾問題。PCB 板間連接 wire 多係排線需注意排線中電源線、信號線、控制線佈建工作。對電源、類比、數位的安排需考量相互間信號強度及頻譜分佈情況是否造成干擾問題。模組與裝備間 cable 多為隔離線屬同軸電纜線，因電纜線與模組與裝備間由接頭銜接而接頭又與模組與裝備外殼相接，因此需處理好纜線、接頭、模組與裝備外殼接地問題也是防制干擾的工作重點。至於分系統、系統間裝備各型 cable 線佈線大體上亦循此定則處理。對放在戶外大型裝備介面間 cable 線需特別注意防水防漏隔離問題，以免生銹接觸不良產生傳送信號衰減及雜訊滲入干擾問題。佈線採直線越短越好，如太長需捲曲需注意捲曲度勿傷到纜線，以免線間電感電容變質而影響到電纜線的特性阻抗。

工程應用：佈線原則上仍按電性和物性兩方面處理，由 PCB module、box、connector、wire、subsystem、system 排序，逐級處理其間佈線以排除 EMI 為工作目標。電性需注意信號、電源信號特性相互間干擾問題，佈線接地力求整合各接地點再作選址定點接地。物性需注意水平、垂直與空間、距離調配問題。

## *5.6* 光纖干擾問題

**Q1：** 何謂光纖信號傳送？

**A：** 光纖是一種能將信號以光的模式傳送，然後再以光的模式復原的一種信號傳送模式。其最大優點為無干擾問題及地迴路問題。

工程應用：光纖信號傳送最大特色，是在非導體中利用兩材質不同折射率，使光在光纖材質中傳送的一種信號傳送模式。

**Q2**： 試比較光纖系統中光源(LED)與(Laser)電性功能特性？

**A**：

|  | LED(寬頻) | LASER(窄頻) |
|---|---|---|
| 驅動電流 | 10-50mA | ≤15A |
| 波形模式 | pulse、CW | pulse |
| 最大脈波寬 | Any | 2-01$\mu$s |
| 功率因素(Duty) | Any | ＜1％ |
| 脈波上升時間 | 300～5ns | ＜1ns |
| 頻寬 | 30～60MHz | ＞300MHz |
| 效率 | 0.1～3％ | 5～40％ |
|  | 易於驅動，穩定性好，適用低、中距離信號傳送。 | 不易發散適用於長距離、高速信號傳送。 |

工程應用：選用LED或LASER最大需求不同在功率大小，LED為小功率、LASER為大功率，因功率大小不同，信號傳送距離功率小傳送信號距離近，功率大信號傳送距離遠。

**Q3**： 光纖系統中EMI問題發生在何處？

**A**： 因光源本身無法濾除信號中的雜訊，故需做好信號源端 driving 放大器雜訊濾除工作，否則此項雜訊將隨光纖傳送到接收端。因 LED、LASER 均為高度非線性裝置尚可用於邏輯電路，但不宜用在低位準類比電路，因非線性會造成對類比信號失真。除此如在高場強環境中工作因非線性響應也會造成對音頻及射頻解調干擾。

工程應用：因邏輯工作信號以Volt計，如工作信號為5V，實質4V～6V均可適用，因工作信號變化幅度較大可不受非線型干擾雜訊影響，但如轉為類比電路信號以mV計，因工作信號變化幅度較小較易受非線型干擾雜訊影響，因此光纖中類比信號干擾要比數位信號干擾嚴重很多，所以要特別注意光電互換過程中類比信號雜訊問題，力求做好信號源源頭雜訊抑制工作，才不會使雜訊隨光纖傳送由一端至另一端。

**Q4**： 如何將光變為電信號？(light detector)

**A**： 有兩種方法可將光變為電，一為光電壓(photo-voltage)是一種對光感應而產生電壓的變化。二為光電阻(photo-conductive)是一種對光感應而產生電阻的變化。一般 light detector 是可以將光轉為電的一種裝置如 phtocells、avalanche、photo diodes、phototransistors、Pin diodes 等。

工程應用：光變電形同通訊中接收信號解調功能，而電變光形同發射信號調幅功能。

**Q5**： 試說明光電隔離器(optical isolator)工作頻寬與 EMI 關係？

**A**： 光電隔離器中 diode、phototresistor 的 rise and fall time 影響其工作頻寬，簡易式的 optical isolator rise/fall time 約在 $10\sim100\mu s$，工作頻寬約在 33k$(1/\pi\times10\mu s)\sim$3.3k $(1/\pi\times100\mu s)$，但以 Schmitt trigger 和 positive feedback 方式可改善 switching speed 至 30ns，相當於工作頻寬可擴展至 10MHz $(1/\pi\times30ns)$。

工程應用：光電隔離器直接與元件 risetime/fall time 有關，rise/fall time 越短，雜訊頻寬越寬，一般頻寬在幾十到幾百 MHz。

**Q6**： 說明防制 optical coupler 所受共模(CM)突波干擾方法？

**A**： 一由輸入端至輸出端的雜散電容耦合造成干擾，此時需接 optical isolator(High lmpedence)用以隔離雜訊耦合，而隔離效果以 CM Rejection 示之，CMR＝$R_L/R_L+R_I$（$R_L$ 為 optical couple 負載阻抗，$R_I$ 為 optical isolator 阻抗）。

二由 LED 與 detector 間的雜散電容($C$)耦合造成干擾，如其間有一雜訊電壓($V$)感應至 photo-transistor。如 $C=1$pF，$I=0.01$mA，$\dfrac{dV}{dt}=10^7$V/s $=$ 10V/$\mu$s(突波大小)。

一般好的 isolator 可耐受 500V/$\mu$s 至 3kV/$\mu$s 突波干擾。

工程應用：因雜散電容在高頻呈現低電容抗可導通雜訊傳送，所以需接高阻抗 optical isolator，用以隔離此項雜訊耦合傳送。

**Q7**： 如何提昇光電耦合器對突波干擾的耐受度？

**A**： ⑴隔離光電晶體(phototransistor)base，但會影響光電耦合器工作頻寬(bandwidth)。

⑵在 LED 和 optical detector 之間加裝一段 fiber optic 形同 light guide，但會增加整體裝置大小和重量。

⑶在 LED 和 optical detector 之間加裝一片薄金屬片(thin metal mesh)形同 Farady Shielded transformers。

工程應用：⑴如隔離光電晶體 base 會使光電晶體工作頻寬變窄，難與光電耦合器工作頻寬匹配。

⑵加裝 fiber optic 形同 light guide，如同 EM wave 在 waveguide 中行進，兩者均屬封閉空間(closed loop)可隔離突波干擾。

⑶加裝金屬片形同 Farady cage，防制突波工作原理與⑵說明相同。

**Q8**： 為何光纖不受電磁干擾？

**A**： 因光纖工作頻段至高(頻率在 $10^{14}$ 以上)，故不受電磁頻率(頻率 $10^1\sim10^9$)的影響，但在電磁高場強(Mega volt/meter)環境下仍會影響光電子正常流動使光纖傳送能量大減。

工程應用：就頻率耦合光纖頻率在 $10^{14}\sim10^{16}$ Hz，電磁波頻率在 $10^0\sim10^9$ Hz，兩者相差 $10^5\sim10^7$ 之間，頻率耦合量至小，故光纖不受電磁波干擾。

**Q9：** 光纖系統中 EMI 雜訊多來自何處？

**A：** 光纖本身無干擾雜訊問題，光纖信號傳送中所含雜訊來自驅動光源產生器週邊的電子組件如快速脈衝所產生的雜訊(fast pulses used with laser transmitter diode)會隨光纖信號一起傳送，通常防制方法在做好此種發射盒隔離工作，如採用隔離光纖接頭可抑制雜訊經光纖機構介面滲入發射盒中。

工程應用：光纖雜訊來自光電交替轉換時，所涉週邊電子裝置所產生的雜訊，防制以隔離為主，如選用隔離光纖接頭。

**Q10：** 光纖有無地迴路干擾問題？

**A：** 因光纖為單向信號傳送，沒有迴路問題對外來場強雜訊或光纖信號所含雜訊均無法經由地迴路感應或輻射出去。

工程應用：電路因有 Signal/return 形成 loop 會輻射或感應雜訊，但光纖係單向信號傳送不具 loop 效應，故無輻射或感應雜訊能量。

**Q11：** 在電子偵防中如何監測光纖信號傳送被截聽？

**A：** 一般光纖因本身不會輻射雜訊，也不會感應外來雜訊，因此用於需保密信號資料傳送中是不會被敵人干擾或偵收的，但為防制敵人截聽信號，我方應常查驗光纖線路是否被敵方截聽應以 time domain reflectometry(T.D.R)量測傳送信號是否有 load down情況，如有 load down 情況即表示光纖信號傳送中有可能遭人以 optical couple 在中途接裝截聽。

工程應用：T.D.R 不但可偵測敵方是否有在中途截聽，而且還可以確認相關正確位置，以便破解修復工作執行。

**Q12：** 雷擊與核爆對光纖有何影響？

**A：** 一般由雷擊或核爆所產生的高場強如 100kV/m、10ns/250ns(risetime 10ns，half PWR duration 250ns)對傳統式電子裝備會造成損害，對光纖不致造成干擾，但因高場強所產生的離子化作用會對光纖材質造成不明隱藏性損害而增加信號傳送的損失。以某種光纖信號傳送衰減 3dB/km 為例，在雷擊或核爆後因材質受高場強離子化影響，光纖信號傳送衰減會升高至 100dB/km～1000dB/km 而不勘使用。

工程應用：光纖本係非導體，對一般傳統電子裝備電磁輻射傷害，有一定程度的免疫能量，但如雷擊核爆高能電磁輻射，會因能量過高即使非導體的光纖，也會因離子化而質變形成導體造成光纖信號傳送損耗。

# 6

# 輻射傷害

## *6.1* ESD 防制

**Q1**： 簡述靜電產生的原因？

**A**： ⑴摩擦生電：由兩種物質間交互作用產生，是一種材質表面原子因摩擦使外層
的電子形成游離化一種現象，摩擦後兩物質一帶正電荷另一帶負電荷。

⑵電磁感應：由強大電磁場所產生的效應，使兩物質間產生形同摩擦生電效應
使兩物質一帶正電荷一帶負電荷的靜電現象。

工程應用：除⑴、⑵以外，電磁脈衝如日光燈持續放電在兩極間形成靜電。

**Q2**： 簡述導體與非導體對地放電效果情況？

**A**： 導體經接地對地完全放電(因導體原子結構的外層電子活動性強)，非導體經接地
對地則無放電效果(因導體原子結構的外層電子穩定活動性弱)。

工程應用：導體放電效果視導體導電性是否良好，與接地點或面結合組抗大小而定，而導
體外形如圓形導體或扁平形導體與放電雜訊有關，圓形適用於窄頻雜訊，扁平
形適用於寬頻雜訊，非導體除非在極大場強環境中，如高壓放電、雷擊核爆可
將非導體離子化變為不良導體或導體以外，非導體是不具對地放電效果。

**Q3**： 導體相互摩擦為何會產生靜電？

**A**： 因導體的電荷均勻分佈在導體表面，故經摩擦就會產生靜電現象。

工程應用：經摩擦導體內部，原 Random 排列的正負電荷會驅駛兩群正負電荷各居一方，
形成電位差而產生靜電現象。

**Q4：** 以電阻值區分靜電工作台面可分幾種？

**A：** 以工作台面製作材質可分為導電性、消電性、抗靜電性。導電性電阻值在 0ohm/sq～$10^5$ohms/sq，消電性電阻值在$10^5$ohms/sq～$10^9$ohms/sq，抗靜電性電阻值在$10^9$ohms/sq～無窮大 ohms/sq。

工程應用：靜電工作檯抗靜電電阻值越大，導電性越差，越不易產生靜電現象。

**Q5：** 那些是影響摩擦生電因素？

**A：** 相對濕度、物質材料、接觸面積、摩擦頻率。

工程應用：乾燥易生靜電，潮濕不易生靜電，材質原則上一材質經摩擦帶正電，另一材質經摩擦帶負電才能產生靜電。接觸面積較大摩擦聚集能量較大，較易產生靜電，摩擦頻率越高正負電荷累集能量越大較易產生靜電。

**Q6：** 常產生靜電工作場景有那些？

**A：** 地毯上走動、乙烯(PE 樹脂)材質地板上走動、人工移動塑膠製品、桌面拿起塑膠袋、以海綿為墊子的工作椅、觸撞車門、衣櫃、毛衣等。

工程應用：所列工作場景是否產生靜電，視空氣乾燥潮濕而定，以常見的工作檯前工作人員為例，乾燥靜電壓有 6 kV，潮濕靜電壓僅 0.1 kV。工作檯面上拿起塑膠帶乾燥靜電壓為 20 kV，潮濕靜電壓僅 1.2 kV。

**Q7：** 在生活和工作中 ESD 電壓大小約多少？

**A：** ESD 電壓視空氣相對濕度高低而定，在低濕度環境中 ESD 電壓較高(空氣較乾燥)，在高濕度環境中 ESD 電壓較低(空氣較潮濕)。也就是說在乾燥空氣中 ESD 電壓約在 5～35kV，在潮濕空氣中 ESD 電壓約在 0.1～1.5kV。

工程應用：濕度越低空氣乾燥靜電壓越高，濕度越高空氣潮濕靜電壓越低，濕度高低有定 65%、有定 50%。實務需定多少百分比，視工作環境中電子零組件耐受靜電壓位準大小而定。

**Q8：** 簡述人體靜電效應情況？

**A：** 人體所帶靜電電壓($V$)不超過 35kV，人體電容($C$)約在 100-500pfd。依此可計算人體所帶電荷 $Q = CV$，人體所帶靜電電壓超過 35kV 時，人體本身會形成電暈放電，人體靜電感應以限制超出 35kV 靜電電壓為安全標準。

工程應用：靜電效應與人體活動姿態有關，如人員坐在椅子上腳觸地靜電壓為 15 kV，如抬腳至桌面可升至 20～25 kV。按 $Q = CV$、$C = \varepsilon\dfrac{A}{d}$，$\dfrac{V_2}{V_1} = \dfrac{Q/C_2}{Q/C_1} = \dfrac{C_1}{C_2} = \dfrac{\varepsilon A/d_1}{\varepsilon A/d_2} = \dfrac{d_2}{d_1}$。$d_1$：腳觸地，$d_2$：腳離地，$V_1$：腳觸地 ESD 電壓，$V_2$：腳離地 ESD 電壓。因 $d_2 > d_1$，故 $V_2 > V_1$，工作人員工作時應避免腳離地，因 ESD 電壓上升會造成工作檯面電子零組件損害。

**Q9**： 靜電經那些途徑直接對電子元件放電？

**A**： ⑴人體放電至導電桌上的元件。

⑵元件放電至人體。

⑶元件放電至導體。

工程應用：依工作人員與電子零組件互動關係，定出三種不同放電模式。

**Q10**： ESD 主要規格參數有幾項？

**A**： ⑴最大 ESD 電壓(依規格不同定 2kV、4kV、10kV、12kV、20kV 等)。

⑵極性(正、負之分)。

⑶放電網路(RC 放電網路 100pF/1500Ω、100pF/500Ω、150pF/2000Ω、150pF/150Ω、300pF/500Ω、500pF/100Ω)。

工程應用：⑴人體最大 ESD 電壓可達 35 kV。

⑵極性視待測件極性而定，如待測件為正 ESD 以負極性檢測，待測件為負，ESD 以正極性檢測。

⑶放電網路(RC network)，R、C值視規格需求不同而不同。

**Q11**： 那些是典型的靜電來源？

**A**： 工作台面、地板、服裝、椅子、包裝處理、清潔裝配測試維修。

工程應用：人體本身所帶靜電電壓不超過 35 kV，如超過 35 kV 人體本身會形成電暈放電，以限制所帶電壓累積效應。電暈是由極強場強能量感應絕緣體，造成絕緣體內電荷電崩成電流衍生在絕緣體表面，而使絕緣體變成導體的一種現象。

**Q12**： 防靜電地板應有那些特性？

**A**： ⑴可將工作台上及工作者身上的靜電迅速放電。

⑵人員走動和設備移動時不會產生靜電。

⑶地板需清潔、平滑、堅硬、耐用。

⑷地板可清理、不變形可防止人員滑倒。

工程應用：防靜電地板需配置接地環扣，以備靜電工作檯接地線搭用。

**Q13**： 如何控制環境濕度對 ESD 產生的影響？

**A**： 提高濕度可在絕緣體表面形成一層濕氣，由增加其導電性而減少 ESD 高壓放電電壓，由於此項電壓降低大大減小 ESD 高壓放電對元件的破壞，一般環境濕度需維持在 50 %，如對元件則需將濕度提高為 65 %以免 ESD 傷害。

工程應用：對濕度控制的方法有兩方面，一為全面溼度化是將工作場地全面溼度化，一般依規格視需求定在 50%～65%。二為局部溼度化就劃定工作區域內溼度化，方法有二(a)電子蒸氣機(b)軟水原子化器。除此，離子化空氣可中和進入工作區內人或物所帶靜電，維持工作區內物體的電荷中性，維持在工作區內的空氣浮塵電性中和以避免被物體所吸附。

**Q14：** 工作人員防靜電措施規定應做些什麼？

**A：** ⑴帶靜電環：提供良好接地路徑以防靜電傷害。

⑵鞋底接地：選用導電性的鞋子。

⑶導電工作服：選用棉質、多元脂／棉混合，摻有金屬絲的紡織物。

工程應用：除相關防靜電措施外，工作人員姿態也是影響靜電產生大小的原因。

**Q15：** 對元件 ESD 應做那些防護措施？

**A：** ⑴儲藏箱櫃：具導電性並需接地(以 1MΩ 接地當作限流計可防制雷擊傷害)。

⑵零件容器：經抗靜電處理容器可供元件儲存和搬運使用。

⑶搬運推車：車子附有導電性細長形帶子與導電地板接觸以防靜電。

⑷包裝材料：應經過抗靜電處理。

⑸電氣設備：箱櫃應接地，機櫃外殼定期做表面抗靜電處理。

工程應用：⑴項中以 1 MΩ 接地，純為防護雷擊傷害人員之用，其功能在有雷擊之時，使大電流電壓降在接地電阻 1 MΩ 上面，可避免工作檯的工作人員受到雷擊傷害。

**Q16：** 如何防制 ESD 對 PCB 的干擾？

**A：** ⑴在信號線與訊號線間加裝電容，在信號地與大地間亦加裝電容濾除靜電荷。

⑵選用較大接地面以容納 ESD 電流。

⑶選用較粗銅線以容納 ESD 電流。

⑷電源線($V_{cc}$)或信號線距接地面(ground plane)越近越好，因此較小的環路面積對 ESD 的干擾可減至最小程度。

⑸選用多層板可使單板面積減小相對應減低對 ESD 干擾的感應程度。

⑹較長電源線或信號線與地線或迴路線成對互絞可減小 ESD 的衝擊。

⑺外殼接地和信號接地應在 I/O 部份分離，並將突波接收器安置在外殼接地。

工程應用：⑺電子金屬盒外殼接地，但不和 PCB 信號接地共地，可避免電子金屬盒因靜電感應產生靜電電流，流向 PCB 信號接地，造成對 PCB 上組件損害。

**Q17：** 如何做好包裝和箱盒對 ESD 的防制工作？

**A：** ⑴金屬外殼：緊密連接避免過長封口與細縫。

⑵非金屬外殼：噴導電漆導線性應小於 1Ω/sq。安裝螺絲釘越短越好。

⑶主電源盒：安裝突波抑制器，CM/DM 濾波器。

⑷開關安裝：開關和金屬外殼分開會造成 ESD 破壞元件，如將開關適當的和金屬外殼接觸可避免 ESD 電流進入 PCB。

⑸接觸面：接觸面過長時需在兩接觸面間加裝接地線以增加接地面連續性。

⑹導線接地：導線隔離層接地需接至箱盒外殼接至箱盒內殼會將 ESD 電流引導至箱盒內緣造成對 PCB 的干擾。

⑺箱盒蓋板：對可開啟的蓋板需裝彈片以增加接觸密合度。

工程應用：包裝和箱盒皆在防制 ESD 電流滲入造成組件損害，防制工作重點如⑴～⑺。

## *6.2*　PCB 靜電防制(ESD)

**Q1**：　簡述 ESD 形成原因？

**A**：　ESD 由非常低的能量累積儲存(以電容模式)在人體或傢俱表面，由突發觸及使此項儲存能量產生極速崩潰放電而成 ESD，其頻寬可由數百 MHz 至數個 GHz。

工程應用：ESD 形同單一暫態突波，雖能量在幾 kV 至幾十 kV，但此暫態突波滯留時間很短幾個 ns 至 ps，所以總能量不是很大，但仍可產生相當於 nj 至 1 joule 的熱能，足以燒毀低功率積體電路至真空管組件。

**Q2**：　由人員觸及而產生 ESD 的電性參數為何？

**A**：　ESD 起始時間(RISETIME)在 200ps～10ns，電流約幾個 AMP 至 30AMP，會造成對電路、接地傷害，ESD 是一種由電流流過傳導性電磁能量轉換(CONDUCTIVE TRANSFER MODE)形成對組件、電路、接地的干擾傷害，ESD 能量是以 ESD 所產生脈波 PK LEVEL 大小乘以脈波 RATE OF CHANGE 多少來表示。

工程應用：ESD 電流雖在幾個～幾十安培，但此電流滯留時間很短(ps 至 ns)，由熱能公式 $P$ (joules) = $P$(watt) × $t$(second) = $I^2R × t$ 換算約為 nj 至 1 joule 之間。以此熱能比對組件受損熱能規格值，可知組件是否受損。

**Q3**：　舉例說明 ESD 對 PCB 造成傷害情況？

**A**：　⑴ ESD 電流直接通過電路燒毀 PCB 上組件，或由人員觸及 KEYBOARD 產生 ESD 經電路流至組件的接腳而燒毀組件。

⑵ ESD 電流流經接地線路，因 ESD 所產生的頻譜極寬，可至幾百 MHz 甚至幾 GHz，如接地材質不良會產生高阻抗(材質在高頻時產生 AC 高阻抗串並聯交替式變化(BONUNCE)。形成高干擾電壓存在接地線路中造成對正常電路工作的干擾。

⑶ 由 ESD 衍生 EM 場強耦合電路造成干擾，EM 場強耦合是 ESD 中非直接耦合模式，如有此種耦合模式存在係因 PCB LOOP AREA 過大，SHIELDING 未做好而感應 ESD 所衍生 EM 場強所致。一般由 EM 場強所造成的干擾機率並不高，除非電路接地阻抗過高或在 PCB 中選用高阻抗電子組件才會引起此項干擾。

⑷ 由靜電場所造成的干擾，通常在極敏感及高阻抗電路中會受靜電場影響而產生干擾，一般導體會因靜電場而使電荷重合產生輻射，絕緣體會因靜電場而使內部久經存在的電位崩潰產生電流形成 ESD 電弧或突波(ARC OR SPARK)，一般數位電路中 $tr$ < 3ns 較易受 ESD 干擾產生信號傳送 UPSET 現象，而 $tr$ > 3ns 則不易受 ESD 干擾。($t_r$：digital pulse risetime)

工程應用：ESD 對 PCB 損害，常發生於工作人員在工作檯面處理組件，打開包裝袋或安裝組件觸及接腳時，因未做 ESD 防護工作不慎觸及面板或組件所致。另一種情況常發生於工作人員在工作檯面觸及電子盒接頭部位，ESD 常由電子盒接頭傳入電子盒內部電路板的路徑(trace)，由路徑再傳至組件造成對組件損害。

**Q4：** 如何設計防制 ESD 的干擾？

**A：** (1)放電間隙(SPARK GAP)：在 I/O 接頭和 CONTROLLER 間 SIGNAL TRACE 上裝置三角形放電點(TRIANGLE TIP)，其中放電點需接地，放電點間距在 6～10mil (1mil = 0.001 inch)。

(2)高壓電容(high voltage capacitor)：可耐受 1500volt 高壓裝在 I/O 接頭附近用在削減(CLAMPING)ESD 自 I/O 接頭感應的高壓。

(3)抑制器(TRANZORB)：屬半導體裝置用於抑制突波電壓(TRANSIENT VOLTAGE SUPPRESSION)，穩定減弱突發崩潰電壓(STABLE CLAMPING AFTER AVALANCHE)，及時對應突發崩潰電壓(FASTTIME CONSTANT TO AVALANCHE)。

(4)電感、電容濾波器(LC filter)：LC 組合 filter 裝在 I/O 接頭輸入端，C 用於濾除 HF NOISE。L 用於衰減 ESD 進入 I/O 接頭突波能量。

工程應用：以物性調整結構構形，以利放電效應如(1)，以電性抑制去除 ESD 瞬間高壓降至低位準。ESD 電壓可減低對組件損害如(2)、(3)，LC 濾波器本用在濾除高頻雜訊，其 $L$ 串接電路在 ESD 高頻響應時 $L$ 呈現高電感抗，可用於衰減 ESD 突波能量。

**Q5：** 在減小 LOOP AREA 防制 ESD 應做哪些措施？

**A：** (1) PWR 與 GROUND PLANE 儘量靠近安置。

(2) SIGNAL LINE 與 GROUND LINE/PLANE/CKT 儘量靠近安置。

(3) BYPASS CAPACITOR 亦可用在低能量 ESD 防制。

(4) PCB TRACE 能短儘量短以免形成天線感應效果。

(5) PCB GROUND PLANE 至 CHASSIS GROUND 阻抗越低越好。

(6)將 PCB 上易受 ESD 影響的組件以壕溝(MOATING)或隔離(ISOLATION)方式加以保護。

(7)CHASSIS GROUND 選用注意長寬比($l$、$w$)，一般 $l/w \leqq 4$ 阻抗較低，$l/w \geqq 4$ 阻抗較高。

(8) Ground plane 可由打孔減小 ground loop 面積。

(9)突波保護器(zener diode)可消耗 ESD 能量，如電容和 zener diode 並聯使用可遲緩 ESD 脈衝並增大削減(clamp)ESD 高壓所需時間。

(10)將各型抑制器直接接至 chassis ground 可將 ESD 能量直接疏通至地。可免如接至線路接地會因 ckt ground 高頻高阻抗效應而產生雜訊電壓。

(11) FERRITE BEAD 用於衰減 ESD 感應電流雜訊。

(12)多層板比兩層板可提升防制 10～100 倍對 EM 場強及 ESD 感應干擾。因兩層板多為大面積 PCB，而多層板多為小面積 PCB，因小面積比大面積感應 EM FIELD 及 ESD 為小，故所受干擾量亦小。

工程應用：(1)、(2)在減小 loop Area 可使 trace 間距變小，trace 阻抗變小，感應 ESD 電壓隨之減小。(3) bypass capacitor 可用於濾除 ESD 所產生的高頻雜訊。(4)較長 trace 對 ESD 寬頻雜訊，均會引起天線感應效果，造成對組件損害。(5)低阻抗低雜訊電壓。(6)對易受損的組件以隔離方式保護。(7)接地線 $L/W \leq 4$ 屬粗扁平線，適用於寬頻雜訊接地，接地線 $L/W \geq 4$ 屬細扁平線，適用於窄頻雜訊接地。(8)打孔會產生電感性雜訊電壓。(9)並聯電容對電路有延遲功能可用於遲緩 ESD 脈衝電壓。(10)抑制器接地直接接電子盒要比接電路為佳。(11)導磁環(ferrite bead)只用於吸收 ESD 殘餘能量，不適用於抑制高能量 ESD。(12)電磁感應能量大小與面積大小成正比。

**Q6：** GUARD trace 如何防制 ESD 干擾？

**A：** (1) PCB 上 GUARD TRACE 每間距 0.5 吋以開孔鎖至接地面，一可縮小環路面積，二可利用間距環路面積上電流流向相反相互抵消原理抑制流經 GUARD TRACE 的 ESD 電流，然後再將此項殘餘電流接至 CHASSIS GROUND 落地。

　　(2)壕溝(MOAT)在 PCB 邊緣呈 90° 與 GUARD trace 走向相切，故不影響 GUARD TRACE 防制 EMI 與 ESD 功能。

工程應用：(1)利用大面積可切成多個小面積，形成渦流(eddy current)，在多個小面積週邊渦流大小相等方向相反，在相互抵消作用情況下，可減小由單一大面積所感應的 ESD 大電流。(2) trace 走向平行耦合量大，垂直耦合量小。Moat 與 guard 走向垂直目的在減小 guard 所感應的 ESD 能量耦合至 Moat 所傳送的工作信號。

**Q7：** 試說明一些 ESD 放電能量電性特性數據？

**A：** (1)CHARGE CURRENT 可小至幾個 pa 大到幾個 ma。電荷量自 0.1～5$\mu$ COULOMBS，依 $Q = CV$，$V = Q/C$，$V = 3\mu$coulomb/150pF $= 20$kV(人體為例)。

　　(2) ESD(人體)對 IC 組件放電為例，時間約為 0.5～20ns。

工程應用：ESD 放電特性如同 $RC$ 放電電路，人體阻抗約為 1500 $\Omega$、電容量約 100～250 pfd、靜電壓 5～25 kV。以 $R = 1500$ $\Omega$、$V = 20$ kV、$C = 150$ pfd，可算出 $I = V/R = 30$ A，heat energy $= 1/2(CV^2) = 30$ mj，$Q = CV = 3$ $\mu$coulombs。

**Q8：** 試說明由 ESD 所引起的失效模式？

**A：** (1)電壓感應：多由電場感應引起超壓效應(over voltage)燒損介質材料，如 MOS 類組件。

　　(2)電流感應：多由磁場引起超流效應(over current)燒損介質組件，如 low impedance、micro ckt。

　　ESD 觸發電流大小以手指接觸最小，手掌接觸較大，金屬工具接觸最大。

工程應用：由(1)或(2)產生的失效模式不論電場或磁場，最終皆需換算成電流，由感應電流大小通過受害組件內阻大小，得知功率大小($P = I^2 \cdot R$)，再由通過組件時間長短得知熱能大小(heat energy $= P \times \Delta t = I^2 \cdot R \cdot \Delta t$)。熱能大小才是造成失效模式的根本原因。

## 6.3 觸電傷害

**Q1：** 電擊傷害的有關電性參數爲何？

**A：** 電擊是否造成傷害與電流大小和電流滯留時間長短有關，其間阻抗大小含電源內阻和人體阻抗(人體阻抗遠大於電源內阻只計人體阻抗不計電源內阻)，而人體阻抗因潮濕乾燥差異可達百倍，潮濕阻抗低觸電通過電流大，乾燥阻抗高，觸電通過電流小。故通過人體電流因潮濕乾燥差異亦可有百倍之差。

工程應用：雷擊傷害多在戶外空曠地形發生，因人體站立形同天線感應強大電磁場，因電容效應產生電流通過人體造成危害。

**Q2：** 試說明人體觸電量(直流)與傷害程度？

**A：** 0～0.4mA 有感受、4～15mA 驚嚇、15～80mA 反射作用、80～160mA 肌肉抽筋、160～300mA 呼吸困難，大於 300mA 致命。

工程應用：因在直流(D.C.)的表面電流滲入人體皮膚較深，故較小電流就會對人體造成危害。

**Q3：** 試說明人體觸電量(交流)與傷害程度？

**A：** 0～1.0mA 有感受、1～3mA 驚嚇、3～21mA 反射作用、21～40mA 肌肉抽筋、40～100mA 呼吸困難，大於 100mA 致命。

工程應用：因在交流(AC)的表面電流滲入人體皮膚較淺，故在有較大電流時才會對人體造成危害。

**Q4：** 試說明人體皮膚潮濕乾燥與阻抗關係？

**A：** 以電壓 110V 爲例，人體皮膚分乾燥、濕氣、潮濕、潮濕帶鹽份四個等級，人體阻抗相對應阻值約爲 2500、1500、650、325 歐姆。

工程應用：乾燥高阻抗，電流不易通過人體造成危害，潮濕低阻抗，電流容易通過人體造成危害。

**Q5：** 說明電源頻率與觸電電流大小的關係？

**A：** 電源頻率以 60Hz爲例，0.5～1.0mA 有感覺。頻率越高因集膚作用電流均分佈在皮膚表面而未及皮膚內層神經致使觸電感覺較遲鈍。
換言之在低頻因集膚作用較深入皮膚在小電流通過人體時即對人體造成傷害，在高頻因集膚作用較淺需在大電流通過人體才會造成對人體傷害。如 60Hz、1mA 人體即有觸電感應，如在 70kHz 要 100mA 人體才會有觸電感覺。

工程應用：電源頻率越低，集膚效應深度越深，只要較小電流就會對人體造成傷害。反之電源頻率越高，集膚效應深度越淺，需要較大電流才會對人體造成傷害。

**Q6：** 說明人體各部位阻抗分佈百分比？

**A：** 除皮膚外，腿部佔 52％，手部佔 37％，胸部佔 11％，腿部阻抗最高，手部次之，胸部最小。依 $I = V/R$，因胸部阻抗最小，通過電流最大故以胸部觸電時人體傷害最大。

工程應用：人體觸電傷害程度由輕至重，依序排列為腳部、手部、胸部。(與人體各部位阻抗分佈百分比成反比)。

**Q7：** 說明交流電觸電傷害與觸電時間關係？

**A：** 以交流 50～60Hz，電流 100mA 為例，觸電時間小於 0.2 秒視為安全，大於 0.2 秒視為不安全。其他 30mA 為 1 秒，20mA 為 8 秒，15mA 為 10 秒等。

工程應用：電流越大觸電安全時間越短，反之越長。此與電流通過人體轉為熱能有關，依公式 $H(\text{joules}) = p \times t = I^2 R \times t$，如定 $H$ 為定值、$R$ 為人體阻抗、$I$ 與 $t$ 則呈現反比變化，即 $I$ 大、$t$ 小 或 $I$ 小、$t$ 大。

**Q8：** 電源系統安全接地有那些規範？

**A：** (1)最高規範 IEC(International Electric Commission)。

(2)歐用規範 EEC(European Electric Commission)。

(3)國際規範 IEC-65(Consumer Electric Equipment)。

IEC-380(Electronic Safety of office Machine)。

IEC-435(Safety of data process Equipment)。

IEC-601(Safety of Medical Electronic Equip)。

工程應用：IEC-601 醫療裝備電源安全接地規範最嚴謹。

## 6.4 射頻輻射傷害

**Q1：** 何謂游離輻射傷害與非游離輻射傷害？

**A：** 游離輻射為一種高能量輻射，所產生的能量能使原子產生游離現象如 $X$ 光照射傷害，非游離輻射為一種低能量輻射，所產生的能量不能打斷分子鍵或使原子游離的現象如射頻輻射傷害，兩者特性分析如表列

| | 游離(X ray) | 非游離(RF) |
|---|---|---|
| 光子能量 | $10^{-3}\text{EV}\sim1\text{BEV}$ | $10^{-12}\text{EV}\sim10^{-3}\text{EV}$ |
| 頻率 | $10^{12}\sim10^{24}$ | $1\sim10^{12}$ |
| 範圍 | 紅外線、可見光、紫外線、$X$ 射線、$R$ 射線、宇宙線 | 長波、短波、微波 |
| 傷害特性 | 累集效應 | 暫時性 |

工程應用：游離與非游離最大不同在是否具有累集效應，游離因有累集效應以健檢X光為例，明定一年內不超過 2～3 次。非游離因無累積效應，是否危害人體以已知場強大小為準，可得知安全滯留時間。

**Q2：** 射頻中各頻段輻射傷害情況如何？

**A：**

| 頻率(MHz) | 傷害部位 | 說明 |
|---|---|---|
| ＜150 | 無 | 安全穿透人體 |
| 150～1000 | 內部器官 | 器官過熱受損 |
| 1000～3300 | 眼部水晶體 | 眼球受熱產生白內障 |
| 3300～10000 | 眼及皮膚 | 皮膚發燒 |
| ＞10000 | 皮膚 | 皮膚發癢 |

工程應用：頻率波長越接近人體身長，場強感應量越大，輻射傷害亦越大。對人體各部位器官，則與器官組織細胞所含水份多少有關，水份百分比越高，經場強照射水分子撞擊能量越大產生熱能也越大，對人體傷害也越大。

**Q3：** 人體對輻射功率密度散熱能量如何？

**A：** 人體新陳代謝散熱能量為 100W，人身面積約為2m²，人體平均散熱能量為 100W/2m² ＝ 5mW/cm²。微波頻段中人體對微波吸收量為 50％，故輻射功率密度傷害規格訂為10mW/cm²，輻射場強功率密度大於10mW/cm²時人體吸收微波輻射量亦大於5mW/cm²超出人體散熱能量5mW/cm²而多餘的能量會存在體內造成對人體的傷害。

工程應用：人體對輻射場強照射就微波(＞1GHz)吸收率約為 50%，其他波段則視頻率波長與人體身長對比而定，波長與身長越接近吸收率越高，波長與身長越遠離吸收率越低。

**Q4：** 微波爐輻射外洩規格為何？

**A：** 微波爐工作頻率為 2450MHz，輻射功率外洩值如係新品距離微波爐 5cm 外需小於 1mW/hr，如係舊品距離微波爐 5cm 外需小於 5mW/hr。

工程應用：微波爐輻射外洩所定規格 1 mW/hr，係針對商品用戶，故以 1 hr 不超過輻射功率 1 mW 為準。但實務上少有人站立微波爐前 1 hr，因此以改用實測輻射場強大小，可評估人員可安全滯留時間較為實用。

**Q5：** 游離輻射(x ray)傷害規格如何計算？

**A：** x ray輻射能量單位為崙琴(ROENTGEN)，由 AEC(ATOMIC ENERGY COMMISSION) 訂定R值與年歲有關

依公式 $R \leq 5(N-18)$，$N > 18$

$R$：total accumulated dosage，roentgens

$N$：AGE $(N > 18)$

工程應用：依 $R$ 公式與年齡有關，其真正意義在以每年可容許 2～3 次 X 光照射為例，代入公式年齡越大，其一生中可容許照射的 X 光次數也會多些，以年紀 20 歲為例 $R \leq 5$ $(N-18) = 5(20-18) = 10$，20 歲的成人，游離輻射傷害規格值為 10 崙琴(roentgen)。

**Q6：** 單一輻射源場強密度與安全滯留時間如何計算？

**A：** 依 ANSI(American National Security Institute)訂定在六分鐘內，輻射場強密度(mW/cm²)與安全滯留時間為 $T = 6x$ 該頻段場強密度規格值／該頻段場強密度現場量測值。

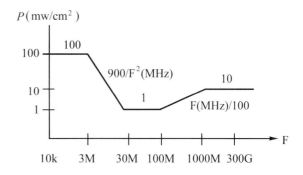

工程應用：功率密度(mW/cm²)亦可以電場強度(V/m)、磁場密度(mg)表示，如 100mW/cm² = 614 V/m = 20 mg，10mW/cm² = 200 V/m = 6.6 mg，1mW/cm² = 60 V/m = 2 mg。安全滯留時間與場強功率密度成反比，人員離開輻射場強環境無累積效應，安全滯留時間重新核計。如輻射源在 1000 MHz 以上，經查規格值為 10 mW/cm²，實測值為 1mW/cm²，代入公式安全滯留時間 $T$(分鐘) = 6×10/1 = 60 分鐘。

**Q7：** 多個相同輻射源，輻射時間不同時其平均輻射場強密度如何計算？

**A：** 依公式 $P = \dfrac{P_1 T_1 + P_2 T_2 + \cdots}{T_1 + T_2 + \cdots}$，$T = \dfrac{6 \times 10}{P}$ at $f > 1000$MHz

設多個微波波段輻射源輻射功率為 $P_1$, $P_2$⋯輻射時間為 $T_1$, $T_2$⋯($T_1 + T_2 \cdots < 6$ 分鐘)

e.g.$P_1 = 5$，$T_1 = 2$，$P_2 = 2$，$T_2 = 3$，$P_3 = 3$，$T_3 = 1$

$P = \dfrac{5 \times 2 + 2 \times 3 + 3 \times 1}{2+3+1} = \dfrac{19}{6} = 3$，$T = \dfrac{6 \times 10}{3} = 20$

查微波波段規格為 10mW/cm²

人員可在現場安全滯留 20 分鐘以內，20 分鐘以上視為不安全。

e.g. $P = \dfrac{17 \times 2 + 6 \times 3 + 15 \times 1}{2+3+1} = \dfrac{67}{6} = 11$，$T = \dfrac{6 \times 10}{11} = 5.45$

查微波波段規格為 10mW/cm²

人員可在現場滯留 5.45 分鐘以內，5.45 分鐘以上視為不安全。

工程應用：各個輻射源輻射時間可不同，但累積以不超過 6 分鐘為準，按公式算出總輻射量大小再代入 $T = 6 \times$ 規格值/總輻射量大小公式，可評估安全滯留時間。如多個相同輻射源在 30 M～100 M 規格值為 1mW/cm²，總輻射量大小為 0.5mW/cm²，代入公式安全滯留時間 $T = 6 \times 1/0.5 = 12$ 分鐘。

**Q8**： 如何計算多個不同頻段輻射源安全滯留時間？

**A**： e.g.量測不同頻段場強密度值 $P$(mW/cm²)

| 頻段 | 量測場強密度 | 量測頻率 |
|---|---|---|
| 10k-3M | $p = 5$ | at 2MHz |
| 3M-30M | $p = 3$ | at 10MHz |
| 30M-100M | $p = 0.5$ | at 50MHz |
| 100M-1000M | $p = 1.0$ | at 300MHz |
| 1000M-300G | $p = 6$ | at 2000MHz |

查不同頻段場強密度規格值(問題 6 中圖示)$P$(mW/cm²)

| | | |
|---|---|---|
| 10k-3M | $P = 100$ | at 2MHz |
| 3M-30M | $P = 9.0$ | at $900/F^2$(MHz)$= 900/10^2 = 9$ |
| 30M-100M | $P = 1.0$ | at 50MHz |
| 100M-1000M | $P = 3.0$ | at $F$(MHz)$/100 = 300/100 = 3$ |
| 1000M-300G | $P = 10.0$ | at 2000MHz |

由量測值與規格值計算百分比(量測／規格)

| | |
|---|---|
| 10k-3M | $5/100 = 0.05$ |
| 3M-30M | $3/9 = 0.33$ |
| 30M-100M | $0.5/1.0 = 0.50$ |
| 100M-1000M | $1.0/3.0 = 0.33$ |
| 1000M-300G | $6/10 = 0.60$ |

$$1.81 > 1.0(181\% > 100\%)$$

因 181 ％＞ 100 ％人員不容許在現場滯留六分鐘以上，同理如經計算為 0.5，因 50 ％＜ 100 ％人員可容許在現場滯留六分鐘以內。

工程應用：計算實側各個不同頻段場強密度與該頻段規格值的比值大小，並將此項比值累積相加，如大於 1 有輻射傷害顧慮，如小於 1 無輻射傷害顧慮，安全滯留時間仍以 6 分鐘為準，當量測值與規格值百分比大於 1。建議不要滯留 6 分鐘以上，如小於 1，至少可以滯留 6 分鐘以上。如百分比越小安全滯留時間越長，因尚無可計算百分比大小頻段輻射源安全滯留時間，暫以當大於 1 時建議安全滯留時間以不超過 6 分鐘為準。

**Q9**： 輻射場強密度與滯留時間關係如何？

**A**： 場強密度大小與滯留時間長短成反比，依公式 $T = 6x$ 規格值／量測值，規格值由問題 6 中查表得知，量測值愈大，滯留時間$T$愈短，反之量測值愈小，滯留時間 $T$ 愈長。

工程應用：公式$T = 6 \times$ 規格值/量測值，僅適用於單一輻射源或多個相同輻射源，如計算多個不同頻段輻射源安全滯留時間，僅能警示安全滯留時間 6 分鐘，而無法計算確切安全滯留時間。

**Q10**： 使用何種儀具量測輻射場強密度？

**A**： 使用輻射場強密度感應器可隨人員所在位置量測場強密度大小($mW/cm^2$)，此項儀具為寬頻接收器對單一頻段可做較精密量測。如輻射源為不同頻段的多個輻射源，本項儀具則無法做精密量測而另需以頻譜儀量測各個頻譜頻率信號強度($dB\mu V$ or $dBm$)並將此項信號強度經公式轉換為$dB\mu V/m$($dB\mu V/m = dB\mu V/m + AF$)，由$dB\mu V/m$轉換為 $\mu V/m$ 再轉換為 $mW/cm^2$。最後按問題 8 計算方法評估場強密度安全滯留時間。

工程應用：一般簡易場強表，僅用於警示所在環境場強是否超規，通常以警示燈或警示鈴警示之。至於安全滯留時間與安全滯留距離需另行計算評估，以安全滯留時間為準調遠距離可得較小場強量測值，再代入公式計算可得較長安全滯留時間，如$T = 6 \times 10/5 = 12$ 分鐘，at $R = 4$ m。$T = 6 \times 10/2.5 = 24$ 分鐘，at $R = 8$ m。參閱 Q9 公式及 $20 \log \dfrac{4}{8} = 20 \log \dfrac{2.5}{5.0}$。

## 6.5 手機輻射傷害

**Q1**： 手機輻射傷害需要參用那些電性參數？

**A**： 手機輻射功率、輻射天線增益、手機距頭部距離。

工程應用：輻射功率以平均功率為準，天線增益以$G$ (ratio) = 1 為準(理論)，實務上因天線有地正極性加持及人體頭部為反射體，$G$ (ratio)通常多會大於 1，大約為 2，($G$ (dB) = 0 dB at $G$ (ratio) = 1，$G$ (dB) = 3 dB at $G$ (ratio) = 2)。距離以手機距耳部為準，此項距離因人使用手機習慣不一而不同，約在 1～3 公分之間。

**Q2**： 使用何種公式計算手機輻射功率密度？

**A**： $E = \sqrt{30P(\text{av}) \times G(\text{ratio})}/R(\text{distance})$

$P(\text{av})$：Transmitter average pwr，(watt)。

$G(\text{ratio})$：antenna gain，(ratio)。

$R(\text{distance})$：talker to cell phone，(meter)。

$E$(field intensity)：$E$ at $R$，(volt/meter)。

$P = \dfrac{E^2}{Z}$ ($p = $ EXH，$Z = E/H$)

$10 \log P = 20 \log E - 10 \log Z$

$P$：power density (W/m$^2$)

$E$：field intensity(V/m)

$Z$：space impedence(377 ohm)

Covert $P$ (W/m$^2$) to $P$ (mW/cm$^2$) by factor 0.1

mW/cm$^2 = $ W/m$^2 \times 0.1$

工程應用：由 $P = E \times H = E^2/Z = H^2 Z$ 公式中，因手機天線屬單偶極天線(Monopole)，一端接信號源、一端為開路(open)。依電磁波共振原理 monopole 天線輻射功率，$P = E^2/Z$，故以 $P = E^2/Z$ 公式計算手機輻射場強功率密度 $P$(W/m$^2$)。而 $P$ 亦可由圓座標球面上任一點輻射功率密度大小 $P = \dfrac{P\text{(av)} \times G\text{(ratio)}}{4\pi R^2}$ 表示，又 $P = \dfrac{E^2}{Z}$，由此兩式可導出 $E = \sqrt{30 \times P\text{(av)} \times G\text{(ratio)}}/R$。($Z = 120\pi$)

**Q3**： 舉例說明頻率 1800MHz 手機輻射傷害情況？

**A**： 如已知手機發射功率為 0.55watt 增益比值為 1.0(無方向性，增益為 0dB，增益比值為 1.0)，手機距頭部約 0.03m，依公式 $E = \sqrt{30PG}/R = \sqrt{30 \times 0.55 \times 1.0}/0.03 = 135$V/m，再依公式 $10 \log P = 20 \log E - 10 \log Z$ 計算 $10 \log P = 20 \log 135 - 10 \log 377$，$P = 48$W/m$^2 = 4.8$mW/cm$^2$ 查由單一輻射源安全滯留時間($T$)依公式 $T = $ 該頻段規格值／量測值，由於 1800MHz 屬微波頻段規格值為 10mW/cm$^2$，代入公式計算 $T = 6 \times 10/4.8 = 12.5$ 分鐘，故以此型手機交談時間不超過 12.5 分鐘為安全時限，但如使用人手持手機在鄰近牆角或有反射體環境中使用則因反射增強輻射強度一倍，安全時限亦減少一倍，依公式 $T = 6 \times 10/4.8/2 = 6.25$ 分鐘，故持手機交談如附近有反射體時因有反射增強關係，手機交談時間以不超過 6.25 分鐘為安全時限。

工程應用：依公式 $E = \sqrt{30PG}/R$，理論值計算手機交談時間以不超過 6 分鐘為原則，但公式中 $G$ 值理論值採用 $G$ (ratio) $= 1$，而實務值應採用 $G$ (ratio) $= 2$ 為宜，如以此值代入計算手機交談時間以不超過 3 分鐘 1 為原則。

**Q4**： 舉例說明 900MHz 手機輻射傷害情況？

**A**： 先驗證說明 1800MHz 手機輻射傷害情況所使用的公式 $E = \sqrt{30PG}/R$ 是否符合遠場需求條件。按遠場距離需求為 $R \geq \lambda/2\pi$，依 1800MHz，$\lambda = 16$cm，$R = \dfrac{\lambda}{2\pi} = 2.6$cm，由 Q3 題設 $R$ 值為 3cm，因 3cm > 2.6cm，符合遠場條件故可使用 $E = \sqrt{30PG}/R$ 公式計算輻射場強($E$)。如以 900MHz，$\lambda = 3.3$cm 為例，按遠場距離需求為 $R \geq \lambda/2\pi$

= 5.3cm，所以在使用公式 $E = \sqrt{30PG}/R$ 中R值需要R≧5.3cm。如仍選用 $R = 3$cm 則因 3 < 5.3 屬近場效應，E值計算除了輻射場(RADIATION field) $E = \dfrac{\sqrt{30PG}}{R}$ 之外 尚有靜電場(electro-static field) $E = \sqrt{30PG}/R^3$ 及感應場(induction field)$\sqrt{30PG}/R^2$ 兩項，故E值在近場強強度要比遠場為大，因此在電性參數相同情況下對 900MHz 及 1800MHz 手機使用距離為 3cm 時 900MHz 手機比 1800MHz 手機對人體傷害較大。

工程應用：以波阻抗與空氣阻抗關係，界定近、遠場距離為 $d = \lambda/2\pi = \lambda/6$。對 1800 MHz、$d =$ 2.66 cm，對 900 MHz、$d = 5.32$ cm，對 1800 MHz 因 $d = 2.66$ cm 接近題設手機距耳 3 cm 可視為遠場，以遠場公式如題⑵，題⑶模式計算手機輻射傷害安全交談時間。 對 900 MHz 因 $d = 5.32$ cm 才符合遠場效應，故無法以遠場公式如題⑵，題⑶模式 計算手機輻射傷害安全交談時間，但因受近場靜電場及感應場的影響，一般評估 會比 1800 MHz 較為嚴重，因此安全交談時間會比 1800 MHz 要更短一些。

**Q5：** 計算手機輻射傷害要注意那些電性參數？

**A：** 依公式 $E = \sqrt{30PG}/R$ 中各項電性參數，R為天線增益比值，因手機天線為單柱棒狀 無方向性天線，故其增益為 0dB，增益比值為 1，R為使用者持手機距頭部距離一般 在 3cm 越遠越安全，P為手機發射功率(WATT) P 越大，E 越大輻射傷害也越大。故 由 P、G、R 三參數中除 G = 1 為定值外，P 及 R 皆 為變數，一般 R 定為 3～5cm， P 為決定手機輻射傷害最大參數。

工程應用：由公式 $E = \sqrt{30 \cdot P \cdot G}/R$，P、G、R 為三大參數，其中 P、G 為電性參數，R 為物性 參數，P 視手機品牌規格而定，G 視天線規格及使用環境(反射)而定。R 視使用者 習性而定，P 約為 0.5 Watt、G 約為 0～3 dB、R 約為 0～3 cm。

**Q6：** 為防制手機輻射傷害需注意那些事項？

**A：** ⑴不要緊貼耳部，盡量保持天線距耳部 3cm 以上的距離。

⑵手機在弱訊區因會自動調高功率而增加輻射傷害機率，因此儘量避免在弱訊區通 話。

⑶手機配合免持聽筒使用可避免手機直接對頭部造成傷害。

⑷在手機上貼防電磁貼片以降低輻射場強。

⑸配合呼叫器使用，在找不到一般電話時才使用大哥大。

⑹長話短說，既安全又省錢是最根本最好的防制方法。

工程應用：按 Q1～Q5，輻射規格取微波波段(> 1000 MHz)，輻射安全規格為 10 mW/cm²。近 依環保署新訂緊縮規格至 1 mW/cm²。，依此規格手機安全交談時間則需大幅縮短， 但因手機廠家紛紛提出防護輻射措施，對手機輻射人員安全亦另定人體輻射吸收 安全計量標準(S.A.R. Specified absorption rate)。依此 S.A.R. 規格，廠家已提供了相關 量測驗證裝備，可驗證手機是否可通過此項檢測標準。

## *6.6* 高壓線附近輻射場強

**Q1：** 簡述高壓線輻射場強所造成的傷害情況？

**A：** 高壓線輻射場強頻譜範圍在 15k～1G 之間，高壓線本身形同一種長型可輻射遠至幾公里外的天線，線上所輻射的場強會對週邊附近的電子裝備及人員造成傷害。

工程應用：高壓線形同電容器，其間電場強度可依公式 $E = V/d$ 示之，$V$ 為高壓線電壓、$d$ 為高壓線至地間距離。如 $V = 70\,kV$、$d = 10\,m$、$E = 7\,kV/m$。如以人員站立高壓線 400 kV 下方為例，依電源頻率 60 Hz，高壓線距地高度 10 m，空氣介電常數 $8.85 \times 10^{-12}$ F/m，人體感應場強面積 1 m²，代入人體感應高壓線感應電流約 $I = V/Z = V \times \omega C = V \times 2\pi f \times \varepsilon \cdot A/d = 400 \times 10^3 \times 2\pi \times 60 \times 8.85 \times 10^{-12} \times 1/10 = 133\,\mu A$，此項感應電流不到造成人員危害 mA 範圍，但如高壓線為 4000 kV，感應電流升至 1300 $\mu$A = 1.33 mA，則對人體會有危害之虞。

**Q2：** 高壓線的輻射場強特性為何？

**A：** 分窄頻與寬頻兩種，窄頻係由線上絕緣子因絕緣不好阻抗呈不連續性輻射的電感性雜訊，而寬頻則因負載變化帶有大電流，在開關時產生寬頻雜訊，或因由絕緣子處過大放電時產生火花引發寬頻雜訊，或因絕緣子材質表面因空氣離子化而放電產生寬頻雜訊。

工程應用：窄頻多在雨天潮濕，因絕緣子潮濕原絕緣功能不良變為導體所致。寬頻多因大用戶忽然斷電引起強大暫態突波所致。窄頻寬頻頻率界定大約在 25 MHz，窄頻約在 25 MHz 以內，寬頻約在 25 MHz 以上，窄頻多為電暈放電(Corana)雜訊，寬頻多為電感性(Inductive)雜訊。

**Q3：** 高壓線輻射場強與天候變化關係如何？

**A：** 場強變化受天候變化影響，晴天和雨天相差 15dB，雨天因潮濕易導電輻射場強較高，晴天因乾燥不易導電輻射場強較低，兩者可差 15dB。而雜訊在頻率小於 25MHz 多由絕緣子材質不良由表面因空氣離子化放電產生。雜訊在頻率大於 25MHz 多由因絕緣子處過大放電產生火花時產生。

工程應用：高壓線場強可由簡易公式計算 $E = V/d$。$V$ 為高壓線傳輸電壓，$d$ 為高壓線距地距離(米)。如 $V = 70\,kV$、$d = 10\,m$、$E = 7\,kV/m$。此項場強不受天候影響，但由高壓線上絕緣子因天氣晴溼不一會造成絕緣性不良而影響輻射場強大小相差 15 dB，場強相差 5.6 倍(15 dB = 20 log 5.6)。

**Q4：** 如何以 Coherent 與 Incoherent 來界定高壓線雜訊？

**A：** 由負載變化所產生的大電流突變或由絕緣子處過大放電所產生的火花均屬 Coherent 雜訊。由絕緣子兩極間電壓過高而使空氣離子化而放電所產生的火花均屬 Incoherent 雜訊。

Conherent 雜訊屬 Impulsive 是可依數學模式分析屬窄頻段雜訊(NB)，Incoherent 雜訊屬 Random 是無法依數學模式分析屬寬頻段雜訊(BB)。

工程應用：Coherent 與 Incoherent 主要差異，界定在 Coherent 為規則協調性雜訊頻譜，是可以波形電性參數如 risetime、duration time、falltime 來評估其雜訊頻寬。Incoherent 為非規則非協調性頻譜，因其波形屬 random 模式，且隨時間異動而不同，無法以數學模式評估其雜訊頻寬。這裡所稱 Coherent 為 NB，Incoherent 為 BB，是對這兩項頻寬寬度比較，前者較窄故稱 NB，後者較寬故稱 BB。

**Q5**： 如何量測 coherent 與 lncoherent 寬頻(BB)雜訊？

**A**： 由寬頻(BB)雜訊＝窄頻(NB)雜訊+$10 \log\left(\frac{1\text{MH}}{x}\right)$ 公式得知接收機先以 NB 量測雜訊強度再加上校正因數 $10 \log\left(\frac{1\text{MH}}{x}\right)$。$x$ 值屬選項隨量測頻段不同而有不同值。$x$ 值選項值如下表。$10 \log\left(\frac{1\text{MHz}}{x}\right)$ 係因 BB 為 lncoherent noise 屬 random 模式故以功率 $10 \log$ 計算，如 BB 為 coherent noise 屬 regular 模式，功率則以 $20 \log$ 計算。

| Freq band | $x$(Hz) | BB $= NB+10\log\left(\frac{1\text{MH}}{x}\right)$，random |
|---|---|---|
| 14H～150k | 2.5k | BB ＝ NB+26 |
| 150k～25M | 10k | BB ＝ NB+20 |
| 25M～300M | 120k | BB ＝ NB+10 |
| 300M～1000M | 1M | BB ＝ NB+0 |

工程應用：依 BB ＝ NB + $10 \log(1\text{ MHz}/x)$ 公式。NB 形同接收機設定極窄頻寬情況下，以接收信號最大值為目的。$x$ 形同在不同檢測頻段情況下，接收機設定不同頻寬，接收外來雜訊時接收機所收到的雜訊頻寬，注意頻段 300 M 到 1000 M，BB ＝ NB，其他小於 300 MHz 頻段，BB ＞ NB。

**Q6**： 如何量測高壓線附近的雜訊場強？

**A**： 以接收機或頻譜儀接天線在高壓線附近量測高壓線所輻射的場強，對位置的選擇視高壓線輸送電壓高低而定，一般輸送線高壓小於 70kV 時在高壓線塔一側距離 50 呎處量測場強。輸送線高壓大於 70kV 時，需在高壓線塔兩側距離 50 呎處各量測一次，然後再在 $\sqrt{50^2+H^2}$ ($H$：高壓線距地高度)呎處量測場強資料如相差 6dB 以內，本項量測值可供採信，如大於 6dB 本項量測資料變化幅度過大，顯示除了所量測到的高壓線場強外，尚有其他雜訊介入所致。因高壓線的雜訊主要來自高壓線塔上絕緣子放電(gap discharge and Corona discharge)所致，故量測位置以選取在高壓線塔架附近 50 呎距離為原則。量測值如高壓線小於 70kV 只任選高壓線一側距 50 呎處量測即可，如高壓線大於 70kV，則需在高壓線兩側量測並選取較大讀值為準。

工程應用：以 70 kV 為參考，對＜ 70 kV 高壓線場強，對週邊電子裝備除非特別靠近，一般影響不大。對其週邊場強任選高壓線一側檢測即可。如＞ 70 kV 高壓線場強，對週邊電子裝備影響較大，為慎重確認此項干擾源是否來自高壓線，或在高壓線週邊另有其他高能輻射源，故需在高壓線兩側檢測，以確認此項干擾源是源自高壓線，或其他週邊高能干擾源。

## **6.7** 基地台及家電用品輻射場強傷害

**Q1**： 如何訂定基地台輻射場強大小？

**A**： 依輻射強度能量與距離成反比和輻射密度能量與距離平方成反比關係式可算出距基地台不同距離時的輻射強度與密度能量大小，一般基地台視工作頻率GSM900，和GSM1800 不同訂出 GSM900 輻射密度安全量為 0.45mW/cm$^2$，GSM1800 輻射密度安全量為 0.9mW/cm$^2$。(環保署資料)

工程應用：GSM900 輻射密度安全值為 0.45 mW/cm$^2$。

GSM1800 輻射密度安全值為 0.9 mW/cm$^2$。

GSM900 的 0.45 mW/cm$^2$較低，而 GSM1800 的 0.9 mW/cm$^2$較高，係因 GSM900 的波長較長(32 cm)較相近人體身長，而 GSM1800 的波長較短(16 cm)較遠離人體身長，就共振吸收率GSM900 較高，GSM 1800 較低。故 GSM900 在較低輻射量(0.45 mW/cm$^2$)會對人體造成傷害，而GSM1800 則需在較高輻射量(0.9mW/cm$^2$)才會對人體造成傷害。

**Q2**： 如何計算基地台輻射強度和輻射密度大小？

**A**： 根據公式輻射場強($E$)

$E = \sqrt{30 P_{av} G}/R$

$P_{av}$＝發射機輸出平均功率(Watt)

$G$＝基地天線增益(比值)

$E$＝輻射強度(V/m)

$R$＝距離(m)

根據公式輻射密度($P$)

$P = 0.1 \times E^2/377 = E^2/3770$

$E$＝輻射強度(V/m)

$377$＝自由空間阻抗(歐姆)

$P$＝輻射密度(mW/cm$^2$)

工程應用：由 $P = \dfrac{E^2}{Z} = \dfrac{P(av) \times G(ratio)}{4\pi R^2}$，$Z = 120\pi$。

導出 $E = \sqrt{30 \times P(av) \times G(ratio)}/R$。

**Q3:** 舉例說明 GSM900 基地台輻射密度大小及安全滯留距離？

**A:** 基地台發射機輸出平均功率＝ 200Watt

基地台天線增益(比值)＝ 13.72

安全輻射密度＝ 0.45mW/cm²

依公式 $P = \dfrac{0.1 \times E^2}{377} = 0.45$，$E = 41\text{V/m}$

$R = \dfrac{\sqrt{30 P_{av} G}}{E} = \dfrac{\sqrt{30 \times 200 \times 13.72}}{41} = 7\text{m}$

工程應用：由公式算出理論值 $R = 7$ m，係指週邊無任何遮障物環境下安全距離。實務應用應以所在環境人員常處位置為準，檢測其輻射功率大小(mW/cm²)。再代入 $T = 6 \times \text{spe/test}$ 公式以評估安全滯留時間。

**Q4:** 舉例說明 GSM1800 基地台輻射密度大小及安全滯留距離？

**A:** 基地台發射機輸出平均功率＝ 200Watt

基地台天線增益(比值)＝ 13.72

安全輻射密度＝ 0.9mW/cm²

依公式 $P = \dfrac{0.1 \times E^2}{377} = 0.9$，$E = 58\text{V/m}$

$R = \dfrac{\sqrt{30 P_{av} G}}{E} = \dfrac{\sqrt{30 \times 200 \times 13.72}}{58} = 5\text{m}$

工程應用：說明同 Q3。

**Q5:** 一般以何種儀表測量輻射密度大小？

**A:** 一般以輻射場強密度表量測 mW/cm² 大小，量測頻率分兩段 50MHz～2.56GHz，1～18GHz。量測範圍 0.01～10mW/cm²，0.1～100mW/cm² 不等。

工程應用：一般輻射場強表計量分 mW/cm²、V/m、mg 為主，通常以 mW/cm² 為主。因此單位可依公式 $T = 6 \times \text{spe/test}$ 算出安全滯留時間。

**Q6:** 說明規格中為何訂定 10mW/cm² 為在微波頻段($f > 1$GHz)的輻射場強規格？

**A:** 人體對微波頻段的吸收量為 50％，人體新生代謝散熱量為 100W，人體體膚面積為 2m²，人體單位面積散熱量＝ 100W/2m²＝ $100 \times 10^3$mW/2(100cm)²＝ 5mW/cm²，由 10mW/cm² × 50％＝ 5mW/cm² 關係式可知當規格輻射密度定為 10mW/cm²，人體可吸收 5mW/cm²，此吸收量可經由人體新生代謝散熱量 5mW/cm² 排除，故輻射密度規格定為 10mW/cm²。凡大於 10mW/cm² 因吸收大於散熱對人體有傷害之虞，凡小於 10mW/cm² 因吸收小於散熱則視為輻射安全。

工程應用：輻射人員傷害以輻射功率密度計(mW/cm²)，新近手機輻射安全吸收率S.A.R.(Specified abserption rate)定為 1.6 watt/kg，mW/cm² 係指輻射功率密度大小，1.6 watt/kg 係指人體細胞單位重量所能承受照射的功率大小，因組織細胞部位不同水分子重量不同情況下，所產生的熱能對人體傷害的情況程度亦不同。watt指射頻輻射功率大小，kg指細胞組織內水分子重量。

Q7： 試說明微波頻率與傷害關係？

A：

| 頻率(MHz) | 波長(cm) | 感應區 | 傷害證明 |
|---|---|---|---|
| ＜ 150 | ＞ 200 | 無 | 人體對大於波長 200cm 的頻率無吸收效果 |
| 150～1200 | 200～25 | 內部器官 | 人體吸收 50 % 的微波能量，器官因過熱受損 |
| 1000～3300 | 30～9 | 眼球 | 眼球受熱易生白內障 |
| 3300～10000 | 9～3 | 眼及表皮 | 皮膚為主要吸收體，皮膚受傷發燒 |
| ＞ 10000 | ＜ 3 | 皮膚 | 皮膚對微波部份吸熱，部份反射，皮膚發癢 |

工程應用：輻射傷害大小與輻射頻率波長、人體身長、各器官組織細胞內水分子佔有百分比有關。波長、身長與共振頻率有關，身長為波長的 1/4 波長共振吸收效率最大。兩者相差越大共振吸收率越小。而水分子越多受輻射照射產生撞擊熱能越大，對組織細胞傷害也越大，如眼部組織細胞水分子最多達 80%以上，輻射對眼部傷害也最大。

Q8： 試換算常用輻射強度(V/m)，密度(mW/cm²)，磁場(mgauss)單位運算關係？

A： $1\mu V/m = 3.3 \times 10^{-11}g = 3.3 \times 10^{-8}mg$

$P(mW/cm^2) = 0.1 \times E(V/m)/377 = E(V/m)/3770$

$e.g. 2mg = \dfrac{2 \times 10^8 \times 10^{-6}}{3.3}V/m = 60V/m$

$P = \dfrac{0.1 \times 60^2}{377} = 0.95mW/cm^2 \approx 1.0mW/cm^2$

$2mg = 60V/m = 1mW/cm^2$

| $H$(mg) | $P$(mW/cm²) | $E$(V/m) |
|---|---|---|
| $10^4$ | $2.3 \times 10^7$ | $3.0 \times 10^4$ |
| 100 | 2435 | 3030 |
| 80 | 1558 | 2424 |
| 20 | 100 | 614 |
| 10 | 24 | 300 |
| *6.6 | 10 | 200 |
| *2 | 1.0 | 60 |
| *1 | 0.24 | 30 |
| *0.66 | 0.1 | 20 |
| *0.33 | 0.026 | 10 |
| *0.165 | $6.6 \times 10^{-3}$ | 5 |
| 0.033 | $2.6 \times 10^{-4}$ | 1 |
| 0.0033 | $2.6 \times 10^{-6}$ | 0.1 |
| 0.00033 | $2.6 \times 10^{-8}$ | 0.01 |

*常用範圍

工程應用：按 1 V/m $= 3.3 \times 10^{-2}$ mg、$P = \dfrac{E^2}{3770}$、$P = $ mW/cm²、$E = $ V/m 公式，可計算 V/m、mW/cm²、mg 三者單位互換關係，電磁波場強大小應以功率密度(mW/cm²)，電場強度(V/m)，磁場強度(A/m)三種不同單位表示，但實務上較少用磁場強度(A/m)，而是改用磁場密度(mg)表示。而 A/m 亦可由 $Z = E/H$ 關係轉換 $H$ (A/m) $= E$ (V/m)/377。

**Q9：** 說明一般場景場強$E$(V/m)、$P$(mW/cm²)、$H$(mg)值與人員安全滯留時間關係？

**A：**

| 場景 | $H$(mg) | $P$(mW/cm²) | $E$(V/m) | 滯留時間(分鐘) |
|---|---|---|---|---|
| 雷擊 | $3.3 \times 10^2$ | $2.65 \times 10^4$ | $10^4$ | 瞬時 |
| 雷達 | 6.6 | 10 | 200 | 6 |
| 電視、電台 | 2.0 | 1 | 60 | 60 |
| 重機電 | 0.16～0.66 | $6.6 \times 10^{-3}$～0.1 | 5～20 | 9090～600 |
| 輕機電 | 0.033～0.16 | $2.6 \times 10^{-4}$～$6.6 \times 10^{-3}$ | 1～5 | $2.3 \times 10^5$～909 |
| 家電 | 0.0033～0.033 | $2.6 \times 10^{-6}$～$2.6 \times 10^{-4}$ | 0.1～1.0 | $2.3 \times 10^6$～$2.3 \times 10^5$ |
| 環境 | ＜ 0.0033 | ＜$2.6 \times 10^{-6}$ | ＜ 0.1 | 無限 |

工程應用：本表僅供參考，實務安全滯留時間應以所定距離中的各項干擾源場強量測值，代入 $T$(分鐘) $= 6 \times$ 規格值/量測值公式計算值為準。

**Q10**：為何輻射強度傷害常定在 30～300MHz？

**A**：　經查國家標準及軍方標準輻射場強密度值在 30MHz 至 300MHz 頻段均定為 1mW/cm$^2$，此因人體在此頻段對微波有最大吸收量，如 30MHz 波長為 10m，四分之一波長為 2.5cm，300MHz 波長為 1m，四分之一波長為 0.25m，而一般人體身高也介於 0.25m～2.5m 之間，依據射頻共振原理四分之一波長為共振區，人體對此頻段有最大吸收量，故在此頻段內微波對人體傷害最大。

工程應用：場強危害含信號強度與頻率耦合，而頻率耦合量是和波長其受害源面徑長度有關，一般兩者呈 $l = \lambda/4$ 關係頻率耦合量最大，查 30～300 MHz 波長的 1/4 波長和人體身長相當，故以 30～300 MHz 頻率為干擾源會對人體會造成最大輻射傷害。但實務上是否造成傷害還要看輻射場強大小及滯留時間長短。

**Q11**：說明國內外磁場強度傷害限制值規範？

**A**：　目前國內尚無單位訂定此項規範，由環保署在 89 年所公佈的規範係參用美國工業衛生技師協會(ACGIH)在 1999 所公佈的資料為準，此項限制值定為以供電 60Hz 為準，在磁場強度為 10 gauss 情況下人員滯留時間以不超過八小時為安全暴露時限。除此另有由非游離輻射保護國際委員會在 1990 所公佈的資料為 5 gauss 情況下人員滯留時間以不超過一整個工作天為安全暴露時限。

工程應用：因電磁環境日趨複雜，現對磁場密度(mg)規格要求亦日趨嚴謹，現常以 6.6 mg、10 mW/cm$^2$、200 V/m、$T = 6$ 分鐘，訂為輻射安全標準，亦有更嚴謹規格要求以 2 mg、1 mW/cm$^2$、60 V/m、$T = 6$ 分鐘訂為輻射安全標準。

**Q12**：為何低頻(60Hz)磁場不會造成對人體傷害？

**A**：　如以頻率 60Hz 所產生的磁場為 10 gauss，換算成輻射場強強度(V/m)為 $30 \times 10^4$ V/m，場強密度(mW/cm$^2$)為 $2.3 \times 10^7$ mW/cm$^2$，單由此項數據觀察勢必造成對人體的傷害，但人體對頻率 60Hz 的波長並無吸收作用，這裡所說的 60Hz 10gauss 係指如在 60Hz 磁場強度為 10 gauss 時其 60Hz 所產生的諧雜波頻率在 30MHz 至 300MHz 間的磁場強度為 2mg 時換算成輻射場強強度為 60V/m，密度為 1mW/cm$^2$，是會對人員造成傷害。

工程應用：因 60 Hz 波長遠大於人體身高，其間頻率耦合量至低，故人體對頻率 60 Hz 的波長並無吸收作用，不會造成對人體傷害。

**Q13**：一般電腦顯示器之電磁場規範為何？

**A**：　目前國際規範有二種，一為 MPR II (Swedish std)定距顯示器 50 公分處在 300Hz～30kHz 頻段磁場強度限制值定為 2.5mg，一為 TCO(Swedish std)定距顯示器在前端 30 公分處於 30～300Hz 頻段磁場強度限制值定為 2.0mg。

工程應用：電腦顯示器所輻射的電磁波輻射場強，係由電子槍所發射的電子，在掃描中撞擊螢光幕產生 spark 電流所致，因干擾源來自在螢光幕上的 spark 電流，故輻射場強以磁場為主。一般定頻率 30～300 MHz 波長和人體身長相近危害最大為準。磁場密度為 2 mg，相當於功率密度 1 mW/cm²，電場強度 60 V/m。

**Q14**：電腦螢幕閃動時所輻射的磁場強度有多大？

**A**：一般當磁場強度大於 10mg，電腦螢幕即會產生飄移或閃動現象。

工程應用：電腦螢幕掃瞄水平、垂直閃動，係由控制掃描的 sawtooth wave 信號產生器失調，及掃描信號過大在螢光幕上產生過大 spark 電流，產生強力輻射磁場密度所致。一般此項過強磁場密度在大約 10 mg 之時，電腦螢光幕就會產生飄移閃動現象。

**Q15**：試說明高壓線附近可能有損健康情況？

**A**：一般高壓線在 40kV 以上時，週邊 50 公尺以內的磁場強度約為 2mg，(1mW/cm²，60V/m)，對人員可能會產生精神分裂、憂鬱症、孕婦生產畸形突變、腦瘤血癌、乳癌等症狀。

工程應用：依 $E = V/d$ 公式，設 $V = 40\,\text{kV}$、$d = 10\,\text{m}$，人員在 10 m 高的高壓線下感應電場強度 $E = 40\,\text{kV}/10\,\text{m} = 4\,\text{kV/m}$，由此換算約為 72 dBV/m。而輻射安全 $E$ 值定為 35 dBV/m（$E = 60\,\text{V/m}$，$20\log 60 = 35\,\text{dBV/m}$），兩者相差 37 dB。係由高壓線傳送 60 Hz 波長與人體身高差距過大，頻率耦合量至低約 1.4% 所致。（$10^{-37/20} = 0.014$）。

**Q16**：如何改善高壓線電磁輻射安全問題？

**A**：將高壓線遠離住宅區或埋設地下均可減少電磁波危害，電磁波可用金屬物質加以屏蔽，如埋設地下深處約六公尺以上因土壤含有大量金屬礦物質可有效屏蔽高壓線所輻射的電磁波。

工程應用：一些北歐國家均將高壓線埋在地下，是一種最有效防制高壓線輻射場強外洩的方法。一般高壓線均架設郊區，對市區住戶影響較小，但在郊區的高壓線附近，是否有其他如微波台之類的通訊裝備需要防護，應列入 EMI 防制工作範圍。

**Q17**：簡述一般家電用品的輻射磁場強度(mg)及人員安全滯留時間？

**A**：$A$：家電用品表面、$B$：距家電用品 1 公尺處、量測頻率：微波頻段

| 家電用品 | 磁場強度(mg)，$y$ | 滯留時間(分鐘)，$T$ | |
|---|---|---|---|
| 冷氣 | 412 | $1.47 \times 10^{-3}$ | $A$ |
| | 1.32 | 143 | $B$ |
| 微波爐 | 138.8 | 0.013 | $A$ |
| | 4.1 | 14.87 | $B$ |

(續前表)

| 家電用品 | 磁場強度(mg)，$y$ | 滯留時間(分鐘)，$T$ | |
|---|---|---|---|
| 日光燈(廠區) | 42 | 0.14 | A |
| | 2.65 | 36 | B |
| 電視 | 36 | 0.19 | A |
| | 1.58 | 100 | B |
| 冰箱 | 3.02 | 0.27 | A |
| | 1.68 | 88 | B |
| 電風扇 | 9.6 | 2.71 | A |
| | 0.45 | 1234 | B |
| 抽油煙機 | 4.57 | 11.97 | A |
| | 0.57 | 438 | B |

演算過程

$1\mu V/m = 3.3 \times 10^{-8} mg$

$xV/m = ymg$

$x(V/m) = \dfrac{y \times 10^{-6}}{3.3 \times 10^8} = 30.3y$

$P(mW/cm^2) = \dfrac{0.1 \times x^2}{377} = \dfrac{0.1 \times (30.3y)^2}{377} = 0.24y^2$

$T(minutes) = \dfrac{6 \times spc}{P} = \dfrac{6 \times 10}{0.24y^2}$

$y：mg$，SPC：$10mW/1cm^2$

將上表中$y = xx$mg 代入$T = \dfrac{60}{0.24 \times y^2}$可計算出安全滯留時間$T$(分鐘)。

spc 取微波頻段$f > 1GHz$ 輻射場強密度值$10mW/cm^2$。

工程應用：A 項安全滯留時間適用於維修人員，因維修人員需就近檢修家電用品。B 項安全滯留時間適用於家庭用戶，量測值通常以距家電產品 1 公尺處為準。有關電磁單位互換演算如演算過程 $1 V/m = 3.3 \times 10^{-2} mg$、$mW/cm^2 = (V/m)^2/3770$、$T = 6 \times spe/test$、spe 與 test 以$mW/cm^2$計。

# 7

# 量測儀具、設施、方法

## 7.1　EMI 量測工作執行條件需知？

**Q1**：　EMI 量測精度要求為何？

**A**：　依據NIS81(May.1994)，不定因素對測試影響所定規範為 $R = A \pm B$，$R$ 為量測結果，$A$ 為儀具環境校正後 $R$ 量測值，$B$ 為儀具與環境不定因素，如 $R$ 與規格值對比如超規則 $R$ 視為不合格，如 $R$ 與規格值對比在規格內則 $R$ 視為合格。

工程應用：量測精度與量測誤差有關，而誤差又分人為誤差與儀具誤差。前者與量測工作人員量測技藝有關。後者與儀具本身誤差、儀具組合、環境因素不同有關。如戶內戶外、待測件大小等。

**Q2**：　RE、RS 量測中為何要使用天線因素(AF)？

**A**：　AF 為 RE、RS 測中所需的一項場強轉換因素，依 AF $= E/V$ 公式在 RE 量測中可得 $E = V + $ AF，$E$ 為 EUT 雜訊場強(dB$\mu$V/m)，$V$ 為天線接收端雜訊場強感應電壓(dB$\mu$V)，AF 為天線因素(1/mdB)。在 RS 量測中可由 $E = V + $ AF，$E$ 為所需照射場強(V/m)，$V$ 為發射天線輸入電壓，AF 為天線因素。此處 AF 可由 AF $= 9.73/\lambda\sqrt{G}$ 公式中已知天線增益比值 $G$ 及頻率波長($\lambda$)可計算出 AF。

工程應用：RE、RS 均屬輻射性場強量測，$E$ 為輻射量大小，$S$ 為耐受量大小，此項量測以天線為發射(RS)或接收(RE)雜訊場強的媒介裝置。因此要瞭解天線因素(A.F.)才能夠量測出 RE、RS 場強大小，RE 是以天線接收待測件所溢散出的輻射場強雜訊大小，RS 是以天線發射依規格所定輻射場強照射待測件。RE 是檢測在量測待測件輻射雜訊場強是否超規，RS 檢測在量測待測件經輻射場強照射的反應結果是否失效。

**Q3**： EMI 量測中為何常用單偶極天線(dipole)？

**A**： 因 dipole 天線在垂直極向放置時，波束上視圖為圓形，側視圖為八字形波束至寬(3dB，寬度80°)適合用於量測 EUT 所輻射出各方向的雜訊。

工程應用：Monopole 天線，因場型為無方向性，可接收待測件所溢散出的全向性雜訊。如係被動式 Monopole 構形簡單，但僅用於窄頻段。如想用於寬頻段，則需在訊號輸入端加裝電子式阻抗匹配器，可改善至寬頻段工作範圍。

**Q4**： EMI 量測中 EUT 為何需要接地面(ground plane)？

**A**： 對 RE 測試為模擬 EUT 在實際工作場景中因有地反射的影響，測試需測出以 ground plane 反射 EUT 間接雜訊和 EUT 所輻射直接雜訊在兩者同相位情況下所發出的最大合成雜訊輻射量。對 CE 測試 ground plane 則用於 reference plane 做為量測導線上雜訊強度位準的參考點。

工程應用：接地面在 RE 量測，用於反射待測件雜訊，視同在最壞環境中所量測到輻射雜訊場強大小。接地面在 CE 量測，將待測件須接至接地面作為接地參考點，以此量測待測件雜訊位準大小。

**Q5**： 商規中為何選用 QP 讀值？

**A**： 一般檢波器有 PK、RMS、AV 各項讀值，PK 多用在軍規、RMS 用在類比信號、AV 用在數位信號，為考量符合人們視聽感受信號特性，另選信號讀值大小介於 PK 與 RMS、AV 之間，反應速度要比 RMS、AV 為快比 PK 為慢的 QP 讀值信號。又 QP 檢測是以人視聽感受為考量，主要在量測 QP 信號對人所造成影響，是一項針對人感受而訂定的規格讀值。

工程應用：PK 值量測針對軍規電子產品，均取雜訊中訊號最大值，而 QP 值略低於 PK 值，係針對民規電子產品視聽信號所定出的雜訊強度值，兩者主要差異在一對產品，一對人員視聽效果，以信號強度 PK = 1.0、QP = 0.8 換為 dB，PK = 0 dB、QP = -2 dB。

**Q6**： 為何使用 test RCV 可量測到較精確信號？

**A**： 因 test RCV dwell time 為可調式且對信號有高解析度能力，所以可以量測到較密集雜訊信號，又 test RCV 設有專用 EMI 量測 NB、BB 功能，其中 preselector 功能要比一般 Spectrum Analyzer 選頻功能為強，並可避免鄰近頻率干擾。一般 test RCV 的靈敏度也比 Spectrum Analyzer 為高容易接收到較微弱的雜訊信號。

工程應用：過去 test RCV 比 spectrum Analyzer 靈敏度為高，可以量測較低的雜訊，現在兩者功效相差不大，對 EMI 檢測工作是以量低位準雜訊為準，而為量測到所有可能出現的雜訊，其掃描滯留時間需可長可短加以控制，因此 EMI 量測功能有二項重要功能需比一般 RCV 要求為高，一為靈敏度 (sensitivity)，一為滯留時間 (duration time)。對 sensitivity 要求越靈敏越好，(如 − 150 dBm 比 − 140 dBm 要好些)。對 duration time 要求掃描時間(scan)可快可慢變化範圍越大越好。

**Q7：** 測試桌為何做成 80 公分高？

**A：** 因一般待測件均放在 80 公分高桌上使用，故測試桌也定為 80 公分高度，為量測 EUT 較精確值，測試桌桌面以金屬製作，供 EUT 接地固裝作為參考接地面以利 EUT 加電時量測輻射，傳導雜訊量。

工程應用：測試桌 80 公分高度設計，完全針對一般人體坐於座椅工作高度設計。而桌面以金屬板敷蓋是用於桌面上待測件接地需求設計，以模擬待測件處於良好接地環境下的功能運作情況。

**Q8：** 戶外測試為何定 3、10、30 公尺距離？

**A：** 因應 EUT 雜訊頻率及外形大小需求而有不同測試距離，距離越遠可量測到大型 EUT 及較低頻率遠場的正確雜訊資料。

工程應用：依近遠場定義量測距離按 $R = \lambda/2\pi = \lambda/6$ 與 $R = 2D^2/\lambda$ 公式計算 $R$ 值，並選用其中較大值 $R$ 定為近遠場臨界距離，由公式如頻率越低波長越長，待測件面徑越大，距離 $R$ 亦越大，由此可知如以要求遠場為準，較小 $R$ 值較適合高頻及小面徑待測件量測工作執行，較大 $R$ 值較適合低頻及大面積待測件量測工作執行，而實務 $R$ 值需求依量測頻寬內低、高頻波長及待測件面徑最大需求為準代入 $R = \lambda/6$ 及 $R = 2D^2/\lambda$ 公式評估得知。

**Q9：** 戶外測試天線高度為何需要調整高度？

**A：** 調整接收測試天線高度可供量測正確找出 EUT 輻射雜訊經地反射的反射波與 EUT 直射波在同相位時所量測到 EUT 在輻射時最大雜訊輻射量。

工程應用：一般常用 3 m 測場，測試件面徑大小 67 cm 左右，檢測頻率頻寬 80～1000 M，依 $R = \lambda/6$、$R = 2D^2/\lambda$ 公式評估所量測到雜訊頻率均在遠場效應，而調整天線高度工作目的，係利用在此遠場效應中可找到輻射雜訊最大量，作為最大輻射雜訊量測值，並與規格值對比以驗證是否合乎規格要求。依 $R = 2D^2/\lambda$，$R = 3 \text{ m}$，$\lambda = 0.3 \text{ m at } 1000$ M，$D = 0.67 \text{ m} = 67 \text{ cm}$。

**Q10：** 量測中 EUT 為何需轉動 360° 測試？

**A：** 將 EUT 旋轉 360° 目的在找出 EUT 在那一個方向有最大雜訊輻射量。

工程應用：在升降檢測天線高度，利用地反射找到待測件最大雜訊輻射量測值後，再將待測件旋轉 360°，找出在那個方向有最大雜訊輻射量，作為最終量測值標準。

**Q11：** 為何將電源線過長時折成八字形或纏繞？

**A：** 八字形或纏繞目的在利用線長的互絞物性原理，以消除電源上的雜訊並可節省空間。

工程應用：八字形繞線英譯為 ZIG-ZIG，係利用直長線排列成曲折 ZIG 形狀，使鄰近兩線間上電流大小相等，方向相反原理可抵消由線上所溢散出的雜訊場強。

**Q12：** 戶外測試場附近為何需靜空？

**A：** 戶外測試場為模擬自由空間無反射測試場景，故四周必須為無反射物以免破壞原有戶外測試場的無反射特性。

工程應用：戶外測試場淨空目的，一在消除環境雜訊，一在消除因有雜物造成反射，形成駐波對量測值的影響。

**Q13：** 在 RE 量測中為何需水平及垂直極向量測？

**A：** 主在瞭解 EUT 輻射雜訊的極向，以確認 EUT 最大雜訊輻射量。通常水平極向量值較小(因地 Image 對天線輻射阻抗響應變化較大有減弱天線接收作用)，而垂直極向量測值較大(因地 Image 對天線輻射阻抗響應變化較小有增強天線接收作用)。

工程應用：因待測件輻射極性不定，可能為水平、可能為垂直，故需同時執行水平或垂直極向量測，以確認待測件輻射極向屬性水平或垂直極性的雜訊量測值大小。

**Q14：** 為何 CE 量測頻率多在 50MHz 以下，RE 量測頻率多在 50MHz 以上？

**A：** 原由軍規 RE 檢測距離為 1 米，依近、遠場距離 $R$ 定義需求 $R = \lambda/2\pi = \lambda/6.28$，如 $R = 1$ 米，$\lambda = 6.28m$，$f = 47.7MHz$，當 $f < 47.7MHz$ 均為近場量測資料，$f > 47.7MHz$ 均為遠場量測資料。近場資料場強度變化複雜難獲正確量測資料，遠場資料場強呈線性變化易獲正確量測資料。在近場時可改以 CE 量測方式量測，因 CE 量測是以電流感應器(current probe)直接套接線上以量測雜訊電流為主，而不涉近場效應問題。因此量測雜訊在距離為 1m 時，頻率 50MHz 以上者均屬遠場以天線執行 RE 量測，在 50MHz 以下者均屬近場可改以電流感應器執行 CE 量測。

工程應用：原 RE 軍規 $d = 1$ m 量測距離，在低頻 10 k～50 M，$E$ 場是以 rod 天線量側，$H$ 場是以 loop 天線量測，由近遠場 $d = \lambda/6$ 公式，當 $d = 1$ m、$\lambda = 6.28$ m、$f = 50$ M、凡 $f < 50$ M 均為近場效應，又雜訊 $f < 50$ MHz 多由電子盒間線帶溢出，故亦可改以電流感應器(current probe)直接套在待測線上，以近場感應方式量測線上所帶雜訊電流大小。不論以天線或電流感應器方式，均可量測到待測件的輻射場強大小，其差異性在天線量測單位為 $E$ (dBμV/m)、$H$ (dbμA/m)或 dBPT，電流感應器量測單位為 dBμA。

**Q15：** 標準 EMI 測試場地應有什麼條件？

**A：** 室外除應有地反射面外，週邊環境應無任何反射物，且此室外測試場應建在無雜訊區。室內隔離室以防制外來雜訊干擾量測為主，在室內加裝吸波材料以防制量測時試件雜訊在室內引起反射而影響正常量測值。

工程應用：分室內、室外，兩者基本上均以模擬無反射環境為主要訴求。室內加裝吸波材料為主，以防止反射，並加強隔離防止外來雜訊滲入造成干擾。室外以選山谷郊區無雜訊環境為主，因應測試需求除測試場地面敷設金屬板外，其他週邊應無任何反射物，以免造成反射影響正常量測值。

**Q16**：為何戶外測試場需有 site attenuation 需求？

**A**： 對戶外測試場地反射面平整度需達到一定標準，如地反射面高低不平會影響量測值，因此地面平整度對電磁波反射所造成的量測誤差影響稱之 site attenuation。

工程應用：Site attenuation 標準要求在±4 dB，換算成場強大小變化比值為 1.58 $(10^{\frac{4}{20}})$到 0.63 $(10^{\frac{-4}{20}})$。換言之以理論值假設金屬平整度為理想無皺紋金屬板，電磁波入射反射場強變化量為 1，如金屬板平整度欠佳表面皺紋深淺不一，電磁波入射反射場強度變化強弱不一，如大小比值在 1.58 至 0.63 之間，換成 Site attennation 為±4 dB，定為戶外地反射面平整度規格值。

**Q17**：EMI RE 量測中所使用的 Dipole 和 biconical 天線用途有何差異？

**A**： Dipole 為窄頻天線可利用其完整理論分析方法定出波束增益值供量測比較參用，但在測試時每一頻率所需天線長度都要調整很費時間。而 biconical 為寬頻天線，不需調整天線長度，但增益和波束隨頻率而變化，量測時需參考此型天線增益、波束頻率響應變化圖。

工程應用：dipole Gain 為 2.2 dB，多用於量測比較其他待測天線增益之用，如待測天線增益比 dipole 高 10 dB，此天線增益即標示為 10 dB。與 biconical 最大不同處在，dipole 為窄頻天線、biconical 為寬頻天線。在實務上 dipole 多用於比較量測其他天線增益或實驗室功能校正之用，biconical 則用於 EMI 20～200 MHz 頻寬雜訊量測之用。

**Q18**：如何區分近場和遠場？

**A**： 以阻抗特性高低而言，近、遠場距離分界點依公式計算為 $R = \lambda/2\pi = \lambda/6.28$，凡小於 $\lambda/6.28$ 為近場，凡大於 $\lambda/6.28$ 為遠場。以平面波相位而言，近遠場距離分界點依公式計算為 $R = 2D^2/\lambda$，$D$ 為接收天線的面徑大小，$\lambda$ 為波長。凡距離小於 $2D^2/\lambda$ 為近場接收天線所接收的電磁波為球面波，距離大於 $2D^2/\lambda$ 為遠場，接收天線所接收的電磁波為平面波。

工程應用：近遠場臨界距離需同時考量兩項條件，一為波阻是否與空氣阻抗匹配問題，一為輻射波是否為平面波問題，依此計算出所需距離$R$，取其大者定為近遠場臨界距離。

**Q19**：如何區分 PK、RMS、AV、QP？

**A**： PK 為瞬間最大值，RMS 為有效值，AV 為平均值，QP 介於 PK 與 AV 之間。(此值因應 Digital 信號快速變化需提昇 detector 時間常數使量測值更為精確)。其間關係以 PK 最大值為準與其他 RMS、AV、QP 比較。RMS = 0.7PK，AV = 0.6PK(analog)，AV = PK × duty cycle = PK × PW × PRF(digital)，QP 則介於 PK、AV 之間。

工程應用：PK 多用於軍規量測，QP 多用於民規量測，rms 通稱半功率點，AV 通稱平均值，其間 AV 如係類比信號 AV = PK × 0.6，如係數位信號 AV = PK × duty cycle = PK × PW × PRF，duty cycle 視電子裝備特性及用途而定，如用在數位傳送資料寬頻需求 duty cycle = 1。如用在雷達需調變 PW × PRF，以達偵測搜尋追蹤目標，duty cycle 均在 0.1～0.5 之間。

**Q20**：如何定義窄頻(NB)、寬頻(BB)？

**A**：　雜訊頻寬小於接收機頻寬稱之 NB，雜訊頻寬大於接收機頻寬稱之 BB，如雜訊為 coherent noise 兩者之間關係為 BB = NB+20 log (雜訊頻寬)／(接收機中頻頻寬)。

工程應用：依公式如雜訊頻寬大於接收機中頻頻寬，BB＞NB表示接收機收到所有雜訊頻率，反之 BB ＜ NB 表示接收機僅收到部份雜訊頻率，取 20log 示意雜訊來自規則性信號的諧波。取 10log 示意雜訊來自非規則性信號的雜波。按依軍規或民規檢測，需將雜訊頻寬定為定值，如軍規定為 1 MHz，而接收機中頻頻寬則視檢測不同頻段定有不同中頻頻寬，依軍規檢測頻率小於 1000 M，中頻頻寬均小於 120 k，如 9～150 k 中頻定 0.2 k、150k～30M 中頻定 9 k、30M～1000 M，中頻定 120 k。但大於 1000 M，中頻均定 1000 M。由於換算代入公式檢測頻率小於 1000 M，BB＞NB。檢測頻率等於或大於 1000 M，$BB = NB$。

**Q21**：EMI 中對信號 time/frequency domain 相互關係如何應用？

**A**：　由不同 time domain 變化波形可轉換成 frequency domain，由頻譜分佈資料可瞭解雜訊信號強度大小和頻譜分佈情況做為分析 EMI 之用。

工程應用：由 time domain 波形中 risetime ($t_r$)與 duration time ($t_d$)資料，可經富氏轉換公式(Fouries series transformation)得知 frequency domain 中雜訊分佈狀況，其第一頻率分佈轉折點位於$1/\pi \cdot t_d$，其第二頻率分佈轉折點位於$1/\pi \cdot t_r$。

**Q22**：說明 EMI 量測中試件與試件週邊裝置大小對量測值影響狀況？

**A**：　試件愈小愈好但可大至以不影響量測值為準，試件週邊裝置愈少愈小愈好，因試件週邊裝置過多過大會影響試件所輻射的雜訊場強分佈場型使雜訊場強強度產生變化而影響量測值。

工程應用：待測件過大會破壞原有待測場型，而影響檢測資料正確性。如待測件週邊物件過大會因為反射形成駐波，影響檢測區內所定靜區駐波比規格，造成檢測資料誤差增大問題。

**Q23**：桌上型與落地型試件在量測中如何擺設？

**A**：　桌上型應放在測試旋轉桌中心位置，落地型因試件外型和重量過大需放置地面。

工程應用：桌上型如試件較小放在旋轉台面，因試件面徑較小，由天線所收到的試件輻射雜訊多為遠場輻射場強，如落地型除需放置地面外，其由天線所收到的試件輻射雜訊因近場效應，除了遠場輻射場強以外，尚包含靜電場場強與感應場場強。如想量測落地型大型試件遠場輻射場強大小，則需將其依公式$R \geq 2D^2/\lambda$所示 R 距離處量測。(D為大型試件面徑大小，$\lambda$為待測頻率最高頻率的最短波長)

**Q24**：測試中首需注意那些事項？

**A**：　檢測環境場強是否太高、測試場的 site attenuation 是否合格、測試線佈線是否得當、供電品質是否合格(是否接裝 LISN 或濾波器已清除電源中雜訊)。

工程應用：測試環境中需消除輻射性雜訊，如來自週邊的環境輻射雜訊與不需要的擺設物件。對傳導性雜訊主要在消除試件供電雜訊，以免影響檢測試件雜訊資料。

## 7.2 頻譜儀與接收機

**Q1**： 頻譜儀與接收機的頻率接收調制功能有何區別？

**A**： 頻譜儀頻率接收為掃描式是以中心頻率為中心設定頻寬由起始頻率掃描至終止頻率來接收其間信號資料，獲取資料方式是採固定式頻寬內掃描所能接收的信號(fixed tuned)為準。

接收機資料獲取是採浮動式頻寬內所能接收的信號(flexible tuned)為準，可由控制中心頻率所設定的頻寬選用不同的掃描滯留時間來接收信號。

工程應用：目前頻譜儀與接收機在接收雜訊功能上不相上下，較有差異性在掃描接收信號功能上。一般頻譜儀均屬高速掃瞄接收試件信號資料，而接收機為接收出現時態不定的雜訊，對信號檢測掃描時間調制變化需長短不一，而且調制掃描時間長短快慢範圍越大越好，表示可以接收到所有出現時態長短不一的雜訊頻率。

**Q2**： 頻譜儀與接收機中心頻率資料獲取技術有何不同？

**A**： 頻譜儀是依 fixed tuned 的 sample rate 來接收信號資料量，接收機是依 flexible tuned 中所調制的滯留時間(dwell time)長短來決定 sample rate 接收信號資料量。

工程應用：兩者接收信號掃描功能，主要差異在頻譜儀用於高速掃瞄以 ms 計，更快以 $\mu$s 計，甚至以 ns 計。接收機掃瞄時態範圍較廣，尤其對低速可慢至以秒計，再慢以分計，甚至以時計。

**Q3**： 頻譜儀與接收機頻寬定義有何不同？

**A**： 頻譜儀頻寬依中心頻率掃描頻寬(scan width)為準，雖可調制但均為固定值。接收機則分窄頻(NB)與寬頻(BB)，窄頻接收信號是以中心頻率接收信號(scan width = 0)，寬頻接收信號是以接收信號在不同頻段定有不同頻寬來接收外來信號。NB 單位 dB$\mu$V/m，BB 單位 dB$\mu$V/m/MHz，NB 與 BB 間關係 BB = NB+20 log(外來雜訊頻寬)/(接收機在某一接收信號頻段內所定接收信號頻寬)。

工程應用：頻譜儀採固定式頻寬掃描，依檢測需求可調制其掃描頻寬。接收機為檢測 EMI 雜訊，對檢測不同頻段的雜訊，定有不同接收雜訊的頻寬。

**Q4**： 頻譜儀與接收機掃描接收信號誤差有何不同？

**A**： 一般信號接收率與掃描頻寬(scan width)、掃描時間(sweep time)、接收頻寬(band width)有關。掃描頻寬愈小、掃描時間愈長、接收頻寬愈寬對信號的接收率愈高。一般接收機的 scan width、sweep time、band width 功能要比頻譜儀為好。因此接收機可在此條件下接收到比頻譜儀更多更精確的信號。

工程應用：早期簡易頻譜儀常用於快速檢視諧波與雜波，對接收信號精度品質不是很高，現因功能大幅改善已和接收機功能大致一樣，對兩者功能性優劣比較，需檢視其功能規格差異性及價格高低可供選用參考。

**Q5：** 頻譜儀與接收機靈敏度有何差別？

**A：** 接收機中心頻率頻寬比頻譜儀中心頻寬為窄，故接收機的靈敏度要比頻譜儀要高一些，且接收機均在射頻端裝有頻段預選器(preselector)可使靈敏度進一步有所提升。

工程應用：依Q值定出功能性差異，高Q、窄頻、高靈敏度，較差選擇性。低Q、寬頻、低靈敏度，較好選擇性。接收機常依高Q設計，頻譜儀常依低Q設計。接收機需高Q設計，係因希能檢測到微弱的雜訊信號，而頻譜儀則以用於檢測一般信號所含諧波，雜波為主。因諧波一般要比雜訊為高，如以檢測較強諧波為主應選頻譜儀，如以檢測較弱雜訊為主應選接收機。

**Q6：** 頻譜儀與接收機用途有何不同？

**A：** 頻譜儀常用在EMI預測(pre-test)，接收機則專門用在EMI正式測試(final test)，頻譜儀因較為輕便故常用於檢測試件 EMI 問題。現有較精密頻譜儀在加裝射頻放大器和射頻頻段預選器並結合軟體操控亦可用於 EMI 正式測試，而接收機內建式射頻放大器和射頻頻段預選器是專為 EMI 檢測而設計。接收機射頻輸入端另裝有可變衰減器可控制射頻信號強度以免接收機飽和。

工程應用：依兩者功能性規格資料，可界定量測工作範圍。如針對 EMI 規格檢測，則特別需要注意靈敏度(sensitivity)與滯留時間(duration time)兩項規格需求。為使量測儀具本身不受干擾，對量測儀具本身需加強隔離度，以免外界環境雜訊場強因隔離不佳，滲入量測儀具而影響檢測資料。

**Q7：** 什麼因素影響頻譜儀與接收機對脈波信號接收的靈敏度？

**A：** 中頻放大器頻寬直接影響對脈波信號接收靈敏度，如以CW為準靈敏度為−90dBm。中頻放大器脈衝(lmpulse)頻寬為 200k。依公式計算脈波靈敏度(lmpulse)＝連續波(CW)靈敏度−20 log(中頻放大器頻寬)/1MHz。

lmpulse Sensivity ＝ CW Sensivity−20 log 200k/1MHz

$$= -90 - 20 \log \frac{200\text{k}}{1\text{M}} = -90 - (-14) = -76\text{dBm/MHz}。$$

工程應用：脈波，俗稱方波，是一種 risetime 和 duration time 很快的 pulse。所產生的雜訊頻譜為寬頻雜訊頻譜，其靈敏度軍規以 dBm/MHz 表示，商規以 dBm/kHz 表示，如係窄頻(單頻)則以 dBm 表示。軍規 dBm/MHz 比民規 dBm/kHz 頻寬較寬可接收到較寬雜訊。

**Q8：** 試比較頻譜儀與接收機接收信號誤差率？

**A：** 頻譜儀是以中心頻率頻寬在所定起始頻率至終止頻率之間以固定所設掃描速度獲取信號資料，因掃描速度為固定式且比接收機為快，故對一些暫態(transient)和脈波(pulsed RF)所形成的寬頻雜訊因頻譜儀掃描為固定速度對某些頻率的變化不能跟上配合產生資料獲取失誤現象。而接收機掃描為可調式，尤其對較低頻率量測可藉掃描時以低慢速(low dwell time)的功能檢測到低頻信號。此項可調式 dwell time 功能可因應所需量測信號特性(sweep width、sweep time、BW)調整不同scan所需dwell time以便檢測所需量測各種不同參數變化的信號資料。

工程應用：誤差率源自量測儀具 scan 的工作能量，如係固定 scan 雖可調 scan rate 量測到所希望檢測到的資料，但依規格 scan rate 仍有所限制，尤其在 duration time 如針對低頻出現的信號，是需要很長的 scan rate 才能量測到很少出現的信號。

**Q9**：　試列表重點比較頻譜儀與接收機功能差異點？

**A**：

| | 頻譜儀 | 接收機 |
|---|---|---|
| 1. | 以接收連續波為主。 | 以接收電磁干擾雜訊為主。 |
| 2. | 加裝頻段預選器可量測 EMI。 | 內建式頻段預選器，可直接量測 EMI。 |
| 3. | 僅供 EMI 預測用。 | 供 EMI 正式測試用。 |
| 4. | 未裝射頻衰減器易使頻譜儀飽和。 | 內建式射頻衰減器受軟體操控接收信號不易飽和。 |
| 5. | 量測信號滯留時間固定。 | 量測信號滯留時間長短可調整對較低頻率量測效果尤佳。 |
| 6. | 靈敏度較低。 | 靈敏度較高。 |
| 7. | 掃描式調制接收信號不利脈波信號接收。 | 可變式可調制接收信號時間利於脈波信號接收。 |

工程應用：表列頻譜儀各項功能看似不及接收機，但因近年頻譜儀功能大幅改善，已可依實務工作需求加裝週邊組件，得以提升至接收機功能水準。最新頻譜儀已將各項組件提升為內建式，其功能已和接收機相等。因此兩者功能比較，應檢視相關規格表所列內容為準。

**Q10**：　試說明脈波信號 PRF 與 EMI NB、BB 的關係？

**A**：　脈波信號 PRF 轉換為頻譜寬度如大於 EMI 接收機頻寬，Impulse 頻譜寬則屬 EMI BB。脈波信號 PRF 轉換為頻譜寬度如小於 EMI 接收機頻寬，Impulse 頻譜寬則屬 EMI NB。

工程應用：先由單一脈波工作起始時間和工作滯留時間($t_r$ and $t_d$)，可瞭解其頻譜分佈信號強度轉折點，第一轉折點頻寬為$1/\pi t_d$，第二轉折點頻寬為$1/\pi t_r$，第一轉折點到第二轉折點之間信號強度衰減斜率為 20 dB/decade。第二轉折點以後信號強度衰減斜率為 40 dB/decade。而其間諧波分佈則按 PRF 值放置，設量測 EMI 接收機頻寬為 1 MHz，如 Impulse PRF 為 2 MHz，因 Impulse PRF = 2 MHz 大於接收機頻寬 1 MHz，此時 Impulse 頻譜寬應屬 EMI BB，如 Impulse PRF 為 0.5 MHz，因 Impulse PRF = 0.5 MHz 小於接收機頻寬 1 MHz，此時 Impulse 頻譜寬應屬 EMI NB。

**Q11**：如何由 EMI RCV PK 和 AV 讀值變化來觀察 NB、BB？

**A**：如將 PK 切換至 AV，讀值大小不變則為 NB 信號，如將 PK 切換至 AV，讀值大小變小則為 BB 信號。

工程應用：如量測 PK = AV，表示接收機接收頻寬縮至最窄頻寬(NB)，才能量測到 PK 值。因此當 AV 切換至 PK 信號大小不變，表示所量測的信號為 NB。反之如信號大小變小，表示瞬間所量測到的信號不在 PK 值，而是在某一頻段中任一點信號，此即 BB 信號。

**Q12**：試說明 EMI RCV 各項 PK、QP、RMS、AV 讀值大小與脈衝 PRF 大小的關係？

**A**：PK 與 lmpulse PRF 大小變化無關，PK 量測值均取其瞬間接收信號最大值。當 lmpulse PRF 漸增時 QP RMS、AV 讀值亦漸增大趨近於 PK 值。在 lmpulse PRF 為定值時信號讀值大小依序為 PK、QP、RMS、AV。

工程應用：由 AV = PK × PW × PRF 公式中，當 PK 為定值，PW(pulse width)亦為定值，PRF 意為單位時間內有多少 pulse，PRF 越少，AV 越小，PRF 越多，$AV$越大。例如 PW = 1 $\mu$s，PRF = $10^6$，AV = PK。由定義 PW × PRF ≤ 1，所以當 PW × PRF = 1，AV = PK，其他如 PW × PRF < 1，AV < PK。PK、QP、RMS、AV 信號強度比值大小為 1.0、0.8、0.7、0.6 換成 dB 值為 0、-2、-3、-4。

**Q13**：在商規 FCC 檢測中，QP 檢波器分那四個頻段和頻寬？

**A**：QP 檢波器分四個頻段：0.01Hz-20kHz，9kHz-150kHz，0.15MHz-30MHz，25MHz-1000MHz，QP 檢波器接收信號 6dB 頻寬相對應四個頻段分為 200Hz，9kHz，120kHz，120kHz。(0.15M～30M，25M～1000M 6dB BW 均為 120kHz)

工程應用：QP 原文為 gusi-peak，中文意為接近 PK 之意，一般 PK 量測頻寬取 3 dB 頻寬，QP 取 6 dB 頻寬，因 3 dB 頻寬所量測的信號要比 6 dB 頻寬所量測的信號大一些，換言之如設定限制值在一位準，對軍規(MIL)因量測信號到較大，不易通過此限制值，對民規(FCC)因量測信號到較小，比較容易通過此限制值。

# 7.3 EMI 量測儀具

**Q1**：用於輻射性雜訊量測的接收機特性有何需求？

**A**：(1)頻寬至寬低自幾赫(Hz)高至兆赫(GHz)，1Hz～100GHz。

(2)靈敏度越高越好以利接收微弱雜訊。

(3)裝有內建式衰減器以免接收信號過強造成飽和。

(4)射頻端頻段選擇器(band pass selector)頻段分段需求，頻段寬選擇器分段較少，頻段窄選擇器分段較多。需注意各個頻段選擇器的頻寬介面是否銜接連續。

(5)檢波器需具多種檢波功能，如 PK、QP、RMS、AV。

⑹內建式信號產生器可供接收機本身驗校寬頻及窄頻信號強度大小與頻譜分佈情況之用，其他亦可用於 two ports device 測試時當作 signal source。

⑺接收機本身隔離效果良好以免受外界信號干擾。

工程應用：其中⑸，一般接收機檢測信號單位大小以 PK、RMS、AV 為準，唯 EMI 接收機因需量測視聽電子裝備，特別另定 QP 檢波功能檢測視聽效果。

**Q2**： 接收機中射頻端輸入所接裝衰減器功用為何？

**A**： 衰減器均為寬頻精度高的射頻衰減器，用在衰減過強輸入信號以免產生飽和造成對後級傷害，如混波器。

工程應用：如針對信號源諧波及雜波量測需求，一種直接在 $RF$ 端輸入端接衰減器，以防止主波信號過大可能損及接收機。此法連同所需量測諧波及雜波亦受衰減，一種以 Notch filter 只將不需要量測的主波強信號衰減，而只讓所需量測的諧波、雜波通過，因諧波、雜波未被衰減信號較容易被檢測出來。

**Q3**： 接收機中低頻及頻段濾波器功用為何？

**A**： 頻段濾波器用於消除接收頻段外雜訊。低頻濾波器用於消除高頻雜訊。

工程應用：所稱低通濾波器(low pass filter)用於濾除高頻雜訊，而高通濾波器(high pass filter)用於濾除低頻雜訊，如選用電容並聯電路則成 low pass filter，或選用電感串聯電路亦成 low pass filter。如選用電容串聯電路則成 high pass filter，或選用電感並聯電路亦成 high pass filter。頻段濾波器可由 $\pi$ 型或 $T$ 型 low pass filter 構形中在串聯電感部份，再串裝電容，形成串聯共振最小阻抗阻，可使所設計的頻率通過。或可由 $\pi$ 型或 $T$ 型 low pass filter 構形中在串聯電感部份，再並接電容，形成並聯共振最大阻抗值，可阻隔設計的頻率通過。

窄頻段濾波器通稱 Notch filter，一般為量測主波以外所含諧波雜波所設計的一種專門濾除主波的濾波器，其特性是窄頻可濾除一般窄頻主波功效良好，也有稱之 band stop filter。

**Q4**： 接收機頻段預選器功用為何？

**A**： 頻段預選器放在射頻衰減器與頻段濾波器之間，用於進一步精確選用所需量測信號頻段供頻段濾波器使用並消除由前級射頻衰減器所產生混附波雜訊及不明突發不規則雜訊。

工程應用：頻段預選器，英譯為 Bandpass filter 或 preselector，由接收機射頻端接收 $RF$ 寬頻信號，為方便後級 Mixer、Local oscillator 信號處理，可先將此寬頻 $RF$ 信號先分頻段處理，再分別送到後級處理，可避免頻段過寬收到外來雜訊干擾。

**Q5**： 接收機本地振盪器如何調諧？

**A**： 舊型本地振盪器頻率依電容調諧，新式改用類比電壓調諧或數位解析本地振盪設計。

工程應用：舊型本地震盪是先繞好電感測知頻率電感量響應，再選用電容調諧共振頻率。因電感器製作調諧不易，一般以先選定電感器，在找容易製作調諧的電容來調諧共振頻率響應。

**Q6：** 接收機中頻放大器週邊濾波器和衰減器功用為何？

**A：** 濾波器用於消除信號突波(overshoot)和脈衝(impulsive)雜訊，衰減器在抑制過強信號以保持中頻放大器所接收的信號在線性放大工作區內，以避免信號放大失效問題。

工程應用：中頻信號 $Q$ 值選用至為重要，不論高 $Q$ 或低 $Q$ 設計，其中心及週邊工作頻寬最怕有突波突然介入，而影響 $Q$ 值設計中頻接收信號大小，故在中頻輸入端前，接裝突波抑制器以消除突波對中頻干擾。

**Q7：** 接收機差頻共振器(BFO)的功用為何？

**A：** 差頻共振器用於檢視本地振盪器是否與中頻共振，本項檢視工作可由接裝音頻接頭聽取雜音來研判是否有共振問題。

工程應用：BFO 是一項在檢測由本地振盪器和中頻所產生的混附波儀具，先以音頻接頭聽取雜音，再以 BFO 檢測此項雜音頻率，是否由本地振盪器和中頻頻率混合所致。

**Q8：** 接收機中自動增益控制線路有何缺點？

**A：** 一般新進接收機並不採用自動增益控制線路，因 AGC 線路對過強或過弱信號有調制功能但會產生接收信號誤差問題，尤其是對微弱雜訊因 AGC 作用會使原有信號增大而可能產生干擾問題。

工程應用：自動增益(AGC)控制功效，取決於對輸入過大過小信號的控制工作能量，如果此項工作能量控制範圍越大，AGC 功效越好。

**Q9：** 接收機中頻輸出接至何處？

**A：** 接至檢波器以推動視頻及音頻放大器，或接至高阻抗輸入示波器或低阻抗輸入的擴音器、耳機、記錄器等。

工程應用：高阻抗輸入目的在獲取所需信號電壓放大，低阻抗輸入目的在獲取所需信號電流放大。

**Q10：** 頻段預選器在 EMI 接收機中主要功能為何？

**A：** 預選器(preselector)用於限制寬頻雜訊進入超外差式接收機混波器，以免造成對混波器雜訊干擾。

工程應用：預選器用於預選所需接收信號頻段，以避免未經預選的寬頻雜訊信號進入接收機混波器，造成混附波干擾。

**Q11：** 頻段放大器頻段寬定義有那幾種？

**A：** BW(3dB)，BW(6dB)，BW(impulse)大於 BW(6dB)，BW(random noise)約在 BW(3dB)～BW(6dB)之間。

工程應用：對一般信號所含諧波、雜波、接收頻寬定在 3 dB，對較寬非規則性雜訊(Random Noise)因雜波頻寬較寬，接收頻寬放寬至 3 至 6 dB。對脈衝波(Impulse)所產生的雜波頻寬，理論上因其脈衝波上升成形時間(risetime)為 0，雜波頻寬依公式$1/\pi t_r$。當 $t_r = 0$，雜波頻寬為無窮大，故對脈衝波(Impulse)所產生的極寬頻雜波，需將量測頻寬再放寬至 6 dB 以上，才可以量測上所有極寬頻雜波。

**Q12**： 如何定義接收機靈敏度？

**A**： 靈敏度受雜訊($N$)及雜訊頻寬(BW)影響。由公式$(S+N)/N= 2.0$。當 $S = N$，$(N+N)/N$ $= 2.0$，即接收機所能收到最小信號，雜訊 $N$ 大小即爲其靈敏度 $S$。$N = FKTB$($F$： noise factor of RCV，$k$：$1.38 \times 10^{-23}$J/K，$T$：thermal temp of RCV，$B$：random noise BW，Hz)。簡 化 後$N = -174$dBm+NF+10 log $B$(random noise in Hz)，或 $N = -114$dBm+NF+10 log $B$(random noise in MHz)。

工程應用：如僅考量接收機本身靜態熱源雜訊，接收機靈敏度(noise flow) = -174 dBm + 10 log $B$ (Hz)，由$KT$ 可算出-174 dBm，$B$ 爲接收機本身因加電由電子組件所產生的熱雜訊 (heat noise)頻寬，如此 heat noise 頻寬越寬，接收機靈敏度(noise flow)則越差，如 $B$ = 10 Hz，noise flow = -164 dBm，$B$ = 100 Hz，noise flow = -154 dBm，餘類推。如 就接收機動態考量除熱源雜訊存在以外，另需考量因輸入信號$S/N$比與輸出$S/N$之 比，即通稱接收機輸入對輸出之 $S/N$ 比值(noise figure)。$NF = \dfrac{(S/N) \text{ at } I/P}{(S/N) \text{ at } O/P}$，$(S/N)$ at $I/P$，$(S/N)$ at $O/P$。理想$NF = 1$，實務$(S/N)$ at $I/P > (S/N)$ at $O/P$，如 $(S/N)$ at $I/P = 20$，$(S/N)$ at $O/P = 10$，$NF = 2$，$NF$ (dB) = 3 dB。就實務工作如僅觀察靜態接收機本身 熱源雜訊 noise flow = -174 dBm + 10 log $B$ (Hz)，如考量實務信號輸入、輸出動態雜 訊 noise flow = -174 dBm + 10 log $B$ (Hz) + $NF$ (dB)。

**Q13**： 試比較一般頻譜儀與 EMI 分析儀功能差異點？

**A**：

| 頻譜儀 | EMI 分析儀(接收機) |
|---|---|
| 1. 可能有頻段預選器 | 一定有頻段預選器 |
| 2. 高 Noise figure | 低 Noise figure |
| 3. 有顯示器(CRT) | 無顯示器(CRT) |
| 4. 不適合測試 coherent BB EMI 雜訊 | 可測試 coherent BB EMI 雜訊 |
| 5. 僅供寬頻快速檢視信號使用，多用在粗略檢視雜訊頻率資料 | 供窄寬頻慢速詳細檢視分析信號使用，多用在檢視改進各項 EMI 問題。 |
| 6. 中頻靈敏度較低 | 中頻靈敏度較高 |

工程應用：本表僅供參考，電性功能依廠家產品所列規格爲準。

**Q14**： 爲何使用電流感應器量測傳導性雜訊？

**A**： 電流感應器由高導磁材料製成，可感應極微弱由雜訊電流所產生的磁場雜訊(H)， 因材質爲高導磁材料(high $\mu$)，以$B = \mu H$公式可得高密度磁場雜訊($B$)，再轉換成電 壓輸入 EMI 接收機除以輸入電阻可得所需量測雜訊電流量的大小。此項電流感應 器工作特性以轉換阻抗 $Z$(Transfer Impedance)爲介面，$Z(T) = \dfrac{V}{I}$，$I$ 爲雜訊電流大 小，$V$ 爲感應器輸出電壓大小。理論上，$Z(T)$ 越大對所要量測雜訊電流所需放大倍 數越大，反之越小。實用上，$Z(T)$ 應設計爲50Ω(0Hz～50MHz)以便和待測件相匹配。

工程應用：一般電子裝備中，線帶長度均大於電子盒接縫間隙長度，線帶因長度較長較適合低頻雜訊輻射，而低頻雜訊波長較長，所以天線量測，依 $d=\lambda/2\pi=\lambda/6$ 近、遠場臨界距離定義，低頻輻射多屬近場效應，如 $d=1\,m$、$\lambda=6\,m$、$f=50\,MHz$、$f<50\,M$ 近場，$f>50\,M$ 遠場。如以 $f<50\,M$ 雜訊為例均為近場效應，因此在量測電子試件輻射性雜訊(RE)，除可以用低頻棒狀(rod)或環狀(loop)天線接收 $f<50\,M$ 以內的低頻雜訊以外，也可以用電流感應器(current probe)直接套接線帶，以近場感應方式檢測線上所含的傳導性(CE)雜訊。

**Q15：** 網路阻抗穩定器(LISN)功能為何？

**A：** LISN 有兩大電性功能，一濾除電源供給待測件的電源雜訊確保待測件供電為無雜訊電源，二提供由LISN至待測件輸出阻抗為50歐姆確保套接在線上電流感應器可精確量測到由待測件所傳送的傳導性雜訊(CE)。

工程應用：LISN 對電源濾波，因並接 $1\,\mu F$ 電容，依 $f_c=1/\pi RC$、$R=50$、$C=1\,\mu F$、$f_c=630$ Hz，可濾除 $f=630\,Hz$ 以上的雜訊頻率。LISN 對待測件方向串接有 $0.1\,\mu F$ 電容，可讓 $f=6300\,Hz$ 以上的雜訊頻率通過至接收機。

**Q16：** 網路阻抗穩定器(LISN)阻抗頻率響應情況如何？

**A：** 網路阻抗穩定器在低頻 $f<10MHz$ 呈低阻抗 $Z<50$ 歐姆響應與接收機50歐姆不匹配，在高頻 $f>10MHz$ 呈高阻抗50歐姆響應與接收機50歐姆相匹配，故 LISN 可量測到 $f>10MHz$ 以上精確雜訊信號。對 $f<10MHz$ 雜訊因阻抗不匹配故不宜量測 $f<10MHz$ 雜訊，但可接用專用低頻放大器補償之。

工程應用：LISN 在 $f>10\,M$ 呈高阻抗50歐姆與接收機輸入阻抗完全匹配，按 $dB\mu V=dB\mu A-dB\Omega$ 公式因完全匹配 $dB\Omega=0\,\Omega$，$dB\mu V=dB\mu A$。在 $f<10\,M$ 呈低阻抗($<50\,\Omega$)與接收機輸入阻抗 $50\,\Omega$ 不完全匹配，由 $f<10\,M$，$dB\Omega$ 呈負值，如 $-40\,dB\Omega$、$-30\,dB\Omega$、$-20dB\Omega$。按公式 $dB\mu V=dB\mu A-dB\Omega$，在 $f<10\,M$，雜訊電壓 $dB\mu V=dB\mu A-dB\Omega$，其中 $dB\Omega$ 為負值需代入公式計算如 $dB\mu V=dB\mu A-(-20\,dB\Omega)=dB\mu A+20dB\Omega$，此處 $dB\mu A$ 加上 $20\,dB\Omega$ 即為因阻抗不匹配加上的補償值。

**Q17：** 為何使用電壓感應器(voltage probe)量測雜訊？

**A：** LISN 專供量測50歐姆的待測件，如待測件為大於50歐姆時則改用電壓感應器。LISN不適宜量測過大電流而需改用電壓感應器量測。在接用LISN需中斷線路並與PWR/DUT重新組合，如在不宜中斷線路條件下執行量測時，則需改用電壓感應器直接執行量測。

工程應用：按公式 $dB\mu V=dB\mu A-dB\Omega$，LISN 用於量測小信號、電源、控制線上的雜訊，阻抗匹配以
50Ω為準，如負載阻抗過高，由公式中 $dB\Omega$ 過大所能量測的雜訊電壓範圍會受 $dB\Omega$ 過大而變小，故如負載阻抗過高，不宜以 LISN 量測，而需改用適合量測高阻抗的電壓感應器，直接接觸量測之。

**Q18**： 用於 EMI 測試主動式與被動式電壓感應器有何不同？

**A** ： 被動式電壓感應器均有內建式衰減器與顯示器連用時，感應器電容量依感應器型式和線長約在 2-20pF，電阻約在 10MΩ。主動式電壓感應器因無內建式衰減器故靈敏度較高，此型感應器多由場效晶體(FET)組成，並呈低輸入電容、高輸入電阻特性，工作頻率在 DC～900MHz，增益在工作頻段內為定值。

工程應用：主動與被動電壓感應器共通特點都是高阻抗輸入，因 EMI 雜訊電流很小，想要量測到 EMI 雜訊電壓，需將很小的 EMI 雜訊電流通過高阻抗線路，才能量測所需呈現的雜訊電壓。

**Q19**： EMI 量測中主動式與被動式天線功能有何不同？

**A** ： 被動式天線較適合用在窄頻段，如用於寬頻則需調整天線共振頻率長度，在使用上較不方便。因窄頻段天線駐波比較好，適用於窄頻段雜訊量測。主動式天線因有內建式阻抗匹配調諧網路可調諧天線共振頻率，故主動式天線寬頻駐波比較好適用於寬頻雜訊量測。

工程應用：被動式天線僅由金屬棒或面以物性結構組成屬窄頻段天線，駐波比可設定在 1.1 以內。主動式天線物性結構與被動天線相同，但為寬頻段需求在天線輸入端，另配置電子盒可供阻抗匹配之用，此型天線駐波比一般在 1.5～2.5 之間。

**Q20**： 量測天線距地高度過近對量測有何影響？

**A** ： 距地過近因地耦合關係會造成天線輸入阻抗很大的變化，以半波長偶極天線(dipole)為例，天線距地高度在 0.25～0.5 波長呈高阻抗響應，高度在 0～0.25 波長天線阻抗急遽下降，高度在大於 0.25 波長時天線阻抗為標準 75 歐姆。因此天線需距地 0.25 波長以上始可執行量測，如在水平極向，天線阻抗變化較大，如在垂直極向，天線阻抗變化較小。

工程應用：就理論所稱天線輸入阻抗，是在自由空間週邊無障礙物反射影響下，理論值等於實測值。但如天線距地過近，受地反射影響會使天線輸入阻抗降低，而無法與原外接接頭阻抗匹配，而使量測資料因阻抗不匹配產生很大誤差值。

**Q21**： 量測天線的天線因素(AF)頻率響應關係為何？

**A** ： 依 $AF = 9.73/\lambda \cdot \sqrt{G}$，設天線增益($G$)對工作頻寬響應變化為定值，AF 則隨頻率升高波長變短而增大。而一般天線在低頻時波長變長，增益較小。反之在高頻時波長變短，增益較大，故實際 AF 變化量應視 $\lambda \cdot \sqrt{G}$ 乘積變化量大小而定。

工程應用：$AF = 9.73/\lambda \cdot \sqrt{G}$ 公式，僅適用於遠場效應，也就是以量測輻射場強為準，以軍規為例量測距離為 1 米，$f > 50 M$ 為遠場，$f < 50 M$ 為近場，以商規為例量測距離為 3 米，$f > 17 M$ 為遠場，$f < 17 M$ 為近場，如按遠場效應頻率所得量測值，是與公式計算理論值兩者十分吻合，如按近場效應頻率所得量測值代入公式所得理論值，因近場效應除量測到輻射場強，尚有靜電場和感應場。因 AF 僅適用於遠場輻射場

強量測,而不適用於靜電場和感應場量測。故在近場所量測到量測值和理論值兩者是不相互吻合,因此AF在近場是以量測值為準,而不能以理論值為準。

**Q22:** 吸波夾環(Absorbing clamp)用在何種干擾量測?

**A:** 吸波夾環是由一長形環狀物構成,absorbing clamp用在吸收電源線中所含雜訊,以免影響 coupling transformer 量測到待測物中所含雜訊,因此吸波夾環是專用於量測待測物經由電源線中所含雜訊。

**工程應用:** 吸波環原用於低頻雜訊(< 30 MHz),近新開發產品亦可用於高頻雜訊(> 100 MHz)常用在消除數位信號 clock 頻率所產生的諧波雜訊,因工藝進步已可將吸波環製作成多種構形,可用在PCB組件接腳處,也可用在套接單線或排線上,也可用在PCB路徑上,以吸收由接腳處或線上所輻射的高頻雜訊場強。

**Q23:** 高能濾波器(Notch filter)用在何種干擾量測?

**A:** 高能濾波器用於濾除高強度工作頻率信號,以免燒毀後接接收機,藉此讓高強度工作頻率以外的待測雜訊通過並接至接收機備便量測。

**工程應用:** Notch filter為 Band stop filter的一種窄頻濾波器,多用在濾除主波頻率,保留待測高頻雜訊,一般此項量測規格,是按 noise suppresion $= K + 10 \log P(W)$公式計算 noise level 需低於主頻率 level 多少 dB。$K$按不同發射機特性訂定,對 Noise 抑制要求越高,$K$值越大,反之越小,$P(W)$為發射機功率大小,設 $K = 30$,由 noise suppresion $= 30 + 10 \log P(W)$公式,$P(W)$越大,noise suppresion 亦越大,才符合對高功率發射機所產生高雜訊需加更大抑制的工作需求。

**Q24:** 耐受性量測系統組合應注意那些事項?

**A:** 一般耐受性量測場強需求在1~200V/m,對系統組合的各項量測儀具應注意下列組合匹配事項。

⑴由信號產生器、功率放大器、天線等系統組合阻抗匹配頻率響應是否一致。

⑵由信號產生器、功率放大器、天線的系統組合工作頻率頻寬響應是否一致。

⑶特別注意功率放大器的輸入、輸出阻抗匹配問題,輸入阻抗影響輸入信號大小,輸出阻抗影響輸出信號大小,特別注意所接負載阻抗大小變化是否與放大器輸出阻抗匹配,如不匹配將影響放大器工作穩定度,甚至造成放大器當機現象。

**工程應用:** 耐受性場強照射大小在 1~200 V/m,一般照射場強大小視待測件不同而不同,大約可分低、中、高能量。低能在 10 V/m~20 V/m,中能在 50 V/m~100 V/m,高能在 200 V/m,照射場強能量大小與待測件耐受度有關,低耐受度以低能場強照射,高耐受度以高能場強照射。

**Q25:** 用在耐受性測試信號源有那幾種?

**A:** ⑴掃描信號產生器:一般輸出需大於10dBm,波形輸出為 CW+Mod,工作頻率在 30Hz 至 10GHz。

(2)功率振盪器：一般輸出需大於 1W，且具多種波形輸出如三角波、方波、正弦波、脈波，工作頻率在 15Hz～10GHz。

(3)功率放大器：用於放大信號產生器的信號強度，對此放大器的輸出平穩度要求在 ±1dB，功率輸出大小由 W 到 kW 不等。

工程應用：信號產生器波形以 *CW* 為主，是否需加 *AM* 視檢測規格而定，低頻自 30 Hz 起係因 30 Hz 源自 CRT 中垂直方向掃描變化至少每秒 24 幅畫面為視覺暫留所需，此項快速掃瞄會輻射場強，可能造成對週邊電子裝備干擾，而高頻可至 GHz 係因一般雷達工作頻段均在此頻段所致。對平穩度要求 ±1 dB，係指放大器在高頻增益響應會因高頻產生飽和現象，而使增益響應曲線產生變化，此項變化幅度應保持平穩 ±1 dB 以內。

**Q26**：如何計算一般 EMI 天線的輻射功率與輻射場強大小？

**A**：由公式 $P = V^2/R$，$V = \dfrac{E}{\text{TAF}}$，$V$ 為天線端點輸入電壓，$R$ 為天線輸入阻抗。如天線製造商提供 TAF(Transfer antenna factor)；由公式 $P = E^2/(\text{TAF})^2 \big/ R$ 可計算輻射功率($P$)大小。由公式 $E = \sqrt{P \times (\text{TAF})^2 \cdot R} = \text{TAF} \cdot \sqrt{PR}$，可計算輻射場強($E$)。

工程應用：由廠家提供 TAF，並查知輸入天線平均功率大小($P$)，天線輸入阻抗($R$)，依公式可計算輻射場強大小 $E = \text{TAF} \cdot \sqrt{P \cdot R}$。另亦可由廠家提供 AF，由公式 $E = \sqrt{30 \cdot P \cdot G/R}$ 可計算輻射場強大小。實務應用以 $E = \sqrt{30 \cdot P \cdot G/R}$ 為主，因量測規格環境需有檢測距離 $R = 1$、3、10 米不同需求，公式中 $P$ 為輸入天線平均功率值，$G$ 為天線增益比值，$R$ 為檢測距離，如軍規 $R = 1\,\text{m}$、民規 $R = 3\,\text{m}$、$R = 10\,\text{m}$。

**Q27**：簡述突波信號產生器的突波特性？

**A**：突波 3dB down 寬度約為 $5\mu s$，強度 2V，能量分佈於頻寬 DC 至 200kHz 之間。

工程應用：突波特性視規格所需產生的波形強度($V$)、寬度($t_d$)、波形成形時間($t_r$)而定。突波能量主要集中在主波能量，此與 $V$、$t_r$、$t_d$ 三項參數有關，由已知 $V$、$t_r$、$t_d$ 參數可算出雜訊頻率能量大小。如 $V = 5\,\text{V}$、$t_r = 1\,\mu s$、$t_d = 5\,\text{s}$、突波電壓大小為 5 V、雜訊頻率按 $t_d = 5\,\mu s$ 代入 $1/\pi t_d$ 計算雜訊頻率分佈第一轉折點為 66 k，$t_r = 1\mu s$ 代入 $1/\pi t_r$ 計算可得第二轉折點為 330 k。

**Q28**：簡述振盪型正弦波信號產生器電性特性？

**A**：先將電容器充電至 30kV，再經由可控制電感、電阻與電容串聯電路放電，產生所需要的振盪型正弦波信號(10kHz-100kHz，damped wave)。

工程應用：振盪型正弦波多用於模擬由突波(Impulse surge wave)所產生的干擾源，在經斷電器抑制後的殘餘波(sine ring wave)，是否對受害源造成干擾。此項 damped sine ring wave 多在電源系統中插座處出現，依據 IEEE 587-1980 規格在插座處正弦波波形及能量大小規格為 0.5 μs risetime，100 K ring wave，6 kV OCV，200 A SCI，damped Sine wave。

**Q29：** 簡述聲頻隔離轉換器電性特性？

**A：** 轉換器次級線圈可將聲頻 30Hz-250kHz 信號及功率電流(高至 50A，DC 或 AC)注入通至待測件線帶。

工程應用：人聽力頻率理論自 20 Hz～20 kHz，工程實務可做到 30 Hz～250 kHz，本項儀具用於模擬低頻雜訊信號對正常音頻信號的干擾情況，電流大小在控制雜訊信號強度，雜訊頻率範圍定在 20 Hz～20 kHz，波形以正弦調幅波為主。

**Q30：** 簡述射頻隔離網路電性特性？

**A：** 用於消除兩個信號產生器組合時輸出混附波雜訊。對混附波雜訊抑制能力約 20dB。

工程應用：混附波所產生的雜訊干擾，以最低頻第三位階(3rd)的最強信號為主，所以對混附波(IMI)雜訊抑制工作，也是針對 3rd IMI 信號消除為主。

**Q31：** 耐受性輻射量測中輻射源常用有那兩種？

**A：** 一種是各型天線多用在較高頻率 10kHz～12GHz，一種是平行線(板)天線多用在較低頻率 DC～200MHz。

工程應用：一種是開放式，以天線輻射所定需求場強規格，如 10 V/m、20 V/m、……200 V/m、量測距離分 1、3、10 米，輻射頻率至寬自 10 k～18 G。一種是封閉式，以平行板天線為輻射源，可在兩板間放置待測件。開放式以天線為輻射源待測件可大可小，較小型待測件以感應遠場輻射場為主，較大型待測件以感應近場靜電場與感應場為主。封閉式平行板天線，如在單端遞送信號源可在平行板間產生電磁場場強。如在兩端遞送同相位信號可產生電場場強，如在兩端遞送異相位信號可產生磁場場強，至於待測件大小高度，以小於平行板間間距的三分之一高度為宜，以免待測件過高破壞照射場型引起反射，影響量測精度需求。

**Q32：** 天線與平行線(板)天線與測試件大小關係如何？

**A：** 天線類輻射範圍較廣可測試較大型測試件，平行線(板)類輻射範圍受限兩板間距離高度，只適合檢試較小測試件。

工程應用：天線照射待測件，如小型面徑待測件以感應遠場輻射場為主，如大型面徑待測件以感應近場靜電場與感應場為主。平行線(板)天線間距高度，至少需大於待測件高度三倍以上，如天線間距為 1 米，待測件高度需小於 0.33 米以內，如待測件高度大於 0.33 米則會破壞測場場強均勻度，提高測場靜區駐波比而影響量測精確度。

## 7.4 隔離室與微波暗室

**Q1：** 隔離室與微波暗室功能有何不同？

**A：** 隔離室由金屬板組成為一封閉室測試間，其主要功能在防制外來雜訊干擾量測工作，又因附有專用電源濾波器可確保量測裝備和待測件供電無雜訊干擾需求，其他專用接頭板有各種不同型別接頭可供量測裝備和待測件做隔離室內外交連之用。微波暗室由金屬板組成亦為一封閉室測試間，但內部貼有吸波材料，其主要功能除了防制外來雜訊干擾量測工作外，尚須防制室內量測中所造成的反射問題。隔離室多供 EMI 量測，微波暗室多供天線場型量測及雷達通訊裝備功能量測。

工程應用：隔離室以防制環境場強進入測場為主，如執行傳導性(CE)(CS)雜訊量測，隔離室室內並不需要安裝吸波材料，但如執行輻射性(RE)(RS)雜訊量測，為防止反射需在隔離室室內安裝吸波材料，微波暗室是以模擬自由空間無反射響應為主，故需安裝高功能吸波體，又因微波暗室以檢測天線功能為主，而天線功能各項參數均以在遠場檢測結果為準，因此微波暗室長、寬、高、大小需考量工作頻率波長範圍及待測件面徑大小，帶入 $R = \lambda/2\pi$ 及 $R = 2D^2/\lambda$，一般取最低頻波長帶入 $R = \lambda/2\pi$，及最大待測件面徑大小(D)，最高頻率最短波長代入 $R = 2D^2/\lambda$，再比較兩式計算結果大小，取較大R值做為微波暗室長度設計需求標準。

**Q2：** 為何隔離室內需貼裝吸波體？

**A：** 因隔離室內部未裝吸波體室內反射會對量測資料造成嚴重誤差影響，故現有隔離室內均裝有吸波體可將反射影響量測資料誤差減至最小程度。

工程應用：隔離室貼裝吸波體，是因應 EMI 輻射性雜訊RE、RS量測需求，儘可能減低室內反射以避免造成量測誤差問題。對傳導性雜訊CE、CS量測因無反射問題，可在一般實驗室內執行。

**Q3：** 隔離室所稱 full chamber 與 Semi chamber 有何不同？

**A：** full chamber 內全部貼裝吸波體，Semi chamber 內地板不貼吸波體外其他均貼裝吸波體，兩者差異 full chamber 用在商規，Semi chamber 用在軍規，也就是因 Semi chamber 地板未裝吸波體反射較大而使 Semi chamber 內量測值要比 full chamber 內量測值為大，故不易通過規格測試這也是軍規要比商規嚴謹的原因。

工程應用：全隔離室地面敷設吸波體，係為模擬商用民規電子產品在家庭室內使用環境良好反射小，半隔離室地面未敷設吸波體，係為模擬軍用軍規電子產品在戶外使用環境不好反射大。

**Q4：** 隔離室大小需求標準為何？(軍規)

**A：** 軍規測試距離為1米，因距離短隔離室需求亦較小，一般標準型長寬高在$4.8 \times 2.4 \times 2.4$米，但此型隔離室僅供量測小型試件$50 \times 50 \times 50$公分使用，如試件變大隔離室亦需加大。

工程應用：軍規產品因檢測距離僅 1 米，常選用 4.8×2.4×2.4 米大小隔離室。民規產品檢測距離有 3、10、30 米，一般對小型電子產品多選用 3 米檢測距離，常選用 9×6×6 米大小隔離室。

**Q5:** 為何大型試件不宜在小型隔離室中量測?

**A:** 如試件過大會破壞輻射場型及增大室內靜區駐波比而影響量測值,又試件過大輻射場強傳至天線接收面場強大小不一會造成量測上的誤差。

工程應用:大型試件因面徑及高度、寬度較大,接收雜訊信號多呈近場效應,而近場效應場效含靜電場、感應場、輻射場三項,其間場強變化複雜,又在近場天線增益會隨近場影響而遞減,在近場理論值至難評估,完全依量測值顯示雜訊輻射場強大小。

**Q6:** 隔離室大小需求標準為何?(商規)

**A:** 因商規測試距離為 3 米、10 米、30 米,一般隔離室測試均在 3 米中執行,而 10 米、30 米則多在戶外測試(因 10 米、30 米隔離室太大構建不易成本亦高)。因此 3 米規格隔離室為商用標準型,對輻射性(RE)雜訊規格量測時多以先在隔離室中試測瞭解狀況,再移至戶外測試場做正式規格量測。但對耐受性(RS)輻射規格量測為避免戶外環境場強影響,均需在隔離室執行。

工程應用:商規室內 3 米、戶外 10 米、30 米,依規格有些產品僅需在室內 3 米檢測驗證,有些除室內檢測驗證外還需戶外 10 米、30 米檢測驗證,一般小型電子產品僅需在室內檢測驗證,而大型電子產品因遠場效應需求,需要在戶外較遠 10 米、30 米場地執行量測工作。

**Q7:** 試評估隔離室未裝吸波體與裝有吸波體量測誤差比較?

**A:** 設發射至接收距離為 1,經兩側牆反射由發射至接收距離為 2,經正面牆反射由發射至接收距離為 3,依誤差反射公式＝(直接波+反射波)/(直接波−反射波)。計算信號傳送衰減量誤差(比值)＝

$$\frac{\frac{1}{1}+\left(\frac{1}{2}+\frac{1}{3}\right)}{\frac{1}{1}-\left(\frac{1}{2}+\frac{1}{3}\right)}=10.76(電壓比),誤差(dB)＝20\log 10.76＝$$

20dB。(未裝吸波體)。如裝吸波體,以 30dB 吸波體為例,對反射波強度衰減則乘以 0.03(電壓比)誤差(比值)＝

$$\frac{\frac{1}{1}+\left(\frac{1}{2}+\frac{1}{3}\right)\times 0.03}{\frac{1}{1}-\left(\frac{1}{2}+\frac{1}{3}\right)\times 0.03}=1.05(電壓比),誤差(dB)＝20\log 1.05$$

＝0.43dB(裝有吸波體)。

工程應用:上述僅針對單一直射與單一反射波,對室內牆面所做評估,實務上反射波是由多重路徑的反射波所組成,整體吸波體吸波效應對隔離室抑制反射效果,應以電腦程式計算。直射波場型是直接由接收天線收到的直接波,間接波是由牆面、地板、天花板所反射的間接波,總成比較由間接波與直接波比值大小,可知隔離室內靜區功能,如間接波越小,靜區內駐波越小,隔離室功能越好,反之越壞。

**Q8:** 如何計算隔離室共振頻率?

**A:** 已知隔離室長寬高($L$、$W$、$H$ 米)及($l$、$m$、$n$ 正整數)依公式可計算共振頻率 $f$(MHz)。

$f(\text{MHz}) = 150 \cdot \sqrt{\left(\dfrac{l}{L}\right)^2 + \left(\dfrac{m}{W}\right)^2 + \left(\dfrac{n}{H}\right)^2}$，其中$l$、$m$、$n$為任一正整數代入式中計算可得無數個共振頻率，在計算最低共振頻率時$l$、$m$、$n$三整數中至多其中一個為零，如$l=1$，$m=1$，$n=0$或$l=1$，$m=0$，$n=1$或$l=0$，$m=1$，$n=1$。

工程應用：任何金屬盒已知長、寬、高，可評估計算其共振頻率，過去未發明吸波體之前，隔離室需備共振頻率檢測資料，做為校正電子產品實測之用，也就是需將共振頻率剔除外的量測資料，才是電子產品本身所輻射雜訊資料。其他由待測件所輻射的頻率與共振頻率混合成混附波(IMI)新的頻率也要剔除，不能計入待測件所輻射的雜訊頻率。

**Q9**：　已知隔離室長寬高(5.38 米、3.65 米、2.43 米)試求最低隔離室共振頻率？

**A**：　依公式

$$f(\text{MHz}) = 150 \cdot \sqrt{\left(\dfrac{l}{L}\right)^2 + \left(\dfrac{m}{W}\right)^2 + \left(\dfrac{n}{H}\right)^2}$$
$$= 150 \cdot \sqrt{\left(\dfrac{l}{5.48}\right)^2 + \left(\dfrac{m}{3.65}\right)^2 + \left(\dfrac{n}{2.43}\right)^2}$$
$$= 49.26\ (l=1，m=1，n=0)$$

隔離室通常$L>W>H$，最低共振頻率與隔離室長、寬有關而與高無關。($l \neq 0$，$m \neq 0$，$n=0$)

工程應用：優先考量隔離室內最低共振頻率，係因低頻空氣衰減小，在室內低頻共振頻率信號強，對正執行中電子產品量測影響大，通常$L>W>H$，故選$H$項中$n=0$，可計算出隔離室最低共振頻率。

**Q10**：如何簡易設計微波暗室規格需求大小？

**A**：　(1)長度：依測試頻率需求先定出微波暗室長度，長度依波前阻抗和波前相位誤差訂出遠場需求，波前阻抗遠場距離長度需大於$\lambda/2\pi$(約$\lambda/6$)。波前相位差在小於$\lambda/16$時遠場距離長度需大於$2D^2/\lambda$ ($D$為接收天線面徑或待測試件大小，$\lambda$波長選用設計隔離室測試最高頻率的波長)，比較$\lambda/2\pi$ 和 $2D^2/\lambda$ 取較大值做為隔離室長度需求設計值。

(2)寬度：選用吸波體尺寸大小參閱此型吸波體入射角在$60°$時，吸波效果dB數(30dB)合乎需求設計，如圖示三角形關係可求出隔離室寬度$2W$。

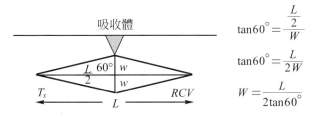

$\tan 60° = \dfrac{\frac{L}{2}}{W}$

$\tan 60° = \dfrac{L}{2W}$

$W = \dfrac{L}{2\tan 60°}$

如 $L=3\text{m}$，$W=0.86\text{m}$，$2W=1.72\text{m}$

⑶高度：高度不拘視待測件大小高度而定，一般待測件的高度以不超過隔離室高度的 1/3 為準，如試件過高放在隔離室中會產生駐波效應破壞輻射雜訊場強場型及靜區功效而影響量測值的精確度。

工程應用：**長度**依 $R \geq \lambda/2\pi$，$R \geq 2D^2/\lambda$ 計算取其中較大值作為長度設計需求，在 $R \geq \lambda/2\pi$ 中取最低頻可得最大波長長度，在 $R \geq 2D^2/\lambda$ 中，取代測件面徑最大面徑大小，波長取工作頻段需求中最高頻率的最短波長。

**寬度**視吸波體對入射角大小與吸波功效(dB)而定，由公式 $W = L/2\tan\theta$ 公式，$L$ 為微波暗室長度，如吸波體在入射波與吸波體垂直方向呈 60° 夾角，有 30 dB 吸波效果定為需求規格標準。微波暗室寬度則為 $W = L/2\tan 60° = 0.28L$，如 $L = 10$ 米，$W = 2.8$ 米。

**高度**通常為求對稱性均與寬度相同，如商規 9×6×6 大小，其中 6×6 即為寬、高，兩者一致均為 6 米，而待測件大小以微波暗室寬、高、大小為參考，以不超過其 1/3 尺寸為宜。

# 7.5 戶內、戶外測試場功能比較

**Q1：** 戶內測試場架構與功能特性為何？

**A：** 戶內測試場可分二種，一為隔離室由金屬板組合而成，在結構上純為金屬板可防制外來雜訊干擾，其功能在確保測試中不受外來雜訊干擾而影響量測值。但對隔離室內部因金屬板關係也會造成反射而影響量測值，故此型隔離室僅適合做測試桌上所安排測試件傳導性發射量(CE)量測，而不適合做測試件輻射性發射量(RE)量測。二為隔離室由金屬板及吸波材料所組合而成的隔離室，因此型隔離室內部裝有吸波材料可吸收反射波而減低對量測中直射波的干擾，因此在此隔離室中除可做 CE 量測外，亦可做 RE 量測。

工程應用：早期戶內隔離室因未敷設吸波體，僅供 CE、CS 量測之用，後因敷設吸波體，不僅可供 CE、CS 量測，亦可供 RE、RS 量測。

**Q2：** 戶外測試場架構與功能特性為何？

**A：** 戶外測試場多以量測距離界分為 3、10、30 米三種，基本上測試場地面皆鋪設金屬板，其功能在反射經地面的反射波與量測中的直射波在同相位情況下使輻射源所輻射的雜訊在接收天線輸入端有最大輻射接收量，為達到此項測試功能需求，在放置待測件於一固定圓形旋轉桌上後，可藉調升降接收天線高度(以 3m 測試場為例，調升降高度在 1-4 米間使接收天線接收信號有最大信號強度響應)驗證待測件在最壞環境中(最大反射影響下)所量測到最大雜訊輻射量作為與規格限制值比較的依據。

工程應用：戶外測場需在射頻靜區架設，如郊區、山區、山谷之類環境雜訊極低地區，執行 RE、RS 量測工作。

**Q3：** 戶內測試場地板鋪有吸波體及未鋪吸波體用途有何不同？

**A：** 地板鋪有吸波體稱之全電波隔離吸波室，地板未鋪吸波體稱之半電波隔離吸波室，前者因四周均敷設吸波體形同一自由空間無反射區，常供民規測試使用。而後者因地板未鋪吸波體，形同戶外測試場地鋪設金屬板情況，常供軍規測試使用。

工程應用：軍規常在室內隔離室執行，另一主要原因是軍用裝備保密需求，軍規檢測距離為 1 米、商規為 3 米，對同一位準限制值，因軍規量測對一些頻率因近場效應未受空氣衰減影響，量測值較高。而商規量測則因近場效應，受到空氣衰減影響，量測值較低。因軍規量測值高不易通過限制值，商規量測值低，容易通過限制值，這也是軍規要比商規嚴謹的原因。

**Q4：** 民規及軍規測試場主要差異在何？

**A：**

| | | 戶內 | | 戶外 | | |
|---|---|---|---|---|---|---|
| | | Full | Semi | 3m | 10m | 30m |
| RE | 軍 | | √ | | | |
| | 民 | √ | | √ | √ | √ |
| CE | 軍 | √ | √ | $F<$ 16.6M 近場<br>$F>$ 16.6M 遠場 | $F<$ 5M 近場<br>$F>$ 5M 遠場 | $F<$ 1.1M 近場<br>$F>$ 1.1M 遠場 |
| | 民 | √ | √ | | | |
| RS | 軍 | | √ | | | |
| | 民 | √ | | | | |
| CS | 軍 | √ | √ | | | |
| | 民 | √ | √ | | | |

Full：地板鋪設吸波體的隔離室。

Semi：地板未鋪設吸波體的隔離室。

RS：軍規檢測距離為 1m，民規多為 3m。

CE：需在戶內量測。

CS：民規在 full chamber 內執行，軍規在 semi chamber 內執行。

RE：軍規檢測距離為 1m，民規為 3、10、30m。民規可在戶內作 pretest，但正式報告仍需以戶外量測資料為準。

3m：雜訊頻率 $<$ 16.6MHz，雜訊信號強度含靜電場(etectron-state)、感應電場(induction)、輻射電場(radiation)三項。(近場)

　　雜訊頻率 $>$ 16.6MHz，雜訊信號強度僅含輻射(radiation)一項。(遠場)

10m：雜訊頻率 $<$ 5MHz，雜訊信號強度含靜電場(etectron-state)、感應電場(induction)、輻射電場(radiation)三項。(近場)

雜訊頻率＞5MHz，雜訊信號強度僅含輻射(radiation)一項。(遠場)

30m： 雜訊頻率＜1.1MHz，雜訊信號強度含靜電場(etectron-state)、感應電場(induction)、輻射電場(radiation)三項。(近場)

雜訊頻率＞1.1MHz，雜訊信號強度僅含輻射(radiation)一項。(遠場)

√：執行量測所在地需求(full or semi)

F：頻率

M：MHz

工程應用：表內CE、CS兩項可在full或semi隔離室執行量測，也可以在沒有敷設吸波體的隔離室中執行量測，因CE檢測均係針對線上溢出雜訊，以電流感應器套接線上，在近場量測由線上所輻射的雜訊場強(CE)。而CS檢測是在線上以注入式電流感應器產生場強，在近場干擾待測件線帶(CS)，經查這兩項CE、CS檢測工作因均屬近場效應與遠場效應無關，也就是與反射無關，故不需在特定敷設有吸波體的隔離室內執行CE、CS量測工作。

**Q5：** 軍規與民規戶內測試場隔離室隔離度及吸波體規格要求有何差異？

**A：** 隔離度所指為隔離外來環境場強的隔離能量，軍規要求隔離頻率較寬高至40GHz，民規要求隔離頻率較窄僅至10GHz，隔離度要求軍規依M-S-285規範，比民規嚴謹。一般隔離度要求分磁場、電場、平面波三項依頻率響應隔離度(dB)亦不同，一般以民規要求為例，如下表列數據：

隔離室隔離度規格(dB)

| 場型 | 頻率 | 大門 | 其他位置 |
|---|---|---|---|
| 磁場 | 15k | 50 | 60 |
| | 250k-1M | 80 | 100 |
| 電場 | 15k-100M | 100 | 120 |
| 平面波 | 100M-10G | 80 | 100 |

吸波體所指為在隔離室內所鋪設的吸波材料用於吸收室內所產生的反射波，一般民用工作頻率在1GHz以內，依吸波材料特性用在1GHz以內的吸收材料以前採用大型錐形泡沫體吸波材料，但因體形過長佔用空間至大，經後研發改用極薄型磁性方形材料亦可適用於低頻吸波功效，因此民用1GHz以內隔離室多以方型磁性材質(ferrite)貼裝在金屬面板，並以中小型錐形泡沫體吸波材料再貼於ferrite上可增強輔助對較高頻吸波效果。

　　軍用規格隔離室為模擬自由空間無反射狀態，對吸波材料的選用除在低頻選用 ferrite 外，為增強吸波效果尚需因應頻率低中高需求貼裝大小不同的錐形吸波體(吸波體高度自 3.5～140 吋不等對 24GHz～120MHz 頻段有 30～50dB 的吸波效果)，以提升吸波效果達到量測中模擬無反射干擾量測場景需求。

工程應用：在隔離室有開口處如大門、通風口、接頭板、配電盤。因金屬板被切割成大型開口，如大門，中型開口如通風口、配電盤，小型開口如接頭板，而金屬板開了口破壞了原來金屬板上的電流分佈，形成以磁場為主的輻射場強。尤其在低頻至難做好隔離工作，故將低頻磁場列為檢測隔離工作重點，對高頻則以檢測電場為主，因一般金屬對電場反射大，較易做好隔離工作。而金屬對磁場反射小，不易做好隔離工作。比較電場與磁場隔離度因電場較易做好隔離，磁場不易做好隔離，故電場隔離度要比磁場隔離度要求要高很多，在 40～50 dB 之間。對平面波因含電場、磁場兩項因不易隔離其中磁場而影響平面波隔離度，如與只針對較易隔離電場比較，對電場的隔離度要比平面波為高。

# 8

## 量測誤差

### *8.1* EMI 量測誤差

**Q1：** 影響 EMI 量測中的誤差值有那幾項？

**A：** 有四大項，(1)電磁環境影響，(2)量測裝備誤差，(3)規格限制值誤差要求，(4)量測裝備系統組合誤差。

工程應用：除四大項誤差值外，尚有一項最重要影響量測誤差值的是人為因素，優秀的量測工程師往往可以把人為誤差值減至最低位準，以免造成當量測值在規格限制值上下變動時所造成的爭議。

**Q2：** 如何計算各項誤差值的總誤差值？

**A：** 設有四項量測中的誤差值各為 1、2、3、4dB，依 log 計算誤差比值為 $XdB = 20 \log d (d = 10^{\frac{X}{20}})$，誤差比值分為 $10^{\frac{1}{20}} = 1.12$，$10^{\frac{2}{20}} = 1.25$，$10^{\frac{3}{20}} = 1.41$，$10^{\frac{4}{20}} = 1.58$，總誤差值 $= \sqrt{1.12^2 + 1.25^2 + 1.41^2 + 1.58^2} = \sqrt{7.28} = 2.69$。如化為 dB 為 8.6dB $(20 \log 2.69 = 8.6dB)$。

工程應用：四項誤差值的總誤差值，未含人員量測操控誤差值，綜合標準誤差值應將四項總誤差值與人為操控誤差值合併計算。

**Q3：** 簡述由隔離室造成量測誤差的成因？

**A：** 隔離室內直射波與反射波整合因反射會造成雜訊同相位而信號增強，異相位而信號減弱的現象，這種雜訊信號忽增忽減的誤差變化量會對量測中正常信號造成干擾而影響量測值。

工程應用：本項誤差值由敷設高功能吸波體，將反射波減至最小可減低量測誤差值至最低位準。

**Q4：** 簡述由極向造成量測誤差的情況？

**A：** 誤用水平、垂直極向會有10～20dB的誤差，誤用水平、圓形極向或垂直、圓形極向會有3dB的誤差。

工程應用：放置天線腳架需以水平、垂直儀具校正，確保水平、垂直極向平整。按理論水平的垂直互差 90°，由 $\cos\theta$ 關係可表示水平、垂直平整度如 $\cos\theta = \cos 0°$ 則絕對水平或垂直，如 $\cos\theta = \cos 5° = 0.99$，表示水平或垂直沒有保持絕對水平或垂直，相對其垂直或水平的方向有些微分向量，如換成dB，$dB = 20\log\cos 0° = 20\log 1 = 0\,dB$，$dB = 20\log\cos 5° = 0.03\,dB$，實測應以同極向天線接收水平或垂直信號，不可以水平或垂直極向接收圓形極向待測件，或以圓形極向接收水平或垂直極向待測件，這樣都會造成 3 dB 量測誤差值。

**Q5：** 簡述由駐波比所造成的量測誤差？

**A：** 駐波比量測誤差為不匹配損益 ML(mismatching loss)，此項損益依公式計算為 $ML = 10\log[1-(RC)^2]$，其中 RC 為反射係數與駐波比(SWR)的關係為 $RC = (1-SWR)/(1+SWR)$，如 SWR = 1.5，RC = 0.2，ML = −0.17dB。

工程應用：由駐波比過大所造成的誤差值，主要多來自因駐波比過大使信號反射與入射信號形成共振雜訊，使原有系統 $S/N$ 中的 $N$ 值提升而影響正常量測誤差值。對 M.L.(mismatching loss)是在計算因不匹配造成發射到接收信號衰減問題，又因不匹配也會產生反射干擾問題。

**Q6：** 簡述由波束場型失真所造成的量測誤差？

**A：** 天線波束場型如在室外所受環境影響較小，如在室內因反射關係天線波束場型所受干擾較為嚴重，此項干擾會造成天線波束場型失真變形而影響到正常接收信號強度大小。

工程應用：天場波束場型在戶內因受空間大小限制，一些較寬波束天線，因波束較寬會使天花板、地板、牆面所敷貼的不良吸波體引起反射而造成量測誤差值。但在戶外波束多不受反射影響，較少也沒有波束失真影響所造成的量測誤差值問題。

**Q7：** 簡述天線場型分佈在隔離室中所受的影響？

**A：** 天線越靠近隔離室牆壁原天線場型分佈均勻性越受到破壞，因天線靠近隔離室在隔離室面板上的 Virtual ground 會引導場型分佈曲線而使原場型分佈曲線變形，影響信號接收強度大小，造成量測信號誤差問題。

工程應用：天線放置位置距隔離室越遠越好，其週邊不要放置任何障礙物，以免影響原波束場型分佈，另天線輸入阻抗受障礙物反射影響天線駐波比，也會造成量測誤差問題。

**Q8：** 量測天線附近金屬物對量測有何影響？

**A：** 天線如太靠近隔離室因金屬板影響會使天線輸入阻抗提高，造成與接收機不匹配的情況而使量測資料產生誤差值。

工程應用：天線輸入阻抗按理論值係在週邊無障礙物條件下，執行阻抗匹配量測工作，如週邊有障礙物無論靜態或動態，都會因直接波與反射波造成天線輸入阻抗駐波比起伏變化，而使量測產生誤差值。

**Q9：** 為何在量測天線和測試桌間裝置金屬平面板？

**A：** 金屬平面板在改善量測天線場型分佈的均勻度，可使量測天線因受環境影響場型分佈不均勻所造成量測誤差值減至最小。

工程應用：加裝金屬平面板目的在增大天線地效應，直接可使天線兩大參數增益與場型更接近設計理想值，間接可改善量測誤差值。

**Q10：** 隔離室內天線放置位置如何定位？

**A：** 將量測天線放在越遠離隔離室牆壁越好，以免受牆壁影響破壞了天線場型原來的均勻度，使量測產生誤差值。

工程應用：天線依規定軍規距待測件 1 米處，商規距待測件 3 米處，其週邊空間距牆越遠越好，因空間距離遠反射波小，對天線輸入阻抗駐波比影響亦小，且可避免距牆過近破壞天線場型，使量測產生誤差值。

**Q11：** 主動式與被動式量測天線的量測誤差值比較？

**A：** 被動式天線量測誤差值較大，主動式天線量測誤差值較小，因主動式天線適用於寬頻雜訊接收，而被動式天線僅適用於窄頻雜訊接收，如用在寬頻雜訊接收會因駐波比欠佳而使接收信號強度大小變化不一，產生很大誤差值。

工程應用：主動式天線頻寬較寬，不易做好阻抗匹配工作，駐波比在 1.5～2.5 之間，被動式天線頻寬較窄，較易做好阻抗匹配工作，駐波比在小於等於 1.1。由駐波比大，量測誤差值較大，駐波比小，量測誤差值較小情況，可認定主動寬頻天線量測誤差值較大，被動窄頻天線量測誤差值較小。

**Q12：** 簡述隔離室共振雜訊對量測誤差的影響？

**A：** 由隔離室尺寸大小可計算共振雜訊頻率，一般共振頻率由低至高分佈至廣，低頻共振信號強度對量測值影響較大，高頻共振信號強度對量測值影響較小。因高頻在隔離室中經空間衰減量較大，故高頻雜訊對量測值所造成的誤差較小。

工程應用：按公式計算出隔離室最低共振頻率，因頻率低空氣衰減小反射信號大，待測件量測誤差值大。因此量測誤差值是以隔離室最低共振頻率所造成的最大誤差值為準，做為評估是否對待測件造成影響的依據。

**Q13：** 如何防制隔離室共振頻率造成誤差問題？

**A：** 在隔離室內加裝吸波材料，因吸波材料可吸收共振頻率信號能量而消除共振頻率對量測值的誤差影響。

工程應用：吸波材料吸波功能需以寬頻吸波為主，因共振頻率理論上可由零至無窮大，雖高頻因空氣衰減大可忽略不計，但對低頻因空氣衰減小，反射大影響量測誤差值較大。故對低頻吸波體功能要求較高，才能減小在低頻的反射量以免影響量測誤差值。

**Q14：** 如何計算信號源、輸送線、負載間的功率傳送誤差值？

**A：** 誤差值＝$10 \log P(L)/P(S) = 10 \log \dfrac{1-[RC(L)]^2}{1-RC(S) \times [RC(L)]^2}$

$P(L)$＝負載端功率

$P(S)$＝信號源功率

$RC(S)$＝信號源與輸送線間反射係數

$RC(L)$＝輸送線與負載間反射係數

例：$RC(S) = 0.1$，$RC(L) = 0.2$，誤差值(dB)＝$10 \log \dfrac{1-0.2^2}{1-0.1 \times 0.2^2} = -0.159$

**工程應用：** 由電子產品輸入阻抗匹配反射係數 $RC(S)$ 與輸出阻抗匹配反射係數 $RC(L)$，代入公式可算出因阻抗不匹配所造成的 Mismatching loss (dB)值，此值即為量測中的誤差值。如M.L.(dB)＝0 dB，表示信號發射接收無損耗，如M.L.(dB)＝±0.1 dB，取指數 $10^{\frac{0.1}{10}} = 1.023$ 或 $10^{\frac{-0.1}{10}} = 0.977$，相當於發射接收間功率傳送如 1.023 表示發射 102.3 接收 100，有 2.3%損耗，或如 0.977 表示發射 100，接收 97.7，有 2.3%損耗。

**Q15：** 如何改善組件裝備的輸出入駐波比？

**A：** 裝備輸出入駐波比過高會影響量測誤差值，可在裝備輸出入端裝置緩衝器(Matched Buffer Pad)改善裝備駐波比，駐波比改善公式為

$SWR = \dfrac{SWR(L) \times (a+1)+(a-1)}{SWR(L) \times (a-1)+(a+1)}$

$SWR(L)$：裝備原有 SWR

$a = 10^{0.1 \times x}$，$x$：pad $x$dB 比值

例：$SWR(L) = 1.5$，$x = 10$dB $= 10$，$a = 10^{0.1 \times 10} = 10$，$SWR = \dfrac{1.5(10+1)+(10-1)}{1.5(10-1)+(10-1)}$
$= 1.04$，裝備原有 SWR $= 1.5$，經裝置 10dB pad 改善為 SWR $= 1.04$。

**工程應用：** 阻抗匹配緩衝器(Matched buffer pad)均標示 pad$x$dB，$x$越大，pad 改善 SWR 越好，如原 SWR $= 1.5$ 選 pad 10 dB 代入公式可改善 SWR $= 1.04$，選 pad 20 dB 代入公式可改善 SWR $= 1.004$。

**Q16：** 如何計算待測件因待測件面徑過大時而造成的量測誤差？

**A：** 此項誤差值與量測遠、近場景及待測件面徑大小有關，依誤差值公式計算為
誤差值＝$10 \log [R/R(f)]^n$
$R$：量測天線與待測件中心點位置間垂直距離。$R(f)$：量測天線與待測件面徑大小邊緣位置間斜線距離。

$R(f) = \sqrt{R^2 + \left(\dfrac{D}{2}\right)^2}$

$D$：待測件面徑大小

$n$：視 $R$、$R(f)$ 距離與雜訊頻率波長間關係而定。

$n = 1$，$R$、$R(f)$ 均為遠場效應。

$n = 2$，$R$ 為近場效應，$R(f)$ 為遠場效應。

$n = 3$，$R$、$R(f)$ 均為近場效應。

工程應用：經由誤差值公式 $= 10 \log [R/R(f)]^n$ 可算出當 $n = 1$、$n = 2$、$n = 3$ 不同場景下的誤差值，由 $n = 1$、$n = 2$、$n = 3$，定義中可知遠場 $n = 1$ 因只有一項輻射場最為單純誤差值最小，$n = 2$ 有近場也有遠場情況，除輻射場外尚有靜電場、感應場，因此組成較為複雜，誤差值也大一些。$n = 3$ 只有近場含靜電場和感應場兩項其間電場、磁場變化情況複雜忽大忽小，所造成的量測誤差值最大。對一些高頻波長短均呈遠場效應 $n = 1$，對一些中頻波長有近場也有遠場效應 $n = 2$，對一些低頻波長長均呈近場效應 $n = 3$。

**Q17**：設 $R = 1\mathrm{m}$，如何計算因待測件面徑過大時所造成的誤差值？

**A**：誤差值 $= 10 \log [R/R(f)]^n = 10[n \log 1 - n \log R(f)]$

$$= -10n \log R(f) = -10n \log \sqrt{R^2 + \left(\frac{D}{2}\right)^2} = -10n \log \sqrt{1 + \frac{D^2}{4}} \quad (R = 1)$$

$n$、$D$ 按上題說明內容。

工程應用：誤差值所示公式表示測試 1 米距離，誤差值計算公式與待測件面徑大小 ($D$)、指數 ($n$) 有關，$D$ 可經由量測確定待測件面徑最大長度，$n$ 則需由公式 $2D^2/\lambda$ 將頻率波長 ($\lambda$) 與面徑大小 ($D$) 代入計算，如 $R >$ 檢測距離 1 米則為遠場，如小於檢測距離 1 米則為近場，如上述如 $R$、$R(f)$ 均大於 $2D^2/\lambda$，$n = 1$，$R \leq 2D^2/\lambda$，$R(f) \geq 2D^2/\lambda$，$n = 2$，$R \leq 2D^2/\lambda$，$R(f) \leq 2D^2/\lambda$，$n = 3$。

**Q18**：設 $R = 1$、$3$、$10$、$30\mathrm{m}$，計算因待測件面徑 ($D$) 過大時所造成的誤差值？

**A**：$R = 1\mathrm{m}$，誤差值 $= 10\left(n \log 1 - n \log \sqrt{1 + \frac{D^2}{4}}\right) = -10n \log \sqrt{1 + \frac{D^2}{4}}$，$(\log 1 = 0)$

$R = 3\mathrm{m}$，誤差值 $= 10\left(n \log 3 - n \log \sqrt{3 + \frac{D^2}{4}}\right)$

$R = 10\mathrm{m}$，誤差值 $= 10\left(n \log 10 - n \log \sqrt{10 + \frac{D^2}{4}}\right)$

$R = 30\mathrm{m}$，誤差值 $= 10\left(n \log 30 - n \log \sqrt{30 + \frac{D^2}{4}}\right)$

$D$：待測件面徑大小

$n$：參用 Q16 定義說明

$R$：測試距離

工程應用：說明同 Q17，只是將檢測距離由 $R = 1\,m$ 改為 $R = 3\,m$、$R = 10\,m$、$R = 30\,m$ 不同距離時誤差值計算公式亦不同。

**Q19：** 試說明量測天線場型與待測件面徑大小量測誤差值關係？

**A：** 量測天線波束場型能涵蓋待測件面徑大小，則無量測誤差問題，因波束大於待測件面徑可接收由待測件所輻射出所有雜訊。反之，當波束小於待測件面徑時僅可接收由待測件所輻射出部份雜訊而產生誤差問題。

工程應用：待測件面徑越小，量測誤差值越小，待測件過大檢測天線波束無法全部涵蓋時，就會產生量測誤差問題。

**Q20：** 如何應對功率放大器增益誤差值？

**A：** 放大器輸入功率過高時，輸出功率飽和並呈非線性變化而產生誤差值，一般放大器中規格所定 1dB Gain Compression 即表示放大器在飽和時增益放大非線性誤差量在一定頻寬內均能保持在 1dB 以內。

工程應用：放大器放大增益飽和失真，多發生在高頻能量過大會使增益飽和，此增益飽和以不超過 1 dB 為常用規格標準。

## 8.2 量測誤差值與可信度關係

**Q1：** 如何計算量測誤差值及量測誤差平均值？

**A：** $S(q_k) = \sqrt{1/n-1 \times \sum\limits_{k=1}^{k=n} (q_k - \overline{q})^2}$ ，$s(\overline{q}) = \dfrac{S(q_k)}{\sqrt{n}}$

$S(q_k) = n$ 次量測誤差值

$n = $ 量測次數，$q_k = $ 第$n$次量測值，$\overline{q} = $ 量測平均值

$s(\overline{q}) = n$次量測誤差平均值

例：$\overline{q} = 50$，$q_k = 51，49，48，52，50，51，48，47，52，52$，$n = 10$，

$$s(q_k) = \sqrt{1/10-1 \times [(51-50)^2 + (49-50)^2 + (48-50)^2 + (52-50)^2 \cdots]} = \sqrt{\dfrac{1}{9} \times [24]}$$

$$= \sqrt{2.66} = 1.65(量測誤差值)$$

$$s(\overline{q}) = \dfrac{1.65}{\sqrt{10}} = 0.52(量測誤差平均值)$$

工程應用：量測誤差值是經$n$次量測所得誤差值平方總和，除以$(n-1)$，再開方計算得知。量測誤差平均值是將量測誤差值除以量測次數$(n)$的開方值。

**Q2：** 說明量測誤差值與量測誤差平均值間關係？

**A：** 量測過程中先評估 $n$ 次量測誤差值 $s(q_k)$，再除以待測件所執行$\sqrt{n}$次量測可得量測誤差平均值$(s(\overline{q}))$，此值應接近該試件所定的規格值。

工程應用：先測知量測誤差值，除以$\sqrt{n}$次量測所得誤差平均值，一般作為訂定規格值標準。

**Q3**： 常用量測儀具誤差值 $s(q_k)$ 可能率曲線分佈有那三種？

**A**： (1)正常分佈：$U(x_i) = \text{error}/K$，$K$ 值由廠家提供，如 $K = 2$ 表示此項誤差值可信度水準在 95 %。

(2)方形分佈：如廠家未提供 $K$ 值，則正常分佈改為方形分佈，$U(x_i) = \text{error}/\sqrt{3}$。

(3)U 形分佈：專用在儀具結合不匹配所產生的誤差值，$U(x_i) = \text{error}/\sqrt{2}$。

工程應用：(1)、(2)、(3)，最常用為(1)，正常分佈可做為誤差值可信度百分比 95%標準，如總誤差值大於 3 則符合誤差可信度 95%要求，如小於 3 則不符合誤差可信度 95%要求。

**Q4**： 何謂 TapeA、TapeB 誤差值？

**A**： TapeA 為試件量測誤差平均值，$S(\overline{q})$。

TapeB 為儀具本身量測誤差值，含正常、方形、U 形三種可能曲線分佈。

工程應用：Tape A 為人為操控儀具所產生的量測誤差值。Tape B 為儀具本身所產生的量測誤差值。

**Q5**： 如何計算綜合標準誤差值？

**A**： 綜合標準誤差值 $= \sqrt{(\text{TapeA 誤差值})^2 + (\text{TapeB 誤差值})^2}$

工程應用：按公式計算綜合標準誤差值。

**Q6**： 如何評鑑綜合標準誤差值的總誤差值？

**A**： 總誤差值 $= \dfrac{\text{綜合標準誤差值}}{\text{量測誤差平均值}} = \dfrac{\sqrt{(\text{TapeA})^2 + (\text{TapeB})^2}}{\text{TapeA}}$

工程應用：Tape A 為人為，Tape B 為儀具，如已知 Tape B 儀具誤差值代入計算總誤差值大小，如 Tape A 人為誤差值越小，總誤差值越大。在統計學中表示當 $k = 2$，儀具選用正常分佈(normal distribution)誤差值 B，總誤差值如大於 3，對量測誤差值應有 95%可信度。反之小於 3，對量測誤差值不足 95%可信度。

**Q7**： 如何計算綜合標準誤差值的可信度？

**A**： 查核總誤差值，如大於 3 表示 $K = 2$ 時的綜合標準誤差值乘以 2 的誤差值可信度為 95 %，如小於 3 表示 $K = 2$ 時的綜合標準誤差值乘以 2 的誤差可信度不到 95 %，如果仍需維持可信度 95 %，則需將 $K = 2$ 提升至 $K > 2$(如 $K = 3$)。

工程應用：在確定人為量測誤差值情況下，如選 $k = 2$ 儀具誤差量測結果不足 95%可信度，可將儀具誤差 $k = 2$，提升至 $k = 3$，按正常儀具誤差 Normal distribution，$k$ 越大，儀具本身誤差越小，這樣可以改善量測誤差值達到符合可信度 95%的要求。

**Q8**： 什麼是影響總誤差值大小的關鍵變數？

**A**： 總誤差值 $= \dfrac{\text{綜合標準誤差值}(\sqrt{(\text{TapeA})^2 + (\text{TapeB})^2})}{\text{量測誤差平均值}(\text{TapeA})} = \sqrt{1 + \left(\dfrac{\text{Tape B}}{\text{Tape A}}\right)^2}$

TapeA 為試件量測誤差平均值 $s(\overline{q})$。

TapeB 為儀具本身量測誤差值，有正常、方形、U 形三種分佈。正常$\left(\dfrac{x}{K}\right)$，方形$\left(\dfrac{x}{\sqrt{3}}\right)$，U 形$\left(\dfrac{x}{\sqrt{2}}\right)$。$x$：error。

總誤差值大小視 Tape A 試件量測誤差平均值而定，如 Tape A $s(\bar{q})$ 越大，總誤差值越小，如小於 3 則不符原定可信度 95 %需求。如 Tape A $s(\bar{q})$ 越小，總誤差值越大，如大於 3 則符合原定可信度 95 %需求。故 TapeA 的量測誤差平均值 $s(\bar{q})$ 是影響總誤差值的關鍵變數。

工程應用：Tape A 人為量測誤差值，是影響總誤差值的關鍵因素，例如 Q6、Q7、Q9 說明。

**Q9：** 舉例說明某項系統裝備組合的綜合標準誤差值是否合乎可信度 95 %的要求？

**A：** 經查屬 Tape B 某儀具本身量測誤差值正常分佈$\left(\dfrac{x}{2}\right)$的誤差有二項分為 1、0.5。Tape B 某儀具本身量測誤差值方形分佈$\left(\dfrac{x}{\sqrt{3}}\right)$的誤差有六項分為 2、1.5、0.5、2、0.25、0.6。TapeB 某儀具本身量測誤差值 U 形分佈$\left(\dfrac{x}{\sqrt{2}}\right)$的誤差有一項為 1.1。Tape A $s(\bar{q})$ = 0.5。

先求綜合標準誤差值 $=\sqrt{(\text{Tape B})^2+(\text{Tape A})^2}$

$$=\sqrt{\left(\frac{x}{2}\right)^2+\left(\frac{x}{\sqrt{3}}\right)^2+\left(\frac{x}{\sqrt{2}}\right)^2+s^2(\bar{q})}$$

$$=\sqrt{\left(\frac{1}{2}\right)^2+\left(\frac{0.5}{2}\right)^2+\frac{2^2+1.5^2+0.5^2+2^2+0.25^2+0.6^2}{3}+\frac{1.1^2}{2}+0.5^2}$$

$$=2.19$$

總誤差值 $=\dfrac{\text{綜合標準誤差值}}{\text{TapeA 誤差平均值}}=\dfrac{2.19}{0.5}=4.38$

在 $k=2$ 條件下，$k\times$綜合標準誤差值$(2\times2.19=4.38)$及因總誤差值 4.38 大於 3.0 條件下符合誤差值可信度 95 %要求。

工程應用：Tape A 屬人為量測誤差值，Tape B 屬量測儀具本身誤差值，經查儀具本身誤差值分佈模式分三種，一為正常分佈$(x/2)$，一為方形分布，一為 U 形分佈，與 Tape A 人為量測誤差值 0.5 合併計算為 2.19，代入總誤差值 T.E.(total error)公式為 4.38，因 4.38 > 3.0 符合誤差值可信度 95%要求。如人為量測誤差值由 0.5 升至 1.0，代入公式總誤差值為 2.19，因 2.19 < 3.0，結果則不符合誤差值可信度 95%要求。大於 3 或小於 3 是緣自統計學可信度是否達到 95%的標準要求，大於 3 符合可信度 95%需求，小於 3 不符合可信度 95%需求。

**Q10**：戶外測試場應注意那些不定因素的影響？

**A**：　⑴環境雜訊影響如雜訊過強應計入誤差值考量。

　　　⑵天線與電纜線應做定期校正誤差工作。

　　　⑶接收機誤差循廠家規格採正常分佈或方形分佈誤差預估。

　　　⑷除非接收信號有異狀出現才考量天線因素(Antenna Factor)誤差值。

　　　⑸天線方向性準確度宜在距離 3m 外標定。

　　　⑹天線因素變化與天線升降高度有關，但影響不大。

　　　⑺天線輻射相位中心，一般固定在該型天線的輻射相位中心，但對數週期天線其輻射相位中心位置是隨頻率而變，故以對數週期天線作為量測天線需考量輻射相位中心誤差問題。

　　　⑻測試場地反射誤差(Site attenuation)變化量約±4dB，平整度要求較高者為±3dB。

　　　⑼待測件如經多次測試可通過規格檢測，為節省人力時間可選一、二個頻率抽測驗證，如通過則可視全頻段測試通過規格。

工程應用：⑺，一般天線輻射皆有其相位中心點，即使因頻寬關係其中心因物性結構固定在某一定點，電性相位中心少有異動。但如像對數週期天線因物性結構由多個輻射棒相距排列組成，而天線輸入端係固定在遣送端，由此遣送端至輻射棒，因頻率波長不同至該輻射棒間距亦不同，故形成不同頻率共振相位位置不同的現象。而對數週期天線巧屬寬頻天線常用在 200 M～1 G 頻段，因不同頻率有其不同共振相位中心位置，此項電性相位中心的異動，導致物性位置的改變，造成了量測誤差問題。

**Q11**：簡述規格值、量測值、誤差值與合格率關係？

**A**：　量測值高於規格值，量測值中的誤差值在規格值之上是為不合格。

　　　量測值位於規格值週邊上下，量測值中的誤差值在規格值之上是為低合格率。

　　　量測值位於規格值週邊上下，量測值中的誤差值在規格值之下是為高合格率。

　　　量測值低於規格值，量測值中的誤差值也在規格值之下是為合格。

工程應用：如規格值為定值與量測值比較，如計入量測誤差值或正或負，在量測值臨界規格值如誤差值為正則可能超規，如誤差值為負則可能未超規。在規格值本身也有容差值，如量測誤差值上限超過規格值容差值上限，視為絕對超規，如量測誤差值巧在規格容差值範圍內，視為臨界值(合格或不合格由人為研討認定)。如量測誤差值下限低於規格容差值下限，視為絕對合格。

# 5G 認知與高頻電路 阻抗匹配

**Q1:** 簡述高頻阻抗匹配重要性？

**A:** 阻抗匹配關係兩組件間阻抗是否匹配，如 5G 多頻功能因新進技術研發，多項功能均可做在單一晶片，但與天線因物性結構與電性功能不同，仍屬兩個不同組件，因此需要做好兩者之間阻抗匹配，使發射／接收源功率與效率在所定靈敏度／選擇性規格內，達到最佳最大化要求。例如最佳阻抗寬頻匹配情況下，阻抗匹配所造成的損耗為 0dB，與不佳阻抗匹配情況下，阻抗匹配所造成的損耗為 1.25dB，兩者比較以 5G 為例，信號輻射距離則減 13%。

有關損耗 0dB、與 1.25dB 與信號輻射距離減 13%，學理說明根據與公式數據演算證明如下。

範例說明：阻抗不匹配對雷達偵測距離影響

| Tx O/P | loss | Ant O/P | Tx 至 Ant 阻抗匹配(loss) |
|--------|------|---------|------------------------|
| 0dBm | 0dB | 0dBm | prefect Matching |
| 0dBm | 1.25dB | −1.25dBm | Miss matching |

1. Tx 與 Ant 間阻抗不匹配所造成 Miss matching loss

$$M.L.(dB) = 10\log[1 - (R.C.)^2]，R.C. = 0.5，S.W.R. = 3.0$$

$$M.L.(dB) = 1.25dB，（寬頻規格）$$

2. 由空氣對電磁波的衰減公式

   Att(dB) = 32 + 20 log $f(M)$ + 20 log $R$(km)

   如將 20 log R 改由功率表示，相互關係式為

   $20\log\frac{1}{R}=10\log\frac{1}{R^2}$

3. 由 $1.25\text{dBm} =10\log(\frac{1}{R^2})$，$1.25 = 10\log(x)$，

   $x = 1.333 = \frac{1}{R^2}$，$R^2=\frac{1}{1.333}$，$R = 0.87 = 87\%$。

4. 比較阻抗完全匹配與阻抗不匹配，對 5G 信號輻射距離的影響。

   $10\log\frac{1}{R^2} = 10\log\frac{1}{1^2}= 0\text{dBm}$(阻抗完全匹配)。

   $10\log\frac{1}{R^2} = 10\log\frac{1}{0.87^2}= 10\log 1.32 =-1.250$ dBm(阻抗不匹配)。

5. 阻抗完全匹配，信號輻射距離 $R = 1.00$，$R = 100\%$。
   阻抗不完全匹配，信號輻射距離 $R = 0.87$，$R = 87\%$。

**Q2**： 說明 $R.L.C.$ 組件阻抗對應高頻變化響應情況以其可用頻率範圍？

**A**： $R.L.C.$ 用於高頻皆有寄生電感／電容副作用效應，此項效應為造成 $R.L.C.$ 組件阻抗變化的原因，而其可適用頻率範圍亦受此效應有所限制，所稱可用區(Available zone)。其間有屬電感性阻抗性質、有屬電容性阻抗性質，完全根據 $X_L=2\pi fL$，$X_C=\frac{1}{2\pi fC}$ 公式，依 $f$ 低、高變化，何者占優勢而定。有關頻段內 $f_1$、$f_2$ 轉折點及共振頻率按 $f_0 =1/2\pi\sqrt{LC}$ 公式計算，其間所涉寄生電感／電容值皆由高頻精密組件供應商在銷售目錄中提供此項資料，以供使用者選用。

有關高頻 $R.L.C.$ 組件阻抗對應高頻變化響應及可用頻率範圍，如下圖說明。

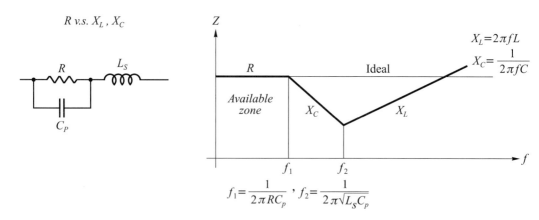

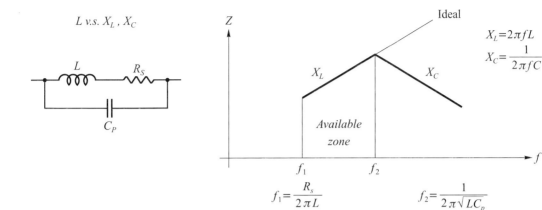

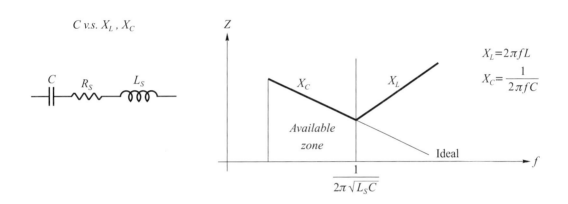

**Q3**： 如何計算多個組件因阻抗不匹配所造成的駐波比($S.W.R.$)增量？

**A**： • 先行計算多個組件間不同反射係數($R.C.$)，將此值帶入阻抗不匹配損耗值公式 $M.L.=10\log[1-(R.C.)^2]$，再將多組不同 M.L.值相加得總量 M.L.值。

• 由 I/P PWR 減去總量，即為終端 O/P PWR。

• 將 I/P PWR 減去終端 O/P PWR，即為總反射 PWR 量(PR)。

• 按 $PR=(R.C.)^2$ 可算出總 $R.C.$值。

• 將 $R.C.$ 代入 $S.W.R.=\dfrac{1+R.C.}{1-R.C.}$，可算出總 $S.W.R.$值。

範例說明：

| 1 ↓ | 2 ↓ | 3 ↓ | 4 ··· $n$ |
|---|---|---|---|
| $(R.C.)_{12}$ <br> 0.1 | $(R.C.)_{23}$ <br> 0.2 | $(R.C.)_{34}$ <br> 0.3 | $R.C.=\left|\dfrac{R_1-R_2}{R_1+R_2}\right|$ |
| $(M.L.)_{12}$ <br> 0.0436db | $(M.L.)_{23}$ <br> 0.1772db | $(M.L.)_{34}$ <br> 0.4895db | $M.L.=10\log[1-(R.C.)^2]$ |

2. I/P PWR = 0dBm，total M.L. = 0.71dBm(0.0436 + 0.1772 + 0.4895)。

3. O/P PWR = I/P PWR − total M.L. = 0dBm − 0.71dBm = −0.71dBm。

4. I/P PWR = 0dBm = 1mW，O/P PWR = −0.71dBm = 0.849mW

   I/P PWR− O/P PWR = Reflective PWR = 1− 0.849 = 0.151mW

5. Reflective PWR(PR) = (total $R.C.$) 2

   total $R.C.=\sqrt{P_R}=\sqrt{0.151}=0.388$。

6. total $S.W.R.=\dfrac{1+R.C.}{1-R.C.}=[\dfrac{1+0.388}{1-0.388}]=\dfrac{1.388}{0.612}=2.267$。

**Q4：** 如何選用阻抗匹配器(pad buffer)改善駐波比？

**A：** 阻抗匹配器形同低通濾波器(Low pass filter)，可將高頻雜訊濾除至地，以減少反射所造成的損耗，以此功能可改善駐波比，在實務應用上至為簡易，只要將所選用的阻抗匹配器(上有註明 dB 數)接在所需改善的負載器之前，參閱駐波比改善圖表，即可知駐波比改善情況。如圖示。

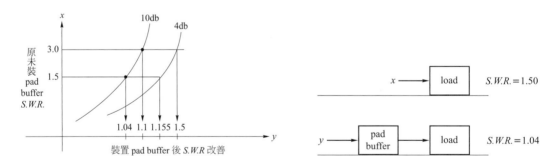

有關$S.W.R.$改善學理運算如下。

改善後$S.W.R. = \dfrac{S.W.R.(a+1)+(a-1)}{S.W.R.(a-1)+(a+1)}$

$a=10^{0.1\times x}$，$x$ ：圖表中 pad buffer 所標示的 dB 數。

範例說明：參閱圖表。

$a=10^{0.1 \times x_0}= 100.1 \times 10 = 10$，x = 10dB

代入運算公式，改善後

$S.W.R. = \dfrac{1.5(10+1)+(10-1)}{1.5(10-1)+(10+1)} = \dfrac{25.5}{24.5} = 1.04$。

**Q5**：　高頻電路設計$R.L.C.$共振效應為何優先考量設計製作$L$而非$R.C.$？

**A**：　一般精密$R.C.$較易製作，各種規格比比皆是，可較易獲得。而$L$較難設計製作獲得，一般依$R.L.C.$共振效應產生公式$f_0 = 1/2\pi\sqrt{LC}$，通常優先設計製作$L$，再找較為易獲得的$C$，加以匹配產生所需的共振頻率$f_0$，$L$除常用在主動與$C$搭配外，另外做在與$C$搭配的各型濾波器，如$L$型$L.P.F. / H.P.F.$、$T$型、$\pi$型，多個組件$T$型、$\pi$型。在製作多級型濾波器時，需選用精密$L.C.$組件，以免在濾除高頻雜訊時，因多個組件的寄生$L$與$C$效應影響到整體濾波效能。

**Q6**：　為何隔離材料難以消除電磁干擾中電磁波 H 場所造成的干擾？

**A**：

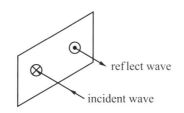

「由圖示金屬材質金屬板為例，按右手定則」

如圖示，入射波與反射波撞擊金屬板瞬時$E$、$H$場分佈

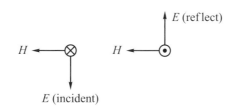

$E$ 場入射與反射大小相等、方向相反(相位差 180°)，其 E 場可相互抵消，而 H 場入射與反射大小相等、方向相同。$H$場無法反射而其能量仍存在金屬表面，由能量模式轉換定理，由$EM$波能量轉為$EE$能量而成射頻電流，平均分佈在金屬表面形成所謂表面電流，而此表面電流滲入金屬表面深度，按表面電流深入金屬材質深度學理公式$d = \dfrac{0.066}{\sqrt{\mu\sigma f(M)}}$ mm，因金屬$\mu \doteqdot 1$，$\sigma \doteqdot 1$，故 $d$ 直接與 $f$(MHz)有關，也就是說頻率越低、$d$ 越大，頻率越高、$d$ 越小。因此常說低頻難以做好隔離就是低頻頻率低、$d$ 值大，在金屬材質表面所形成的表面電流，會滲入金屬材質較深，而影響到金屬材質所包裹的迴路線／信號線信號而造成干擾問題。

**Q7:** 爲何一條導線在低頻呈現 D.C.阻抗爲主,在高頻呈現 A.C.阻抗爲主?

**A:** 如圖示與前提說明表面電流滲入金屬表面深度($d$)有關。在低頻,因$d$大,電流可經導線全部截面積($A$)傳送而使阻力減小。而在高頻,因$d$小,電流僅可在金屬表面部分截面積$a$傳送而使阻力增大,故在低頻通常按$R(\text{D.C.})=\rho\dfrac{\ell}{A}$公式計算,而在高頻則按$R(\text{A.C.})=Rdc\times[\dfrac{D}{4d}+k]$,$d=\dfrac{0.066}{\sqrt{\mu\sigma f(M)}}$ mm,公式計算。

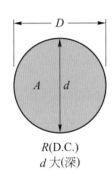

$R(\text{D.C.})$
$d$ 大(深)

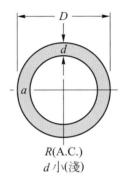

$R(\text{A.C.})$
$d$ 小(淺)

**Q8:** 爲何在高頻電路中,需考量對電感器$Q$值對整體電路$Q$值的影響,而不需考量電容器$Q$值對整體電路$Q$值的影響?

**A:** 按電感器基本構形,由金屬線圈製作,其$Q=\dfrac{\omega L}{R_{ac}}$,因頻率升高$\omega L=2\pi fL$亦升高,而$R_{ac}$亦隨之升高,兩者相互關係視$\omega L$與$R_{ac}$大小改變而變化,最終會呈現一常數定值。而電容器依其$Q=\dfrac{\omega L}{ESR}$,$ESR$爲電容器接腳等值串接電阻,因電容器接腳至短,其$ESR$值至小,致使$Q=\dfrac{\omega L}{ESR}=\dfrac{\omega L}{0}=\infty$,故不需考量電容值$Q$值對整體電路$Q$值的影響。

**Q9：** 如何控制電感器 $Q$ 值在高頻應用中有效頻率工作範圍？

**A：** 控空氣蕊繞成的電感器，$Q = \dfrac{\omega L}{R_S}$。固為了增加電感量而需繞成環狀線圈，其間因線圈間有寄生電容而產生電容抗問題，故在實務上 $Q = \dfrac{\omega L}{R_S + X_C}$，如 $R_S$ 隨頻率升高會增大，$Q$ 值下降。如 $R_S$ 隨頻率下降會減小，$Q$ 值上升。而 $X_C = \dfrac{1}{\omega C} = \dfrac{1}{\omega(\varepsilon\frac{A}{d})} = \dfrac{1}{2\pi f(\varepsilon\frac{A}{d})}$。如已知線圈半徑 $r$，$A = \pi r^2$ 為一定值，如為空氣蕊 $\varepsilon = 1$，在 $f$ 上升，$X_C$ 變小，$Q$ 值會升高，會使原設計寬頻($BB$)變成窄頻($NB$)響應。在 $f$ 下降，$X_C$ 變大，$Q$ 值會下降，會使原設計窄頻($NB$)變成寬頻($BB$)。而線間間距($d$)也會影響電感器 $Q$ 值變化，按 $C = \varepsilon\dfrac{A}{d}$，如 $d$ 大、$C$ 小、$X_C$ 大、$Q$ 值下降。如 $d$ 小、$C$ 大、$X_C$ 小、$Q$ 值上升。總結 $f$、$L$、$R_S$、$X_C = 1/2\pi fC$、$C = \varepsilon\dfrac{A}{d}$，皆會影響 $Q$ 值。故在實務上需細心調校，並經儀器量測驗證，始可得最佳相互匹配值，而不影響電感器原有效工作區內 $Q$ 值。

**Q10：** 在高頻電感器製作中如何選用 $A.W.G.$(American Wire gauge)線問題？

**A：** 一般電感器無論空氣蕊(Air)或線繞在某種磁性材質(core)，先依理論公式，可算出所需 $A.W.G.$ size 大小半徑、繞線圈數、線長度，其中 $A.W.G.$ 線徑大小為理論值(nude)、實務值(coated)，因 coated 需求均較理論值線徑大小為細，但線變細，$R(ac)$ 阻抗變大，按 $Q = \dfrac{\omega L}{R_{ac} + X_C}$，$Q$ 會變小，使原窄頻設計變為寬頻響應。但可依 $X_C$ 變小，使 $Q$ 變大加以補償。按 $X_C = 1/\omega C = 1/\omega(\varepsilon\frac{A}{d})$，如使 $d$ 變小、$X_C$ 變小、$Q$ 變大，其間 $d$ 變小，意為線間間隔變小，可將原有線圈繞得緊密一點，作為調校方法，但也有因 $d$ 變小，使選用 $A.W.G.$ 線徑需細一點。一旦 $A.W.G.$ 線徑細一點，$R_{ac}$ 又會上升，又使 $Q$ 變小的副作用，因此高頻電路中，所需的電感器製作難處在此，實質上是一項極具挑戰性的理論與實務相互結合的工作，這些皆屬有經驗的射頻工程師耐心的做細部調校，不但靠理論基礎指導方向，更需依精密儀器不斷調整，才能事半功倍。

**Q11**：如何區隔空氣蕊線圈 $Q$ 值與磁蕊繞線線圈 $Q$ 值？

**A**：　空氣蕊 $Q = \dfrac{\omega L}{R_{ac}}$，如圖示

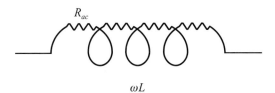

$f$：frequency，Hz。

$L$：wire Inductance，henry。

$R_{ac}$：A.C. Resistance at HF，ohm。

$Q = \dfrac{\omega L}{R_{ac}} = \dfrac{2\pi f L}{R_{ac}}$。

磁蕊繞線線圈 $Q = \dfrac{R_p}{X_p}$。

如圖示

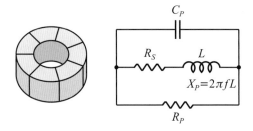

$f$：frequency，Hz。

$R_S$：wire resistance，(ohm)。

$L$：wire Inductance，(herry)。

$X_P$：wire Inductive reactance。

$R_P$：core loss，dB。

$N$：number of turns。

$Q = \dfrac{R_P}{X_P} = \dfrac{R_P}{2\pi f L}$。

**Q12**：　如何選用磁蕊繞線線圈 $Q$ 值？

**A**：　按規格所示磁蕊規格標示圖，及其相關 $R_P$、$X_P$、$N$ 資料，如圖示可適當選用不同頻段所需 $Q$ 值大小。

依 $Q = \dfrac{R_P}{X_P}$ 圖示範例

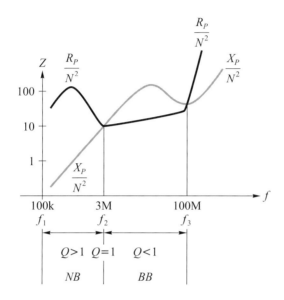

$Q > 1$，$NB$ at 100k～3M $(f_1 \sim f_2)$

$Q = 1$，$BB$ at 3M $(f_2)$

$Q < 1$，$BB$ at 3M～100M $(f_2 \sim f_3)$

**Q13**：　為何需注意磁蕊選材溫度變化響應問題？

**A**：　如磁蕊製作材質不當，會受溫度上升或下降而產生材質本身電感量變化忽大忽小問題。依材質電感抗 $X_L = 2\pi f L$ 因電感量($L$)變化而導致材質電感抗變化，如用在共振電路與電容器產生共振時，依共振公式 $f_0 = 1/2\pi\sqrt{LC}$，因 $L$ 變化會造成共振頻率 $f_0$ 偏移，因此磁蕊選材要力求穩定，不受溫度變化，而材質本身有些因溫度上升或下降產生電感量不同程度的升降變化，在選磁蕊材質時，需選用混雜 maguesium 材質具有因溫度上升而電感量增加，而另一種 calcium 材質具有溫度上升而電感量反而減少的兩種不同變化特性，前者稱之 $P$ 型材質，後者稱之 $N$ 型材質，如將這兩種材質混雜即成 NPO(negative, positive zero)型材質。由於一負一正變化相互抵消，可達不受溫度變化的平衡作用。

**Q14**： 簡述共振電路中所需認知的常用電性參數？

**A**： 如圖示理論值與實務值。

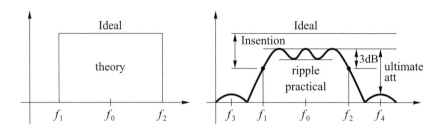

1. $BW = f_2 - f_1$ at 3dB

2. $Q(\text{selectivity}) = \dfrac{f_0}{BW} = \dfrac{f_0}{f_2 - f_1}(\text{without load})$

   high Q Narrow $BW$，low Q Broad $BW$。

3. $S.F.$ (shape factor)：the ratio of 60dB $BW$ $(f_4 - f_3)$ to 3dB $BW$ $(f_2 - f_1)$

   例： $S.F. = \dfrac{f_4 - f_3}{f_2 - f_1} = \dfrac{3\text{MHz}}{1.5\text{MHz}} = 2(\text{practical})$

   60dB$BW(f_4 - f_3)$>3dB$BW(f_2 - f_1)$

   例： $S.F. = \dfrac{f_4 - f_3}{f_2 - f_1} = \dfrac{1.5\text{MHz}}{1.5\text{MHz}} = 1(\text{theory})$

   60dB$BW(f_4 - f_3) =$ 3dB$BW(f_2 - f_1)$

4. Insertion loss

   Signal is load down (absorbed) due to resistance losses.

5. ripple

   flatness of resonance band

   dB $= 10\log (S.W.R.)$

   $e.g.$ 0dB $= 10\log 1.0$ No reflection (perfect matching)

   1.76dB $= 10\log 1.5$ with reflection (Miss matching)

6. ultimate att.

   Infinite at presents outside of resonance Band at perfect resonant ckt.

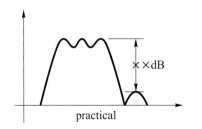

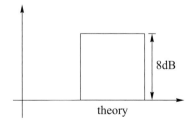

**Q15：** 爲何串聯或並聯電路共振頻率 $f_0$ 均爲 $f_0 = 1/2\pi\sqrt{LC}$？

**A：** 按串並聯電路共振需電感抗等於電容抗，由 $X_L = \omega L = 2\pi fL$，$X_C = 1/\omega C = 1/2\pi fC$，如係串聯共振 $X_L = X_C$，$2\pi f_0 L = 1/2\pi f_0 C$，$f_0 = 1/2\pi\sqrt{LC}$。如係並聯共振，總阻抗 $= \dfrac{X_L \cdot X_C}{X_L + X_C}$

$$= \frac{\omega L}{1 + \omega^2 LC}$$

因並聯共振，總阻抗爲無窮大，分母爲零，即 $1 + \omega^2 LC = 0$，且 $X_L = X_C$ 相位差 $180°$，一爲正，一爲負，故得 $1 - \omega^2 LC = 0$，由 $\omega^2 LC = 1$，可求得 $f_0 = 1/2\pi\sqrt{LC}$。

**Q16：** 串並聯共振電路效應與低通(LPF)、高通(HPF)濾波器有何關聯？

**A：** 如圖(1)所示 $C$ 並聯用於 LPF，圖(2)所示 $C$ 串聯用於 HPF。
如圖(3)所示 $L$ 並聯用於 HPF，圖(4)所示 $L$ 串聯用於 LPF。

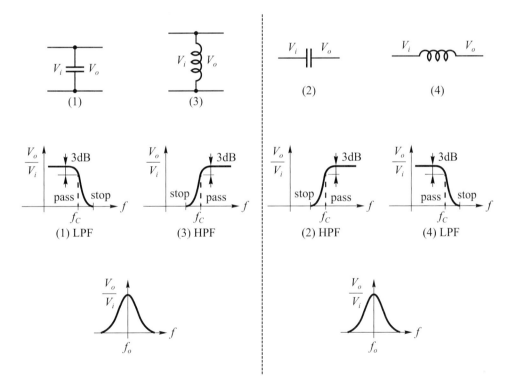

$f_C$ = L.P.F. H.P.F. 工作截止頻率。

$f_0$ = LPF + HPF [串，(2) + (4)]，共振頻率。

$f_0$ = LPF + HPF [並，(1) + (3)]，共振頻率。

**Q17**： 高頻電路中濾波器主要功能參數爲何？

**A**： 展示濾波器功能主要參數有三項，圖示以低通濾波器爲例。

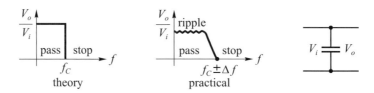

(1) 工作截止頻率($f_C$)

因材質受熱效應會產生漂移現象$f_C \rightarrow f_C \pm \Delta f$。

(2) 工作截止頻率斜率(Slope)

理論值爲垂直，實務值視濾波器組件構形而定，如係單一組件 slope = 20dB/decode，如係 $L$ 型由二個組件組成 slope = 40dB/decade，如係 $T$ 或 $\pi$ 型由三個組件組成 slope = 60dB/decode，如係多個組件組成多級濾波器 slope 越接近理論值 slope(垂直)= $\infty$(無窮大)/decode。

(3) 漣波(ripple)

如按理論值，雜訊可經並聯電容器將高頻雜訊完全濾除至地，而在其工作低頻頻段因阻抗完全匹配而無反射問題，故無漣波(ripple)問題。如按實務值，因阻抗不完全匹配，而有反射信號傳至信號源且與信號源信號產生共振問題而形成漣波，此項漣波越大，表示阻抗匹配越差，也就是濾除雜訊效果越差，一般漣波特性屬非規則性、非協調性，量測漣波強度大小，均以功率計。依漣波起伏變化功率大小以 dB 評估，可按 ripple(dB) = 10log($S.W.R.$)公式，評估阻抗不匹配$S.W.R.$值。如 0dB = 10log 1，1.76dB = 10log 1.5，3dB = 10log 2.0，也就是 ripple(dB) = 0dB，$S.W.R.$ = 1.0。ripple(dB) = 1.76dB，$S.W.R.$ = 1.5。ripple(dB) = 3dB，$S.W.R.$ = 2.0。

**Q18**： 如何選用濾波器與電路信號源／負載源做好阻抗匹配工作？

**A**： 按基本$L.P.F.$單一組件$C$並聯與$L$串聯均可達到$L.P.F.$濾波功能，但因電路中信號源阻抗與負載源阻抗不完全相同，一般準則選用$C$面向高信號源阻抗，選用$L$面向低負載源阻抗。如圖示$L$型 $L.P.F.$。

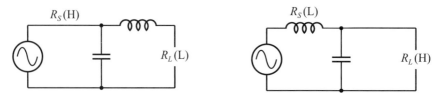

其緣由係因 $L.P.F.$ 濾波公式，對 $C$ 為 Att(Noise to GND) = $20\log(\pi RC)f$，對 $L$ 為 Att (Noise to GND) = $20\log(\dfrac{\pi L}{R})f$。由公式顯示 $R$ 越大，有利於 $C$ 濾波，$R$ 越小有利於 $L$ 濾波，故選 $C$ 面向高阻抗，選 $L$ 面向低阻抗。

**Q19**： 一般所知 $C$ 並接可用於 $L.P.F.$，理論上 $L$ 串接亦可用於 $L.P.F.$，為何實務上 $L$ 串接 $L.P.F.$ 不可用於 $L.P.F.$？

**A**： $C$ 並聯可用於 $L.P.F.$，是基於利用 $X_C = 1/\omega_C = 1/2\pi fC$。當 $f$ 越高、$X_C$ 越低的原理，將高頻雜訊濾除至地，而低頻信號則可通過的原理，達到低通濾波器的功效。而 $L$ 串接是基於 $X_L = L$，$X_L = 2\pi f_L$，當 $f$ 越高、$X_L$ 越高，形成開路原理，使高頻雜訊不能通過，但因串接無法將此項高頻雜訊濾除至地，而直接反向流回信號源，並於信號源信號產生共振不規則漣波，或因同相位共振效應產生過大漣波，造成對電路正常信號有干擾現象。

**Q20**： 試說明在沒有負載源情況下，信號源阻抗對高頻共振電路 Q 值大小的影響？

**A**： 按圖示

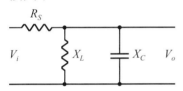

If $X_T = \dfrac{X_L \times X_C}{X_L + X_C} = 43$，

$R_S = 50$，$V_o = 0.46V_i$，$\cdots V_o$ drops Smooth。

$R_S = 1000$，$V_o = 0.04V_i$，$\cdots V_o$ drops Shaper。

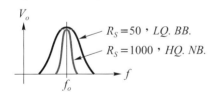

如 $R_S$ 較低，電路為 $LQ.BB.$。

如 $R_S$ 較高，電路為 $HQ.NB.$。

**Q21**： 高頻共振電路中，不同 $X_L = X_C$ 組合是否對電路 $Q$ 值有影響？又其間 $L.C.$ 大小組合
是否對電路 $Q$ 值有影響？對共振頻率是否有影響？

**A**： 如圖示：

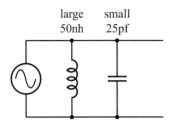

$f_0 = 1/2\pi\sqrt{LC} = 142.5\text{M}$

$X_L = \omega L = 2\pi f_0 L = 44$

$X_C = 1/\omega C = 1/2\pi f_0 C = 44$

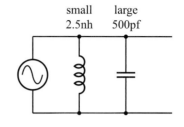

$f_0 = 1/2\pi\sqrt{LC} = 142.5\text{M}$

$X_L = \omega L = 2\pi f_0 L = 2.2$

$X_C = 1/\omega C = 1/2\pi f C = 2.2$

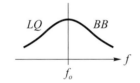

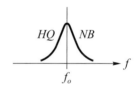

1. 在不同 $X_L = X_C$ 組合，如 $X_L = X_C = 44$，$X_L = X_C = 2.2$ 中

   $X_L = X_C$ 較高值，電路呈 $LQ$、$BB$，對 $Q$ 有影響。

   $X_L = X_C$ 較低值，電路呈 $HQ$、$NB$，對 $Q$ 有影響。

2. $L.C.$ 組合中，$L = 50\text{nh}$ 較大、$C = 25\text{pf}$ 較小，

   (1) $LQ$：$X_L = X_C = 44$ 較高阻抗，$L = 2.5\text{nh}$ 較小，$C = 500\text{pf}$ 較大

   (2) $HQ$：$X_L = X_C = 2.2$ 較低阻抗，對 $Q$ 有影響。

3. $f_0 = 142.5\text{M}$ 對共振頻率沒有影響。

**Q22**： 試說明 $R_S$、$R_L$、$L.C.$ 對 $LC$ 共振電路 $Q$ 值影響？

**A**： 如圖示

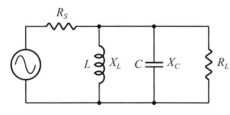

$X_P = X_L = X_C$ at $f_0$

$$R_P = \frac{R_S \times R_L}{R_S + R_L}。$$

$$Q = \frac{R_P}{X_P}，X_L = \omega L = 2\pi fL，X_C = 1/\omega C = 1/2\pi fC。$$

- 如果 $X_P = k$，$R_P$ 升高、$Q$ 升高；$R_P$ 降低、$Q$ 降低。

- 如果(1) $R_P = k$，$L$ 升高、$X_L$ 升高、$C$ 降低、$X_C$ 升高、$X_P = X_L = X_C$、$X_P$ 升高變大、$Q$ 降低。
  如果(2) $R_P = k$，$L$ 降低、$X_L$ 降低、$C$ 升高、$X_C$ 降低、$X_P = X_L = X_C$、$X_P$ 降低變小、$Q$ 值升高。

- 由 $Q = \frac{R_P}{X_P}$，而 $R_P = \frac{R_S \times R_L}{R_S + R_L}$，$Q$ 值大小直接受 $R_P$ 大小影響，也就是受 $R_S$，$R_L$ 並聯阻抗大小影響。

- 因 $X_P = X_L = X_C$ at $f_0$，其間 $X_L = \omega L = 2\pi fL$，$X_C = 1/\omega C = 1/2\pi fC$，$Q = \frac{R_P}{X_P}$。

  $Q$ 受 $X_P$ 大小影響，也就是受 $LC$ 大小影響：
  $L$ 大、$C$ 小，$X_P = X_L = X_C$ 呈高阻抗，低 $Q$ 值。
  $L$ 小、$C$ 大，$X_P = X_L = X_C$ 呈低阻抗，高 $Q$ 值。

**Q23**：如圖示，試算共振電路中所需 $L.C.$ 值？

**A**：

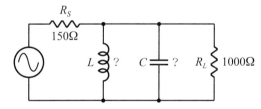

$Q = 20$ at $f_0 = 50M$

$$Q = \frac{R_P}{X_P}，R_P = \frac{R_S \times R_L}{R_S + R_L} = \frac{150 \times 1000}{150 + 1000} = 130$$

$$20 = \frac{130}{X_P}，X_P = 6.5$$

$$X_P = X_L = X_C = 6.5 \text{ at } f_0 = 50M$$

$$X_L = \omega L = 2\pi fL，L = \frac{X_L}{2\pi f} = \frac{6.5}{2\pi \times 50M} = 20.7nh。$$

$$X_C = 1/\omega C = 1/2\pi fC，C = \frac{1}{2\pi fX_C} = \frac{1}{2\pi \times 50M \times 6.5} = 489.7pf。$$

**Q24：** 爲何只考量 $L$ 組件 $Q$，而不計 $C$ 組件 $Q$ 值對電路 $Q$ 值的影響？

**A：** 依 $L$ 構形，不論空氣蕊呈直線或繞成線圈模式或爲增加電感量，將線繞在磁蕊上 (gnetic core)，按此型 $L$ 組件 $Q$ 值=$\dfrac{\omega L}{R_{ac}}$ 因繞線有一定長度，一定存在線長在高頻形成高頻 $R_{ac}$，又按 $\omega L = 2\pi fL$，因線長也一定有線長 $L$ 值，同時也受頻率升高影響。此時將 $\omega L$ 與 $R_{ac}$ 代入，代入 $L$ 組件 $Q = \dfrac{\omega L}{R_{ac}}$ 公式，可得在高頻 $Q$ 值。而 $C$ 組件 $Q$ 值=$\dfrac{\omega L}{ESR}$，因 $C$ 組件安裝腳至短，其等效串接電阻($ESR$)越近於 0，代入 $C$ 組件 $Q = \dfrac{\omega L}{ESR}$ =無窮大形同開路，故可不計 $C$ 組件 $Q$ 值。

**Q25：** 爲何需將高頻電路中 $L$ 組件，因高頻效應所產生的寄生串接高頻電阻($RS$)值與原 $L$ 組件所串接的($L$)值串聯模式改成並聯模式？

**A：** 依電路阻抗匹配計算電路 $Q$ 值運算公式需求，需將電路中所有串聯高頻寄生電阻值與電感值改爲並聯電阻值與電感值，以利電路運算 $Q$ 值需求。

如圖示，當 $R_S = 10$，$f_0 = 100M$。

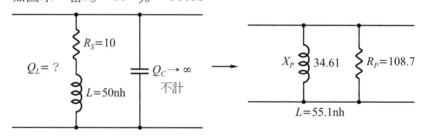

求 $Q_L$，$X_P$，$R_P$。

解 $R_P = (Q_L{}^2 + 1) \times R_S$

$$Q_L = \frac{X_S}{R_S} = \frac{2\pi fL}{R_S} = \frac{2\pi \times 100M \times 50nh}{10} = 3.14$$

$$R_P = (Q_L{}^2 + 1) \times R_S = (3.142 + 1) \times 10 = 108.7$$

$$X_P = \frac{R_P}{Q_L} = \frac{108.7}{3.14} = 34.62$$

$$X_P = \omega L = 2\pi fL，L = \frac{X_P}{2\pi f} = \frac{34.62}{2\pi \times 100M} = 55.1nh$$

比較

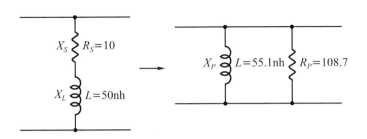

$X_L$，$L = 50\text{nh} \rightarrow X_P$，$55.1\text{nh}$　變化很小。

$X_S$，$R_S = 10\Omega \rightarrow R_P$，$108.7\Omega$　變化很大。

其間 $X_S$ ($R_S = 10\Omega$) $\rightarrow X_P$ ($R_P = 108.7\Omega$)變化很大，將用於電路中因加裝組件(with $L$，$C$)產生介入損耗(Insertion loss)，影響運算輸出($V_o$)大小所需考量部分。

如圖示範例：

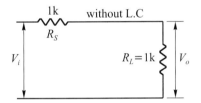

$V_o = 0.5V_i$

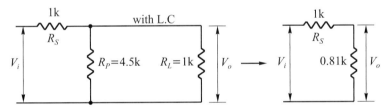

$$V_o = \frac{0.81k}{1k+0.81k}V_i = 0.45\ V_i$$

Insertion loss $= 20\log\dfrac{0.45}{0.50} = -0.9\text{dB}$。

**Q26**： 比較兩個 *L.C.*共振器，以 *C* 耦合與以 *L* 耦合所得不同 1.臨界耦合，2.不足耦合，3.超額耦合及響應圖？

**A**： 如圖示，*C* 耦合，$C = \dfrac{C_1\ or\ C_2}{Q}$，$(C_1 = C_2)$。

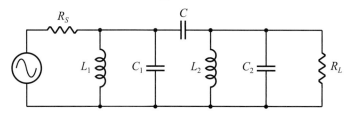

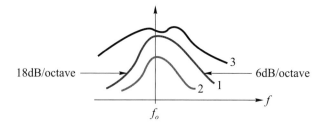

如圖示，*L* 耦合，$L = Q \times (L_1\ or\ L_2)$，$(L_1 = L_2)$。

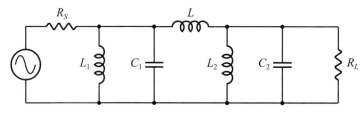

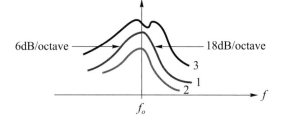

**Q27**： 試比較以 $C$ 與 $L$ 耦合的兩個 $L_1C_1$、$L_2C_2$ 共振電路，其工作頻段在 $LF$ 與 $HF$ 部分響應圖？

**A**：

如圖示 $C$ 耦合

$C_1$，$C_2$ : resonant ckt $C$

$(C_1 = C_2)$

$Q$ = loaded Q of Single resonator

$C$ = coupling $C = \dfrac{C_1 \text{ or } C_2}{Q}$

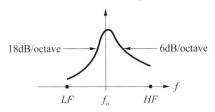

adv for $LF$ (sharper)

disadv for $HF$ (smooth)

以 $C$ 耦合，因工作曲線在 $LF$ 較 sharper，故對 $LF$ 響應較有利。在 $HF$ 較 smooth，故對 $HF$ 較不利。

如圖示 $L$ 耦合

$L_1$，$L_2$ : resonant ckt L

$(L_1 = L_2)$

$Q$ = loaded $Q$ of Single resonator

$C$ = coupling $L = Q \times L_1 \text{ or } L_2$

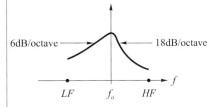

adv for $HF$ (sharper)

disadv for $LF$ (smooth)

以 $L$ 耦合，因工作曲線在 $HF$ 較 sharper，故對 $HF$ 響應較有利。在 $LF$ 較 smooth，故對 $LF$ 較不利。

**Q28**： 試說明變壓器(Transformer coupling)耦合設計準則需注意事項？

**A**： 如圖示

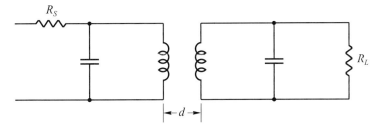

1. 調整 $d$：$d$ 大耦合量減小，$d$ 小耦合量增大。

2. 選用高 $u$ 值 core 產生高電感量可增大耦合量。做好繞線隔離避免干擾，副作用會降低 $Q$ 值，設計此類變壓器需照原設計所需 $Q$ 值，預設提高一倍 $Q$ 值，以避免因隔離影響所造成降低 $Q$ 值的副作用。

3. 繞線構形 winding (air) or winding (core)，繞線圈數，繞線線間間距產生電容效應，線徑長短大小，上視繞線圖形面積大小(core)。

**Q29**： 如何計算多級式窄頻共振器 $Q$ 值？

**A**： 由已知電路總 $Q$ 值需求及串接多級式窄頻共振器級數，可按公式算出所需各個窄頻共振器 $Q$ 值。

如圖示，$Q = Q_1 = Q_2 = Q_3 \cdots\cdots$

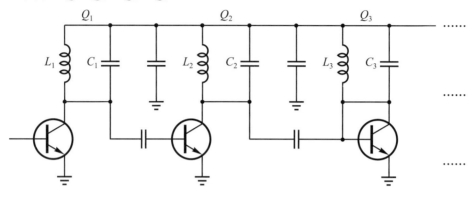

總 $Q$ 值，cascade ckt $= \dfrac{Q}{\sqrt{2^{\frac{1}{n}}-1}}$

$Q$：Q of each resonant ckt，$L_1 C_1$，$L_2 C_2 \cdots\cdots$

$n$：number of resonant ckts

例：當 $Q$ 總值 $= 50$，$n = 4$

求 $Q$？

$50 = \dfrac{Q}{\sqrt{2^{\frac{1}{4}}-1}}$，$50 = \dfrac{Q}{0.433}$，$Q = 21.65 \approx 22$

$x = 2^{\frac{1}{4}} = 2^{0.25}$

$\log x = 0.25\log 2 = 0.075$

$x = 10^{0.075} = 1.188$，$x-1 = 1.188 - 1 = 0.188$，$\sqrt{x-1} = \sqrt{0.188} = 0.433$。

**Q30**： 如果$R_S = R_L$，試比較單一$C$並接電路與單一$L$串接電路所組成的$L.P.F.$濾波效應 Att(dB)？

**A**：

如圖示 $C$ 並接電路

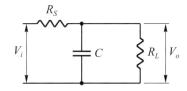

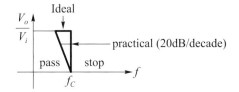

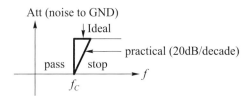

Att(dB) = 20log $(\pi RC) f$

Att(dB) = 0dB，$f = f_C = \dfrac{1}{\pi RC}$。

$R = R_S = R_L$ (given)

$C = T.B.D.$ (If $f_C$ given)

$f = F.B.$ (pass + stop)

It refers signal at pass.

It refers noise at stop.

如圖示$L$串接電路

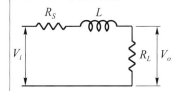

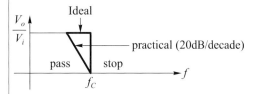

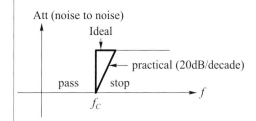

Att(dB) = 20log$(\dfrac{\pi L}{R}) f$

Att(dB) = 0dB，$f = f_C = \dfrac{R}{\pi L}$。

$R = R_S = R_L$ (given)

$L = T.B.D.$ (If $f_C$ given)

$f = F.B.$ (pass + stop)

It refers signal at pass.

**Q31**：　如果$R_S = R_L$，試比較單一$C$串接電路與單一$L$並接電路所組成的$H.P.F.$濾波效應$Att(dB)$？

**A**：

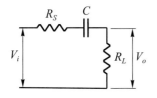

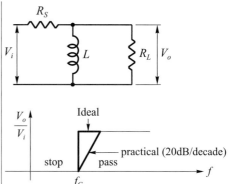

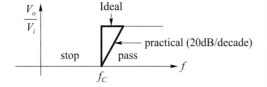

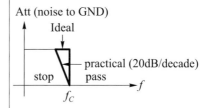

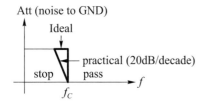

$Att(dB) = 20\log(\dfrac{1}{\pi RCf})$

$Att(dB) = 0dB$，$f = f_C = \pi RC$。

$R = R_S = R_L$ (given)

$C = T.B.D.$ (If $f_C$ given)

$f = F.B.$ (stop + pass)

It refers signal at stop.

It refers noise at pass.

$Att(dB) = 20\log(\dfrac{R}{\pi Lf})$

$Att(dB) = 0dB$，$f = f_C = \dfrac{\pi L}{R}$。

$R = R_S = R_L$ (given)

$L = T.B.D.$ (If $f_C$ given)

$f = F.B.$ (stop + pass)

It refers signal at stop.

It refers noise at pass.

---

**Q32**：　一般型錄中高頻$L.P.F.$、$HPF$所標示的濾波功能規格是否可信？

**A**：　型錄中所標示的濾波功能規格，是設定$R_S = R_L$情況下所量測的濾波功能資料，也就是所謂理想最佳值，在實務上$R_S \neq R_L$，因此在實際濾波器安裝使用時，將視因$R_S \neq R_L$情況，如$R_S \gg R_L$，$R_S \ll R_L$，$R_S \approx R_L$，$R_S > R_L$，$R_S < R_L$，不同情況出現時，以$R_S \approx R_L$情況濾波功能較佳，接近$R_S = R_L$最佳濾波功能，再次為$R_S > R_L$，$R_S < R_L$，當$R_S \gg R_L$，$R_S \ll R_L$濾波功能最差。

　　總之，型錄中濾波器濾波功能規格資料，因係理想值僅供參考，而在實務應用時，應參用比較不同$R_S$、$R_L$值所量測到的濾波功能情況為準。

**Q33**：計算 $L$ 型 $L.P.F.$ 中 $L$ 與 $C$ 值？

**A**：如圖示

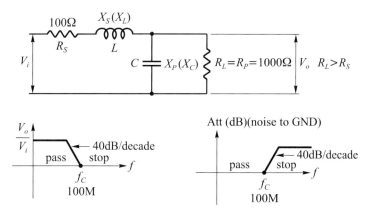

$$Q_S \text{ or } Q_P = \left[\sqrt{\frac{R_P}{R_S}-1}\right] = \sqrt{\frac{1000}{100}-1} = 3 \text{。} X_S = Q_S \times R_S = 3 \times 100 = 300 = X_L \text{。}$$

$$X_S = X_L = \omega_L = 2\pi fL \text{，} L = \frac{X_L}{2\pi f} = \frac{300}{2\pi \times 100M} = 477nh \text{。}$$

$$X_P = \frac{R_P}{Q_P} = \frac{1000}{3} = 333 = X_C \text{。}$$

$$X_P = X_C = \frac{1}{\omega C} = \frac{1}{2\pi fC} \text{，} C = \frac{1}{2\pi fX_C} = \frac{1}{2\pi \times 100M \times 333} = 4.8pf \text{。}$$

$L = 477nh \text{，} C = 4.8pf \text{。}$

**Q34**：試計算 $L$ 型 $H.P.F.$ 中 $L$ 與 $C$ 值？

**A**：如圖示

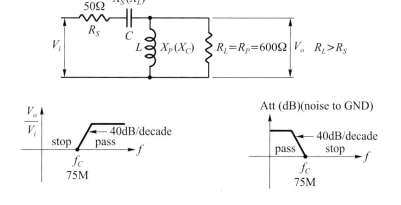

$$Q_S \text{ or } Q_P = \sqrt{\frac{R_P}{R_S} - 1} = \sqrt{\frac{600}{50} - 1} = 3.32 \,\text{。}$$

$$X_S = Q_S \times R_S = 3.32 \times 50 = 166 \,\text{。}$$

$$X_P = \frac{R_P}{Q_P} = \frac{600}{3.32} = 181 \,\text{。}$$

$$X_S = X_L = 1/\omega C = 1/2\pi fC \,\text{，} \quad C = \frac{1}{2\pi f X_S} = \frac{1}{2\pi \times 75\text{M} \times 166} = 12.78\text{pf} \,\text{。}$$

$$X_P = X_L = \omega L = 2\pi fL \,\text{，} \quad L = \frac{X_P}{2\pi f} = \frac{181}{2\pi \times 75\text{M}} = 384\text{nh} \,\text{。}$$

$$C = 12.78\text{pf} \,\text{，} \quad L = 384\text{nh} \,\text{。}$$

**Q35：** 如何求解π型 L.P.F. 與 H.P.F. 組成組件 L 與 C 感抗值($X_L$，$X_C$)？及 L 與 C 值？

**A：** 1. π型 L.P.F. 構形圖與π型 H.P.F. 構形圖。

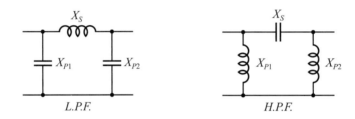

2. 將 $X_S$ 分成 $X_{S1}$、$X_{S2}$ 與 $X_{P1}$、$X_{P2}$ 相對應呈兩個面對面 L 狀構形，在 $X_{P1}$、$X_{P2}$ 之間存在一項虛擬電阻 $R_V$ (Virtual R)。

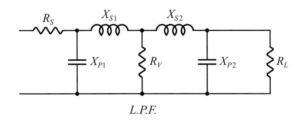

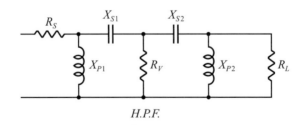

3. π型濾波器電路 $Q$ 值 $= \sqrt{\dfrac{R_H}{R_V} - 1}$ (load side)

   $R_H$：選用 $R_S$ 與 $R_L$ 中較大值。

   $R_V$：$R_V < R_S$，$R_L$。

   π型濾波器電路 $Q$ 值 $= \sqrt{\dfrac{R_S}{R_V} - 1}$ (source side)

   $R_L$：選用 $R_S$ 與 $R_L$ 中較小值。

   $R_V$：$R_V > R_S$，$R_L$。

4. 範例說明

   已知：如圖示，load side $Q = 15$。

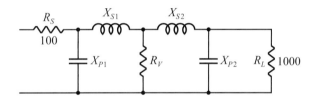

   求解：$X_{S_1}$，$X_{P_1}$，$X_{S_2}$，$X_{P_2}$
   解法：
   - load side

     $Q = 15$，$R_H = R_L = R_P = 1000$

     $R_V = \dfrac{R_H}{Q^2+1} = \dfrac{1000}{15^2+1} = 4.42$，$Q = \sqrt{\dfrac{R_H}{R_V} - 1}$。

     $X_{S2} = Q \times R_V = 15 \times 4.42 = 66.30$。

     $X_{P2} = \dfrac{R_P}{Q} = \dfrac{1000}{15} = 66.66$。

   - source side

     $Q = \sqrt{\dfrac{R_S}{R_V} - 1} = \sqrt{\dfrac{100}{4.42} - 1} = 4.6$。

     $X_{S_1} = Q \times R_V = 4.6 \times 4.42 = 20.33$。

     $X_{P_1} = \dfrac{R_P}{Q} = \dfrac{R_S}{Q} = \dfrac{100}{4.6} = 21.73$。

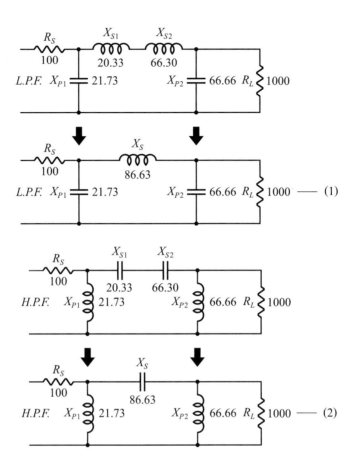

5. 工程應用

*L.P.F.*(1)

$$X_S = \omega L = 2\pi f L = 86.63, \quad L = \frac{86.63}{2\pi f} \circ$$

$$X_{P1} = 1/\omega L_1 = 1/2\pi f C_1 = 21.73, \quad C_1 = \frac{1}{2\pi f \times 21.73} \circ$$

$$X_{P2} = 1/\omega L_2 = 1/2\pi f C_2 = 66.66, \quad C_2 = \frac{1}{2\pi f \times 66.66} \circ$$

如已知 f(濾波起始工作頻率)，代入上式可求出 $L$，$C_1$，$C_2$。

*H.P.F.*(2)

$$X_S = 1/\omega C = 1/2\pi f C, \quad C = \frac{1}{2\pi f \times 86.63} \circ$$

$$X_{P1} = \omega L_1 = 2\pi f L_1, \quad L_1 = \frac{21.73}{2\pi f} \circ$$

$$X_{P2} = \omega L_2 = 2\pi f L_2, \quad L_2 = \frac{66.66}{2\pi f} \circ$$

如已知 $f$(濾波起始工作頻率)，代入上式可求出 $C$，$L_1$，$L_2$。

**Q36**：如何求解 $T$ 型 $L.P.F.$ 與 $H.P.F.$ 組成組件 $L$ 與 $C$ 感抗值$(X_L，X_C)$？及 $L$ 與 $C$ 值？

**A**： 1. $T$ 型 $L.P.F.$ 構形圖與 $T$ 型 $H.P.F.$ 構形圖。

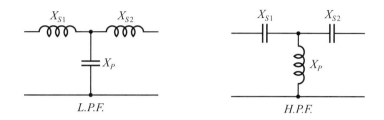

2. 將 $X_P$ 分解成 $X_{P1}$，$X_{P2}$ 與 $X_{S1}$，$X_{S2}$ 相對應呈兩個背對背 $L$ 狀構形，在 $X_{P1}$ 與 $X_{P2}$ 之間存在一項虛擬電阻$R_V$(Virtual R)。

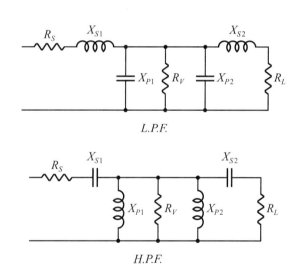

3. $T$ 型濾波器電路 $Q$ 值 $= \sqrt{\dfrac{R_V}{R_S} - 1}$ (source side)

   $R_S$：選用 $R_S$ 與 $R_L$ 中較小值。

   $R_V$：$R_V > R_S$，$R_L$。

   $T$ 型濾波器電路 $Q$ 值 $= \sqrt{\dfrac{R_V}{R_L} - 1}$ (load side)

   $R_L$：選用 $R_S$ 與 $R_L$ 中較大值。

   $R_V$：$R_V < R_S$，$R_L$。

4. 範例說明

已知：如圖示，source side $Q = 10$。

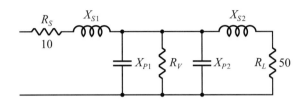

求解：$X_{S1}$，$X_{P1}$，$X_{S2}$，$X_{P2}$

解法：

source side

$$Q = \sqrt{\frac{R_V}{R_S} - 1} \text{，} R_V = R_S(Q^2+1) = 10(10^2+1) = 1010$$

$X_{S1} = Q \times R_S = 10 \times 10 = 100$。

$X_{P1} = \dfrac{R_V}{Q} = \dfrac{1010}{10} = 101$。

load side

$$Q = \sqrt{\frac{R_V}{R_L} - 1} = \sqrt{\frac{1010}{50} - 1} = 4.4$$

$X_{S2} = Q \times R_L = 4.4 \times 50 = 220$。

$X_{P2} = \dfrac{R_V}{Q} = \dfrac{1010}{4.4} = 231$。

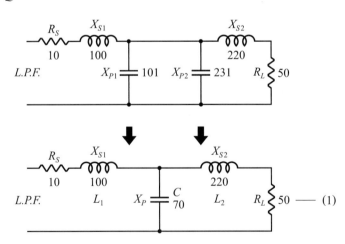

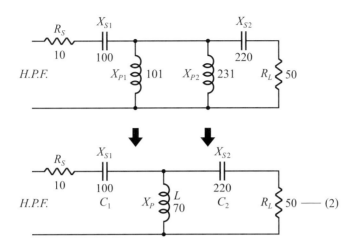

5. 工程應用

   *L.P.F.*(1)

   $$X_{S1} = \omega L = 2\pi f L_1，L_1 = \frac{100}{2\pi f}。$$

   $$X_P = 1/\omega C = 1/2\pi f C，C = \frac{1}{2\pi f \times 70}。$$

   $$X_{S2} = \omega L = 2\pi f L_2，L_2 = \frac{220}{2\pi f}。$$

   如已知 $f$(濾波起始工作頻率)，代入上式可求出 $L_1$，$C$，$L_2$。

   *H.P.F.*(2)

   $$X_{S1} = 1/\omega C_1 = 1/2\pi f C_1，C_1 = \frac{1}{2\pi f \times 100}。$$

   $$X_P = \omega L = 2\pi f L，L = \frac{70}{2\pi f}。$$

   $$X_{S2} = 1/\omega C_2 = 1/2\pi f C_2，C_2 = \frac{1}{2\pi f \times 220}。$$

   如已知 $f$(濾波起始工作頻率)，代入上式可求出 $C_1$，$L$，$C_2$。

**Q37**：為 *LQ*，*BB* 設計需求，試繪圖圖示單級與多級 *L.P.F.* 與 *H.P.F.*構形圖及其間虛擬電阻 $V_r$ (Virtual R)與 $R_S$，$R_L$間關係？

**A**：不像 $\pi$ filter 由兩個 *L* 型 filter 面對面構形與 *T* filter 由兩個 *L* 型 filter 背對背構形組成，而單級與多級 filter(*L.P.F.*，*H.P.F.*)係由單個、多個 *L* 型 filter 呈同一方向(向右，$R_L < R_S$)，或呈同一方向(向左，$R_L > R_S$)組成，而其間 $R_v = \sqrt{R_L \times R_S}$。

$$Q = \sqrt{\frac{R_L}{R_V} - 1} = \sqrt{\frac{R_V}{R_S} - 1}，R_S < R_V < R_L$$

$R_V$：Virtual $R$，$R_S$：smallest terminating $R$。

$R_L$：largest terminating $R$。

最佳 $BB$ 設計其間$R_{V1}$、$R_{V2}$……$R_S$，$R_L$之間關係應符合$\dfrac{R_{V1}}{R_S} = \dfrac{R_{V2}}{R_{V1}} = \dfrac{R_{V3}}{R_{V2}} \cdots = \dfrac{R_L}{R_{Vn}}$關係式。

範例：

若 $R_S = 10$，$R_L = 50$。

求 $R_V$及 $Q$？

解：

$R_V = \sqrt{R_L \times R_S} = \sqrt{50 \times 10} = 22.36$

$Q = \sqrt{\dfrac{R_L}{R_V} - 1} = \sqrt{\dfrac{50}{22.36} - 1} = 1.11$，$LQ\ BB$。

$Q = \sqrt{\dfrac{R_V}{R_S} - 1} = \sqrt{\dfrac{22.36}{10} - 1} = 1.11$，$LQ\ BB$。

圖示單級與多級 filter($LPF$，$HPF$)

如$R_L < R_S$，係由單個與多個 $L$ 型 filter 呈同一方向(向右)組成，如圖示 1。

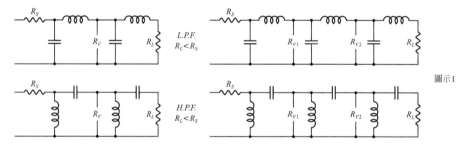

圖示1

圖示單級與多級 filter($LPF$，$HPF$)

如$R_L > R_S$，係由單個與多個 $L$ 型 filter 呈同一方向(向左)組成，如圖示 2。

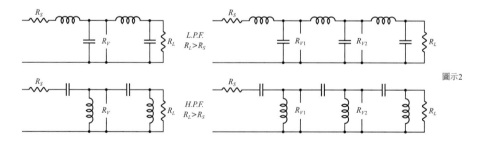

圖示2

**Q38**： 試以圖解比較輸送線(*T.L.*)與 Smith Chart (Z plane)阻抗，波長，電壓，電流等參數
對應關係？

**A**：

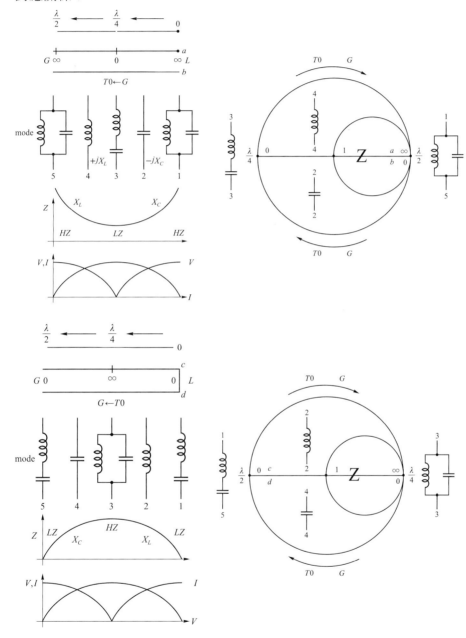

**Q39**： 試以圖解比較輸送線(*T.L.*)與 Smith Chart(Y plane)阻抗，波長，電壓，電流等參數
對應關係(Y plane，paralle)？

**A**：

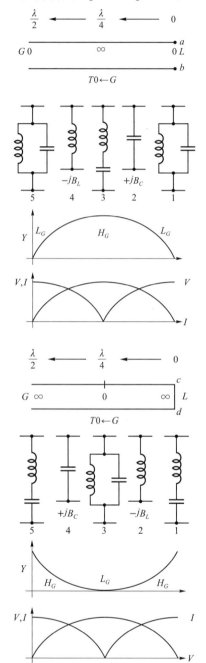

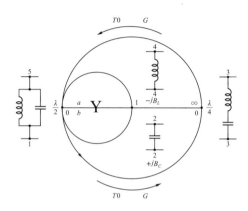

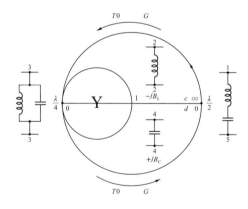

**Q40**： 試比較使用同一Z plane Impedance轉換為 Y plane Admittance 參數，與使用Z plane Impedance Y plane Admittance 轉換 Impedance 與 Admittance 參數方法有何不同？

**A**： 1. 使用同一 Z plane Impedance 轉換 Y Admittance 圖解法。

   a. Z plane Impedance 如圖示 $1 + j1$ 所在位置。

   b. 將 $1 + j1$ 所在點位置劃一等長通過原點 2.0 直線，落於對角落點位置 $0.5 - j0.5$。

   c. $Z = 1 + j1 = R + jXL$

   $$Y = \frac{1}{Z} = \frac{1}{1+j1} = 0.5 - j0.5 = G - jB_L$$

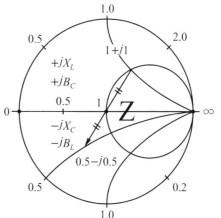

2. 使用 Z plane Impedance 與 Y plane Admittance 圖解法。

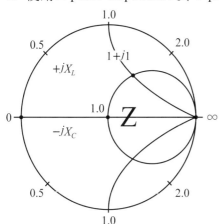 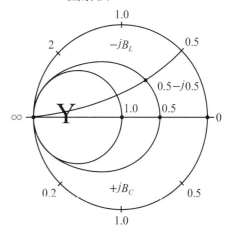

由圖示 Z plane Impedance，位於 Z plane Impedance 圖示所在 $R + jX_L$ 位置 $Z = R + jX_L = 1 + j1$。

由圖示 Y plane Admittance 位於 Y plane 圖示所在 $G - jB_L$ 位置 $Y = G - jB_L = 0.5 - j0.5$。

a.如使用 Z plane Impedance 與 Y plane Admittance 對圖面上同一點做 Z ↔ Y 轉換，只需將該點位置標定，觀察對 Z plane scale 所標示的數據，與觀察對 Y plane Scale 所標示的數據，做出紀錄即可。如對 Z plane 所標示點的 Impedance 為 $Z = R + jX_L = 1 + j1$，如對 Y plane 所標示點的 Admittance 為 $Y = G - jB_L = 0.5 - j0.5$。

b.由圖示可知該點在 Smith chart 上在同一位置，但因 Z plane 的 Impedance scale 與 Y plane 的 Admittance Scale 標示不同，故對 Z plane 為 $1 + j1$，對 Y plane 為 $0.5 - j0.5$。

**Q41**：如何求解π型 *LPF* 與 *HPF* 組成組件 *L.C.*感抗值($X_L$，$X_C$)及電感，電容值(*L.C.*)？

**A**：　如圖示 *L.P.F.*　　　　　　　　　　　　如圖示 *H.P.F.*

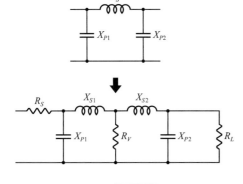

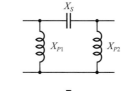

load side $Q = \sqrt{\dfrac{R_H}{R_V} - 1}$

source side　$Q = \sqrt{\dfrac{R_S}{R_V} - 1}$

$\Big\langle$ $R_H$：選 $R_S$ 與 $R_L$ 中較大值
$R_V$：$R_V < R_S$，$R_L$

$\Big\langle$ $R_S$：選 $R_S$ 與 $R_L$ 中較小值
$R_V > R_V > R_S$，$R_L$

範例說明 *L.P.F.*(Q = 15)

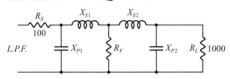

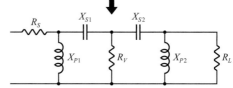

load side $Q = 15$，$R_H = R_L = R_P = 1000$，

$R_V = \dfrac{R_H}{Q^2 + 1} = \dfrac{1000}{15^2 + 1} = 4.42$

$X_{S2} = Q \times R_V = 15 \times 4.42 = 66.30$

$X_{P2} = \dfrac{R_P}{Q} = \dfrac{1000}{15} = 66.66$

source side

$Q = \sqrt{\dfrac{R_S}{R_V} - 1} = \sqrt{\dfrac{100}{4.42} - 1} = 4.6$

$X_{S1} = Q \times R_V = 4.6 \times 4.42 = 20.33$

$X_{P1} = \dfrac{R_P}{Q} = \dfrac{R_S}{Q} = \dfrac{100}{4.6} = 21.73$

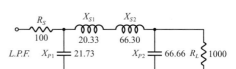

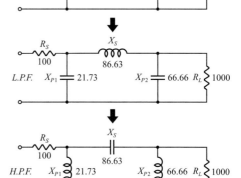

工程應用(π)

1. *L.P.F.*

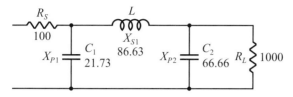

如已知 $f$：濾波起始工作頻率代入下式可求出 $C_1$，$L$，$C_2$。

$$X_{S1} = X_S = \omega L = 2\pi f L \,\text{,}\; L = \frac{86.63}{2\pi f} \,\text{。}$$

$$X_{P1} = 1/\omega L = 1/\omega C_1 = 1/2\pi f C_1 \,\text{,}\; C_1 = \frac{1}{2\pi f \times 21.73} \,\text{。}$$

$$X_{P2} = 1/\omega C = 1/\omega C_2 = 1/2\pi f C_2 \,\text{,}\; C_2 = \frac{1}{2\pi f \times 66.66} \,\text{。}$$

2. *H.P.F.*

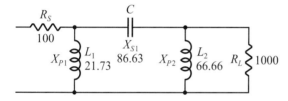

如已知 $f$：濾波起始工作頻率代入下式可求出 $L_1$，$C$，$L_2$。

$$X_{S1} = X_S = 1/\omega C = 1/2\pi f C \,\text{,}\; C = \frac{1}{2\pi f \times 86.63} \,\text{。}$$

$$X_{P1} = \omega L_1 = 2\pi f L_1 \,\text{,}\; L_1 = \frac{21.73}{2\pi f} \,\text{。}$$

$$X_{P2} = \omega L_2 = 2\pi f L_2 \,\text{,}\; L_2 = \frac{66.66}{2\pi f} \,\text{。}$$

如何求解 $T$ 型 $LPF$ 與 $HPF$ 組成組件 $L.C.$ 感抗值 $(X_L，X_C)$ 及電感，電容值 $(L.C.)$ ？

如圖示 $L.P.F.$                          如圖示 $H.P.F.$

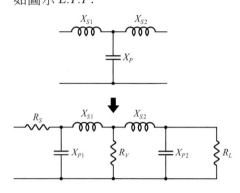

source side $\quad Q = \sqrt{\dfrac{R_V}{R_S} - 1}$        load side $= \sqrt{\dfrac{R_V}{R_L} - 1}$

$R_S$：選 $R_S$ 與 $R_L$ 中較小值              $R_L$：選 $R_S$ 與 $R_L$ 中較大值

$R_V$：$R_V > R_S，R_L$                      $R_V$：$R_V < R_S，R_L$

範例說明 $L.P.F.(Q = 15)$

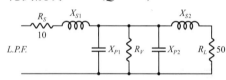

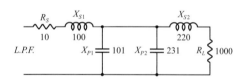

source side，$Q = 10$，

$$Q = \sqrt{\dfrac{R_V}{R_S} - 1}$$

$$R_V = R_S(Q^2+1) = 10(10^2+1) = 1010$$

$$X_{S1} = QR_S = 10 \times 10 = 100 。$$

$$X_{P1} = \dfrac{R_V}{Q} = \dfrac{1010}{10} = 101 。$$

load side

$$Q = \sqrt{\dfrac{R_V}{R_L} - 1} = \sqrt{\dfrac{1010}{50} - 1} = 4.4$$

$$X_{S2} = Q \times R_L = 4.4 \times 50 = 220 。$$

$$X_{P2} = \dfrac{R_V}{Q} = \dfrac{1010}{4.4} = 231 。$$

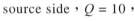

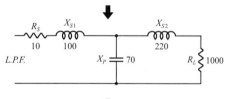

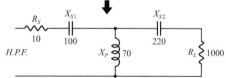

工程應用(T)

1. *L.P.F.*

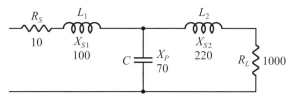

如已知 $f$：(濾波起始工作頻率)代入下式可求出 $L_1$，$C$，$L_2$。

$X_{S1} = \omega h = 2\pi f L_1$，$L_1 = \dfrac{100}{2\pi f}$。

$X_P = 1/\omega C = 1/2\pi f C$，$C = \dfrac{1}{2\pi f \times 70}$。

$X_{S2} = \omega h = 2\pi f L_2$，$L_2 = \dfrac{220}{2\pi f}$。

2. *H.P.F.*

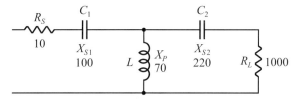

如已知 $f$：(濾波起始工作頻率)，代入下式可求出 $C_1$，$L$，$C_2$。

$X_{S1} = 1/\omega C_1 = 1/2\pi f C_1$，$C_1 = \dfrac{1}{2\pi f \times 100}$。

$X_P = \omega L = 2\pi f L$，$L = \dfrac{70}{2\pi f}$。

$X_{S2} = 1/\omega C^2 = 1/2\pi f C_2$，$C_2 = \dfrac{1}{2\pi f \times 220}$。

**Q42**：如何以圖解法在 Smith chart Z plane 與 Y plane 上做阻抗匹配($Z.M$)工作？

**A：**

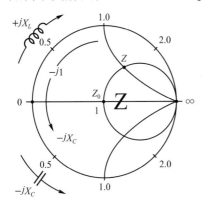

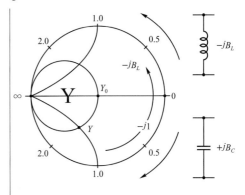

1. $Z = R + jX_L = 1 + j1$

2. $Z_0 = R + jX_L - jX_C$

$$= 1 + j1 - j1 = 1 + j0.(\text{matching})$$

$$-jX_C = -j1 = \frac{1}{\omega C}$$

$$C = \frac{1}{\omega X_C \times 50} = \frac{1}{2\pi f \cdot X_C \cdot 50}$$

例：

$f = 1\text{GHz}$

$$C = \frac{1}{2\pi \times 10^9 \times 1 \times 50} = 3.18\text{pf (series } X_C$$

for matching).

3. $jX_L = j1 = \omega L$

$$L = \frac{X_L}{\omega} = \frac{x_L \times 50}{2\pi f} = \frac{1 \times 50}{2\pi \times 10^9}$$

$L = 7.96\text{nh}$

1. $Y = G + jB = 1 + j1$

2. $Y_0 = G + jB_C - jB_L = 1 + j1 - j1 = 1 + j0.$

(matching)

$$-jB_L = -j1 = \frac{1}{\omega L} = \frac{1}{\frac{\omega L}{50}} = \frac{50}{\omega L}$$

$$L = \frac{50}{\omega B_L} = \frac{50}{2\pi f \times B_L}$$

例：

$f = 1\text{GHz}$

$$L = \frac{50}{2\pi \times 10^9 \times 1} = 7.96\text{nh}$$

(parallel $B_L$ for matching)。

3. $+jB_C = +j1 = \frac{1}{(1/\omega C)/50}$

$$B_C = \frac{1}{\omega C \times 50}$$

$$C = \frac{1}{\omega f \times 50} = \frac{1}{2\pi \times 10^9 \times 50} = 3.18\text{pf}$$

**Q43**：如何在 Z plane 與 Y plane 上做 Z 與 Y 互換阻抗工作？

**A**：　如圖示範例說明

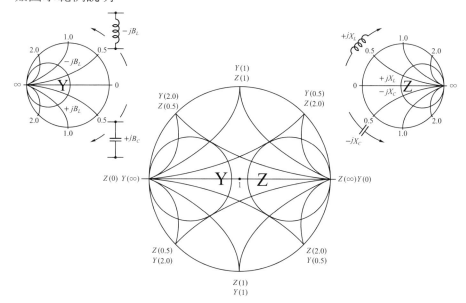

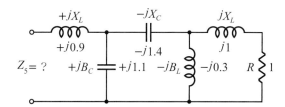

$Z_1 = R+jX_L = 1+j1\text{(A)}\quad Y_1 = 0.5-j0.5\text{(B)}$

$Y_2 = Y_1+(-jB_L) = 0.5-j0.5+(-j0.3) = 0.5-j0.8\text{(C)}$

$Z_2 = 1/Y_2 = 1/(0.5-j0.8) = 0.56+j0.89\text{(D)}$

$Z_3 = Z_2+(-j1.4) = 0.56+j0.89-j1.4 = 0.56-j0.51\text{(E)}$

$Y_3 = 1/Z_3 = 1/(0.56-j0.51) = 0.98+j0.89\text{(F)}$

$Y_4 = Y_3+jB_C = 0.98+j0.89+j1.1 = 0.98+j1.99\text{(G)}$

$Z_4 = 1/Y_4 = 1/(0.98+j1.99) = 0.2-j0.4\text{(H)}$

$Z_5 = Z_4+jX_L = 0.2-j0.4+j0.9 = 0.2+j0.5\text{(I)}$

$Z_M = 0.8-j0.5$

$Z_0 = Z_5+Z_M = 0.2+j0.5+(0.8-j0.5) = 1+j0$，matching。

$R$ = real part，0.2 需串接 0.8，($10\Omega + 40\Omega = 50\Omega$)。

$I$：Imaginery part，$j0.5$ 需串接 $-j0.5$。$[(j25) + (-j25)] = j0$。

如實務上轉換為 50 歐姆系統，相當於將原 $10\Omega(0.2 \times 50)$ 串接一 $40\Omega(0.8 \times 50)$ 成 $50\Omega$，原電感抗 $+j25 + j(0.5 \times 50)$ 串接一電容抗 $-j25 -j(0.5 \times 50)$ 成 $j0$，最終等於 $50\Omega + j0$。

如以 Smith chart 作圖標示 Z ↔ Y 情況，如圖示 Z ↔ Y 相關位置。

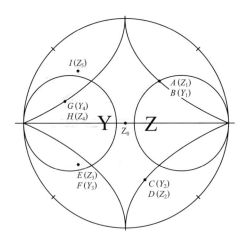

**Q44：** 原 dipole $\frac{\lambda}{z}$ 1/p z = 75$\Omega$，$\frac{\lambda}{4}$ Monopole 1/p z = 37.5$\Omega$ 如何做好此型天線 1/p = 50$\Omega$ 與 Tx O/P z =50$\Omega$ 相匹配？

**A：** 如圖示原實務 $\frac{\lambda}{4}$ 長 Monopole Ant 為電容性，其特性屬電容感抗，需串接一電感性屬電感感抗電感器，利用電容串接電感信號大小相同，相位相反、相互抵消原理，產生天線共振效應，將輻射功率經此型天線所具特性阻抗，如原 λ / 4 Monopole 1/p z = 37.5$\Omega$，經阻抗匹配升為 50$\Omega$ 與 Tx O/PZ = 50$\Omega$ 相匹配，將 Tx O/P PWR 最大化，經 Ant 輻射至空間。

範例說明：如圖示 $\ell$ = 4.35 cm，$\varepsilon$ = 1.9。

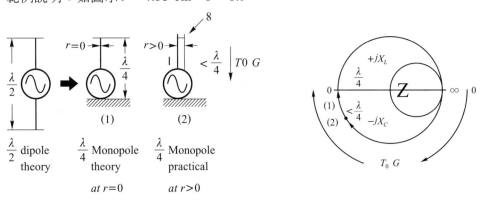

求 $f_0$，$X_L$，$L$。

解：

$$V_\varepsilon = \frac{V_0}{\sqrt{\varepsilon}} \;,\; f_0 = \frac{V_\varepsilon}{\lambda_\varepsilon} = \left[ \frac{\frac{V_0}{\sqrt{\varepsilon}}}{\lambda_\varepsilon} \right] \circ V_0 = 3 \times 108 \text{ m/s} \;,\; \varepsilon = 1.9 \;,\; \lambda_\varepsilon = \ell = \frac{\lambda}{4} = 4.35 \text{ cm} \circ$$

$$f_0 = \frac{V_0}{\lambda_\varepsilon \sqrt{\varepsilon}} = \frac{3 \times 108}{4.35 \times 10^{-2} \times \sqrt{1.9}} = 5\text{GHz} \circ$$

$$Q = \frac{B}{2\alpha} = \frac{\frac{2\pi}{\lambda_\varepsilon}}{2\alpha} = \frac{\pi}{\lambda_\varepsilon \times \alpha} = \frac{\pi}{4.35 \times 10^{-2} \times 1.0} \text{ m/dB} \circ (\alpha = 1\text{dB/m})$$

$$Q(\text{m/dB}) \times 8.7 \text{ Np/m} = 72.22 \times 8.7 = 628 \text{ Np/dB}$$

$$B_C = \sqrt{\frac{\pi}{2Q}} = \sqrt{\frac{\pi}{2 \times 628}} = 0.05 \circ$$

$$B_C = \frac{1}{X_C} = 1/\frac{1}{\omega C} = \omega C \circ$$

$$C = \frac{B_L}{\omega} \to \frac{B_C}{\omega Z_0} (\text{transfer to switch chart Z plane}) \circ$$

$$C = \frac{B_C}{\omega Z_0} = \frac{B_C}{2\pi f \times Z_0} = \frac{0.05}{2\pi \times 5 \times 10^9 \times 50} = 0.032\text{pf}$$

$$X_C = 1/\omega C = 1/2\pi f C = 1/2\pi \times 5 \times 10^9 \times 0.032\text{pf} = 1000$$

$$X_L = \omega L = 2\pi f L = 2\pi \times 5 \times 10^9 \times L = X_C = 1000$$

$L = 0.03\mu\text{h}$ 共振所需串接電感器電感量。

檢查：$f_0 = 1/2\pi\sqrt{LC} = 1/2\pi\sqrt{0.03\mu\text{h} \times 0.032\text{pf}} = 5 \times 10^9 = 5\text{G}$

$$\lambda_\varepsilon = \frac{\lambda_0}{\sqrt{\varepsilon}} = \frac{6\text{ cm}}{\sqrt{1.9}} = 4.35\text{cm} \;,\; \lambda_0 = 6\text{cm at } f = 5\text{GHz}$$

補充資料：試說明 Dipole 與 Monopole 電性、物性參數不同點？

| 1 | 2 | 3 | 4 |
|---|---|---|---|
| type | size (*W.L.*) | Impedance (at resonance 1 ohm) | Grounding System |
| Dipole | $\frac{\lambda}{2}$ | 75 | Unbance without Grounding (floating) |
| Monopole | $\frac{\lambda}{4}$ | 37.5 | Bubance with Grounding |

|  | 5 | 6 | 7 | 8 | 9 | 10 |
|---|---|---|---|---|---|---|
|  | Gain(dB) | usage | structure | BW(NB) | BW(BB) | Ground plane |
|  | 2.2 | Standard Gain Comparision | rod | rod(thinner diameter) | rod(thicker diameter) | without Ground plane (In space) |
|  | 5.2(2.2 + 3.0) with ground plane (3dB) | Antenna (cell phone AM, FM) | PCB | PCB(thinner trace width) | PCB(thicker trace width) | with Ground plane (+3dB) (Imagine effect) |

阻抗不匹配對雷達偵測距離與 5G 信號傳送距離影響。

**Q45:** 已知：$Z_S = 100$，$Z_L = 200 - j100$，在其間安裝 $L$ 型 $L.P.F.$($f_C = 500$MHz)，求解 $L$ 型 $L = ?$ $C = ?$

**A:** 如圖示，$Z_L > Z_S$。

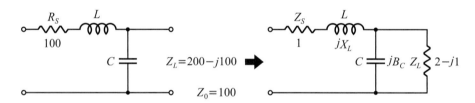

解法：

1. 將 $Z_L = 2 - j1 \rightarrow Y_L = 0.38 + j0.2$。

2. 就 Y plane $Y_L = 0.38 + j0.2$ 與 $jB_C$ 並聯，取 $jB_C$ 順時針方向，$j0.29$ 可與 Z plane $R=1$ 相交，得 $Y = 0.38 + j0.2 + j0.29 = 0.38 + j0.49$，$Z = 1/(0.38 + j0.49) = 1 - j1.22$。

3. 取 $Z = 1/Y = 1 - j1.22$ 與 $L$ 串聯($+j1.22$)，得 $Z_0 = Z + (+j1.22) = 1 - j1.22 + (j1.22)$ $= 1 + j0$。

4. 並聯電容導納 $+jB_C = j0.29$，$C = \dfrac{B_C}{\omega} = \dfrac{B_C/Z_0}{2\pi f} = \dfrac{0.29/100}{2\pi \times 500\text{M}} = 0.92\text{pf}$。

   串聯電感感抗 $(jX_L)(+j1.22)$，$L = \dfrac{X_L}{\omega} = \dfrac{X_L Z_0}{2\pi f} = \dfrac{1.22 \times 100}{2\pi \times 500\text{M}} = 0.038\mu\text{h}$。

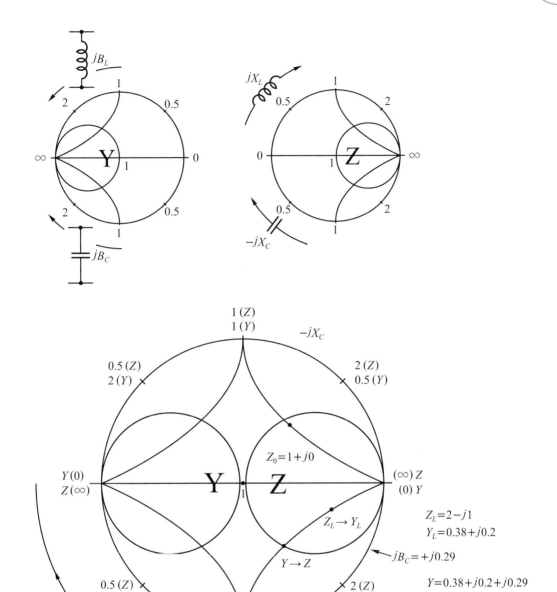

**Q46**：已知$Z_S = 100$，$Z_L = 200 - j100$，在其間安裝 L 型 $H.P.F.$（$f_C = 500\text{MHz}$）。求解 L 型 $L = ?$ $C = ?$

**A**：　如圖示：

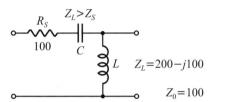 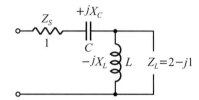

解法：

1. 將 $Z_L = 2 - j1 \rightarrow Y_L = 0.38 + j0.2$。

2. 就 Y plane $Y_L = 0.38 + j0.2$ 與 $-jB_L$ 並聯，取 $-jB_L = -j0.7$ 依逆時針方向 $-j0.7$ 可與 Z plane $R = 1$ 相交，得 $Y = 0.38 + j0.2 - 0.7 = 0.38 - j0.5$，$Z = 1/Y = 1/(0.38 - j0.5) = 1 + j1.22$。

3. 取 $Z = 1 + j1.22$ 與 C 串聯（$-j1.22$），得 $Z_0 = Z + (-j1.22) = 1 + j1.22 + (-j1.22) = 1 + j0$。

4. 並聯電感導納（$-jB_L$），（$-j0.7$）。$B_L = 1/\omega L$，

$$L = \frac{1}{B\omega/Z_0} = \frac{100}{0.7 \times 2\pi \times 500M} = 45.4\text{nh}。$$

串接電容感抗（$jX_L$），（$j1.22$）。$X_C = 1/\omega C$，

$$C = 1/\omega X_C \times Z_0 = \frac{1}{1.22 \times 2\pi \times 500M \times 100} = 2.61\text{pf}。$$

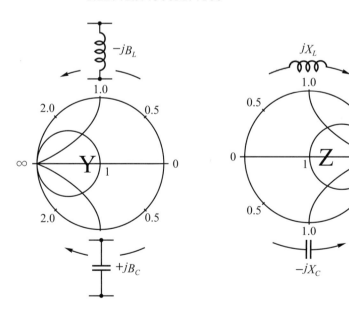

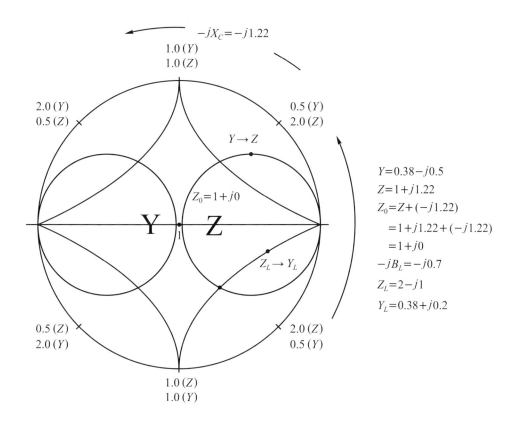

$Y = 0.38 - j0.5$
$Z = 1 + j1.22$
$Z_0 = Z + (-j1.22)$
$\quad = 1 + j1.22 + (-j1.22)$
$\quad = 1 + j0$
$-jB_L = -j0.7$
$Z_L = 2 - j1$
$Y_L = 0.38 + j0.2$

**Q47**： 試比較 *L* 型 *LPF* 與 *HPF* 在工作高低頻帶邊緣濾波效應響應情況(反射係數 *R.C.*)？
( $f_C$ = 500MHz)。

**A**： 如圖示

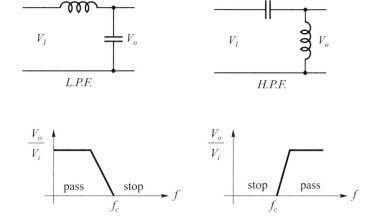

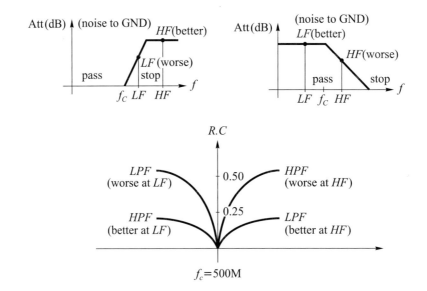

**Q48：** 如何設計λ/4 窄頻阻抗匹配器？

**A：** λ/4 窄頻阻抗匹配器用於匹配兩個不同阻抗器，需在其間安置一項λ/4 阻抗匹配器，做為匹配這兩個不同阻抗器連接成一體。λ/4 阻抗器阻抗按$Z_M=[\sqrt{Z_1 \times Z_2}]$公式計算可求得所需阻抗值$Z_M$。$Z_1$，$Z_2$分為兩個不同阻抗器阻抗值，λ/4 阻抗匹配器物性、電性所需設計參數，如圖示。

範例：$Z_M = \sqrt{Z_1 \times Z_2} = \sqrt{50 \times 75} = 61$

$$\frac{R}{r} = \frac{3.5}{1.0} = 3.5$$

$$由 Z_1 = 50 = \frac{138}{\sqrt{\varepsilon_1}} \log \frac{R}{r} = [\frac{138}{\sqrt{2.3}} \log 3.5]$$

$$Z_2 = 75 = \frac{138}{\sqrt{\varepsilon_3}} \log \frac{R}{r} = [\frac{138}{\sqrt{1}} \log 3.5]$$

$$Z_M = 61 = \frac{138}{\sqrt{\varepsilon_M}} \log 3.5 \text{ , } \varepsilon_M = 1.48 \text{ 。}$$

$$\frac{\lambda_\varepsilon}{4} = \frac{\frac{\lambda_0}{\sqrt{\varepsilon_M}}}{4} = \frac{\frac{30}{\sqrt{1.48}}}{4} = 6.16 \text{ cm ,}$$

$$BW = \frac{\Delta f}{f_0} = 2 - \frac{4}{\pi} \text{arc } \cos\left[\frac{RC}{\sqrt{1-(RC)^2}} \times \frac{2\sqrt{Z_1 Z_2}}{|Z_2 - Z_1|}\right]$$

例：

$RC = 0.2$，$SWR = 1.5$

$$BW = \frac{\Delta f}{f_0} = 2 - \frac{4}{\pi} \arccos\left[\frac{0.2}{\sqrt{1-(0.2)^2}} \times \frac{2\sqrt{50 \times 75}}{|75-50|}\right] = 1.73$$

$\Delta f = \pm 0.865 f_0$

$f_0 = 1.0$

$$BW = \frac{\Delta f}{f_0} = 1.73$$

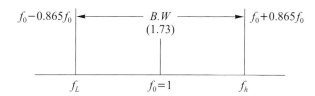

practical $= \frac{\Delta f}{f_0} = 2,3,4\cdots$, $RC > 0.2$ 。

fail to meet *BB* spc 。

only $\frac{\Delta f}{f_0} \le 1.73$，$R.C. \le 0.2$，meet *NB* spc 。

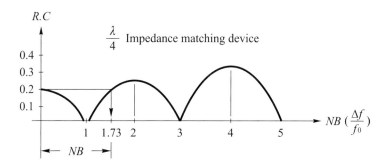

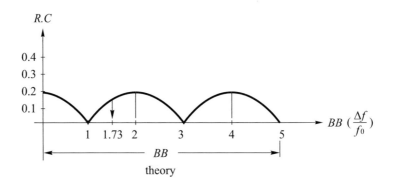

**Q49**：試解輸送線(終端)在 open、shut mode 時之共振值(Q)？

**A**： 1. 如圖示 open mode

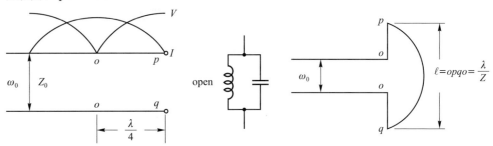

$$Q = \omega_0 RC$$

$$R = \frac{Z_0}{\alpha \ell}$$

$$C = \frac{\pi}{2\omega_0 Z_0}$$

$$\alpha = loss$$

$$Q = \omega_0 RC = \omega_0 \times \frac{Z_0}{\alpha \ell} \times \frac{\pi}{2\omega_0 Z_0} = \frac{\pi}{2\alpha \ell} = \frac{1}{2\alpha}(\frac{\pi}{\ell})$$

$$l = \frac{\lambda}{2} = \frac{\lambda\pi}{2\pi} = \frac{\pi}{\frac{2\pi}{\lambda}} = \frac{\pi}{\beta}(\beta = \frac{2\pi}{\lambda}) \cdot (\frac{\pi}{\ell}) = (\beta) \text{。}$$

$$Q = \frac{1}{2\alpha}(\frac{\pi}{\ell}) = \frac{1}{2\alpha} \times (\beta) = \frac{\beta}{2\alpha} \cdot Q = \frac{\beta}{2\alpha} \text{。}$$

2. 如圖示 shut mode

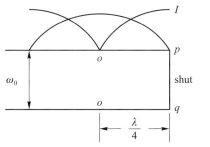
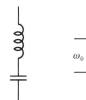

$$Q = \frac{\omega_0 L}{R}$$

$$R = Z_0\, \alpha \ell \,, \ L = \frac{Z_0 \pi}{2\omega_0}$$

$$Q = \frac{w_0 L}{R} = \frac{\omega_0 \times \dfrac{Z_0 \pi}{2\omega_0}}{Z_0 \alpha \ell} = \frac{\pi}{2\alpha\ell} = \frac{1}{2\alpha}\left(\frac{\pi}{\ell}\right)$$

$$\ell = \frac{\lambda}{2} = \frac{\lambda\pi}{2\pi} = \frac{\pi}{\dfrac{2\pi}{\lambda}} = \frac{\pi}{\beta} \,, \ (\beta = \frac{2\pi}{\lambda}) \,, \ (\frac{\pi}{\ell}) = (\beta) \,\circ$$

$$Q = \frac{1}{2\alpha}\left(\frac{\pi}{\ell}\right) = \frac{1}{2\alpha} \times (\beta) = \frac{\beta}{2\alpha} \,, \ Q = \frac{\beta}{2\alpha} \,\circ$$

3. 範例：求 $Q$ 值？

$$\beta = \frac{2\pi}{\lambda} \,, \ \text{wave constant} \,,$$

$$\alpha = \frac{R_S}{2 \times 377 \log \dfrac{R}{r}}\left(\frac{1}{R} + \frac{1}{r}\right) \,, \ \text{loss} \,, \ \text{dB/m} \,\circ$$

$R_S = 1.84 \times 10^{-2}\ \Omega$ at 5GHz，copper

$R$：Outer R of coaxial cable

$r$：Inter R of coaxial cable

If 50 sysytem，$50 = \dfrac{138}{\sqrt{\varepsilon}} \log \dfrac{R}{r} = \dfrac{138}{\sqrt{2.3}} \log 3.5$，$\dfrac{R}{r} = 3.5$

$\beta = \dfrac{2\pi}{\lambda} = \dfrac{2\pi}{0.06}$，$f = 5G$，$\lambda = 6$ cm $= 0.06$m，

$$\alpha = \frac{R_S}{2 \times 377 \log \dfrac{R}{r}}\left(\frac{1}{R} + \frac{1}{r}\right) = \frac{1.84 \times 10^{-2}}{2 \times 377 \log 3.5}\left(\frac{1}{3.5} + \frac{1}{1}\right) = 5.73 \times 10^{-5}\ \text{dB/m}$$

$2\alpha = 11.46 \times 10^{-5}$dB/m

$$Q = \frac{\beta}{2\alpha} = \frac{\frac{2\pi}{0.06}}{11.46 \times 10^{-5}} = 9 \times 10^5 \text{ m/dB}$$

$$Q = 9 \times 10^5 \text{m/dB} \times 8.7 \text{Np/m} = 7.83 \times 10^6 \text{ NP/dB}$$

Double check

$$Q = \frac{\pi}{2 \times \frac{\lambda}{2} \times \alpha} = \frac{\pi}{2 \times \frac{0.06}{2} \times 5.73 \times 10^{-5} \text{dB/m}} = 9 \times 10^5 \text{m/dB}$$

**Q50**： 如何應用 Smith Chart 調整負載大小以因應阻抗匹配在 under，critical，over coupling mode 狀態下做好阻抗匹配工作？

**A**： 如圖示阻抗匹配經量測落點位於 1,4 位置屬 under coupling mode，位於 2,5 位置屬 critical coupling mode，位於 3,6 位置屬 over coupling mode。

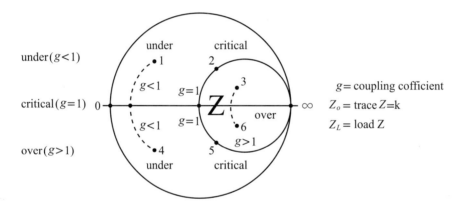

1. 如落點在 1,4(under coupling g < 1)

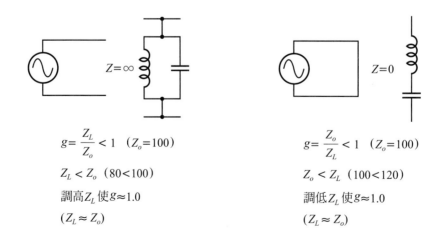

$g = \dfrac{Z_L}{Z_o} < 1$ （$Z_o = 100$）

$Z_L < Z_o$ （80<100）

調高 $Z_L$ 使 $g \approx 1.0$

（$Z_L \approx Z_o$）

$g = \dfrac{Z_o}{Z_L} < 1$ （$Z_o = 100$）

$Z_o < Z_L$ （100<120）

調低 $Z_L$ 使 $g \approx 1.0$

（$Z_L \approx Z_o$）

2. 如落點在 2,5(critical coupling，$g = 1$)

　　如落點在中心為完全匹配，如落點不在中心，則視屬電感性(如 2)或電容性(如 5)以串接相反可使如 2 $[jX_L + (-jX_C)]$，如 5 $[-jX_C + (jX_L)]$，回到原點達到阻抗匹配目的。

$$g = \frac{Z_0}{Z_L} = \frac{Z_L}{Z_0} \ (Z_L = Z_0)，g = 1.0$$

3. 如落點在 3,6(over coupling $g > 1$)

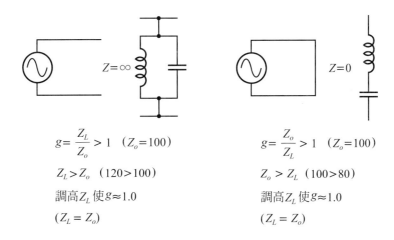

$g = \dfrac{Z_L}{Z_o} > 1 \quad (Z_o = 100)$

$Z_L > Z_o \quad (120 > 100)$

調高$Z_L$使$g \approx 1.0$

$(Z_L = Z_o)$

$g = \dfrac{Z_o}{Z_L} > 1 \quad (Z_o = 100)$

$Z_o > Z_L \quad (100 > 80)$

調高$Z_L$使$g \approx 1.0$

$(Z_L = Z_o)$

注意：圖示 1(under)，3(over)情況，如落點在實數軸，僅含$R$不含$X_L$、$X_C$，阻抗匹配做法簡易，如屬 1(under)，$R < 50\Omega$，串接電阻提升，$R < 50$ 至 $R = 50$ 即可。如屬 3，$R > 50\Omega$，並接電阻降低 $R > 50$ 至 $R = 50$ 即可。

　　圖示 1(under)、3(over)情況，如落點不在實數軸，則阻抗值除電阻尚含虛數軸$X_L$、$X_C$，此時欲將此點移至中心原點，阻抗匹配做法則較為複雜，需藉 Smith chart Impedance matching 方法做 Z → Y、Y → Z 轉換，最終可藉串聯感抗$(X_L, X_C)$，或並聯導納$(B_L, B_C)$，將該點移至 Smith chart 中心點 $1 + j0$，具體做法參閱前題設 1～49 中，有關如何以 Smith chart 做好阻抗匹配範例說明。

# 附錄 1

電子系統發射接收干擾與防制分析評估
**also Appendix 4 (preface and contents)**
**Electronics Inter and Intra System EMI/EMC**
**analysis and prevention**

## 摘要

　　電子系統發射與接收干擾分析評估可由一般先就兩大電子系統間先行分析系統間干擾問題，此項干擾分析係指已知干擾源及受害源的信號特性與強度及中心頻率與頻寬，以及兩者間距離與方位，以此可評估干擾源感應至受害源射頻輸出端干擾量，如此項干擾量低於受害源靈敏度10dB以上，可定爲兩大系統間電磁調和驗測標準。反之如此項干擾量高於受害源靈敏度10分貝以上，兩大系統間則有干擾之慮。此時需再進一步評估受害源系統內抗干擾能力，如系統內抗干擾能力夠強不受干擾源干擾，依此綜合系統間與系統內電磁干擾限制值即爲兩大電子系統間之電磁調和值。如系統內抗干擾能力不足以抑制干擾，此時可確認兩大電子系統間確有干擾問題，需以各種干擾防制方法加以抑制，以達電磁調和工作目標。對受害源干擾現象分析一般可分兩大類，一爲類比信號系統，一爲數位信號系統，對類比系統干擾係指信號受干擾所產生的信號大小變化，相位偏移變形，波形失眞是否符合測驗標準，對數位系統係指數位信號傳送錯率比是否符合驗測標準。

　　對系統間與系統內干擾分析與防制工作在系統間以頻率管制、時間管制、位置調整、方向調整爲主，在系統內以結合、濾波、接地、隔離爲主。經整合系統間與系統內各項干擾問題以各種防制方法加以排除以達電磁調和工作目標。文內並以微波站間及雷達站間爲例說明相互干擾分析結果及提報具體防制方法。

# 附 A   電子系統干擾定義與現象

## 附 A.1   干擾定義

### 附 A.1.1   系統間(Inter system)

已知干擾源及受害源信號強度與中心頻率與頻寬，輻射場型、信號極性、以及兩者距離與高度差及對應方位，依此可評估干擾源感應至受害源射頻輸出端干擾量，如此項干擾量低於受害源靈敏度 10db 以上，可界定兩大系統間無干擾之慮並定為兩大系統間電磁調和驗測標準。反之，如此項干擾量高於受害源靈敏度 10db 以上，可界定兩大系統間有干擾之慮並定為兩大系統間電磁干擾驗測標準。

### 附 A.1.2   系統內(Intra system)

如 A.1.1 系統間經分析界定為有干擾之慮，此時需進一步分析評估受害源系統內抗干擾能量，如系統內抗干擾能力夠強仍不受干擾源干擾，則定此系統內無干擾之慮，如系統內抗干擾能力不足防制由系統間所造成的干擾，則定此系統內有干擾之慮。

### 附 A.1.3   電磁調和(系統間＋系統內)

綜合 A.1.1 系統間與 A.1.2 系統內分析結果評估如無干擾之慮即為全系統電磁調和，如有干擾之慮即為全系統確有干擾問題，需以各種干擾防制方法加以抑制，以達電磁調和工作目標。

## 附 A.2.   干擾現象

### 附 A.2.1   類比信號系統

對類比信號系統干擾係指類比信號受干擾所產生的信號振幅大小變化，相位超前落後偏移量，信號波形失真是否符合測驗標準。如驗測工作信號調幅調頻波(AM、FM)是否受到干擾而變形，並且觀察類比信號是否由線性變為非線性失真波形及干擾信號過大造成正常信號飽和現象而使接收系統無法正常工作形成裝備運作失效現象。

### 附 A.2.2   數位信號系統

對數位信號系統干擾係指數位信號傳送過程中所產生的資料庫錯率(Bit error rate)。通訊裝備數位傳送有脈波振幅調變(PAM)、脈波編碼調變(PCM)、脈波位置調變(PPM)、脈波波寬調變(PWM)四種，由外來干擾信號比(Inter，S/I)與系統內信雜比(Intra，S/N)互動關係可定出在不同 S/I，S/N 比值情況下之信號傳送錯率比(BER)，一般按已知通訊系統裝備所在使用環境可先訂出 S/I 值，再由 BER 需求定出通訊系統裝備本身 S/N 值作爲通訊系統裝備驗測標準，一般 S/I、S/N 比值越大，表示系統接收信號要比外來干擾信號及系統內雜訊大很多，因此接收的信號傳送因不受干擾所產生的信號傳送錯率也相對的減低，達到接收系統規格上所定的錯率比(BER)。

# 附 B　電子系統裝備干擾分析評估

## 附 B.1　系統間

### 附 B.1.1　信號強度耦合

#### 附 B.1.1.1　發射機功率輸出

　　功率輸出大小以 dbm 計，並按信號特性分類比與數位兩種(cw and pulse)，一般 cw 又含 AM、FM 調幅或其他特殊調幅模式而 pulse 調變則含 PAW、PCM、PPM、PWM 四種，不論何種調變方式，發射機輸出功率大小均以平均功率爲準。在無調變情況下 cw 另加 modulation，發射機輸出功率則隨調幅模式及調幅指數有不同的變化。在無調變情況下 pulse 模式平均功率爲 pulse 最大值乘以 duty cycle，(duty cycle=pulse width ×pulse rate frequency)，而 pulse 調變有 PAM、PCM、PPM、PWM 四種，Pulse 發射機輸出功率則隨 duty 及不同 PAM、PCM、PPM、PWM 調變模式變化而有不同大小平均功率輸出。總之不論類比或數位信號功率輸出均隨調變模式不同而有起伏大小不同變化，在一般實務運用中此項參數是提供研究信號變化分析使用，但在系統間干擾分析運用中如無法定量是無法分析干擾，故於干擾分析實務運用中是以定量信號強度爲主。在類比信號是以連續載波(cw)功率大小爲計量發射機輸出功率標準，在數位信號是以脈波(pulse)平均功率爲計量發射機輸出功率標準。

　　如連續波(cw)(類比信號)。

　　pk:rms:av=1.0:0.5:0.4(pwr ratio)

　　pwr(pk)=1w　　pwr(av)=0.4w=26dbm，

　　如脈波(pulse)(數位信號)　pwr(pk)=1w

　　duty cycle=0.3　pwr(av)=pwr(pk)×duty cycle=24.77dbm

#### 附 B.1.1.2　天線增益

　　通訊系統裝備發射與接收均以天線爲媒介體，而天線依通訊頻段不同、方向性需求不同、場型分佈需求不同、面徑大小不同、極向不同而有不同增益大小，一般天線增益大小可略以 $G=\dfrac{4\pi A}{\lambda^2}$ 公式示之，而增益大小以 db 計量，如 G=10db，表示此天線可將發射或接收信號功率放大 10 倍，G(db)=10db=10 log 10(ratio)。

在實務干擾分析中，天線增益計算是以發射與接收天線增益為準，將兩者相加計入發射至接收信號強度信號耦合計算。

發射與接收係以相同 plane 的場型相互耦合為準(如發射天線 E plane 場型對應接收天線 E plane 場型或發射天線 H plane 場型對應接收天線 H plane 場型)，而場型相互耦合可為四種模式，(a.發射主波束對應接收主波束，b.發射主波速對應接收旁波束，c.發射旁波束對應接收主波束，d.發射旁波束對應接收旁波束)。一般評估按 a,b,c,d 次序分析，如分析 a 有干擾，不需再分析 b,c,d，如分析 a 無干擾，再分析 b，如 b 無干擾再分析 c，如 c 無干擾再分析 d，就天線輻射模式又可分固定方向性與旋轉方向性，對固定方向性所造成的干擾為連續性干擾，對旋轉方向所造成的干擾為間續性干擾。按實務分析場型耦合量大小需視發射與接收天線安裝位置對應方向性、高度落差而定。如水平面由上視圖觀察發射與接收天線場型相對位置方位差(H plane)，如垂直面由側視圖觀察發射與收天線場型相對位置高度差(E plane)。對發射與接收天線場型耦合量需分別分析評估 E plane 與 H plane 場型耦合量大小，最後以選取 E，H plane 場型耦合量較大者為計量評估干擾標準。

## 附 B.1.1.3　天線場型耦合

以發射與接收場型圖所在原點為中心，連接此兩原點成一直線，而此直線與兩場型圖所成交點定位為兩場型相互耦合量大小計算標準，各種兩個場型耦合量大小情況參閱場型圖說明如下：

| Pattern | Tx(db) | Rcv(db) |
|---|---|---|
| M.L.(max) | 0 | 0 |
| M.L.(3db BW) | -3 | -3 |
| S.L.(max) | -15 | -15 |
| S.L. | -17 | -17 |
| M.L.(min) | -20 | -20 |

## 附 B.1.1.3.1　主波束對主波束(M.L. to M.L)

(a)最大耦合量(line of sight)

　　TX M.L.(max) To RCV M.L(max)，0+0=0

(b)偏向耦合量(off set)

　　TX M.L.(max) To RCV M.L，0+(-3)=-3

TX M.L　　To RCV M.L(max)，(-3)+(0)=-3

TX M.L.　　To RCV M.L ，　(-3)+(-3)=-6

(c)最小耦合量(off set at null)

TX M.L.(min) To RCV M.L(min)，(-20)+(-20)=-40

## 附 B.1.1.3.2　主波束對旁波束(M.L. to S.L.)

(a)最大耦合量(line of sight)

TX M.L.(max) To RCV　S.L.(max)，0+(-15)=-15

(b)偏向耦合量(off set)

TX M.L.(max) To RCV　S.L.，0+(-17)=-17

TX M.L　　To RCV S.L(max)，(-3)+(-15)=-18

TX M.L.　　To RCV S.L. ，(-3)+(-17)=-20

(c)最小耦合量(off set at null)

TX M.L.(min) To RCV S.L(min)，(-20)+(-20)=-40

## 附 B.1.1.3.3　旁波束對主波束(S.L. to M.L.)

(a) 最大耦合量(line of sight)

TX S.L.(max) To RCV　M.L.(max)，(-15)+(0)=-15

(b)偏向耦合量(off set)

TX S.L.(max) To RCV　M.L.，(-15)+(-3)=-18

TX S.L　　To RCV M.L(max)，(-17)+(0)=-17

TX S.L.　　To RCV M.L. ，(-17)+(-3)=-20

(c)最小耦合量(off set at null)

TX M.L.(min) To RCV M.L(min)，(-20)+(-20)=-40

## 附 B.1.2.3.4　旁波束對旁波束(S.L. to S.L.)

(a) 最大耦合量(line of sight)

TX S.L.(max) To RCV　S.L.(max)，(-15)+(-15)=-30

(b)偏向耦合量(off set)

TX S.L.(max) To RCV　S.L.(max)，(-15)+(-15)=-30

TX S.L　　To RCV S.L(max)，(-17)+(-15)=-32

TX S.L.　　To RCV S.L. ，　(-17)+(-17)=-34

(c)最小耦合量(off set at null)

TX M.L.(min) To RCV M.L(min)，(-20)+(-20)=-40

### 附 B.1.1.4 自由空間衰減(space att)

按電磁波在自由空間行進衰減公式 att(db)=20log(4πR/λ)可轉換為 att(db)=32+20logf(MHz)+20logR(Km)，在實務干擾分析中將發射端中心頻率 f(MHz)及發射與接收間直線距離 R(Km)代入 att(db)公式中計算可得發射至接收間信號行進衰減量。如某發射微波頻段中心頻率為 f(MHz)=3000MHz，發射與接收間直線距離 R=10Km，由發射至接收信號行進自由空間衰減為 Att(db)=32+20log3000+20log10=122db。

### 附 B.1.1.5 天線極性耦合

天線輻射信號極性有四種，計水平、垂直、圓形(左旋、右旋)、橢圓，其中較常用的有水平、垂直、圓形三種，在干擾分析中對極向所關切的問題在發射與接收之間極向耦合問題如極性相同則有最大耦合量，如極性不同且相互垂直 90°則有最小耦合量，如依理論分析比較水平與垂直極向相互耦合量可以 cosθ表示同極向時 cosθ=cosθ°=1，發射與接收間有最大耦合量 0db=20log cos0°=1。異極向時 cosθ=cos90°=0，發射與接收間有最小耦合量&或負無窮大 db=20log cos90°=0。對水平或垂直與圓形極向間關係，因圓形極向由水平與垂直分向量組成，在由水平或垂直極向信號接收圓形極向信號時只能感應接收圓形極向的水平或垂直分向量，也就是只能接收圓形極向信號一半的功率。反之由圓形極向接收水平或垂直極向信號時只能感應接收到水平或垂直極向信號一半的功率。故在干擾分析中對發射與接收如一端為水平或垂直極向，一端為圓形極向，其相互間信號強度耦合量均以 0.7 或減半核計，如換成 db 計量發射與接收感應量為-3db=20log($\frac{1}{\sqrt{2}}$)=10log $\frac{1}{2}$。

## 附 B.1.2 頻率與頻寬耦合(F.S.C./B.W.C.F.)(附錄 1 附 I)

對發射與接收間頻率耦合量計算可分兩大部份，一為兩者中心頻率間所產生的頻率差耦合量，此項頻率差耦合量(F.S.C.)與兩中心頻率差及發射與接收頻寬有關。另一為兩者中心頻率頻寬所產生的頻寬差耦合量，此項頻寬差耦合量(B.W.C.F.)與信號傳送模式(類比或數位)，發射與接收頻寬，中心頻率差、脈波來復率有關，經由頻率耦合量(F.S.C.)與頻寬耦合量(B.W.C.F.)兩者相加合成即為發射與接收端之間的頻率頻寬總耦合量。

### 附 B.1.2.1 頻率耦合(F.S.C.)

按發射與接收中心頻率差(Δf)及發射中心頻率頻寬 $B_T$ 與接收中心頻率頻寬 $B_R$，依頻率耦合差(F.S.C.)計算公式計算頻率耦合差 db 數

$$F.S.C(db)=40\log\frac{\dfrac{B_T+B_R}{2}}{\Delta f}$$

如 $TXf_0=300MHz$，$B_T=2MHz$，$RCVf_0=100MHz$，$B_R=1MHz$，

$$F.S.C.(db)=40\log\frac{\dfrac{B_T+B_R}{2}}{\Delta f}=40\log\frac{\dfrac{2+1}{2}}{300-100}=-85$$

## 附 B.1.2.2　頻寬耦合(B.W.C.F.)

　　按表列頻寬耦合(B.W.C.F.)可計算在類比(cw)或數位(pulse)不同信號模式下，對頻段內(on tune)及頻段外(off tune)不同干擾模式中比較選用發射頻寬($B_T$) 接收頻寬($B_R$)脈波來復率(PRF)相互間大於、小於、等於關係，可計算出發射與接收之間頻寬耦合量(B.W.C.F.)

頻寬耦合量(B.W.C.F.)計算表

| TYPE | BW | BWCF | |
|---|---|---|---|
| | | On tune | Off tune |
| Mod | BW | $\Delta f\leq\dfrac{B_T+B_R}{2}$ | $\Delta f>\dfrac{B_T+B_R}{2}$ |
| CW | $B_R\geq B_T$ | No correction | $10\log\dfrac{B_R}{B_T}$ |
| | $B_R<B_T$ | $10\log\dfrac{B_R}{B_T}$ | |
| Pulse | $B_R\geq B_T$ | No correction | $20\log\dfrac{B_R}{B_T}$ |
| | $PRF<B_R<B_T$ | $20\log\dfrac{B_R}{B_T}$ | |
| | $B_R<PRF$ | $20\log\dfrac{PRF}{B_T}$ | $20\log\dfrac{PRF}{B_T}$ |

如 $T_Xf_0=300MHz$，$RCVf_0=100MHz$，$B_T=2MHz$，$B_R=1MHz$，干擾模式(CW)。求頻寬耦合量(B.W.C.F)

解：確認 cw 或 pulse 模式，經查確認為 cw 模式，由 on tune，off tune 公式計算

　　確認為 off tune，$\Delta f>\dfrac{B_T+B_R}{2}$，($\Delta f=300-100=200$，$(B_T+B_R)／2=(1+2)／2=1.5$)。

　　又查 $B_R<B_T$，($1MHz<2MHz$)，由 BWCF 計算表中符合 cw，$B_R<B_T$，off tune 模式條件下 BWCF 為 $10\log\dfrac{B_R}{B_T}=10\log\dfrac{1}{2}=-3db$。

　　如確認 **on turn**，按上列 B.W.C.F. 計算表計算 B.W.C.F. 值，如確認 **off turn**，

除按 B.W.C.F.計算表計算外，另需計入 $M(\Delta f)$、$S(\Delta f)$值。有關範例說明，
參閱附錄 1 I 項說明，始可算出 off turn 情況時的 B.W.C.F 值。

### 附 B.1.3　靈敏度

指接收系統射頻端感應發射系統所輻射的功率大小，一般接收系統射頻端在構
形上分為兩類，一為接收感應信號直接由天線端輸出為準，一為在天線端輸出接裝
高增益射頻信號放大器以放大器輸出所接收到的信號強度為準，以上兩種所感應的
接收信號強度統稱接收端射頻靈敏度。靈敏度信號強度大小以 dbm 表示，此項靈敏
度大小在類比系統中與後級混波，本地振盪器、中、音頻等各項電性調變模式工作
動態範圍有關。在數位系統中與類比數位交變、數位類比交變所產生的錯率有關。
也就是所謂接收信號強度在最小值情況下所能推動接收系統工作的最低信號強度稱
之此系統的靈敏度，在數算模式靈敏度大小可以引用雜訊等值功率(Noise Equivalent
Pwr)大小表示 NEP = TKB，K = $1.38 \times 10^{-23}$W/K/Hz，T = 300° K，B = Hz，KT =
$4 \times 10^{-21}$W/Hz，如 B=1MHz = $10^{6}$，NEP = $-$ 114dbm。

由靈敏度相當於雜訊等值功率來看，靈敏度與溫度(T)，接收機雜訊頻寬(B)有
關，T 與 B 值愈大，靈敏度(NEP)愈低，T 與 B 值愈小，靈敏度(NEP)愈高。

### 附 B.1.4　信號強度與頻率頻寬耦合干擾界定

整合 B.1.1 信號強度合量與 B.1.2 頻率頻寬耦合量與 B.1.3 靈敏度大小比較，如
信號強度與頻率頻寬總耦合量大於靈敏度 10db 以上將有干擾之慮，如在 10db 以內
將呈現干擾臨界值，如小於靈敏度 10db 以上將無干擾之慮。

## 附 B.2　系統內(intra system)

### 附 B.2.1　發射端

#### 附 B.2.1.1　發射機諧波、雜波

瞭解輻射干擾源所產生諧波及雜波信號強度及頻譜分佈狀況，一般依廠家設
計規格需求與驗測標準執行量測所獲資料用於評估對受害源中心頻率差與頻率頻
寬干擾參用，而驗測標準與數據資料對輻射信號第二、三諧波信號強度需符合
2nd，3rd harmonics pwr(dbm)≤40 + 10log p(watt)公式，p(watt)為干擾源主頻率
輻射功率大小，如 p(watt)= 1watt 依公式計算其 2nd，3rd 諧波信號強度需低於主
頻率信號強度 70dbm。

#### 附 B.2.1.2　天線端輻射雜訊

天線連接發射機所處狀態分靜態(stand by )與動態(radiated mode)兩種，而在
靜態與動態不同狀況下所溢出的雜訊亦不同。在靜態因未連通天線輻射，發射機

呈開路(open ckt)狀態，此時所溢出的雜訊為發射機呈開路狀態下的端點雜訊，也就是發射機在負載阻抗為無窮大(Z ＝&)，未接天線情況下的雜訊溢散狀況。在動態因連接天線輻射，發射機呈閉路(close ckt)狀態此時所溢出的雜訊為發射機呈閉路狀態下的端點雜訊，也就是發射機在負載阻抗為零(Z＝0)，相當於阻抗匹配良好狀況時接上天線情況下的雜訊溢散狀況，而此項雜訊溢散量大小與發射機及天線間阻抗匹配好壞有關，如阻抗匹配不好則雜訊溢散量愈大對受害源干擾則愈大，一般靜態與動態溢散雜訊量規格要求分窄頻、寬頻(NB、BB)兩種，靜態定NB 34dbuv，BB 40dbuv/MHz，動態定 2nd,3rd harmonics pwr(dbm)≤40 ＋ 10log p(watt)，p(watt)＝發射機主頻率功率大小，如 p=1w，2nd,3rd harmonics pwr≦70dbm。

### 附 B.2.1.3　輻射場強

　　對輻射干擾源輻射場強(v/m)可依 $E(v/m) = \dfrac{\sqrt{30P(av) \cdot G(ratio)}}{R}$ 公式計算，P(av)為發射機輸出平均功率(watt)，G(ratio)為天線增益比值，R為距天線R(meter)時所在位置的距離，E為輻射天線在距離R(meter)時的電場場強強度(v/m)，在應用此公式時需將天線輻射場型分佈圖考量在內，如指天線主波束所輻射的電場強度則以此公式原型計算，如天線增益為 15db(Gain ratio＝31)而場型旁波束為-15db 相當於G(db)=0db，G(ratio)=1，代入E公式計算旁波束電場場強為主波束電場強的 0.18 倍($\sqrt{\dfrac{1}{31}}$)。如主波束場強經 E 公式計算為 E=10v/m，其旁波束場強為 E=10×0.18=1.8v/m，在干擾評估分析中需考量實務上干擾源對受害源所形成的干擾量大小，因此場型分佈圖卒成為分析場強干擾受害源所必需考量的因素，一般在計算場強干擾時均參用場強分佈圖評估分析干擾源所輻射的場強對受害源所造成的影響，對接收端而言由已知發射端輻射耦合至接收端天線面徑上的電場強度大小E值(dbuv/m)及接收天線因素AF(db)值叮計算接收天線輸出端感應信號電壓大小(dbuv)，計算公式為 V(volt)=E(v/m)－A.F。由取對數式可寫成 dbuV=dbuv/m － A.F(db)。AF(db)=20log$[9.73/\lambda\sqrt{G}]$

### 附 B.2.2　接收端

　　接收端所接收到的干擾信號強度大小與頻譜分佈對系統內所造成的干擾可分為兩大類，一為類比信號，一為數位信號，對類比信號所造成的干擾可分為三大類，A 干擾信號頻寬直接進入接收機形成調幅干擾，B 由混附波進入接收機射頻頻寬內或其邊緣形成干擾，C 由發射機的諧波進入接收機混波器與本地振盪器諧波混合成新的雜訊頻率對接收機中頻形成干擾。A 稱頻寬內干擾(co-channel)，B 稱頻寬邊緣干擾(adjacent channel)，C 稱頻寬外干擾(out of band)。對數位信號所造成的干擾則由外來干擾信號比(S/I)與本身系統內信雜比(S/N)互動關係可定出在不同 S/I 與 S/N

值時之數位傳送錯率比(BER)，一般可按已知通訊裝備所在使用環境定出 S/I 值，再由系統內 BER 需求值定出通訊裝備本身 S/N 值。

## 附 B.2.2.1 類比信號

### 附 B.2.2.1.1 頻寬內(Co-channel, IMI)

觀察接收機工作信號在射頻端頻寬邊緣是否受到外來混附波(IMI)干擾，如聲頻音響出現雜音，視頻畫面出現閃點，掃描線不穩等干擾現象，混附波接近中頻頻寬影響自動增益控制線路，非線性工作情況下因飽和產生靈敏度失效，一般混附波干擾以第二、第三諧波信號最強，以此分析是否對接收機主信號工作頻道造成干擾，如干擾源二次諧波為 120($2f_1=2\times60=120$)，另一干擾源三次諧波為 150($3f_2=3\times50=150$)，兩者依混附波公式計算$|mf_1\pm nf_2|$可得 270 及 30 兩項混附波頻率，如此項干擾頻率巧與接收機工作頻率 270 相符，此時再與接收機靈敏度比較可評估此項干擾頻率信號強度是否對接收機造成干擾。

### 附 B.2.2.1.2 頻寬邊緣(adjacent channel, cross modulation)

觀察接收機工作信號調幅波在主頻寬附近是否受到干擾而變形，工作重點在檢視調幅波是否由線性變為非線性波形失真及干擾信號過大造成飽和現象而使接收機無法正常工作，對干擾認定一般以調幅波信號的振幅大小，相位變化量、波形失真所受干擾程度是否對裝備功能造成失效影響而定。而干擾模式多指干擾信號進入接收機主頻道而使接收機靈敏度降低，或對主信號造成遮蔽干擾，或對干擾信號與接收機主信號混附造成主信號失真現象，或對自動頻率控制線路造成失效等現象。

### 附 B.2.2.1.3 頻寬外(out of channel, Rejection of undesired signal)

觀察接收機本身工作頻率以外的雜訊頻率信號進入接收端並與內部組件如本地振盪器作用產生新的干擾頻率造成對接收機內中頻級的干擾。也就是一些在接收機頻寬以外的強雜訊會與接收機本身振盪器所產生的雜訊混附後產生新的干擾頻率信號，如此項雜訊的干擾頻率信號與接收機中頻頻率信號相符，即會對接收機中頻造成干擾，如外來雜訊頻率 510，接收機主信號頻率為 130，本地振盪器頻率為 160，中頻為 30，試求雜訊頻率 510 是否對中頻 30 造成干擾？由頻寬外雜訊評估公式$|p\times f(L.O.)\pm qf(S.R.)|=f(I,F)$，本地振盪器 $f(L.O.)$所產生的 P=3 次諧波為$|p\times f(L.O.)|=3\times160=480$，中頻為 30，代入 $f(SR)=|pf(L.o)\pm f(IF)|/q$，設外來雜訊主頻率諧波 q=1 時，$f(SR)=|480\pm30|=510$ or 450，由題設雜訊頻率 510 與經頻寬外雜訊評估公式計算所得 510 相符，故可

確認此項外來雜訊頻率 510 經與本地振盪器頻率 160 的三次諧波 480 混附後產生新的干擾頻率 30 與接收機中頻 30 相符，故此項外來雜訊頻率 510 是會對接收機中頻頻率 30 造成干擾。

## 附 B.2.2.2　數位信號

接收機數位信號傳送調變模式有脈波振幅調變(PAM)，脈波碼階調變(PCM)，脈波位移調變(PPM)，脈波寬度調變(PWM)四種，由外來干擾信號比(S/I)與本身系統信雜比(S/N)互動關係可得知在不同 S/I 與 S/N 值時之數位信號傳送錯率比(BER)，一般可按已知接收機所在使用環境定出 S/I 值，再由系統不同 S/N 值可知 BER 值，或由 BER 值中求出系統所需 S/N 值，如一般在 Ninary PAM 收系統中，S/I，S/N，BER 三者關係值如下，

S/I=15db，S/N=13db，BER$10^{-4}$
S/I=15db，S/N=15db，BER=$10^{-6}$
S/I=20db，S/N=13db，BER=$10^{-5}$
S/I=20db，S/N=15db，BER=$10^{-7}$

# 附 B.3　全系統(系統間＋系統內)(Inter+Intra)system

## 附 B.3.1　臨界干擾(EMI/EMC margin)

整合接收與接收兩系統間由發射耦合至接收射頻端輸出信號強度大小及頻譜分佈干擾量(Inter system)，再加上接收系統本身信雜比(Intra system)，構成全系統干擾量信雜比。再以此干擾量信雜比與接收系統靈敏度比較，如干擾量信雜比大小與靈敏度大小相若，發射對接收所形成的干擾現象時有時無稱之干擾臨界值，如干擾量大小變化在接近靈敏度士 3db 時而干擾現象時有時無，此時干擾臨界值則定為 6db。

## 附 B.3.2　有干擾(EMI)

由系統間 S/I 比值，S/I=30，I 為由發射端耦合至接收端的干擾量及系統內 S/N 比值 S/N=20，N 為系統內雜訊量，簡化 S/I=S－I=80 及 S/N=S－N=20 兩式並相加得 2S－(I+N)=100 代為 S/(I+N)=50，如以系統靈敏度(I+N)/S=-50 與接收系統外來雜訊比較，如外來雜訊 I 為-40，而-40＞-50，接收系統則有干擾之慮。如雜訊為-60，則-60＜-50，則無干擾之慮。由 S/(I+N)比值觀察，如 S/(I+N)越大，系統內抗干性越強，換言之(I+N)/S 越小，系統內抗干擾性亦越弱。

## 附 B.3.3　無干擾(EMC)

由系統信雜比 S/(I+N)或靈敏度(I+N)/S 比值觀察如 S/(I+N)比值大於系統本身干擾耐受值則無干擾之慮，或(I+N)/S 比值小於系統本身干擾耐受值亦無干擾之慮。

# 附 C　電子系統 EMI 防制工作方法

　　全系統電磁干擾防制工作可分兩大部份執行，一為系統間防制工作(Inter system)，一為系統內防制工作(Intra system)，對系統間防制工作以頻率管理分配，操作時間協調，位置方位高度，天線場型分佈為調制工作重點，對系統內防制工作以結合、濾波、接地、隔離為調制工作重點，一般對發射接收系統電磁干擾分析工作通常先行評估系統間干擾可能性，如系統間由發射耦合至接收的干擾量大於接收端靈敏度 10db 以上，則對接收系統會造成干擾在干擾定義上可列屬為系統間電磁干擾，至於實際此項干擾量對接收系統會造成多大干擾將視系統內本身抗干擾能力而定。如系統間由發射耦合至接收的干擾量小於收端靈敏度 10db 以上，則對收系統不會造成干擾在干擾定義上可列屬為系統間電磁調和，因在系統間干擾量低於接收端靈敏度 10db 以上，並加上接收系統內本身抗干擾能力，一般這兩項總和干擾量均不會大於接收系統靈敏度，因此在系統間由發射耦合至接收的干擾量在小於接收端靈敏度 10db 以上時是不會造成對接收系統內部的干擾，因此將干擾定義為系統內電磁調和。如系統間由發射耦合至接收的干擾量接近接收端靈敏度 10db 以內則對接收系統有可能會造成干擾，也有可能不會造成干擾，而是否會造干擾將視接收系統內抗干擾信雜比而定，也就是說系統內本身抗干擾能力越強則受干擾的可能則越低，抗干擾能力越弱則受干擾的可能則越高，因此將此項干擾定義為系統內臨界干擾。

## 附 C.1　系統間(Inter system) 干擾防制

### 附 C.1.1　頻率管制(frequency control)

#### 附 C.1.1.1　發射端

　　對類比信號需注意調幅頻寬及振幅信號強度大小，對數位信號需注意脈波起降及滯留時間，因類比調幅頻寬與數位脈波起降，滯留時間均與其所衍生的雜訊頻譜有關，適當的調整所需調幅頻寬及脈波起降，滯留時間可控制雜訊頻寬至最小值，以此作為設計控制發射雜訊頻譜依據，對已存在的諧波、雜波則以各種濾波方式加以抑制。對中心頻率的選用以儘量不造成對週邊接收系統的干擾為原則。如週邊有多個接收系統，則需研析發射與接收系統間頻率頻寬耦合關係，原則上以選用能與週邊接收系統中心頻率頻寬有最大差距的中心頻率與最小工作頻寬為設計準則，以減低頻率頻寬間耦合量。

#### 附 C.1.1.2　接收端

　　為濾除進入接收端除中心頻率頻寬以外不需要的雜訊，需在接收端射頻段前接用前置頻率預選器(pre-selector)以濾除此項不需要的雜訊，一般頻率預選器視工作頻率頻寬需求有不同的頻段預選器可供濾除非需通過頻段以外的雜訊頻率。

其他各型濾波器則用在濾除接收系統內各級如類比射頻、混波、本地振盪、中頻、音頻、電源等所產生的雜訊，又如數位 A/D、D/A 等所產生的雜訊均屬高寬頻段雜訊需加高頻段濾波器，還有一些頻率校正器(corrector)可供選用於頻率相位變化校正使用，或一些信號強度校正器可用在某些頻率信號需加強或某些頻率信號需減弱的特定工作需求上。

## 附 C.1.2　時間管制(time control)

針對發射與接收可依功能分為三種，一為僅發射、二為僅接收、三為發射兼接收，無論那種模式在系統間與系統內各項電磁干擾防制工作均無法達到干擾防制工作目的時，則改利用兩系統間開關機以挫開工作時段方法可避免兩系統間干擾問題，如係雷達系統可藉由改變脈波同步性時序(pulse syn)與脈波開閘時段(pulse range gate)而挫開對週邊其他電子接收系統的干擾。

## 附 C.1.3　位置調整(location allocation)

對發射與接收間干擾問題可藉由調整兩者間位置距離而減低發射對接收的干擾量，亦可調整兩者間高度差改變場型耦合量而減低發射對接收的干擾量，其他如利用地形隔離發射對接收的干擾亦可減低發射對接收的干擾量。

## 附 C.1.4　方向調整(direction adjustment)

對具有方向性的發射與接收天線場型，可藉由在不影響發射接收功能需求下調整發射與接數天線場型方向性，得到最小發射對接收的干擾量，因天線場型有水平(H plane)與垂直(E plane)場型之分，在做此方向性調整時以分別評估水平及垂直型方向性發射對接收干擾量，以兩者分析結果干擾量大者作為場型方向性調整依據，如此項方向性調整仍無法達到抑制干擾目的，則需在某一方向有干擾時暫停發射端輻射或在接收端設計一項遮蔽功能電路亦可消除此項干擾，另一種有助於消除方向性場型耦合干擾量的方法是選用發射與接收極向不同時而對干擾信號強度有去耦合量作用(decoupling)，此項不同極性去耦合量將受發射接收天線所在位置週邊附近反射物場景影響，如金屬性反射物多而外形複雜對不同極性去耦合量則有不利影響而會造成減低去耦合量效果，反之如為非金屬性反射物對不同極性去耦合量則不會造成太大影響，一般依據實測場景因受環境影響在發射與接收不同極性去耦合量約為 20db 左右。

# 附 C.2　系統內(Intra system) 干擾防制

## 附 C.2.1　結合(bonding)

結合在保持兩金屬點或面間阻抗的連續性、導電性，但因結合面材質不同、構形不同等問題均會造成電性結合因電位差產生電磁干擾輻射與傳導問題，一般要求以結合面間導電性是否良好為準，也就是對結合面間阻抗要求越低越好，此項結合阻抗一般規格需求對直流電阻為依據需小於 2.5mΩ，對交流電阻要求情況較為複雜將視雜訊頻率波長與結合點或面大小相互關係而定，一般雜訊頻率越高波長越短，如其λ/4，及λ/4 的奇次波波長或λ/2 及λ/2 的偶次波波長約等於結合面點或面的長度時，即會引起共振效應形成一連續高與低阻抗的並聯高阻抗，串聯低阻抗變化效應，因此交流阻抗對高頻雜訊的響應要比直流阻抗在低頻雜訊的響應為大，總之在做好結合工作上除直流阻抗需要求在小於 2.5mΩ以內外，對交流阻抗因有共振效應所產生的高阻抗變化所以對交流阻抗高效應防制工作的重點需選用極高良好導電性的材質以降低此項交流高阻抗值，在工藝上對兩結合面的組合鎖定固裝均需按規範施工，在維修保養上常需擦拭清潔以保持良好導電性。

## 附 C.2.2 濾波(filtering)

濾波指濾除在電子產品中除主工作頻率以外的一切諧波、混附波、雜波。濾波功能需求視電路上功能性需求而定有低頻、高頻、頻段(band pass/band stop)、窄頻、寬頻等各型濾波器，一般濾波器又分單一電感或電容濾波器其濾除功能在20db/decade，L 型濾波器其濾波功能在 40db/decade，π或T型濾波器其濾波功能在 60db/decade，多項式π或T型濾波器其濾波功能在 80db/decade。其他如採電感電容串並聯結合方式多用在濾除某一特定頻率頻寬。而高導磁環(ferrite bead)多用在套接線上吸收高頻(MHz)雜訊。對一些微波頻段雜訊可以共振腔(cavity)工作模式將此項雜訊吸收。在整體功能性上也有將濾波分為兩類，一為電源雜訊濾波以濾除電源上所含雜訊為主，一為信號雜訊濾波以濾除信號線上所含雜訊為主，前者以貫穿式濾波電容為主，後者以各式高頻、低頻、頻段濾波器為主。對濾波器實務安裝使用需特別注意濾波器所在安裝置接地問題，一般濾波器需有良好接地措施才能發揮應有高效能濾波功能，如此項濾波器曝露於高輻射場強環境中，為避免高輻射場強對濾波器接腳感應形成干擾需以金屬盒包裝濾波器並做好金屬盒接地工作，以防制此項環境中高輻射場強對濾波器的干擾。

## 附 C.2.3 接地(grounding)

接地分未接地與已接地兩大類，未接地因未接地沒有接地參考點亦稱浮點接地(floating ground)，己接地因有接地只可作為參考點亦稱接地。又因浮點接地會感應環境場強因未接地而無法將雜訊排除，因此一般在除直交流大信號因不受環境場強干擾偶有以浮點接地以外，其他直交流小信號傳送中均需接地。如機匣外緣需接地，電纜線隔離層套隨接頭需固裝接地。在接地實務運用模式中又可分三種，一為單點接地，一為多點接地，一為單多點混合接地，單點接地多在工作信號低頻時選用，因低頻時接地線電感抗雜訊電壓較低，而線間電容抗較大雜訊不易由帶有雜訊的接地線傳至鄰近的接地線，多點接地則多在工作信號高頻時選用，如仍以單點接地因在高頻時接地線電感抗雜訊電壓較高會傳至鄰近接地線，而線間電容抗在高頻時較小雜訊很容易由帶雜訊的接地線傳至鄰近的接地線。因此在工作信號為高頻時則需將單點接地改為多點接地以減低高頻在單點接地時線間所耦合傳送的較高雜訊電壓。但在多點接地時需注意多點接地間的距離，一般多採用兩接地點間距離需小於雜訊頻率波長的$\lambda/20$，如距離大於$\lambda/20$，則此兩點間阻抗會變大，以相距$\lambda/8$時兩點間阻抗會提升原單點接地阻抗的 1.4 倍，如不巧相距$\lambda/4$時兩點間阻抗會提升原單點接地阻抗的無窮大倍，此時雖採多點接地但因兩點間阻抗變成無窮大，即使有一很小的雜訊電流也會在兩點間產生一項很大的雜訊電壓，因此多點接地時需要注意兩點間距離不要設定在雜訊頻率波長$\lambda/4$處，有關接地自系統內所含電路板、模組、裝置、裝備、分系統、系統均按單、多點接地原則執行接地。系統間所含佈線接地需求可概分為電源、裝備、避雷接地三大類，理想接地方法是將此三者接地各自獨立互不隸屬，有時電源和裝備可共地但不要和避雷接地共地以免雷擊時所產生的超高電壓耦合感應至電源和裝備接地產生干擾問題，因此對系統內的裝備層次多依單多點接地模式接地，對系統間接地需注意避雷接地與裝備、電源接地間距離，一般以雷擊所引起的雜訊頻譜最高頻 1MHz 為例，波長為 300m，$\lambda/10$ 為 30m，因此在雷擊頻譜波長感應中以相當於$\lambda/10$時，雷擊接地開始具有天線效應感應週邊電源與裝備接地而產生干擾問題，為避免此項干擾問題可在避雷接地和電源或裝備接地間加裝迴路器，此迴路器在無雷擊時呈斷路狀態，雷擊電源、裝備各自獨立接地，在有雷擊時呈開路狀態、雷擊、電源、裝備各地呈互通狀態，保持同一電位以疏解雷擊所產生的高電壓對電源、裝備接地的干擾效應。

## 附 C.2.4　隔離(shielding)

對系統內的電子硬品隔離工作需求主要在對電子硬品及其輸出入線帶做好防制雜訊外洩及滲入的工作，對電子硬品著重於機匣蓋板及開口的密合工作，如構形機械加工精密度，各種隔離片材質選用、各型接頭選用、組裝工藝等，對輸出入線帶以選用適當隔離線為主，隔離線的隔離度視所需隔離雜訊db數而定，對隔離線兩端接頭需與電子硬品做單端接地或雙端接地視雜訊頻率波長與隔離線長度關係而定，一般隔離線一端信號源為電壓源時則需避免採用雜訊頻率波長為$\lambda/4$波長的隔離線做單端接地，以免形成單端式偶極天線(Monopole)共振效應產生輻射或接收雜訊而影響電子產品功能。反之，一般隔離線一端信號源為電流源時則需避免用雜訊頻率波為$\lambda/4$波長的隔離線做雙端接地，以免形成環狀天線(loop)共振效應產生輻射或接收雜訊而影響電子產品功能。

## 附 D　電子系統電磁調和干擾防制

先行評估系統間干擾量大小，以發射端為干擾源，接收端為受害源，執行干擾源對受害源評估干擾工作，以頻率管制、時間管制、位置調整、方向調整各種方法將干擾源對受害源所造成的干擾降至最低干擾量，並觀察受害源系統內所受干擾情況，儘量以先做好系統間干擾防制工作為優先，如經調整系統間干擾防制工作可達成對受害源系統內電磁調和工作則不需再執行系統內干擾防制工作，反之如經調整系統間干擾防制工作不能達成對受害源系統內電磁調和工作，則需要再執行系統內干擾防制工作，對系統內干擾防制工作重點在結合、濾波、接地、隔離、因應類比信號在改善系統內信雜比以提升類比信號抗干擾能力，因應數位信號在改善系統內信雜比以降數位信號傳送錯誤率，通訊系統電磁調和工作基本上是一項多方面防制干擾工作，對單一系統發射與接收系統裝備應循兩者系統間，系統內干擾準則與指引評估，如兩者系統間所在環境場強不足以對兩系統引起干擾影響，可著手於僅執行兩者系統間相干互擾分析評估工作，如兩者系統所在環境場強對兩系統會造成干擾影響，則在執行兩者間相互干擾分析評估工作時需將外來環境場強視為第三干擾源，並將其計入所形成的混附波在接收端造成的頻寬內，頻寬邊緣、頻寬外干擾。在混附波所形成的這三項干擾現象是否形成實質干擾效應應將視類比信號中所顯示的波形大小變化、相位偏移、波形失真干擾量是否造成對系統裝備功能有無失效性而定，而在數位信號中所顯示的數位資料傳送錯誤率是否對系統裝備功能性造成失效影響將視資料傳送錯誤率多少對系統裝備是否造成失效而定。

## 附 E　總結電子系統電磁調和

電子系統除要求系統自身做好電磁干擾防制工作，對內使自身輻射干擾量減至最小及抗干擾能量增至最大達到最佳電磁調和情況外，對外來干擾源將視干擾信號特性、信號大小、頻譜分佈、及依接收信號所造成的干擾現象，以系統間及系統內電磁干擾防制準則與指引做好各項電干擾防制工作，通過實測驗證達到系統裝備所需電磁調和標準，完成電子系統電磁調和工作目標。

## 附 F　系統間＋系統內干擾分析範例說明(附錄 1 附 J)

### 附 F.1　微波站相互干擾評估分析

已知：設有 A，B 兩座相鄰通訊微波站相距 3km，A 指向東，B 指向北，A，B 微波站物性、電性參數如下，試求 A、B 兩微波站是否存在電磁干擾問題，設 A 為干擾源、B 為受害源。

| 電性參數 | A | B |
|---|---|---|
| 發射接收中心頻率(MHz) | 8000 | 7500 |
| 發射功率(dbm) | 30 | 35 |
| 射頻接收靈敏度(dbm) | -115 | -100 |
| 發射接收模式 | CW | CW |
| 發射接收頻寬(MHz) | 10 | 20 |
| 極向(H. V. C.) | H | V |
| 天線增益(db) | 40 | 35 |
| 天線場型 3db，度 | 2 | 3 |
| 天線場型 Sidelobe, db | -18 | -18 |
| 天線場型 backlobe, db | -25 | -22 |
| 接收系統內抗干擾能量 N/S,db | -15 | -12 |
| 接收系統接收靈敏度，dbm | -130 | -112 |
| 物性參數 | A | B |
| 水平距離 R(Km) | 3 | 3 |
| 垂直位差(m) | 0 | 0 |
| 指向性 | 向東 | 向北 |

＊求證：A 對 B 通訊微波站是否存在電磁干擾問題？

評估：按系統間、系統內電磁干擾分析法評估分析 A 對 B 通訊微是否存在相互電磁干擾問題。

a.系統間分析

a.1 信號強度耦合量

a.1.1 發射功率 　　　　　　　　　　　　　　　　　　　　　　　　　30dbm

a.1.2 A 天線增益 　　　　　　　　　　　　　　　　　　　　　　　　40db

a.1.3 A 至 B 電磁波衰減 　　　　　　　　　　　　　　　　　　　120db

$\qquad$ Att=32 ＋ 20logf(MHz)＋ 20logR(Km)

$\qquad$ ＝32 ＋ 20log8000 ＋ 20log3

$\qquad$ ＝120

a.1.4 A 至 B 場耦合量　　　　　　　　　　　　　　　　　　　　　　　　　-18db

　　A 主波束對應 B 旁波束 0 ＋(-18) =-18

a.1.5 B 天線增益　　　　　　　　　　　　　　　　　　　　　　　　　　　35db

a.1.6 A 對 B 極向耦合量(H 對 V)　　　　　　　　　　　　　　　　　　　-20db

a.2 頻率頻寬差耦合量

a.2.1 頻率差耦合(Freq seperation correction)　　　　　　　　　　　　　　-61db

$$\text{依公式 F.S.C.(db)} = 40\log\frac{[B(R)+B(R)]}{2}/[f(T)-f(R)]$$

$$= 40\log[10+20]/2/[8000-7500]$$

$$= \text{-61}$$

a.2.2 頻寬耦合(Band width correction factor)　　　　　　　　　　　　　　3db

　　依計算表格選用適當公式計算頻寬耦合因素(B.W.C.F)

| TYPE | B.W | B.W.C.F. | |
|---|---|---|---|
| | | On tune | Off tune * |
| Mod | BW | $\Delta f \leq \frac{B(T)+B(R)}{2}$ | $\Delta f > \frac{B(T)+B(R)}{2}$ |
| *CW | B(R)≥B(T) * | No correction | $10\log\frac{B(R)}{B(T)}$ |
| | B(R)<B(T) | $10\log\frac{B(R)}{B(T)}$ | |
| Pulse | B(R)≥B(T) | No correction | $20\log\frac{B(R)}{B(T)}$ |
| | PRF<B(R)<B(T) | $20\log\frac{B(R)}{B(T)}$ | |
| | B(R)<PRF | $20\log\frac{PRF}{B(T)}$ | $20\log\frac{PRF}{B(T)}$ |

　　由 Mode 欄位中選發射接收模式 CW。

　　由 BWCF 欄位中選 on tune 或 off tune。

　　$\Delta f = |f(T)-f(R)| = |8000-7500|| = 500\text{MHz}$

　　$[B(T)+B(R)]/2 = (10+20)/2 = 15\text{MHz}$

　　比較 500 ＞ 15，選 $\Delta$f ＞[B(T)＋B(R)]/2，BWCF 欄位中選 off tune。

　　由 BW 欄位中選 B(R)≥B(T)或 B(R)＜ B(T)

　　B(T)=10，B(R)=20，20 ＞ 10，選 B(R)≥B(T)

　　由 BWCF 及 BW 欄位中所知條件

　　BWCF 為 off tune，BW 為 B(R)≥B(T)，由查表得知 BWCF 計算公式應選用

　　10log [B(R)/B(T)]，得 BWCF 10log(20/10)=3db。

如確認 **on turn**，按 B.W.C.F 計算表計算 B.W.C.F.值。

如確認 **off turn**，除按 B.W.C.F.計算表計算外。另需計入 $M(\Delta f)$、$s(\Delta f)$值。有關範例說明，參閱附錄 1 I 項說明，始可算出 off turn 情況時的 B.W.C.F.值。

**本節範例 B.W.C.F.計算值**未將 $M(\Delta f)$、$s(\Delta f)$計入，按實務工程需求，需將 $M(\Delta f)$、$s(\Delta f)$計入後所得 B.W.C.F.值要比未將 $M(\Delta f)$、$s(\Delta f)$計入所得 B.W.C.F.值為低，有關說明參閱附錄 1 I 項範例說明。

a.3 信號強度＋頻寬耦合量(系統間分析)

由 1.1.1 ＋ 1.1.2 ＋ 1.1.3 ＋ 1.1.4 ＋ 1.1.5 ＋ 1.1.6 ＋ 1.2.1 ＋ 1.2.2＝30 ＋ 40 － 120 － 18 ＋ 35 － 20 － 61 ＋ 3 ＝-111dbm。

由假設干擾源微波站 A 所輻射的射頻信號經信號強度與頻率耦合量計算耦合至受害源微波站 B 天線輸出端的射頻信號強度為-111 dbm，如微波站 B 天線輸出端的射頻信號接收靈敏度為大於-91dbm，則兩者相差 10db，以上，即-111dbm 小於-91dbm10db 以上時表示-111dbm 的雜訊低於正常接收信號-91dbm10db 以上，故無干擾之慮。反之如微波站 B 天線輸出的射頻信號接收靈敏度小於-121dbm，則兩者相差 10db 以上，即-111dbm 大於-121dbm10db 以上時表示-111dbm 的雜訊高於正常接收信號-121dbm10db 以上，故有干擾之慮。綜合上述兩種情況之間如微波站 B 天線輸出端的射頻信號接收靈敏度為在-111dbm 上下 10db 間(-121dbm 至-91dbm)則可能有干擾或無干擾之慮。由以上三種情況分析第一種定義為有干擾之慮。第二種定義為無干擾之慮，第三種定義為臨界干擾，經查表波站 B 射頻接靈敏度為-100dbm，而 A 對 B 微波站信號強度及頻率頻寬干擾耦合量為-111dbm，比較-100dbm 與-111dbm 因干擾雜訊-111dbm 低於微波站 B 靈敏度-100dbm10db 以上，故微波站 B 無干擾之慮。

◎Inter system A to B at EMC

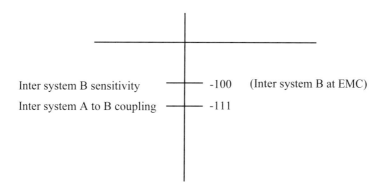

Inter system B sensitivity　　-100　　(Inter system B at EMC)
Inter system A to B coupling　　-111

・Intra system B EMI coupling=(-111)+(-12)=-123

[Inter system A to B coupling + Intra system B(N/S), (-123)]<Intra system B sensitivity, (-112) by ≧10.　　[-112-(-123)=11>10] b.系統內分析

　　系統內抗干擾能量視系統內全系統信雜比 S/N 高低而定，S/N 比值越小抗干擾能力越差，S/N 比值越大抗干擾能力越好，此項 S/N 比值需結合系統間外來雜訊干擾量如上節 1.3 所示-111dbm合併計算可改善對此項外來雜訊干擾抑制效果，如微波站 B 可藉由本身系統 S/N 比值 12db 將系統間由微波站 A 所感應的雜訊-111dbm 降至-111-12=-123dbm，如此時比較微波站 B 接收系統靈敏度為小於-133dbm 時因雜訊-123dbm 大於靈敏度-133dbm10db 接收以上，則有干擾之慮。反之微波站 B 接收系統靈敏度為大於-113dbm，因雜訊-123dbm 小於靈敏度-113dbm10db 以上，則無干擾之慮。如微波站B接收系統靈敏度為在-123dbm上下 10db間(-133dbm至-113dbm)則可能有干擾或無干擾之慮，以上三種情況分析第一種定義為有干擾之慮，第二種定義為無干擾之慮，第三種定義為臨界干擾，此處所定 10db 為有無干擾現象定義範圍係一參考經驗值，而實務上界定有無干擾現象另需由現場測試中驗證得知。

c.系統間＋系統內干擾整合分析

　　由 1.系統間分析由微波站 A 耦合至微波站 B 的雜訊量為-111dbm，由 2.系統內分析微波站 B S/N 比值 12db，可將外來雜訊量由-111dbm 降至-123dbm(-111-12=-123)，經查微波站 B 接收系統靈敏度為-112dbm，比較雜訊-123dbm 與系統靈敏度-112dbm，雜訊-123dbm 低於系統靈敏度-112dbm10db 以上[-112 －(-123)＝ 11 ＞ 10]，故微波站B無干擾之慮，而實務上界定有無干擾現象需另由現場測試中驗證得知。

　　◎Intra system B at EMC

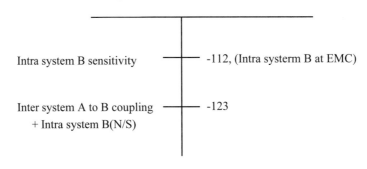

Intra system B sensitivity ———— -112, (Intra systerm B at EMC)

Inter system A to B coupling ———— -123
　+ Intra system B(N/S)

＊求證：B 對 A 通訊微波站是否存在電磁干擾問題？

評估：按系統間、系統內電磁干擾分析法評估分析 B 對 A 通訊微波站是否存在相互
　　　電磁干擾問題。

a.系統間分析

a.1 信號強度耦合量

a.1.1 B 發射功率　　　　　　　　　　　　　　　　　　　　　　　　　　35dbm

a.1.2 B 天線增益　　　　　　　　　　　　　　　　　　　　　　　　　　35db

a.1.3 B 至 A 電磁波衰減　　　　　　　　　　　　　　　　　　　　　-119db

　　　Att=32+20logf(MHZ)+20logR(Km)

　　　　=32+20log7500+20log3

　　　　=119

a.1.4 B 至 A 場型耦合量　　　　　　　　　　　　　　　　　　　　　-18db

　　　B 旁波束對應 A 主波束　　(-18)＋0 ＝-18

a.1.5 A 天線增益　　　　　　　　　　　　　　　　　　　　　　　　40db

a.1.6 B 對 A 極向耦合量(V 對 H)　　　　　　　　　　　　　　　　　-20db


a.2 頻率頻寬差耦合量　　　　　　　　　　　　　　　　　　　　　　-61db

a.2.1 頻率差耦合(Freq seperation correction)

　　　依公式 F.S.C(db)=40log[B(T)+B(R)]/2/[f(T)-f(R)]

　　　　　　　　　=40log[20+10]/2[7500-8000]

　　　　　　　　　=-61

a.2.2 頻寬耦合(Bandwidth correction factor)　　　　　　　　　　　　-3db

　　　依計算表格選用適當公式計算頻寬耦合因素(B.W.C.F)

| TYPE | B.W | B.W.C.F. | |
|------|-----|----------|---|
| | | On tune | Off tune * |
| Mod | BW | $\Delta f \leq \dfrac{B(T)+B(R)}{2}$ | $\Delta f > \dfrac{B(T)+B(R)}{2}$ |
| *CW | B(R)≥B(T) * | No correction | $10\log\dfrac{B(R)}{B(T)}$ |
| | B(R)<B(T) | $10\log\dfrac{B(R)}{B(T)}$ | |
| Pulse | B(R)≥B(T) | No correction | $20\log\dfrac{B(R)}{B(T)}$ |
| | PRF<B(R)<B(T) | $20\log\dfrac{B(R)}{B(T)}$ | |
| | B(R)<PRF | $20\log\dfrac{PRF}{B(T)}$ | $20\log\dfrac{PRF}{B(T)}$ |

由 Mode 欄位中選發射接收模式 CW。

由 BWCF 欄位中選 on tune 或 off tune。

$|f(T)-f(R)|=\Delta f = |7500 - 8000| = 500MHz$

[B(T)+B(R)]/2=[20+10]/2=15MHz

比較 500 ＞ 15，選?f ＞[B(T)+B(R)]/2，off tune

由 BW 欄位選 B(R)?B(T)或 B(R)＜B(T)

B(T)=20，B(R)=10，20 ＞ 10，選 B(T)＞ B(R)

由 BWCF 及 BW 欄位中所知條件

BWCF 為 off tune，BW 為 B(T)＞ B(R)

由查表得知 BWCF 計算公式應選用 10log[B(R)/B(T)]

得 10log(10/20)=-3db

如確認 **on turn**，按 B.W.C.F 計算表計算 B.W.C.F.值。

如確認 **off turn**，除按 B.W.C.F.計算表計算外。另需計入 $M(\Delta f)$、$s(\Delta f)$ 值。有關範例來說明，參閱附錄 1 I 項說明，始可算出 off turn 情況時的 B.W.C.F.值。

**本節範例 B.W.C.F.計算值**未將 $M(\Delta f)$、$s(\Delta f)$ 計入，按實務工程需求，需將 $M(\Delta f)$、$s(\Delta f)$ 計入後所得 B.W.C.F.值要比未將 $M(\Delta f)$、$s(\Delta f)$ 計入所得 B.W.C.F.值為低，有關說明參閱附錄 1 I 項範例說明。

a.3 信號強度＋頻率頻寬耦合量

　　由 1.1.1 ＋ 1.1.2 ＋ 1.1.3 ＋ 1.1.4 ＋ 1.1.5 ＋ 1.1.6 ＋ 1.2.1 ＋ 1.2.2 ＝ 35 ＋ 35 － 119 － 18 ＋ 40 － 20 － 61 － 3 ＝-111dbm

　　經查表 A 微波站射頻接收靈敏度為-115bm 而 B 對 A 微波站干擾信號強度及頻率頻寬耦合量為-111dbm，比較-115dbm 與-111dbm 因干擾雜訊-111dbm 高於 B 微波站靈敏度-115dbm 有 4db 在臨界干擾 10db 以內，故屬臨界干擾。

　　◎Inter system B to A at EMI/EMC

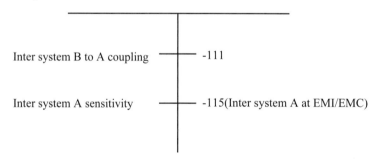

Inter system B to A coupling —— -111

Inter system A sensitivity —— -115(Inter system A at EMI/EMC)

　　· Intra system A EMI coupling=(-111)+(-15)=-126

　　　　[Inter system B to A coupling + Intra system A(N/S), (-126)]

　　　　>Intra system A sensitivity(-130) by<10[(-126)-(-130)=4<10]

b.系統內分析

　　系統內抗干擾能量視系統內全系統信雜比 S/N 高低而定，S/N 比值越小抗干擾能力越差，S/N 比值越大抗干擾能力越好，此項 S/N 比值需結合系統間外來雜訊干擾量如上節 1.3 所示-111dbm 合併計算可改善對此項外來雜訊干擾抑制效果。如微波站 A 可藉由本身系統 S/N 比值15db 將系統間由微波站 B 所感應的雜訊-111dbm 降至-111-15=-126dbm 如此時比較微波站 A 接收系統靈敏度為小於-136dbm 時因雜訊-126dbm 大於靈敏度-136dbm10db 接收以上則有干擾之慮。反之微波站 A 接收系統靈敏度為-116dbm，因雜訊-126dbm小於靈敏度-116dbm10db接收以上則無干擾之慮。如微波站 A 接收系統靈敏度為在-126dbm 上下 10db 間(-136dbm 至-116dbm)則可能有干擾或無干擾之慮。以上三種情況分析第一種定義為有干擾之慮，第二種定義為無干擾之慮，第三種定義為臨界干擾，此處所定 10db 為有無干擾現象定義範圍係一參考經驗值，而實務上界定有無干擾現象需由現場測試中驗證得知。

c.系統間＋系統內干擾結合分析

由 1.系統間由微波站 B 耦合至微波站 A 的雜訊量為-111dbm，由 2.系統內分析微波站 A S/N 比值 15db，可將外來雜訊由-111dbm 降至-126dbm(-111-15=-126)經查微波站 A 接收系統靈敏度為-130dbm，比較雜訊-126dbm 與系統靈度-130dbm 兩者相差在 4db 以內，依電磁干擾／電磁調和檢視標準在雜訊量與靈敏度相差 10db 以內時應將微波站 A 界定為臨界干擾，而實務上界定有無干擾現象需另由現場測試中驗證得知。

◎Intra system A at EMI/EMC

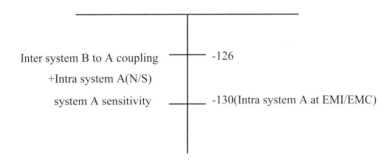

## 附 F.2　雷達站相互干擾評估分析

已知：設有 A、B 兩座相鄰雷達站相距 0.2Km，AB 兩座雷達均脈衝式搜索雷達，有關兩座雷達站物性、電性參數資料如下，試求A、B 兩座雷達站間是否存在電磁干擾問題，設 A 雷達為干擾源，B 雷達為受害源。

| 電性參數 | A | B |
|---|---|---|
| 發射接收中心頻率(MHz) | 1000 | 3000 |
| 發射最大功率(pk), kw | 30 | 25 |
| 脈波寬 p.w.,  us. | 1 | 2 |
| 脈波重覆率 PRF, 次/秒 | $10\sim10^4$ | $10\sim10^3$ |
| 射頻接收靈敏度, dbm | -100 | -90 |
| 發射接收頻寬, MHz | 100 | 50 |
| 極向(H. V. C.) | H | V |

| 天線增益(db) | 30 | 35 |
|---|---|---|
| 天線場型 3db，度 | 2° | 1.5° |
| 天線場型 Sidelobe, db | 20 | 30 |
| 天線場型 backlobe, db | 25 | 25 |
| 掃描模式 | 360°旋轉 | 360°旋轉 |
| 系統內抗干擾能 N/S,db | -25 | -20 |
| 系統接收靈敏度，dbm | -125 | -110 |
| 物性參數 | A | B |
| 水平距離, Km | 0.2 | 0.2 |
| 垂直位差, m | 0 | 0 |
| 指向性, 每分轉 RPM，次 | 5-10 | 6-12 |

＊求證：A 對 B 雷達站是否存電磁干擾問題？

評估：按系統間、系統內電磁干擾分析法評估分析 A 對 B 雷達站是否存在相互電磁干擾問題，因A、B雷達天線指向性各為5～12RPM，6～12RPM並作 360?旋轉式掃描，在A、B兩者主波束不同步不定時不定掃描模式次數情況下兩者主波束直接耦合的機率很低，一般計算是以 A 雷達站的旁波束為干擾源對應 B 雷達站的主波束作為最大耦合干援量評估準則，並以此干擾量與 B 雷達射頻接收靈敏度比較作為系統間是否造成干評估準則，對 B 雷達系統內是否有干擾問題需視系統內抗干擾能量S/N，(db)而定，因此對 B 雷達全系統是否造成干擾問需結合系統間與系統內總干擾量並與 B 雷達系統接收靈敏度比較後觀察 B 雷達是否真正受到干擾。

a.系統間分析

a.1 信號強度耦合量

a.1.1A 發射功率 +55dbm

$$P(AV)=P(Pk)\times P.W.\times P.R.F.$$
$$=30\times10^3\times10^3 mw\times10^{-6}\times10^4 \ =55dbm$$

a.1.2 A 天線增益 +30db

a.1.3 A 至 B 電磁波衰減 -78db

$$Att=32 + 20logf(MHz)+ 20logR(Km)$$
$$=32 + 20log1000 + 20log0.2 =78$$

a.1.4A 至 B 場型耦合量 -20db

A 旁波束對應 B 主波束 -20 +(0)＝-20

a.1.5B 天線增益　　　　　　　　　　　　　　　　　　　　　　　　　　+35db

a.1.6A 對 B 極向耦合量(H 對 V)　　　　　　　　　　　　　　　　　　-20db

a.2 頻率頻寬耦合量

a.2.1 頻率差耦合(Frequency seperation correction)　　　　　　　　　　-57db

依公式 F.S.C.(db)=40log[B(T)+B(R)] /2/[f(T) － f(R)]

=40log[(100+50)/2]/[1000-3000]=-57

a.2.2 頻寬耦合(band width correction factor)　　　　　　　　　　　　　-6db

依計算表格選用適當公式計算頻寬耦合因素(B.W.C.F)

| TYPE | B.W | B.W.C.F. | |
|---|---|---|---|
| | | On tune | Off tune * |
| Mod | BW | $\Delta f \leq \dfrac{B(T)+B(R)}{2}$ | $\Delta f > \dfrac{B(T)+B(R)}{2}$ |
| *CW | B(R)≥B(T) * | No correction | $10\log\dfrac{B(R)}{B(T)}$ |
| | B(R)<B(T) | $10\log\dfrac{B(R)}{B(T)}$ | |
| Pulse | B(R)≥B(T) | No correction | $20\log\dfrac{B(R)}{B(T)}$ * |
| | PRF<B(R)<B(T) * | $20\log\dfrac{B(R)}{B(T)}$ | |
| | B(R)<PRF | $20\log\dfrac{PRF}{B(T)}$ | $20\log\dfrac{PRF}{B(T)}$ |

由 Mode 欄位中選發射接收模式 pulse。

由 BWCF 欄位中選 on tune 或 off tune。

$\Delta f = f(T) － f(R)＝(1000-3000)＝2000MHz$

$[B(T)＋B(R)]／2＝(100＋50)／2＝75MHz$

比較 2000 ＞ 75，選 $\Delta f ＞[B(T)＋B(R)]／2$，off tune

・由 B(T)＝100MHz，B(R) ＝50MHz，PRF ＝$10^4$，$10^4 ＜ 50MHz ＜ 100MHz$ 選 PRF ＜ B(R)＜ B(T)

・由 pulse BW 欄位中選 PRF ＜ B(R)＜ B(T)與 BWCF 欄位中選 off tune 相對應爲 20log B(R)／ B(T)，20log 50MHz ／ 100MHz ＝ － 6

如確認 **on turn**，按 B.W.C.F 計算表計算 B.W.C.F.值。

如確認 **off turn**，除按 B.W.C.F.計算表計算外。另需計入 $M(\Delta f)$、$s(\Delta f)$值。有關範例說明，參閱附錄 1 I 項說明，始可算出 off turn 情況時的 B.W.C.F.值。

**本節範例B.W.C.F.計算值**未將 $M(\Delta f)$、$s(\Delta f)$計入，按實務工程需求，需將 $M(\Delta f)$、$s(\Delta f)$計入後所得 B.W.C.F.值要比未將 $M(\Delta f)$、$s(\Delta f)$計入所得 B.W.C.F.值爲低，有關說明參閱附錄 1 I 項範例說明。

a.3 信號強度＋頻率頻寬耦合量

由 1.1.1 + 1.1.2 + 1.1.3 + 1.1.4 + 1.1.5 + 1.1.6 + 1.2.1 + 1.2.2 = 55 + 30 − 78 − 20 + 35 − 20 − 57 − 6 = − 61dbm。

比較 A 至 B 雷達站信號強度與頻率頻寬耦合量為 − 61dbm 與 B 雷達站接收靈敏度 − 90dbm，因 − 61dbm ＞ − 90dbm 超過 EMI／EMC 臨界干擾值 10db 以上而故有干擾之慮。所造成的干擾現象為在 B 雷達天線主波束轉向 A 雷達天線旁波束時，因 B 雷達天線主波束感應 A 雷達天線旁波束而產生干擾。

但如以 A 雷達天線旁波束感應 B 雷達天線旁波束計因 B 雷達天線旁波束為 − 30db，故 A 至 B 感應量由 − 61 原可再減 − 30，成為 − 91dbm，此值巧與 B 雷達射頻接收靈敏度 − 90dbm 相近應列入 EMI／EMC 臨界干擾區間，如將 − 91dbm 代入 B 雷達站抗干擾能力 20db 可將 − 91dbm 再改善為-111dbm，此時再與系統本身靈敏度比如仍低於系統靈敏度 10db 以上則 B 雷達站無干擾之慮。如高於系統靈敏度 10db 以上則 B 雷達站有干擾之慮。如介於系統靈敏度上下 10db 區間則 B 雷達站介於臨界干擾或存有干擾或不存有干擾。

◎Inter system A to B at EMI

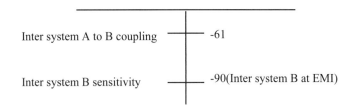

Inter system A to B coupling ——— -61

Inter system B sensitivity ——— -90(Inter system B at EMI)

· Intra system B EMI coupling=-81

Inter system A to B coupling+Intra system B(N/S)=(-61)+(-20)=-81

Inter system A to B coupling(-61)+Intra system B N/S(-20)>Intra system B sensitivity

(-110)[(-81)-(-110)=29>10]

b.系統內分析

系統內抗干擾能量視系統內全系統信雜比 S/N 高低而定，S/N 比值越小抗干擾能力越差，S/N 比值越大抗干擾能力越好，此項 S/N 比值需結合系統間外來雜訊感應干擾量，將這兩項合併計算可改善接收系統對此項外來雜訊干擾抑制效果。如 B 雷達站可藉由本身系統 S/N 比值 20db 將 B 達站所感應的雜訊 − 61dbm 降至 − 61 − 20 ＝ − 81dbm，如此時比較 B 雷達站本身靈敏度如大於 − 71dbm 表示雜訊 − 81dbm 低於靈敏度 − 71dbm10db 以上故無干擾之慮，如 B 雷達站本身靈敏度小於 − 91dbm 以上，表示雜訊 − 81dbm 高於靈敏度 − 91dbm10db 以上故有干擾之慮。如 B 雷達站本身靈敏度在 − 81dbm 上下 10db(− 91dbm～− 71dbm)區間表示靈敏度大約與雜訊相等故呈臨界干擾。

c.系統間＋系統內干擾整合分析

　　由 1.系統間由 A 雷達站耦合至 B 雷達站的雜訊量為－61dbm，由 2.系統內分析 B 雷達站可由本身系統 S/N 比值 20db 將 B 雷達站所感應的雜訊－61dbm 降至－61－20 ＝－81dbm，如此時比較將 B 雷達站系統接收靈敏度為－110dbm，因雜訊－81dbm 大於靈敏度－110dbm10db 以上故有干擾之慮，但因 A、B 兩雷達站均為旋轉掃描式雷達，此項干擾場景僅在 B 雷達站主波束掃描至面向 A 雷達站旁波束才發生，是屬於短暫間續性干擾現象，一般是不會對 B 雷達站造成整體性功能影響，如有影響則需做進一步對系統內的分析評估工作，而實務上界定有無干擾現象需另由現場測試中驗證得。

　　◎Intra system B at EMI

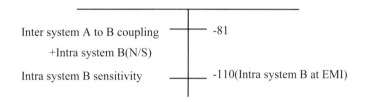

＊求證：B 對 A 雷達站是否存在電磁干擾問題？

評估：按系統間、系統內電磁干擾分析法評估分析 B 對 A 雷達站是否存在相互電磁干擾問題，因 A、B 雷達天線指向性各為 5～12RPM，6～12RPM 並作 360?旋轉式掃描，在 A、B 兩者主波束不同步不定時不定掃描模式次數情況下兩者主波束直接耦合的機率很低，一般計算是以 B 雷達站的主波束為干擾源對應 A 雷達站的旁波束作為最大耦合干援量評估準則，並以此干擾量與 B 雷達射頻接收靈敏度比較作為系統間是否造成干評估準則，對 A 雷達系統內是否有干擾問題需視系統內抗干擾能量 S/N,(db)而定，因此對 A 雷達全系統是否造成干擾問需結合系統間與系統內總干擾量並與 B 雷達系統接收靈敏度比較後觀察 A 雷達是否真正受到干擾。

a.系統間分析

a.1 信號強度耦合量

a.1.1 B 發射功率　　　　　　　　　　　　　　　　　　　　　　　　47dbm

　　P(av)=P(Pk)×P.W.×P.R.F.

　　　　=25×$10^3$×$10^3$×2×$10^{-6}$×$10^3$

　　　　=47dbm

a.1.2 B 天線增益　　　　　　　　　　　　　　　　　　　　　　　　35db

a.1.3 B 至 A 電磁波衰減　　　　　　　　　　　　　　　　　　　　－88db

　　Att=32＋20logf(MHz)＋20logR(Km)

　　　　=32＋20log3000＋20log0.2　=88

a.1.4B 至 A 場型耦合量　　　　　　　　　　　　　　　　　　　　　-20db

　　B 主波束對應 A 旁波束　0 +(-20)=-20

a.1.5A 天線增益　　　　　　　　　　　　　　　　　　　　　　　　　30db

a.1.6B 對 A 極向耦合量(V 對 H)　　　　　　　　　　　　　　　　　-20db

a.2 頻率頻寬耦合量

a.2.1 頻率差耦合(Frequency seperation correction)　　　　　　　　　-57db

　　依公式 F.S.C.(db)=40log[B(T)+B(R)] ／ 2 ／[f(T)－ F(R)]

　　　　　　　=40log[(50+100)/2]/[ 3000 － 1000]=-57

a.2.2 頻寬耦合(band width correction factor)　　　　　　　　　　　6db

　　依計算表格選用適當公式計算頻寬耦合因素(B.W.C.F)

| TYPE | B.W | B.W.C.F. | |
|---|---|---|---|
| | | On tune | Off tune * |
| Mod | BW | $\Delta f \leq \frac{B(T)+B(R)}{2}$ | $\Delta f > \frac{B(T)+B(R)}{2}$ |
| *CW | B(R)≥B(T) * | No correction | $10\log\frac{B(R)}{B(T)}$ |
| | B(R)<B(T) | $10\log\frac{B(R)}{B(T)}$ | |
| Pulse | B(R)≥B(T) | No correction | $20\log\frac{B(R)}{B(T)}$ * |
| | PRF<B(R)<B(T) * | $20\log\frac{B(R)}{B(T)}$ | |
| | B(R)<PRF | $20\log\frac{PRF}{B(T)}$ | $20\log\frac{PRF}{B(T)}$ |

　　由 Mode 欄位中選發射接收模式 pulse

　　由 BWCF 欄位中選 on tune 或 off tune。

　　$\Delta$f=f(T)－ f(R)＝ (3000-1000)＝ 2000MHz

　　[B(T)＋ B(R)]／ 2 ＝(50 ＋ 100)／ 2 ＝ 75MHz

　　比較 2000 > 75，選$\Delta$f >[B(T)＋ B(R)]／ 2，off tune

　　・由 B(T)＝ 50MHz，B(R) ＝ 100MHz，PRF ＝ $10^3$，100MHz > 50MHz，選 B(R)
　　　> B(T)

　　・由 pulse BW 欄位中選 B(R)> B(T)與 BWCF 欄位中選 off tune 相對應為 20log B
　　　(R)／ B(T)＝ 20log 100MHz ／ 50MHz ＝＋ 6

如確認 **on turn**，按 B.W.C.F.計算表計算 B.W.C.F.值。

如確認 **off turn**，除按 B.W.C.F.計算表計算外。另需計入 $M(\Delta f)$、$s(\Delta f)$值。有關範例說明，參閱附錄 1 I 項說明，始可算出 off turn 情況時的 B.W.C.F.值。

**本節範例B.W.C.F.計算值**未將 $M(\Delta f)$、$s(\Delta f)$計入，按實務工程需求，需將 $M(\Delta f)$、$s(\Delta f)$計入後所得 B.W.C.F.值要比未將 $M(\Delta f)$、$s(\Delta f)$計入所得 B.W.C.F.值為低，有關說明參閱附錄 1 I 項範例說明。

a.3 信號強度＋頻率頻寬耦合量

　　由 1.1.1 ＋ 1.1.2 ＋ 1.1.3 ＋ 1.1.4 ＋ 1.1.5 ＋ 1.1.6 ＋ 1.2.1 ＋ 1.2.2 ＝ 47 ＋ 35 － 88 － 20 ＋ 30 － 20 － 57 ＋ 6 ＝ － 67。

　　比較 B 至 A 雷達站信號強度加頻率頻寬耦合量為－ 67dbm 與 A 雷達站射頻接收靈敏度－ 100dbm，因－ 67dbm ＞－ 100dbm 超過 EMI ／ EMC 臨界干擾值 10db 以上而故有干擾之虞。而所造成的干擾現象為在 B 雷達天線主波束轉向 A 雷達天線旁波束時，因 A 雷達天線旁波束感應雷達天線主波束而產生干擾。

　　但如以 B 雷達天線旁波束感應 A 雷達天線旁波束計因 B 雷達天線旁波束為－ 30db，故 B 至 A 干擾感應量由原－ 67 可再減－ 30，成為－ 97dbm，此值大於 A 雷達接收靈敏度－ 100dbm 在 10db 以內應列臨界干擾，但如將－ 97dbm 代入 A 雷達站抗干擾能力 25db 可將－ 97dbm 再改善為-122dbm，此時再與 A 雷達接收靈敏度比較如仍低於系統靈敏度 10db 以上則 A 雷達站無干擾之虞。如高於系統靈敏度 10db 以上則 B 雷達站有干擾之虞。如介於系統靈敏度上下 10db 區間則 A 雷達站介於臨界干擾或存有干擾或不存有干擾。

　　◎Inter system B to A at EMI

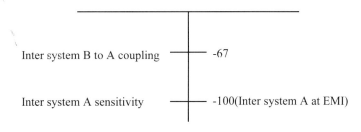

Inter system B to A coupling　　　　-67

Inter system A sensitivity　　　　-100(Inter system A at EMI)

・Inter system A EMI coupling=-92

Inter system B to A coupling+Intra system A(N/S)=(-67)+(-25)=-92

Inter system B to A coupling(-67)+Intra system A N/S(-25)>Intra system A sensitivity(-125)[(-92)-(-125)=33>10]

b.系統內分析

　　系統內抗干擾能量視系統內全系統信雜比 S/N 高低而定，S/N 比值越小抗干擾能力越差，S/N 比值越大抗干擾能力越好，此項 S/N 比值需結合系統間外來雜訊感應干擾量，將這兩項合併計算可改善接收系統對此項外來雜訊干擾抑制效果。設 A 雷達站可藉由本身系統 S/N 比值 25db 將 A 雷達站所感應的雜訊－67dbm 降至－67－25＝－92dbm，如此時比較 A 雷達站接收靈敏度如大於－82dbm 表示雜訊－92dbm 低於靈敏度－82dbm10db 以上故無干擾之慮，如 A 雷達站接收靈敏度低於－102dbm 以上，表示雜訊－92dbm 高於靈敏度－102dbm10db 以上故有干擾之慮。如 A 雷達站本身靈敏度在－92dbm 上下 10db(－102dbm～－82dbm)區間表示靈敏度大約與雜訊相等故呈臨界干擾。

c.系統間＋系統內干擾整合分析

由 1.系統間由 B 雷達站耦合至 A 雷達站的雜訊量為－67dbm，由 2.系統內分析 A 雷達站可由本身系統 S/N 比值 25db 將 A 雷達站所感應的雜訊－67dbm 降至－67－25＝－92dbm，如此時比較將 A 雷達站本身系統接收靈敏度為－125dbm，因雜訊－92dbm 高於系統靈敏度－125dbm10db 以上故有干擾之慮，但因 A、B 兩雷達站均為旋轉掃描式，此項干擾場景僅在 A 雷達站主波束掃描至面向 B 雷達站旁波束才發生。是屬於短暫間續性干擾現象，一般是不會對 A 雷達站造成整體功能影響，如有影響則需做進一步對系統內的分析評估工作，而實務上界定有無干擾現象需另由現場測試中驗證得。

◎Intra system A at EMI

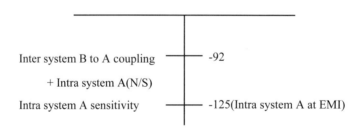

Inter system B to A coupling ——— -92

+ Intra system A(N/S)

Intra system A sensitivity ——— -125(Intra system A at EMI)

## 附 G　系統間＋系統內干擾分析防制說明

依系統間＋系統內干擾分析範例說明，設兩電子通訊或雷達系統之間電性參數不變情況下如有干擾問題存在，可從物性參數中設法調整，最常見且有效的方法是將兩電子系統裝備間水平距離加大，即藉由調整兩電子系統間距離利用較遠距離自由空間電磁波傳送衰減公式計算有較大衰減量，可達成減低一電子系統對另一電子系統的干擾量。

此項調整兩電子系統間距離可達到兩電子系統間電磁無干擾現象稱之電磁調和安全距離，而電磁調和安全距離評估係依兩電子系統間經評估存在干擾問題，以兩電子系統間距離 d 為準，如一電子系統感應至另一電子系統的感應量為-90dbm，而受干擾的電子系統靈敏度為-92dbm，因-90dbm ＞-92dbm，且兩者相差在 10db 以內應列為臨界干擾區間，為降低一電子系統對另一電子系統的干擾量可由電磁波在自由空間傳送減公 Att(db)＝ 32 ＋ 20logf(MHz)＋ 20logd(Km)中取 20logd(Km)一項計算時d增大一倍電磁波衰減爲 6db的關係中調整 d 的增量可衰減電磁波至所需的衰減 db 數。如前提一電子系統對另一電子系統的干擾感應量爲-90dbm，而受干擾電子系統的靈敏度爲-92dbm 而有干擾問題，經查兩電子系統距離爲 100 公尺，一系統對另一系統干擾感應量爲-90dbm，按 20logd(Km)公式每增一倍距離可多衰減 6db，即兩系統間距離爲 200 公尺時干擾量減爲-96dbm，兩系統間距離爲 400 公尺時干擾量減爲-102dbm，經比較原受干擾系統靈敏度-92dbm 與干擾量減爲-102dbm 時，因-102dbm ＜-92dbm 且相差 10db 可列屬無干擾工作區間。故將兩電子系統間距離由原 100 公尺調整爲 400 公尺，可使原干擾量由-90dbm 減爲-102dbm 而使兩電子系統間關係可達到電磁調和工作目標。

由附 6 系統間＋系統內干擾分析範例說明微波站與雷達站相互干擾分析情況，依調整相互間水平距離可減少相互間干擾量方法達成電磁調和工作目標，如以範例中所列相互干擾量爲依據，參用所需調整水平距離方法計算可得電磁調和安全距離如表列所示。

| 類別 | 干擾模式 | 系統間＋系統內干擾量(dbm) | 系統接收靈敏度(dbm) | 有無干擾 | 現況距離(m) | 電磁調和距離(m) | 備　考 EMI or EMC |
|---|---|---|---|---|---|---|---|
| 微波站(A,B) | A(主波束)對B(旁波束)間續性干擾 | -123 | -112 | 無 | 3000 | 3000 | -123<-112by 11>10EMC |
| | B(旁波束)對A(主波束)間續性干擾 | -126 | -130 | 有(臨界干擾) | 3000 | -142 at24000m.-144 < 130by 14 > 10. | -126>-130by 4<10EMI |
| 電達站(A,B) | A(旁波束)對B(主波束)間續性干擾 | -81 | -110 | 有 | 200 | -123 at 25600m-123 <-110by 13>10 | -81>-110by 29>10EMI |
| | B(主波束)對A(旁波束)間續性干擾 | -92 | -125 | 有 | 200 | -140 at 51200m-140 <-125by 15>10 | -92>-125by 33>10EMI |

上表內電磁調和距離參閱下列表資料

A 對 B 微波站

| 距離(m) | 衰減量(db) |
|---------|-----------|
| 3000 | -123 |
| 6000 | -129 |
| 12000 | -135 |
| 24000 | -141 |

B 對 A 微波站

| 距離(m) | 衰減量(db) |
|---------|-----------|
| 3000 | -126 |
| 6000 | -132 |
| 12000 | -138 |
| 24000 | -144 |

A 對 B 雷達站

| 距離(m) | 衰減量(db) |
|---------|-----------|
| 200 | -81 |
| 400 | -87 |
| 800 | -93 |
| | |
| | |
| 12800 | -117 |
| 25600 | -123 |

B 對 A 雷達站

| 距離(m) | 衰減量(db) |
|---------|-----------|
| 200 | -92 |
| 400 | -98 |
| 800 | -104 |
| | |
| | |
| 25600 | -134 |
| 51200 | -140 |

　　消除兩微波站與雷達站間干擾方法至多，求出電磁調和距離為物性消除干擾調整方法之一，但如依表列所需調整電磁調和距離，因距離太遠在實務操作上並不實用，有些干擾不因此項間續性干擾而影響微波站及雷達站整體功能故不需藉調整電磁調和安全距離來消除此項干擾，如果在功能需求上必須消除此項間續性干擾也可以用其他方法達成，如在會發生間續性的掃描方向使發射端微波站及雷達站暫停輻射或使接收端微波站及雷達站以遮波方法來消除此項間續性干擾。其他有關各項干擾防制方法可參閱附 3 電子系統 EMI 防制工作方法章節內所列對系統間及系統內各項防制方法執行干擾防制工作。

## 附 H　電磁電子能量互換模式演算

　　假設由 time domain 轉換為 frequency domain 中，選取某一頻率的 RF 電磁能量由自由空間傳送經裝備或纜線隔離防護後，仍有部分殘餘 RF 電磁能量慘入裝備或纜線造成對裝備模件中電路板損壞。以 RF 電磁能量，$P = 106W/m^2$，$E = 200V/m$，$H = 0.53A/m$ 為例，經裝備電子箱盒及纜線 20db 隔離後，仍有殘餘電磁能量 $P = 1.06W/m^2$，$E = 20V/m$，$H = 0.053A/m$ 感應耦合至電路板，以此為準經電磁能量轉換為電子能量互換模式，可計算出電路板上含 trace 及 component 在構形上所形成之 rod 及 loop 感應耦合量做為評估是否對電路板造成干擾之依據。而干擾感應耦合量含信號強度耦合量大小及頻率頻寬耦合量多少兩項。為簡化觀念計算解說，想定干擾源與受害源頻率頻寬相同時其間頻率頻寬耦合在最大耦合情況下，僅需計算干擾源對受害源信號強度耦合量大小，並與受害源信號靈敏度比較，可概估出是否造成干擾電路板問題。對信號強度耦合由頻率波長(λ)與電子箱盒護板距電路板間距(d)及電路板組合間距(d)關係，試以慘入電子箱盒內電磁輻射能量為干擾源，以電路板上 trace 與 component 及導線為受害源，比較雜訊頻率波長(λ)與間距(d)關係，依 $d < \dfrac{\lambda}{2\pi} = \dfrac{\lambda}{6}$ 為近場效應，$d = \dfrac{\lambda}{2\pi} = \dfrac{\lambda}{6}$ 為近遠場臨界效應，$d > \dfrac{\lambda}{2\pi} = \dfrac{\lambda}{6}$ 為遠場效應。

　　在實務上如何界定近遠場定義，完全視波長(λ)與間距(d)之間互動關係，如界定遠場效應則按遠場效應電磁能量轉換為電子能量模式計算，如界定近場效應則按近場效應電磁能量轉換為電子能量模式計算，一般如果間距(d)愈小，波長(λ)愈大多屬近場效應 ( $d < \dfrac{\lambda}{2\pi} = \dfrac{\lambda}{6}$ )，反之如果間距(d)愈大，波長(λ)愈小多屬遠場效應( $d > \dfrac{\lambda}{2\pi} = \dfrac{\lambda}{6}$ )，現以一輻射源為干擾源(source)，經電子箱盒護板隔離 20db 為例，計算評估是否對電子箱盒內電路板上以天線(rod)及電路(loop)為受害源造成干擾。

　　有關干擾源(source)、隔離(shielding)、受害源(PCB 上天線 rod 模式及電路 loop 模式)各項參數及圖示如下，其中間距(d)依 $d = \dfrac{\lambda}{2\pi} = \dfrac{\lambda}{6} = \dfrac{30}{6} = 5cm$ at $f = 1GHz$，λ = 30cm 定為近遠場臨界值，d = 5cm 可視為近場亦可視為遠場，在範例 1 中以 d = 5cm 計算遠場效應，在範例 2 中亦以 d = 5cm 計算近場效應。在實務計算評估應以實際間距(d)為準，設干擾源頻率波長為 30cm( f=1GHz)，凡 d < 5cm 應為近場效應，凡 d > 5cm 應為遠場效應。故在範例 1 與 2 中間距(d)值選用應以實際在構形上所量到間距(d)值為準代入公式中計算。

　　範例 1. 遠場 ( $d \geq = \dfrac{\lambda}{6}$ )

| Source (*RF*) | Shielding (20db) | | Victim (*PCB*) |
|---|---|---|---|
| $f = 1GHz$ | | | |
| $\lambda = 30cm$ | $P = 106\text{W/m}^2$ | $P = 1.06\text{W/m}^2$ | |
| $\dfrac{\lambda}{2} = 15cm$ | $E = 200\text{V/m}$ | $E = 20\text{V/m}$ | |
| $d = \dfrac{\lambda}{6} = 5cm$ | $H = 0.53\text{A/m}$ | $H = 0.053\text{A/m}$ | |

$d \geq 5cm$

for rod，$ab = \dfrac{\lambda}{2} = 15cm$   at   $f = 1$ GHz

$$E = V/d \text{，} d = 5cm = 0.05m$$

$$* V = E \times d = 20 \times 0.05 = 1\text{V}$$

for loop，$efgh = \dfrac{\lambda}{2} = 15cm$   at   $f = 1$ GHz

$$H = \dfrac{I}{\ell}  \quad \ell = efgh = 15cm = 0.15m$$

$$* I = H \times \ell = 0.053 \times 0.15 = 0.008\text{A}$$

| Shielding(db) | rod(V) | loop(A) | d(cm) | |
|---|---|---|---|---|
| * 20 | * 1.0 | * 0.008 | 5 | (FF) |
| 26 | 0.5 | 0.004 | 10 | (FF) |
| 32 | 0.025 | 0.002 | 20 | (FF) |
| * 40 | 0.1 | 0.0008 | 5 | (FF) |
| 46 | 0.05 | 0.0004 | 10 | (FF) |
| 52 | 0.025 | 0.0002 | 20 | (FF) |
| 60 | 0.01 | 0.00008 | 5 | (FF) |
| 66 | 0.05 | 0.00004 | 10 | (FF) |
| 72 | 0.0025 | 0.00002 | 20 | (FF) |

FF(far field)

Reading(V) and (A) for Victim rod and loop

If Signal Voltage = 5V

for rod, Shielding = 20db, rod(V) = 1V

$$\dfrac{\text{V for Victim(rod)}}{\text{V for Source(signal)}} = \dfrac{1\text{V}}{5\text{V}} \text{ , EMI} \qquad 5\text{V} > 1\text{V}$$

Shielding = 40db，   rod(V) = 0.1V

$$\dfrac{\text{V for Victim(rod)}}{\text{V for Source(signal)}} = \dfrac{0.1\text{V}}{5\text{V}} \text{ , EMC} \qquad 5\text{V} \gg 0.1\text{V}$$

for loop, Shielding = 20db, loop(A) × R = 0.008 × 100 = 0.8V

$$\dfrac{\text{V for Victim(loop)}}{\text{V for Source(signal)}} = \dfrac{0.8\text{V}}{5\text{V}} \text{ , EMI} \qquad 5\text{V} > 0.8\text{V}$$

Shielding = 40db，   loop(A)  × R = 0.0008 × 100 = 0.08V

$$\dfrac{\text{V for Victim(loop)}}{\text{V for Source(signal)}} = \dfrac{0.08\text{V}}{5\text{V}} \text{ , EMC} \qquad 5\text{V} \gg 0.08\text{V}$$

*   $R = 100$ ohms for trace impedance on PCB

範例 2. 近場 $(d \leq \frac{\lambda}{6})$

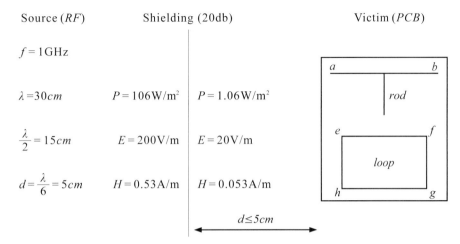

|                     |                          |                          |
|---------------------|--------------------------|--------------------------|
| Source (*RF*)       | Shielding (20db)         | Victim (*PCB*)           |
| $f = 1\text{GHz}$   |                          |                          |
| $\lambda = 30cm$    | $P = 106\text{W/m}^2$    | $P = 1.06\text{W/m}^2$   |
| $\frac{\lambda}{2} = 15cm$ | $E = 200\text{V/m}$ | $E = 20\text{V/m}$ |
| $d = \frac{\lambda}{6} = 5cm$ | $H = 0.53\text{A/m}$ | $H = 0.053\text{A/m}$ |

$d \leq 5cm$

近場 rod 感應值

  Reflection loss to E field, R(db).

  $$R(\text{db}) = 354 + 10\log(G/f^3 \cdot \mu \cdot r^2) \quad (r = d)$$

  $G = 1 \quad \mu = 1 \quad$ for metal

  $f = 10^9 , r \leq 5cm = 2\ inch.$(r by inch)

  $$R(\text{db}) = 354 + 10\log(1/10^9 \cdot 1 \cdot 2^2) = 90$$

  Induced *E* at rod after shielding

  $$E = 20 \times 10^{\frac{-90}{20}} = 6.3 \times 10^{-4}\ \text{V/m}$$

  Induced *V* at rod after shielding

  $$V = E \times d = 6.3 \times 10^{-4} \times 0.05 = 3.15 \times 10^{-5}\ \text{V}$$

近場 loop 感應值

  Reflection loss to H field, R(db).

  $$R(\text{db}) = 20\log\left[(\frac{0.462}{r}) \cdot \sqrt{\frac{u}{fG}} + (0.136r) \cdot \sqrt{\frac{Gf}{u}} + 0.354\right], (r = d)$$

  $G = 1 \quad u = 1 \quad$ for metal

  $f = 10^9 , r \leq 5cm = 2inch \quad$ (r by inch)

  $$R(\text{db}) = 20\log\left[(\frac{0.462}{2}) \cdot \sqrt{\frac{1}{10^9 \cdot 1}} + (0.136 \cdot 2) \cdot \sqrt{\frac{1 \cdot 10^9}{1}} + 0.354\right] = 78.69$$

  Induced *H* at loop after shielding

  $$H = 0.053 \times 10^{\frac{-78}{20}} = 6.67 \times 10^{-6}\ \text{A/m}$$

Induced $I$ at loop ($\ell$ =15cm) after shielding

$$I = H \times l = 6.67 \times 10^{-6} \times 0.15 = 10^{-6} \text{ A}$$

If signal voltage = 5V

for rod, Shielding = 20db, rod(V) = $3.15 \times 10^{-5}$V

Signal V, (5V) >> rod(V), ($3.15 \times 10^{-5}$V), EMC.

for loop, shielding = 20db, loop(A) = $10^{-6}$ A

V(loop) = $I \times R = 10^{-6} \times 100 = 10^{-4}$V

Signal V, (5V) >> loop(V), ($10^{-4}$V), EMC.

　　比較遠場與近場干擾源對受害源感應值,在遠場因波阻抗與空氣阻抗相同匹配而有較大感應值,反之在近場因波阻抗與空氣阻抗不相同無法匹配而有較小感應值,在實務操作中遠場與近場效應界定將視實際干擾源與受害源之間距離與雜訊頻率波長而定,依波阻抗與空氣阻抗之間阻抗匹配與波行進距離關係可定出遠場與近場界定值,依定義 $d$ 爲波行進中距離,也就是干擾源與受害源之間距離 $d$,$\lambda$ 爲雜訊頻率之波長,如 $d > \dfrac{\lambda}{2\pi} = \dfrac{\lambda}{6}$ 爲遠場效應,如 $d < \dfrac{\lambda}{2\pi} = \dfrac{\lambda}{6}$ 爲近場效應,如 $d = \dfrac{\lambda}{2\pi} = \dfrac{\lambda}{6}$ 爲遠近場臨界值,在 $d > \dfrac{\lambda}{6}$ 爲遠場效應時,干擾源對受害源的耦合干擾量會隨距離增加而減少,依自由空間衰減公式 space att = 20 log ($\dfrac{\lambda}{4\pi d}$)距離每增加一倍,耦合干擾量會遞減 6db。在 $d < \dfrac{\lambda}{6}$ 爲近場效應時則因波阻抗與空氣阻抗不匹配而產生反射,致使干擾源耦合至受害源的干擾量大幅減少,而此項耦合干擾量可依範例 2 中所示公式計算。如欲知干擾源對受害源最大耦合量,可選用近遠場臨界距離 $d = \dfrac{\lambda}{6}$ 時代入空氣衰減公式 space att = 20 log ($\dfrac{\lambda}{4\pi d}$) = 0 db 爲準。在 $d = \dfrac{\lambda}{6}$ 時因空氣衰減爲 0 db,而使得干擾源對受害源因不受空氣衰減影響而有最大耦合量,但在 $d > \dfrac{\lambda}{6}$ 時爲遠場效應,信號能量傳送會受空氣衰減影響而遞減。總結 $d < \dfrac{\lambda}{6}$ 干擾源對受害源感應耦合量因波阻抗與空氣阻抗不匹配產生反射而大幅減少。$d = \dfrac{\lambda}{6}$ 干擾源對受害源感應耦合量因波阻抗與空氣阻抗匹配而有最大值,$d > \dfrac{\lambda}{6}$ 干擾源對受害源感應耦合量則因空氣衰減而遞減。[space att = 20 log($\dfrac{\lambda}{4\pi d}$)]。在範例 1 與 2 中所做干擾(EMI)與調和(EMC)評估係依比較干擾源對受害源耦合信號強度大小而定,一般此項受害源所受耦合干擾信號強度愈大愈接近受害源電路中正常工作信號強度,則愈容易造成干擾問題。反之如受害源所受耦合干擾信號強度愈小愈遠離受害源電路中正常工作信號強度,則不會造成干擾問題。對實務上是否造成干擾問題及如何找出是否干擾的臨界點,除理論評估可協助找到一定範圍外,尚需以量測驗證方法輔助進一步找到干擾調和臨界點所在干擾信號強度值。

## 附 I　頻率頻寬耦合模式範例演算(補充附 1-7，附 1-19)

　　於分析評估發射與接收兩系統間是否有干擾問題時，如發射與接收射頻中心頻率與頻寬完全相同時，頻率頻寬耦合量最大。此時只需分析發射端信號強度偶合至接收端大小，並與接收端接收信號靈敏度比較，可評估發射對接收是否造成干擾問題。但在發射與接收兩系統間如頻率頻寬不一時，除分析發射對接收信號強度耦合量大小之外，另需分析頻率頻寬耦合量大小，將信號強度耦合大小加上頻率頻寬耦合量大小始爲接收端所感應發射端的總耦合量大小。此項由信號強度與頻率頻寬所整合的總干擾量大小，再與接收系統本身抗干擾能量比較，才可評估出發射對接收是否有干擾問題。

　　對頻率頻寬耦合模式可分頻率與頻寬兩項，頻率所指爲發射與接收之射頻中心頻率，頻寬所指爲發射與接收射頻中心頻率的頻寬寬度，在分析發射至接收射頻中心頻率耦合量所用計算公式 $\text{F.S.C} = 40 \log \frac{(B_T + B_R)/2}{\Delta f}$，其中 F.S.C 爲 frequency seperation correction，$B_T$、$B_R$ 分爲發射與接收射頻中心頻率的頻寬，$\Delta f$ 爲發射與接收射頻中心頻率間頻率差，而頻寬耦合模式(Bandwidth correction in dB)所示情況較爲複雜，如表 I.1 Bandwidth correction in dB。

表 I-1　Bandwidth correction in dB

| modulation type | Bandwidth conditions | On-tune $\Delta f \leq \frac{B_T + B_R}{2}$ | off-tune $\Delta f > \frac{B_T + B_R}{2}$ |
|---|---|---|---|
| CW | $B_R \geq B_T$ | No correction | $10 \log \frac{B_R}{B_T}$ |
| | $B_R < B_T$ | $10 \log \frac{B_R}{B_T}$ | |
| pulse | $B_R \geq B_T$ | No correction | $20 \log \frac{B_R}{B_T}$ |
| | $\text{PRF} < B_R < B_T$ | $20 \log \frac{B_R}{B_T}$ | |
| | $B_R < \text{PRF}$ | $20 \log \frac{\text{PRF}}{B_T}$ | $20 \log \frac{\text{PRF}}{B_T}$ |

　　一般依表列所示如屬 on tune ($\Delta f \leq \frac{B_T + B_R}{2}$)情況，先認定 Modulation type 爲 CW 或 pulse，再依 Bandwidth conditions 如屬 CW 選 $B_R \geq B_T$ 或 $B_R < B_T$，如係 $B_R \geq B_T$，Bandwidth conditions (dB)則選 No correction，如係 $B_R < B_T$，Bandwidth conditions (dB)則選 $10 \log \frac{B_R}{B_T}$。如屬 pulse 選 $B_R \geq B_T$ 或 $\text{PRF} < B_R < B_T$ 或 $B_R < \text{PRF}$，如係 $B_R \geq B_T$ Bandwidth conditions (dB)

則選 No correction，如係 PRF $<B_R<B_T$，Bandwidth conditions (dB)則選$20\log\dfrac{B_R}{B_T}$，如係

$B_R<$ PRF，Bandwidth conditions (dB)則選 $20\log\dfrac{PRF}{B_T}$。但依表列所示如屬 off tine ($\Delta f>$

$\dfrac{B_T+B_R}{2}$) 情況，除先認定 Modulation type 為 CW 或 pulse，在不同 Bandwidth conditions (dB)

條件下，如屬 CW，$B_R\geq B_T$ 或 $B_R<B_T$，Bandwidth conditions (dB) 均選 $10\log\dfrac{B_R}{B_T}$，如屬

pulse，$B_R\geq B_T$ 或 PRF $<B_R<B_T$，Bandwidth conditions (dB)均選$20\log\dfrac{B_R}{B_T}$。如$B_R<$ PRF，

Bandwidth conditions (dB)則選$20\log\dfrac{PRF}{B_T}$。除此其他另需考量兩項重要因素：

1. 為發射源中心頻率的第 $n$ 次諧波信號強度如與接收源中心頻率相同時，對接收源所造
   成的干擾耦合量大小，稱之 $M(\Delta f)$dB，如圖 I-1。

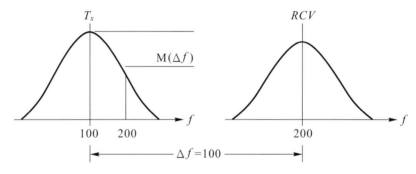

圖 I-1　$M(\Delta f)$dB：nth harmonics of $T_x$ below $T_x$ PWR at $\Delta f$.
($T_x$ modulation envelope reduction).

2. 為接收源鄰近中心頻率第 $n$ 次諧波與發射源中心頻率相同時，需瞭解發射源中心頻率
   耦合至接收源鄰近中心頻率頻寬內干擾量，也就是接收源對發射源選擇性抗干擾能
   量，稱之 $s(\Delta f)$dB，如圖 I-2。

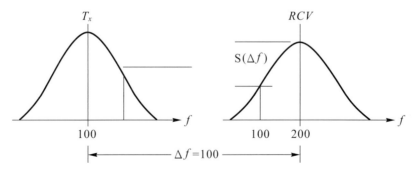

圖 I-2　$s(\Delta f)$dB：Selectivity in dB below RCV selectivity. (RCV selectivity rejection)

依表列 Bandwidth conditions (dB)在分析評估 off tune 情況時，除需先行計算表列內所示選項如$10 \log \frac{B_R}{B_T}$，$20 \log \frac{B_R}{B_T}$，$20 \log \frac{PRF}{B_T}$以外，尚需考量$M(\Delta f)$與$s(\Delta f)$兩項參數以評估最終所需 Bandwidth conditions (dB)值，現以範例說明如何將$M(\Delta f)$dB 與$s(\Delta f)$dB 兩項參數應用於最終 Bandwidth conditions (dB)計算方法**(如在分析評估 on tune 情況時的 Bandwidth Condition (dB)，$M (\Delta f)$dB 與 $s (\Delta f)$dB 不需列入計算)**。

### 範例一　發射(CW)對接收(pulse)

已知：發射源：AM Station (CW)

　　　　　　　$B_T = 10$ kHz

　　　　　　　$\Delta f = 1$ MHz

　　　　　　　$M(\Delta f) = -90$dB

　　　　接收源：Surveillance RCV (pulse)

　　　　　　　$B_R = 1$ MHz，PRF $= 1000$

　　　　　　　$\Delta f = 1$ MHz

　　　　　　　$s(\Delta f) = -60$ dB

求證：發射至接收之間射頻中心頻率與頻寬耦合量(Bandwidth conditions in dB)

計算：已知發射為 CW 系統，且$\Delta f > \frac{B_T + B_R}{2}$(1 MHz $> \frac{10k + 1M}{2}$)屬 off tune，又$B_R \geq B_T$(1 MHz $>$ 10 kHz)，由表列中 Bandwidth conditions (dB)應選$10 \log \frac{B_R}{B_T}$，而最終 Bandwidth conditions (dB)應為$10 \log \frac{B_R}{B_T} + M(\Delta f)$，$10 \log \frac{1M}{10k} + (-90) = -70$ dB，又由接收源得知$s(\Delta f) = -60$ dB，比較兩者$-70$ dB 與$-60$ dB 取較大值定為最終 Bandwidth conditions (dB)，故於範例一中之最終 Bandwidth conditions (dB)值應選用$-60$ dB。如此時發射與接收間射頻中心頻率差耦合干擾量[F.S.C.(frequency seperation correction)]為$-12$ dB，而頻寬差耦合干擾量[BWC(Bandwidth Corrections)]為$-60$ dB，此時**總頻率頻寬耦合干擾量則為$-77$ dB**[$(-12) + (-60)$]。其間發射與接收間射頻中心頻率差耦合干擾量(F.S.C.)參用

$$\text{F.S.C} = 40 \log \frac{\frac{B_T + B_2}{2}}{\Delta f} \text{公式。}$$

$$\text{F.S.C} = 40 \log \frac{\frac{1M + 10k}{2}}{1M} = -12 \text{ dB}$$

### 範例二　發射(CW)對接收(CW)

已知：發射源：與範例一接收源相同($B_R = 1$MHz，$\Delta f = 1$MHz，$s(\Delta f) = -60$dB，PRF $= 1000$)。

接收源：AM station(CW)

$B_R = 10$ kHz

$\Delta f = 1$ MHz

$s(\Delta f) = -90$ dB

求證：發射至接收之間射頻中心頻率與頻寬耦合量(Bandwidth conditions in dB)。

計算：已知發射為 pulse 系統，且 $\Delta f > \dfrac{B_T + B_R}{2}$(1 MHz $> \dfrac{1\text{M}+10\text{k}}{2}$)，屬 off tune，由 $B_T = 1$ MHz、$B_R = 10$ kHz，PRF $= 1000$，參閱表列 Bandwidth conditions (dB)，發射源為 pulse，且 PRF $< B_R < B_T$(1000 $< 10\text{k} < 1\text{M}$)，在 off tune 情況下，Bandwidth conditions (dB)應選 $20\log\dfrac{B_R}{B_T}$，而最終 Bandwidth conditions (dB)應為 $20\log\dfrac{B_R}{B_T} + M(\Delta f)$，$20\log\dfrac{10\text{k}}{1\text{M}} + (-60) = -120$ dB，又由接收源得知 $s(\Delta f) = -90$ dB，比較兩者 $-120$ dB 與 $-90$ dB 取較大值定為最終 Bandwidth conditions (dB)，故於範例二中之最終 Bandwidth conditions (dB)值應選用 $-90$ dB。如此時發射與接收間射頻中心頻率差耦合干擾量[F.S.C.(frequency seperation correction)]為 $-12$ dB，而頻寬差耦合干擾量[BWC(Bandwidth Corrections)]為 $-90$ dB，此時**總頻率頻寬耦合干擾量則為 $-102$ dB**[$(-12)+(-90)$]。其間發射與接收間射頻中心頻率差耦合干擾量(F.S.C.)參用 F.S.C $= 40\log\dfrac{\frac{B_T + B_2}{2}}{\Delta f}$ 公式。F.S.C $= 40\log\dfrac{\frac{1\text{M}+10\text{k}}{2}}{1\text{M}} = -12$ dB。

## 附 J　電磁波發射與接收近遠場效應分析(補充第一章 1.1)

1. 波行阻抗(wave impedence)與空氣阻抗(space impedence)

一般電磁波發射與接收均按天線共振原理行之，而共振模式可分開放式(rod. open ckt)與閉路式(loop，short ckt)兩種，開放式共振天線端點阻抗為無窮大(open ckt)，形同串聯共振，以電路觀念視之其共振源以電壓源為主，功率以 $P = \dfrac{V^2}{R}$ 示之，如轉換為電磁波以 $P = \dfrac{E^2}{Z}$ 示之。閉路式共振天線端點阻抗為零(short ckt)，形同並聯共振，以電路觀念視之其共振源以電流源為主，功率以 $P = I^2 R$ 示之，如轉換為電磁波以 $P = H^2 Z$ 示之。按電磁波波行阻抗(wave $Z$)與空氣阻抗(space $Z$)匹配特性及電磁波行進距離($d$)關係，可定出近場與遠場臨場距離為 $d = \dfrac{\lambda}{2\pi} = \dfrac{\lambda}{6}$，在 $d < \dfrac{\lambda}{2\pi}$ 為近場效應，在 $d > \dfrac{\lambda}{2\pi}$ 為遠場效應，如圖 J-1。

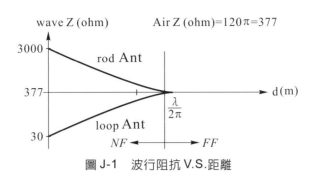

圖 J-1　波行阻抗 V.S.距離

在近場 (NF)，rod 輻射源呈高阻抗，係因近場 rod 輻射以 $E$ 為主 ($P=\dfrac{E^2}{Z}$)，而 $Z=\dfrac{E}{H}$，因 $E \gg H$ 故 rad 在近場呈高阻抗。loop 輻射源呈低阻抗，係因近場 loop 輻射以 $H$ 為主 ($P=H^2Z$)，而 $Z=\dfrac{E}{H}$ 因 $H \gg E$，故 loop 在近場呈低阻抗。不論 rod 或 loop 在近場均因波行阻抗 (wave $Z$) 過高 (377～3000) 或過低 (30～377) 均無法與空氣阻抗 377 匹配而難以輻射，但電磁波行進一段距離在遠場 (FF) ($d>\dfrac{\lambda}{2\pi}$)，因波行阻抗與空氣阻抗相匹配 (377 = 377) 可完全輻射於自由空間。如再深層研析在近場輻射源含有三項，一為靜電場、一為感應場、一為輻射場，如輻射源為電壓源 (rod Antenna)，其對波行經距離 ($d$) 之衰減量依次為靜電場 ($1/d^3$)，感應場 ($1/d^2$)，輻射場 ($1/d$)。由此觀之，在近場輻射場強大小依序為靜電場、感應場、輻射場。如輻射源為電流源 (loop Antenna)，其對波行徑距離 ($d$) 之衰減量依次為感應場 ($1/d^2$)，靜電場 ($1/d^3$)，輻射場 ($1/d$)。由此觀之，在近場輻射場強大小依序為感應場、靜電場、輻射場。

但在遠場輻射場強大小恰相反依序在電壓源為輻射場 ($1/d$)、感應場 ($1/d^2$)、靜電場 ($1/d^3$)，在電流源為輻射場 ($1/d$)、靜電場 ($1/d^2$)、感應場 ($1/d^3$)。在近場因波行阻抗與空氣不匹配故輻射效率至低，但其電磁波能量仍呈靜態存在於近場區間中，在遠場因波行阻抗與空氣阻抗相匹配，可將輻射場輻射到自由空間，此時只計輻射場，不計靜電場、感應場係因其場強在遠場時因 $d$ 變大，rod Ant 輻射的靜電場依 $1/d^3$，感應場依 $1/d^2$ 變小，loop Ant 輻射的感應場依 $1/d^3$，靜電場依 $1/d^2$ 變小之故，但輻射場在遠場傳送時會受到空氣衰減而減弱。如圖 J-2。

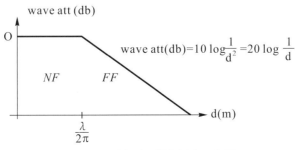

圖 J-2　波行衰減對應近、遠場

　　圖 J-2 中近場(NF)因電磁波場強呈靜態儲存於近場中，因未輻射不受空氣衰減影響而呈一直線常數分佈模式，而在遠場因電磁波已可輻射但會受到空氣衰減而減弱，且行徑距離($d$)越遠衰減越大。波行衰減 Wave att (dB)對 frequency 與 $d$ 關係式為 Wave att (dB)＝ 32 ＋ 20 log $f$(MHz)＋20 log $d$(km)。此式除可計算在遠場中電磁波衰減外，亦可用於檢視頻率與距離是否位在近場效應之中。簡言之如按公式計算所得為正值則屬遠場效應，如計算所得為負值則屬近場效應。按 wave att (dB)公式可先設定頻率為定值，當算出 wave att (dB)為負值時(≤0dB)之距離即為近遠場之臨界距離($d=\lambda/2\pi$)，或先設定距離為定值，當算出 wave att (dB)為負值時(≤0dB)之頻率即為近遠場之臨界頻率($f$)。在分析輻射源輻射信號在多遠距離有最大場強時，亦可利用圖 J-2 中 $d=\lambda/2\pi$ 公式由已知信號頻率波長代入 $d=\lambda/2\pi$ 公式，即可算出該輻射源在距離$d$處具有最大輻射場強，如超過$d$處於遠場區間信號受空氣衰減而減弱。在近場區間($d<\lambda/2\pi$)雖因波行阻抗與空氣阻抗不匹配而使輻射效率不佳，但由於靜電場與感應場存在，仍可能會對其週邊電子裝備造成干擾問題。如進一步分析所存在靜電場為電容性，感應電場為電感性，輻射場為電容電感性。此等場性對受害源所造成的干擾效應大小將視受害源工作電路屬性而定，如為電壓源屬電容性易受靜電場干擾。如為電流源屬電感性易受感應場干擾。如為電壓電流混合性則易受輻射場干擾。

2. 接收面徑(receiving aperature)與量測距離(test range)

　　在界定近遠場除比較波行阻抗與空氣阻抗是否匹配，作為定義近遠場之間距離$d$ $\geq \dfrac{\lambda}{2\pi}$為準以外。另需考量接收源面徑大小($D$)，在接收信號呈現不同相位時的近場球面波，或同相位時的遠場平面波，亦列入近遠場定義需求考量。而影響接收面徑是否為球面波或平面波與量測距離($R$)有關，當距離過近時，接收源面徑所受到的電磁波為非等相位球面波定為近場效應。如增長量測距離，可使接收源面徑所收到的球面波，轉換成為平面波定為遠場效應。依球面波轉換為平面波誤差$k\lambda$定義如圖 J-3。

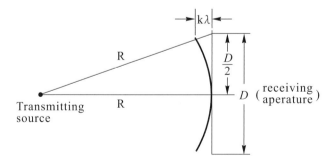

圖 J-3　接收面徑與量測距離

由圖 K-3 可導出 $(R + k\lambda)^2 = R^2 + \left(\dfrac{D}{2}\right)^2$

當 $k\lambda = \dfrac{\lambda}{16}$，$R = \dfrac{2D^2}{\lambda}$。

$k\lambda = \dfrac{\lambda}{8}$，$R = \dfrac{D^2}{\lambda}$。

$k\lambda = \dfrac{\lambda}{4}$，$R = \dfrac{D^2}{2\lambda}$。

一般近遠場臨界值選用 $k\lambda = \dfrac{\lambda}{16}$，當 $R < \dfrac{2D^2}{\lambda}$ 為球面波近場效應，當 $R > \dfrac{2D^2}{\lambda}$ 為平面波近場效應。

3. 如何設定近遠場距離臨界值

比較 1.波行阻抗與空氣阻抗是否匹配，2.接收面徑與量測距離由球面波轉換為平面波關係所需距離大小，即比較 $R = \dfrac{\lambda}{2\pi}$ 與 $R = \dfrac{2D^2}{\lambda}$ 取其中較大值作為定義近遠場距離臨界值。如以 $f = 100$ MHz、$\lambda = 300$ cm、$D = 50$ cm 為例。按 $R = \dfrac{\lambda}{2\pi} = \dfrac{\lambda}{6} = \dfrac{300}{6} = 50$ cm、$R = \dfrac{2D^2}{\lambda} = \dfrac{2 \times 50^2}{300} = 16$ cm，此時取 $R = 50$ cm 作為近遠場距離臨界值，如以 $f = 100$ MHz、$\lambda = 300$ cm、$D = 100$ cm 為例。按 $R = \dfrac{\lambda}{2\pi} = \dfrac{\lambda}{6} = \dfrac{300}{6} = 50$ cm、$R = \dfrac{2D^2}{\lambda} = \dfrac{2 \times 100^2}{300} = 66$ cm，此時取 $R = 66$ cm 作為近遠場距離臨界值。如圖 J-4。

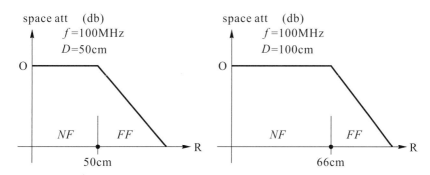

圖 J-4　頻率 100 MHz，接收面徑 50 cm、100 cm 近遠場臨界距離比較

4. 近遠場影響天線增益效應

一般當接收天線逐漸接近發射天線，接收天線所受到的信號強度會逐漸變大，這是因為發射接收間距離減少，在遠場空間對電磁波衰減變小之故。但當接收天線接近到發射天線一定距離時，接收天線所收到的信號強度不增反減，這是因為在近場，接收天線增益受近場效應影響變小之故。按天線增益大小量測均在遠場中執行，且與遠

場中檢測距離遠近無關。但天線如移動至近場則因波行阻抗與空氣阻抗不匹配造成無法正常接收信號，此種現象反應在天線增益上。使增益突然減低，造成接收信號減小。如圖 J-5。

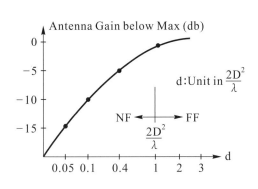

圖 J-5　天線增益近遠場效應

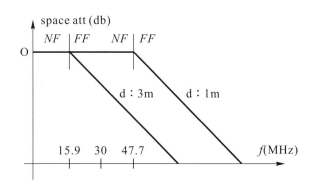

圖 J-6　自由空間衰減對應近遠場臨界距離值

由圖示 $d > 1$ $(d > \frac{2D^2}{\lambda})$ 為遠場，$d < 1$ $(d < \frac{2D^2}{\lambda})$ 為近場，如天線規格增益為 10 dB，此值係於遠場量測所得，但如天線移至近場 $d < 1$ $(d < \frac{2D^2}{\lambda})$，天線增益則隨近場距離遞減而遞減，即 $d$ 越小，天線增益減額越大，如 $d = 0.4 \times \frac{2D^2}{\lambda}$、天線增益為 5 dB(10 − 5)，如 $d = 0.1 \times \frac{2D^2}{\lambda}$、天線增益為 0 dB(10 − 10)。如 $d = 0.05 \times \frac{2D^2}{\lambda}$、天線增益為 − 5 dB(10 − 15)。餘類推。在工程應用中如係近場，天線增益減額幅度隨 $d$ 遞減而遞增，$d$ 越小，天線增益亦變得越小，這就是天線在近場中接收信號變小的原因。另觀近場中有三項場強靜電場，感應場，輻射場，因在近場如距離($d$)越小，由 $1/d^3$、$1/d^2$、$1/d$ 關係，依序靜電場、感應場、輻射場反增大。經整合天線在近場中增益減小與靜電場、感應場、輻射場在近場中增大現象可得一常數。而在近場中所檢測到的信號場強大小，因不受近場中距離變化影響，故可在近場中保持場強位準為一常數定值，如圖 J-4 中在 NF space att (dB)所示 0 dB。

5.　量測距離對量測值之影響

因由量測距離與波長關係，可定出近遠場臨界值($d = \frac{\lambda}{2\pi}$)與臨界頻率($f_c$)。如 $d = 1$ m、$\lambda = 6.28$ m、近遠場臨界頻率為 47.7 MHz，凡低於 47.7 MHz 頻率屬近場效應，凡高於 47.7 MHz 頻率屬遠場效應。同理如 $d = 3$ m、$\lambda = 18.8$ m、$f = 15.9$ MHz，凡低於 15.9 MHz 頻率屬近場效應，凡高於 15.9 MHz 頻率屬遠場效應。如圖 J-6。

以不同檢測距離($d = 1$ m，$d = 3$ m)量測同一頻率，因不同近遠場臨界值關係，所量測的信號強度亦不同，如以量測頻率 30 MHz 為例，對 $d = 1$ m，近遠場臨界頻率 47.7 MHz 而言，因 30 MHz < 47.7 MHz 屬近場效應不受自由空間衰減影響，故量測

信號強度較強。對 $d=3$ m，近遠場臨界頻率 15.9 MHz 而言，因 30 MHz $>$ 15.9 MHz 屬遠場效應則受自由空間衰減影響，故量測信號強度較弱。因此以不同檢測距離 $d=1$ m、$d=3$ m 量測同一頻率 30 MHz，在 $d=1$ m 情況下要比 $d=3$ m 情況下所量測的信號強度為強。如訂定規格限制在某一位準大小，如以 $d=1$ m 量測，因量測到信號較強有可能超過規格限制值，反之如以 $d=3$ m 量測因量測到信號較弱，有可能通過規格限制值。參閱圖 J-6。

6. 如何應用自由空間衰減公式鑑別近場與遠場

由電磁波行進自由空間衰減公式 dB $=20\log\dfrac{4\pi R}{\lambda}$，$\lambda=\dfrac{V}{f}$ 可導出 dB $=32+20\log f$ (MHz) $+20\log R$ (km)。如以頻率 $f$ (MHz) 及距離 $R$ (km) 兩項參數代入公式演算結果為正值，則表示該頻率 $f$ (MHz) 在行進距離 $R$ (km) 時之遠場衰減量(dB)。反之，如演算結果為負值，可計算出設以頻率 $f$ (MHz) 為定值時之近遠場臨界距離值 $R$ (km)，或設以距離 $R$ (km) 為定值時之近遠場臨界頻率值 $f$ (MHz)。現以 $f$ (MHz) $=100$ MHz 為例，代入衰減公式設 0 dB $=32+20\log 100+20\log R$ (km)，可求出 $R$ (km) $=2.5\times10^{-4}$ km $=25$ cm 為近遠場臨界距離。或由 $R$ (km) $=2.5\times10^{-4}$ km 為例，代入衰減公式設 0 dB $=32+20\log f$ (MHz) $+20\log 2.5\times10^{-4}$，可求出 $f$ (MHz) $=100$ MHz 為近遠場臨界頻率。在比較應用自由空間衰減公式，定出臨界頻率、距離與應用波行阻抗與空氣阻抗，定出臨界頻率與距離尚有誤差，係因此項臨界值 $(R=\dfrac{\lambda}{2\pi})$ 存有轉換區之故(transition zone)。以應用自由空間衰減公式演算近遠場臨界距離為 25 cm，但以波行阻抗與空氣阻抗公式 $d=\dfrac{\lambda}{2\pi}$ 演算為 47.7 cm $(d=\dfrac{\lambda}{2\pi}=\dfrac{300}{2\pi}=47.7$ cm at $f=100$ MHz)，其間 47.7 cm 略等於 50 cm $=2\times25$ cm。以此說明如以自由空間衰減公式演算近遠場臨界距離為 25 cm，如以波行阻抗公式演算近遠場臨界距離為 50 cm，比較 25 cm 與 50 cm 相當於近遠場轉換區起始(25 cm)與終止(50 cm)位置。總結在探討近遠場需求上，以選取轉換區較大位置(50 cm)為宜，因選用比臨界值越大值則越趨近遠場輻射效應，可免受近場較複雜除了輻射場以外的靜電場與感應場影響。

# 附錄 2

電子產品檢測規格限制值訂定緣由研析
**also Appendix 5 (praface and contents)**
**A study of source information for EMI test limits**
**specified**

## 摘要

電子產品各項檢測規格限制值常以信號對應頻率響應為準,一般所常見變化有線性、非線性、步階性。其間亦可見在某處出現轉折點,凡此皆受限於工程上實務運作限制因素、檢測中量測儀具功能限制、量測時場景需求不一所致。

本文對限制值解說是以軍規461E為例,說明電子產品電磁干擾規格檢測需求在實務工程應用、量測儀具功能、場景需求不同等各項限制下所訂出四項輻射性發射量(RE)、傳導性發射量(CE)、輻射性耐受量(RS)、傳導性耐受量(CS)檢測規格限制值緣由。

## 附 A　實務應用

對民規FCC RE、CE、RS、CS各項檢測限制值規格訂定可依本文以軍規461系例(461E)為例,分析民規FCC各項檢測限制值訂定,民規(FCC)與軍規(MIL)兩者差異性主在限制值訂定位準高低,民規較寬鬆所定限制值位準較高,軍規較嚴謹所定限制值位準較低。如RE、CE在量測單位民規採準峰值(QP)為準,軍規採峰值(peak)為準,民規檢測雜訊 QP 值較低,軍規檢測雜訊 peak 值較高。表示對雜訊信號量測民規採較低位準較易通過限制值檢測值,軍規採較高位準較難通過限制值檢測值。

在對RE、RS量測距離民規採 3 米,10 米,軍規採 1 米,民規採 3 米較遠距離對頻率高於 16MHz 信號即受空氣衰減而減弱,軍規採 1 米較近距離對頻率高於 50MHz 信號始受空氣衰減而減弱。如以量測 30MHz 為例,依此比較軍規與民規量測信號軍規比民規為高，對其他高於 50MHz 信號因軍規 1 米、民規 3 米距離之差，距離愈近空氣衰減愈小量測信號愈大，距離愈遠空氣衰減愈大量測信號愈小，因此軍規 1 米距離所量測信號強度要比民規 3 米距離量測強度要強很多。(9.54dB=20log3/1)參閱圖 A-1。

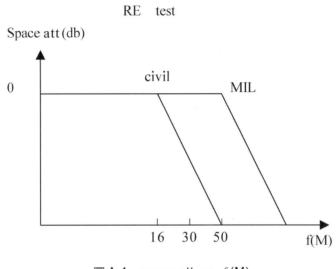

圖 A-1　space att v.s. $f$ (M)

在對 CE 量測民規採網路阻抗匹配穩定器(LISN)做為阻隔供電電源雜訊及提供一良好阻抗匹配網路讓待測件待測高頻雜訊通過至電磁干擾量測接收機(EMI RCV)，軍規採用 10 $\mu$F 低頻濾波電容，可對電源 60Hz 所衍生高於 636Hz 以上雜訊加以濾除。($f_c = 1/\pi \times R \times C = 1/\pi \times 50 \times 10\ \mu$F $= 636$Hz)，比較民規 LISN 1 $\mu$F 與軍規 10 $\mu$F 對電源低頻雜訊濾波功效，1 $\mu$F $f_c$ 在 6.36kHz，10 $\mu$F $f_c$ 在 636Hz，10 $\mu$F 濾波功能要比 1 $\mu$F 要好很多。因此選用軍規 10 $\mu$F 電容用於 CE 量測要比民規 1 $\mu$F 量測比較不受供電電源雜訊影響，這樣才可以精確量測到待測件經電源所傳導出的內部真正雜訊量。參閱圖 A-2。

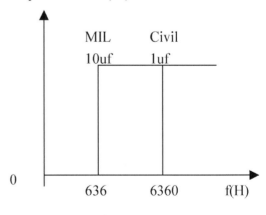

圖 A-2　LPF att v.s. $f$ (M)

# 附 B　各項規格限制值訂定緣由分析(M-S-461E)

## 附 B.1　CE101, PWR lead, 30H-10k

### B.1.1　定義

　　以電流感應器(current probe)環套待測件輸出入介面線，量測介面線上所溢出雜訊場強，經電流感應器將雜訊場強轉換成雜訊電流(dBμA)或電壓(dBμV)，並與所定該頻段之限制值比較，如高於限制值視為未通過檢測所定規格值，如低於限制值視為通過檢測所定規格值。

### B.1.2　CE101 規格限制值

### B.1.3　CE101 限制值曲線變化說明(如圖 B-1)

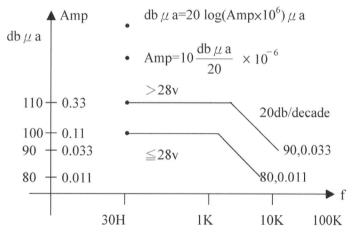

圖 B-1　CE Limit (Navy. Army)

### B.1.3.1　頻段 30Hz-1kHz，待測件電源 > 28V

　　原電路板電路(trace)阻抗設計為配合接頭阻抗大約為 120 歐姆，但在電路上加裝組件會使電路阻抗降額 20～40 歐姆而減低至 80～100 歐姆(平均值 90 歐姆)，依 $I = V/R = 28/90 = 0.3A$，故 CE101 在圖 B-1.30Hz～1kHz 限制值定為 0.3A。

### B.1.3.2　頻段 1kHz-10kHz，待測件電源 > 28V

　　為何頻段 1k～10k 比 30H～1k 限制值要低 20dB，此乃係待測件介面線在極低頻(30Hz-1k)至難做好隔離。但在較高頻(1k-10k)可以互絞線方式將溢出雜訊降低 20dB，因在較高頻容易做好隔離工作而降低溢出雜訊量，故需將限制值降低如圖示 B-1。

### B.1.3.3　頻段 30Hz-1k-10k 待測件電源 < 28V 與電源 > 28V 比較

在待測件 ≦ 28V 如電路阻抗不變，依 $I = V/R$ 流經介面線的雜訊電流與 > 28V 比較應隨之減小，在 30H-1k，由 ≦ 28V 與 > 28V limit 比較差 10dBμA（> 28V，110-90dBμA ≦ 28V，100-80dBμA），而 1k-10k limit slope-10 變化按電流大小比值變化如圖 B-1。

$$|\, 0.3/0.03 \,| = |\, 0.1/0.01 \,| = -10$$

## B.2　M-S-461E　CE102，PWR lead，10k-10M

### B.2.1　定義

以電流感器(current probe)環套待測件輸出入介面線，量測介面線上所溢出雜訊場強，經電流感應器將雜訊場強轉換成雜訊電流(dBμA)或電壓(dBμV)，並與所定該頻段之限制值比較，如高於限制值視為未通過檢測所定規格值，如低於限制值視為通過檢測所定規格值。

### 2.2.2　CE 102 規格限制值

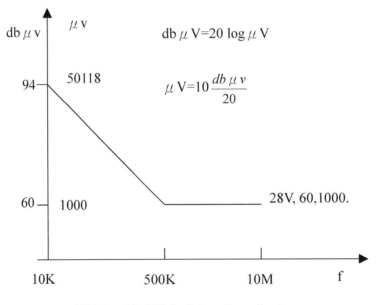

圖 B-2　CE 102 limit for all application

### B.2.2.1　限制值選用 dBμA 或 dBμV 示之不同緣由

比較圖 B-1 與圖 B-2 為何低頻(30H-10k)雜訊以 dBμA 示之(圖 B-1)，而高頻(10k-10M)以 dBμV 示之(圖 B-2)？而且在 10k 兩者限制值並未銜接？前者係因在低頻無 R.L.C.阻抗變化效應，雜訊可以直接以電流表示。但在高頻因有 R.L.C.效應，阻抗隨頻頻率升高而升高，依 V＝IZ 雜訊電壓隨頻率阻抗變化而變化，故在高頻雜訊改由雜訊電壓示之，後者在頻率 10k 銜接處並未銜接，係因電流感應器轉換阻抗頻率響應特性問題，如轉換阻抗$(Z_T)＝$ dBΩ＝0，則 dBμV＝dBμA(dBμV＝dBμA ＋ dBΩ，dBΩ＝0)，圖 B-2 在低頻 10k 為 94dBμA，圖 B-2 在高頻 10k 為 90dBμA，如電流感器$Z_T＝$dBΩ＝0，則 94dBμA＝94dBμA，由 94dBμA＝90dBμA＋4dBΩ可知量測所用的電流感應器轉換阻抗為 $Z_T＝$4dBΩ。

### B.2.2.2　頻段 10k-500k

圖 B-2 CE102 limit 雜訊電壓對應頻率(94dBμAV-10k，60dBμV － 500k)符合低頻較難隔離，限制值需訂高。高頻較易隔離，限制值需訂低原則。其間負斜率走向則按 log scale 關係演算，如 20 log $f(L)/f(H)＝$ 20 log 10k/500k ＝ － 34 ＝ 20 log 60dBμV/90dBμV ＝ － 34。

### B.2.2.3

圖 B-2 高頻頻段 500k-10M隔離，因隔離材質阻抗在高頻呈R.L.C.共振響應，並隨頻率升高而升高最終會趨向一常數值。因此限制值亦因隔離阻抗效應呈一常數值而將此限制值訂定為一常數值，如圖示 B-2 為 60dBμV at500k-10M。

### B.2.2.4　限制值放寬緣由

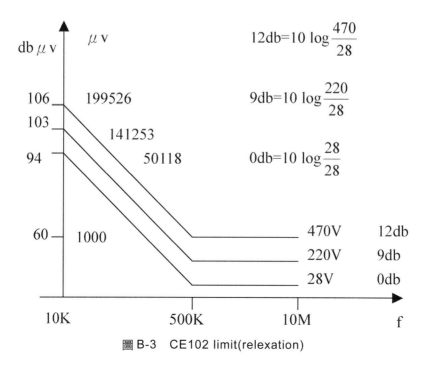

圖 B-3　CE102 limit(relexation)

對大於 28V 如 115V、220V、270V、470V 電源待測件的待測件雜訊電壓限制值訂定，按電壓愈高雜訊愈高原則放寬限制值。如以 28V 為基準對 115V 放寬 6dB(6dB = 10 log 115/28)，對 220V 放寬 9dB(9dB = 10 log 220/28)，餘類推。如圖 B-3 CE102limit，因設雜訊為非線性非同步調和雜訊，故以功率 10log scale 計算，如雜訊為線性同步調和雜訊，則以電壓或電流 20 log scale 計算。

### B.2.2.5　限制值受限檢測器功能緣由

對高頻 500k-10M 限制值呈常數值變化另一原因，係因受限於檢測用電流感應器(current probe)在高頻及大雜訊電流衝擊情況下，會使 current probe 響應呈飽和現象，即不因頻率升高或雜訊電流增大而使檢測到的雜訊電壓有所提升。故如圖 B-3 在 500k-10M 之間的限制值呈一平穩大小常數值。

## B.3　CS101, PWR lead, 30H-150k

### B.3.1　定義

以電流注入式感應器(Injection current probe)環套待測件輸出入介面線，注入在 30Hz-5k-150k 頻段所需雜訊電壓如圖 B-4，此項雜訊電壓經 Injection current probe 轉換為輻射場強感應待測線並在線上形成表面電流，以集膚效應方式滲入線內乘以導線阻抗，在流經電路上形成雜訊電壓，以此檢測是否造成對待測件干擾問題。

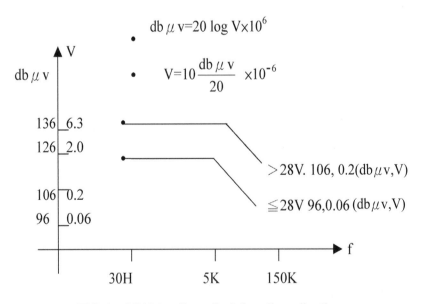

$$db\mu v=20 \log V\times10^{6}$$

$$V=10^{\frac{db\mu v}{20}}\times10^{-6}$$

圖 B-4　CS101 voltage limit for all application

## B.3.2　CS101 規格限制值(dB$\mu$V, V)

### B.3.2.1　待測線頻率(波長)耦合量

　　由圖 B-4 比較在極低頻 30Hz-5k 與較高頻 5k-150k，由 Injection current probe 所產生的輻射場強，在極低頻時因波長遠大於待測線長，其間頻率耦合量至小，故需輸入較高雜訊電壓以補償低頻率低耦合量，反之在較高頻時因波長較短與待測線長度較為相近，其間頻率耦合量增大，故只需輸入較低雜訊電壓以補償高頻率高耦合量。對 Injection current probe 在 30H-5k-150k 頻段間所需注入雜訊電壓大小如圖 B-4，在 30H-5k 需注入較高雜訊電壓，在 5k-150k 需注入較低雜訊電壓。

### B.3.2.2　待測線集膚效應

　　由集膚效應(skin depth)與頻率關係式 $d=0.66/\sqrt{\mu\sigma f(M)}$，以金屬隔離材料為例，$\mu=1$，$\sigma=1$，$d=0.066/\sqrt{f(M)}$ mm，此式可知在較低頻時，表面雜訊電流滲入待測線隔離材質較深，易造成干擾。在較高頻時，表面雜訊電流滲入待測線隔離材料較淺，較不易造成干擾。

### B.3.3.3　頻率(波長)耦合與集膚效應

　　由於頻率對線長耦合與集膚效應深度在低、高頻段對於待測線隔離效果所造成的耦合響應剛巧相反，就頻率耦合而言，低頻耦合量小，高頻耦合量大。就集膚效應而言，低頻耦合量大，高頻耦合量小，比較兩者關係變化，其中頻率耦合量遠比集膚效應影響為大，因此在傳導性耐受性檢測中(CS)優先考量 B.3.2.1.頻率(波長)耦合量對待測線的影響，其限制值變化以此制定如圖 B-4。

### B.3.3.4　雜訊電壓對應頻率關係

　　如圖 B-4 頻率 30II~5k，注入雜訊電壓定為 136dB$\mu$V(6.3V)，頻率 5k～150k，注入雜訊電壓 dB$\mu$AV 與 frequency 關係按負斜率－1.5 繪製，由 log 公式可計算斜率關係－1.5＝log(5k/150k)＝log(0.2V/6.3V)＝log(106.5dB$\mu$V/136dB$\mu$V)。

### B.3.3.5　CS101 規格限制值(watt)

　　由 $p=V^2/R$ 公式可將注入雜訊電壓 $V$ 改為功率 $P$，如查 Injection current probe1/$p$ 阻抗為 0.5 歐姆，注入功率大小為 $P=6.3^2/0.5=80$watt，另 $P=0.2^2/0.5=0.09$watt。有關 CS101 功率限制值如圖 B-5 CS101 pwr limit 由 log 公式可計算斜率關係－1.5＝log(5k/150k)＝log(0.2/6.3)。

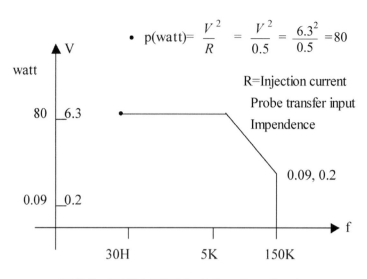

圖 B-5　CS101 PWR limit for all application

## B.4　CS114, bulk cable Injection, 10k～200M

### B.4.1　定義

　　以電流注入感應器(Injection current probe)環套待測件輸入待測線，注入在 10k-1M，1M-30M，30M-200M 各頻段所需雜訊電流如圖 B-6，並觀察待測件介面線中所感應的雜訊電壓(集膚效應滲入線內雜訊電流 $x$ 雜訊電流所流經電路阻抗)傳至待測件是否造成干擾。

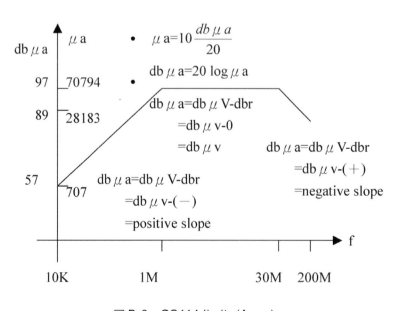

圖 B-6　CS114 limit. (Army)

## B.4.2　CS114 limit

注入式電流感應器在不同頻段，其轉換阻抗ZT(dBΩ)對應頻率響應值如圖B-7。

$Z_T$ (dBΩ) v.s. frequency，參閱圖 B-6 CS114 limit

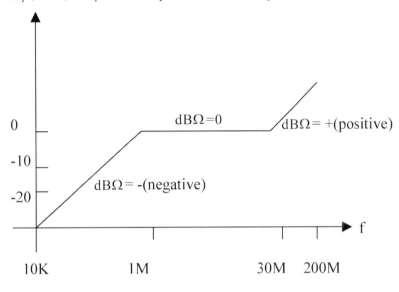

圖 B-7　$Z_T$ (dBΩ) v.s. frequency

　　參用圖 B-6、圖 B-7，由 $I = V/R$，dBµA ＝ dBµV － dBΩ式中 10k － 1M，dBΩ 為負值使 dBµA ＝ dBµV －(－)形成如圖 B-6 呈上升趨勢，在 1M～30M，dBΩ為常數值(dBΩ＝ 0)，dBµA ＝ dBµV-dBΩ＝ dBµV(dBΩ＝ 0)如圖 B-6 呈平穩常數值 97dB µA，在 30M-100M，因高頻(或大雜訊電流)造成注入式電流感應器磁場飽和，且隨頻率升高而飽和現象益形嚴重，為維持在高頻不受 $Z_T$ (dBΩ)升高影響，故所需注入電流(dBµA)應隨頻率升高而遞減。

　　在另一方面研析待測件待測線感應注入式電流感應器所產生的磁場感應耦合量情況。在低頻待測線隔離效益最差，相對應所需注入電流至注入式電流感應器可在較低位準，即可產生所需能量耦合至待測線，但在中頻 10M-30M因為待測線隔離效益最佳，相對應注入式電流感應器則需注入較大電流始可產生所需能量耦合至待測線。如再升至高頻 30M-200M 待測線隔離效益因 R.L.C.響應而變差，相對應注入式電流感應器為避免高頻(或大雜訊電流)所產生的飽和問題，故需將注入電流降低以使在較低電流位準不會造成飽和情況下達到耦合至待測線所需磁場能量。

## B.5　CS115, bulk cable Injection, Impulse excitation

### B.5.1　定義

如CS114說明，注入電流模式改脈衝波形如圖B-8 CS115，Impulse excitation。

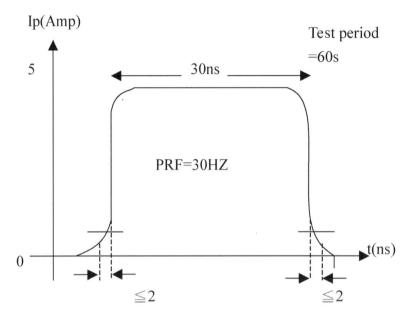

圖 B-8　CS115 Impulse excitation

### 2.5.2　注入功率 V.S.轉換阻抗($Z_T$)

對所需注入能量功率大小與電流感應器轉換阻抗 $Z_T$ 關係

依 $p(\text{av}) = p(\text{pk}) \times \text{pw} \times \text{PRF} \times \text{test period}$

$\qquad = \text{I2} \times (Z_T) \times \text{pw} \times \text{PRF} \times \text{test period}$

$\qquad = 52 \times (Z_T) \times 30\text{ns } 30 \times 60$

如 current probe 1/$p$ Impedence ($Z_T$) = 0.3Ω

$\quad P(\text{av}) = 0.4$ mW

如 current probe 1/$p$ Impedence ($Z_T$) = 1Ω

$\quad P(\text{av}) = 9.35$mW

如 current probe 1/$p$ Impedence ($Z_T$) = 10Ω

$\quad P(\text{av}) = 13.5$mW

在選用注入式電流感應器時如需較大功率輸入，則需選用較高($Z_T$)值。

## B.6　CS116, damped sinusoidal transient, cables and pwr lead, 10k-100M

### B.6.1　定義

如 CS114 說明，注入電流模式改為暫態正弦振盪波(damped sinsoidal transient)
如圖 B-9 CS116，damped sinusoidal transient。

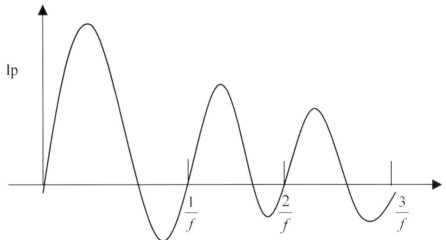

Noteo:1 . waveform e-( $\pi$ ft)/Q .sin (2 $\pi$ ft).

f=HZ , t=set ,Q=15±5.

2 . damping factor(Q)

$$Q = \frac{\pi(N-1)}{\ln(Ip/In)}$$

Q= damping factor

N: Cycle number(N=2.3.- - -)

Ip: pk current at lst cycle

IN: pk current at cycle

Closest to 50% clecay

ln:natural  log  3.Ip as specified in 圖 B-9

圖 B-9　CS116 damped sinusoidal transient

## B.6.2　CS116 規格限制值

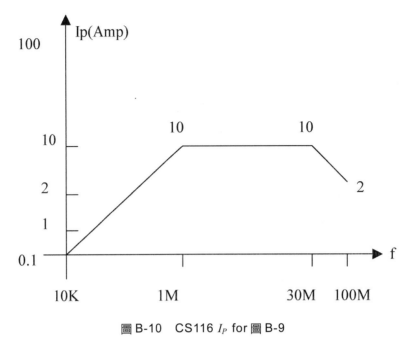

圖 B-10　　CS116 $I_P$ for 圖 B-9

## B.6.3　注入式電流感應器轉換阻抗(dBΩ)

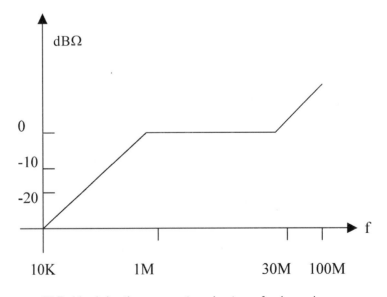

圖 B-11　　Injection current probe transfor Impedence

## B.6.4　CS116 limit v.s. transfer Impedence (dBΩ)

　　dBμA ＝ dBμAV-dBΩ 導入圖 B-10、B-11 可知在 10k-1M，dBΩ為負值而使 $I_p$ 頻率上升呈正斜率變化。在 1M-30M，dBΩ為一常數使 $I_p$ 呈一常數走勢，在 30M-100M，dBΩ因頻率過高造成 Injection current probe 磁性材質飽和 dBΩ增大，而使 $I_p$ 隨頻率增加而減小。

## B.7　RE101. H field, 30H-100k

### B.7.1　定義

　　檢測待測件及其待測線經空氣為媒介所傳送的輻射性雜訊場強量，在低頻 30Hz-100k，RE101 Limit 值如圖 B-12。一般電子產品 RE 含 E.H.兩項，其中 H 場在低頻極難隔離，故需將限制值放寬以符合工程上實務需求。但在高頻則較易做好隔離工作，因此在高頻時所定限制值要比低頻為低。

### B.7.2　最低檢測頻率 30Hz 問題需求

　　為何量測頻率起自 30Hz？此係因應顯示器中垂直掃描畫面含有兩個畫面(odd/even)，每個畫面(frame)組成至少需 24 張連續畫面(picture)才能構成對人眼的視覺效應，以電源 60Hz 可分為兩組 30Hz，一組供 odd picture，一組供 even picture。而此 30Hz 在做垂直掃描形同一秒有 30 張連續變化畫面，構成對人眼視覺所需一秒 24 張連續變化畫面需求。因此對於在低頻以 30Hz 做垂直掃瞄時形同干擾源所產生的磁場雜訊場強是否造成干擾周邊電子產品亦需列入檢測頻率範圍。

### B.7.3　RE101 Limit

　　如圖 B-12 RE101 limit，如前述 CE 在極低頻至難做好隔離工作，因隔離效益與隔離材質的表面電流集膚效應深度(skin depth)有關，依 skin depth ($d$) 公式 $d = 0.66/\mu\sigma f(M)$ mm，以隔離材質金屬為例，$\mu = 1$，$\sigma = 1$，$d = \dfrac{0.066}{\sqrt{f(M)}}$ mm，如頻率愈低，$d$ 則愈大表示表面雜訊電流容易溢出或滲入隔離材質造成干擾問題，如頻率升高，$d$ 則愈小表示表面雜訊電流均勻分佈在隔離材質表面不易溢出或滲入隔離材質造成干擾問題，就 RE 限制值而言因低頻不易隔離，雜訊易於溢出，故需放寬限制值。但在高頻較易做好隔離工作，故需緊縮限制值，如圖 B-12 RE101 係針對低頻磁場隔離效益也就是低頻輻射性發射量執行量測，檢測單位選用磁場密度(dBPT)。

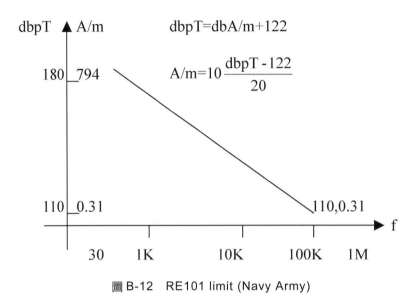

圖 B-12　RE101 limit (Navy Army)

## B.8　RE102, Efield 10k～18G

### B.8.1　定義

　　檢測待測件及其待測線經空氣爲媒介所傳送的輻射性雜訊場強量，對10k-100M-18G
頻段 RE102 Limit 值如圖 B-13 RE102 limit

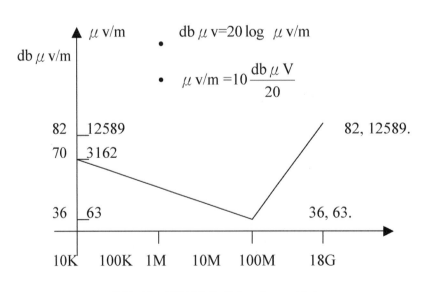

圖 B-13　RE102 limit (surface ship)

## B.8.2　RE102 limit, 10k-100M

在 10k-100M 頻段中，於低頻 10k 不易做好隔離工作，故將 Limit 值放寬在較高值(70dB$\mu$V/m)於高頻 100M 較易做好隔離工作，故將 Limit 值緊縮在較低值(36dB$\mu$V/m)，又頻率自 100M 漸升至 18G，在量測距離為 $d=$ 1m 定值情況下，由空氣對信號傳送衰減公式中，得知頻率越高，信號衰減越大，依此變化理應將限制值降低，但圖 B-13 中不降反增，係因頻率越高時極難做好隔離工作致使雜訊外漏量大於空氣對雜訊衰減量。故將此頻段 limit 值再放寬至較高值(82dB$\mu$V/m)。

## B.8.3　RE102 limit 100M-18G

在 100M-18G 頻段中，待測件及其待測線因頻率遞升 R.L.C.效應影響漸增而使隔離效益降低，故需將 limit 值再行放寬如圖 B-13。

## B.8.4　100M 限制值轉折點(limit critical point at 100M)

Limit critical point 定在 100M 係因受檢測場景距離所致，依量測距離軍規為 1 米其間近遠場介面臨界距離為 $d=\lambda/2\pi=\lambda/6$，但此是遠場轉換區下限部份，如選上限部份可使球面波更接近平面波，因此對遠場距離應選上限部份如 2$d$, 3$d$, 4$d$…，如以軍規檢測距離 $d=$ 1m 為例，依 $d=\lambda/2\pi=\lambda/6=$ 1m，$\lambda=$ 6m，$f=$ 50M 為近遠場臨界頻率，如改以 $f=$ 100M 為近遠場臨界頻率，由 $\lambda=$ 3m，依 $d=\lambda/2\pi=3/2\pi=$ 0.5m，因原 $d=$ 1m $>d=$ 0.5m 可確保 100M 為遠場效應，故改以 100M 為近遠場轉折點。凡量測頻率小於 100M，量測所得為近場效應，凡量測頻率大於 100M，量測所得為遠場效應，其間差異在近場量測信號大小不受空氣衰減影響，在遠場量測信號大小則受空氣衰減影響。

## B.8.5　Limit V.S. AF(Antenna factor)

由 dB$\mu$V/m = dB$\mu$V + AF 式中，dB$\mu$V/m 為待測件 RE 量測值，dB$\mu$V 為天線輸出端量測雜訊電壓值，AF 為天線因子，依 AF(dB)$= 20$ log $9.73/\lambda \cdot \sqrt{G}$ 所示，AF (dB)與 $\lambda$, $G$ 變化有關，在低頻 $f <$ 100M，AF 較受 $\lambda$ 變化影響($G$ 變化量較小)，在高頻 $f >$ 100M，AF 較受 $G$ 變化影響($\lambda$ 變化量較小)。

## B.8.6　極向(H.V.)變化檢測 test polarization(H.V.)

在低頻(10k-30M)，量測天線(rod ant)本身即為垂直極向，加上垂直極向因受 Imagine 同相位影響可量測到較大信號，故低頻量測以垂直極向為準。在高頻( $f >$ 30M)量測天線如 biconical. Log periodic. Horn Ant 本身可轉向方位 90 度，故視需求可執行水平或垂直極向量測工作。

### B.8.7 RE102 Limit 10k-2M-100M-18G

比較待測件及其待測線所溢出之雜訊頻譜，一般待測件如為電子盒雖有金屬隔離與電子盒間待測線相較，因金屬盒蓋板間隙很小與波長相差很大，通常由待測線所溢出的雜訊含低、中、高頻譜要比電子盒僅含高頻為寬，雜訊信號亦較強。電子盒因密封間隙很小溢出雜訊頻譜多為高頻雜訊，而待測線長度不一，由於隔離不佳使高、中、低頻雜訊均可溢出而形成寬頻雜訊。相對應電子盒僅高頻雜訊溢出比較之下，由線上所溢出的雜訊比重要比由電子盒所溢出的雜訊為寬。因此需優先考量線的隔離度(S.E.)與轉換阻抗($Z_T$)對應 RE limit 訂定的影響，如圖 B-14，經查 S.E.＝$1/Z_T$，S.E.，$Z_T$ 互成反比關係 $Z_T$ 越小，S.E.越大，而 S.E.越大表示高隔離度相對應 RE limit 在高隔離度待測線情況下如中頻(2M-100M)，因 RE 溢出量較低，RE limit 需訂在較低位準，但在低頻(10k-2M)與高頻(100M-18000M)低隔離度待測線情況下，因 RE 溢出較高，RE102 limit 需訂在較高位準以符合工程上實務應用需求，如圖 B-14。

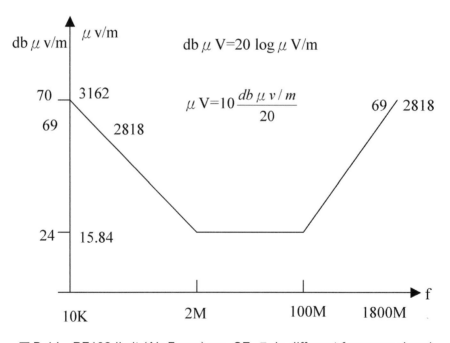

圖 B-14　RE102 limit (Air Force) v.s. SE, $Z_T$ in different frequency band

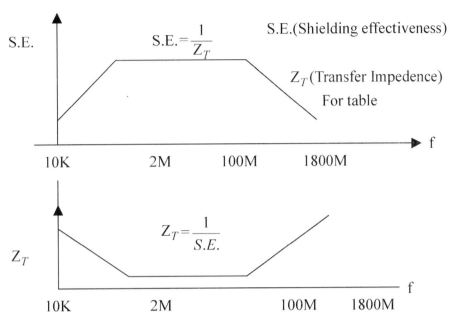

圖 B-14　RE102 limit (Air Force) v.s. SE, $Z_T$ in different frequency band

### B.8.8　Limit 值曲線斜率變化

由圖 B-14 RE limit 對應頻率變化資料中，10k(3162 $\mu$V/m)，2M(15.84 $\mu$V/m)，100M(15.84 $\mu$V/m)，1800M(2818 $\mu$V/m)，可算出正斜率 2.3 = log(18000M/100M) = log(2818/15.84)與負斜率－ 2.3 = log(10k/2M)= log(15.84/3162.2)。

## B.9　RS101. H field，30H-100k

### B.9.1　定義

檢測待測件及其待測線在輻射性場強照射下是否受到干擾，在低頻 30H-100k 是以環狀天線為輻射源產生所需照射磁場密度場強(dBPT)，如圖 B-15 RS101 limit。

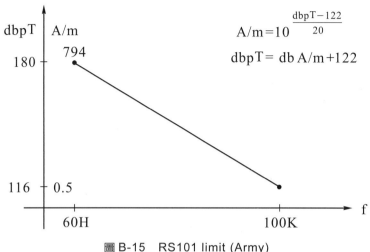

$$A/m = 10^{\frac{dbpT-122}{20}}$$

$$dbpT = db\,A/m + 122$$

圖 B-15　RS101 limit (Army)

### B.9.2　RS101 Limit

　　在低頻(30,60Hz)因輻射頻率波長遠大於待測件面徑大小及待測線長度，其間頻率耦合效率至低，而干擾信號耦合量含兩項，一為信號強度，一為頻率耦合，在頻率耦合量不足情況下，唯有增加信號強度才能達到干擾效果，如圖 B-15 中 30H-60H 所示輻射場強磁場密度 180dBPT。但在頻率升高波長變短逐漸與待測件及待測線相近時況，因頻率耦合量增加可在較低信號強度照射條件下執行量測工作，其間照射場強所需磁場密度(dBPT)大小與頻率關係如圖 B-15。由圖 B-15 RS101 對應頻率變化資料可計算出限制值斜率變化為負斜率值(－3.2)。由圖 B-15 查知 60H(794A/m)，100k(0.5A/m)，在 60H-100k 之間限制值的負斜率值為－3.2＝log(60H/100k)＝log(0.5/794)。

## B.10　RS103, E field, 2M-40G

### B.10.1　定義與規格

　　檢測待測件及其待測線在輻射性場強照射下是否受到干擾，在 2M-30M-1000M-18000M-40000M 頻段區間視不同待測件電性特性，分別以不同頻段天線及不同電場場強(V/m)照射規格執行對待測件照射量測。其間照射場強值略分 5V/m，10V/m，20V/m，50V/m，60V/m，200V/m 等 6 個層次，其中最低 5V/m 係針對一般電子產品中記錄器(record pin)而定，最高 200V/m 係針對高能干擾源如核爆雷擊而定，其他如 10V/m，20V/m，50V/m，60V/m 皆視模擬待測件所在環境中干擾源強度情況不一而定，如電台、電視台、變電所、高壓線、微波站、電廠、工廠、基地台等。

## B.10.2　最高 RS103，200V/m

經查低高度核爆雷(NLMP，LEMP)因能量過高，一般電子裝備系統均無法防制此項干擾衝擊，但在高高度因NLMP，LEMP能量稍低可以現有防制方法加強結合，濾波，接地，隔離加以防制。因電磁波能量含 E.H.場兩項，對 E 場較易做好隔離防制工作，對H場則很難做好隔離防制工作，如低高度NEMP. LEMP.，$E = 1MV/m = 120dBV/m$。

$H = 2660A/m = 68.5dBA/m$，如欲降至 $E = 200V/m = 46dBV/m$，$H = 0.53A/m = -5.5dBA/m$，E.H.場需降 74dB[for E. 120-46，for H，68.5 $-(-5.5)$]對 E 場降 74dB 並不難，但對 H 場降 74dB 是難以達成。然而在高高度 NEMP. LEMP，$E = 50kV/m = 94dBV/m$。

$H = 133A/m = 42.5dBA/m$同樣欲降至 $E = 200V/m = 46dBV/m$，$H = 0.53A/m = -5.5dBA/m$ E.H場需降 48dB[for E, 94-46, for H 42.5 $-(-5.5)$]，對 E 場降 46dB 不難辦到，對H場降 46dB 是可以達成的。因此將 $E = 200V/m$ 定為在實務上以高高度 NEMP，LEMP 為最大輻射傷害源情況下($E = 50kV/m$)，經有效防制可降至 $E = 200V/m$ 做為工程上模擬檢測 RS103 之最大輻射傷害源。

# 附 C　結論

在各項電子產品中各有其檢測規格限制值，如學者對限制值訂定緣由能有深入瞭解，可直接協助工程人員對電子產品本身特性、工程上改善限制因素、檢測儀具功能及場景不一影響有所掌握，進而有助於可使研發中電子產品通過檢測規格上所定之限制值檢測需求。

# 附 D　參考文獻

軍規 MIL-STD-461E、F.C.C. specification。

# 附錄 3

## 微波暗室設計與量測誤差值校正

## 內容

# 前言

　　微波暗室設計需先定出量測工作頻率頻寬及待測件面徑大小需求，再按需符合遠場條件公式評估算出暗室長、寬、高大小(以米計)及內裝錐形吸波體吸波效益(以dB計)，其間錐形吸波體雖具吸收功能，但因入射角不同而有不同大小的反射波，此項反射波會對量測中的直射波造成量測上所產生的誤差值問題，而此項誤差值可由單波束在暗室內直射波與反射波關係，粗略計估出此項誤差值大小。如要精確計估此項誤差值大小，則另需以多波束在暗室內直射波與反射波關係，以計算機程式化方法計算出精確誤差值大小，以此可提供設計者參用驗證暗室是否符合原設計功能需求與量測誤差校正值是否在所定規格誤差值範圍以內需求。

## 1. 微波暗室設計－理論推算

### 1.1 長度(R)

　　按波阻與空氣阻抗是否匹配輻射關係定出近、遠場臨界距離$R=\frac{\lambda}{2\pi}=\frac{\lambda}{6}$，為遠場檢測精確量測值需求$R \geq \frac{\lambda}{6}$，按待測件面徑大小與檢測最高頻率波長同相位需求，可由$R=\frac{2D^2}{\lambda}$定出近遠場臨界距離，為遠場檢測精確量測值需求$R \geq \frac{2D^2}{\lambda}$。比較$R \geq \frac{\lambda}{6}$與$R \geq \frac{2D^2}{\lambda}$的較大值定為遠場距離需求。亦即微波暗室長度 $R$ 值計算，$\lambda$取設計暗室工作最高頻率之最短波長，代入$R \geq \frac{2D^2}{\lambda}$與波長($\lambda$)取設計暗室工作最低頻率之最長波長代入$R \geq \frac{\lambda}{6}$，再比較兩者大小，取大者定為近遠場臨界距離，$D$ 為待測件面徑最大尺寸。

**範例說明**

$f = 400\text{MHz} \sim 5.86\text{GHz}$

$D = 30$ cm

$f = 400$ M，$\lambda = 75$ cm

$f = 5.86$ G，$\lambda = 5.1$ cm

$R \geq \frac{\lambda}{6} = \frac{75}{6} = 12.5$ cm

$R \geq \frac{2D^2}{\lambda} = \frac{2 \times D^2}{5.1} = 352$ cm $= 3.52$ m

比較$R \geq 12.5$，$R \geq 352$為遠場需求取$R \geq 352$ cm 作為微波暗室長度設計需求值。

## 1.2　寬度

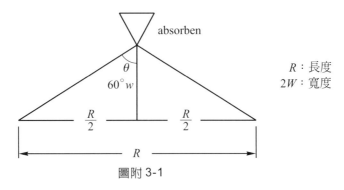

圖附 3-1

一般 $\theta$ 取 60°。

$$\tan 60° = \frac{\frac{R}{2}}{w}\ ,\ w = \frac{R}{2 \times \tan 60°}\ ,\ w = \frac{352}{2 \times \tan 60°} = 101\ \text{cm} = 1.01\ \text{m}$$

按一般錐形吸波體 $\theta = 0°$ 吸收效果最好，其吸波功能隨 $\theta$ 變大 ($\theta$ 為入射角) 而變差，常態設計取 $\theta$ 為 60° 訂為長寬之間的夾角，依圖示 $\tan \theta = \frac{\frac{R}{2}}{w}$ 關係式可求出 $w = \frac{R}{2 \times \tan \theta}$，由範例 $R = 3.52$ m，$w = 3.52/2 \times \tan 60° = 1.01$ m，寬度為 $2w = 2.02$ m。

## 1.3　高度($H$)

　　一般暗室為求對稱性，高度均與寬度相同，也就是利用高度與寬度相同所形成的立方體在其幾何中心可將來自上下(頂部與地面)，左右(左牆右牆)的反射波在幾何中心相互抵消，以減小反射波對檢測信號直射波的干擾誤差值，此項干擾誤值愈小，所得檢測信號量測值愈精確。

## 2. 微波暗室長寬高需求－實務設計範例

### 2.1 長寬高(不含吸波體)

　　按 1.微波暗室設計長×寬×高(3.52×2.02×2.02m)為內部測試空間大小，外加吸波材料(錐形吸波體高度)與吸波薄板厚度(ferrite thickness)及發射接收端距離牆至少50cm工作需求。

　　如圖示 452×202 cm。△：錐形吸波體高度 30 公分

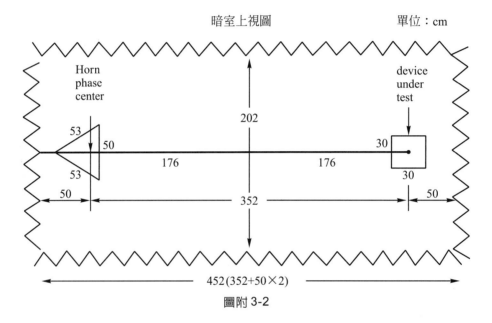

圖附 3-2

暗室內部實務操作空間 452×202cm

喇叭天線資料參閱表附 3-2

比較選用不同入射角時，所得暗室寬×高大小亦不同。

參用 $w = H = \dfrac{R}{2 \times \tan \theta}$ 公式計算寬×高大小。

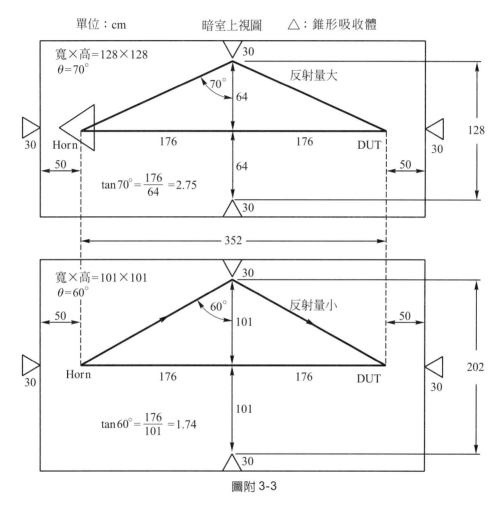

圖附 3-3

　　因 $\theta = 60°$ 錐形吸波體吸波功能比 $\theta = 70°$ 為佳，亦即 $\theta = 60°$ 的反射量要比 $\theta = 70°$ 為小，對量測中的直射波影響亦較小，故寬高設計選擇上寬高選用 202×202 要比 128×128 為佳。

## 2.2　微波暗室大小(含吸波體)

### 2.2.1　微波暗室大小(含吸波體)

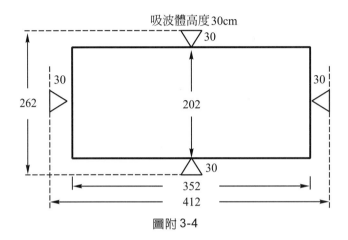

圖附 3-4

$$長＝352+30×2＝412$$
$$寬＝202+30×2＝262＝高$$
$$長×寬×高＝412×262×262\ cm$$

### 2.2.2　錐形吸波體高度(H)

選用參考規格(單位：dB)

表內吸波 spc 值係按入射角為 0° 時所訂定的吸波效益 dB 值

表附 3-1

| H ＼ Frequency | | 300M | 400M | 1G | 3G | 6G | 10G |
|---|---|---|---|---|---|---|---|
| 小型 | 18"(45cm) | 25 | 30 | 40 | 45 | 50 | 50 |
| | *12"(30cm) | 20 | *25 | 35 | 40 | *50 | 50 |
| | 8"(20cm) | 15 | 20 | 30 | 40 | 50 | 50 |
| 大型 | 26"(66cm) | 30 | 35 | 40 | 50 | 50 | 50 |
| | 45"(114cm) | 35 | 40 | 45 | 50 | 50 | 50 |

*本文案例錐形吸波選用 $H$(cm)＝ 12"(30cm)

## 2.3　暗室大小實務需求

有關微波暗室規格需求，參閱 5.1 小節，如選用 30cm 高度錐形吸波體，在 300M～400M 吸波功能約在 20～25dB，此時所定規格如果符合反射誤差值容差需求，設計微波暗室含吸波體長寬高大小可預估為 412×262×262cm，如圖附 3-4 所示。

# 3.　微波暗室誤差值校正－吸波體功能

## 3.1　微波暗室遠場需求($R \geq 352$cm)

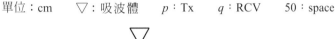

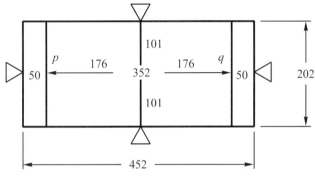

圖附 3-5

單位：以 352 為 1(normalized to 1)

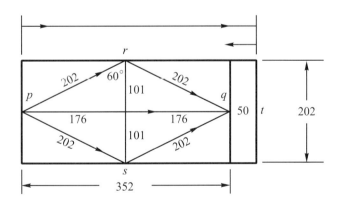

圖附 3-6

$$pq = \frac{352}{352} = 1.0 \text{ , } prq = \frac{202 + 202}{352} = 1.147 \text{ , }$$

$$pqtq = \frac{176 \times 2 + 50 \times 2}{352} = 1.284$$

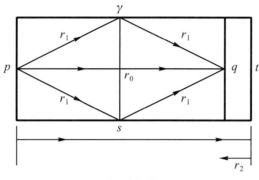

圖附 3-7

$pq = r_0 = 1.000$

$p\gamma q = psq = \gamma_1 = 1.147$

$pqtq = \gamma_2 = 1.284$

## 3.2 誤差值校正

$$\text{error} = \frac{\dfrac{1}{r_0} + (\dfrac{1}{r_1} \times \text{absorption dB at } 60° + \dfrac{1}{r_2} \times \text{absorption dB at } 0°)}{\dfrac{1}{r_0} - (\dfrac{1}{r_1} \times \text{absorption dB at } 60° + \dfrac{1}{r_2} \times \text{absorption dB at } 0°)}$$

$$\text{error (dB)} = 20 \log (\text{error})$$

### 3.2.1 單一波束 error 校正

考量最低頻率 400MHZ 吸波體 absorption dB，以高度 30 cm 吸波體為例，參閱表附 3-1 吸波體功能規格表。

$$\text{absorption dB at } 0°為 -25\text{dB} = 10^{\frac{-25}{20}} = 0.056，(參閱 2.2.2 小節)$$

$$\text{absorption dB at } 60°為 -20\text{dB} = 10^{\frac{-20}{20}} = 0.100，(預估)$$

由 $r_0 = 1$，$r_1 = 1.147$，$r_2 = 1.284$，代入公式

$$\text{error} = \frac{\dfrac{1}{1} + (\dfrac{1}{1.147} \times 0.1 \times 4 + \dfrac{1}{1.284} \times 0.056 \times 1)}{\dfrac{1}{1} - (\dfrac{1}{1.147} \times 0.1 \times 4 + \dfrac{1}{1.284} \times 0.056 \times 1)} = 2.287$$

式中所示×4 係指暗室天花板、地板與兩面左右牆的反射波，×1 係指直射波經正面牆反射的反射波。

$$error(dB) = 20 \log (error) = 20 \log 2.287 = 7.18dB$$

考量最高頻率 6GHz 吸波體最高 absorption dB，以高度 30cm 吸波體爲例，參閱表附 3-1 吸波體功能表

$$absorption\ at\ 0° - 50dB = 10^{\frac{-50}{20}} = 0.003162\ (參閱\ 2.2.2\ 小節)$$

$$absorption\ at\ 60° - 40db = 10^{\frac{-40}{20}} = 0.01\ (預估)$$

由 $\gamma = 1.0$，$\gamma_1 = 1.147$，$\gamma_2 = 1.284$，代入公式

$$error = \frac{\frac{1}{1} + (\frac{1}{1.147} \times 0.01 \times 4 + \frac{1}{1.284} \times 0.031 \times 1)}{\frac{1}{1} - (\frac{1}{1.147} \times 0.01 \times 4 + \frac{1}{1.284} \times 0.031 \times 1)} = 1.1254$$

式中所示×4 係指暗室天花板，地板與兩面左右牆的反射波，×1 係指直射波徑正面牆反射的反射波。error(dB) = 20log(error) = 20 log1.1254 = 1.026dB，比較低頻 400MHz，error 值較大(7.18dB)，高頻 6GHz，error 值(1.02dB)較小，可見在低頻量測誤差值較大，在高頻誤量測誤差值較小，此係因吸波體吸波功能在高頻較好，在低頻較差，形成量測 error 值大小不一。

## 3.2.2　多個波束校正

$$error = \frac{\frac{1}{r_0} + (\frac{1}{r_1} \times absorption\ dB\ at\ x° \times m + \frac{1}{r_2} \times absorption\ dB\ at \times x° \times n)}{\frac{1}{r_0} - (\frac{1}{r_1} \times absorption\ dB\ at\ x° \times m + \frac{1}{r_2} \times absorption\ dB\ at \times x° \times n)}$$

$m$ 係指直射波徑天花板，地板與兩面左右牆的多個反射波，而入射角($x°$)隨此多個反射波而不同，其間 absorption dB 隨不同頻率波長與入射角 $x°$ 而變化。參閱表附 3-4。$n$ 係指直射波徑正面牆的多個反射波而入射角 $x°$ 亦隨此波多個反射波而變化，其間 absorption dB 隨不同頻率波長與入射角 $x°$ 變化。參閱表附 3-3。

　　$m.n$ 爲 1 至無窮大正整數，因此多個(多重)波束 error 值需由計算機程式軟體計算，在算出較精確 error 值後，再輔以實測值相互驗證。

## 3.2.3　多個波束理論值與實測值

　　多波束理論值與實測值，多波束理論值因受幾何形狀影響，一般按取多個波束途徑吸波體入射與對應反射原理，由 3.2 誤差值校正的 error 公式參閱 3.2.2 多個波束誤差值校正改以計算機程式計算，一般因微波暗室幾何形狀經多次多重反射，因對吸波體入射角不同吸波效益不同，如需非常正確算出精確反射值，一般需選用對吸波體的反射點愈多，所得

所需量測誤差值愈精確，為求精確需以計算機程式計算方式獲得正確反射誤差值資料，並以此反射誤差值資料，再與實測所得誤差值比較修正驗證，可得到所需的正確反射誤差校正值。

## 4. 微波暗室設計綜合評估－誤差值校正

### 4.1 近場、遠場誤差值分析

以電磁波輻射理論上成份含有三項(靜電場、感應場、輻射場)，就近場輻射場強度大小比較，如輻射源為電壓源、場強強度依靜電場、感應場、輻射場順序大小排列，如輻射源為電流源、場強強度依感應場、靜電場、輻射場順序大小排列，但在遠場因靜電場、感應場至小不計只剩輻射場一項。就近場因含三項不同特性場強，其間能量變化大小複雜不易以理論值評估，在工程上以實測值評估為主，就遠場僅含三項中的一項輻射場，其輻射場強大小變化係依距離(R)遠近而遞減或遞增，較易以理論公式分析評估所造成的量測誤差值變化量，也較易掌控有利於實測誤差值分析評估工作執行。

### 4.2 遠場需求分析

因在遠場理論與實測值均易分析評估，故暗室設計是以符合遠場量測為設計工作目標，以此可達到精確評估誤差值對待測件量測時所造成的誤差值影響工作目標。

### 4.3 單波束與多波束誤差值分析

#### 4.3.1 單波束

單波束誤差值分析適用於粗估暗室設計，在選用已知吸波體的吸波功能情況下，得知不同頻率頻寬時的誤差值，以此可做為設計者初始設計誤差值需求規格參用資料，參閱 3.2.1 單一波束 error 校正。

#### 4.3.2 多波束

參閱 3.2.1 單波束 error 粗估公式，可將此項公式改適用於計算多波束計算機計算模式參閱 3.2.2 多個波束校正。可得知較精確誤差值。其間計算過程中所需參數資料如暗室長、寬、高大小，吸波體吸波功能、天線輻射場型、待測件大小等資料可由設計者選用代入程式化公式運算，並可由調整各項參數變化，得到不同誤差值大小變化。以驗證是否符合規格誤差值大小需求，最後選定各項適用參數做為最終設計需求定案參數，如暗室長寬高大小，吸波體大小尺寸及其吸波功能 dB 值，天線面徑大小及其場型波束寬窄度數，待測件面徑大小等各項參數值。

# 5.　附件

## 5.1　微波暗室規格需求(參閱本文 2.3)

a. 檢測頻率　　　400M～60GHz

　　常用檢測頻率　800M、470M、2450M、3300M、5800M

b. 發射端 Horn 尺寸大小

　　L×W×H ＝ 53×50×50 cm

　　Horn Aperature ＝ 50×50 cm

c. 待測件－以立方體為例，最大面徑 L×W×H ＝ 30×30×30 cm

d. 檢測項目

　　d1. 天線功能各項參數

　　　　駐波比(S.W.R)　增益(Gain)
　　　　場型(Pattern)　效率(Efficiency)
　　　　功率(PWR)　　靈敏度(Sensitivity)

　　d2. 一般小型電子產品 EMI/EMC RE、CE、RS、CS 量測

## 5.2　喇叭天線(面徑 50×50 cm) (頻率場型圖)

表附 3-2

| $f$ (MHz) | H plane(degree) | | E plane (degree) | |
|---|---|---|---|---|
| | $Q$ (3dB) | $Q$ (1st null) | $Q$ (3dB) | $Q$ (1ar null) |
| 430 | 56.7 | 90 | 33.8 | 90 |
| 470 | 49.9 | 90 | 30.6 | 71 |
| 900 | 23.5 | 41 | 15.0 | 30 |
| 1800 | 11.5 | 20 | 7.4 | 14 |
| 2450 | 8.4 | 14 | 5.1 | 10 |
| 3300 | 6.2 | 10 | 4.0 | 7.75 |
| 5800 | 3.5 | 5.7 | 2.3 | 4.38 |

$Q$ 單位：度數(degree)

頻率愈低，場型愈寬，照射週邊吸波體面積愈大，反射愈大量測誤差值愈大，所需校正量測誤差值亦愈大。頻率愈高，場型愈窄，照射週邊吸波體面積愈小，反射愈小，量測誤差值愈小，所需校正量測誤差值亦愈小。

## 5.3 錐形吸波體吸波功能 dB 數(M = MHz，G = GHz)

表附 3-3

| 錐形吸波體高度(公分) | 120 M | 200 M | 300 M | 400 M | 1 G | 3 G | 5 G | 6 G | 10 G | 15 G |
|---|---|---|---|---|---|---|---|---|---|---|
| 360 | 40 | 45 | 50 | 50 | 50 | 50 | 50 | 50 | 50 | 50 |
| 274 | 35 | 40 | 45 | 50 | 50 | 50 | 50 | 50 | 50 | 50 |
| 177 | 30 | 35 | 40 | 45 | 50 | 50 | 50 | 50 | 50 | 50 |
| 114 | | 30 | 35 | 40 | 45 | 50 | 50 | 50 | 50 | 50 |
| 66 | | | 30 | 35 | 40 | 45 | 50 | 50 | 50 | 50 |
| 45 | | | | 30 | 40 | 45 | 50 | 50 | 50 | 50 |
| *30 | | | 20 | *25 | 35 | 40 | 45 | *50 | 50 | 50 |
| 20 | | | | | 30 | 35 | 40 | 45 | 50 | 50 |
| 12 | | | | | | 30 | 35 | 40 | 45 | 50 |
| 8 | | | | | | | 30 | 35 | 40 | 50 |

以入射角為 0°時，不同大小吸波體最佳吸波功能 dB 值。
*本案範例選用之錐形吸波體高度。

## 5.4 不同入射角對垂直或水平極向吸波功能與錐形吸波體高度／波長($H/\lambda$)不同比值對應不同入射角$\theta$時的吸波 dB 數。

表附 3-4

| $H/\lambda$ | 1.0 | | 1.3 | | 2.2 | | 2.6 | | 3.0 | | 3.8 | | 5.1 | | 5.7 | | 10 | |
|---|---|---|---|---|---|---|---|---|---|---|---|---|---|---|---|---|---|---|
| Incidence angle ($\theta$) | V | H | V | H | V | H | V | H | V | H | V | H | V | H | V | H | V | H |
| 50 | 22 | 20 | 24 | 27 | 29 | 33 | 36 | 30 | 41 | 38 | 43 | 40 | 46 | | | | | |
| 60 | 15 | 17 | 17 | 25 | 23 | 31 | 22 | 27 | 34 | 28 | 36 | 38 | 34 | 33 | 42 | 37 | 48 | 42 |
| 70 | 12 | 11 | 11 | 19 | 16 | 21 | 15 | 20 | 23 | 21 | 24 | 27 | 25 | 30 | 33 | 28 | 38 | 38 |

$V$：垂直極向，$H$：水平極向

　　由頻率得知波長($\lambda$)代入已知錐形吸波體高度($H$)，可算出 $H/\lambda$ 比值大小，再由不同電波入射角(Incidence angle $\theta$)，$\theta$由幾何圖形關係定義為電波入射方向與錐形吸波體垂直方向間夾角，由此可找到在不同入射角($\theta$)，相對應電磁波水平極向(H.P.)或垂直極向(V.P.)的吸波 dB 數。

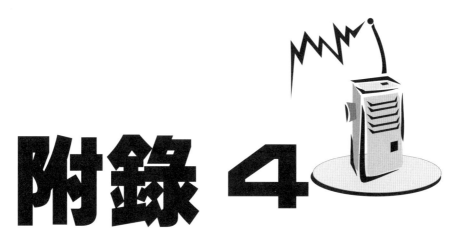

# 附錄 4

## 軍規、商規 EMI/EMC CE 量測比較與 CE/RE 低頻量測關連互換性研析

## 內容

# 前言

一般電磁干擾相容對電子產品檢測計分四大項：RE、CE、RS、CS其中CE在量測電子產品週邊所附線帶上溢出的雜訊，其雜訊源頭來自電子產品本身產生的雜訊，但經線帶傳送由於線長與雜訊頻率波長相近關係，形成寄生電限、電感、電容共振效應而產生雜訊傳導性輻射量 CE (conducted emission)，在 CE 檢測時因軍規、商規需求標準不一，致使相關檢測儀具，量測儀具組合、量測方法均有所不同，本文係針對軍規、商規 CE 相關量測不同之處，詳細歸納說明CE雜訊來源及比較其間檢測儀具，儀具組合，量測方法異同點。

原RE量測頻段至寬(kHz至GHz)，CE量測頻段(kHz至MHz)較窄，由RE在低頻(kHz — MHz)軍規量測距離 1 米規定，可導出在低頻近場 RE/CE 量測關連相互關係，說明 RE/CE 之間在低頻(kHz — MHz)可互換性緣由，並比較在低頻由 RE 與 CE 量測所得雜訊不同計量單位 RE 輻用場強(dB$\mu$V/m)，CE 雜訊電流(dB$\mu$A)相互關係。

## 1. CE 定義

檢測電子產品間的介面線所含雜訊是否超規，因應不同種類電子產品功能特性，訂有不同規格限制值，用以規範由介面線所溢出的雜訊量，以免造成電磁干擾問題，影響電子產品整體電性工作功能。

## 2. 雜訊來源

介面線用於連接電子產品間電源與信號傳送與接收，其間所含雜訊緣自電路板上元件與路徑(Components and Trace)及因路徑阻抗不匹配所產生的雜訊，如細分可分類為六項。

### 2.1 元件雜訊

因元件雜質所產生的熱雜訊頻寬較寬，按等效雜訊功率大小公式 ENP = KTB = — 173dBm + 10logB(Hz)，因熱雜訊頻寬 B(Hz) 至寬且為正值，代入 ENP 公式會提升 ENP 值。造成元件雜訊功率提高，為減小此項元件雜訊功率需選用較純不含雜質的材料所製成的元件。

### 2.2 元件諧波

選用線性響應元件所產生的雜訊諧波強度較小，雜訊諧波頻寬較窄，等效雜訊功率較低，選用非線性響應元件所產生的雜訊諧波強度較大，雜訊諧波頻寬較寬，等效雜訊功率較高。

**附錄4　軍規、商規 EMI/EMC CE 量測比較與 CE/RE 低頻量測關連互換性研析　附 4-3**

## 2.3　組件混附波

由元件 A 所產生的諧波為 $mf(A)$ 由元件 B 所產生的諧波為 $nf(B)$，其因交連相互耦合關係所產生的組件混附波為 $f(IMI)=|mf(A)\pm nf(B)|$。$m.n$ 為零至無窮大正整數，如欲使混附波等效雜訊影響變小，需選用線性響應高品質元件，因元件線性響應所附 $m.n$ 雜訊諧波較少所產生的混附波 $f(IMI)$ 較窄，也就是混附波的等效雜訊功率較低，所謂混附波雜訊(IMI noise)，因其雜訊頻譜至寬，且雜訊強度不一，也有稱之為雜波雜訊(Sprious Noise)。

## 2.4　模組信雜比

模組信雜比取自信號對電子產品輸入信雜比與輸出信雜比之比值 $(S/N)_{1/P}$ to $(S/N)_{0/P}$。此項比值亦稱 N.F.(Noise figure)$=(S/N)_{1/P}/(S/N)_{0/P}$。

如已知電子產品 $(S/N)_{1/P}$ 為定值，因受 2.1 元件雜訊、2.2 元件諧波、2.3 組件混附波的影響，在 $(S/N)_{0/P}$ 式中 $N$ 變大而使 $(S/N)_{0/P}$ 變小。由 N.F.(Noise figure)定義以 dB 表示可改為 N.F.(dB)$=10\log(S/N)_{1/P}/(S/N)_{0/P}$。一般電子產品 $(S/N)_{1/P}\geq(S/N)_{0/P}$，如 $(S/N)_{1/P}=20$ $(S/N)_{0/P}=10$，N.F.(dB)$=10\log 20/10=3dB$。

## 2.5　通路阻抗匹配雜訊

在電路板路徑信號傳送中，因阻抗不匹配所造成的反射與傳送中信號相互碰撞產生共振雜訊，此項雜訊對信號傳送與接收而言，會對信號發射接收造成損益(Mismatching Loss)問題，對電磁干擾而官，會對信號發射接收造成錯率(BER)問題。

## 2.6　接頭雜訊

接頭的功能在將信號經導線由一電子裝置傳送至另一電子裝置，輸入信號與輸出信號大小理論上應保持不變，實務上在低頻波長遠大於接頭長度，因沒有電阻、電感、電容寄生效應，故無 R.L.C. 雜訊共振問題。但在高頻因波長漸接近接頭長度而有電阻、電感、電容寄生效應會產生 R.L.C. 雜訊共振問題。除此接頭製作材質品質也直接與雜訊有關，不良材質本身會產生混附波雜訊，在常用的 D、BNC、N、OSM 各式接頭中，如較低頻的 BNC 接頭用在 MHz，接頭中心的針形金屬棒(pin)材質電阻值約為 2mΩ、電感值為 5ph 而較高頻的 N，OSM 接頭用在 GHz，接頭中心的針形金屬棒(pin)材質電阻值約為 0.2mΩ 電感值約為 0.5ph。此因係由材質在低頻(MHz)為低阻抗響應，材質在高頻(GHz)為高阻抗響應，為避免在高頻高阻抗響應會產生高雜訊電壓問題。故需選用低阻抗值($R=0.2mΩ$，$L=0.5ph$)材質製作接頭，以避免在高頻高阻抗響應中產生高雜訊電壓干擾問題。同時高品質接頭也可以在高頻克服信號傳送中因負載端阻抗變化過高或過低，所產生在接頭端的輸出信號不穩問題。

## 3. 檢測儀具

電流感應器(Current Probe)與信號電源阻抗匹配穩定網路(LISN)是用於傳導性雜訊(CE)量測的鈴備量測儀具，前者用於軍規檢測，後者用於商規檢測，兩者差異性在電流感應器需與 $10\mu F$ 電容電源濾波器配合使用，信號電源阻抗穩定網路內的 $1\mu F$ 電容電源濾波器是內建式裝置在信號電源限抗匹配穩定網路中，因電流感應器量測 CE 雜訊是直接套接在所需量測的線帶上，屬開放式(Open Loop)量測，是一種由電流感應器因具有高導磁性材質特性，可感應出由線上溢出的近場磁場雜訊轉換為雜訊電流的一種方式。而信號電源阻抗匹配穩定網路量測 CE 雜訊是間接量測線帶上的雜訊，屬封閉式(Close Loop)量測。是一種籍由濾除電源雜訊，以避免電源雜訊進入待測件，且提供待測件與電磁干擾接收機(EMI RCV)或頻譜儀(Spectrum)之間具有良好阻抗匹配功能，可使待測件的雜訊得以完全進入接收機或頻譜儀的一種量測方式。對待測件所需濾除電源雜訊功能而言，軍規所用 $10\mu F$ 電容濾波器可濾除較寬頻雜訊，要比商規 $1\mu F$ 電容濾波器為佳。

## 3.1 電流感應器(Current probe)

由 $Z_T$ (Transfer Impedance)$= V/I$ 公式，按 log 觀念，$Z_T = V/I$ 可改寫為 $I = \dfrac{V}{Z_T} I = V - Z_T$，$dB\mu A = dB\mu V - dB\Omega$，其間 $dB\mu A$ 為待測件介面線上所帶雜訊電流大小值，$Z_T$ (dB$\Omega$)為電流感應器可感應出套接在介面線上所溢出的近場磁場雜訊，轉換為雜訊電壓對應雜訊電流之比。$dB\mu V$ 為電流感應器本身由電磁效應將雜訊磁場按安培定律($H = I/2\pi r$)轉換為雜訊電壓，而此項 $Z_T$ (dB$\Omega$)特性阻抗值由製造廠家提供，由 $dB\mu A = dB\mu V - dB\Omega$ 公式中如 $dB\Omega$ 對應工作頻段響應值為 $dB\Omega = 0dB$ 則量測到的介面線上溢出雜訊電流($dB\mu A$)等於電流感應器的輸出雜訊電壓 $dB\mu V = dB\mu A$ ($dB\Omega = 0$)此為理論理想值。在實務上 $dB\Omega$ 不等於 0dB，所以 $dB\mu A$ 是隨所量到的 $dB\mu V$ 和 $dB\Omega$ 變化而變化。如雜訊頻率為 10MHz，$dB\mu V = 20$，查 $dB\Omega$ 在 10MHz 響應值為 $dB\Omega = 3$，按 $dB\mu A = dB\mu V - dB\Omega = 20 - 3 = 17$，雜訊電流為 $17dB\mu A$。由反對數公式亦可計算出雜訊電流大小值為 $10^{\frac{17}{20}}\mu A = 17\mu A$。一般電流感應器轉換阻抗 $dB\Omega$ 特性頻率響應圖由製造廠家提供，如圖附 4-1 所示一 Tape A and Tape B。

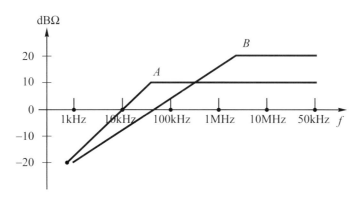

圖附 4-1　電流感器特性阻抗匹配頻率響應圖

## 3.2　信號電源阻抗穩定網路(LISN)

　　LISN 功能在阻隔供電電源雜訊進入待測件和接收機，並同時提供良好阻抗匹配通道讓待測件雜訊進入接收機，使接收機可以精準量測到待測件的傳導性雜訊(CE)。因此 LISN 功能優劣完全視對電源雜訊濾波功能與 LISN 本身對電源端、對待測件端、對接收機端各個相對介面間的阻抗匹配是否好壞而定。阻抗匹配愈好所量測到的待測件雜訊愈精確且不受供電電源雜訊的干擾影響，一般 LISN 電性功能圖由製造廠家提供如圖附 4-2，LISN 內部電子組件構形功能圖。圖附 4-3，LISN 阻抗匹配頻率響應圖。

　　參閱圖附 4-2LISN 內部電子組件構形中各組件電性功能作用，可解析其對電源端(PWR Source)和待測件瑞(D.U.T.)所具功效如下：

1. 1μF 電容 Capacitor

　　並聯 1μF 電容用於濾除 PWR Source 端高頻雜訊，由濾波工作起始頻率 $f_c = 1/\pi RC = 1/\pi \times 50 \times 1\mu F = 6.3kHz$，可得知 1μF Capacitor 用於濾除高於 6.3kHz 以上的電源雜訊。

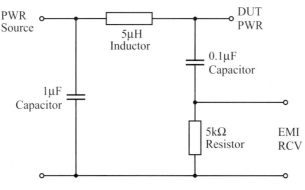

圖附 4-2　LISN 內部電子組件構形圖

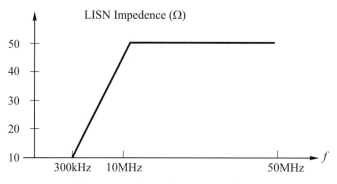

圖附 4-3　LISN 阻抗匹配頻率響應圖

2. 5$\mu$H Inductor

　　串接 5$\mu$H 電感用於在 PWR Source 60Hz 通過時，由電感感抗 $X_L = 2\pi f L = 2\pi \times 60 \times 5\mu\text{H} = 1.8\text{m}\Omega$ 呈現低位電感抗可讓低 60Hz 電源順利通過。

3. 0.1$\mu$F Capacitor

　　由 $f_c = 1/\pi RC = 1/\pi \times 50 \times 0.1\mu\text{F} = 63\text{kHz}$ 此串接電容可提供一低電容抗通路，讓高於 63kHz 以上來自待測件的雜訊頻率通過至 EMI RCV。

4. 5k$\Omega$ Resistor

　　用於升高放大來自待測件的微弱雜訊信號，經高阻抗(5k$\Omega$)放大為高雜訊電壓，送至 EMI RCV。

# 4.　檢測儀具組合

## 4.1　軍規 CE

### 4.1.1　10$\mu$F 電容濾波器(filter)

　　3 具 10$\mu$F 濾波器分別串接供電與待測件之間，以消除供電電源雜訊，其濾波功能按單一電容濾波特性(Feed Through Capacitor)，形同低通濾波器(Low Pass Filter)功能，濾波工作起始頻率可由 $f_c = 1/\pi RC$ 公式計算，濾波功能表衰減值 Att(dB)值，按濾波功能公式 Att (dB)$= 20\log(\pi RC) \times f$ 計算，其間 $R$ 為 50$\Omega$，$C$ 為 10$\mu$F，$f$ 為待濾除雜訊頻率，設 $f = 1/\pi RC$ 代入濾波功能公式可得 Att (dB)$= 0$dB，此 $f$ 值即為濾除雜訊的工作起始頻率 $f_c$，如 $C = 10\mu\text{F}$，$R = 50\Omega$，$f_c = 1/\pi \times 50 \times 10 \times 10^{-6} = 6.3\text{kHz}$，在實務量測中 3 具 10$\mu$F 貫穿式濾波電容(feed through Capactior)是以串接方式分別接至供電電源正極、負極、地極三條線與待供電待測件之間，用於消除供電電源正、負極、地極線上所帶雜訊，以避免待測件雜訊中含有電源雜訊而影響量測精確值，為提升 10$\mu$F 濾波器濾波功能，於安裝在測試桌面時，務需將此濾波器外殼和測試桌面緊密接觸，做好接地效應始可提升濾波功能效益。

## 4.1.2　電流感應器(current probe)

電流感應器可分別套接於火線正極(red)或水線負極(blue)或地線地極(black)，可量測出正極、負極、地極線上的雜訊，或套接於正極與負極兩條線，可量測到兩線間的差膜雜訊(DM)，或套接正與地、或負與地兩線間，可量測到正與地或負與地線上的共模式雜訊(CM)。按 dBμA ＝ dBμV － dBΩ公式，dBμA 為待測線上的雜訊電流大小，dBμV 為電流感應器感應線上雜訊所輻射的磁場，經由電流感應器的電磁效應轉換為雜訊電壓。dBΩ則是由所選用不同廠家電流感應器所提供的 dBΩ頻率響應值。由於不同頻率所對應有不同 dBΩ值。此值需在量測前先行鍵入檢測運作程式中，俾使在執行量測雜訊電流(dBμA)時，按公式 dBμA ＝ dBμV － dBΩ自動將 dBΩ計入得出 dBμA 值。

## 4.1.3　功率放大器(PWR Amplifier)

有時因雜訊電流太小或電流感應器靈敏度偏低，此時需另接功率放大器，將電流感應器輸出微弱的雜訊電流加以放大，再接至接收機或頻譜儀始可量出線上溢散出的微弱雜訊信號大小。

## 4.1.4　檢測儀具組合

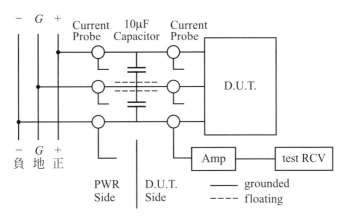

圖附 4-4　軍規 CE 檢測實測圖

(1) 在 10μF 電容未接地，由電流感應器所量測到在 PWR 與 D.U.T.side 電流大小如略等於 10μF 電容接地時在 D.U.T.side 邊所量測到的電流大小，此時 10μF 電容因線路阻抗過高，所接 10μF 電容無濾波功能而失效。

(2) 10μF 電容未接地，由電流感應器所量測到在 PWR 與 D.U.T.side 電流大小如小於 10μF 電容接地時在 D.U.T.side 邊所量測到的電流大小，此時濾波電容功能可能局部有效、或完全有效。而且在電容正常接地情況下，在 PWR side 所量測到的電流大於在 D.U.T.side 所量測到的電流，此時所量測到的 D.U.T.雜訊電流中含有一些來自 PWR side 的雜訊電流，此時濾波電容發揮了部份濾波功效。如在 PWR side 所量測到的電流小於在 D. U. T side 所量測的電流，此時所量測到的 D.U.T.雜訊電流中因電容已將 PWR side 電源雜訊濾除，此時電流感應器所量測到的雜訊電流才是真正來自待測件的雜訊電流，此時濾波電容發揮了全部濾波功效。

## 4.2 商規 CE

### 4.2.1 信號電源阻抗匹配穩定網路(LISN)

LISN 一方面濾除供電電源雜訊，提供接近純 60Hz 電源送至待測件，以確保待測件無雜訊高品質供電，另一方面提供待測件輸出阻抗與接收機輸入阻抗良好阻抗匹配，以確保待測件高頻雜訊能順利藉由信號電源阻抗匹配穩定網路進入接收機。因此 LISN 是一組雙端阻抗匹配網路(two ports network)一端面向外電供電電源，一端面向待測件與接收機，面向外電電源由一並聯電容 $1\mu F$ 電容按單一電容並聯電路呈低通濾波器工作原理，工作截止頻 $f_c = 1/\pi RC$ 可濾除 $f > f_c$ 以上電源雜訊，由 $R = 50\Omega$，$C = 1\mu F$ 代入 $f_c = 1/\pi RC = 6.3kHz$，也就是此 $1\mu F$ 電容可濾除 6.3kHz 以上頻率的雜訊，另面向待測件與接收機的介面阻抗要求均呈最佳 $50\Omega$ 阻抗匹配狀態，可使待測件所需量測的高頻雜訊進入接收機。按 LISN 中由待測件與接收機介面間串接的 $0.1\mu F$ 電容器所呈現的高通濾波器功能。按 $f_c = 1/\pi RC$，由 $R = 50\Omega$，$C = 0.1\mu F$ 代入 $f_c = 1/\pi RC = 63kHz$ 也就是此串接的 $0.1\mu F$ 電容，可讓信號頻率 63kHz 以上的雜訊通過至接收機，以量測待測件中所含雜訊信號大小與雜訊頻譜分佈狀況。參閱圖附 4-2 LISN 內部電子組件構形圖，圖附 4-3 LISN 阻抗匹配頻率響應圖。

### 4.2.2 檢測儀具組合

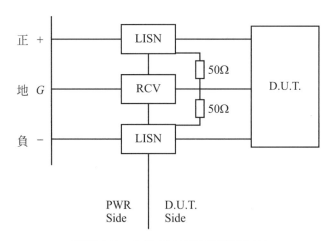

圖附 4-5 商規 CE 檢測儀具組合圖

由 PWR side 供電經 LISN 將 PWR 所含頻率 6.3kHz 以上雜訊濾除，以確保 D.U.T.供電儘可能接近 60Hz 純電源。圖示由 D.U.T 輸出雜訊經 LISN 送至 RCV，因其間 LISN 對 D.U.T.與 LISN 對 RCV 的阻抗匹配均為 50Ω，在 RCV 所量測到的 D.U.T.雜訊。由於阻抗匹配良好，RCV 可量測到 D.U.T.的寬頻精確雜訊值。

## 5.　CE/RE 檢測關連互換性

CE/RE 均在檢測電子產品及其週邊線帶與接頭所溢出的雜訊，其中最大差異性 CE 為近場感應，RE 在極低頻(kHz 至幾十 MHz)為近場感應，在中高頻(幾十至幾百至幾千 MHz)為遠場感應。近遠場定義需由檢測距離($R$)與頻率波長($\lambda$)及待測件面徑大小($D$)之間關係決定，按 $R < \lambda/6$，$R < 2D^2/\lambda$ 定義為近場，其間 $R$ 為檢測距離，$\lambda$ 為雜訊頻率波長，$D$ 為待測件面徑大小，一般軍規檢測距離 $R = 1$ 米，商規 $R = 3$，$10$，$30$ 米不等，有關 CE/RE 檢測關連性分述如下：

### 5.1　CE 檢測

CE 檢測在將環狀電流感應器直接套接在待測件輸出入端介面線上，因電流感應器與待測線間距離至近，又因線上電流流動呈電流源模式，在近場輻射場強大小順序為感應場(磁場)、靜電場、輻射場。因此以電流感應器套接線上所量測到的場強是以感應磁場為主。按電磁效應安培定律 $H = I/2\pi r$($H$ 為線上溢散的雜訊磁場強度、$I$ 為線上雜訊電流大小，$r$ 為電流感應器與待測線線間距離)。可將由線上所溢散出的輻射雜訊磁場強度($H$)轉換為雜訊電流大小($I$)。

在實務量測中，雜訊電流大小 $\mathrm{dB}\mu A = \mathrm{dB}\mu V - \mathrm{dB}\Omega$，$\mathrm{dB}\Omega$ 為電流感應器特性阻抗轉換值，此值由廠家提供資料，列表說明在不同工作頻率時相對應有不同的特性阻抗轉換值。在量測前需將此值鍵入檢測軟體程式中，在量測不同頻率的雜訊電壓時會自動將此值計入。如特性阻抗＝ 5dBΩ at $f = 100$kHz，電流感應器輸出雜訊電壓＝ 10dB$\mu$V，待測雜訊電流 $\mathrm{dB}\mu A = 10\mathrm{dB}\mu V - 5\mathrm{dB}\Omega = 5\mathrm{dB}\mu A$，雜訊電流大小按反對數公式可算出 $10^{\frac{5}{20}}\mu A = 1.77\mu A$。

### 5.2　RE 檢測

RE 檢測在將各型不同頻段的天線，按軍規檢測距離 1 米，或商規檢測距離 3、10、30 米規定放置待測件前方，量測由待測件與其週邊線帶、接頭所溢散的雜訊場強，因有檢測距離($R$)不等的規範，對不同頻率波長($\lambda$)，待測件面徑大小($D$)，按近場、遠場定義，$R < \lambda/6$，$R < 2D^2/\lambda$ 為近場，$R > \lambda/6$，$R > 2D^2/\lambda$ 為遠場。由不同頻段的天線因子(A.F.)，按 A.F.＝ E/V 公式可將 $E = V \times AF$ 轉換為 $\mathrm{dB}\mu V/m = \mathrm{dB}\mu V + AF(dB)$，$\mathrm{dB}\mu V/m$ 為待測件及其週邊線帶與接頭所溢散的輻射雜訊場強，$\mathrm{dB}\mu V$ 為各型不同頻段天線所感應的雜訊場強轉換為雜訊電壓大小，AF(dB)為各型不同頻段天線在不同檢測距離情況下實測所的天線因子值。此值由原製作廠家提供。量測工作人員需將此項不同頻率 AF(dB)值鍵入測試軟體程式，始可執行自動化 RE 檢測工作，其間於 RE 檢測中有關所量測到不同頻率的雜訊場強是屬於近場或遠場感應量測值問題？可由實測資料 AF(dB)值中得知，在實測中會將此項近場、遠場校正補償值 AF(dB) 計入所需量測雜訊場強中[dBμV/m = dBμV + AF(dB)。因此測試人員不需再考量在近場與遠場中所含靜電場／感應場／輻射場的複雜場強大小變化問題。

## 5.3 CE/RE 關連性

CE/RE 均在檢測由電子產品及其週邊線帶、接頭所溢散出的雜訊。軍規 CE 量測採用電流感應器，商規採用電源信號阻抗匹配網路(LISN)，RE 量測採用天線，商規 CE 量測以電流感應器直接套接線上來量測線上雜訊電流，而線上所帶雜訊電流來自電子產品內部組件及路徑上的雜訊，而此項雜訊頻率分佈至寬，由雜訊頻率的波長與電子產品間介面線長關係，在介面線兩端如是通路(Short or Loop)模式，且線長等於λ/4 時，整體呈電流源並聯共振模式，在介面線兩端如是(Open or Rod)模式，且線長等於λ/4 時，整體呈電壓源串聯共振模式，無論並聯式電流源共振模式或串聯式電壓源共振模式都會產生共振雜訊，因共振效率對應線長和波長有關，線長越接近λ/4 共振效率越高，如兩線間距離為 $l$，當 $l = \dfrac{\lambda}{4}$，

$2l = \dfrac{\lambda}{2}$ 此時如介面兩端是通路，形成並聯式共振電流源，如介面線一端為通路，一端為開路，形成串聯式共振電壓源。因一般電子產品間的介面線長通常比電子產品的面徑長寬高大小要長很多，較長的線長按 $l = \dfrac{\lambda}{4}$ 關係共振頻率較低波長亦較長，屬低頻共振頻率範圍。由電流感應器所量測的 CE 雜訊頻率屬較低頻雜訊範圍，而由天線所量測到 RE 雜訊頻率則需按選用不同頻段天線來量測不同頻段雜訊，在選用低頻(10k～50M)天線如棒狀(Rod)或環狀(Loop)是以量測電子產品間介面線所溢散的低頻雜訊為主。在選用中、高頻天線如雙錐體天線(Biconical Ant 20M-200M)、對數天線(Log Periodic Ant 300M-1G)、喇叭天線(Horn Ant 1G-18G)，是以量測電子產品內部所輻射經電子盒蓋板間隙所溢散的中、高頻雜訊為主。比較 CE 與 RE 量測雜訊工作頻段。軍規 CE 以量測電子產品間線上低頻雜訊為主。RE 則可量測低、中、高頻雜訊，但需更換不同頻段天線以對應不同頻段雜訊量測需求。

## 5.4 CE/RE 低頻量測互換性

早期 CE 量測頻段常定在 10k～30M，近因數位電路所產生的雜訊頻寬日漸提高至 50M 甚有至 100M，RE 低頻量測則常定 10k～30M，在低頻段對雜訊場強量測分為 CE 與 RE 兩大項，兩者均屬近場輻射場強量測，但量測雜訊強度位準單位不一，CE 以雜訊電流大小計量(dBμA)，RE 以雜訊輻射場強強度計量(dBμV/m)，比較 CE/RE 先有 RE 後有 CE，其間兩者關係緣自因 RE 檢測軍規量測距離定為 1 米，按近場遠場定義 $R = \dfrac{\lambda}{6}$ 為近場，設 $R = 1$ 米，波長 λ = 6R = 6×1 = 6m，頻率 f = 50M，因 RE 量測時與待測件為電壓源或電流源屬性有關，如果待測件為電壓源模式，所溢散的雜訊以電場場強雜訊為主，需選棒狀電

場感應天線為宜，如果待測件為電流源模式，所溢散的雜訊以磁場場強雜訊為主，需選用環狀磁場感應天線為宜，一般棒狀或環狀天線工作頻段設計均在 10k～50M。在此頻段對 RE 檢測距離 1 米而言，因頻率 $f \leq 50M$，均屬近場效應，而 $f \leq 50M$ 雜訊多來自線上所溢散的低頻雜訊，但在 RE 量測中近場效應變化複雜且受週邊環境反射效應影響，不易量測到精確雜訊輻射場值，比較由於 RE 與 CE 在低頻均為近場量測，既然都是近場量測，為何不以可不受週邊環境反射影響的另一種模式，以 CE 取代 RE 來執行量測，如以 CE 量測時將量測儀具電流感應器直接套接在線上，以最近距離直接感應由線上溢出散發出的磁場輻射雜訊場強方式，可直接感應量出線上所含雜訊電流大小，依此觀之對電子產品由週邊介面線所溢散的低頻雜訊強度位準大小，可由兩種不同方式 CE/RE 執行，CE/RE 兩者關連性先有 RE 後有 CE，RE 為由天線接收線上所輻射的雜訊電場場強(dBμF/m)，CE 為先行接收線上所輻射的雜訊磁場場強，再將此項雜訊磁場場強轉換為雜訊電流大小(dBμA)。

## 6.　結語

　　說明 CE 量測定義與軍規，商規 CE 量測差異性比較，對電子產品雜訊特性與來源分述如，元件熱雜訊、元件諧波、組件混附波、模組信雜化、路徑阻抗匹配雜訊、接頭雜訊，說明對軍規量測所用電流感應器(Current Probe)與商規所用信號電源阻抗匹配網路(LISN)功能差異性比較及相關儀具組合測試方法事宜。

　　對 CE/RE 在低頻量測關連互換性，先有 RE 量測後導出 CE 量測，說明在低頻量測以近場量測為主，可以 RE 方式量測，亦可以 CE 方式量測，唯雜訊強度計量單位不同 RE (dBμV/m)/CE(dBμA)，檢測儀具不同 RE(Antenna) /CE(Current Probe/LISN)，檢測方法不同 RE(R = 1.3.10.30，meter)/CE(Clamping wire)，量測結果效益相同。

# 附錄 5

## 接收機頻道內、鄰近頻道、頻道外干擾檢測特性簡介

### 附 A　接收機頻道內混附波(IMI)干擾特性簡介(CS03)

## 內容

# 前言

　　一般信號接收機接收信號工作是否正常需參用多項接收機重要參數，如靈敏度、選擇性、解析度等，凡此皆與接收機本身耐受干擾信雜比有關，而一般依軍規檢測接收機干擾耐受度需求有三項檢測規格需依美軍規電磁干擾 461 系列所定混附波(IMI)、調幅(cross modulation)、雜訊拒斥(Rejection of undesired signal)相關規範執行，鑑定接收機在這三項干擾情況下是否仍能正常工作，以作為驗測該型接收機是否能通過接收機干擾耐受性(conducted susceptibility)檢測標準之依據。

　　本文依接收機干擾耐受度所定三項檢測規格需求，先就其中第一項混附波部份(IMI)按工作目的、工作原理、三次位階混附波干擾分析、量測驗證、三次位階混附波、干擾防制、結語等六項分別說明，其間接收機所涉外來或內部形成的三次位階混附波(3rd IMI product)各項干擾問題，經分析 3rd IMI product 與接收機主頻率相重合時在干擾中頻率耦合量有最大響應值，此時如對所產生的 3rd IMI product兩具信號產生器輸出信號大小及頻率加以調制，可量測出對接收機主頻率所造成的干擾情況，進而可求出待測接收機對此項混附波干擾所能承受的耐受度大小。以作為接收機在通訊裝備中達成電磁調和工作目標的依據。而防制此項干擾的方法又可分由系統間及系統內兩方面協同執行，一般以先考量系統間問題，即需瞭解接收機使用所在環境背景混附波雜訊資料，然後再考量系統內即接收機內部工作組件混附波問題，以作為整體評估接收機干擾耐受度的評估分析標準。

　　有關民規接收機耐受度規範檢測，因射頻無線電工作頻譜使用日漸擴增，對接收機干擾亦日趨嚴重，由於民用與軍用接收機在電性規格上殊多雷同，不同處重在使用環境規格需求不同，故本文所提軍用三項接收機耐受度檢測規範內容亦可供民用接收機耐受度檢測規範需求參用。

## 1. 工作目的

　　接收機為信號接收系統中的核心部份，而接收機一般均由射頻、本地振盪器、混波器、中頻、低頻各級組成，因其所接收的信號所在環境有各種不同模式雜訊混附其中而進入接收機可能對接收機造成干擾，而外來雜訊由頻譜分析多為寬頻雜訊。因在寬頻雜訊中其信號強度是與由不同位階所組成的信號有關，依混附波不同位階組成信強度在低位階如 2nd，3rd IMI 信號強度較高，在高位階如 5th，7th …IMI信號強度較低，依信號較高者所造成的干擾較為嚴重的原理推斷，在混附波(IMI)干擾中以優先考量較低位階混附波(2nd，3rd IMI)作為評估是否造成對接收機干擾之依據。接收機混附波干擾在評估與檢測鑑定接收機混波器或射頻放大器輸出端對外來兩個或多個干擾源信號諧波組成的混附波(IMI)干擾所能承受之最大干擾耐受度，並可依混附波規格對接收機執行混附波干擾檢測以評估待測接收機是否可通過此項混附波干擾規格檢測工作。

## 2.　工作原理

### 2.1　混附波成因分析

#### 2.1.1　外在環境混附波

通常接收機外接天線接收發射端所發射的信號，但於工作所在環境亦分佈有其他信號源，而此項其他多種信號源中的諧波依混附波工作原理會形成不同多組低中高位階混附波，如此項混附波頻率巧與接收機工作頻率相同且信號強度夠強就有可能對接收機造成干擾。

#### 2.1.2　內在接收機混附波

接收機射、混波，本地振盪各級中的工作組作，如按理想均爲線性組件則不會產生混附波效應，而實務中因各級工作組件如有非線性組件在信號通過非線性組件時就會產生混附波效應，又如此項混附波頻率巧與接收機工作頻率相同，且信號強度夠強就有可能對接收機造成干擾。

### 2.2　混附波數算模式

按 2.1 混附波成因分析說明，由兩個或多個干擾源信號諧波頻率混合後，依混附波工作原理數算模式可列爲

$$|mf_1 \pm nf_2| = f_0 \text{ 或 } |mf_1/f_0 \pm nf_2/f_0| = 1$$

$m$ 爲干擾源 $m$ 的 $m$ 次諧波。
$n$ 爲干擾源 $n$ 的 $n$ 次諧波。
$f_1$ 爲干擾源 $m$ 的主頻率。
$f_2$ 爲干擾源 $n$ 的主頻率。
$f_0$ 爲接收機的工作主頻率。
而多位階(high order)混附波(IMI)可列表如表附 5-1。

表附 5-1

| Order of IMI | IMI product |
|---|---|
| Second<br>$m + n = 2$ | $\|f_1/f_0 \pm f_2/f_0\| = 1$ |
| Third<br>$m + n = 3$ | $\|f_1/f_0 \pm 2f_2/f_0\| = 1$<br>$\|2f_1/f_0 \pm f_2/f_0\| = 1$ |
| Fifth<br>$m + n = 5$ | $\|f_1/f_0 \pm 4f_2/f_0\| = 1$<br>$\|4f_1/f_0 \pm f_2/f_0\| = 1$<br>$\|2f_1/f_0 \pm 3f_2/f_0\| = 1$<br>$\|3f_1/f_0 \pm 2f_2/f_0\| = 1$ |

## 2.3 混附波組合圖

按 2.2 混附波數算模式，設表列中 IMI product $f_1/f_0$ 爲 $X$ 軸，$f_2/f_0$ 爲 $Y$ 軸，以 $f_1$ 對 $f_0$ ($f_1/f_0$)爲比值參數並定此比值範圍在 0 至 2，同理以 $f_2$ 對 $f_0$ ($f_2/f_0$)爲比值參數並定此比值範圍在 0 至 2，運用解析幾何方程式 $y = mx + b$ 原理，$y$ 爲 $f_2/f_0$ 軸，$x$ 爲 $f_1/f_0$ 軸，$m$ 爲斜截式方程式 $y = mx+b$ 中的斜率，$b$ 爲斜截式方程式 $y = mx+b$ 中在 $y$ 軸的截距長度，可將上列表中各位階 IMI product 繪成以斜截式方程式 $y = mx+b$ 來表示 IMI product 位於圖形中所在位置，如圖示中二次位階混附波(2nd, $m + n = 2$)成菱形分佈於圖示中右上 $b$ ($f_1 + f_2$)，右下 $c$ ($f_1 - f_2$)，左上 $a$ ($- f_1 + f_2$)，左下 $d$ ($f_1 + f_2$)區域，因均未通過中心嚴重干擾區及次要干擾區，故不會對接收機造成干擾，其他在三次位階混附波(3rd $m + n = 3$)中有部份 3rd IMI 未通過中心嚴重干擾區及次要干擾區，如 $g$ ($4f_1 - 2f_2$)，$h$ ($2f_1 + f_2$)，$e$ ($2f_1 + f_2$)，$f$ ($1/2 f_1 + 1/4 f_2$)…。但另有如 $i$ ($- f_1 + 2f_2$)，$j$ ($2f_1 - f_2$)是通過中心嚴重干擾區及次要干擾區，這些通過中心嚴重干擾區(pgrs)及次要干擾區(klmn)的 3rd IMI 將列爲分析是否造成對接收機干擾與否的主要三次位階諧波。

二次，三次位階混附波組合圖

Chart of IMI(2<sup>nd</sup>, 3<sup>rd</sup> products)

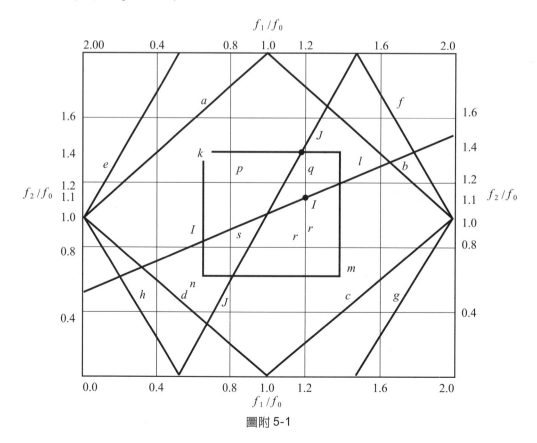

圖附 5-1

$f_0$ = tuned frequency of RCV

$f_1$ and $f_2$ = frequency of interfering emission

$a = -f_1 + f_2$　　　　　　　　　　　$f = 1/2f_1 + 1/4f_2$

$b = f_1 + f_2$　　　　　　　　　　　　$g = 4f_1 - 2f_2$

$c = f_1 - f_2$　　　　　　　　　　　　$h = 2f_1 + f_2$

$d = f_1 + f_2$　　　　　　　　　　　　$I : -f_1 + 2f_2$

$e = 2f_1 + f_2$　　　　　　　　　　　$J : 2f_1 - f_2$

pqrs:region of major EMI at I　　　　$f_1 = 360$　$f_0 = 300$

　　　　　　　　　　　　　　　　　　$f_1 / f_0 = 360/300 = 1.2$

　　　　　　　　　　　　　　　　　　$f_2 / f_0 = 1.1$

　　　　　　　　　　　　　　　　　　$f_2 = 1.1f_0 = 1.1 \times 300 = 330$

　　　　　　　　　　　　　　　　　　$2f_2 - f_1 = 2 \times 330 - 360 = 300 = f_0$

klmn:region of minor EMI at J　　　$f_1 / f_0 = 360/300 = 1.2$

　　　　　　　　　　　　　　　　　　$f_2 / f_0 = 1.4$

　　　　　　　　　　　　　　　　　　$f_2 = 1.4f_0 = 1.4 \times 300 = 420$

　　　　　　　　　　　　　　　　　　$2f_1 - f_2 = 2 \times 360 - 420 = 300 = f_0$

## 3.　三次位階混附波干擾分析

　　已知干擾源 1 諧波 $f_1 = 360$MHz，及接收機工作頻率 $f_0 = 300$MHz，試求干擾源 2 諧波為多少時與干擾源 1 諧波 $f_1 = 360$MHz 混附成三次位階混附波會對接收工作頻率 $f_0 = 300$MHz 造成干擾？

　　參閱圖示(chart of 2nd，3rd IMI product)分析干擾步驟如下：

1. 由 $f_1 = 360$MHz，$f_0 = 300$MHz，求 $f_1 / f_0$ 比值為 $f_1 / f_0 = 360/300 = 1.2$，由圖示 $f_1 / f_0$ 軸找到 1.2 位置。

2. 由圖示 3rd IMI $2f_2 - f_1$ 通過主干擾區，查 $f_1 / f_0 = 1.2$，方程式 $2f_2 - f_1$ 交會點向 $f_2 / f_0$ 軸可得 $f_2 / f_0$ 比值為 $f_2 / f_0 = 1.1$。

3. 由 $f_2 / f_0 = 1.1$，可求出 $f_2$ 頻率為 $f_2 = 1.1 \times f_0 = 1.1 \times 300 = 330$。此項頻率 330MHz 信號即為所求干擾源 2 諧波頻率。

4. 按 1.2.3 說明 3rd IMI $2f_2 - f_1$ 是否造成對 $f_0$ 干擾，由 $2f_2 - f_1 = f_0$ 算式 $2 \times 330 - 360 = 300$ 可驗證由干擾源 1 頻率 360MHz 與干擾源 2 頻率 330MHz 所混附的 3rd IMI 相吻合會對接收機造成干擾。

5. 同理由圖示 $2f_1 - f_2$ 與 $f_1 / f_0 = 360/300 = 1.2$，按 1 至 4 說明方法可求出 $f_2 / f_0 = 1.4$，由 $f_2 = 1.4 \times f_0 = 1.4 \times 300 = 420$，代入 $2f_1 - f_2 = 2 \times 360 - 420 = 300$，可驗證干擾源 1 頻率 360MHz 與干擾源 2 頻率 420MHz 所混附的 3rd IMI $2f_1 - f_2 = 300$MHz 與接收機：$f_0 = 300$MHz 相吻合會對接收機造成干擾。

## 4. 量測驗證

### 4.1 量測頻率範圍

由圖示主干擾區及次干擾區週邊範圍可定出干擾源 1 諧波及干擾源 2 諧波範圍約在 $f_1/f_0 = 0.8$ 至 1.2，$f_2/f_0 = 0.8$ 至 1.2，一般已知待測接收機頻率 $f_0$ 按 $f_1/f_0$，$f_2/f_0$ 此值 0.8 至 1.2 即可求出干擾源 1 與干擾源 2 諧波分佈範圍。

由實務 3rd IMI 方程式通過主干擾區才列爲干擾評估工作重點，由 3rd IMI 方程式通過主干擾區與 $f_1/f_0$ 軸，$f_2/f_0$ 軸可得多個相對應值，此多個相對應值可由 $f_1/f_0$，$f_2/f_0$ 比值中已知 $f_0$ 求出 $f_1$，$f_2$，即爲干擾源 1 與干擾源 2 的諧波頻率。

### 4.2 量測信號強度

由 4.1 說明可求出混附波所需諧波頻率，而所需諧波信號強度需參閱待測接收機靈敏度大小，依規格需求此項諧波頻率信號強度大小需大於待測接收機靈敏度 66dB，作爲產生混附波所需干擾源 1 與干擾源 2 諧波信號輸出強度大小參用值。

### 4.3 量測儀具組合

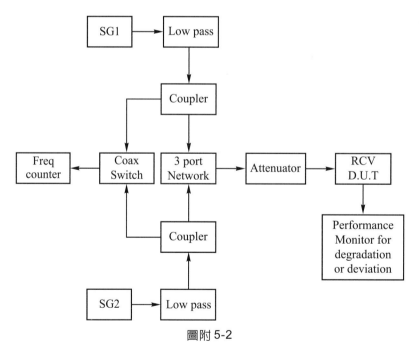

圖附 5-2

SG1：Signal Generator 1.
SG2：Signal Generator 2.
接收機傳導性耐受度檢測儀具組合圖
(set up for testing CS of RCV)

## 4.4　量測規格範圍

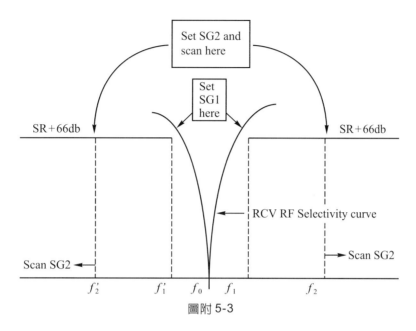

圖附 5-3

$f_0$：RCV frequency　　　　　　$f_1$：EMI source 1.

SG1：signal generator 1.　　　　$f_2$：EMI source 2.

SG2：signal generator 2.

SR：standard response

信號產生器調制頻率頻寬及信號強度產生混附波規格示意圖

(Signal Generator tuning for IMI testing.)

## 5.　三次位階混附波干擾防制

## 5.1　系統間

　　系統間所指接收機爲一系統單元，接收機使用所在位置週邊其他輻射源爲另一系統單元，此處所稱系統間干擾防制係指接收機週邊多個輻射源所輻射的雜訊混附帶條件頻率與接收機工作頻率相同，而信號強度也足以大至干擾到接收機正常工作，因此爲防制此項系統間干擾需先就接收機所在裝設使用的環境執行環境背景雜訊量測以瞭解此項環境雜訊頻譜分佈狀況及信號強度大小，作爲評估其間 3rd IMI product 頻率是否有與接收機工作頻率相重合的可能性，如確認有此干擾可在接收系統射頻端加裝濾除此項雜訊頻段濾波器(pre-selector)可消除產生此項 3rd IMI product 的干擾信號源頭，以達成抑制 3rd IMI product 進入接收機造成干擾。

## 5.2 系統內

系統內所指為接收機本身內部組件因選用不良含有雜質的非線性組件，在信號通過非線性組件時是會在組件輸出端產生高位階混附波(High order IMI)而其中三次位階混附波(3rd IMI)如與接收機頻率相同且信號強度夠大就會對接收機造成干擾，因此在接收機電性規格中特別列有一項IMI規格需求，換言之高品質接收機的IMI規格要求較高對外來或內在IMI所形成的干擾信號抑制能力較高，反之較低。因此為防制系統內IMI干擾需選用高品質不含雜質的線性組件，以抑制此項IMI干擾。

## 6. 結語

對混附波(IMI)干擾規格需求，在較高品質通訊系統中常被列為不可缺少的一項重要規格需求，本文就混附波有關工作目的、工作原理、三次位階混附波干擾分析、量測驗證、三次位階混附波干擾防制分別提出說，在實務通訊系統規格中以接收機電性功能參數為主，一般混附波規格需求多列在接收機部份，尤其是射頻端部份特別注意對混附波干擾的抑制能力，但現通訊頻譜日寬自由空間雜訊分佈無所不在，加上通訊機如手機功能日趨複雜，基地台收發信號能量日趨量多信雜，所以對通訊系統中發射與接收部份機組件中所選用的高頻組件如小至各式接頭均有混附波規格需求，一般而言在任何電子裝備系統中除工作頻率外，其他週邊頻率諧波、雜波無所不在，而其中對電子裝備系統功能性影響最大的是三次位階混附波(3rd IMI product)，因此在接收機傳導性干擾耐受度(cs. conducted susceptibility)檢測中特別列出一項cs03檢測需求，凡依此項規格檢測通過的接收機可確保不受外來或內部混附波干擾，現因對混附波干擾耐度需求日廣，連一些用在高頻精密的各式射頻接頭亦有混附波規格需求及其專屬IMI檢測制式儀具。

總結，對混附波干擾抑制規格已列入通訊裝備系統中一項電性重要規格需求，而混附波形成位階中以三次位階混附波所造成的干擾最為嚴重，故本文以三次位階混附波為例說明所涉各項混附波干擾問題，量測驗證，防制方法以饗讀者瞭解參用。

## 附 B 接收機鄰近頻道雜訊(Cross modulation)干擾特性簡介(CS05)

## 內容

1. 工作目的
2. 工作原理
   2.1 鄰近頻道雜訊干擾成因

2.2　鄰近頻道雜訊干擾模式
3.　鄰近頻道雜訊干擾分析
4.　量測驗證
　4.1　量測規格圖示
　4.2　量測儀具組合
5.　鄰近頻道雜訊干擾防制
　5.1　系統間
　5.2　系統內
6.　結語

# 前言

　　一般信號接收機接收信號工作是否正常需參用多項接收機重要參數，如靈敏度、選擇性、解析度等，凡此皆與接收機本身耐受干擾信雜比有關，而一般依軍規檢測接收機干擾耐受度需求有三項檢測規格需依美軍規電磁干擾 461 系列所定混附波(IMI)、調幅(cross modulation)、雜訊拒斥(Rejection of undesired signal)相關規範執行，鑑定接收機在這三項干擾情況下是否仍能正常工作，以作為驗測該型接收機是否能通過接收機干擾耐受性(conducted susceptibility)檢測標準之依據。

　　本文依接收機干擾耐受度所定三項檢測規格需求，先就其中第二項鄰近頻道雜訊(cross modulation)相關規範執行，按工作目的、工作原理、鄰近頻道雜訊干擾分析、量測驗證、鄰近頻道雜訊干擾防制(系統間、系統內)、結語等六項分別說明，其間接收機所涉鄰近頻道雜訊干擾成因與模式，並對鄰近頻道雜訊干擾現象進行分析，及提報相關在系統間及系統內所需干擾防制方法，量測驗證以量測規格圖示及儀具組合說明接收機是否能通過本項規範測試，以確保接收機不受鄰近頻道雜訊干擾。就接收機鄰近頻道雜訊干擾抑制規格已列入通訊系統中一項電性重要規格需求，為使通訊接收系統工作人員對此項重要規格需求有所認知，特撰本文說明以供讀者瞭解參用。

　　有關民規接收機耐受度規範檢測，因射頻無線電工作頻譜使用日漸擴增，對接收機干擾亦日趨嚴重，由於民用與軍用接收機在電性規格上殊多雷同，不同處重在使用環境規格需求不同，故本文所提軍用三項接收機耐受度檢測規範內容亦可供民用接收機耐受度檢測規範需求參用。

# 1.　工作目的

　　檢測接收機中頻工作頻段所受鄰近中頻工作頻道雜訊干擾耐受度情況，而此項滲入中頻的雜訊如隨工作信號後傳至檢波器亦會對檢波器造成干擾，因此項雜訊信號非指由射頻段混波器與本地振盪器所產生，而是指由射頻段直接經由射頻放大器或非線性效應所產生的雜訊，此項雜訊的特性在其頻率頻寬非常接近中頻工作頻率頻寬，故稱鄰近頻道雜訊干擾，而受干擾源均針對中頻而言，檢測工作模式在驗證以此項鄰近中頻調幅雜訊為干擾源，以接收機中頻為受害源，執行信號輸入干擾分加注調幅雜訊與未加注調幅雜訊兩種模式測試中頻是否受此鄰近頻道調幅雜訊干擾。

## 2. 工作原理

## 2.1 鄰近頻道雜訊干擾成因

因本項雜訊不同於外界環境雜訊混合或因組件非線性工作所產生的混附波雜訊(IMI)CS03 干擾及不同於由外界環境雜訊與接收機內部本地振盪器諧波混合所生的頻道外雜訊(Rejection of undesired signal)CS04 干擾，而是由射頻段直接經由射頻放大器或非線性效應所產生的雜訊，因此項雜訊特性在其頻率頻寬非常接收中頻工作頻率，如再加上雜訊有調幅效應時對中頻而又有干擾現象，由此可將此項干擾定義為鄰近頻道雜訊干擾(C.M. Cross Modulation)。

## 2.2 鄰近頻道雜訊干擾模式

以接近中頻頻率頻寬的調幅雜訊干擾中頻頻寬，如觀察中頻受到此項調幅性雜訊干擾，則確認屬於鄰近頻道雜訊干擾，如觀察中頻沒有受到此項調幅性雜訊干擾，則可確認不屬於鄰近頻道雜訊干擾，對此項鄰近頻道雜訊信號強度及掃描接近中頻的模式，則依信號強度需大於中頻收信號靈敏度 66dB，頻率掃描範圍自低 $f_0 - f$ (IF)，( $f_0$：中頻中心頻率，$f$(IF)：中頻半頻寬)遞增至信號強度在大於中頻接收信號靈敏度 66dB 時之中頻靈敏度半頻寬位置頻率，另頻率掃描範圍自高 $f_0 + f$ (IF)，( $f_0$：中頻中心頻率，$f$ (IF)：中頻半頻寬)遞減至信號強度在大於中頻接收信號靈敏度 66dB 時之中頻靈敏度半頻位置頻率。(如 4.1 量測規格圖示)

## 3. 鄰近頻道雜訊干擾分析

鄰近頻道雜訊干擾分析可分為兩個方面分析，一為此項雜訊隨同工作信號進入中頻級頻寬週邊造成對中頻干擾並隨之進入後級檢波級形成對檢波級干擾，而干擾屬嚴重或輕微狀況將視此項雜訊頻譜分佈與信號強度及中頻選擇性對此項雜訊排拒量而定，一為此項雜訊亦有可能因非線性作用混附所產生的新雜訊頻率直接進入中頻頻寬造成頻道內(co-channel)干擾，不論雜訊是否直接進入中頻頻寬或中頻頻寬週邊造成干擾，對前者直接進入中頻頻寬干擾分析因頻率直接耦合不需考量頻率耦合差的問題，而只需考量雜訊信號強度與中頻接收信號靈敏度問題，如雜訊信號強度越大於靈敏度則造成干擾的可能性也越高，反之越低。但如雜訊進入中頻頻寬週邊，因與中頻有頻率差問題，故需考量雜訊信號與中頻頻率去耦合量問題，因此對雜訊進入中頻頻寬週邊干擾分析，需同時考量雜訊信號強度對中頻靈敏度與頻率相差去耦合量問題，在評估分析時需將這兩項因素同時計入後再與中頻靈敏度比較觀察是否有干擾問題。

## 4.　量測驗測

## 4.1　量測規格圖示

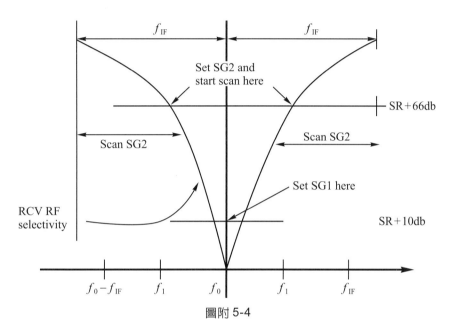

圖附 5-4

SR ＝ standard response

$f_0$ ＝ IF center frequency

$f_{IF}$ ＝ IF band width

$f_1$ ＝ Coresponding frequency in test signal amplitude at SR ＋ 66dB along the RCV RF selectivity.

SG1. SG2.＝ test generator 1. and 2.

## 4.2　量測儀具組合圖

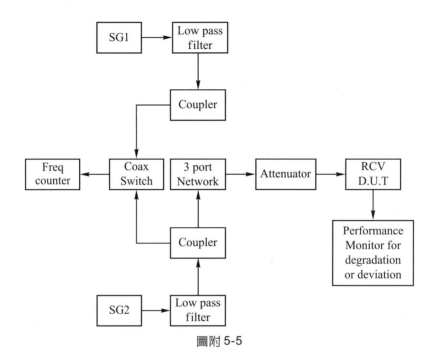

圖附 5-5

## 5.　鄰近頻道雜訊干擾防制

### 5.1　系統間

　　系統間所指接收機為一系統單元，接收機使用所在位置週邊其他輻射源為另一系統單元，此處所稱系統間干擾防制係指接收機週邊輻射源所輻射的雜訊，對接收機中頻造成干擾，因此為防制此項系統間干擾需先就接收機所擬裝使用的環境背景雜訊執行量測，以瞭解此項雜訊頻譜分佈狀況及信號強度大小，作為評估此項背景雜訊是否對中頻造成干擾之依據，但一般通訊接收系統中頻頻率遠比射頻頻率為低，故直接由射頻端進入中頻頻率因頻率工作頻段相差很大，影響中頻的雜訊中頻信號不易進入射頻端，故由射頻直接干擾影響中頻的機率並不高，但也不能排除由雜訊中的混附波及頻道外雜訊(IMI，Rejection of undesired signal)所形成的接近中頻頻率干擾效應進入中頻造成干擾。

### 5.2　系統內

　　系統內所指為接收機本身內部與中頻週邊有關所使用的組件，如此項組件為含有雜質的非線性組件，在信號通過非線性組件時會在輸出端產生不規則的寬頻雜訊，而此項雜訊頻率又與中頻相同或接近中頻頻率就會造成對中頻的干擾，因此為防制此項干擾應選用線性組件才可降低可能造成對中頻的干擾。

## 6.　結語

　　對中頻干擾規格需求，在較高品質通訊系統中已被列爲不可缺少的一項重要規格需求，本文就中頻干擾有關工作目的、工作原理、中頻雜訊干擾分析、量測驗證、中頻雜訊干擾防制分別提出說明，在實務通訊系統中以接收機電性功能參數爲主，所以對中頻干擾規格需求多列在接收機部份，而接近中頻的雜訊頻率多來自與中頻工作有關週邊組件，爲消除此等週邊組件因非線性所產生可能進入中頻的雜訊，需愼選良好線性的組件作爲防制工作的重點，因此在接收機傳導性耐受度(Conducted susceptibility)檢測中特別列出一項 CS05 檢測需求，凡依此項規格檢測通過的接收機可確保不受鄰近中頻雜訊干擾，總之，對鄰近頻道干擾抑制規格已列入通訊系統中一項電性重要規格需求，爲使通訊接收系統工作人員對此項重要規格需求有所認知，特撰本文說明以供讀者瞭解參用。

## 附 C　接收機頻道外雜訊(Rejection of Undesired Signal)干擾特性簡介(CS04)

## 內容

## 前言

　　一般信號接收機接收信號工作是否正常需參用多項接收機重要參數，如靈敏度、選擇性、解析度等，凡此皆與接收機本身耐受干擾信雜比有關，而一般依軍規檢測接收機干擾耐受度需求有三項檢測規格需依美軍規電磁干擾 461 系列所定混附波(IMI)、調幅(cross modulation)、雜訊拒斥(Rejection of undesired signal)相關規範執行，鑑定接收機在這三項干擾情況下是否仍能正常工作，以作為驗測該型接收機是否能通過接收機干擾耐受性(conducted susceptibility)檢測標準之依據。

本文依接收機干擾耐受度所定三項檢測規格需求，說明其中第三項雜訊拒斥(Rejection of undesired signal)有關規範內容，按工作目的、工作原理、頻道外雜訊干擾分析、量測驗證、頻道外雜訊干擾防制(系統間、系統內)、結語等六項分別說明，其中工作原理所涉頻道外雜訊干擾成因與模式，及頻道外雜訊干擾現象亦有分析，並提報相關在系統間及系統內所需干擾防制方法，量測驗證則以量測規格圖示及儀具組合說明接收機是否能通過本項規範測試，以確保接收機不受頻道外雜訊干擾。就接收機頻道外雜訊干擾抑制規格已列入一般通訊系統中一項重要電性規格需求，為使通訊系統工作人員對此項重要規格需求有所認知，特撰本文說明以供讀者瞭解參用。

有關民規接收機耐受度規範檢測，因射頻無線電工作頻譜使用日漸擴增，對接收機干擾亦日趨嚴重，由於民用與軍用接收機在電性規格上殊多雷同，不同處多在使用環境規格需求不同，故本文所提軍用第三項接收機耐受度檢測規範內容亦可供民用接收機耐受度檢測規範需求參用。

## 1. 工作目的

檢測接收機中頻工作頻段所受外來雜訊干擾耐受度情況，而此項外來雜訊係由接收機系統內部本地振盪器諧波與系統外的其他傳播信號或由系統內的系統雜訊信號經混波器混合工作時，可能產生一些新的雜訊頻率信號如巧合與系統內的中頻工作頻率信號相同時，就有可能對中頻造成干擾，而此項外來雜訊經由本地振盪器諧波在混波器混合後所產生新的工作頻率雜訊信號強度是否真正對接收機造成干擾，將視此項雜訊信號強度與頻寬是否造成干擾將由對應接收機中頻選擇性頻寬及靈敏度高低而定。

## 2. 工作原理

### 2.1 頻道外雜訊干擾成因

由頻道外雜訊進入系統內中頻造成干擾通常有二個途徑，一個是在系統外週邊的其他系統工作時所輻射的信號頻率對此系統可視為一項外來雜訊，此項外來雜訊經接收系統進入混波器與本地振盪器諧波混合後產生新的雜訊頻率信號，而此項新的雜訊頻率信號又與接收機中頻工作頻率相同，如此項雜訊信號強度夠強就會造成對中頻正常所接收的頻率信號造成干擾，另一個是由系統內射頻端各項組件如前置選頻器／射頻放大器，濾波器在工作時所產生的諧波雜訊和正常接收工作頻率信號一起進入混波器與本地振盪器諧波混合後產生新的雜訊頻率信號，而此項新的雜訊頻率信號又與接收機中頻工作頻率相同，如此項雜訊信號強度夠強亦會造成對中頻正常所接收的頻率信號造成干擾。而不論此項雜訊頻率信號來自系統外其他系統工作頻率信號或來自系統內本身組件不良由非線性或熱效應所產生的混附雜波（IMI），在此項雜訊進入系統內與本地振盪器諧波混合均可產生新的雜訊頻率信號，而傳至後級中頻段如巧合又與中頻信號頻率相同就可能對中頻工作信號頻率造成干擾，因為此項干擾源雜訊信號來自系統外與系統內雜訊，其雜訊頻率範圍完全不與中頻信號頻率相同，故稱頻道外雜訊干擾，而此項來自道外雜訊信號是否會對系統內中頻級造成干擾需視此項頻道外雜訊信號強度與雜訊頻寬對中頻級接收信號靈敏度與選擇性頻寬響應而定，換言之中頻級的靈敏度與選擇性也是決定可以耐受多少此項頻道外雜訊的干擾量，故稱頻道外雜訊干擾耐受度檢測(Rejection of Undesired signal)。

## 2.2　頻道外雜訊干擾模式

依 2.1 頻道外雜訊干擾成因說明，可寫成數學模式表示如下：

$$f(SR) = \left| \frac{pf(L0) \pm f(IF)}{q} \right|$$
$$f(IF) = |pf(L0) \pm qf(SR)| \text{，} q = 1.0$$

$p$：harmonic number of local oscillator

$q$：harmonic number of interference signal

$f(L0)$：L0 frequency

$f(IF)$：Intermediate frequency.

$f(SR)$：spurious frequency（頻道外雜訊）

由數學模式 $f(IF = |p \times f(L0) \pm qf(SR)|$ 中可知 $p \times f(L0)$ 時的 $p$ 次諧波為 $p \times f(L0)$，$q \times f(SR)$ 為外來雜訊頻率 $f(SR)$ 時的 $q$ 次諧波為 $q \times f(SR)$，兩項經混波器混波後所產生新的雜訊頻率如與後級的中頻率相同，則會可能造成對中頻的干擾，因此項數學模式計算中係取絕對值故有兩個不同雜訊頻率信號，在理論上因都可能對中頻頻率造成干擾故均列為頻道外雜訊頻率[$qf(SR)$]，而 $q$ 值取 $q = 1$ 係因考量外來雜訊信號強度時以其在基頻時信號強度最強，故取 $q \times f(SR)$ 為雜訊在 $q = 1.0$ 時其雜訊信號強度最強作為與本地振盪器混波時頻率諧波 $p \times f(L0)$ 之首選外來雜訊頻率。

## 2.3　頻道外雜訊干擾模式組合圖

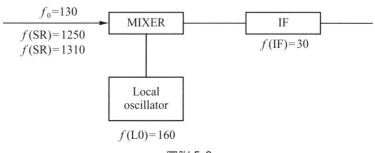

圖附 5-6

$$f(\text{SR}) = 1250 \text{，} 1230 \text{ 頻道外雜訊}$$

$$f(\text{SR}) = \left| \frac{pf(\text{L0}) \pm f(\text{IF})}{q} \right|$$

$$f(\text{SR}) = \left| \frac{8 \times 160 \pm 30}{1} \right| = 1250 \text{ or } 1310$$

## 3. 頻道外雜訊干擾分析

依前公式 $f(\text{SR}) = \left| \dfrac{pf(\text{L0}) \pm f(\text{IF})}{q} \right|$

如設 $q = 1$，$f(\text{IF}) = 60$，$p = 1$，$f(\text{L0}) = 1560$

可求出 $f(\text{SR}) = 1500$ or $1620$，同理如設 $q = 1$，$f(\text{IF}) = 60$，$p = 2$，$f(\text{L0}) = 1560$，可求出 $f(\text{SR}) = 3060$ or $3180$ 餘類推，如表附 5-2

表附 5-2

| $P$ | $\pm f(\text{IF})$ | $f(\text{SR})$ | | |
|:---:|:---:|:---:|:---:|:---:|
| | | $q = 1$ | $q = 2$ | $q = 3$ |
| 1 | + | *b* 1620 | *i* 810 | 540 |
| | − | *a* 1500 | *h* 750 | 500 |
| 2 | + | *e* 3180 | *k* 1590 | 1060 |
| | − | *d* 3060 | *j* 1530 | 1020 |
| 3 | + | *g* 4740 | *m* 2370 | 1580 |
| | − | *f* 4620 | *l* 2310 | 1540 |
| 4 | + | 6300 | 3150 | 2100 |
| | − | 6180 | 3090 | 2060 |
| 5 | + | 7860 | 3930 | 2620 |
| | − | 7740 | 3870 | 2580 |

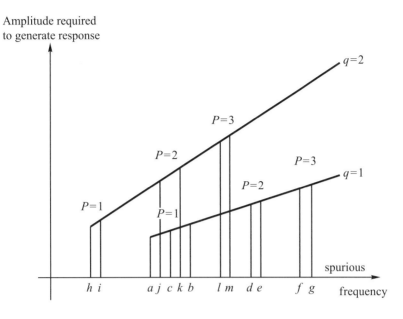

圖附 5-7

$a$：$f(\text{L0}) - f(\text{IF}) = 1560 - 60 = 1500.$　　　　　　$P = 1$，$q = 1$

$b$：$f(\text{L0}) + f(\text{IF}) = 1560 + 60 = 1620.$　　　　　　$P = 1$，$q = 1$

$c$：$f(\text{L0}) = 1560$

$d$：$2f(\text{L0}) - f(\text{IF}) = 2 \times 1560 - 60 = 3060.$　　　$P = 2$，$q = 1$

$e$：$2f(\text{L0}) + f(\text{IF}) = 2 \times 1560 + 60 = 3180.$　　　$P = 2$，$q = 1$

$f$：$3f(\text{L0}) - f(\text{IF}) = 3 \times 1560 - 60 = 4620.$　　　$P = 3$，$q = 1$

$g$：$3f(\text{L0}) + f(\text{IF}) = 3 \times 1560 + 60 = 4740.$　　　$P = 3$，$q = 1$

$h$：$[f(\text{L0}) - f(\text{IF})]/2 = (1560 - 60)/2 = 750.$　　$P = 1$，$q = 2$

$i$：$[f(\text{L0}) + f(\text{IF})]/2 = (1560 + 60)/2 = 810.$　　$P = 1$，$q = 2$

$j$：$[2f(\text{L0}) - f(\text{IF})]/2 = [(2 \times 1560) - 60]/2 = 1530.$　　$P = 2$，$q = 2$

$k$：$[2f(\text{L0}) + f(\text{IF})]/2 = [(2 \times 1560) + 60]/2 = 1590.$　　$P = 2$，$q = 2$

$l$：$[3f(\text{L0}) - f(\text{IF})]/2 = [(3 \times 1560) - 60]/2 = 2310.$　　$P = 3$，$q = 3$

$m$：$[3f(\text{L0}) + f(\text{IF})]/2 = [(3 \times 1560) + 60]/2 = 2370.$　　$P = 3$，$q = 3$

　　$q = 1$為頻道外雜訊基頻，因此項雜訊信號最強故只需在較低信號位準時與本地振盪器混合時，即有可能造成對中頻信號干擾，反之$q = 2$為頻道外雜訊基頻諧波，因諧波信號強度比基頻信號強度為弱，如以此項較弱基頻諧波信號與本地振盪器混合時會對中頻造成干擾，則需在諧波信號較強時才有可能造成此項干擾，如圖示$q = 2$時的諧波信號強度要比$q = 1$的諧波信號強度為大。($q = 1$，$q = 2$，分別圖示 locus of $q = 1$，$q = 2$ response 說明$q = 1$在頻道外雜訊基頻時與$q = 2$在頻道外雜訊基頻諧波雜訊時，與本地振盪器混合後對中頻級干擾所需的雜訊信號強度比），由圖示 $q = 2$ 要比 $q = 1$ 所顯示的 locus of response 爲高，證明 $q = 2$ 時高次諧波信號強度如需對後級 IF 造成干擾所需信號強度如需對後級 IF 造成干擾所需信號強度要比 $q = 1$ 時的低次諧波信號爲強。

## 4.　量測驗測

### 4.1　量測規格圖示

依據頻道外雜訊干擾檢測工作需求，兩具信號產生器產生頻率範圍及信號強度調諧需求如圖附 5-8 所示，依此驗證待測接收機是否通過此項雜訊規格檢測標準。

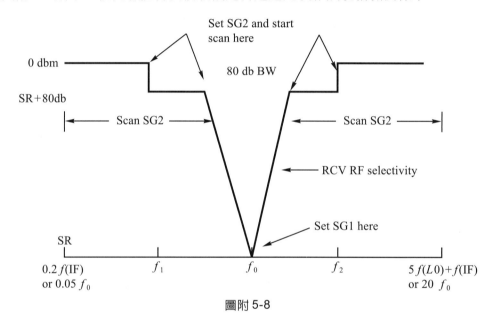

圖附 5-8

SR = standard response
$f(\text{IF})$ = IF frequency
$f_0$ = RCV center frequency
$f_1$ = lowest tunable frequency of RCV under test。
$f_2$ = highest tunable frequency of RCV under test。
$$|mf(\text{SR}) \pm nf(\text{L0})| = f(\text{IF}) , f(\text{L0}) = f_0 + f(\text{IF})$$
SG1 = signal generator 1。
SG2 = signal generator 2。

## 4.2　量測儀具組合圖

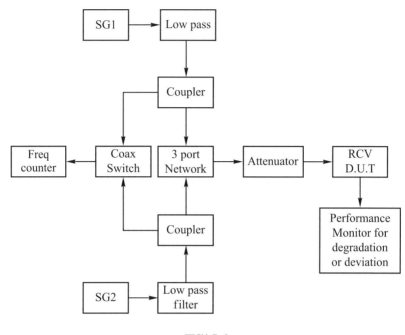

圖附 5-9

## 5.　頻道外雜訊干擾防制

### 5.1　系統間

　　系統間所指接收機為一系統單元，接收機使用所在位置週邊其他輻射源為另一系統單元，此處所稱系統間干擾防制係指接收機週邊輻射源所輻射的雜訊，對接收機而言為頻道外雜訊干擾防制，此項頻道外雜訊傳入接收機內與本地振盪器所產生的諧波混合後，產生如與中頻頻率相同的雜訊就會可能對中頻造成干擾，因此為防制此項系統間干擾需先就接收機所擬裝設使用的環境執行環境背景雜訊量測，以瞭解此項雜訊頻譜分佈狀況及信號強度大小，作為評估其間是否與系統內本地振盪器混合產生如中頻相同頻率的雜訊而形成干擾問題，如確認有此項干擾可在接收機射頻端加裝濾除此項頻道外的干擾信號，以達成抑制此項頻道外雜訊進入接收機造成干擾的成因。

### 5.2　系統內

　　系統內所指為接收機本身內部組件如本地振盪器因使用含有雜質的非線性組件，在信號通過非線性組件時是會在組件輸出端產生高位階諧波(High order harmonics)，為減少此項因不良組件所產生的高位階諧波，在選用本地振盪器時需選用線性單一頻率的本地振盪器，可消除高位階諧波與頻道外雜訊混合後產生干擾後級中頻的雜訊信號，以達成抑制頻道外雜訊干擾的成因。

# 6. 結語

對頻道外干擾規格需求，在較高品質通訊系統中已被列為不可缺少的一項重要規格需求，本文就頻道外雜訊干擾有關工作目的、工作原理、頻道外雜訊干擾分析、量測驗證、頻道外雜訊干擾防制分別提出說明，在實務通訊系統中以接收機電性功能參數為主，所以對頻道外雜訊干擾規格需求多列在接收機部份，尤其是射頻端到中頻部份需特別注意對頻道外雜訊干擾的抑制能力，但現通訊頻譜日寬自由空間雜訊分佈無所不在，所以對通訊系統中發射與接收部份機組件中所選用的高頻組件，如射頻端本地振盪器、混波器、射頻放大器等均需考量其除主工作頻率以外的諧波雜波頻率與信號強度問題，因此在軍規接收機傳導性耐受度(Conducted susceptibility)檢測中特別列出一項CS04檢測需求，凡依此項規格檢測通過的接收機可確保不受頻道外雜訊干擾，總之，對頻道外雜訊干擾抑制規格不論軍用或民用已列入通訊系統中一項電性重要規格需求，為使通訊接收系統工作人員對此項重要規格需求有所認知，特撰本文說明以供讀者瞭解參用。

# 附A 數位通訊系統(PCM)錯率(BER)形成相關參數關連性研析

## 內容

# 前言

　　錯率是鑑定通訊信號品質最重要的因素，而在信號傳送中因阻抗不匹配所造成的反射問題是形成雜訊影響通訊品質主要的原因，如要提高信號傳送品質需求則需在源頭類比與數位轉換中提升數位化位階對應信雜比著手，也就是在信號處理過程中壓縮與伸展功能規格上需訂出較高標準需求，才能降低雜訊位準以提升信雜比(S/N)，達到降低錯率(BER)工作需求。

## 1.　錯率成因分析(BER Analysis)

## 1.1　錯率與阻抗匹配，(BER V.S. Impedence matching)

　　電路板是構成電子裝置的最基要部分，而其間的電子電路阻抗部分由電源內阻$R_S$，路徑阻抗$R_O$。負載阻抗$R_L$所組成。一般為節省功率消耗$R_S$多採最小值設計，因此路徑阻抗$R_O$與負載阻抗$R_L$之間是否能匹配，會直接影響信號傳送中的反射問題，而這項反射量的大小和相位變化是造成錯率的根本原因。一般負載阻抗$R_L \gg$路徑阻抗$R_o$，會產生正相位反射信號，經一段時間此項正相位反射信號會累積成接近如 TTL−5V 信號，也就是相當於該位置原為 0 突變為 1 的錯率現象。如負載阻抗$R_L \ll$路徑阻抗$R_o$，會產生負相位反射信號，經一段時間此項負相位反射信號會累積成接近如TTL−5V信號，也就是相當於該位置原為 1 的＋5V 信號被反射的−5V 所抵銷形成為 0 的錯率現象。又如負載阻抗$R_L \approx$路徑阻抗$R_O$，因反射信號不大不會影響正常數位信號脈波 1 或 0 的傳送，只會在脈波 1 或 0 波形上產生一點漣波(ripple)但不會造成 1 或 0 的錯率現象。

## 1.2　信號傳送時間($T_d$)與邏輯元件工作起始時間($T_r$)，($T_d$ V.S. $T_r$)

　　按電路中信號行進基本原理分信號路徑(signal)與迴路路徑(return)，當由負載端與路徑阻抗不匹配的反射波流向信號源與信號源流向負載端的正常信號相撞時就可能產生信號傳送的錯率問題。而是否真正產生信號傳送錯率問題取決於信號傳送時間($T_d$)與邏輯元件工作起始時間($T_r$)兩者大小對比。按$T_d$定義為信號源行進至負載所需時間，$2T_d$為信號源信號行進負載再由負載折返信號源所需時間。$T_r$為邏輯元件工作脈波成形所需時間，如$2T_d$

$> T_r$表示信號行徑路徑至負載因阻抗不匹配所產生的反射波會撞擊到入射波而產生錯率，定義為有干擾(EMI)。如$2T_d < T_r$表示信號行徑路徑至負載因阻抗不匹配所產生的反射波不會撞擊到入射波而產生錯率，定義為無干擾(EMC)。如$2T_d = T_r$，介於$2T_d > T_r$與$2T_d < T_r$之間，定義為有干擾亦可能無干擾(EMI/EMC)。此等現象由實務案例說明如下：

已知：

電路板介質常數$E = 4$，電路板長度(信號源至負載端)$= 15cm$，邏輯元件工作起始時間高速$T_r < 1ns$，中速 $1ns < T_r < 3ns$，低速$T_r > 3ns$。

求證：

評估邏輯元件在高速($H$)，中速($M$)，低速($L$)是否形成錯率問題。

說明：

表附 6-1，H.M.L. Speed v.s. EMI/EMC status

$$T_d = \sqrt{E}/30\text{ns/cm}, \quad E = 4$$
$$T_d = \sqrt{E}/30\text{ns/cm} \times 15\text{cm} = 0.9\text{ns}$$
$$2T_d = 2 \times \sqrt{E}/30\text{ns/cm} \times 15\text{cm} = 1.8\text{ns}$$

表附 6-1　H.M.L. speed v.s. EMI/EMC status

| speed ＼ Parameter | $T_r$(ns) | $2T_d$(ns) | $2T_d/T_r$ | EMI/EMC |
|---|---|---|---|---|
| H | $< 1$ | 1.8 | $1.8 > 1$ | EMI |
| M | $1 - 3$ | 1.8 | $1 < 1.8 < 3$ | EMI/EMC |
| L | $> 3$ | 1.8 | $1.8 < 3$ | EMC |

## 1.3　錯率對應負載與路徑阻抗匹配分析(BER v.s. $R_L/R_O$)

由實務案例說明如下：

已知：

反射係數(R.C.)$= 0.15$

$$\text{R.C.} = \left| \frac{R_L - R_O}{R_L + R_O} \right|$$

求證：

$R_L/R_O$比值範圍

設 R.C. $= 0.15$ 訂為 BER margin 值

說明：

由 R.C. $= 0.15$ 代入公式

$$\frac{1 + R.C.}{1 - R.C.} > \frac{R_L}{R_O} > \frac{1 - R.C.}{1 + R.C.}$$

$$1.35 > \frac{R_L}{R_O} > 0.74$$

如路徑阻抗 $R_O = 100$ 歐姆，負載阻抗 $R_L$ 變化範圍應控制在 135 至 74 歐姆之間。

## 2. 數位信號容量與類比信號頻寬，信雜比(bits/s  v.s. BW, *S/N*)

由類比信號頻寬(B.W.)與信雜比(*S/N*)，可求出轉換為數位信號容量大小(bits/s)。

按公式 $C = B \log_2 (1 + S/N)$

$\quad\quad$ $C$：PCM capacity，(bits/s)

$\quad\quad$ $B$：Analog Signal BW，(Hz)

$\quad\quad$ $S/N$：Analog Singal $S/N$，(ratio)

實務案例：

$\quad\quad$ $B = B_w = 3.1\text{kH(voice)}$

$\quad\quad$ S/N $= 10^3$

$\quad\quad$ $C = B \log_2 (1 + S/N)$

$\quad\quad\quad$ $= B \times 3.32 \log_{10} (1 + S/N)$

$\quad\quad\quad$ $= 3.1\text{k} \times 3.32 \log_{10} (1 + 10^3)$

$\quad\quad\quad$ $= 30.88\text{kb/s}$

## 3. 錯率與射頻／中頻信雜比對應關係(BER v.s. RF *C/N*，IF *S/N*)

### 3.1 中頻 *S/N* 對應射頻 *C/N* (IF *S/N* v.s. RF *C/N*)

一般畫面清晰度品質(picture Level)與畫面干擾情況(EMI/EMC status)可分五等級，如表附 6-2 所示。

表附 6-2　picture level v.s. EMI/EMIC status

| Picturl level | EMI/EMC status | Remark |
|---|---|---|
| 5 | No EMI | Excellent |
| 4 | Minor EMI, acceptable | Good |
| 3 | Visible EMI, conditional acceptale | Fair |
| 2 | Serious EMI, not acceptale | Bad |
| 1 | not acceptable | poor |

如果將 picture level (I/F S/N)轉換成對應射頻 RF C/N，如圖附 6-1，由圖示 picture level要求在level 4 時，I/F S/N需為 36dB，由圖附 6-1 所示RF C/N愈大，I/F S/N亦愈大，畫面清晰度品質愈好。

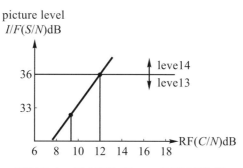

圖附 6-1    IF (S/N) dB v.s. RF(C/N)dB

## 3.2    錯率對應射頻[BER v.s. RF(C/N)]

一般錯率對應射頻信雜比，射頻信雜比 RF (C/N) dB 越大，錯率(BER)愈低。如圖附 6-2 所示。

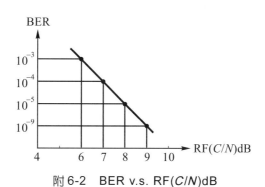

附 6-2    BER v.s. RF(C/N)dB

## 4.    折返雜訊對應原信號與抽樣式信號(feedback noise v.s. analog signal frequency $f_o$/sampling rate signal frequency $f_s$)

## 4.1    無折返雜訊(non feedback noise)

以電話通話為例，聲音頻率最高約 3.4kHz，設 $f_o = 3.4kHz$、$f_s = 2 f_o = 2 \times 3.4kHz = 6.8kHz$，如圖附 6-3、$fs > 2 f_o$，則無折返雜訊。

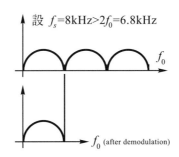

圖附 6-3　non feedback noise

## 4.2　有折返雜訊(feedback noise)

以電話通話為例，聲音頻率最高約 3.4kHz，設 $f_0 = 3.4$kHz，$f_0 = 3.4$kHz，$f_s = 2 f_0 = 2 \times 3.4$kHz $= 6.8$kHz。如圖附 6-4、$f_s < 2 f_0$，則有折返雜訊。

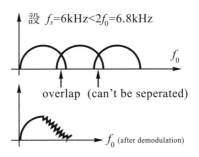

圖附 6-4　feedback noise

有折返雜訊在信號連續傳送一段時間因有累積效應，會對傳送中信號產生干擾可能形成錯率，而影響正常通訊信號品質。

## 5.　數位化位階(M)對應信雜比(S/N)

類比信號強度(S)對數位信號雜訊(N)功率比(S/N) dB，Received analog signal PWR ($P_S$) to Quantizing noise PWR ($P_N$),(S/N) dB

$$\left(\frac{S}{N}\right)\text{dB} = 10 \log \frac{P_S}{P_N} = 10 \log 12.58 = 11\text{dB}$$

$$\left(\frac{S}{N}\right)\text{dB} = 10 \log \frac{P_S}{P_N} = 10 \log 50 = 17\text{dB}$$

$$\left(\frac{S}{N}\right)\text{dB} = 10 \log \frac{P_S}{P_N} = 10 \log 200 = 23\text{dB}$$

表附 6-3　(S/N)dB v.s. M, n, $P_S/P_N$

| M | n | $P_S/P_N$ | (S/N) dB | Difference (dB) |
|---|---|---|---|---|
| 2 | 1 | 12.58 | 11 | 0 |
| 4 | 2 | 50 | 17 | ±6 |
| 8 | 3 | 200 | 23 | ±6 |
| 16 | 4 | 794 | 29 | ±6 |
| 32 | 5 | 3162 | 35 | ±6 |
| 64 | 6 | 12589 | 41 | ±6 |
| 128 | 7 | 50118 | 47 | ±6 |
| 256 | 8 | 199526 | 53 | ±6 |

M：number of quantizer levels

n：length of PCM, bits

(S/N) dB：received analog signal PWR to quantizing noise PWR

由表附 6-3 得知如將類比信號 $P_S$ 等位階量子化越細，M 值越大，n 值 bits 數亦較多，相對應 (S/N) dB 亦較大，如將 M 值增加或減少一倍其間 (S/N) dB 亦增減 6dB。

$$20 \log \frac{16}{8} = 20 \log \frac{8}{4} , \ + 6\text{dB}$$

$$20 \log \frac{8}{16} = 20 \log \frac{4}{8} , \ - 6\text{dB}$$

## 6.　壓縮與伸展(compressor/expander)

## 6.1　壓縮(compressor at Tx port)

對類比小信號加強壓縮，增加數位量化位階，以利鑑別信號與雜訊，對類比大信號放寬壓縮可在不增加數位量化位階情況下，亦可鑑別信號與雜訊。

## 6.2　伸展(expander at RCV port)

按 6.1 壓縮所發射的信號在接收端加以伸展還原。

## 6.3　壓縮與伸展功能(compressor and expander performance)

　　維持數位通訊系統在一定頻段內，對類比信號轉換數位信號戶變過程中，力求數位通訊系統信雜比為一常數值，以保持數位通訊系統錯率(BER)不因信雜比(S/N)有所變化，而影響信號傳送品質。

## 6.4　壓縮與伸展規格(compressor and expander specification)

### 6.4.1　日規( $\mu$ law) $\mu$ = 255

$$y = \frac{\log(\mu_x + 1)}{\log(\mu + 1)}$$

$X$ : Signal level before compressor

$Y$ : Signal level after compressor

| a | b | c | d | e | f | g | h | |
|---|---|---|---|---|---|---|---|---|
| 31 | 95 | 223 | 479 | 991 | 2015 | 4063 | 8159 | x |
| 16 | 32 | 48 | 64 | 80 | 96 | 112 | 128 | y |

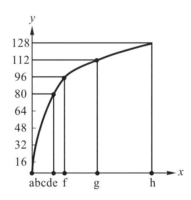

圖附 6-5　signal level comparission before ($x$) and after ($y$) compression

### 6.4.2　歐規(A law) A = 87.6

$$y = \frac{Ax}{1 + \log A} \left( \frac{1}{A} \geq x \geq 0 \right)$$

$$y = \frac{1 + \log Ax}{1 + \log A} \left( 1 \geq x \geq \frac{1}{A} \right)$$

歐規 $y$ 對應 $x$ 圖大略與日規相同。

## 6.4.3　線性與非線性壓縮

壓縮特性與信雜比壓縮特性目的在小信號增加量子化位階，以利鑑別信號與雜訊。對大信號則放寬量子化位階，兩者並行可在預設工作頻段內使系統信雜比保持一常數，藉以控制系統錯率在所設規格範圍以內。一般線性壓縮對小信號因對信號量子代位階不夠多無法有效鑑別信號與雜訊，但對大信號因信號夠強容易鑑別信號與雜訊。然而在實務應用方面，因線性壓縮有此缺點，故改用非線性壓縮方式針對小信號增加量子化位階，以力鑑別信號與雜訊所產生的錯率問題，如圖附 6-6 所示。

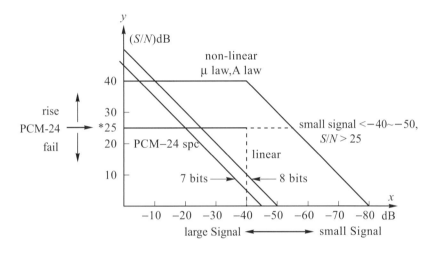

$x$：I/P level relative value related to sine wave

$y$：PCM system $(S/N)$db

圖附 6-6　　$(S/N)$dB v.s. I/P level

由圖附 6-6 所示在線性(Linear)壓縮時，對輸入較大信號，$(S/N)$dB 可維持超過 PCM-24 spc，但對輸入較小信號，$(S/N)$dB 則低於 PCM-24 spc。如改採(non-linear)非線性壓縮時，如：μ law, A law $(S/N)$ dB 無論在大信號或小信號均可高於 PCM-24 spc 規格值。有關 PCM-24 spc 參數資料簡附如下供參閱。

PCM － 24 spc ＝ 1.5444 MB/S

$f$(voice)＝ 4 kHz

$f$(sampling)＝2$f$(voice)＝ 8 kHz

$f$(sampling for each channel)＝ 8kHz×8 ＝ 64kb/s

(# 1～# 7 ＞ for speech, # 8 for supervisory/signaling Information)＝ 64 kb/s

PCM － 24spc ＝ 64 kbs×24 ch ＋ syn(8 kb/s) ＝ 1.544 Mb/s

One frame ＝ 193 bits/125μs ＝ 1.544 Mb/s

193 ＝(7 ＋ 1)×24 ＋ 1

193 bit $=(7 + 1)\times24 + 1$a$141$PCM $- 24 = 1.544$ Mb/s

first (slanting line)，frame syn bit

＃1～＃7 for speech

＃8→supervisory/signaling

24 for 24 channels(channel 1 to 24)(8kbs×8 + syn(8kbs))$= 1.544$ Mbs

125μs/(24×8 + 1)bits $= 125$μs/193bits $= 0.644$μs/bit

$$T = \frac{193\text{bits}}{1.544\text{Mbs}}$$

$T = 125$μs

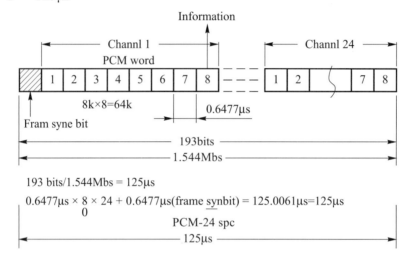

193 bits/1.544Mbs = 125μs

0.6477μs × 8 × 24 + 0.6477μs(frame synbit) = 125.0061μs=125μs

PCM-24 spc

# 7. 數位通訊錯率與傳導信雜比
## (PCM BER v.s. transmission noise)

二進位數位通訊錯率對應傳導高斯雜訊分佈關係如表附6-4與圖附6-7錯率對應信雜比。

表附6-4　BER v.s. *S/N*, (*S/N*)dB

| *S/N* | (*S/N*) dB | $\text{erf}\left(\frac{1}{2\sqrt{2}} \quad \frac{S}{N}\right)$ | BER |
|---|---|---|---|
| *7.40 | 17.38 | $2\times10^{-4}$ | $10^{-4}$ |
| 9.44 | 19.49 | $2\times10^{-6}$ | $10^{-6}$ |
| 11.20 | 20.98 | $2\times10^{-8}$ | $10^{-8}$ |
| 14.10 | 23.00 | $2\times10^{-10}$ | $10^{-10}$ |

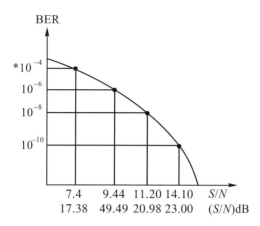

圖附 6-7　BER v.s. $S/N$, $(S/N)$ dB

以 $S/N = 7.4$ 對應 BER 為例，經由公式可算出 BER 值，案例如：

$$BER = \frac{1}{2}\left(1 - \text{erf}\frac{1}{2\sqrt{2}}\frac{S}{N}\right)$$

$$= \frac{1}{2}\left[1 - \left(1 - \text{erf}\frac{1}{2\sqrt{2}}\frac{S}{N}\right)\right]$$

$$= \frac{1}{2}\left[\text{erf}\left(\frac{1}{2\sqrt{2}}\frac{S}{N}\right)\right]$$

由 $S/N = 7.4$，查知 $\text{erf}\left(\frac{1}{2\sqrt{2}}\frac{S}{N}\right) = 2\times10^{-4}$

代入上式 $BER = \frac{1}{2}\times(2\times10^{-4}) = 10^{-4}$ 如表附 6-4 與圖附 6-7 所示，餘類推。

## 8.　均勻量化無波道雜訊數位系統類比轉數位(A/D)頻寬特性 (PCM A/D Bandwidth transfer)

數位系統類比轉數位頻寬如表附 6-5 所示。$M$：number of quantizer level，$n$：length of PCM word, bits. $B$：I/P analog Signal BW.

表附 6-5　PCM BW v.s. M.n.

| $M$ | $n$ | PCM BW |
|---|---|---|
| 2 | 1 | 2B |
| 4 | 2 | 4B |
| 8 | 3 | 6B |
| *256 | *8 | *16B |

$B = I/P$ analog signal BW $= 4\text{kHz} = 3.1\text{kHz(voice)} + 0.9\text{kHz(guard)}$

4kHz for NRZ (non return zero)

2kHz for RZ (return zero), 4 kHz for NRZ(non return zero)

PCM BW $= 16B = 16 \times 2$ kHz $= 32$ kHz(RZ) at $M = 256$, $n = 8$.—— digital

PCM BW $= I/P$ analog signal BW$\times \log_2 2^n = 4$ kHz$\times \log_2 2^8$————— analog

$\qquad = 32$ kHz$\cdot$(NRZ) at $n = 8$

## 9. 錯率對應量化位階，位元數，接收類比信號數量化雜訊功率比 (BER v.s. M,n, *S/N*)

$M$：量化位階(number of quantizer level)

$n$：位元數(length of PCM)，$n$ bits.

$S/N$：接收類比信號對量化雜訊功率比

$\qquad$ (received analog signal PWR to quantizing noise PWR)

BER：錯率(bit error rate)

$$\frac{S}{N} = \frac{3M^2}{1 + 4(M^2 - 1) \times \text{BER}} \text{，} M = 2^n$$

$$\text{BER} = \frac{3M^2 - S/N}{\left(4 \cdot \dfrac{S}{N}\right)(M^2 - 1)} \text{，} M = 2^n$$

| $n$ | $M=2^n$ | $3M^2$ | BER | $S/N$ | $(S/N)$ dB |
|---|---|---|---|---|---|
| *2 | 4 | 48 | $10^{-4}$ | 47.71 | 16.78 |
| 3 | 8 | 192 | $10^{-5}$ | 191.51 | 23.82 |
| 4 | 16 | 768 | $10^{-6}$ | 763.32 | 28.82 |
| 5 | 32 | 3072 | $10^{-7}$ | 3070.74 | 34.87 |
| 6 | 64 | 12288 | $10^{-8}$ | 12285.98 | 40.89 |
| 7 | 128 | 49152 | $10^{-9}$ | 49148.77 | 46.91 |
| 8 | 256 | 196608 | $10^{-10}$ | 196602.84 | 52.93 |

e.g. $n=2$，M $= 4$，$M^2 = 16$，$3M^2 = 48$，BER $= 10^{-4}$

代入

$$\frac{S}{N} = \frac{3M^2}{1 + 4(M^2 - 1) \times \text{BER}} = 47.71$$

$$\text{BER} = \frac{3M^2 - S/N}{\left(4 \cdot \dfrac{S}{N}\right)(M^2 - 1)} = 10^{-4}$$

理論值，$3M^2 = \dfrac{S}{N}$，BER $= 0$

實務值，$3M^2 > S/N$，BER $> 0$

　　　e.g. $3 \times 4^2 > 47.71 (48 > 47.71)$

## 10. 結語

　　本文僅針對數位通訊系統錯率成因及其相關類比轉數位，數位轉類比過程中有關壓縮與伸展各項參數變化有所說明，並由信號傳送中正常位準與量子雜訊位準大小信雜比($S/N$)，可分析評估出數位信號系統中類比轉換數位，數位轉換類比的頻寬關係。除此，對數位通訊錯率(BER)與數位信號位元數，$n$ bits，與量子化信號位階數 $M$ levels ($M = 2^n$)，與接收類比信號對量子化雜訊功率之比$S/N$之間互動關係亦有說明。另於前言中所提全文分三大部分，本文僅就第一部分。有關數位通訊錯率形成相關參關聯性研析方面提出說明，另二大部分。分別列為

1. 數位電路錯率在電路板層次上主動元件，被動元件選用與電路工作特性阻抗匹配各種設計方法。
2. 數位電路中工作數位信號錯率偵測所需特殊專用除錯電路工作功能分析與實務應用。將列於本文第二與第三部分另文說明。

# 附 B　數位通訊(PCM)錯率(BER)電路板層次 EMI 防治工作

## 內容

1. 電路板 EMI/EMC 簡介
   1.1 干擾源
   1.2 耦合路徑
   1.3 受害源
2. 組件選用準則
   2.1 電阻
   2.2 電路
   2.3 電感
   2.4 二極體
   2.5 積體電路
   2.6 穩壓器
3. 電路阻抗匹配
   3.1 串接
   3.2 並接
   3.3 電阻電容
   3.4 戴氏匹配
   3.5 二極體
4. 主動組件雜訊頻譜特性
   4.1 電感電容共振電路
   4.2 數位元件雜訊頻譜
   4.3 類比元件雜訊頻譜
   4.4 雜訊頻譜分佈特性
5. 電路板佈線準則
   5.1 分離
   5.2 去耦合電容
   5.3 電路迴路設計
   5.4 路徑隔離
   5.5 左右上下隔離
   5.6 接地
   5.7 路徑佈建
6. 結語

# 前言

　　本文計含三大部份,第一部份內容先就數位傳送系統中信號傳送產生錯率(BER)成因及所涉各項參數關連性提出分析,本次內容繼第一部份成因及相關參數中,找出在源頭最重要的電路板層次中各種防治方法,因電路板是組成電子裝備中最基要的部份,做好電路板電磁干擾防治工作,降低了雜訊信號能量位準,相對性也就提高了信雜比(*S/N*),也就是如能維持在所定工作頻率頻寬內的信雜比於一定的需求位準以上,就可以保持信號錯率(BER)在所定的規格需求範圍以內,而電路板電磁干擾防治工作重點在先需瞭解其間干擾源、耦合路徑、受害源三者關係,對電路板上各種組件與元件本身雜訊能量對頻率頻寬響應關係,對電路上如何做好阻抗匹配防止反射工作,對主動組件雜訊頻譜特性提出分析,對電路板佈線佈建準則亦有說明。綜合各種降低雜訊做法,皆在提升電子通訊裝備系統的信雜比(*S/N*),以保持通訊裝備系統傳送與接收信號工作正常,並符合可在所定通訊品質錯率(BER)一定規格需求範圍以內正常運作。

## 1.　電路板 EMI/EMC 簡介

## 1.1　干擾源

- 開關式電源供應器因其間快速半導體工作開啓(on)與關閉(off)動作,依 $di/dt$ 公式,$di$ 為暫態電流大小,$dt$ 為 on/off 時域變化,按電感性干擾電壓可依 $V_L = L\dfrac{di}{dt}$ 公式計算電感性干擾感應電壓大小,一般開關式電源供應器工作頻率早期在 20kHz 與 40kHz,其衍生的雜訊頻譜按諧波關係計算大略在幾個 kHz 到幾十 MHz 範圍,而後為提升開關式電源工作效率,逐步提升工作頻率至 100kHz,而其所衍生的雜訊頻譜按諧波關係計算亦提升至幾個 MHz 到幾十個甚至 100MHz 範圍。

- 類比工作組件在一般小型電子裝置中,其工作電壓均在 μV 至 mV 之間,因工作需求經放大器放大可至零點幾伏到 1 伏之間,與數位邏輯組件動則幾伏如 TTL 5V 相對比較仍屬低位階干擾源。

- 數位工作組件在一般小型電子裝置中其工作電壓均在幾伏如 TTL 5V,遠比類比工作組件的工作電壓 μV 至 mV 為高,兩者相較一般是將數位組件視為干擾源,類比組件視為受害源。由於數位邏輯工作組件頻率(clock frequency)日漸提高,其所衍生的雜訊頻譜亦向幾十 MHz 到幾百 MHz 範圍提升。

- 被動元件如開關控制器(relay),按 $di/dt$ 公式因快速 relay 的開關時間 $dt$ 至快,因 $dt$ 很小可造成 $di/dt$ 有很大的變化值而形成干擾源,$di$ 為通過 relay 的瞬時電流大小。

- 靜電雖由外在環境因素所造成,但因會造成工作組件傷害甚至失效,進而影響正常電路工作效能,一般由靜電所造成的元件受損可分電壓與電流兩種模式,電壓是指高壓打穿非導體如電容兩板間的介電材質,使電容導通而失效,電流是指大電流流經如 PN junction 之類的半導體,因通過電流過大而燒毀半導體。

　　因電源開啓關閉所產生的 on/off 暫態變化也會衝擊到週邊的組件，如比較 on 與 off，因 on 的暫態電流變化較緩和所引起的干擾較小，而 off 的暫態電流變化較急驟，所引起的干擾遠比 on 的暫態電流爲大。而於 on/off 暫態變化在時域空間的變化量大小與所產生的雜訊頻譜有關，暫態變化越慢，雜訊頻譜越窄，暫態變化越快，雜訊頻譜越寬。

## 1.2　耦合路徑

### 1.2.1　輻射性

　　如干擾源爲電壓源(open mode)以輻射電場爲主，如干擾源爲電流源(short mode)以輻射磁場爲主，相同屬性場強如電場對電場磁場對磁場相互耦合量大，不同屬性場強如電場對磁場相合耦合量小，如將干擾源與受害源之間距離和受害源感應面徑大小列入考量，則需按近場或遠場定義界定耦合量大小，在近場僅受靜電場或靜磁場影響，在遠場因空氣對電磁場有衰減作用，會使干擾源對受害源的電磁場感應干擾量減小。

### 1.2.2　傳導性

* 在電路板層次會因路徑(trace)間距離太近或未增列隔離所需的 qurad/shunt trace，而造成電路板上路徑間的干擾問題。
* 在選用接頭需配合信號頻率，尤其在高頻時需特別注意接頭對應頻率變化，是否有輸入輸出信號產生大小不一的失真現象。
* 在電子盒間選用適當的介面線並加強隔離，以避免對鄰近線帶與電子盒造成干擾。
* 在電源層次因信號的迴路常與電源迴路共地，而會造成對信號迴路上信號的干擾，也會因多個信號迴路共用電源地迴路而造成多個信號迴路間的相互干擾，如有此類干擾存在需將單一共地模式改成分離式多個不共地模式，這也就是常說的所謂單點接地與多點接地。

## 1.3　受害源

　　先行評估由干擾源經輻射或傳導至受害源的干擾感應量，此項干擾感應量含信號強度與頻率頻寬耦合量，再以此與受害源抗干擾量耐受性比較，可瞭解受害源所受干擾程度大小，並可定出受害源所受干擾的臨界值大小。一般輻射性干擾多屬較高頻率，因高頻雜訊多由電子盒蓋板螺絲間隙溢出，而傳導性干擾多屬較低頻率，因低頻雜訊多由不同較長的介面線溢出。

## 2.　組件選用準則

　　不論主動或被動組件，因需安裝在電路板基座上都有細長形接腳，而此金屬細長形接腳在高頻工作時，高頻頻率對電阻、電感、電容會產生寄生共振效應，會影響電路中主工作頻率而產生降低原應有信號工作功能。

## 2.1 電阻

　　一般電阻材質阻值會隨頻率提升而上升，形成高雜訊電壓，當電阻值上升變大不但消耗功率，且會形成高電壓雜訊干擾源，而精密電阻材質在力求高頻寬頻響應範圍內，不因頻率上升而電阻值仍可保持在一定不會變大範圍內，才不致形成高電壓雜訊干擾源。

　　電阻接腳長短因有電感效應，接腳越短電感效應越小列為優先選用準則。一般選用排序優先次序為 carbon film, metal film, wire wound. Metal film 的電阻、電感、電容寄生效應多在 MHz 頻率，適用於高功率精密電路設計。Wire wound 因本身為高電感性應避免用在高頻電路設計，一般均使用在低頻高功率手工具電路設計如電鋸、電動起子。用於High frequency Amplifier 的電阻，需儘量就近安裝高頻放大器附近，以避免高頻電感效應而影響放大器效能。在 pullup/pulldown 電路中因快速開閘動作會產生漣波，為抑制此項漣波需將 biasing 電阻儘可能就近安裝在主動元件附近，以減低漣波對鄰近電路的影響。

　　Regulator 電路中的 D.C.bias resister，應就近安裝在主動元件附近，以減低去耦合效應，在選用 RC 濾波電路時需注意電阻所附電感效應而產生的共振問題。

## 2.2 電容

　　按電容抗計算公式 $X_c = 1/2\pi f_c$，如設 $C$ 為定值 $X_c$ 隨 $f$ 上升而減小，但電容有接腳，在頻率上升時按由電感抗計算公式 $X_L = 2\pi f L$，如設 $L$ 為定值，$X_L$ 隨 $f$ 上升而增大。原電容應具電容性，會因頻率上升變成電感性不再具有原電容的工作效能。在電容性與電感性之間有一共振頻率 $f_0 = 1/2\pi\sqrt{LC}$，其間 $C$ 為電容容量大小，$L$ 為電容接腳電感大小，在理論上工作頻率應在 $f < f_0$ 呈電容性，$f > f_0$ 呈電感性。在實務上電容的工作頻率應選在 $f < f_0$ 範圍以內，由 $f_0$ 公式 $f_0 = 1/2\pi\sqrt{LC}$ 中如設 $C$ 為定值，$L$ 值愈小 $f_0$ 越大表示工作頻寬越寬，$L$ 值愈大 $f_0$ 越小，表示工作頻寬越窄。

　　新進組件均採超短腳設計(Surface mount)，其目的在求寬頻工作需求，尤其在高頻此項頻寬工作需求更為重要。Aluminium 電容由金屬箔片夾帶某種介質常數材質曲捲而成，雖可制成高容量電容，但需考量其間曲捲成形材料長度所造成的電感效應會影響其共振頻率。Tantalum 電容由上下兩極板組成，因板組接腳至短而無電感效應。Ceramic 電容因由多層金屬板組成，會有電感效應產生共振頻率問題。

　　Bypass 電容如 Aluminium，Tantalum 電容值在 10～470μf，多用於濾除電源低頻雜訊。

　　Decoupling 電容除提供邏輯組件工作所需工作電流以外，並兼附濾除由邏輯組件工作時所產生的高頻雜訊，此項電容應儘就近邏輯組件安裝，以避免路徑過長形成電感效應問題，造成共振效應而影響其濾波工作頻寬。

　　Ceamic 電容多用在 decoupling，電容的電容值大小由邏輯組件工作起始時間(risetime)與下降時間(falltime)決定，如數位信號 clock frequency 為 33MHz 電容選用 4.7～100μF，100MHz 電容選用 10μF。

Decoupling 電容(Z5U)常用在較低頻(1〜20MHz)，介質常數較高的 barium titanate ceramic(Z5U)可降低 BER，如果用在較高頻(10〜50MHz)，介質常數較低的 strontium titanate(NPO)可降低BER。而電容本身共振頻率($f_0$)則與電容安裝接腳長短有關，接腳越長共振頻率越低有效工作頻段越窄，接腳越短共振頻率越高有效工作頻段越寬，如圖附 6-8、表附 6-6 所示。

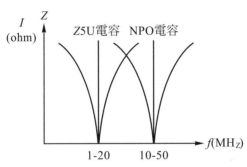

圖附 6-8　$Z$(ohm) v.s. $f$(MHz)

表附 6-6　Capacitor self − resonant frequency $f_0$

| Capacitor | 0.25inch leads (MHz) | Surface mount 1080 (MHz) |
|-----------|----------------------|--------------------------|
| 1.0μf | BW < 2.5 | BW < 5 |
| 0.1μf | BW < 8 | BW < 16 |
| 0.01μf | BW < 25 | BW < 50 |
| 1000PF | BW < 80 | BW < 160 |
| 100PF | BW < 250 | BW < 500 |
| 10PF | BW < 800 | BW < 1600 |

* 凡頻率小於表一內所列頻率值為該電容的工作頻寬值，比較 surface mount 與 0.25 leads 兩種電容，後者比前者工作頻寬為寬。

在Decoupling電容工程應用上另有一項等效串接阻抗值(ESR)，對Decoupling電容功能的影響要比電容接腳影響共振頻率更為重要，因等效串接阻抗值除電容接腳長度之外，再加上接腳至組件路徑長度的阻抗值，要比電容接腳阻抗值為大。因此 Decoupling 電容需就近組件安裝，以減小接腳和路徑(trace)長度所形成的等效串接阻抗值(ESR)，串接阻抗值(ESR)含路徑電阻值($R$)與電感感抗值($X_L$)。

等效串接阻抗值總量以$Z = R + jX_L$示之，其中$R$又分在低頻$R_{dc} = \rho \cdot l/A$，在高頻$R(AC) = k \cdot R_{dc}$，$X_L = \omega L = 2\pi fL$。

## 2.3    電感

　　電感不同於一般組件，因其本身會產生電磁場效應而成為干擾源，並可能造成對週邊組件電路干擾，因此對來自電感的干擾需特別加以防護，一般電感構形模式有兩種，一種是開放式(open loop core，solenoid)，一種是封閉式(close loop core，foroid)，如圖附 6-9 所示。

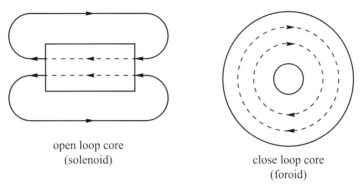

open loop core
(solenoid)

close loop core
(foroid)

圖附 6-9    magnetic field in Inductor core

　　與電容電阻比較電感最大優點在其本身無寄生電感效應，因此與電感器接腳長短所造成的電感效應無關，如選用 open loop core 因磁場呈開放式，輻射於空氣中的磁場會對週邊組件與電路造成干擾，比較 open loop core 有二種 rod(solenoid)與 bobbin 模式，bibbin 在 rod 兩端有加蓋板，可將輻射在空氣中的磁場侷限在一定區域內，要比 rod 所輻射的磁場全部曝露於空氣中為佳。如選用 close loop core 因磁場呈封閉式，不會輻射於空氣中較不會對週邊組件與電路造成干擾，而且對外來輻射干擾有自身感應抵消功能(self cancelling effect)。一般電感由兩種材質制作鐵心與磁蕊(iron, ferrite)，鐵心用於低頻幾十 kHz，磁蕊則可達 MHz，磁蕊常用在 EMI 防治工作，如 ferrite clamp 對高頻 MHz 可衰減 10dB，ferrite clamp 對共膜(CM)與差膜(DM)在 MHz 雜訊有 $10^{-20}$dB 衰減能量，如電感用在直流變壓器(DC-DC converter)，需具備本身低輻射量與可耐受高飽和電流工作能量特性。前提述電感 open loop core 中的 bibbin type core 可適用於 DC-DC converter，如安裝在低阻抗電源供應器與高阻抗數位電路間的 $LC$ 濾波器，因電感面向低阻抗電源供應器故 $LC$ 濾波器的電感阻值應選用低阻值電感，以配合低阻抗電源供應器，用於濾除 PWR Supply 所含高頻雜訊，如圖附 6-10 所示。

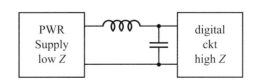

圖附 6-10    $LC$ low pass filter

電感最常用於交流電源供應器,如圖附 6-11 所示。

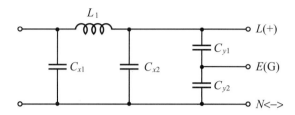

$L_1$ — CM choke. CM filtering by its leakage Inductance

DM filtering by its primary Inductance

$L_1$  $C_{y1}$  $C_{y2}$ — CM filtering network reduce noise from ground loop and erath offset

$L_1$  $C_{x1}$  $C_{x2}$ — DM filtering network filter out noise between supply lines

At 50Ω termination, EMI filter fall off 50dB/decode in DM, 40dB/decade in CM.

圖附 6-11　AC Mains filter

## 2.4　二極體

二極體是半導體中最簡單的半導體,根據其不同的特性有些二極體是可以用於EMI防治工作,如表附 6-7 所示。

表附 6-7　Doide EMI Application

| 類別 | 特性 | EMC 應用 | 備考 |
|---|---|---|---|
| Rectifier | 大電流,響應慢,價位低。 | 不適用 | 電流供應器 |
| Schottky | 低前向工作電壓,高電流密度,快速逆向暫態響應。 | 抑制快速暫態信號與突波信號。 | 開關式電源供應器。 |
| LED | 前向傳導模式,本身沒有 EMI 問題。 | 不適用 | 本身會輻射高於射頻(GHz)的輻射頻率輻射量。 |
| TVS (transient voltage suppressor) | 與 Zener diode 功能雷同,電崩式洩放電流,抑制暫態突波電壓,可抑制正負極性暫態突波。 | 可抑制由靜電、雷擊所產生的高壓暫態突波。 | 無 |
| Varistor diode VDR(Voltage dependent resistor) MOV(mental oxide varistor) | 金屬殼鍍有陶瓷材料,形同 Schottky diode 所具高隔離度特性,常用在電源線防制暫態突波,對快速暫態突波有抑制作用。 | 防治靜電暫態高壓衝擊。 | 功能形同 Zener diode, TVS |

依學理公式 $V_L = L \cdot di/dt$,可知悉在電感性負載電路中,因通過高暫態電流而產生突波暫態電壓,而二極體(diode)是抑制此項暫態突波的最佳選項。如圖附 6-12、圖附 6-13、圖附 6-14 所示。

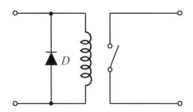

· Control terminal trun coil on/off

· Switching transient from coil Generate transient voltage.

· *D* is used to clamp voltage transient

圖附 6-12    Relay Transient Suppression

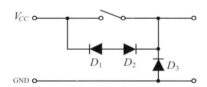

$D_1$ $D_2$ $D_3$ are used to suppress voltage

transient from high voltage switch

圖附 6-13    DC switch transient suppression

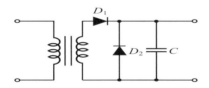

$D_1$ for rectifier

$D_2$(schottky, zener)

to suppress transient after rectifier.

圖附 6-14    Transformer DC transient Suppression

　　其他如馬達的電刷都會產生雜訊，一些抑制性的半導體需就近安裝在電刷附近可用於消除此項雜訊，對易受靜電干擾的電路需慎選高隔離度的導線和接頭，或加裝抑制暫態突波電壓半導體(T.V.S.)，或加裝電阻式突波電壓抑制器(varistor diode)，以抑制信號線上所受的靜電突波干擾。

## 2.5 積體電路

· 大部份數位積體電路(IC)中組件多採用 CMOS 元件，雖 CMOS 元件本身工作消耗功率不高，但因在高速中運作所需功率交變需求仍大，最佳元件供電方式以選用去耦合電容(decoupling capacitor)可吻合積體電路電源供給需求，同時也可以減低消除由一般電源供應器供電所產生的交變暫態突波干擾問題。

· 積體電路(IC)安裝接腳越短越好，以免產生電感效應影響工作頻寬。

· 數位電路(clock ckt)中心頻率的諧波頻率皆屬干擾性頻率頻譜，除選用積體電路中的元件為低雜訊元件以外，另需在處理接地，低通濾波器濾除電源低頻雜訊，去耦合電容濾除元件高頻雜訊方面加強抑制雜訊效果，對數位電路與週邊電路組配時特別需要注意介面阻抗匹配問題，以免造成反射連波形成干擾問題。

· 在積體電路中的工作邏輯元件力求單一化，以避免多種不同元件會產生不同諧波頻譜。形成混附波(IMI)寬頻干擾問題。常見選用 CMOS 元件係用其抗干擾性較高，又各式元件的接腳如未接信號需接地以避免本身輻射雜訊與感應外來雜訊。

## 2.6 穩壓器

常見 0.1μf 去耦合電容接在穩壓器輸入和輸出端處，以防制內在共振和高頻雜訊，另以大型 10μf bypass capacitor 抑制穩壓器低頻連波。如圖附 6-15 所示。

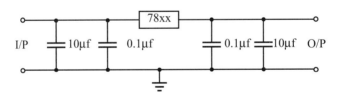

圖附 6-15　Regulator by pass and decoupling capacitor

## 3. 電路阻抗匹配

在高速信號電路中信號源與負載間阻抗匹配是否良好尤為重要，否則會產生反射與連波干擾問題，同時也會輻射雜訊耦合至週邊其他組件造成干擾問題，做好阻抗匹配工作不但可減低反射與連波干擾問題，同時也可以舒緩數位信號的快速上升和下降脈波成形的時間，以降低所衍生的雜訊頻譜。一些常用的阻抗匹配方法如表附 6-8，列舉實務案例逐一說明其功能性與效益性。

表附 6-8　Impedence matching method

| Type | Cost | Delay | PWR | Parameter | characteristics |
|---|---|---|---|---|---|
| 1.series | Low | No | low | $R_s = Z_0 = R_L$ | Good DC noise margin AC ripple noise |
| 2.parallel | Low | Small | High | $R = Z_0$ $R = R_P /\!/ R_L$ | PWR consumption is a problem due to $R_P$ |
| 3.RC | Medium | Small | Medium | $R = Z_0$ $R = R_P /\!/ R_L$ | Check BW from added capacitance, delay |
| 4.Thevenin | Medium | Small | High | $R = Z_0$ $R = R_1 /\!/ R_2$ | High PWR for CMOS |
| 5.diode | High | Small | Low | Independent of Impedence | Limits over shoot some ringing at diodes |

## 3.1　series termination

如圖附 6-16，$Z_0 = 100\Omega$，$Z_S =$ T.B.D.

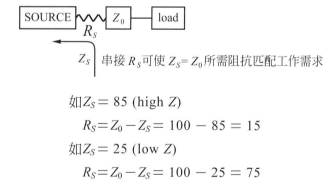

串接 $R_S$ 可使 $Z_S = Z_0$ 所需阻抗匹配工作需求

如 $Z_S = 85$ (high $Z$)

$R_S = Z_0 - Z_S = 100 - 85 = 15$

如 $Z_S = 25$ (low $Z$)

$R_S = Z_0 - Z_S = 100 - 25 = 75$

圖附 6-16　series termination CKT (method)

## 3.2　parallel termination，如圖附 6-17

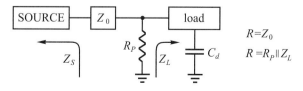

$R = Z_0$
$R = R_P /\!/ Z_L$

圖附 6-17　parallel termination CKT

並接$R_P$可使$Z_0=R_P /\!/ Z_L$阻抗匹配工作需求，此法不適於手工具電機產品，因$R_P$值高約$50\Omega$會消耗大功率電源，造成實務上馬達所需驅動電流可高達 100mA，同時因有電路板上的雜散分佈電容$C_d$影響，會造成手工具機啓動瞬間有延遲啓動的現象，對延遲啓動所造成的延遲時間可以$t=Z_0 C_d$示之。

### 3.3 RC termination，如圖附 6-18

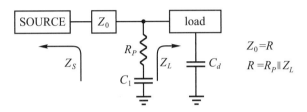

圖附 6-18 RC termination

$RC$ termination 除增列$C_1$以外，其他工作原理與 2.parallel termination 相同，因有$C_1$可提供驅動電流並濾除射頻雜訊至地，因此$RC$ termination 與 parallel termination 構形比較，因$RC$ termination $C_1$可提供額外驅動電流，因此不像 parallel termination 因沒有$C_1$而需要較大驅動電流。

因有$C_1$與$C_d$存在會造成信號傳送延遲問題，time constant$=T_{RC}=3\times T_{pd}$，其中$2T_{pd}$爲 round trip propagation delay from source to load and from load to source，$2T_{pd}=2T_{RC}=2RC$，$R=R_P /\!/ Z_L$，$C=C_1 /\!/ C_d$ on PCB，另一項$T_{pd}=R_P \cdot C_1$。

### 3.4 Thevenin termination，如圖附 6-19

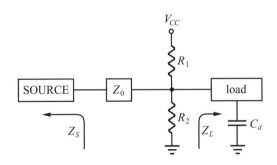

圖附 6-19 Thevenin termination CKT.

由$R_1/R_2$功能性電阻 pull up/pull down，可達成在負載所需數位邏輯元件高位(1)與低位(0)變化工作需求，其間$Z_0=R_1 /\!/ R_2$而通過$R_1+R_2+R_L$最大電流值，不得超過 source 端輸出最大電流量，且$V_{cc}$供電電壓需大於參考電壓$V_{ref}$，例如

$R_1=220\Omega$，$R_2=330\Omega$，$V_{ref}=R_2/(R_1+R_2)\times V_{cc}=330/(220+330)\times 5=3\text{V}.$

(5V ＞ 3V，ok) $V_{CC} = 5V$

$Z_0 = R_1 /\!/ R_2 = 220 /\!/ 330 = 132$，$I = V/(R_1 + R_2 + Z_L) = 5/(220 + 330 + 132) = 7.32mA$

(7.32mA ＜ 10mA，ok) source current ＝ 10mA

### 3.5　Diode termination，如圖附 6-20

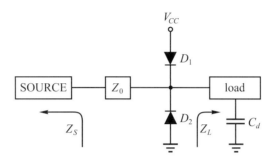

圖附 6-20　diode termination

　　比較圖附 6-19 與圖附 6-20 十分雷同，差異性在 $R_1$ 換成 $D_1$，$R_2$ 換成 $D_2$，此型電路消耗功率至小，$D_1$、$D_2$ 半導體用在去除因阻抗不匹配由負載(load)反射過高的突波，$D_1$、$D_2$ 的電阻值很小不會影響 $Z_0$。一般 $D_1$、$D_2$ 多選用高速 schottky 和 swiching diode。

## 4.　主動組件雜訊頻譜

### 4.1　電感電容共振電路

　　如電感電容呈串接模式為電壓源，形同輸送線在終端為開路(open)狀態，其輻射場強以電場為主，如電感電容呈並接模式為電流源，形同輸送線在終端為閉路(short)狀態，其輻射場強以磁場為主，由電感電容共振電路所產生的信號，是電路功能上針對某一信號特定頻率響應的設計需求，依共振頻率 $f_0 = 1/2\pi\sqrt{LC}$ 公式可以調配不同 LC 組合得到所需共振頻率 $f_0$，一般如選較大電感值與較小電容值所組成的共振電路，屬於低 Q 值寬頻電路響應，如選較小電感值較大電容值所組成的共振電路，屬於高 Q 值窄頻\電路響應，低 Q 值共振工作頻寬較寬，信號振幅較低，以干擾源定義列入寬頻干擾源，高 Q 值共振工作頻寬較窄，信號振幅較高，以干擾源定義列入窄頻干擾源，就傳導性而言，在電路板所見的共振電路除因功能上需求外，再看其信號途經路徑長短及終端呈開路或閉路模式，由途經路徑長短可評估所含有的雜訊頻譜頻寬，如信號傳送路徑很長，線上雜訊頻譜可含有低、中、高頻雜訊頻譜，如信號傳送路徑不長，線上雜訊頻譜可含有中、高頻雜訊頻譜，如信號傳送路徑很短，線上雜訊頻譜則僅含有高頻雜訊頻譜，就輻射性而言，如信號傳送終端為開路狀態，輻射場強以電場為主，如信號傳送終端為閉路狀態，輻射場強以磁場為主，不論電場或磁場都會對週邊的組件與路徑造成干擾，至於受害源週邊組件與路徑所受干擾大小則視場強屬性而定，同一屬性電場對電場，磁場對磁場干擾大，不同屬性電場對磁場，磁場對電場干擾小。

## 4.2　數位組件雜訊頻譜分佈

由已知數位組件工作起始時間$t_r$與工作停滯時間$t_d$，按公式$f_1 = 1/\pi t_d$，$f_2 = 1/\pi t_r$可算出雜訊頻譜第一轉折點與第二轉折點，如圖附 6-21 所示。

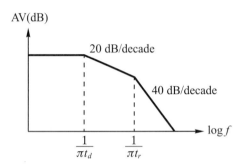

圖附 6-21　frequency spectrum V.S. $t_r$, $t_d$.

由$t_d$與$t_r$可算出第 1，第 2 頻譜位置，另由已知數位組件工作頻率$f_c = f$(clock)及其諧波頻譜3 $f_c$，5 $f_c$，7 $f_c$，……可繪入圖中，至於平均功率 AV 大小則按 AV＝PK×duty cycle＝PK×PW×PRF 公式計算，AV＝傳送中數位信號平均功率大小，PK＝單一數位信號大小如 TTL＝5V, PW＝單一數位信號 1 或 0 出現所佔時域時間如 PW＝1μs, PRF＝每秒鐘數位信號 1 或 0 出現次數，如 AV＝$5×1μs×10^6 = 5$ (AV＝PK), AV＝$5×1μs×10^3 = 5×10^{-3}$ (AV＜PK)，由 AV＝PK×duty cycle＝PK×PW×PRF 公式中一般常見 AV＜PK，但如 AV＞PK 則會產生信號出現重疊干擾現象，而信號重疊現象係由，PW×PRF＞1 所造成，而當 AV＝PK 信號，則為連續波模式(CW)。

## 4.3　類比組件雜訊頻譜分佈

一般所稱類比組件所產生的信號均為連續波(cw)，對連續波所衍生的諧波按公式 20 log(1/$n$)可算出在第幾諧波的信號強度大小，如$n$＝1 表示連續波的基頻信號強度強度定為 0dB(dB＝20 log(1/1))，其三倍頻低於基頻－9.54dB(dB＝20 log(1/3))，其五倍頻低於基頻－13.97dB(20 log(1/5))，餘類推。而信號強度計算按 AV＝PK×duty cycle 公式中在連續波的 duty cycle＝PW×PRF＝1，因此連續波的平均功率(AV)等於連續波的最大峰值(PK)。對類比組件所產生的雜訊頻譜大小即按 20 log(1/$n$)公式計算，如類比組件信號強度為 1V，主頻為 100kHz 換算成 dBV＝20 log(1/1)＝0dBV，諧波 300kHz，dBV＝20 log (1/3)＝－9.54dBV，諧波 300kHz，dBV＝20 log(1/5)＝－13.97dBV，餘類推，如圖附 6-22 所示。

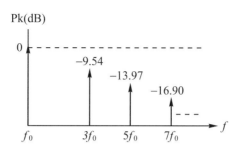

圖附 6-22　Analog Signal Amplitude V.S. frequency.

## 4.4　雜訊頻譜分佈特性

### 4.4.1　線性雜訊頻譜分佈

由 4.2 數位組件雜訊頻譜分佈，如圖附 6-21 所示。AV ＝ PK×duty cycle ＝ PK×PW× PRF 公式中可算出 AV 值，由已知 $f_c$ (clock)頻率可繪出在圖附 6-21 中 $f_c$ (clock)的倍率位置，再由所在斜率對應 $f_c$ (clock)的倍率位置，按斜率 20dB/decade、40dB/decade 遞減額度，算出在 $f_c$ (clock)的倍率位置信號強度大小。由 4.3 類比組件雜訊頻譜分佈計算諧波公式 20 log(1/$n$)，可直接算出在第幾諧波($n$)的信號強度大小，經研析 4.2 數位組件與 4.3 類比組件的雜訊頻譜特性，兩者均為規則性可由公式推算出頻譜分佈所在位置的信號強度大小，也就是由線性規則性變化，按公式可先計算出基頻信號最大強度值，再依公式算出其第幾諧波低於基頻信號強度 dB 數，如類比信號基頻為 0dBm 經公式計算其第三諧波應低於基頻為－ 9.54dB，第三諧波的信號強度即為－ 9.54dB。如數位信號由 $t_r$ ＝ 1ns，$t_d$ ＝ 2ns 可算出頻譜第一轉折點為 150MHz(1/$\pi t_d$ ＝ 1/$\pi$×2ns)，第二轉折點為 300MHz(1/$\pi t_r$ ＝ 1/ $\pi$×1ns)。由如已知第一轉折點信號強度大小為 0dBm，按第一至第二轉折點頻譜分佈斜率變化為－ 20dB/decade如第一轉折點信號強度為 0dBm，第二轉折點信號強度為－ 20dBm，其他介於 150MHz 至 300MHz 之間的任何頻率信號強度均可按對比比例－ 20dB/decade 方法，算出該頻率信號強度大小。因此有規則性的類比或數位信號諧波，是可以按公式線性化變化，計算出其諧波信號強度大小。參閱 4.2 圖附 6-21 與 4.3 圖附 6-22。

### 4.4.2　非線性雜訊頻譜分佈

與 4.4.1 線性比較，線性雜訊頻譜可按信號特性不同，依不同學理公式計算出規則性，隨頻率變化不同大小的信號強度變化，而非線性雜訊則為非規則性變化，是無法依學理公式計算出隨頻率變化不同大小的信號強度變化，而且非線性雜訊是隨時間的變化而有不同的變化，不像規則性雜訊的存在是與時間的變化無關，也就是不因時間的前後時差，而其信號頻譜與強度而有所變化。非線性雜訊最典型當屬電子產品中組件，經加電工作中所產生的熱雜訊，常見在電子裝備開機後所產生的背景雜訊(Noise flow)，也就是俗稱的熱雜訊。此項熱雜訊大小與頻譜可依熱雜訊能量公式 ENP(equivalent noise PWR)＝KTB 計算，其中 $k=$ Boltzman constant $= 1.38\times10^{-23}$J/T，$T=$ kelvintemperature，$k_o=273+$ room temp，$B=$ noise BW，如按室溫 27℃雜訊頻寬 1Hz 最佳狀況，代入 ENP＝KTB 公式轉損功率 dBm 為－173dBm 此為理想值。實務上雜訊頻寬 $B$(noise BW)隨不同裝備中組件而有不同的頻寬雜訊值，依公式 ENP＝KTB，$B$ 值愈大 ENP 愈大，也就是 noise flow 愈高，因此在電路板的非線性雜訊是由電路板上所有組件產生的熱雜訊和工作信號電流經過電路板路徑與輸出入接頭時產生的熱雜訊與組件工作時的信雜比[N.F.(noise figure)]所組成。(total noise＝ENP＋NF)

## 5. 電路板佈線準則

· 電路板基本上由一串 laminates、tracking、prepreg 多層不同材質的材料在垂直方向呈堆積方式所組成，一般設計者將信號路徑走向佈建在電路板的外層，是為了除錯方便檢測之用，而路徑(trace)本身就含有電阻、電容、電感效應，其中電阻是與銅質材料重量和材質截面積有關，如銅重 1oz 每單位截面積為 0.49mn/unit，電容是與路徑間距離 $d$，截面積 $A$，路徑間介質材質常數 $E$ 有關，電容大小 $C$ 按 $C=E(A/d)$ 計算，電感在路徑上的分佈量約為 1nh/m，又如 1oz 銅質材料制成 0.5mm 寬、20mm 長路徑浮刻在 0.25mm 厚 FR4 laminate 材質上，可呈現出電阻值 9.8mΩ 電感值 20nh，電容值(耦合至地)1.66pf。如將此三項電阻、電感、電容值與單一接頭寄生電阻電感電容值比較是可以忽略不計。但綜合電路板上所有路徑的電阻電感電容值。則遠超過電路板上的幾個接頭寄生電阻電感電容值。此時流經路徑上的信號雜訊電流乘以路徑所帶電阻、電感、電容形成雜訊電壓，隨同信號電壓存在於電路中，此時比較雜訊電壓與信號電壓大小，可瞭解是否有干擾問題。

· 一般僅調整路徑本身幾項參數即可降低雜訊電壓，如調大路徑間距離可降低路徑間的電容雜訊耦合量，增寬路徑寬度(擴大路徑截面積)可降低路徑電阻值，將敏感的小信號所經過的路徑安排遠離帶有雜訊的電源信號。

· 一般通用電路板佈建準則可分七大類分述如下：

## 5.1 分離(Segmentation)

以物性改變電路板結構方式，用於隔離不同電路以免造成相互間干擾，如含有雜訊的電源路徑($V_{cc}$)與接地路徑(GND)之間尤需隔離，如圖附 6-23，1.D.ckt 2.A ckt 3.DC ckt 4. Interface ckt。

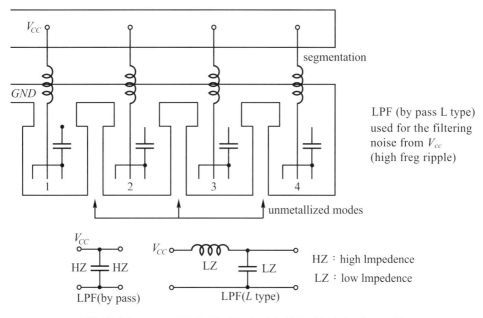

圖附 6-23    pwr, GND, D ckt, A ckt, DC ckt, Interface ckt.

## 5.2    去耦合電容(decoupling capacitor)

旁路電容(by pass capacitor)去耦合電容提供數位元件所需工作驅動電流以外，並兼附濾除由數位元件工作中所產生的高頻諧波，旁路電容(by pass)亦稱低通濾波器(low pass filter)用於濾除由電源所產生的較低頻雜訊如連波(ripple)，去耦合電容需就近數位元件安裝，以免途經路徑過長，因電感電阻增加，而影響濾波有效工作頻段與增加無需功率消耗，旁路電容需就近電源進入電路板輸入端處安裝，除此需做好濾波接地可達最高濾波效益。

## 5.3    電路迴路設計(Return design)

電路迴路設計長度愈短，阻抗愈低愈好，長度愈長途經長路徑上的雜訊，會經輻射或傳導耦合到週邊鄰近的路徑或組件 而造成干擾問題，阻抗愈高途經高阻抗路徑上的雜訊電壓亦愈高，反之則愈低。在電路板設計因為了節省電路板尺寸大小，對電路上的信號迴路多採用與地迴路共地模式設計，因多個信號迴路與地迴路共地會有可能造成干擾，如此項干擾可以共容則按共地模式設計，如此項干擾不能共容，則按分離共地模式設計，前者通稱單點接地，後者通稱多點接地，由此觀之電路上的干擾問題多出自迴路(return)上設計佈建的問題，而非信號(signal)上的設計佈建問題。

## 5.4    路徑隔離(trace separation)

路徑隔離係由在同一電路板上的兩個相鄰路徑之間的距離寬窄而言，相鄰距離愈遠相互干擾量愈小，一般採用 3w 定則即如已知路徑寬度為 w，其間距離寬度亦為 w(與路徑寬度等寬度)，如此時有干擾問題存在，則可調寬兩路徑間距離為 $1.5w$，$2w$ 以減低路徑間的干擾量。

## 5.5　左右與下下隔離(Guard and Shunt trace)

一般電纜最外緣包有隔離材質的材料，以防止內在雜訊外洩與外來雜訊感應，而電路板上的電路信號與迴路信號直接在路徑上流動，所產生的雜訊也直接輻射在週邊自由空間，會對鄰近週邊路徑上的信號造成干擾，此時如在其間加裝通地的路徑就可將所感應的雜訊疏導至地，此項可通地的路徑，如按其安裝位置在所需保護電路板中單層板路徑的左右方向稱之 Guardd trace，在所需保護電路板中多層板路徑的上下方向稱之 Shunt trace。

## 5.6　接地 Grounding techniques

接地工作主在降低接地阻抗與減小地迴路大小，以此來降低雜訊電壓。

### 5.6.1　單層板(Single layer PCB)

增大接地路徑的寬度(width)如 $W= 1.5mm(60mil)$ 可降低路徑阻抗值，也就是降低在路徑上的雜訊電壓值。

### 5.6.2　雙面板(double layer PCB)

適用於數位電路，雙面板中一面專供接地面使用，另一面專供信號與電源使用，以此分離式佈建方式可消除在同一平面佈建信號與電源接地的干擾問題。同時也有利於在數位元件電源供給端與地面之間接安裝去耦合電容。

### 5.6.3　接地面(guard ring)

電路板的接地面用於感應外來輻射雜訊所產生分佈在接地面的射頻感應表面電流，並將此項在接地面的表面電流疏導至地，以免產生過高雜訊電壓，使接地面的雜訊電壓提升，而隨迴路傳至信號源，可能形成對正常運作中的信號造成干擾問題。

### 5.6.4　電路板電容(PCB capacitor)

在單層板與多層板中電源路徑與地路徑均呈平行列形同電容器架構，依電容抗公式 $X_c =1/\omega C= 1/2\pi fC$，$f$ 為電源路徑上的雜訊頻譜，$C$ 為電源面與接地面之間的分佈電容量大小，由電容抗公式 $C$ 為定值，雜訊頻率越高電容抗愈低，可將高頻雜訊疏導至地，其功能形同低通濾波器(low pass filter)，可將電源所含高頻雜訊濾除疏導至地。

### 5.6.5　高速與低速電路(fast/slow ckt)

高速小信號電路應就近接地面佈建，可將寬頻雜訊快速直接落地，低速大信號電路應就近電源佈建，因大信號抗干擾性較強可承受電源雜訊干擾。

### 5.6.6　未接地接地面(Ground copper fills)

在類比電路中接地常用在隔離與去耦合作用，但如接地面未接地(floating)此時接地面反成形同天線(rod type)輻射體與接收體效應而造成干擾問題。

### 5.6.7　多層板電源與接地(Ground and PWR in multi-layer PCB)

多層板電源面與接地面之間距離越近越好，不但可以降低路徑阻抗也就是降低路徑上的雜訊電壓，而且依公式$C=\varepsilon \cdot A/d$，因$d$變小$C$變大也就是增加了收集疏導電源上的雜訊能量。高速較敏感的小信號應就近接地面佈建，低速較遲純的大信號應就近電源面佈建，如圖附 6-24 所示。

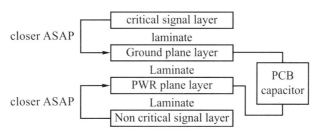

圖附 6-24　tracking arrangement on Multi-layer PCB

### 5.6.8　多迴電源(Multi-PWR requirements)

在理想多個電源供給佈建中，每組電源配置一組地迴路，但在單層板為節省電路板空間是不宜配置多組地迴路，因此多個電源在單層板的地迴路大多是以一組地迴路做為多組電源的共用地迴路，如圖附 6-25 所示。

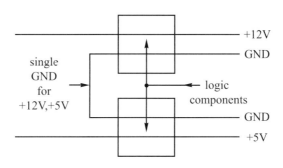

圖附 6-25　Multiple PWR source

## 5.7　電路板路徑佈建

### 5.7.1　穿孔(Vias)

穿孔是做為連結多層電路板上下層之間的通道，在電路板路徑上穿孔，如傳送的信號是高速信號，因含有高頻頻譜雜訊，會引起電感電容效應，如一個小小穿孔就有 1～3nH

電感量與 0.3 − 0.8pf 電容量，雖然單一個穿孔電感電容寄生量不大，但多層板上殊多穿孔，會使寄生電感電容量變大，阻抗亦隨之變大，乘以路徑上的雜訊電流就形成可能造成干擾的雜訊電壓，穿孔設計為求穿孔週邊所生的渦流雜訊電流能作方格式排列，以此可平衡抵消穿孔相互間所產生的渦流，達到減低雜訊的輻射場強，具體穿孔佈建方式在力求路徑上的穿孔位置與數量需上下對稱一致才能呈方格式排列，形成平衡對稱模式始可抵消穿孔所引起的渦流效應干擾問題。如圖附 6-26 所示。

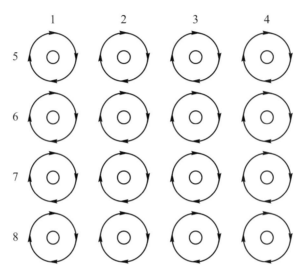

圖附 6-26　Cancellation at 1/2, 2/3, 3/4 in Horizantal
Cancellation at 5/6, 6/7, 7/8 in Vertical

### 5.7.2　45°折角路徑(45°angled tracking)

路徑呈直角轉向其間電流密度較高，輻射雜訊場強較強，而路徑呈折角 45°轉向，其間電流密度較低，輻射雜訊場強較弱，另直角 90°與折角 45°轉向亦影響信號傳送量，直角 90°阻抗匹配不好反射量大傳送量小，折角 45°阻抗匹配較好反射量小傳送量大，一般折角 45°路徑設計，如圖附 6-27 所示。

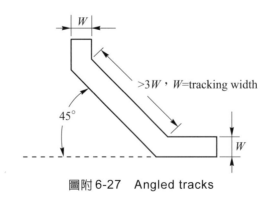

圖附 6-27　Angled tracks

### 5.7.3　殘株(stubs)

　　在電路板路徑上如有殘株(stubs)如圖附 6-28 所示,不但會對路徑上信號傳送因阻抗不匹配造成反射,而且會因殘株的存在,對極高頻雜訊產生共振效應,形同天線(rod type)可輻射自身高頻雜訊或感應外來射頻雜訊,因此對信號路徑平整性要求特別嚴格,以免路徑週邊有殘株存在,造成阻抗不匹配反射與高頻雜訊共振輻射與感應雜訊問題。

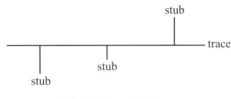

圖附 6-28　stub lines

### 5.7.4　信號星式佈建(star signal arrangement)

　　在電路板上如是低速信號,多採單點接地,其信號線路徑呈星式佈建,如是高速信號多採多點接地,如果錯將高速信號採單點接地,其信號線路徑呈星式佈建形同殘株(stubs)效應模式,每一條信號線路徑如同天線輻射與感應效應,所有高速信號產生的高頻頻譜均可在其上產生共振效應,而其輻射與感應雜訊場強有可能造成干擾問題,因此星式信號佈建不適於高速信號,而僅適於低速信號,信號星式佈建如圖附 6-29 所示。

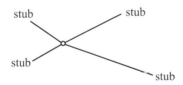

圖附 6-29　star signal arrangement(Low speed, single ponit)

### 5.7.5　輻射信號佈建(radiating singal arrangement)

　　一般在高速電路運作時,力求最短電路路徑設計,以免造成信號傳送延遲問題,但過短電路路徑也會產生信號,在信號與負載間往返時間($T_d$)過短,由於 $2T_d > T_r$ 效應,衍生多重反射引起雜訊輻射與錯率問題,如圖附 6-30 所示。

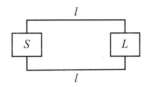

*l*:longer signal
trace at High
speed signal
may create multiple
reflection to produce
radiation on the trace

圖附 6-30

### 5.7.6　信號路徑寬度(constant track width)

一般電路板上信號路徑寬度($w$)與路徑間距離($d = w$)，按 $3w$ 定則佈建，寬度愈寬路徑阻抗愈小，寬度愈窄路徑阻抗愈大，因此一旦寬度確定不可易變動，以免影響路徑阻抗匹配與反射問題。

### 5.7.7　穿孔洞區(Hole/Via concentration)

信號經過電路板上穿孔洞區會使信號位準下降，而且也會影響路徑阻抗造成反射問題，穿孔洞區附近信號電流會變形呈渦流狀態，不但造成信號傳送損耗也會造成信號傳送反射問題，以射頻觀點視之穿孔洞形同在電路板上存在多個輻射源，這些輻射源所輻射的雜訊場強，往往是造成電子產品雜訊場強過高超規的原因之一。

### 5.7.8　間隙接縫區(split aperatures)

電路板上常因隔離需求而有間隙接縫區(moat)，此間隙接縫區因切割會改變電路板原有阻抗值，一般間隙越大阻抗愈高，由此產生的輻射場強亦愈強，至於輻射場強的頻率則與間隙接縫長、寬、高有關，其中長度是影響共振頻率的主要因素由長度 $l = \lambda/2$ 關係可求出 $\lambda$，再求出頻率 $f$。

### 5.7.9　金屬面接地(Ground metalized patterns)

所有在電路板上的金屬面務需接地，此舉在使金屬面上的雜訊電流疏導至地，否則此金屬面形同一線面為開路式輻射源，而金屬面的長度與共頻率有關，金屬面的寬度與頻譜有關，寬者為寬頻共振產生寬頻輻射場強，窄者為窄頻共振產生窄頻輻射場強，如圖附6-31 所示。

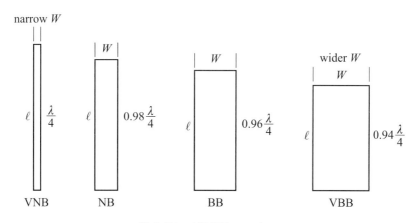

附 6-31　NB/BB v.s. l, w.

## 5.7.10　最小環路面積(Mininize loop area)

保持電路中信號至負載與負載回信號之間路徑所形同的環路面積愈小愈好，此舉不但可以消除其間差膜式雜訊(DM)，而且也可以減低其間共膜式雜訊(CM)，如環路面積過大路徑過長，也會使路徑阻抗增大，由此產生的輻射場強亦隨之增強，又環路面積過大，信號(＋)與迴路(－)間路徑間距加大，也會增大路徑佈建特性阻抗及雜訊頻寬，因此可能造成高強度寬頻干擾問題，如圖附 6-32 所示。

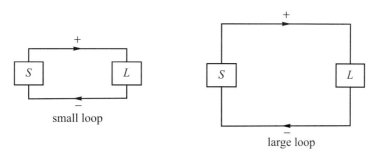

圖附 6-32　small/large loop area

## 6.　結語

電路板電磁干擾防治工作是電子裝備系統中各型電子裝備最基要的部份，也就是需從源頭做好系統內起由電路板、模組、電子裝置、分系統至系統內的電磁干擾防治工作，再逐步擴及系統間裝備介面間電磁干擾防治工作，最終做到系統內(Intra system)與系統間(Inter system)電磁共容(EMC)工作目標。本文先就電路板電磁干擾防治工作提出形成干擾緣由，認知電路板上各型組配件雜訊特性與選用準則，電路阻抗匹配設計防止反射方法，主動組件雜訊頻譜特性，就功能性可分成數位元件、類比元件，電感電容共振電路，就雜訊分佈性可分成線性雜訊頻譜分佈與非線性雜訊頻譜分佈，就電路板佈線佈建準則主要在如何做好各種隔離方法與接地工作，再輔以各式濾波器濾除雜訊，對信號、電源、接地所經路徑佈建走向需作妥善安排以減低相互耦合干擾。最終可做好電路板本身防治工作，將本身雜訊降至規格需求範圍以內位準，以此提昇電路板層級工作信雜比(S/N)，也就是提升電子裝置的信雜比，而裝備系統由各型合格電磁干擾的電子裝備所組成，基此最終可達到裝備系統內(Intra system)與系統間(Intra system)電磁調和(EMC)工作目標，也就是符合通訊裝備所需要的錯率(BER)規格需求。

## 附 C　數位通訊系統(PCM)錯率(BER)除錯工作設計需求

## 內容

1. 數位信號種類與特性
   1.1 單極向不歸零(Uniploar NRZ)
   1.2 雙極向不歸零(Polar NRZ)
   1.3 雙極向歸零(Polar RZ)
   1.4 相位異相(split phase)
   1.5 交變式極向(alternate mark inversion)
   1.6 四等分雙極向不歸零(quarternary polar NRZ)
   1.7 M 型位階劃分(M type discrete level)
   1.8 脈波博碼調變(P.C.M.)
2. 數位信號頻寬需求
   2.1 信號間連波干擾(I.S.I.)
   2.2 連波干擾與信號取樣(ISI v.s. data sampling)
   2.3 數位信號頻寬與信號間連波干擾(IF BW v.s. I.S.I).
3. 數位信號調變模式
   3.1 信號強度調變(A.S.K)
   3.2 信號頻率調變(F.S.K)
   3.3 二進位相位調變(B.P.S.K)
   3.4 四等分相位調變(Q.P.S.K)
   3.5 BPSK 與 QPSK 傳輸率(Rb)與頻寬(IF.BW)
4. 錯率 V.S.博碼／雜訊，連續波／雜訊，信雜比(BER v.s. Eb/No，C/N v.s. S/N)
   4.1 相位調變錯率(PSK BER)
   4.2 連續波／雜訊 v.s. 博碼／雜訊傳輸率(C/No v.s. Eb/No).
   4.3 類比信雜比 v.s.數位博碼調變(S/N v.s. PCM)

5.　改善錯率除錯方法

 5.1　錯率 v.s.博碼／雜訊 (BER v.s. Eb/No)

 5.2　除錯博碼種類(Debug catalog)

 5.3　數位電路中頻頻寬 v.s.前置修正博碼(IFBW v.s. F.E.C.)

 5.4　沒有前置修正博碼(without FEC)與具有前置修正博碼(with FEC)功能比較

6.　結語

# 前言

  本文計含三大部份，第一部份有關數位通訊系統(PCM)錯率(BER)形成相關參數關連性研析，第二部份有關數位通訊(PCM)錯率(BER)電磁干擾電路板層次防治工作研析，第三部份以說明

1.　數位信號種類與特性

2.　數位信號工作頻寬需求

3.　數位信號不同調變模式

4.　影響數位信號錯率有關參數

5.　改善數位信號錯率除錯方法

  五大部份為主，期將數位信號中的錯率(BER)降至最低位準，以符合數位通信系統中所定錯率(BER)規格需求。

## 1.　數位信號種類與特性

### 1.1　單極向不歸零(Unipolar NRZ)

  單一極性變化 A 示 1，0 示 0，1 與 0 之間交變信號位準不經越過零位準故稱單極向，此類數位信號因含直流成分(D.C. Component)不適用於電話、無線網路、衛星通訊，如圖附 6-33 所示。

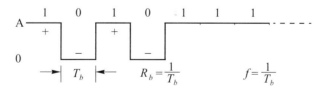

圖附 6-33　Unipolar NRZ

### 1.2　雙極向不歸零(polar NRZ)，(biplar)

  此類數位信號有正負極向變化＋A 示 1，－A 示 0，一連串＋A 與－A 交變形成直流成分平均值為 0，同時因為直流位準會漂移造成接收端解調困難，為解決此項問題在解調

過程中需增加時域控制電路(bit timing from 0 crossever waveform)，也就是在數位信號連續出現 1111…或 0000…時需由 bit timing ckt 來核計有少個 1 或多少個 0，如圖附 6-34 所示。

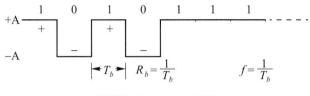

圖附 6-34　polar NRZ

## 1.3　雙極向歸零(polar RZ)

由 1 交變為 0 或由 0 交變為 1，在交變過程中均通過基準線(base line)0 位準，因有 0 位準作為參考點可清晰辨認 A 示 1，－ A 示 0，故此類雙極向歸零數位信號不需要時域控制電路(bit timing ckt)，如圖附 6-35 所示。

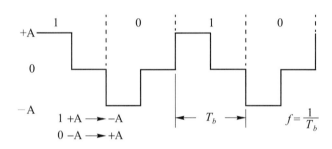

圖附 6-35　polar RZ

## 1.4　相位異相(split phase)

數位 1 與 0 交變時位於在＋ A 極向或－ A 極向時域中點處，此類數位信號不需時域控制電路，亦不含直流成分，如圖附 6-36 所示。

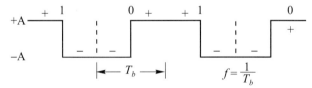

BW(split phase)=2BW(polar NRZ)

圖附 6-36　split phase (Manchester)

## 1.5　交變式極向(Alternate mark inversion)

0 永位於基準點 0 位置，1 按正極向＋ A 負極向－ A 依序交變，此類數位信號因＋ A/－ A 交變關係故不含直流成分，亦不需時域控制電路，如圖附 6-37 所示。

CHAPTER 附

附錄 6　附 6-39

## 1.5　交變式極向(Alternate mark inversion)

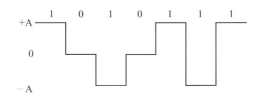

圖附 6-37　Alternate Mark Inversion(A.M.I.)

## 1.6　四等分極向不歸零(quarternary polar NRZ)

將一串數位信號分成兩個一組四個位階，如 11(3A)，10(A)，01(− A)，00(− 3A)，如與雙極向不歸零(polar NRZ)比較，如圖附 6-38、圖附 6-39 所示。

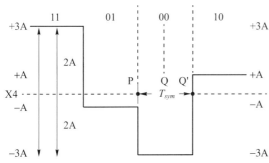

PQ'BW = 2×PQ BW
1. space = 2A
2. each level = one symble
3. duration = symble period
4. 0 = Imagine reference
pq'(Qp NRZ)= 2pq(poler NRZ)

$T_{sym}$ : sym period
$R_{sym}$ : sym rate (bauds)　　$R_{sym} = \dfrac{1}{T_{sym}}$

圖附 6-38　quarternary polar NRZ

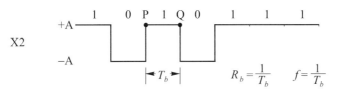

圖附 6-39　polar NRZ

$R_{sym}$(Quarternary polar NRZ)$= 1/2 R_{sym}$(polar NRZ)

$R_{sym}$(Quarternary polar NRZ)是 Rsym(polar NRZ)的一半，而頻寬則可擴充一倍。

$$R_{sym}(\text{Quarternary polar NRZ})= \frac{1}{T_{sym}} = \frac{1}{2T_b} = \frac{1}{2} R_{sym} \ (\text{polar NRZ})(1 = \frac{1}{2}\times 2)$$

## 1.7　M 型位階劃分(M waveform)

$m = \log_2 M$，$M =$ wave form in $M$ level

$m =$ each symbol in $m$ bits，$T_{\text{sym}} = T_b \cdot m$，$R_{\text{sym}} = \dfrac{R_b}{m}$

$m = \log_2 M$，$3 = \log_2 2^3 = \log_2 8$，$7 = \log_2 2^7 = \log 128$

$2 =$ 二進位(binary code)，bits.

$3,7 =$ 博碼數(number of bits)，$m$

$8,128 =$ 位階數(discret level), $M$

類比信號可劃分 $M$ levels, 每一個位階信號大小可以 $m$ bits 表示，其間 $R_{\text{sym}}$，$T_{\text{sym}}$，$R_b$，$T_b$ 之間關係為

$$R_b = \frac{1}{T_b} \text{，} R_{\text{sym}} = \frac{R_b}{m}$$

## 1.8　PCM

數位通訊(PCM)類比轉數位壓縮伸展(compressor/expander)互換關係 u 與 A 定律，參閱課程第一部份內容說明。

## 2.　數位信號頻寬需求

由頻譜儀觀察數位信號(pulse shape)因數位信號輸入經過發射端濾波，頻道選擇、接收端濾波、到數位信號輸，出可以簡單公式示之 $V_{o/p}(f) = V_1/p(f) \times H_{Tx}(f) \times H_{ch}(f) \times H_{\text{rcv}}(f)$ 其間發射端濾波 $[H_{tx}(f)]$，頻道選擇 $[H_{ch}(f)]$，接收端濾波 $[H_{\text{RCV}}(f)]$ 各級內部組件電感器、電容器殊多，會造成其間電感電容一些共振效應，如果共振效應過大，對正常數位信號會產生取樣干擾問題 ISI(Inter symbol Interference)。而此項取樣干擾問題(I.S.I)也會直接影響數位信號工作頻寬，兩者互動關係說明如圖附 6-40，ISI 與圖附 6-41 所示。

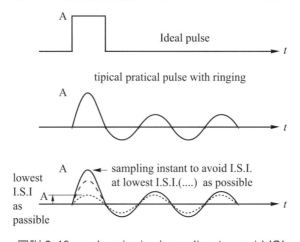

圖附 6-40　pulse ringing/sampling to avoid ISI

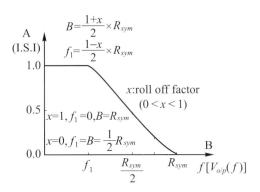

圖附 6-41　the raised cosine response

由數位信號輸出所示頻寬，如圖附 6-41 $V_{o/p}(f)$ 與信號取樣干擾(ISI)關係如圖附 6-40，由表附 6-9 以 $V_{o/p}(f)$ V.S. I.S.I.(A)參閱圖附 6-41 信號取樣干擾量(I.S.I A)對應 $f$ 得知 I.S.I A 值對數位信號頻寬 $[V_{o/p}(f)]$ 的響應狀況。

表附 6-9　$V_{o/p}(f)$ V.S. I.S.I.(A)

| 頻寬 | I.S.I.(A)值 | 頻寬因子 | 頻寬範圍 |
|---|---|---|---|
| | $1\times$ | | $f<f_1$ |
| $V_{o/p}(f)$ | $0.5\times$ | $1+\cos\dfrac{\pi(f-f_1)}{\beta-f_1}$ | $f_1<f<\beta$ |
| | $0\times$ | | $\beta<f$ |

參閱圖附 6-41 raised cosine response.

如圖附 6-40 對數位信號(pulse)取樣。為避免數位信號本身因受電路中濾波電路電感電容共振響應所產生的連波(ring wave)干擾對數位信號取樣影響(I.S.I.)。因此對數位信號取樣的工作時間點，應選在如圖附 6-40 所示 Sampling Instant 點也就是信號間連波干擾 I.S.I A 值最小處，以此觀念應用在圖附 6-41 可得知 I.S.I. A 值對數位信號頻寬($f$)的響應狀況，當 roll off factor ($x$)＝ 1 為理想值代入公式 $B=(1+x)/2xR_{sym}=R_{sym}$，$f_1=(1-x)/2\times R_{sym}$ ＝ 0 可得最大頻寬響應值，一般 roll off factor($x$)介於 0 與 1 之間，將 0←$x$←1 代入 $B=(1+x)/2xR_{sym}$ 與 $f_1=(1-x)/2xR_{sym}$ 公式，可算出數位信號頻寬範圍為 $\Delta f=f_1-B$，如設 $x=0$，$f_1=1/2R_{sym}$，$B=1/2R_{sym}$，$\Delta f=f_1-B=0$。數位信號頻寬為 0，是無法工作的，如設 $x=1$，$f_1=0$，$B=R_{sym}$，$\Delta f=f_1-B=R_{sym}$ 數位信號頻寬為 $R_{sym}$(Symbol rate)，相當於圖附 6-41 中當 I.S.I. A 值＝0，也就是當 pulse ringing I.S.I.干擾對取樣信號干擾最小時，可得最大頻寬 $B=R_{sym}$，其他 I.S.I.(A)值對頻寬 $f_1$，$R_{sym}/2$，$R_{sym}$ 的影響狀況參閱圖附 6-41 the raised cosine response。

## 3. 數位信號調變模式

數位信號調變模式計分信號強度調變(A.S.K.)，信號頻率調變(F.S.K.)，二進位相位調變(B.P.S.K.)四等分相位調變(Q.P.S.K.)等四種。

### 3.1 信號強度調變(A.S.K.)

調控連續波(cw)信號on/off，可形成單極性(Unipolar)不歸零數位信號(binary NRZ)，如圖附 6-42 所示。

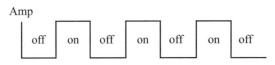

圖附 6-42　A.S.K. (Amp shift keying)

### 3.2 信號頻率調變(F.S.K.)

調控連續波(cw)頻率高低不同時(HF/LF)，可形成二進位數位信號(binary)，如圖附 6-43 所示。

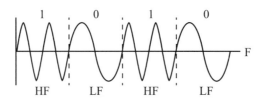

圖附 6-43　F.S.K.(frequency shift keying)

### 3.3 二進位相位調變(B.P.S.K.)

調控連續波(cw)相位可形成二進位數位信號(B.P.S.K.)，如圖附 6-44 所示。

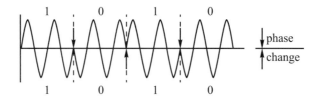

圖附 6-44　BPSK(binary phase shift keying)

以相位調變雙極性不歸零信號(binary NRZ)所形成的調變波，如圖附 6-45 所示。

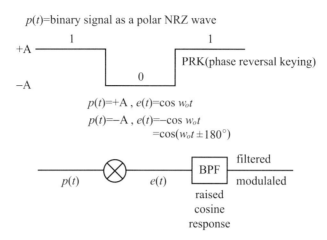

圖附 6-45　BPSK modulator

　　頻道濾波器(BPF)濾波響應功能(raised cosine response)如圖附 6-40、圖附 6-41 說明用於限制輸出信號中所含連波雜訊(I.S.I.)。在接收端接收信號工作，如圖附 6-46 所示。

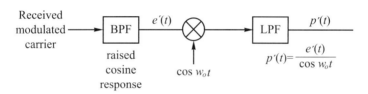

圖附 6-46　Coherent detection of a BPSK.(Demodulation)

　　頻道濾波器(BPF)濾波響應功能(raised cosined response)如圖附 6-40、圖附 6-41，說明用於限制輸入信號中所含連波雜訊(I.S.I.)。$e^1(t)=p^1(t)\cos w_o t$ 經另一載波 $\cos w_o t$ 調變形成 $p^1(t)\cos 2w_o t = p^1(t)(0.5 + 0.5\cos 2w_o t)$，再由低通濾波器(LPF)可將高頻 $0.5\cos 2w_o t$ 部份濾除，剩下低頻 $0.5p^1(t)$ 部份，$p^1(t)$ 即為經濾除輸入二進位原始 $p(t)$ 部份如圖附 6-46 所示。有關圖附 6-46 coherent detection of a BPSK 細部工作圖如圖附 6-47，另增 CR、BTR、S/H 三部份。

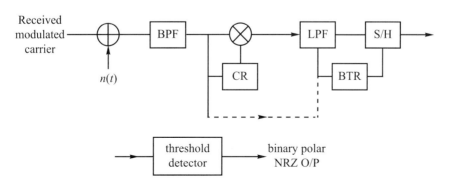

圖附 6-47　Block diagram of a coherent detector showing CR, BTR, S/H

CR：carrier recovery

BTR：bit timing recovery

S/H：sample and hold

CR ：工作在將輸入調變載波轉換為未調變載波信號。

BTR：工作在避開連波干擾(I.S.I.)，以免影響正確取樣博碼(bit)，也就是在脈波(pulse)
最大時，連波(I.S.I.)最小時準確控制時序取樣博碼。

S/H ：工作在取樣確認所需的二進位博碼單元(bits)。

## 3.4　四等分相位調變(Q.P.S.K.)＝2×二進位相位調變(BPSK)

調控連續波(CW)相位可形成二進位四等份數位信號(Q.P.S.K.)，如圖附 6-48 QPSK
modulator 與圖附 6-49 QPSK waveforms 所示。

$p(t)=$ bit stream

$p_i(t)$，$p_q(t)=$ binery stream

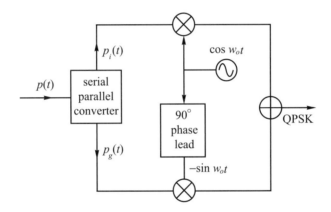

圖附 6-48　QPSK modulator

## 3.4　四等分相位調變(Q.P.S.K.)＝ 2×二進位相位調變(BPSK)

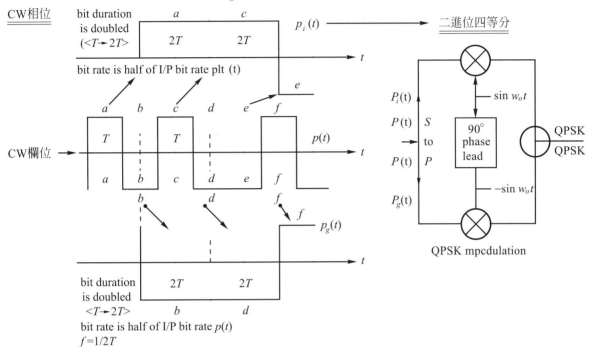

圖附 6-49　QPSK waveforms

　　輸入二進位信號$p(t)$經串變並轉換器可分成兩組二進位信號$p_i(t)$與$p_q(t)$，其中$p(t)a$為正轉至$p_i(t)$的I端，其中$p(t)b$為負轉至$p_q(t)$的Q端，在此信號轉換過程中每一博碼(bit)所佔的時域(duration)均加倍如$p_i(t)$，$p_q(t)$所示，因此在$p_i(t)$端與$p_q(t)$端博碼(bit)$(f)$按$f=1/T$關係式，輸出博碼的速率與輸入博碼$p(t)$的速率比較則減半，以此再經相位調變 QPSK 的四等分二進位調變不同相位模式，如表附 6-10 與圖附 6-50 所示。

表附 6-10　QPSK modulator states 二進位四等分

| $p_i(t)$ | $p_q(t)$ | Q　　P　　S　　K |
|:---:|:---:|:---:|
| 1 | 1 | $\cos\omega_0 t - \sin\omega_0 t = \sqrt{2}\cos(\omega_0 t + 45°)$ |
| 1 | −1 | $\cos\omega_0 t + \sin\omega_0 t = \sqrt{2}\cos(\omega_0 t - 45°)$ |
| −1 | 1 | $-\cos\omega_0 t - \sin\omega_0 t = \sqrt{2}\cos(\omega_0 t + 135°)$ |
| −1 | −1 | $-\cos\omega_0 t + \sin\omega_0 t = \sqrt{2}\cos(\omega_0 t - 135°)$ |

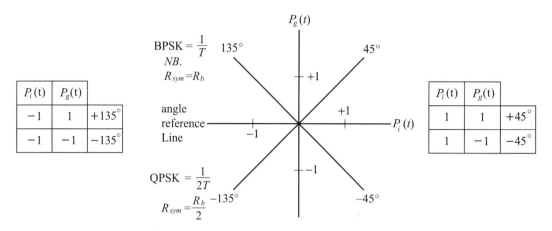

圖附 6-50　phase diagram for QPSK modulation

QPSK調變速率為BPSK輸入信號速率一半，如與BPSK相比較QPSK的頻寬為BPSK頻寬的一倍，這也是選用 QPSK 優點所在。

## 3.5　二進位相位調變(BPSK)與四等分相位調變(QPSK)

傳輸率$(R_b)$與頻寬(BIF)比較 BPSK IF BW $=(1+x)R_{sym}$，$R_{sym}=R_b$與 QPSK IF BW $=(1+x)R_{sym}$，$R_{sym}=R_b/2$，得知BPSK的$R_b/BIF = 1/(1+x)$，QPSK的$R_b/BIF = 2/(1+x)$，基本上 QPSK 是由兩個共振 BPSK 所組成，在功能效率上 QPSK 為 BPSK 一倍，但在裝備運作上 QPSK 遠比 BPSK 複雜。

## 4.　錯率 v.s.博碼平均能量/雜訊能(BER V.S. $E_b/N_o$)，連續波平均功率/雜訊功率密度(C/N)，信雜比(S/N)

### 4.1　相位調變錯率(PSK BER)

數位電路中雜訊多為寬頻雜訊分佈，有關此項雜訊所造成的傳送信號錯率(BER)，可由平均接收信號功率$(P_R)$，二進位博碼時間$(T_b)$，平均二進位博碼能量$(E_b)$、雜訊功率密度$(N_o)$得知，依計算錯率公式$(P_e(BER) = 1/2 \times erfc\sqrt{\dfrac{E_b}{N_o}}$。erfc為complementary error function可由 erfc(x)$= 1-erf(x)$得知，有關$P_e(BER)$計算實務案例如下：

已知：$P_R$(接收信號平均功率)$= 10mW$

$\qquad T_b$(二進位博碼時間)$= 100us$

$\qquad N_o$(雜訊功率密度)$= 0.1uJ$

求證：$P_e(BER)$(錯率)

解題：$E_b = P_R \times T_b = 10mW \times 100us = 10^{-6}$

$\qquad N_o = 0.1UJ = 10^{-7}J$

$$P_e(BER) = 1/2 \times \mathrm{erfc}\sqrt{\frac{E_b}{N_o}} = 1/2 \times \mathrm{erfc}\sqrt{\frac{10^{-6}}{10^{-7}}}$$

$$= 1/2 \times \mathrm{erfc}\sqrt{10} = 1/2 \times (1 - \mathrm{erf}\sqrt{10})，由統計可能率表查知當$$

$\mathrm{erf}\sqrt{10}$，erf 為 $8 \times 10^{-6}$，代入

$$1/2 \times (1 - \mathrm{erf}\sqrt{10}) = 1/2 \times [1 - (1 - 8 \times 10^{-6})] = 4 \times 10^{-6}$$

　　如圖附 6-51，BER V.S. $E_b/N_o$ for baseband signaling using a binary solar NRZ，BPSK、QPSK modulated signals。(參閱表附 6-11)

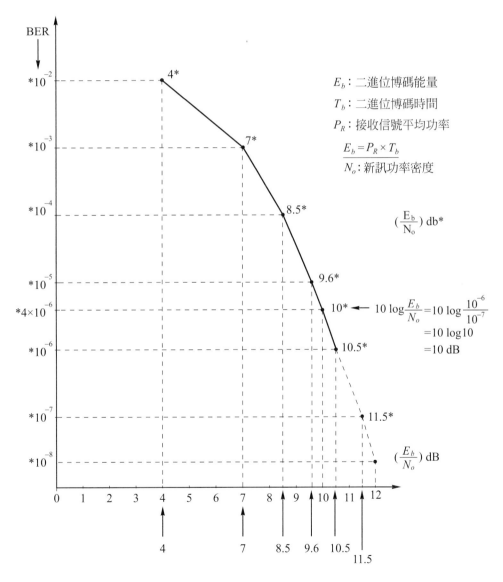

圖附 6-51　BER v.s. Eo/No for baseband signal using a binary polar NRZ，
　　　　　　BPSK, QPSK modulated singals.

參閱圖附 6-51、$E_b/N_o$ 對應 BER 與錯率函數 $(\mathrm{erf}\sqrt{x})$ 關係，可導出 $E_b/N_o$ 對應 BER，如表附 6-11。

表附 6-11　BER V.S.$(E_b/N_o)$dB

| $\left(\dfrac{E_b}{N_o}\right)_{dB}$ | $X=\left(\dfrac{E_b}{N_o}\right)_r$ | $\mathrm{erf}\sqrt{x}$ | $\dfrac{1}{2}[1-(1-\mathrm{erf}\sqrt{x})]$ | BER |
|---|---|---|---|---|
| 4 | $10^{\frac{4}{10}}=2.51$ | $2\times10^{-2}$ | $\frac{1}{2}[1-(1-2\cdot10^{-2})]$ | $10^{-2}$ |
| 7 | $10^{\frac{7}{10}}=5.01$ | $2\times10^{-3}$ | $\frac{1}{2}[1-(1-2\cdot10^{-3})]$ | $10^{-3}$ |
| 8.5 | $10^{\frac{8.5}{10}}=7.07$ | $2\times10^{-4}$ | $\frac{1}{2}[1-(1-2\cdot10^{-4})]$ | $10^{-4}$ |
| 9.6 | $10^{\frac{9.6}{10}}=9.12$ | $2\times10^{-5}$ | $\frac{1}{2}[1-(1-2\cdot10^{-5})]$ | $10^{-5}$ |
| 10 | $10^{\frac{10}{10}}=10$ | $4\times10^{-6}$ | $\frac{1}{2}[1-(1-8\cdot10^{-6})]$ | $4\times10^{-6}$ |
| 10.5 | $10^{\frac{10.5}{10}}=1.05$ | $2\times10^{-7}$ | $\frac{1}{2}[1-(1-2\cdot10^{-6})]$ | $10^{-6}$ |
| 11.5 | $10^{\frac{11.5}{10}}=14.12$ | $2\times10^{-7}$ | $\frac{1}{2}[1-(1-2\cdot10^{-7})]$ | $10^{-7}$ |

（實務 ↑ ↓ 理論）

## 4.2　平均連續波功率雜訊密度比($C/N_o$)對應博碼功率雜訊功率密度比($E_b/N_o$)

參用下列各參數定義。

$C$：Av carrier pwr

$N_o$：noise pwr density

$E_b$：Av bit energy

$P_R$：Av carrier pwr at RCV PR $=$ C.

$R_{sym}$：Symbols/second.

$m$：each symbol contains in bits. Bit/symbol

$R_b$：bit rate, Rb $=$ m$\times R_{sym}$

由 $E_b=P_R/R_b$

$E_b=P_R\times R_b$, $(R_b=\dfrac{1}{T_b}, T_b=\dfrac{1}{R_b})$

$$\frac{E_b}{N_o} = \frac{\frac{P_R}{R_b}}{N_o} = \frac{\frac{P_R}{N_o}}{R_b} = \frac{\frac{C}{N_o}}{R_b} \text{，} P_R = C \qquad \text{C : AV CW PWR } (P_R)$$

$$\frac{C}{N_o} = \frac{E_b}{N_o} \times R_b \qquad\qquad N_o \text{ : noise pwr density}$$

$$\left(\frac{C}{N_o}\right)_{\text{dBHz}} = \left(\frac{E_b}{N_o}\right)_{\text{dB}} + \text{dB} \cdot \text{bit/s} \qquad E_b \text{ : Av bit energy}$$

有關 $(C/N)$ dBHz 實務案例如下：

已知：發射端二進位博碼率 $(R_b) = 61\text{Mb/s}$

接收端博碼功率能量/雜訊功率密度 $(E_b/N_o) = 9.5\text{dB}$。

求證：發射端平均連續波功率 $(c)$/雜訊功率密度 $(N_o)$比值 $(C/N_o)$。

解題：$R_b = 10 \log 61 \text{ Mb/s} = 77.85\text{dB} \cdot \text{b/s}$

$C/N_o = (E_b/N_o) + R_b = 9.5\text{dB} + 77.85 = 87.35\text{dBHz}$

依博碼功率能量 $(E_b)$/雜訊功率密度 $(N_o)$的 $(E_b/N_o)$ 比值理論與實務比較，有關案例說明如下，已知：BPSK $P_e(\text{BER}) = 10^{-5}$，預設因受濾波功能限制影響實務 $E_b/N_o$ 要比理論 $E_b/N_o$ 多 2dB 才能符合原實務值 $E_b/N_o$ 工作需求。

求證：實務 $E_b/N_o$ 值

解題：由圖附 6-51 與表附 6-11 查知當 $P_e(\text{BER}) = 10^{-5}$，$E_b/N_o = 9.6\text{dB}$，經預設想定實務與理論相差 2dB，理論值 $= 9.6\text{dB}$，實務值＝理論值 $+ 2\text{dB} = 9.6 + 2 = 11.6\text{dB}$，經查圖附 6-51 與表附 6-11 當 $E_b/N_o = 11.6\text{dB}$，$P_e(\text{BER}) = 10^{-7}$，也就是依實務值需按 $E_b/N_o = 11.6\text{dB}$，$P_e(\text{BER}) = 10^{-7}$，比原理論值 $E_b/N_o = 9.6\text{dB}$，$P_e(\text{BER}) = 10^{-5}$ 提升 2dB 設計，才能克服濾波器損益達到符合原始 $E_b/N_o = 9.6\text{dB}$，$P_e(\text{BER}) = 10^{-5}$ 需求。

## 4.3 類比信號信雜比($S/N$)與數位信號錯率($P_e$)對應關係

參閱公式 $S/N = Q^2/(1 + 4Q^2 P_e)$，圖附 6-52、圖附 6-53 所示。

$S/N$ : Analog $S/N$, after PCM receiver

$Q$ : number of quantized steps

$Q = 2^n$，$n$ = number of bits per sample.

$P_e$ = digital BER

$$\left[S/N \text{ voltage ratio}\right]^2_{\text{OPT}} = \frac{2E_b}{N_O}$$

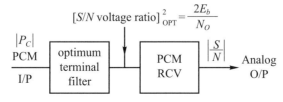

圖附 6-52　PCM I/P V.S. Analog O/P($P_e$ v.s. $S/N$)

filter for MAX S/N ratio → min $P_e$

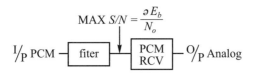

$S/N$ : Analog Signal $S/N$ ratio

$P_e$ = BER

$Q$ : number of quantized steps

$n$ : number of bits per sample, $Q = 2^n$

$E_b$ : AV bit energy

$N_o$ : noise PWR density

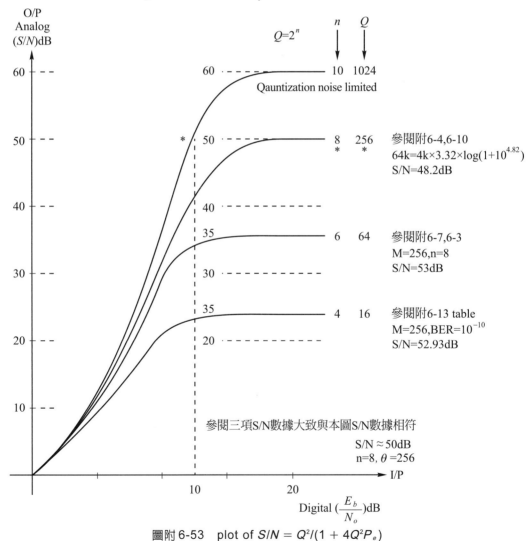

圖附 6-53　plot of $S/N = Q^2/(1 + 4Q^2P_e)$

## 5.　改善 BER 除錯方法

### 5.1　$P_e(\text{BER})$ 與 $E_b/N_o$

　　理論上提昇 $E_b$(Av bit energy)，降低 $N_o$(noise PWR density)，即可降低 $P_e(\text{BER})$，但實務上 $E_b/N_o$ 可供調整旳空間約在 10dB，參閱圖附 6-51 與表附 6-11，一般語音傳送 $P_e(\text{BER})$ $=10^{-4} \approx \dfrac{E_b}{N_o} = 8.5\text{dB}$，如需降低 $P_e(\text{BER}) = 10^{-7}$，$E_b/N_o = 11.5\text{dB}$，再加上濾波器損益 2dB，實務上 $E_b/N_o = 11.5 + 2 = 13.5\text{dB}$，相當於 $P_e(\text{BER}) = 10^{-9}$，這在實務工程上是很難達成的，所以一般 $E_b/N_o$ 需求情況均定在 $E_b/N_o = 10.5\text{dB}$ 左右，相當於 $P_e(\text{BER}) = 10^{-6}$。最佳 $E_b/N_o$ 設計定在 11.5dB，$P_e(\text{BER}) = 10^{-7}$ 或 $E_b/N_o = 12\text{dB}$，$P_e(\text{BER}) = 10^{-8}$，很少會定在 $E_b/N_o$ $= 13.5\text{dB}$，$P_e(\text{BER}) = 10^{-9}$ 這樣高的設計需求。$R_6 \nearrow$，$N_o \nearrow$，$E_b/N_o \searrow$，$E_b \nearrow$，$E_b/N_o \nearrow$

### 5.2　$C/N_o = E_b/N_o + R_b$

　　一般在 $C/N_o = E_b/N_o + R_b$ 式中提升 $E_b/N_o$ 或 $R_b$ 均可提升 $C/N_o$ 比值或直接提升 $C/N_o$ 比值，這些作法均花費不貲，不符成本效益，由如選用以上常用降低 $P_e(\text{BER})$ 的作法，一在實務工程上有所限制，一在成本效益考量，故在降低 $P_e(\text{BER})$ 作法上就只好另議他法，如備份博碼(Redundant bits)、偵錯博博(error detecting code)、重置博碼(Auto repeat request for retransmission)、*前置修正博碼(forward error correcting code where correction takes place without retransmission in need)、錯碼偵測修定(difference error detecting and error correcting code)。

### 5.3　數位電路中頻頻寬

　　在沒有除錯功能數位電路中頻頻寬，要比具有除錯功能數位電路中頻頻寬要狹窄小一些，以案例說明如下之前先需瞭解博碼速率比值定義(code rate r)。$r = R_b/R_T = k/n$，$r = R_b/R_T$ = number of bits in original message /transmission bit rate。在有除錯功能數位電路中，$R_T$ 需替代 $R_b$ 作為計算中頻頻寬的依據，如案例說明，已知：F.E.C.除錯系統博碼速率比值 $r = R_b/R_T = k/n = 7/8$，系統傳送信息容量 System original message rate $= 1.544\text{Mbs}$。

　　求證：除錯數位電位(F.E.C.)中頻頻寬($B_{IF}$)。

　　解題：$r = \dfrac{R_b}{R_T} = \dfrac{k}{n} = \dfrac{7}{8}$

$$r = \frac{R_b}{R_T} = \frac{1.544\,\text{Mbs}}{R_T} = \frac{7}{8}$$

$$r = \frac{\text{number of bits in orignal message}}{\text{tramsmission bits rate}\,(1\text{FBW})} = \frac{R_b}{R_T}$$

$$R_T 替代 R_b，R_T = 1.544 \times \frac{8}{7} = 1.765 \text{ Mbs}$$

$$B_{1F} = \left(\frac{1+X}{2}\right) \times R_b = \left(\frac{1+X}{2}\right) \times R_T$$

$R_b$ replaced by $R_T$

$X = 0.2$ (BW roll off factor due to filter limitation)

BB $\quad B_{1F} = \frac{1+0.2}{2} \times 1.765 \text{Mbs} = 1.06 \text{MHz} \rightarrow$ with FEC $\quad R_b \rightarrow R_T = 1.544 \times \frac{8}{7} = 1.765 \text{Mbs}$

NB $\quad B_{1F} = \frac{1+0.2}{2} \times 1.544 \text{Mbs} = 0.9264 \text{MHz} \rightarrow$ without FEC $\quad R_b = 1.544 \text{Mbs}$

比較有除錯功能數位電路中頻頻寬(1.06MHz)要比沒有除錯功能數位電路中頻頻寬(0.9264MHz)要寬一些，是為了除錯重送修訂 bits 所需。

## 5.4 前置博碼錯率校正(FEC)研析數位信號有除錯功能(with FEC) 與沒有除錯功能(without FEC)錯率比較

參閱圖附 6-51 與表附 6-11、當沒有除錯功能的錯率，查 $E_b/N_o$ ratio = 9.6dB，$P_e$(BER) $= 10^{-5}$，依 $P_e$(BER) $= (1/2) \times$ erfc $X = (1/2)[1-(\text{erf } X)]$ 公式，可計算出 $P_e = 10^{-5}$，例如：當 $X = 10^{\frac{9.6}{10}} = 9.12$，erf $X =$ erf $9.12 = 2 \times 10^{-5}$，$P_e$(BER) $= (1/2)[1-(1-2 \times 10^{-5})] = 10^{-5}$。當具有除錯功能的錯率，查 $E_b/N_o$ ratio = 9.6dB，因傳送博碼(transmission bit rate)大於信息博碼(message bit time)保持不變，傳送博碼時間(transmit bit period)與傳送博碼能量($E_b/N_o$)會依 r 因子降低如 $r_X (E_b/N_o)$，因而導致 $P_e$(BER) 升高。

當 $X = 10^{\frac{9.6}{10}} \times r$      當 $X = 10^{\frac{9.6}{10}} \times r$      $r = \dfrac{R_b}{R_T}$

$r = (7/8)$F.E.C code rate      $r = (1/1)$F.E.C code rate      博碼速率

$\quad = 10^{\frac{9.6}{10}} \times (7/8)$        $= 10^{\frac{9.6}{10}} \times (1/1)$      比值 r

$\quad = 7.98$                   $= 9.12$      $r = \dfrac{8}{8} = \dfrac{1}{1}$

$P_e$(BER)，$X = 7.98$      $P_e$(BER)，$X = 9.12$

$\quad = (1/2)$erf $X$           $= (1/2)$erf $X$

$\quad = (1/2)[1-(1-\text{erf } X)]$     $= (1/2)[1-(1-\text{erf } X)]$

$\quad = (1/2)[1-(1-6.4 \times 10^{-5})]$    $= (1/2)[1-(1-2 \times 10^{-5})]$

$\quad = 3.2 \times 10^{-5}$ with F.E.C.     $= 10^{-5}$ without F.E.C.

比較 $P_e$(BER) $= 1 \times 10^{-5}$ without FEC 與 $P_e$(BER) $= 3.2 \times 10^{-5}$ with FEC 表示在沒有前置錯率修正(without FEC)數位系統中，每 $10^5$ bits 中會出現 1 個 bit 錯率。而在具有前置錯率修正(with FEC)數位系統中，每 $10^5$ bits 中可允許 3.2 bit 錯率出現，並可經 FEC 修定為 0

bit 錯率。由此比較具有前置錯率修定功能系統要比沒有前置錯率修正功能系統出現 bit 錯率為佳。 FEC 數位系統具有每 $10^5$ bits 中校正 3.2 bits 的工作能量。

## 6.　結語

　　本次增訂內容如前所述，是以先行瞭解數位信號種類特性，頻寬需求，調變模式，影響錯率產生各項參數，再以有關改善錯率除錯方法將錯率隆至最低位準，以期符合數位通訊系統中所定錯率規格需求，其中除錯方式以常用前置錯率修正(F.E.C.)方法，可將錯率降低以達改善錯率工作需求　，除此，其他殊多有關降低錯率各種方法，稍後逐一介紹，期有助於學者應用於工程錯率防治工作範疇。

# 附錄 7

## 附 A　手機輻射傷害場強、功率密度、吸收率(SAR)規格訂定、量測驗證與防護方法

**手機輻射傷害規格訂定、量測驗證與防制方法**

## 前言

　　一般研討射頻微波輻射能量對生物傷害，主要來自生物內部組織對此項輻射能量的吸收率多少，這是因為生物細胞組織會對輻射能量產生吸收作用；進而轉換為熱能形成對生物細胞組織造成傷害，而此項熱能傷害大小是以瓦/公斤(watt/kg)計量，依 2001.01.01 起美國 FCC 即規定輸美手機需經檢測所標示合格吸收率(SAR specific absorption rate)為 1.6watt/kg，經換算相當於手機輻射頻率 1800MHz，輻射平均功率 0.125 瓦所產生的輻射電場場強 $E = 60V/m$，功率密度 $P = 10W/m^2 = 1mW/cm^2$，輔以手機經外殼隔離及防護措施後至少可有 3dB 以上隔離效果，經換算吸收率(SAR)相當於 1.6watt/kg。

　　近年對基地台及手機使用日廣，而此項通訊器材因手機與使用者頭部距離至近，必須考量輻射傷害問題，根據世衛組織(WHO)對此項問題有 300～400 份專題報告說明有關手機輻射報告安全問題，使人們逐漸認識此項問題的重要性，逐步定出各項有關手機輻射傷害規格需求，由最初檢測以場強強度($E$)，功率密度(PWR Density)為單位，改為由研討生物細胞對人體輻射傷害以吸收率(SAR)單位為主。本文主題即針對此項問題說明輻射源特性、輻射量大小、輻射源模式、量測方法、規格訂定、防護措施為重點，以增進讀者對手機輻射所造成使用者頭部傷害情況及各項對應防護方法有所瞭解。以便防制於未然，消除使用者免受此項輻射傷害之疑慮。

# 內容

1. 歷程緣由
   1.1 軍規
   1.2 商規
   1.3 軍規、商規比較
2. 計量單位
   2.1 軍規
   2.2 商規
   2.3 軍規、商規比較
3. 熱效應
   3.1 熱效應
   3.2 吸收率(SAR)
   3.3 非熱效應
4. 特性
5. 吸收率
   5.1 計量分類(E field, PWR density, S.A.R.)
   5.2 吸收率(SAR)定義
   5.3 吸收率規格訂定
6. 模式
   6.1 單一輻射源
   6.2 多個輻射源
   6.3 單一、多個輻射源比較
7. 量測
   7.1 功率、場強
       7.1.1 功率密度(watt/cm$^2$)
       7.1.2 場強強度(V/m)
   7.2 吸收率(SAR)(watt/kg)

# 1.　輻射傷害歷程緣由

## 1.1　軍規

　　1950 年代緣起是馬達所造成的電磁干擾，由於當時機電設備多屬低頻(kHz)，其波長至長不足造成對工作人員產生共振響應，因此未發現對人員造成輻射傷害問題，但至 1960 年軍用裝備繁多，功率日強，頻寬至寬，由以艦艇為例，在有限空間中甲板下雖以推進系統低頻機電為主，但甲板上各式各型高功率雷達及通訊裝備林立，除需考量相互間電磁共容性外，因人員局限於船艦上有限空間且長時間處於電磁輻射環境中，此時漸引起人們對電磁輻射傷害的疑慮，到 1970 年代由於電腦及各式電子裝備逐向高頻(MHz)發展的趨勢使得此項輻射場強是否造成對人員傷害引起更廣泛注意，到 1980 年商規對工業產品訂出電磁干擾限制值的規格需求，同時對輻射傷害亦訂定相關需求，實際上軍規早比商規訂出人員輻射傷害限制值，如要追溯最早人員輻射傷害應由美海軍所訂出的以輻射功率密度(mW/cm²)對應頻率(Hz)的限制值為準，如圖附 7-1。

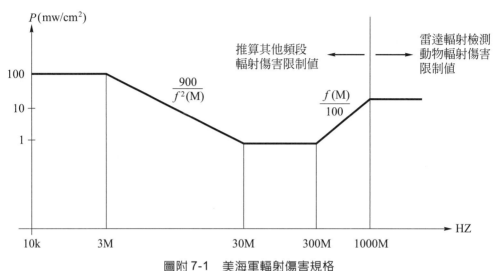

圖附 7-1　美海軍輻射傷害規格
U.S. NAVY Radiation Hazard SPC

　　圖附 7-1 所示緣由美海軍早期對小型動物老鼠以雷達高功率輻射$P= 100W/m^2= 10mW/cm^2$，$f > 1000MHz$照射六分鐘發現老鼠眼睛有受到傷害的現象(白內障)來推斷其他頻率頻段所需多少輻射功率密度大小繪出此圖。所定規格$P= 100W/m^2= 10mW/cm^2$係根據連續照射 6 分鐘即發現老鼠有受傷時所定出的規格。如經換算$P= \frac{E^2}{Z}$，$E= \sqrt{PZ}= \sqrt{100\times 377}= 194V/m$ 約等於 200V/m，這也就是軍規中常見所定輻射性感應量規格值，以此並引用在抗干擾性 RS 檢測中常見對電子裝備所定的 RS 檢測規格。此係因基於人員需處於輻射傷害無慮的情況下，始可再行檢視電子裝備是否受到此項輻射場強的干擾。如果人員及裝備均通過此項規格檢測，始可認定完全通過此項輻射性感應量(抗干擾性)RS 檢測規格需求。

## 1.2　商規

　　商規由軍規延伸而來，因商規針對民用電子產品使用環境與軍規不同，多半僅針對民用頻段，低功率輻射方面考量，參閱軍規圖附 7-1 所示對小於 30MHz、大於 300MHz 所示規格，對其他頻段較不重視而僅供參考之用，對 30MHz 和 300MHz 之間頻段其波長介於 10m 和 1m 之間，如以四分之一波長共振效應計，其波長介於 2.5m 和 0.25m 之間巧與一般人體身高嬰兒至成人身高相符會產生最大共振效應，因此商規即以此輻射功率密度$P= 10W/m^2= 1mW/cm^2$，定為商用輻射傷害輻射功率密度規格。

## 1.3　軍規、商規輻射傷害規格比較

### 1.3.1　軍規

軍用裝備種類繁多複雜，工作頻率頻段有窄有寬，功率有大有小，參閱圖附 7-1 可知對不同頻率頻段定有不同量化的輻射傷害輻射功率密度規格需求(mW/cm²)，由於使用裝備配置情況不一，確切總輻射量大小將視現場環境實測值而定。一般需對全頻段執行檢測求取綜合總量值始可確認是否有輻射傷害問題。

### 1.3.2　商規

與軍規需求比較對輻射傷害規格顯然寬鬆許多，為簡化輻射傷害訂定商規需求，依現行法規不計頻率頻段參用 30～30MHz 頻段規格以 $P = 10W/m^2 = 1mW/cm^2$ 定為商用輻射傷害輻射功率密度規格。

## 2.　輻射傷害計量單位

## 2.1　軍規

軍規常以輻射功率密度(W/m², mW/cm²)為輻射傷害計量單位大小，但也有以輻射電場場強強度(V/m)為輻射傷害計量單位大小，其間 W/m² 與 V/m 單位計量大小轉換可依電磁波 $P = \dfrac{E^2}{Z}$，$Z =$ 空氣阻抗 $120\pi$(377 歐姆)公式計算得知相互關係計量大小，如以軍規微波頻段雷達輻射電場場強 $E = 200V/m$ 為例，按 $P = \dfrac{E^2}{Z} = \dfrac{200^2}{377} = 106W/m^2 = 10.6mW/cm^2$，可知相當於輻射功率密度為 $106W/m^2$，$10.6mW/cm^2$。

## 2.2　商規

商規常以輻射磁場密度 mg 為輻射傷害計量單位大小，其間常見不計頻段以輻射功率密度 $1mW/cm^2$ 為輻射傷害計量單位大小，依電磁波能量轉換公式計算可得知輻射磁場密度 mg 大小，如 $P = 1mW/cm^2$ 為例，$P = 1mW/cm^2 = 10W/m^2$，由 $P = E \times H$，$\left( Z = \dfrac{E}{H} \right)$，$P = H^2 Z$，$H = \dfrac{P}{Z} = \dfrac{10}{377} = 0.16A/m$，代入 $B = \mu H = 4\pi \times 10^{-7} \times 0.16 = 2 \times 10^{-7}Tesla$ 而 $1Tesla = 10^7 mg$，$B = 2 \times 10^{-7} \times 10^7 mg = 2mg$。得知相當於輻射磁場密度為 2mg。

## 2.3　軍、商規輻射傷害計量比較

參閱圖附 7-1 軍規輻射傷害規格及應用電磁波能量單位轉換公式，$P = E \times H$，$Z = \dfrac{E}{H}$，$P = \dfrac{E^2}{Z} = H^2 Z$，$B = \mu H = 4\pi \times 10^{-7} \times H$，$1\text{Tesla} = 10^7 \text{mg}$，可評估軍、商規輻射傷害計量比較如表附 7-1，可示出軍規在不同頻段時輻射傷害能量計量不一，與商規不計頻段所示輻射傷害能量計量比較。

表附 7-1　軍規／商規輻射傷害規格比較表
MIL / civil R.H. spc comparison

| 單位 ＼ 分類 | $P$(W/m²) (mW/cm²) | $E$(V/m) | $H$(A/m) | $B$(mg) | Remark |
|---|---|---|---|---|---|
| 軍規 | 1000 100* | 614 | 1.62 | 20.46 | 10k～3M *1M |
| 軍規 | 90 9* | 184.2 | 0.48 | 6.14 | 3～30MHz *10MHz |
| **軍規 | 10 1* | 61.4 | 0.16 | 2.04 | 30～300MHz *100MHz |
| 軍規 | 50 5* | 137.29 | 0.36 | 4.59 | 300～1000MHz *500MHz |
| 軍規 | 106 10.6* | 200 | 0.53 | 8.29 | ＞1000MHz *3000MHz |
| **商規 | 10 1* | 61.4 | 0.16 | 2.04 | *不計頻段 |

不計頻段(參用軍規 30～300M 規格)如上表**所示

表附 7-1 列數據演算過程

1. 查圖附 7-1 所示頻段相對應輻射功率密度(mW/cm²)限制值將$P$(mW/cm²)×10 化為$P$(W/m²)。

2. 代入$E = \sqrt{P \cdot Z} = \sqrt{P \times 377}$，求出$E$(V/m)。

3. 代入$H = \dfrac{E}{Z} = \dfrac{E}{377}$，求出$H$(A/m)。

4. 代入$B = \mu H = 4\pi \times 10^{-7} \times H \times 10^7 \text{mg}$，求出$B$(mg)。

## 3.　輻射傷害熱效應

### 3.1　熱效應

熱效應係由人體組織細胞因受熱所引起的一種現象，如果此項熱效應過大將造成對人體器官的傷害，而此項熱效應是由輻射能量照射人體組織細胞所產生，是因緣由組織內細胞水分子因離子化受熱分解運動中所產生的熱源，因此類細胞組織內水分子組成成分結構是一項主要影響熱效應的因素，也就是由此項水分子結構成分中可得知細胞組織容電率$(\varepsilon)$，與細胞組織介電常數$(\varepsilon')$，而細胞組織損失因素$(\varepsilon'')$與容電率$(\varepsilon)$、介電常數$(\varepsilon')$有關，按容電率$\varepsilon = \varepsilon' - j\varepsilon''$公式中，細胞導電率$(\sigma)$直接與損失因素$(\varepsilon'')$有關，如$\varepsilon'' = 0$為非吸收性，輻射能可完全穿透細胞，形同工程中常見的天線護罩因$\varepsilon'' = 0$，電磁波可完全穿透護罩而不致影響電磁波輻射能量，依$\sigma = 2\pi f \varepsilon''$公式中，如$\varepsilon''$越小，表示材質或細胞不會對輻射能量造成損益而轉換為熱能，反之如$\varepsilon''$越大，表示材質或細胞會對輻射能量造成損益而轉換為熱能，也就是說明$\sigma = 2\pi f \varepsilon''$公式中如損失因素$\varepsilon''$越大，頻率$f$越高，表示細胞導電率$\sigma$增大可以大量吸收輻射能而轉換為熱能。

## 3.2 吸收率[(SAR)，Specific Abscrption Rate]

吸收率(SAR)為新進檢測輻射傷害能量的一項標準，其單位定位 watt/kg，此項檢測單位源自輻射功率密度$P(\text{watt/m}^2)$與細胞導電率$(s/m)$與細胞組織密度$D(\text{kg/m}^3)$有關。按 SAR 定義 $SAR = \frac{1}{2} \times \sigma \times \frac{E^2}{D}$，$[E^2$相當於$P(\text{W/m}^2)]$，$SAR = \frac{1}{2} \times \frac{s}{m} \times \frac{\text{W/m}^2}{\text{kg/m}^3} = \text{watt/kg}$，($\frac{s}{m}$為導電率，$s$為導電係數，$m$為細胞長度大小)。

故 SAR(Specific Abscrption Rate)是以功率／重量(watt/kg)單位示之。

由$SAR = \frac{1}{2} \times \sigma \times \frac{E^2}{D}$公式中可知細胞導電係數$(\sigma)$愈大，輻射能場強$(E)$愈強而細胞密度$(D)$愈小，細胞對輻射能吸收率SAR則愈大，一般血管膨脹生熱時可調整血壓將熱能帶走，但人體器官組織中眼球部位因血管面積較小，因不易散熱形成熱累積效應，因此對眼球造成傷害，眼球組織複雜在熱累積溫度上升時，其間組織中蛋白部份會增加形同眼疾中所稱白內障效應。此項輻射能所引起的熱能效應已在動物試驗中得到明確證明，同理如延伸至人體應有此種傷害顧慮。

## 3.3 非熱效應

輻射能影響生物器官組織細胞內分子結構排列，可能對生物成長、基因、遺傳、免疫、血液、精神系統造成傷害，雖然有關此項傷害報導很多，迄今續待獲得證實的研析工作仍在探討中。

## 4. 輻射傷害特性

輻射傷害是一種低能量非游離輻射，對人體的傷害是以人體曝露在多大場強環境與滯留時間長短而定，頻率共振響應位於射頻(MHz 以上)為主，對人體所造成的傷害情況隨輻射場強頻段不同而有所不同，如低頻kHz輻射能量吸收率(S.A.R.)至低不會造成人體傷害，但隨頻率升高至 MHz，因波長逐漸接近人體身長而產生共振響應，因此人體吸收了輻射能量造成輻射傷害問題，人體輻射傷害主要顯像在眼睛及皮膚部位，如白內障及皮膚發癢、發燒等現象，如頻率升高至 GHz，雖波長變短造成對人體共振響應減低，但因輻射功率如雷達至高，與使用手機太近頭部，故仍有輻射傷害之慮。

## 5. 輻射傷害吸收率(SAR)

### 5.1 輻射傷害計量分類

輻射傷害計量輻射能量大小有二種，過去是以輻射場強功率密度($V/m^2$，$mW/cm^2$)為準，如圖附 7-1 所示，新進改以人體對輻射能量吸收率大小為準(watt/kg)，根據ANSI/IEEE C95.1 於 1992 年對吸收率(SAR)規定，在不可控制環境情況下，一克組織細胞受 30 分鐘電磁輻射能量照射所產生的最大SAR值不超過 1.6watt/kg，此項SAR＝1.6watt/kg 係由輻射能量轉換為熱能會對人體頭部造成傷害的最低能量。換言之，如 SAR 低於 1.6watt/kg 手機輻射傷害能量可通過 SAR 輻射傷害檢測規格，反之 SAR 高於 1.6watt/kg，手機輻射傷害能量未通過 SAR 輻射傷害檢測規格。

### 5.2 吸收率(SAR)定義

吸收率(SAR)計算公式$SAR = \sigma \times \dfrac{E^2}{2D}$，其中$E$為輻射能中輻射場強電場場強大小，$\sigma$與$D$則屬人體生物組織細胞架構參數資料，對其間不同器官組織細胞如骨骼、皮膚、血液、眼睛、腦部、肌肉的導電率($\sigma$)與質量密度($D$)均可查知，以此代入$SAR = \sigma \times \dfrac{E^2}{2D}$公式可算出人體不同器官的SAR值。再將人體不同器官的SAR值相加取其平均值，輔以手機機殼對手機天線具有隔離防護作用，經手機機殼一項隔離度檢測顯示至少有隔離輻射能約 3dB 以上的效應，以此定出手機輻射傷害吸收率(SAR)不得超過 1.6watt/kg的檢測規格需求。

### 5.3 吸收率(SAR)規格訂定

手機輻射傷害吸收率(SAR)規格SAR＝1.6watt/kg理論推導演算與實務檢測驗證。

$$SAR = \sigma \times \frac{E^2}{2D}, \quad E = \frac{\sqrt{30 \times P_{(av)} \times G_{(ratio)}}}{R}, \quad E^2 = \frac{30 \times P_{(av)} \times G_{(ratio)}}{R^2}$$

$E$＝手機輻射電場場強強度，V/m

$P_{(av)}$＝手機發射機輸出平均功率大小，watt

$G_{(ratio)}$＝手機天線增益比值

$R=$使用者手持手機至頭部耳朵距離，m，大約等於 1800MHz 近遠場臨界距離 2.65cm(0.0265m)

$\sigma=$人體各部器官組織細胞導電率，$s/m$。($s$：導電係數，$m$：細胞長度)

$D=$人體各部器官組織細胞質量密度，kg/m³

以手機 1800MHz 為例，$\lambda=0.1666$m

$P_{(w)}=0.125$watt

Gain$_{(ratio)}=1.0$，(GND plane effect not included)，理論值

$R=0.0265$m，$f=1800$MHz，$\lambda=16.66$cm 近遠場臨界距離$\left(R=\dfrac{\lambda}{2\pi}\right)$

$$E^2=\frac{30\times P_{(av)}\times G_{(ratio)}}{R^2}=\frac{30\times 0.125\times 1.0}{(0.0265)^2}=5399.97=5400$$

查人體各部器官導電率($\sigma$)與組織細胞質量密度($D$)，代入

$$SAR=\sigma\times\frac{E^2}{2D}=\frac{\sigma\cdot\left[30P_{(av)}\cdot\dfrac{G_{(ratio)}}{R^2}\right]}{2D}$$

公式可算出人體各部器官 SAR 值

1.  骨骼$\sigma=0.34s/m$、$D=1850$kg/m³

    $$SAR=0.34\times\frac{5400}{2\times 1850}=0.49\text{watt/kg}$$

2.  皮膚$\sigma=0.019s/m$、$D=1100$kg/m³

    $$SAR=1.19\times\frac{5400}{2\times 1100}=2.92\text{watt/kg}$$

3.  血液$\sigma=2.04s/m$、$D=1060$kg/m³

    $$SAR=2.04\times\frac{5400}{2\times 1060}=5.19\text{watt/kg}$$

4.  眼睛$\sigma=2.27s/m$、$D=1010$kg/m³

    $$SAR=2.27\times\frac{5400}{2\times 1010}=6.06\text{watt/kg}$$

5.  *腦部$\sigma=1.85s/m$、$D=1030$kg/m³

    $$SAR=1.85\times\frac{5400}{2\times 1030}=4.84\text{watt/kg}$$

6.  肌肉$\sigma=1.34s/m$、$D=1040$kg/m³

    $$SAR=1.34\times\frac{5400}{2\times 1040}=3.47\text{watt/kg}$$

    $$SAR \text{ 平均值}=\frac{(0.49+2.92+5.19+6.06+4.84+3.47)}{6}$$

    $$=\frac{22.97}{6}=3.82\text{watt/kg}\rightarrow 5.82\text{dBW/kg}$$

SAR 規格值 $=1.6$watt/kg$\rightarrow 2.04$dBW/kg

由 5.82dBW/kg $-$ 2.04dBW/kg $=$ 3.78dBW/kg，如將手機隔離度至少(3～4)dB 計入，按 3.78 介於(3～4)dB 之間隔離效應，以此反推可得 SAR 規格訂定為 1.6w/kg。

按手機天線理論值 $G_{(r)} = 1.0$(isotropic source)計算，人體各部器官 SAR 平均值為 3.82W/kg，如以 dB 計為 5.82dBW/kg，比較 SAR 規格值為 1.6W/kg，如以 dB 計為 2.04dBW/kg。兩相比較相差 3.78dB，表示手機隔離度至少需有 3.78dB 以上，才能將輻射傷害降至 SAR 規格值 1.6W/kg 以內。

# 6. 輻射傷害模式

## 6.1 單一輻射源

如係單一輻射源可查知其輻射中心頻率，參用圖附 7-2 輻射功率密度相關規格值大小可得知輻射傷害輻射功率密度(mW/cm²)限制值大小。針對所在環境中僅有單一輻射源時量出該頻段輻射功率(mW/cm²)大小，兩相比較即可得知是否有輻射傷害之慮，如圖附 7-2 案例。

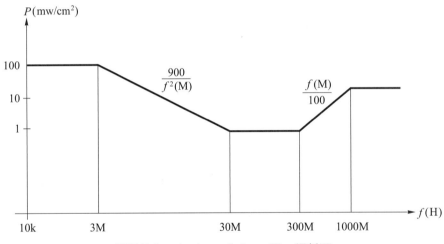

圖附 7-2　single radiator　單一輻射源

單一輻射源頻率＝200MHz

30～300M 輻射傷害功率密度規格值＝1mW/cm²

200M 功率密度(mW/cm²)＝待量測

量測值＜規格值＝安全

量測值＞規格值＝不安全

人員安全滯留時間$=\dfrac{6 \times 規格值}{量測值}$(分鐘)

量測距離在近場$\left(d \le \dfrac{\lambda}{2\pi}\right)$，視輻射源特性而定，電壓源以電場計，電流源以磁場計，在近場因在非輻射區，場強不受空氣衰減影響。量測距離在遠場$\left(d \ge \dfrac{\lambda}{2\pi}\right)$，因在輻射區，場強會受空氣衰減影響會依 $20\log\dfrac{1}{R}$(dB)而減弱。

## 6.2　多個不同頻段輻射源

由查知頻段中輻射傷害量化比值大小，依此計算其他頻段輻射源輻射傷害量化比值大小，最後將多個不同頻段的輻射傷害量化比值相加，如此總輻射傷害量化比值大於 1，則有輻射傷害顧慮。如此值小於 1，則無輻射傷害顧慮。

## 6.3　單一與多個輻射源比較

單一輻射源可由單一頻率段中查知相關輻射傷害功率密度限制值大小(mW/cm²)，同時亦可按電磁波輻射能公式量出輻射能功率密度大小(mW/cm²)，如果量出輻射功率密度大於該頻率頻段輻射傷害輻射功率密度限制值，則有輻射傷害顧慮，如以量出輻射功率密度小於該頻率頻段輻射傷害功率密度限制值，則無輻射傷害顧慮。因在計算與量測過程中，均有公式可循，如 $E=\dfrac{\sqrt{30\times P_{(av)}\times G_{(r)}}}{R}$，$P=\dfrac{E^2}{Z}$ ($Z=120\pi$)。最終可量出 $P$ 是多少mW/cm²，再與頻率頻段中規格限制值比較如圖附 7-2。因此對單一輻射源是否造成輻射傷害是可以量化值大小明確示之。

多個輻射源亦可按單一輻射源模式量測出該頻率頻段中輻射功率密度量測值(mW/cm²)大小，並查知頻率頻段中相對應輻射功率密度(mW/cm²)規格值大小，取其比值大小$\left(\dfrac{量測值}{規格值}\right)$做爲該頻率頻段中輻射傷害比值，依此計算其他頻率頻段輻射傷害比值，最後依序相加此項比值是否大於 1 或小於 1，做爲評估是否造成輻射傷害的依據，換言之最後評估不是以輻射功率密度(mW/cm²)大小爲依據。兩相比較單一輻射源是以計量大小爲準(mW/cm²)，而多個輻射源是以計比值大小大於 1 或小於 1 爲準，如表附 7-2。

表附 7-2　multi-radiations 多個輻射源

| 規格 | 頻段 | 量測值／規格值 | | 量測值／規格值 | | 頻率 |
|---|---|---|---|---|---|---|
| mW/cm² | 範圍 | mW/cm² | Ratio | mW/cm² | Ratio | |
| 100 | 10k～10M | 5/100 | 0.05 | 3/100 | 0.03 | 1M |
| 900/$f^2$(M) | 3M～30M | 3/9 | 0.33 | 2/9 | 0.22 | 10M |
| 1 | 30M～100M | 0.5/1.0 | 0.5 | 0.1/10 | 0.01 | 100M |
| $f$(M)/100 | 300M～1000M | 1/5 | 0.2 | 0.5/5 | 0.10 | 500M |
| 10 | 1G～3G | 6/10 | 0.6 | 0.2/10 | 0.02 | 2G |
| | 共計 | 1.65 > 1.0 | | 0.38 < 1.0 | | |
| | 總評 | 有輻射傷害顧慮 | | 無輻射傷害顧慮 | | |

單一與多個輻射源量測儀具可分兩大類，對單一輻射源先分近場與遠場量測，在近場需以專用近場電場(E. field sensor)或磁場(H field sensor)量測儀具量測。在遠場則以一般傳統天線先選取該頻段天線，並查知其天線因素[A.F. dB]代入 dBuV/m = dBuV

＋ AF(dB)公式，其中 AF(dB)由該段天線行錄規格查知，dBuV 由一般接收機或頻譜儀接收到信號強度大小得知，再將兩項相加，即得知dBuV/m，此單位可轉換爲E(V/m)。E(V/m)代入$P = \dfrac{E^2}{Z}$ ($Z = 120\pi$)公式算出$P$值 W/m²，mW/cm²，再與規格值比較大小可知有否有輻射傷害之慮。

對多個輻射源多以比值大於 1.0 或小於 1.0 定出是否有輻射傷害之慮，量測儀具因無法以數據量化示之，一般均另外改以聲音或燈號警示有否有輻射傷害之慮。一般此型量測儀具均屬簡易可手持型，因結構受限於天線頻寬限制，無法精確量測到寬頻段場強大小，如需對寬頻段中多個不同頻率輻射源量測到精確程度，則需分段以不同頻段的天線分別量測，如待測環境不明輻射源至多，則更需以多個多頻段天線結合接收機以電腦自動化操控方式執行。

## 7. 輻射傷害量測

輻射傷害計量量測可分爲兩大類，一爲輻射功率密度$P$(watt/m²，mW/cm²)、磁場密度(mg)，一爲輻射場強$E$(V/m)、$H$(A/m)。其間差異性與實務應用範圍均不同，而新進輻射傷害量測則改由吸收率(SAR)替代以鑑定手機輻射場強多大時會造成人體組織細胞傷害的一種量測方法稱之吸收率(SAR)檢測法，檢測單位則以 watt/kg 示之。前者爲輻射能量大小[$P$(mW/cm²)][$B$(mg)]爲準，後者爲輻射能量吸收率[SAR(watt/kg)]爲準。

### 7.1 輻射能功率密度與場強

### 7.1.1 輻射功率密度$P$(watt/m²，mW/cm²)

按輻射功率密度$P$(watt/m²，mW/cm²)定義特性$P = E \times H$，$Z = \dfrac{E}{H}$，因$E$、$H$涉及空氣阻抗$Z$關係，表示輻射能已正輻射中，其功率密度傳送屬遠場(FF)效應，按電磁波輻射傳播功率密度特性，其衰減與傳播距離$R$的$\dfrac{1}{R^2}$成反比，或其場強傳播特性其衰減與傳播距離$R$的$\dfrac{1}{R}$成反比，且當頻率$f$升高時，其電磁波能量亦衰減越大。一般空氣對輻射能電磁波衰減量計算公式以Att(dB)$= 32 + 20\log f$(MHz)$+ 20\log R$(km)示之。一般量測因屬遠場均以各式該頻段天線執行量測，由接收機或頻譜儀接收信號可直接讀取信號電場強度[$E$(V/m)]與磁場強度[$H$(A/m)]或功率密度[W/m²]，另可藉由$P = E \times H$，$Z = \dfrac{E}{H}$，$P = \dfrac{E^2}{Z}$，$P = H^2 Z$ ($Z = 120\pi$)，$B = \mu H$ ($\mu = 4\pi \times 10^{-7}$，1Tesla $= 10^7$mg)，關係式中由已知$E$或$H$，亦可求出$P$[W/m²]，$B$(mg)。

### 7.1.2　輻射場強強度$E$(V/m)，$H$(A/m)，磁場功率密度$B$(mg)

　　按如僅對$E$(V/m)或$H$(A/m)執行量測，因不涉$Z=\dfrac{E}{H}$與空氣阻抗無關，表示輻射能不在輻射中，其輻射能傳播屬近場(NF)效應，而在近場效應中應執行$E$(V/m)或$H$(A/m)檢測將視輻射源特性而定，如輻射源是電壓源應執行$E$(V/m)量測，如輻射源是電流源應執行$H$(A/m)量測，執行$E$(V/m)量測多選用棒狀天線(rod antenna)，檢測$H$(A/m)多選用環狀天線(loop antenna)，新進為檢測$E$(V/m)、$H$(A/m)因 rod antenna 與 loop antenna 外形結構過大使用不便而改採用小型化的專用近場 E.H. Sensor 來執行量測，而常見$B$(mg)單位係由$B=\mu H=4\pi\times10^{-7}\times H$，1Tesla $=10^7$mg，轉換而來，如$H=0.16$A/m 代入$B=4\pi\times10^{-7}\times0.16=2\times10^{-7}$Tesla，1Tesla $=10^7$mg，$B=4\pi\times10^{-7}\times0.16\times10^7=2$mg。

## 7.2　輻射能吸收率(SAR)

　　由檢測輻射功率密度與場強強度改由檢測輻射能量吸收率(SAR)方法來執行手機輻射時是否對人體造成輻射傷害問題，係因科研人員進一步瞭解了生物組織細胞中導電率與質量密度對所受輻射場強度照射時所產生的傷害反應，而研發出一種模擬人體各不同器官組織細胞的體液做為量測受害源，以手機輻射場強為輻射源的量測方法，稱之吸收率(SAR)量測法，也就是可量測出當手機輻射場強有多大時會造成人體組織細胞傷害的一種量測方法，稱之吸收率(SAR)量測法，按檢測標準單位定為 watt/kg，量化吸收率規格定為 1.6watt/kg。本項檢測裝備至為複雜，價格昂貴，需以電腦輔助操控以不同模擬人體器官各組織細胞體液注入人體頭部模型中，再以待測手機置放在人體頭部耳朵側面，當手機開機人員講話時由手機天線所輻射的信號場強感應到人體頭部模型中的人體器官組織細胞體液，檢視體液所受到的傷害情況以不同顏色表示不同程度層次，並由電腦核算總結是否通過檢測吸收率所定 1.6watt/kg 規格值。

# 8.　輻射傷害防制方法

## 8.1　調整距離

　　由於手機距離使用者頭部距離至近，按輻射源近遠場臨界距離定義$d=\dfrac{\lambda}{2\pi}$，以$f=$1800MHz 為例，$\lambda=16.66$cm，$d=2.65$cm，一般手機使用者由於各人使用習慣不一，有人將手機遠離頭部聽講，有人將手機貼近頭部聽講，就電磁波輻射能狀態而言，有時為近場效應，有時為遠場效應，近場效應感應輻射能輻射場強較強，遠場因輻射能受空氣衰減影響輻射能場強較弱，故如採將手機置於腰部另以連線方式將耳機接至耳朵部可藉增大手機與頭部距離，而大幅減低輻射傷害。又因手機天線屬開路式(open ckt)電壓源，按輸送線對開路式電壓源所產生的輻射能在近場是以靜電場為主，但此項靜電場會隨近遠場臨界距離$\dfrac{1}{r^3}$ ($r=\dfrac{\lambda}{2\pi}$)而遞減，而在$r>\dfrac{\lambda}{2\pi}$ ($f=$1800MHz，$r=2.65$cm)

時完全消失而變成遠場效應所呈現的輻射場$E_r$，此項輻射場$E_r$因受空氣衰減而隨傳送距離($r$)而遞減($\text{Att(dB)} = 20\log\left(\frac{1}{r}\right)$)。

## 8.2　通話時間

因輻射傷害與輻射能大小有關，而輻射能大小又與能量時間累積有關，時間越短，輻射能累積能量越小，反之越大。因此通話時間越短越好，對單一輻射源以手機為例按輻射能公式可大略算出電場場強大小。按 1800MHz 手機為例$P_{(av)} = 0.125\text{watt}$，$G_r = 1.0$(理論值)，$R = \frac{\lambda}{2\pi} = \frac{1.66}{2\pi} = 2.65\text{cm} = 0.0265\text{m}$，代入$E^2 = 30 \times P_{(av)} \times \frac{G_r}{R^2} = 5339\text{V/m}$，$P = \frac{E^2}{Z}(Z = 377) = 14.16\text{W/m}^2 = 1.416\text{mW/cm}^2$，代入時間公式$T = 6 \times \frac{規格值}{理論值} = 6 \times \frac{1.0}{1.416}$ = 4.23 分鐘。但因使用者使用手機所在環境需將週邊反射效應計入，如以最壞情況全反射計量，可再增加3dB，即功率密度加一倍計算，將理論值乘以2，改以 $1.416 \times 2 = 2.832\text{mW/cm}^2$計量代入時間公式$T = 6 \times \frac{規格值}{理論值}$計算，使用者通話時間縮減為$T = \frac{6.10}{2.832}$ = 2.115 分鐘。

## 8.3　輻射能大小

手機輻射能輻射功率密度大小直接影響通話時間長度，按$T = 6 \times \frac{規格值}{理論值}$公式，如規格值定為 $1\text{mW/cm}^2$代入公式，$T = 6 \times 1\text{mW/cm}^2$理論值。此處按理論值代入公式雖可算出安全通話時間，但實務上理論值應改由實測值為準。按公式$= \frac{6 \times 1\text{mW/cm}^2}{實測值}$，如手機實測輻射功率密度愈大，通話時間愈短，反之如手機實測輻射功率密度愈小，安全通話時間愈長。

# 9.　輻射傷害防護(機殼／防護套)

## 9.1　吸收率與機殼大小(size)

機殼愈小感應場強頻寬愈窄，輻射場強能量亦愈低(能量＝信號場強×頻寬)，對人體的傷害亦愈小，也就是降低了吸收率，反之機匣愈大感應場強頻寬愈寬，輻射場強能量亦愈高，對人體的傷害亦愈大，也就是提升吸收率增加了對人體輻射傷害的可能性。

## 9.2　吸收率與材質導電率($\sigma$)關係

一般導電率($\sigma$) ≤ 1.0，吸收率(SAR)與手機大小較無關，如導電率($\sigma$)＝ 1.0 吸收率(SAR)與手機大小較有關，此因較大手機機殼在較高導電率的機殼上會感應較高的導電電流而有較大的輻射能量，因此會對人體造成感應到較高的吸收率值，具體改善的方法可在大型手機設計時，應選用較低導電率($\sigma$)的材質來制作機殼以降低吸率值。

## 9.3　吸收率與導磁薄板導磁係數($\mu$)關係

由於手機天線屬棒狀共振在近場($R < \frac{\lambda}{2\pi} = 2.65\text{cm}$)是以靜電場為主，靜磁場為次，但在遠場($R > \frac{\lambda}{2\pi} = 2.65\text{cm}$)，靜電場與靜磁場均迅速消失而呈輻射場，對具有導電性的導磁薄板而言，因電磁波中電場大部均反射，唯磁場仍存在導磁薄板形成表面電流，但導磁薄板具有吸收表面電流轉換熱能的功效而消散，如選用高導磁性材質制作的機殼可用於降低吸收率。例如選材材質導磁係數 $\mu = 50$，可使吸收率下降 50%。

## 9.4　手機天線尺寸大小(size)／場型(pattern)介電常數($\varepsilon'$)關係

手機天線為 $\frac{\lambda}{4}$ 單偶極天線，如置於自由空間，其 H plane 場形為圓形，其 E plane 場形為正八字形，但在實務上有接地關係的影響，其 E plane 場形變形為向上彎曲的八字形，但這些變化均與天線制作所涉電路板材質介電常數($\varepsilon'$)與天線制作長短有關。按 $\lambda(\varepsilon') = \frac{\lambda_0}{\sqrt{\varepsilon'}}$，$\lambda_0$ 為自由空間頻率波長，$\varepsilon'$ 為電路板介電常數，可推算當 $f = 1800\text{MHz}$ 手機天線 $\frac{\lambda_0}{4} = 4.166\text{cm}$，如 $\varepsilon' = 4.0$、$\frac{\lambda_\varepsilon}{4} = 2.08\text{cm}$，如 $\lambda_\varepsilon = 9.0$、$\frac{\lambda_\varepsilon}{4} = 1.38\text{cm}$，由此可知介電常數($\varepsilon'$)大小只影響天線尺寸大小與場型則無關係，但如機殼過大，電路板過大，介電常數 $\varepsilon' > 10$ 時，會因天線輻射受機殼電路板過大影響會產生繞射波(diffreaction wave)而些微影響場型形狀。

## 9.5　吸收率與機殼大小、介電常數、導磁係數、導電係數關係 (size、$\varepsilon'$、$\mu$、$\sigma$)

### 9.5.1　吸收率／機殼大小(SAR/size)

較大機殼感應較寬頻頻譜，產生較高輻射能量，不利於降低吸收率。

### 9.5.2　吸收率／介電常數(SAR/$\varepsilon'$)

介電常數僅與電路板天線制作大小有關，與吸收率無關，但如介電常數 > 10，且在機殼過大時會產生繞射現象而些微影響場型。

### 9.5.3　吸收率／導磁係數(SAR/$\mu$)

制作材質導磁係數越高，對輻射能中磁場吸收轉為熱能效能越好，也就是降低了吸收率減低了輻射傷害能量。

### 9.5.4　吸收率／導電率(SAR/$\sigma$)

因較高導電率所制作的機殼上，會感應較大的表面導電電流而產生較高的輻射能量，不利於降低吸收率。因而對人體頭部組織細胞也會感應出較大的吸收率，故應選用較低導電率的材質來制作機殼以降低吸收率。

### 9.5.5 吸收率／介電常數、導磁係數、導電率(SAR/$\varepsilon'$、$\mu$、$\sigma$)

綜合吸收率對材質介質常數、導磁係數、導電率的選用準則要求，選用介質常數($\varepsilon'$)小於 10 不會影響天線場型，選用高導磁性係數材質，可提升對輻射能磁場的吸波功能，選用低導電率係數材質，可降低電磁波輻射能量。在實務用檢測中以選用$\varepsilon'(1\sim10)$，$\mu(1\sim50)$，$\sigma(1\sim10)$三者參數中相互配合實測以得到最佳組合為準。在實務取材中以布質手機護套為例，因布質高分子化學材料$\varepsilon'$值略大於 10 以上會些微影響場型，布質化學材料屬高導磁性材質合乎吸波需求，唯導電係數過低需在布料中添加一些具有導電性的碳粉，不但可以增加一些吸收波效果，同時可以提高一些導電性，以重覆反射方式可將在高磁性布質材料中所存在的電磁波能量加以吸收，而降低對人體輻射傷害的吸收率。

## 10. 總結

### 10.1 輻射傷害舊制、新制規格分類

輻射傷害計量定義分類分舊制電磁波功率密度、場強強度與新制吸收率兩種，本文以緣由、計量單位、熱效應、特性、吸收率、模式、量測、防制、防護等分別說明其差異性與實務應用情況。

### 10.2 輻射傷害成因分析

輻射傷害係由電磁波輻射能照射人體，人體在輻射能長時間照射下，因熱效應會造成對器官組織細胞傷害。此項輻射能對人體各部位器官組織細胞傷害的程度，因輻射能強弱不一，照射時間長短、照射距離遠近、各部位器官組織細胞導電率與質量密度不同而不同。

### 10.3 輻射傷害標準訂定

輻射傷害標準訂定可分二大類，一為功率密度或場強強度，一為吸收率，前者係指輻射能以功率密度$P$(watt/m$^2$，mW/cm$^2$)磁場密度$B$(mg)或電場場強$E$(V/m)表示所定在不同頻段額定時間內所能承受最大輻射能照射值。後者係指人體各部位器官在檢測電場強度照射下，因人體各部份器官的組織細胞導電率與質量密度不同，而對輻射能的吸收率亦有所不同。而吸收率輻射傷害的訂定標準是依各部位器官組織細胞對輻射能的吸收轉為熱能可能造成對人體傷害為準。

## 10.4　手機輻射傷害參數分析

　　對手機輻射傷害分析，側重說明以人體頭部受害源，手機為輻射源分析手機對頭部傷害情況，訂定手機天線距頭部在近遠場臨界距離 2.65cm，手機輻射平均功率 0.125watt，手機天線增益比值 1.0(理論值)，輻射安全規格功率密度(mW/cm$^2$)定為 1mW/cm$^2$情況下，安全通話時間理論值為 4.23 分鐘。如將週邊環境不利反射因素計入，使用者安全通話時間將減半為 2.115 分鐘。如將此項手機輻射能轉換對人體各部位不同器官組織細胞的平均熱能吸收率(骨骼、皮膚、血液、眼睛、腦部、肌肉)SAR ＝ 3.82watt/kg ＝ 5.82dBW/kg，依規格熱能吸收率 SAR ＝ 1.6watt/kg ＝ 2.04dBW/kg。

　　一般手機機殼防護對輻射能隔離度按理論值至少有 3～4dB 計，由(5.82 － 2.01)W/kg ＝ 3.78dBW/kg 介於(3～4)dB 之間隔離度，以此反推可得 SAR 規格訂定為 1.6W/kg。另實務值隔離度需求。

## 10.5　手機輻射傷害防護功能

　　對手機輻射傷害人體頭部可以使用各種防護罩隔離手機，以降低輻射能量對頭部的傷害，目前各種防護罩已可制成機殼模式或套在機殼的防護套模式，對機殼或機殼外的防護套材質選用需考量材質三大參數，介電常數($\varepsilon'$)、導磁係數($\mu$)、導電率($\sigma$)。

　　$\varepsilon'$值過大會影響手機天線輻射場型，適當的選用較高導磁係數($\mu$)材料有利於提高對手機輻射能吸波的效果。適中的導電率($\sigma$)材料有利於將手機的輻射能反射由高導磁係數 $\mu$ 值防護套吸收，因此對防護套選材制作的三項材質參數 $\varepsilon'$、$\mu$、$\sigma$，需經慎選相互搭配，由實務量測驗證可找到最佳方案。

## 10.6　手機 900MHz 與 1800MHz 輻射傷害比較

　　手機輻射傷害防制最有效的方法仍在減短通話時間及保持手機距頭部距離，通話時間最好勿超過二分鐘(理論值)，手機距頭部距離保持 2.65 公分以上，如比較 900MHz 與 1800MHz 手機，同以相同輻射功率輻射，對 900MHz 手機近遠場臨界距為 5.3cm，對 1800MHz 手機近遠場臨界距離為 2.65cm，對手機使用者一般均緊耳部，如以較近距離 2.65cm 為例，對 1800MHz 手機已接近遠場因受空氣衰減而會些微減低輻射能量，但對 900MHz 手機仍處於近場(2.65cm ＞ 5.3cm)因不受空氣衰減，兩相比較 900MHz 手機的輻射能量要比 1800MHz 手機的輻射能量大一些。也就是 900MHz 手機要比 1800MHz 手機所造成的輻射傷害要嚴重一些。因此也有手機制造商為防制輻射傷害，設計將手機置於衣服口袋，另以離線提供耳機方式，將手機與使用者頭部隔離以減低手機對使用者所造成的輻射傷害。凡此種之防制方法皆屬消極被動補救方案，最積極主動的防制方法仍在盡量縮短通話時間在二分鐘(理論值)以內，手機距頭部距離保持 2.65cm 以上(1800MHz 手機)。

# 附 B 手機與基地台輻射防護方法與天線各項設計參數指引

## 摘　要

1. 手機天線設計指引
2. 手機輻射傷害近場、遠場場強分析
3. 手機通話時間設限(手持式、口袋式、腰帶式)
4. 手機機殼吸收率(SAR)隔離度需求
5. 基地台天線設計指引
6. 基地台附近輻射傷害安全通話時間與距離

## 內　容

1. 手機天線共振模式
2. 手機天線共振長度 vs 介電常數($\varepsilon'$)
3. 手機天線粗細寬度 vs 頻寬／中心頻率
4. 手機天線遠場(FF)增益、場型、極性
5. 手機天線輸入阻抗
6. 手機天線 I/P 與發射接收 O/P 阻抗匹配
7. 手機輻射 NF、NF/FF、FF 場強、場型、增益
   7.1　近場、近遠場、遠場 vs 距離
   7.2　近場、近遠場、遠場 vs 輻射安全通話時間(手持式)
   7.3　近場、近遠場、遠場場型、增益
   7.4　口袋式、腰帶式手機輻射安全通話時間
   7.5　基地台附近輻射安全通話時間與距離
8. 輻射傷害吸收率比值(SAR)與天線增益比值($G_r$)選用 vs 手機隔離度(dB)
9. 基地台天線設計
10. 結言

# 1.　手機天線共振模式(rod，loop)

◉ 棒狀(rod)

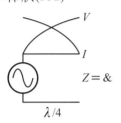 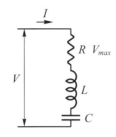

$Z = \sqrt{R^2 + |X_L + X_C|^2}$

Resonance　$X_L = X_C$

$Z = Z_{min}$，$I = I_{max}$

$P = \dfrac{V_{max}^2}{R} \rightarrow P = \dfrac{E^2}{Z}$

◉ 環狀(loop)

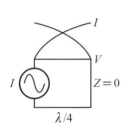 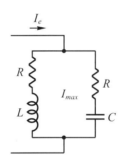

$Z = \dfrac{X_L X_C}{|X_L - X_C|}$，$R = 0$

Resonance　$X_L = X_C$

$Z = Z_{max}(\&)$

$I_e = 0$，$I_i = I_{max}$

$P = I_{max}^2 R \rightarrow P = H^2 Z$

◉ 手機天線屬環狀(loop)共振模式居少　　◉ 手機天線屬棒狀(rod)共振模式居多

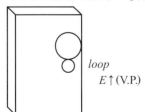 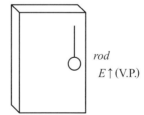

手機天線多屬原由雙極性(dipole)$\frac{\lambda}{2}$串聯共振模式，因接地(地平面)關係變形為單極性(monopole)$\frac{\lambda}{4}$共振模式，就電子電路輸送線原理，其端點為開口($Z=$ &)屬電壓源，轉換為電磁波在近場屬靜電場($P=\frac{V^2}{R}=\frac{E^2}{Z}$)($Z=120\pi=377\Omega$)。此單極性(monopple)$\frac{\lambda}{4}$共振棒因放置垂直方向，電場為垂直方向，故其為垂直極向。因垂直極向對地平面會產生相同垂直極向的隱性垂直極向，兩者大小相等相位相同，以此特性對輻射場強有加持作用以利手機發射接收信號。因 dipole 為 $75\Omega$，monopole 為 $37.5\Omega$如何做好與發射接收 O/P 阻抗($50\Omega$)匹配工作，是除了設計天線以外的另一項重大工作。

手機 900M/1800M 兩大系統靈敏度$Q$值與選擇性$S$值功能比較說明。參閱 900M/1800M 發射／接收頻帶(FB)、中心頻率($f_0$)、頻寬(BW)資料如表附 7-3 列。

表附 7-3　手機發射／接收中心頻率／頻寬(cell phone $f_0$ / BW)

| SYSTEM ＼ ITEM | | 900M(MHz) | 1800M(MHz) |
|---|---|---|---|
| $T_x$ | BW | 890～915 | 1785～1910 |
| | $f_0$ | 902.5 | 1847.5 |
| | BW($\Delta f$) | 25 | 125 |
| RCV | BW | 935～960 | 1805～1880 |
| | $f_0$ | 947.5 | 1842.5 |
| | BW($\Delta f$) | 25 | 75 |

按靈敏度$Q$值，$Q=\dfrac{f_0}{\text{BW}}=\dfrac{f_0}{\Delta f}$，選擇性$S$值與靈敏度$Q$值成反比定義，900M/1800M $T_x$與 RCV 靈敏度$Q$值如表附 7-4 列數值。

表附 7-4    手機 900/1800MHz 靈敏度與選擇性比較
(cell phone 900/1800MHz sensitivity/selectivity in comparison)

| SYSTEM ITEM | | 900M(MHz) | 1800M(MHz) |
|---|---|---|---|
| $Q$ 值 靈敏度 | $T_x$ | 36.10 $\left(\dfrac{902.5}{25}\right)$ | 14.77 $\left(\dfrac{1847.5}{125}\right)$ |
| | RCV | 37.91 $\left(\dfrac{947.5}{25}\right)$ | 24.56 $\left(\dfrac{1842.5}{75}\right)$ |

由表附 7-4 列數值得知 900M 系統靈敏度 $Q$ 值較高，1800M 系統靈敏度 $Q$ 值較低，說明 900M 系統靈敏度 $Q$ 值較 1800M 系統爲佳，反之 1800M 系統頻寬($\Delta f$)比 900M 頻寬較寬，說明 1800M 系統選擇性 $S$ 值較 900M 系統爲佳。

## 2.　手機天線共振長度 vs 介電常數($\varepsilon$) vs 損失因數($\varepsilon''$)

$\varepsilon = \varepsilon' - j\varepsilon''$，$\varepsilon'' = 0$，$\varepsilon = \varepsilon'$(容電率($\varepsilon$)＝介電常數($\varepsilon'$))

$V_\varepsilon = \dfrac{V_0}{\sqrt{\varepsilon}}$，$\lambda_\varepsilon = \dfrac{V_\varepsilon}{f} = \dfrac{\frac{V_0}{\sqrt{\varepsilon}}}{f}$

$f = 1800\text{MHz}$

$\lambda = 16.66\text{cm}$

$\dfrac{\lambda}{4} = 4.16\text{cm}\ (\varepsilon' = 1)(\varepsilon = \varepsilon' - j\varepsilon''，\varepsilon'' = 0，\varepsilon'' = \varepsilon)$ for Air $\varepsilon' =$ 介電常數 $= 1$

| $\varepsilon'$ | 1 | 4 | 9 | 16 | |
|---|---|---|---|---|---|
| $\lambda_{\varepsilon'}$ | 16.66 | 8.33 | 5.55 | 4.16 | $\varepsilon' = 1$ air, microstrip |
| $\dfrac{\lambda_{\varepsilon'}}{4}$ | 4.16 | 2.08 | 1.38 | 1.04 | $\varepsilon' > 1$ stripline |

$\lambda_\varepsilon =$ cm，$V_0 = 3 \times 10^{10}$cm/s，$f =$ Hz

$\varepsilon$ 越大，天線越短，佔用空間越小。

## 3.　手機天線粗細寬度 vs 頻寬／中心頻率

棒狀直徑(diameter)大小或電路板條狀(trace width/height)大小與頻寬有關，棒狀(直徑)條狀(寬×高)愈小，頻寬愈窄，反之愈寬。一般窄頻頻寬 BW $= f_0 \pm 5\% f_0$，寬頻頻寬 BW $= f_0 \pm 20\% f_0$。如設計趨向窄頻天線長度較接近 $\dfrac{\lambda}{4}$，如設計趨向寬頻天線長度則短於 $\dfrac{\lambda}{4}$，實務天線長度由實測調校得知。頻寬與駐波比(SWR)有關，如 SWR 規格要求嚴謹頻寬變窄，如 SWR 規格要求寬鬆頻寬隨之變寬。

NB

$$\dfrac{\dfrac{f_H + f_L}{f_0}}{2} \leq 1.1(\pm 5\%)$$

$$f_0 = \sqrt{f_H \times f_L}$$

| 0.95 | 1.0 | 1.05 |

| $1 \times 0.95$ | $1 \times 1.05$ |
| --- | --- |
| $-5\%$ | $+5\%$ |

$$f_0 = \sqrt{1.05 \times 0.95} = 1.0$$

BB

$$\dfrac{f_M}{f_L} \geq 1.5(\pm 20\%)$$

$$f_0 = \dfrac{f_H + f_L}{2}$$

$$f_L = 1.0 \text{ , } f_H = 1.5$$

$$f_0 = \dfrac{1.5 + 1.0}{2} = 1.25$$

| 1.0 | 1.25 | 1.5 |

| $-20\%$ | $+20\%$ |
| --- | --- |

$$1.25 \times 1.2 = 1.5$$
$$1.25 \times 0.8 = 1.0$$

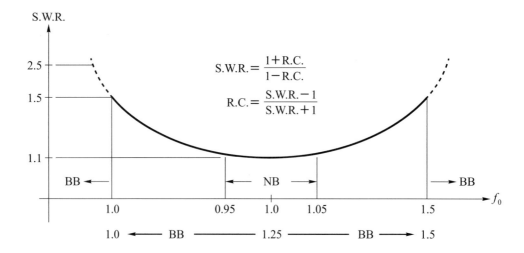

$$S.W.R. = \dfrac{1 + R.C.}{1 - R.C.}$$

$$R.C. = \dfrac{S.W.R. - 1}{S.W.R. + 1}$$

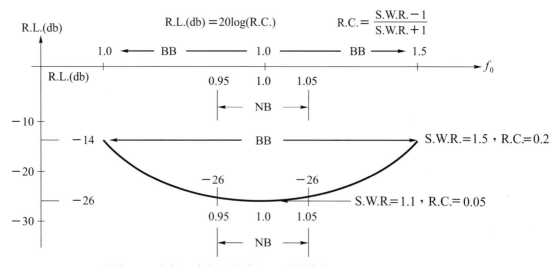

$$R.L.(db) = 20\log(R.C.)$$

$$R.C. = \dfrac{S.W.R. - 1}{S.W.R. + 1}$$

圖附 7-3 窄頻、寬頻、駐波比，回饋損益(NB/BB，S.W.R. R.L.)

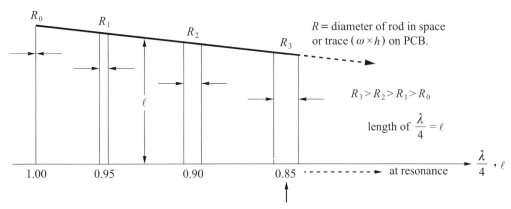

圖附 7-4　手機天線設計頻寬對應 $R$ 或 trace 與 $\ell$ 關係圖(cell phone Antenna B.W. v.s. $R$/trace, $\ell$)

　　如 $\left(\ell = 0.85 \cdot \dfrac{\lambda}{4}\right)$ 經檢測$R_3$符合中心頻率頻寬需求，但需注意是否因中心頻率共振長度變短而使中心頻率升高的問題。

　　依工程實務經驗由調校$R$值大小與$\dfrac{\lambda}{4}$共振長度，經高頻網路分析儀檢測調整形成互補作用，以達兼顧符合原設計中心頻率在可容許誤差範圍內與中心頻率頻寬需求。

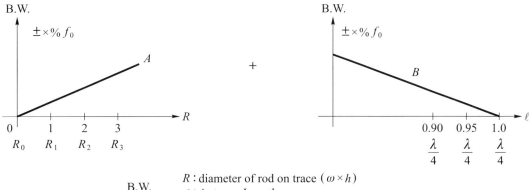

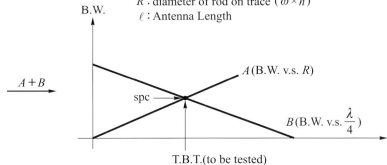

圖附 7-4　手機天線 BW 對應 $R$, $\ell$ 關係調配圖(cell phone Antenna B.W. v.s. $R$/$\ell$ for BW spc)

## 4. 手機遠場增益、場型、極性

Dipole pattern vs Antenna length ($L$) with different diameter of rod ($D$)

cell phone $f = 1800\text{MHz}$，$\lambda = 16.66\text{cm}$，$\dfrac{\lambda}{4} = 4.16\text{cm}$

$L = 0.25\lambda \sim 1.375\lambda$ vs $L = 25D$、$9.5D$、$4.35D$

Cylindrical Dopoles

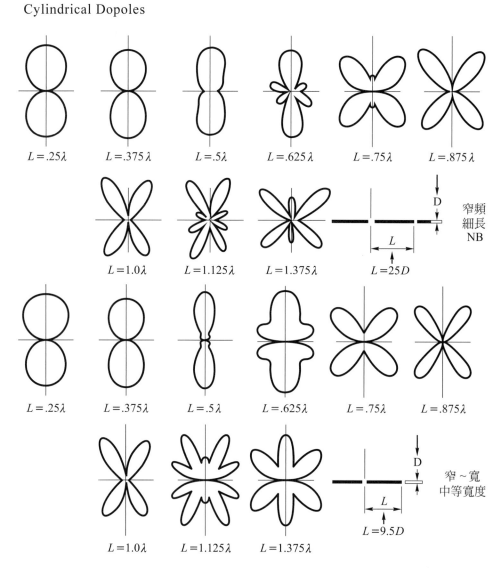

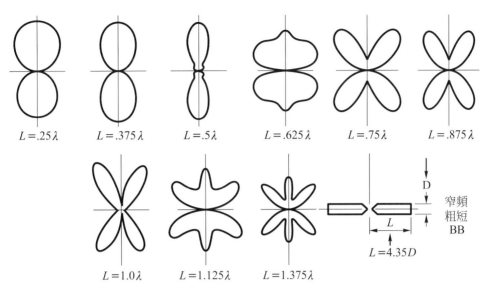

圖附 7-6　單偶極λ/2 棒狀天線頻寬對應長度／直徑關係圖

(Radiation patterns of center-driven cylindrical antenna with different length-to-diameter ratio)

手機天線 rod/loop 增益、場型、極性

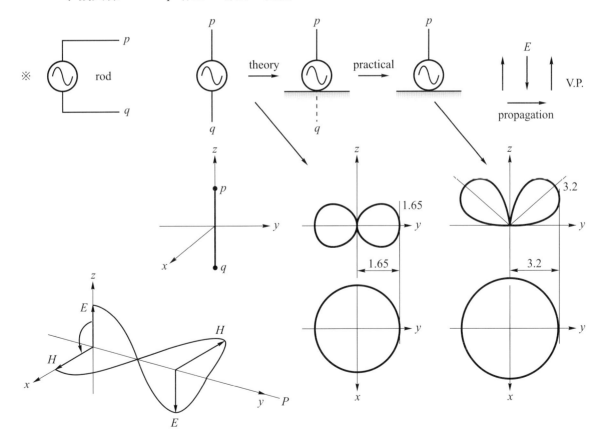

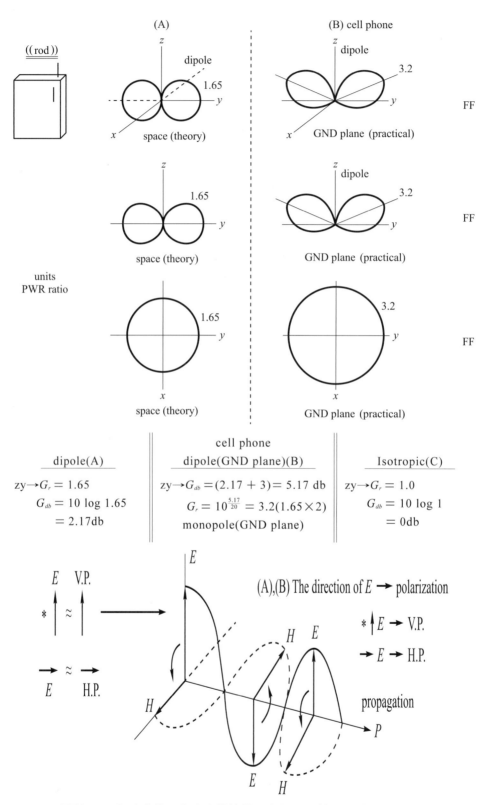

圖附 7-7　無方向性、有方向性棒狀垂直極向輻射源場型能量分佈圖
(Isotropic, dipole, Monopole) pattern distribution.

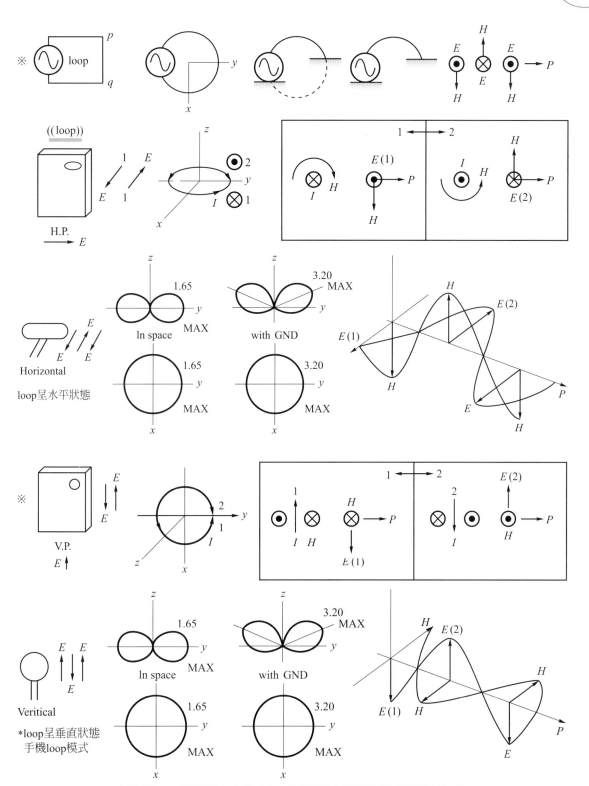

圖附 7-8    環狀有方向性水平／垂直極向輻射源場型能量分佈圖

loop (H.P./V.P) pattern distribution.

Dipole pattern vs Antenna length

$L = 0.25\lambda \sim 1.375\lambda$ udner $D \approx 0$

the radiation field. Expressed in a spherical coordinate system is given by

$$E_\theta = \frac{j\eta I_o e^{jkR}}{2\pi R} \left[ \frac{\cos(k\ell\cos\theta) - \cos k\ell}{\sin\theta} \right] \;,\; k = \frac{2\pi}{\lambda}$$

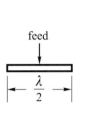 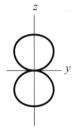 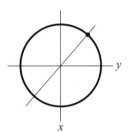 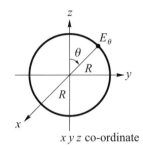

$xyz$ co-ordinate

where $\eta = \left(\frac{\mu}{\varepsilon}\right)^{\frac{1}{2}} = 120\pi$ ohms

$\theta =$ angle measured from axis of dipole

The field pattern is obtained by evaluating the magnitude of the term contained in the brackets of $E_q$(3-6). Some of the commonly referred to patterns are sketched in Fig. 3-8. Comparing those patterns with the actual patterns of a thin cylindrical.

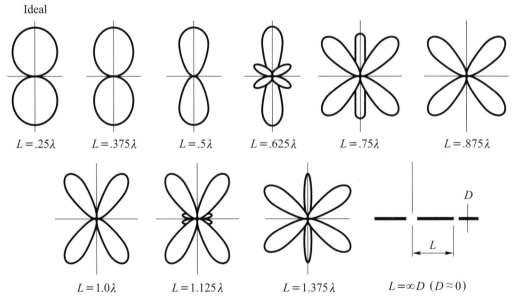

圖附 7-9　正弦波電流饋送不同長度單偶極天線場型分佈圖

Radiation patterns of center-driven dipole assuming sinusoidal current distribution

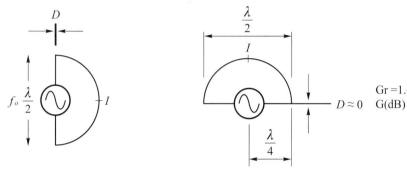

dcipole (rod) with center feed (In space)

At resonance $L = \dfrac{\lambda}{4}$, Ideal. at $D = 0$

Non resonance $L < \dfrac{\lambda}{4}$, practical. at $D \neq 0$

　　按全向性(無方向性輻射源)增益比值為 1.0，增益為 0(dB)＝ 10log $G_r$ ＝ 10log1 ＝ 0dB，如是 dipole，增益為 $G$(dB)＝ 10log $G_r$ ＝ 10log1.65 ＝ 2.17dB，如改為 monopole (with GND plane)，增益為 2.17 ＋ 3 ＝ 5.17dB ($G_r$ ＝ 3.20)，依計算手機 NF/FF 或 FF 場強時所用公式 $E = \dfrac{\sqrt{30P_{av} \times G_r}}{R}$ 中 $G_r$ 定義需明確說明。如就圓坐標 $xyz$ 中 $yz$、$xy$ 面場型場強分布圖圖示。如係 isotropic source，$G_r$ ＝ 1.0，如係 dipole(in space)，$G_r$ ＝ 1.65。如係 dipole(GND plane)，$G_r$ ＝ 3.2。如以研析輻射場強傷害需求，應以實務需求選取 $\underline{G_r = 3.2}$ 最大值，以此可得最大輻射場強 $E$ 值，再換算為輻射功率密度 $P$ 值($P = \dfrac{E^2}{Z}$，$Z = 377\Omega$)，代入輻射場強傷害安全通話時間公式 $T = 6 \times \dfrac{1}{P}$ 分鐘，可算出安全通話時限。同時也可算出對人體各不同器官的電磁波吸收率比值(SAR)，目前 SAR 規格值定為 1.6watt/kg。

## 5.　手機天線輸入阻抗

棒狀／條狀(rod/trace)

$Z_i = R(k\ell) - j\left[120\left(\dfrac{2\ell}{a} - 1\right)\cot k\ell - x(k\ell)\right]$

$Z_i$ ＝ I/P $Z$(ohms)，center driven，cylindriacl，total length $(k\ell)$，radius $(a)$

$k\ell = 2\pi\left(\dfrac{\ell}{\lambda}\right)$，$\ell$(antenna length)，$\lambda$(wavelength)

When length of antenna $(k\ell) < \lambda$，$> a$

$(Z_i)$short ＝ $20(k\ell)^2 - j\,120(k\ell)^{-1}\left(\log\dfrac{2\ell}{a} - 1\right)$ at $k = \dfrac{2\pi}{\lambda}$，$\ell = \dfrac{\lambda}{4}$

輸入阻抗(dipole I/P ＝ 75ohms)設計參用圖表

$\dfrac{R(k\ell)}{x(k\ell)}$ for I/P $Z$ of a center-driven cylindrical antenna(dipole)

| $k\ell$ | $R(k\ell)$ | $x(k\ell)$ |
|------|------|------|
| 0 | 0 | 0 |
| 0.1 | 0.15 | 1.01 |
| 0.2 | 0.79 | 2.30 |
| 0.3 | 1.82 | 3.81 |
| 0.4 | 3.26 | 5.58 |
| 0.5 | 5.17 | 7.14 |
| 0.6 | 7.56 | 8.82 |
| 0.7 | 10.48 | 10.68 |
| 0.8 | 13.99 | 12.73 |
| 0.9 | 18.16 | 15.01 |
| 1.0 | 23.07 | 17.59 |
| 1.1 | 28.83 | 20.54 |
| 1.2 | 35.60 | 23.93 |
| 1.3 | 43.55 | 27.88 |
| 1.4 | 52.92 | 32.20 |
| 1.5 | 64.01 | 38.00 |
| ※ | 73.12 | 42.46 |

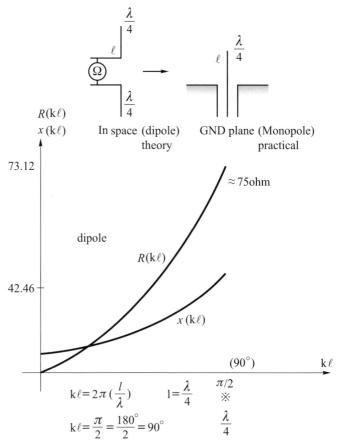

範例說明：參閱表格 $k\ell$、$R(k\ell)$、$x(k\ell)$ 數據與圖示資料

I/P $Z$ of a center-driven dipole

Antenna I/P $Z = 75.12 - j42.46 \rightarrow X_C$

$\ell < \dfrac{\lambda}{4}$ at $R \neq 0$ (rod diameter)

$\dfrac{\lambda}{2}$ dipole with center feed

at resonance $+jX_L = -jX_C$

$\ell < \dfrac{\lambda}{4}$

$X_C \quad -jX_C \leftarrow \dfrac{\lambda}{2}$ dipole Capacitive reactance

$X_L \quad +jX_L \leftarrow$ Inductive reactance in serics with Capacitive reactance for Matching $(-jX_C + jX_L = 0)$, $(+jX_L = -jX_C)$

$X_L = 42.16$

$X_L = \omega L = 2\pi f_L$

$L = \dfrac{X_L}{2\pi f} = \dfrac{42.46}{2\pi \times 1800 \times 10^6}$

$L = 3.75 \times 10^{-3} \mu\text{h (theory)}$

**按實務需求改採 Monopole 模式，I/P $Z$ 減半，$Z = 37.06 - j21.23$，

$L = 1.87 \times 10^{-3} \mu\text{H(practical)}$

研發者需設計檢測出一種 $3.75 \times 10^{-3} \mu H$ 高頻電感器，其製作過程需選用幾號線 (AWG size)？需選用多長線？繞幾圈？是否需加裝導磁材料以加強電感量？

最後需經精密高頻 RLC 檢測器，檢測是否符合原定 $Q$ 值(靈敏度與選擇性)規格需求。本項工作屬於高頻元件設計制作範疇，需備輸送線認知、史密斯(Smith chart)阻抗匹配技巧方法、高頻網路分析儀工作經驗者需經由耐心調校始可完成。

一般手機天線 I/P 阻抗設計

依天線長度設計棒狀長度＞直徑($\ell > a$)，電路板路徑長度＞寬×高($\ell > W \times h$)，由天線 I/P 阻抗公式 $(Z_i)short = 20(k\ell)^2 - j\dfrac{120}{(k\ell)}\left(\log\dfrac{2\ell}{a} - 1\right)$ 因天線長度($\ell$)通常大於天線棒狀直徑($a$)或電路板路徑寬×高($W \times h$)，將 $\dfrac{2\ell}{a}$ 帶入公式 $\log\dfrac{2\ell}{a} - 1$ 計算均爲正值，得知 $(Z_i)short = R(k\ell) - jx(k\ell)$ 式中，因 $x(k\ell) = \dfrac{120}{k\ell}\left(\log\dfrac{2\ell}{a} - 1\right)$ 爲正值，故 $-jx(k\ell)$ 爲負值，也就是電容抗。因此手機天線 I/P 阻抗爲 $Z_i = R - jX_c$，如需產生共振效應則需串接一電感性元件，此項阻抗匹配工作屬於高頻電路阻抗匹配工作範圍，另需以高頻網路分析儀檢測調整才能做好此項阻抗匹配工作。

簡附圖示天線依不同長度／棒狀直徑比值情況中，$R + jX_L$，$R - jX_c$ 對應天線長度響應變化值供設計者參用。

Cell phone Antenna (rod type) I/P Impedeuce

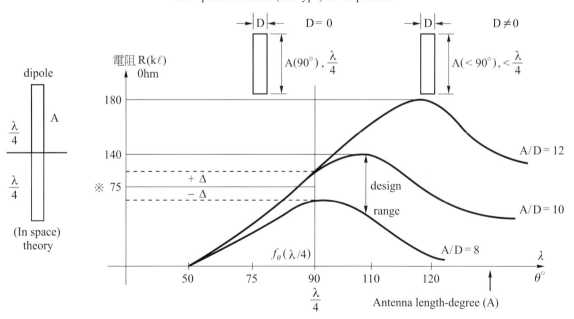

Ce$\ell\ell$ phone Antenna (rod type) I/P Impedeuce

$A/D$ 比值愈大($D$ 愈小)$\left(A \approx \dfrac{\lambda}{4}\right)$，$R$ 值愈大，頻寬愈窄，不利阻抗匹配。

$A/D$ 比值在 $A/D = 8 \sim 10$ 之間，$R$ 值趨近 75ohms，頻寬較寬有利阻抗匹配工作。

**按實務需求改採 Monopole 模式，$R(k\ell) = 75$ohm 減半爲 $R(k\ell) = 37.5$ohm

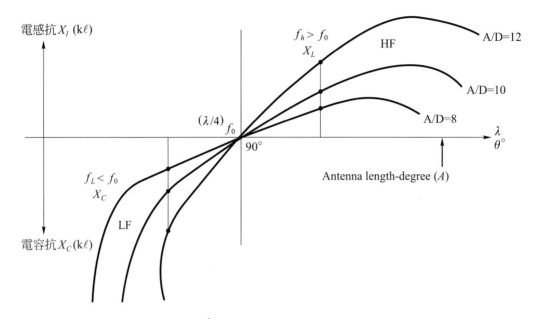

$A/D$ 比值愈大($D$愈小)$\left(A \approx \dfrac{\lambda}{4}\right)$，在 HF ($f_H > f_0$)，$X_L$ 愈大，在 LF ($f_L < f_0$)，$X_C$ 愈大。

$A/D$ 比值在 $A/D = 8 \sim 10$ 之間，不論在 HF 或 LF，$X_L$ 或 $X_C$ 值均較低，有利共振所需 $X_L = X_C \doteqdot 0$ 值。

另以輸送線長與波長共振關係，配合史密斯圖像(Smith Chart)觀念，示意電感抗位於高頻($f_H > f_0$)，電感抗＝電容抗＝0 位於共振頻率($f_0$)，電容抗位於低頻($f_L < f_0$)。圖示如下

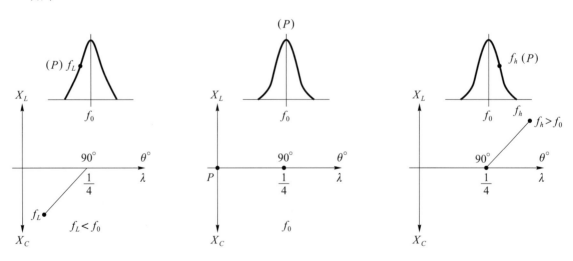

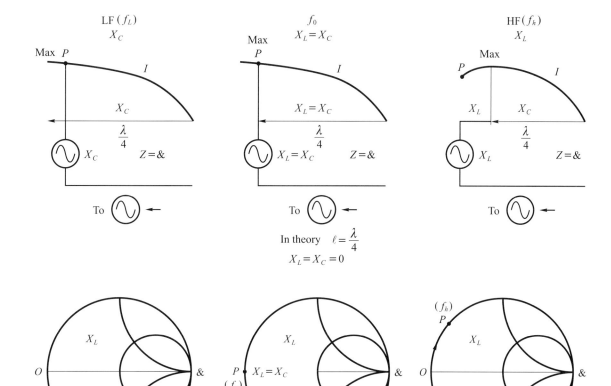

## 6. 手機 Ant I/P 與 T<sub>x</sub> / RCV O/P 阻抗匹配

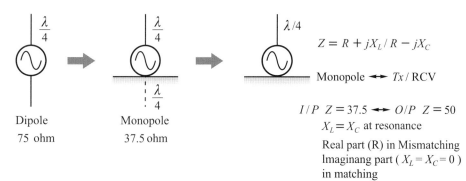

$$RC = \left| \frac{R_1 - R_2}{R_1 + R_2} \right| = \left| \frac{50 - 37.5}{50 + 37.5} \right| = 0.14$$

$$SWR = \frac{1 + RC}{1 - RC} = \frac{1 + 0.14}{1 - 0.14} = 1.32$$

$$RC = \frac{SWR - 1}{SWR + 1} = \frac{1.32 - 1}{1.32 + 1} = 0.14$$

$$PR = (RC)^2 = (0.14)^2 = 0.0196 \fallingdotseq 0.02 (2\%)$$

$$PT = 1 - PR = 1 - 0.02 = 0.98 (98\%)$$

$$RL = +20\log(RC) = +20\log(0.14) = -17.07\text{dB}$$

$$10^{-\frac{17.07}{10}} = 0.14$$

$$RL = -20\log(RC) = -20\log(0.14) = +17.07\text{dB}$$

$$10^{\frac{17.07}{10}} = 7.14 \quad \left(\frac{1}{0.714} = 0.14\right)$$

$$ML = +10\log[1 - (RC)^2] = +10\log[1 - (0.14)^2] = -0.086\text{dB}$$

$$\rightarrow \frac{O/P}{I/P} = \frac{98}{100}(2\%) \qquad 10^{-\frac{0.086}{10}} = 0.98$$

$$ML = -10\log[1 - (RC)^2] = -10\log[1 - (0.14)^2] = +0.086\text{dB}$$

$$\rightarrow \frac{O/P}{I/P} = \frac{100}{102}(2\%) \qquad 10^{\frac{0.086}{10}} = 1.02$$

$$RC(\text{dB}) = 20\log\frac{V_+ - V_-}{V_+ - V_-}$$

Metal，$V_- = -V_+$，$RC(\text{dB}) = \&\text{dB}$

Absorber，$V_- = 0$，$RC(\text{dB}) = 0\text{dB}$

手機常用的 rod 或 loop ＋ GND monopole 共振模式天線 $I/P\ Z = 37.5\Omega$，為做好手機 I/P $Z = 37.5\Omega$ 與發射接收機 O/P $Z = 50\Omega$ 匹配，需對手機天線有關設計所涉參數做些調整以達 50Ω需求。對 rod 模式，按棒狀或條狀長度($\ell$)與直徑($R$)對阻抗的變化如圖示

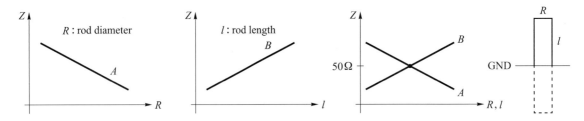

經調整共振體直徑大小($R$)與長度($\ell$)，由高頻網路分析儀檢測調校形成互補作用，以達提升阻抗至 50Ω工作需求。

對 loop 模式，按環狀阻抗公式

$$R = 19 \times 10^3 \times N^2 \left(\frac{2r}{\lambda}\right)^4, \quad C = \frac{\lambda}{2} = 2\pi r$$

可藉由多繞環狀圈數以提升阻抗，但所產生的副作用如圖示電感抗與電容抗需設法符合，共振模式頻率 $f_0 = \dfrac{1}{2\pi\sqrt{LC}}$ 需求。

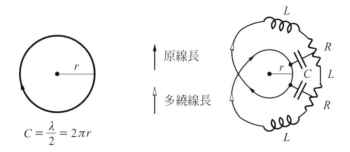

$$C = \frac{\lambda}{2} = 2\pi r$$

原線長

多繞線長

副作用：多繞線非原有基頻線長，雖可增加共振寬頻輻射但有諧波存在，會造成一些損耗。多繞線線變長固可提升電阻值，但也增加了電感與電容量，為達共振除需做到 $X_L = X_C$，對因多繞線所增加的 $X_L$ 與 $X_C$ 亦需做到符合 $f_0 = \frac{1}{2\pi\sqrt{LC}}$ 需求，同時也要兼顧線間特性阻抗 $Z_0 = \sqrt{\dfrac{L}{C}}$ 需控制在 $50\Omega$，如圖示 $(\varepsilon = 1)$。

$$\varepsilon = 1.0 \text{ (Air)} \qquad Z_0 = \sqrt{\frac{L}{C}}$$

$$L = \text{XX uh/cm}$$
$$C = \text{XX uf/cm}$$
$$Z_0 = \frac{\sqrt{2500\text{uh/cm}}}{1\text{uf/cm}} = 50\,\Omega$$

如 $\varepsilon \neq 1$，另行參閱有關微帶線 $Z_0$ 公式。

螺旋式天線(雙頻道)

Vertical Radiator Monopole→Spiral　　Spiral type Antenna － WB(900M、1800M)

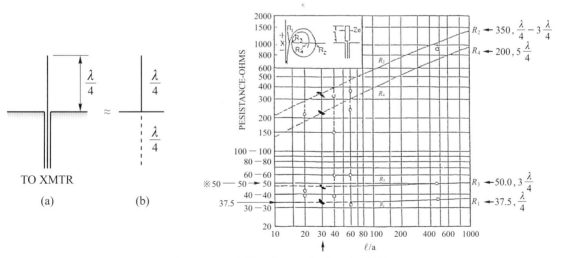

圖附 7-10　螺旋狀天線電阻對應長度／線徑比
($R$ v.s. $\ell$/a for Spiral type Antenna)

$$I/P\,Z = 37.5\,\Omega \quad \text{Monopole shorter}$$

$$I/P\,Z = 50\,\Omega \quad \text{spiral } \ell \text{ longer}$$

- $\dfrac{1}{4}\lambda$ for $R_1$    $37.5\,\Omega$   $at$   $\ell/a = 30$
- $3\dfrac{1}{4}\lambda$ for $R_3$   ←   $\approx 50\,\Omega$   $at$   $\ell/a = 30$
- $5\dfrac{1}{4}\lambda$ for $R_4$    $\approx 200\,\Omega$   $at$   $\ell/a = 30$

螺旋式天線－寬頻(900M、1800M)

此項設計係利用線長可含蓄較寬頻率原理，一則因線長可提升阻抗，二則可利用因線長可含蓄較寬頻率如圖示，以 $\dfrac{\lambda}{4}$ 可產生 1800M 信號，以線長 $\dfrac{\lambda}{4}$ 偶數倍 $2 \cdot \dfrac{\lambda}{4}$ 線長關係可產 900M 信號，雖兩者因線長對頻率信號衰減大小不一，但因天線阻抗可由 37.5 歐姆提升至 50 歐姆而與發射機 50 歐姆相匹配得到補償。為縮小線長佔用空間可將線長繞成圓形螺旋狀，但需解決因線長所增加的電感量而產生寄生電感抗$(X_L = 2\pi f L)$，和線間電容量的寄生電容抗( $X_C = \dfrac{1}{2\pi f C}$ )問題，以期同時符合共振頻率 $f_0 = \dfrac{1}{2\pi\sqrt{LC}}$ 與線間特性阻抗$Z_0 = \sqrt{\dfrac{L}{C}}$ 需求。至於對 900M 與 1800M 寬頻需求問題，可依$C = \varepsilon \cdot \dfrac{A}{d}$ 公式以調整線間距離$d$與材質$\varepsilon$而使$f_0 = \dfrac{1}{2\pi\sqrt{LC}}$ 公式中$f_0$可變化原理，求取兼顧波長($\lambda$)在 900M、1800M 雙頻道工作需求。

對 900M，$\dfrac{\lambda}{4} = 83.3$mm，1800M，$\dfrac{\lambda}{4} = 41.6$mm，均大於手機內部電路版預留 25mm 空間需求，故需採用螺旋狀天線始可達到縮小空間需求。雙頻道 900M、1800M 手機天線增益約 8dB，駐波比 ≤ 1.5。

單柱式天線(單頻道)

Monopole type － NB(1800M)

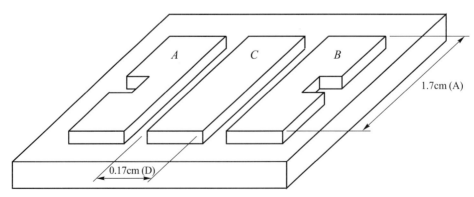

Built-In stripline Antenna ($\varepsilon = 6$)

$f = 1800$M，$\lambda = 16.66$cm

圖附 7-11　單柱式電路板模塊手機天線(PCB type Monopole cell phone Antenna)

$$A = \frac{\lambda_\epsilon}{4} = \frac{\frac{\lambda_0}{\sqrt{\varepsilon}}}{4} = \frac{\frac{16.66}{\sqrt{6}}}{4} = 1.7 \text{cm}，按附 7-31. \frac{A}{D} = 10，D = \frac{A}{10} = \frac{1.7}{10} = 0.17 \text{cm}$$

$C \rightarrow$ driving source(active comp)

$A$、$B \rightarrow$ radiator source(passive comp)

單柱式天線－窄頻(1800M)

此項設計係利用單頻 1800M $\frac{\lambda_\epsilon}{4}$ 共振原理，以微帶小型電路方式製作，在構形上中間為被動輻射體，兩側為主動驅動源。因體積小可放置於機殼內隔離度佳，對人體造成的輻射傷害較低。此型天線輸入阻抗可由調整共振所需印刷電路的路徑(trace)長、寬、高，與介質常數要比螺旋雙頻道(900M、1800M)較易達到 50 歐姆需求。

# 7.  手機輻射場強、場型、增益

## 7.1   近場、近遠場、遠場(NF、NF/FF、FF)vs 距離

輻射場型與場強依圓座標 $x$、$y$、$z$ 軸定義，隨距輻射源距離遠近而有所不同變化，由此定出近場、近遠場、遠場距離。對輻射源本身而言是以 $d = \frac{\lambda}{2\pi}$ 定為近遠場臨界距離，$d < \frac{\lambda}{2\pi}$ 定為近場，$d > \frac{\lambda}{2\pi}$ 定為遠場。對接收源本身而言選用 $d = \frac{2D^2}{\lambda}$ ($D$ 為接收源面徑大小)，$d < \frac{2D^2}{\lambda}$ 定為近場，$d = \frac{2D^2}{\lambda}$ 定為近遠場臨界距離，$d > \frac{2D^2}{\lambda}$ 定為遠場距離。如同時考量評估輻射源與接收源並存情況下近場、近遠場臨界距離、遠場距離選項時，先行分別計算 $\frac{\lambda}{2\pi}$、$\frac{2D^2}{\lambda}$，再比較兩者大小，為滿足輻射源與接收源兩者近場、遠場定義需求，取兩者計算所得較大值定為遠場所需距離，取兩者計算所得較小值定為近場所需距離。

範例說明(比較 $\frac{\lambda}{2\pi}$，$\frac{2D^2}{\lambda}$)大小

| case | $\frac{\lambda}{2\pi}$ radiator | $\frac{2D^2}{\lambda}$ receptor | NF selection | FF selection |
|------|------|------|------|------|
| $A$ | 100 | 150 | $< 100$ | $> 150$ |
| $B$ | 200 | 120 | $< 120$ | $> 200$ |

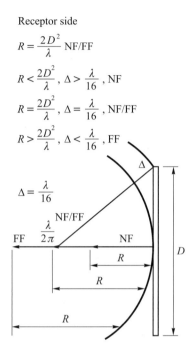

Radiator side

$$R = \frac{\lambda}{2\pi} \text{ NF/FF}$$

$$R < \frac{\lambda}{2\pi} \text{ , NF}$$

$$R = \frac{\lambda}{2\pi} \text{ , NF/FF}$$

$$R > \frac{\lambda}{2\pi} \text{ , FF}$$

Receptor side

$$R = \frac{2D^2}{\lambda} \text{ NF/FF}$$

$$R < \frac{2D^2}{\lambda} \text{ , } \Delta > \frac{\lambda}{16} \text{ , NF}$$

$$R = \frac{2D^2}{\lambda} \text{ , } \Delta = \frac{\lambda}{16} \text{ , NF/FF}$$

$$R > \frac{2D^2}{\lambda} \text{ , } \Delta < \frac{\lambda}{16} \text{ , FF}$$

以手機與使用者耳部距離為例,說明近場、近遠場、遠場變化關係,以輻射源手機為例,按 $\frac{\lambda}{2\pi}$($f=1800\text{MHz}$,$\lambda = 16.66\text{cm}$)$= 2.65\text{cm}$,以使用者耳部大小為接收源($D = 5\text{cm}$),按 $\frac{2D^2}{\lambda}$ $\left(2 \times \frac{5^2}{16.66}\right)= 3\text{cm}$,比較 $\frac{\lambda}{2\pi} = 2.65\text{cm}$ 與 $\frac{2D^2}{\lambda} = 3.00\text{cm}$,如使用者手機距耳部 $2.65\text{cm}$ 以內皆屬近場效應,如使用者手機距耳部 $3.00\text{cm}$ 以上皆屬遠場效應。如係遠場效應,腦部則受輻射場傷害為主,靜磁場次之,靜電場再次之。至於實務使用者所受近場、遠場輻射傷害視各人使用手機習慣而定,較近者($< 2.65\text{cm}$)以靜電場為主,較遠者($> 3.00\text{cm}$)以輻射場為主。實務使用或近或遠為常見現象,致使近遠場所造成的輻射場強亦時有變化。

## 7.2　近場、近遠場、遠場 vs 輻射安全通話時間

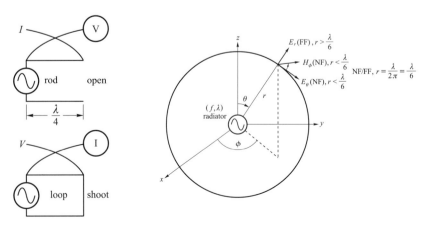

| | $r = \dfrac{\lambda}{2\pi} = \dfrac{\lambda}{6}$ | Voltage source | Current source |
|---|---|---|---|
| | | Open, rod | Short, loop |
| NF | $< \dfrac{\lambda}{6}$ | $E_\theta \left(\dfrac{1}{r^3}\right)$，$H_\phi \left(\dfrac{1}{r^2}\right)$，$E_r = \left(\dfrac{1}{r}\right)$ | $H_\phi \left(\dfrac{1}{r^3}\right)$，$E_\theta \left(\dfrac{1}{r^2}\right)$，$E_r = \left(\dfrac{1}{r}\right)$ |
| FF | $> \dfrac{\lambda}{6}$ | $E_r \left(\dfrac{1}{r}\right)$，$H_\phi \left(\dfrac{1}{r^2}\right)$，$E_\theta = \left(\dfrac{1}{r^3}\right)$ | $E_r \left(\dfrac{1}{r}\right)$，$E_\theta \left(\dfrac{1}{r^2}\right)$，$H_\phi = \left(\dfrac{1}{r^3}\right)$ |

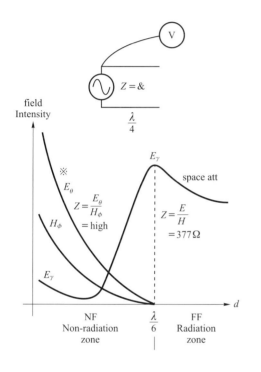 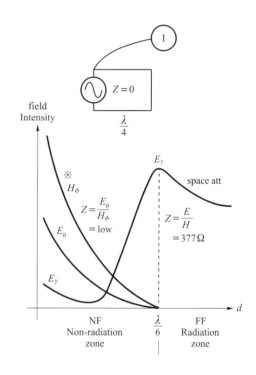

手機頻率 $f = 1800\text{MHz}$，波長 $= 16.66\text{cm}$

手機平均功率 $= 0.125\text{watt}$ $(P_{av})$

手機增益(自由空間) $= 1.65(2.1\text{dB} = 10\log 1.65)$

手機增益(接地效應) $= 3.23(2.1 + 3 = 5.1\text{dB} = 10\log 3.23)$

・近、遠場臨界距離 $= 2.65\text{cm} = 0.0265\text{m}$

$$E_R = \frac{\sqrt{30 \times P_{av} \times G_r}}{R} = \frac{\sqrt{30 \times 0.125 \times 3.23}}{0.0265} \text{V/m at NF/FF}$$

$$E_R = 131.3\text{V/m}，P_R = \frac{E_R^2}{Z} = \frac{131.3^2}{377} = 45.7\text{W/m}^2，E_R = 20 \log 131.3 = 42\text{dBV}$$

$$P_R = 45.7\text{W/m}^2 \times 0.1 = 4.57\text{mW/cm}^2，\text{spc} = 1\text{mW/cm}^2$$

$$T = \frac{6 \times \text{spc}}{P_R} = \frac{6 \times 1}{4.57} = 1.32\text{m}$$

輻射安全通話時間(0.32 分鐘)(1 分 19 秒)

$$E_R = \frac{\sqrt{30 \times P_{av} \times G_r}}{R} = \frac{\sqrt{30 \times 0.125 \times 3.23}}{0.03} \text{V/m} \quad \text{at FF } (0.03 > 0.0265)$$

$$E_R = 116.8 \text{V/m} \text{，} P_R = \frac{E_R^2}{Z} = \frac{116.8^2}{377} = 36.2 \text{W/m}^2$$

$$P_R = 36.2 \text{W/m}^2 \times 0.1 = 3.62 \text{mW/cm}^2 \text{，spc} = 1 \text{mW/cm}^2(\text{New spc})$$

$$T = \frac{6 \times \text{spc}}{P_R} = \frac{6 \times 1.0}{3.65} = 1.65 \text{m}$$

輻射安全通話時間(1.31 分鐘)(1 分 18 秒)

| 距離(公分)<br>通話時間 | NF/FF<br>$d = 0.0265$cm | FF<br>$d = 0.03$cm |
|---|---|---|
| 最大安全值(分鐘)(秒) | $<$ 1.32m<br>1 分 19 秒 | $<$ 1.65m<br>1 分 39 秒 |

・近場(靜電場輻射傷害爲主)，$E_Q$

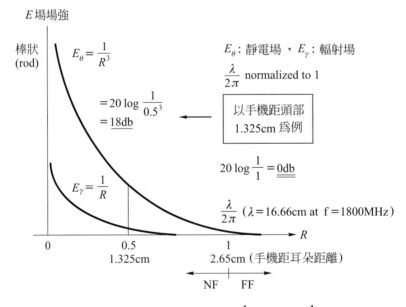

由輻射場強(NF/FF)$E_R = 131.3$V/m at $20\log\frac{1}{r} = 20\log\frac{1}{1} = 0$dB，推估$E_\theta = 131.3$V/m $+$ 18dB $=$ 42dBV/m $+$ 18dB $=$ 60dBV/m $=$ 1000V/m，代入$P = \frac{E_\theta^2}{377} = \frac{(1000)^2}{377} = 2652$W/m $=$ 265mW/cm$^2$，$T = \frac{6 \times 1.0}{265} = 0.022$m，此項$T = 0.022$ 分鐘極不合理，係因公式$P = \frac{E_\theta^2}{377}$中377Ω爲空氣阻抗，而近場因無輻射不涉空氣阻抗(377Ω)關係，故無法沿用$P = \frac{E_\theta^2}{377}$公式評估人員輻射安全通話時間。而對靜電場、靜磁場($E_\theta$、$H_\phi$)輻射傷害評估另有專題研討，不在本文輻射($E_R$)傷害研討工作範圍。

$E_\theta$因係靜電場屬非輻射區，與空氣阻抗 377Ω無關，故無法引用 $P = \dfrac{E_\theta^2}{377}$ 公式，因此手機輻射傷害僅考量輻射狀態，也就是評估在 NF/FF 與 FF 輻射區時的輻射傷害情況，而對非輻射區內所涉靜電場($E_\theta$)與靜磁場($H_\phi$)對人體所造成的輻射傷害不在本文研討範圍。

近場中含 $E_\theta$、$H_\phi$、$E_r$ 三項，如輻射源為 rod，場強隨 $\dfrac{1}{r^3}$、$\dfrac{1}{r^2}$、$\dfrac{1}{r}$ 而遞減，如輻射源為 loop，場強隨 $\dfrac{1}{r^2}$、$\dfrac{1}{r^3}$、$\dfrac{1}{r}$ 而遞減，其間三項不同場強因相位變化有增有減，三項場強整合後總量變化時大時小變化情況極為複雜。如讀者對近場希望對之有進一步瞭解，需另覓相關資料做進一步研析探討。

另依能量不滅定律，在 NF 與 FF 的輻射能量應呈定值不變。按在 NF 輻射源如為電壓源，以靜電場為主(靜磁場、輻射場不計)。在 NF 輻射源如為電流源，以靜磁場為主(靜電場、輻射場不計)。與在 FF 輻射能以輻射場為主(靜電場、靜磁場不計)比較，因輻射能在 NF/FF 臨界距離 $\dfrac{\lambda}{2\pi}$ $\left(\dfrac{\lambda}{6}\right)$ 處有最大輻射場強，依能量不滅定律，在 NF 最大輻射能應與 NF/FF 在 $\dfrac{\lambda}{2\pi}$ 處輻射能大小相等，因此可以粗略評估推算在 NF 的輻射能大小是和在 NF/FF 的輻射能大小是相等的，因此如需粗略評估在 NF 的輻射傷害量化值，可按文內 NF/FF 在 $\dfrac{\lambda}{2\pi}$ 的輻射傷害量化值核計。

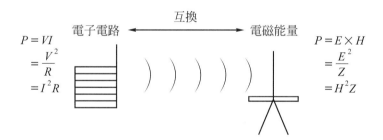

$V = \sqrt{P \cdot G_r \cdot R}$

　　$= \sqrt{0.125 \times 3.2 \times 37.5} = 3.87$

　　$= \sqrt{0.125 \times 3.2 \times 50} = 4.47$

$V = 4\text{Volts}(3.87 \sim 4.47)$

$\text{AF} = \dfrac{E}{V}$

$E = V \times \text{AF}$

$\text{V/m} = V \times \text{AF}$

※ $\text{dBV/m} = \text{dBV} + AF(\text{dB})$

$\text{AF} = \dfrac{9.73}{\lambda \sqrt{G_r}} = \dfrac{9.73}{0.166\sqrt{3.2}} = 32$

P：cell phone Tx PWR, watt.

Gr：cell phone Antenna Gain ratio

R：cell phone (Monopole + GND)
　　I/P Z. (37.5 ohm)

R：cell phone Tx/RCV I/P, O/P Z. (50 ohm)

V：Monopole (with GND )
　　cell phone I/P Z. (37.5ohm) mismatched with
　　Tx/RCV(50ohm) cell phone O/P Z. (37.5ohm)
　　The Induced voltage at cell phone is about in the
　　range of 13.87～4.47 volts. due to mismatch (37.5/50)

$AF(dB) = 20\log(AF) = 30dB(20\log 32 = 30dB)$

$E = 131V/m = 42dBV/m(20\log 131V/m = 42dBV/m)$

$42dBV/m = dBV + 30dB$

$dBV = 12(20\log V = 12)$

$V = 4Volts$

$E = \dfrac{V}{d}$ ，$V = 4.00V(3.87\sim 4.47)$，$E = 131V/m$ ref：附 7-40. $E_R = 131.1V/m$

$d = \dfrac{V}{E} = \dfrac{4}{131} = \dfrac{3.87}{131} \simeq 0.03m$ at $f$：1800MHz，$\lambda = 0.166m$

At NF/FF boundary distance$\rightarrow d = \dfrac{\lambda}{2\pi} = 0.0265m(2.65cm)$

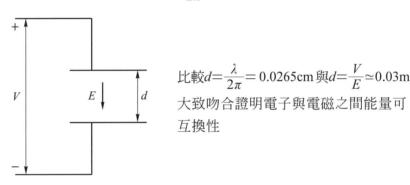

比較$d = \dfrac{\lambda}{2\pi} = 0.0265cm$ 與$d = \dfrac{V}{E} \simeq 0.03m$ 大致吻合證明電子與電磁之間能量可互換性

由電子與電磁能量互換計算所得$V = 3.87\sim 4Volt$代入靜電場$E = \dfrac{V}{d}$公式計算近遠場距離與近遠場臨界距離$\left(\dfrac{\lambda}{2\pi}\right)$大小雷同，證實 EE↔EM 之間能量可互換性。

## 7.3　近場、近遠場、遠場場型、增益

　　一般天線場型分 H Plane 與 E plane 場型，所謂場型係指待測天線置於遠場中執行量測所得到的場強或功率方向性能量分佈圖，也只有在遠場才能檢測出各種功能不同天線的場強分佈圖，如將待測天線置於近場因處於非輻射區，場型呈非規則性雜亂分佈模式。因此天線在遠場輻射區才能檢測其增益大小，在近場非輻射區因無輻射是無法檢測其增益大小。近遠場場強分佈主要差異性在能量分佈是否呈規則性與是否輻射問題，在近場能量係電壓源如手機天線呈靜電場、靜磁場模式分佈，在遠場則呈輻射場模式分佈。

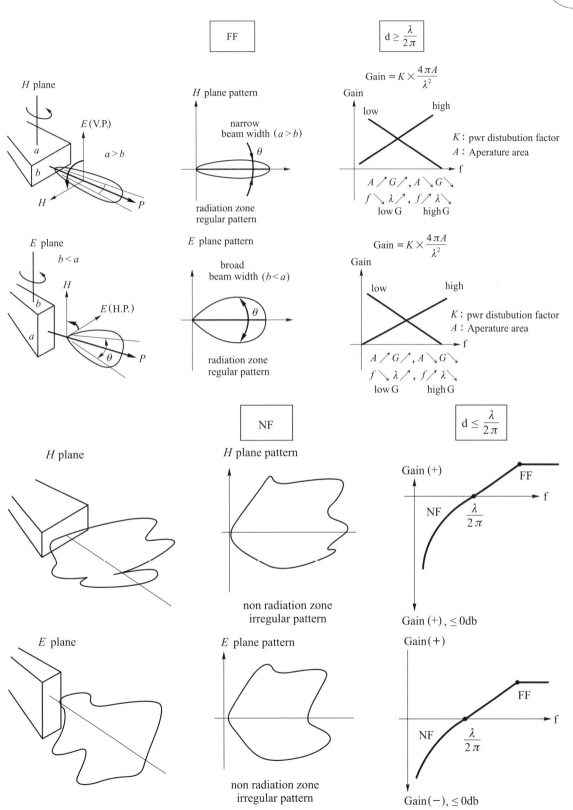

圖附 7-12　天線近場、遠場場型分佈圖(Antenna pattern at NF/FF)

## 7.4 口袋或腰帶式手機輻射傷害

　　將手機置於上衣口袋或腰部皮帶，另以耳機接通方式通話，可利用手機因遠距頭部藉空氣衰減電磁輻射場強原理，以達到減低對人員輻射傷害的疑慮。但需注意連線形同天線會造成射頻感應問題。一可能來自手機本身輻射感應到連接線，使連接線形成第二輻射源，或因手機本身信號外洩經傳導感應到連接線形成第二輻射源。二可能來自周邊其他電子裝置所輻射的場強感應到連接線形成第三輻射源，凡此均會加大增強對人體輻射傷害量，而此項輻射場強增量，可以改變連接線配置方式加以抑制。方法一：盡量以水平方式置放連接線以減低對垂直極向信號的感應量。方法二：將過長的連接線以繞圈的方式，利用繞圈成形的連接線之間信號強度大小相等方向相反的差膜式(DM)原理，可將所感應的外來輻射或傳導雜訊相互抵消，以此將所感應的輻射場強降低。另對連接線本身長度應力求簡短，以免連接線過長會增強感應外來寬頻雜訊信號，而影響正常通話清晰度品質。

　　因手機遠離頭部確可降低對人員的輻射傷害，但因使用者需另配連接線與耳機而略感不便，如使用者因有長時間通話需求，建議仍以連接線耳機通話方式可降低輻射傷害為宜。

　　口袋或腰帶式手機連接線通話人員輻射傷害評估

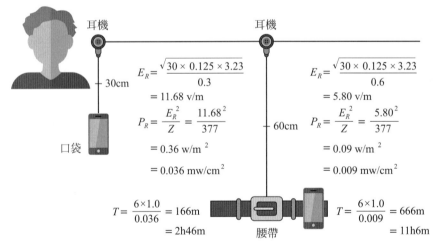

　　如使用者持手機接近基地台附近通話，人員輻射傷害通話安全時間，可依基地台輻射場強加重對人員輻射場強傷害方式評估，範例說明。

$P_{av}$ = 200Walt，基地台發射功率，瓦特

$G_{dB}$ = 15dB，$G_r$ = 31.6，基地台天線增益，比值

$R$ = 10m，基地台距使用者距離，米

　　按前附 A5.3、附 7-8 評估 SAR 計算公式 $E^2 = \dfrac{30 \times P_{(av)} \times G_r}{R^2}$，其中 $G_r$ 是以理論值 Isotropic source $G_r$ = 1.0 代入公式計算對人體各器官組織細胞平均 SAR 值為 3.82W/kg (5.82dBW/kg)，而 SAR 規格為 1.6W/kg(2.04dBW/kg)，對內建式手機天線週邊機匣隔

離度(SE)需有 3.78dB(5.82～2.04)以上隔離效益。

同理，按 dipole $G_r=1.65$ 與 monopole ＋ GND $G_r=3.2$ 代入公式計算$G_r=1.65$，$SAR=7.15W/kg(8.54dBW/kg)$，$G_r=3.20$，$SAR=11.4W/kg(10.57dBW/kg)$，而$G_r=1.0$、$G_r=1.65$ 均屬自由空間理論值。如按實務設計需求，應選$G_r=3.2$計算所需內建式手機天線週邊機匣隔離度(SE)應在 8.53dB(10.57～2.04)以上。如針對腦部 $SAR=15.33W/kg(11.85dBW/kg)$，$SE(11.85dBW/kg)$需在 9.81dB(11.85～2.04)以上，如針對眼部 $SAR=16.9W/kg(12.27dBW/kg)$，SE 則需在 10.23dB(12.27～2.04)以上。

工程人員一般設計手機機匣隔離度需求可參閱表列數據資料。但因應實務SE對<u>眼部防護需求，SE</u> 設計需在 <u>10dB</u> 以上為宜。

## 7.5　基地台附近輻射安全通話時間與距離

$E=\dfrac{\sqrt{30\times P_{av}\times G_r}}{R}=\dfrac{\sqrt{30\times 200\times 63}}{14.12}=43.54V/m$，$P_{av}=200W$，$G_r=63$，

$G(dB)=18dB$，$R=14.12m$

$E=43.54V/m=10W/m^2=1mV/cm^2=1mW/m^2$(R.H.spc)

$P=\dfrac{E^2}{Z}=\dfrac{43.54^2}{377}=5W/m^2=0.5mW/cm^2$

$T=\dfrac{6\times 1}{0.5+0.036}=11.19m$　口袋式手機。($d=30cm$)，$P=0.036$ at FF 附 7-44

$T=\dfrac{6\times 1}{0.5+0.009}=11.78m$　腰帶式手機。($d=60cm$)，$P=0.009$ at FF 附 7-44

$T=\dfrac{6\times 1}{0.5+4.57}=1.18m$　手持式手機。($d=2.65cm$)，$P=4.57$ at NF/FF 附 7-39

| 通話時間 ＼ 通話方式 | 手持式<br>$d=2.65cm$<br>NF/FF | 口袋式<br>$d=30cm$<br>FF | 腰帶式<br>$d=60cm$<br>FF |
|---|---|---|---|
| 不計基地台影響 | 1.31m<br>1m18s | 166m<br>2h46m | 666m<br>11h6m |
| 接近基地台<br>$d=14.12m$ | 1.18m<br>1m10s | 11.19m<br>11m15s | 11.78m<br>11m47s |

單位：h(小時)・m(分鐘)・s(秒)

Cell phone antenna station RH-safety distance

$R=\dfrac{\sqrt{30\times P_{av}\times G_{(r)}}}{E}=\dfrac{\sqrt{30\times 200\times 63}}{61.4}=10m$

※ RH safety distance ＞ 10m(theory)，週邊無屏蔽效應

※※ Practical A.S.T.$=\dfrac{6\times spec}{test}$minutes at $R=xx$ m(allowed safety time)

spec $=1mW/cm^2$，test $=$ to be tested in $xx$ mW/cm$^2$

A.S.T.$=\dfrac{6\times 1}{1}=6m$　at $R=10m$，longer test shorter A.S.T.

A.S.T.$=\dfrac{6\times 1}{0.1}=60m$　at $R=10m$

A.S.T.$=\dfrac{6\times 1}{0.05}=120m$　at $R=10m$，smaller test longer A.S.T.

・cell phone station RH specification

$P = 1mW/cm^2 = 10W/m^2$ (RH spc)

$P = \dfrac{E^2}{Z}$ $(Z = 377)$，$(P = 10W/m^2)$

$E = \sqrt{PZ} = \sqrt{10 \times 377} = 61.4V/m$ (RH spc)

・cell phone station $P_{(av)}$

$P_{(av)} = 200W$

・cell phone station antenna gain

(參用 antenna type 1800MHz 規格原始資料) ref 7-47.

$G(dB) = 18dB = 10\log 10^{1.8} = 10\log 63$，$G_r = 63$

## 8. 輻射傷害吸收率比值(SAR)與天線增益比值($G_r$)選用 vs 手機隔離度(dB)需求

內建式手機天線週邊機殼隔離度需求(人體器官平均 SAR)

| S.A.R. v.s. Shielding / Gain ratio $G_r$ | Isotropic | Dipole | Monopole + GND |
|---|---|---|---|
| | 0 db = 10 log 1 | 2.17 db = 10 log 1.65 | 2.17 + 3 = 5.17 db<br>5.17 db = 10 log 3.2 |
| W/kg<br>SAR(test)<br>dBW/kg | 3.82<br>10log3.82<br>5.82<br>參閱附 7-9 資料 | 7.15<br>10log7.15<br>8.54<br>依附 7-9 推算 | 11.40<br>10log11.40<br>10.57<br>依附 7-9 推算 |
| W/kg<br>SAR (spc)<br>dBW/kg | 1.6<br>10log1.6<br>2.04 | 1.6<br>10log1.6<br>2.04 | 1.6<br>10log1.6<br>2.04 |
| Shielding<br>(dB) | 3.78(AV)<br>(5.82-2.04)<br>theory | 6.50(AV)<br>(8.54-2.04)<br>theory | ※ 8.53(AV)<br>(10.57-2.04)<br>practical |

shielding 參閱附 7-9

AV (眼、腦、骨、肌肉、皮膚、血液隔離度 shielding(dB)平均值)

SAR(Specific Absorption Rate)

※設計者設計手機機殼隔離度需求約為 10dB 以上(針對眼部)

## 9.　基地台天線設計($T_x$ 1785/6910，RSV 1805/1880)

Antenna Type 1800MHz

XPol F-Panel 1800 65° 18dB　$\lambda = 16.66$cm，$\dfrac{\lambda}{2} = 8.33$cm，$\dfrac{\lambda}{4} = 4.16$cm

| Type No. | 739 494 |
|---|---|
| Input 2 sets×7 space×(8 elements) | 2×7 − 16female |
| Connector position | Bottom or top |
| Frequency range | 1710～1880MHz |
| VSWR | < 1.5 |
| ※ Gain | 2×18 dBI← |
| Impedance | 50Ω |
| Polarization | vertical |
| Front-to-back ratio，copolar | > 30 dB |
| ※ Half-power beam width← | + 45° polarization Horizontal：65°， vertical：6.5°← − 45° polarization Horizontal：65°， vertical：6.5°← |
| Isolation | > 30dB |
| Max, power per input | 200watt (at 50℃ ambient temperature) |
| Weight | 6kg |
| Wind load | Frontal：310N(at 150km/h) Latetal：110N(at 150km/h) Rearside：250N(at 150km/h) |
| Max, wind velocity | 200km/h |
| Packing size | 1404×172×72mm |
| Height/width/depth | 1302/155/49mm |

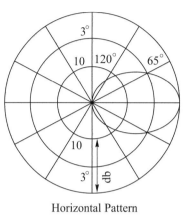

Horizontal Pattern

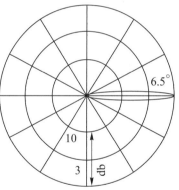

Vertical Pattern

HPBW(Vertical)

$(\theta_{3dB}) = 6.5°$(spc)，8 elements array

$\ell = (n-1)d + \dfrac{\lambda}{4} \times 2$

$\ell = (8-1) \times 16.66 + 4.16 \times 2 = 125$

$(d = \lambda，n = 8)$

$\theta_{3dB} = \dfrac{50.8 \times \lambda}{\ell}$，$\theta_{3dB} = \dfrac{50.8 \times 16.66}{125} = 6.66°$←

$\approx 65°$(spc). one Line source array (8 diples)

HPBW(horizontl)

$(\theta_{3dB}) = 130°$(spc)

$(130° = 65° \times 2)$

single dipole

$\text{Gain} \leftarrow 10\log(5.4 - 1) \times \dfrac{d}{\lambda}$ , dbi.

line source in vertical $G(\text{dB})$

$= 10\log 5.4\,(n - 1)\dfrac{d}{\lambda} = 15.7\text{dB}$

$(d = \lambda)$ , $(n = 8)$

line source in vertical with reflector(add 3dB)

$= 15.7 + 3 = 18.7 = 18.7\text{dB}$

$\approx 18\text{dB(one line)}$

2 line sources in array

$\text{Gain} \approx 2 \times 18\text{dBI} \leftarrow$

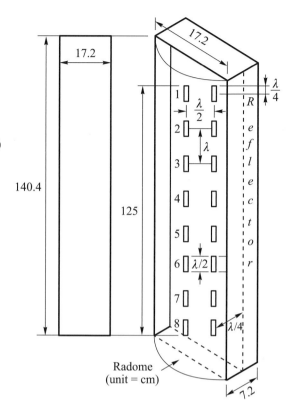

Radome
(unit = cm)

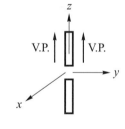

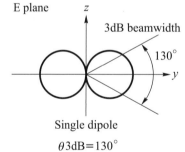

E plane

Single dipole

$\theta\,3\text{dB} = 130°$

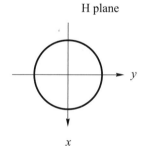

H plane

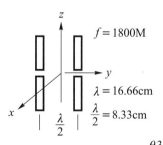

$f = 1800\text{M}$

$\lambda = 16.66\text{cm}$

$\dfrac{\lambda}{2} = 8.33\text{cm}$

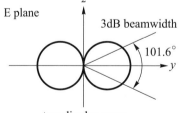

E plane

two dipoles array

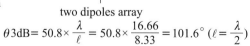

$\theta\,3\text{dB} = 50.8 \times \dfrac{\lambda}{\ell} = 50.8 \times \dfrac{16.66}{8.33} = 101.6° \; (\ell = \dfrac{\lambda}{2})$

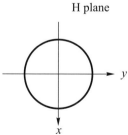

H plane

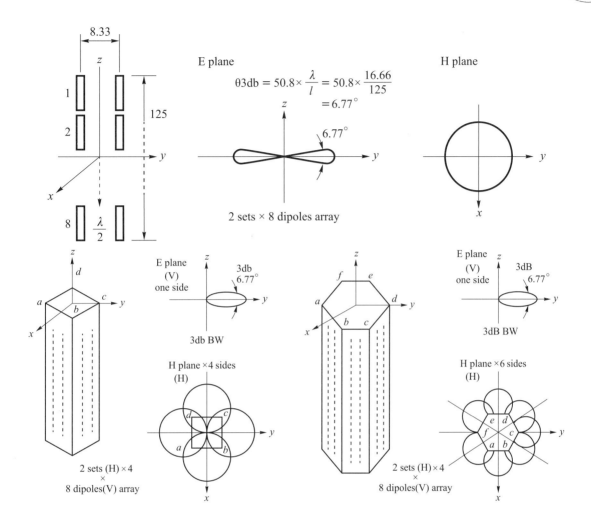

$$\theta3db = 50.8 \times \frac{\lambda}{l} = 50.8 \times \frac{16.66}{125} = 6.77°$$

2 sets × 8 dipoles array

2 sets (H) × 4 × 8 dipoles(V) array

2 sets (H) × 4 × 8 dipoles(V) array

## 10. 結語

本文內容計分 1 至 9 項,經綜整重點總計可分為六大部分。

1.  手機天線各項設計參數指引應用需知與實務可行工程具體做法。
2.  手持式、口袋式、腰帶式手機輻射安全通話時間限制。
3.  手機在近場、近遠場、遠場輻射傷害不同效應分析。
4.  電磁波吸收率比值(SAR)與天線增益比值($G_r$)選用 VS 手機機殼隔離度(Shielding dB)需求。
5.  基地台附近輻射傷害安全通話時間與距離。
6.  基地台天線設計規格解析。

7. 文中理論值數據僅提供學者認知基本理論緣由解析，實務值則按實務需求依不同週邊因素影響程度另計，例如將週邊環境因素如多重反射計入，此項理論數據受此影響會使實務數據增大一些，因此也增大輻射傷害感應量，此時勢需增大對輻射傷害防護位階，以提升防護輻射傷害效應。

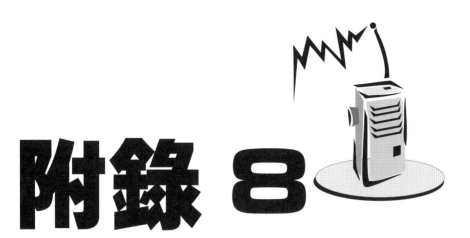

# 附錄 8

本書首頁自序與摘要內容章節與附錄 1 至 7 摘要內容章節中譯英全文
**Appendix 3 (preface and contents)**

**\*EMI/EMC 1000 Q/A Prevention and Test\***

Based on author's past many years experience in EMI/EMC field. This book is written in the form of Q/A mode instead of traditional textbook style in order to guide users to obtain an obvious guideline in EMI/EMC as a reference. This book field contains 1000 Q/A in eight chapters. The first part(174 Q/A) is related to EMI/EMC basic theorem and application analysis to establish user's theorem and analysis capability. The second part (265 Q/A) is to provide 4 main prevention methods (bonding, filtering, grounding, shielding) to prevent EMI problems from very beginning in EMI/EMC design — in work. The $3^{rd}$ part (187 Q/A) is to illustrate how to prevent EMI problem from PCB EMI prevention design — in work. The $4_{th}$ part (109 Q/A) covers how to prevent EMI problems in components, modules, electrical circuits. The $5_{th}$ (78 Q/A) consists of subsystem and system equipment EMI/EMC prevention design — in work. The $6_{th}$ part (72 Q/A) is about radiation Hazard and safety ground. The $7_{th}$ part (84 Q/A) is the requirement for EMI/EMC test equipment, faculty, method, procedure, specification. The $8_{th}$ part (31 Q/A) is how to correct test errors in test data, As for special topic "EMI Analysis and pevention for electronics Inter and Intra system" It will be shown after chapter 8 by a special topic edition in Appendix with 2 practical examples for Radar and Microwave stations in mutual interference coupling condition.

The book submits the EMI/EMC prevention and test requirement for electronics equipments. The 1000 Q/A is for user's reference to work in EMI/EMC field. The book introduces from basic theorem analysis to prevention in design — in work in order to prevent EMI problem from very beginning. In general, prevention comes before test. Prevention comes first and test comes next for locating EMI problem and verifying whether it meets specification or not in acceptance test. The rest like Radiation Hazard and Human Safety and test date error correction is in consideration as well for user's reference.

This book has been published for 8 editions since first edition in Jan 2002. Besides, It were also published by Beijing publising house of electionics Industry in Oct 2003. and Beijing post/telcom press in Feb 2009. It indicates this book are welcome to readers both In Taiwan and In mainland China. Based on this, The contents of this book is continued revised for each edition. In particular, the Engineering application note is added to each D/A to become a typical Engineering tool book to meet enginering reguirement to all readers. The More, Appendix 1 to 7 are very useful to raise engineers professional potential ability in EE/ EM field.

The people begin to concern cell phone and cell phone station radiation hazard(RH) issue since cell phones are commonly used for everyone in daily life. As for RH specification, it was set to follow in the unit of $E$(V/m), $P$(W/m$^2$, mW/cm$^2$) in the early day. Now, the new specific absorption rate(SAR) specification replaces $E$ and $P$ specification, because the people are engaged in research into the cause of RH to injure biological cell in different organs by transformation from RF energy to heat energy.

As for cell phone and cell phone station RH protection. For cell phone, the shorter time we talk ASAP, the safety we are, or selecting either pocket or waist type cell phone is an another option to prevent RH from cell phone. The more, the shielding effectiveness(SE) of cell phone cover is also an important method to reduce RH. For cell phone station, the people forcus on the distance between cell phone antenna location and residence location near the top of building, how about the SE of building. Besides, the analysis and design guideline for cell phone/cell phone station antenna parameters such as size, structure, style, impedence, gain, pattern, polorization, NF/FF etc. are also mentioned in detail for readers as a reference.

The professional technical terms in EMI/EMC field are translated from Chinese to English for readers as a reference in the book. It is useful for readers to study perfessional terms in English in comparision with Chinese in convenience.

# Contents

*The content of book.*

Chapter 1. Basic theorem and application analysis.(174 Q/A)

　　1.1 EMI wave characteristics analysis.

　　1.2 Antenna concept

　　1.3 EMI test unit

　　1.4 Insulator and conductor

　　1.5 R. L. C. characteristics V.S. frequency response(R:resistor, L:lnductor, C:capacitor)

　　1.6 R. L. C. noise analysis

　　1.7 S. E. V.S. metal plate(S.E.: shielding effectiveness)

　　1.8 S. E. V.S. Shielding material

　　1.9 Transient

　　1.10 Transmitter/Receiver EMI analysis

　　1.11 EMI performance analysis

　　1.12 Optical transmission

Chapter 2. Bonding, Filtering, Grounding, Shielding in EMI prevention field(265 Q/A)

　　2.1 Bonding(16 Q/A)

　　　　2.1.1 Bonding surface impedance analysis.

　　　　2.1.2 Bonding method.

　　2.2 Filtering(61 Q/A)

　　　　2.2.1 Inductor, Capacitor, ferrite filter

　　　　2.2.2 Ferrite bead

　　　　2.2.3 Surge suppressor

　　　　2.2.4 Filter characteristics

　　　　2.2.5 Filter performance V.S. impedance matching

　　　　2.2.6 L,C element; L, $\pi$, T type; band pass; band stop; filter performance V.S. frequency response

　　2.3 Grounding(99 Q/A)

　　　　2.3.1 Single/multi point ground

　　　　2.3.2 CM, DM V.S. Single, multi point ground(C.M.: commont mode, D.M.: differential)

　　　　2.3.3 CM ground coupling

　　　　2.3.4 Ground model V.S. impedance

　　　　2.3.5 Cable ground

　　　　2.3.6 Equipment safety ground

Chapter 5: Equipment system EMI analysis/prevention(78 Q/A)

    5.1 Intra and inter system EMI analysis/prevention

    5.2 Communication transmitting/receiving EMI analysis

    5.3 Intra and inter system EMC design

    5.4 Key points for EMI prevention in electronics system

    5.5 Work scope for shielding, bonding, filtering, grounding

    5.6 EMI problem in optical devices

Chapter 6: Radiation Hazard(72 Q/A)

    6.1 ESD(electro-static discharge)

    6.2 PCB ESD prevention

    6.3 Safety ground for electronics system

    6.4 Radiation Hazard

    6.5 Cell phone radiation Hazard

    6.6 High voltage transmission line radiation Hazard

    6.7 Transmitting Station for Cell phone and home appliance radiation hazard

Chapter 7: test equipment/faculty/method(84 Q/A)

    7.1 Require mental conditions for EMI test

    7.2 Spectrum analyzer and test receiver

    7.3 EMI test sensor and equipment

    7.4 Shielding Room and Anechoic Chamber

    7.5 Indoor and outdoor test site comparison

Chapter 8: test data error correction(31 Q/A)

    8.1 EMI test data error analysis

    8.2 Test data error V.S. reliability

    Reference

    1. A handbook series on EMI/EMC vol.1～vol.8 Don white pub

    2. EMC for product designers. Tim William News pub

    3. EMC and printed circuit board. Mark I. Montrose IEES press

    4. Handbook of EMC part 1. part 2. Reynaldo Perez. California Institute of technology

    5. Antenna Handbook Chapter 1,2,3,6,10,17,18,22,23,30,31,32,33,34

Interference control technologics Inc.

Route 625, Gaineoville, VA. 22065

      Tel 703-347-0030　Fax　703-347-5813

      Vol 1. fundamental of EMC

Vol 2. Broundind  and bonding

Vol 3.EM shielding

Vol 4. filters and PWR conditioning

Vol 5. EMC in components and devices

Vol 6. EMI test and procedure

Vol 7. EMC in telecommunication

Vol 8. EMI control and procedure

# 附A 本書附錄1電子系統發射接收干擾與防制分析評估前言與 內容中譯英全文

Appendix 6A(preface)

### Electronics Inter and Intra System EMI/EMC analysis and prevention

For Electronics EMI/EMC analysis and prevention requirements at Inter and Intra system level, engineers must always analyze EMI problems at Inter system Level first. Inter system level EMI prediction and analysis are based on the comparison between the EMI signal at RF stage of the victim (RX port) generated from the source (TX port) and the sensitivity at RF stage of the the victim. The EMI coupling between source and victim is described by parameters like signal amplitude, center frequency, bandwidth, sensitivity, polarization, antenna gain, antenna pattern, S/N ratio, signal mode(CW, Pulse), AZ distance, EL altitude, space attenuation, etc.

If, according to EMI predictions at Inter system level, the coupling EMI signal at RF stage of the victim minus the sensitivity of the victim is less or equal than 10 dB, it will not pose an EMI problem both at Inter and Intra system level, else if it is larger than 10 dB, it will not pose an EMI problem both at Inter and Intra system level, else if it is larger than 10 dB, it can be an EMI problem at Inter or Intra system level. Then engineers will have to improve the immunity of the victim.

If the Intra system of the victim survives the coupling EMI signal in the Inter system, it is a marginal condition for EMI/EMC. If, on the other hand, Inter system level preventions are not sufficient and the victim shows EMI problems at inter system level, then engineers have to try to solve the EMI problems by bonding, filtering, grounding and shielding preventions at the Intra system level. As for EMI performance of the victim, the analog part is related to the amplitude, the phase shift and the distortion of the signal, while the digital part is related to BER (bit error rate).

To summarize, frequency control, time sharing, location allocation and direction adjustment are mainly used for EMI/EMC control plans at the Inter system level, while bonding, filtering, grounding and shielding are mainly used for EMI/EMC control plans at Intra system level. Both Inter and Intra system level EMI problems can be solved by above mentioned guidelines in order to approach the EMC goal.

In this supplement, some examples of EMI problems in microwave links and radar systems are shown to readers and preventions to solve these EMI problems are proposed at Inter and Intra system level to approach the EMC goal.

Apendix6A (contents)

Electronics Inter and Intra system EMI/EMC aualysis and prevention

A.1　EMI definition

    A.1.1　Inter sysetm

    A.1.2　Intra system

    A.1.3　(Inter+Intra)system in EMC

A.2　EMI performance

    A.2.1　Analog signal system

    A.2.2　Digital signal system

B.1　Inter system

    B.1.1　signal amplitude coupling

    B.1.2　frequency and bandwidth coupling

    B.1.3　Sensitivity

    B.1.4　EMI definition for (2.1.1～2.1.3)

B.2　Intra system

    B.2.1　Transmitting port

    B.2.2　Receiving port

B.3　(Inter+Intra) system

    B.3.1　EMI/EMC margin

    B.3.2　EMI

    B.3.3　EMC

C.1　Inter system EMI prevention

    C.1.1　frequency control

    C.1.2　time control

    C.1.3　location allocation

    C.1.4　direction adjustment

C.2　Intra system EMI preventisn

    C.2.1　bonding

    C.2.2　filtering

    C.2.3　grouuding

    C.2.4　shielding

D    Electronics system EMI/EMC prevention

E    Electronics system in EMC

F    An example for Inter and Intra system EMI/EMC analysis and assessment

      6.1    microwave link stations

      6.2    Radar stations

G    EMI/EMC analysis and prevention for electronics Inter and Intra system

H    Electronics and EM energy transfer pattern

I    Center frequency and BW Correction for frequency decoupling Calculation

J    An analysis of near field and far field for Tx and RCV system.

## 附 B    本書附錄 2 電子產品 EMI 檢測規格限制值訂定緣由研析前言與内容中譯英全文

Appendix 6B(preface)

**a study of source information for EMI test limits specified**

- The EMI test specifications are usually based on the amplitude of noise signal as a function of frequency domain.In general, the different cuverature of limit curves are in different modes like linear, Non-linear, step, expontential······etc. It sometimes shows up a critical point with upward tendency or downward tendency in certain frequency range on the limit curve.

  In all, those variations of limit curve are restricted by the problems of limitation in engineering application,the limitation of performance of test equipments, the limitation of test set up in differenct test sites.

- This topic introduce how and why the RE/CE/RS/CS test specification limits are specified under the concerns related with problems of limitation in engineering application, the limitation of performance of test equipments,the limitation of test set up in different test sites. The different electronics devices has its different test specification limit, If learners acknowledge a study of source information for EMI test limit specified in detail, It will be very helpful for engineers to understand about the characteristics of DUT (device under test),the limitation of engineering improvement in real world, the control of test equipments and test set up in different test site requirements, in order to pass the test specification limit for D.U.T. in Research and developement milestone.

- The topic is focus in a study of M-S-461E in RE/CE/RS/CS specification limit. However, The FCC specification limit in RE/CE/RS/CS can also be analyzed the same as M-S-461E in simulation.

The main difference between MIL and FCC is the level of specification limit in amplitude, The specification limit is relaxed to a higher limit level (more relexation) for FCC compared with MIL. In test unit, QP is for FCC, pk is for MIL. The result gives the noise level in MIL test is higher than the noise level in FCC because of noise detecting in pk higher than noise detecting in QP. It is easier to pass FCC specification limit than MIL specification limit due to higher level of FCC specification limit than lower level of MIL specification limit. In other words, It is harder to pass MIL specification limit than to pass FCC specification limit because the lower limit level for MIL, and the higher limit level for FCC.

- In RE/RS test, 3 m and 10 m are the test range for FCC test, 1m is only a test range for MIL test. While in 1 m test, the critical frequency is about 47.7 MHz. ($d=\lambda/2\pi$，$\lambda=6.28$ $\times d=6.28 \times 1$ m $= 6.28$ m, $f= 47.7$ MHz)at NF/FF bondary range for MIL test. Any frequency is higher than 47.7 MHz, the signal strength will be attenuated because of space attenuation in far field (FF) range. While in 3 m test, the critical frequency is about 15.9 MHz. ($d=\lambda/2\pi$, $\lambda=6.28 \times d= 6.28\times3$ m $= 8.84$ m, $f= 15.9$ MHz) at NF/FF boudary range for FCC test. Any frequency is higher than 15.9 MHz, the signal strength will be attenuated because of space attenuation in far field. (FF) range. While testing noise signal at 30 MHz, It is for MIL test in NF range due to 30 MHz $<$ 47.7 MHz. On the other hand, it is for FCC test in FF range due to 30 MHz $>$ 15.9 MHz. The test level at 30 MHz for MIL is higher than the test level at 30 MHz for FCC. Because the MIL test is in NF at 30 MHz without space attenuation effect. the FCC test is in FF at 30 MHz with space attenuation effect.

This is the reason why noise signal detection in amplitude for MIL is higher than noise signal detection in amplitude for FCC.In other words, Noise level will be required at lower level compared with F.C.C. at higher level in order to pass lower MIL limit level.

- In CE/CS test, 10μf capacitor Low pass filter is used for filtering noise frequency above 636 Hz ($f_c = 1/\pi RC=1/\pi \times 50 \times 10$ μf $= 636$ Hz) from PWR lead. LISN is used for Impedence matching both filtering PWR lead noise and providing a low Impedence path for HF noise from D.U.T. to test RCV. 1 μf capacitor in LISN is used for filtering noise frequency above 6360 Hz from PWR lead.($f_c =1/\pi RC=1/\pi \times 50 \times 1$ μf $= 6360$ Hz)。
10 $\mu$F capacitor provides the performance of Low pass filter at cut frequency ($f_c = 636$ Hz) in comparison with LISN (1 $\mu$F)at cut frequency ($f_c = 6360$ Hz). Obviously, 10 $\mu$F used in MIL is better than LISN (1 $\mu$F) in FCC because of different cut frequency. ($f_c = 636$ Hz for MIL $< f_c = 6360$ Hz for FCC)

In other words, 10 μf capacitr can be used to filter wider band noise ($f_c \geq 636$ Hz) than 1 μf Capacitor ($f_c \geq 6360$ Hz). It will be helpful in CE/CS test because wider band noise are filtered from PWR lead,the less noise involved in test data, the higher accurancy the test data.

Appendix 6B(Contents)

1. CE101    PWR lead, 30 Hz — 10 kHz
2. CE102    PWR lead, 10 kHz — 10 MHz
3. CS101    PWR lead, 30 Hz — 150 kHz
4. CS114    bulk cable Injection, 10 kHz — 200 MHz
5. CS115    bulk cable Injection, Impulse excitation
6. CS116    Damped Sinusoidal Transients, cables and PWR leads, 10 kHz — 100 MHz
7. RE101    magnetic field, 30 Hz — 100 kHz
8. RE102    Electric field, 10 kHz — 18 GHz
9. RS101    magnetic field, 30 Hz — 100 kHz
10. RS103   Electric field, 2 MHz — 40 GHz

## 附C    本書附錄 3 微波暗室設計與量測誤差值校正前言與內容中譯英全文

Appendix 6C(preface)

Anechonic Chamber design / test data error correction

The size of preface length, width, height of Chamber and Absorber absorption in Chamber are based on far field calculation to meet required operating frequency and size of D.U.T. dimession. The test data errors are from the performance of absorption of absorbers in different amplitude of reflective wave because of different angle of direct incident wave, the test data errors may be evaluated roughly from the relationship between a single directive and reflective wave in Chamber. For accurancy test data errors calculation, It may be calculated from CAD (computer added design) for multiple waves in Chamber. the result of CAD is offered for designer to verify test data error whether it meets designer's requirement in specified specification of a Chamber.

## Contents

1. Anechonic Chamber design — theorem prediction
    1.1    length
    1.2    width
    1.3    height

2. L.W.M. of Chamber — practical ex in design 2.1. L.W.H. (without absorber)  2.2. L.W. H. (with absorber)

3. Test data errors calibration in Chamber — performance of absorber

    3.1  Far field (FF) requirement in Chamber

    3.2  Test data errors calibration

4. Evaluation of Chamber design — test data errors calibration

    4.1  test data errors analysis in Far Field (FF) and Near Field (NF)

    4.2  Analysis of Far Field requirement

    4.3  Analysis of error for Single and multiple waves.

5. Attachment

    5.1  Chamber specification requirement

    5.2  Horn Antenna pattern (E/H) v.s. frequency

    5.3  the performance of pyramid absorber

## 附 D　本書附錄 4 軍規、商規 EMI/EMC CE 量測比較與 CE/RE 低頻量測關連互換性研析前言與內容中譯英全文

Appendix 6D(preface)

**Comparision between MIL and Civil for EMI/EMC**

**CE test and analysis of interface for CE/RE test at LF**

There are 4 major different EMI/EMC tests, It Includes RE/CE/RS/CS. As for CE, It measures leakage noise from interface wires among boxes, the source of CE noise comes from electronic box itself. It produces CE noise because of resonant effect from parastic R. L.C. effect related to response between wavelength and length of wire. On the other hand, there are some difference between MIL and civil test up. It leads difference in test equipement, test set up, test method. This Topic describes more information about difference in CE test between MIL and civil in focus. Originally, RE test frequency range is wider from kHz to GHz, CE test frequency range is narrow from kHz to MHz. There is a overlap frequency. Range at LF (kHz - MHz), This leads a interchangle interface relationship between RE and CE, It will tell the story about how RE and CE test is interchanged in theorem and practice.

## Contents

1. Definition

2. Noise source

    2.1  parts noise

    2.2  parts harmonics

According to 1 meter test range for RE test in at LF (kHz - MHz), the interchange relation between RE and CE can be derived to show the test result in different test units. The one is db uv/m for RE. The other is dB$\mu$A for CE. It tells the same story but difference in test units.

# 附 E　接收機頻道內、鄰近頻道、頻道外干擾檢測特性簡介本書附錄 5 前言與內容中譯英全文

Appendix 6E(preface)

**Receiver Co-Channel, Adjacent Channel, Out of Channel Conducted Susceptibility test (CS).**

The performance of Receiver whether it works properly is based on some parameters such as Sensitivity, Selectivity; Resolution etc. Those are related to receiver CS level. According to CS test in MIL-461, the receiver should meet Co-Channel (IMI), Adjacent

Channel (cross modulation), Out of Channel (rejection of undesired signal), specification to verify receiver whether it works in normal.

The whole topics consists of Co-Channel, Adjacent Channel, out of Channel in CS test. The contents in each topic consist of 6 items. The 6 terms are 1. purpose. 2. theorem. 3. Analysis. 4. test. 5. prevent. 6. conclusion.

All effect are focus in testing a receiver whether it passes CS test in specified cs test specification limit.

## Contents

\*\*\* RCV CS co-channel test MIL Std 461 CS03

1. purpose

2. theorem

    2.1　IMI Source background analysis.

    2.2　IMI Mathmatics calculation Model.

    2.3　IMI format diagram.

3. 3rd order IMI Analysis.

4. test verification

    4.1　frequency range

    4.2　Signal amplitude

5. 3rd order IMI prevention

    5.1　Inter system

    5.2　Intra system

6. Conclusion

\*\*\* RCV CS adjacent-channel test MIL Std 461 CS05

1. purpose

2. theorem

    2.1　Adjacent Channel noise source background analysis.

    2.2　Adjacent Channel noise model analysis

3. Adjacent Channel interference analysis

4. test verification

    4.1　test specification

    4.2　test equipments set up

5. Adjacent Channel noise prevention

    5.1　Inter system

    5.2　Intra system

\*\*\* RCV CS out of channel test MIL Std 461 CS04

1. purpose

2. thorem

    2.1   out of channel noise source background analysis.

    2.2   out of channel noise model.

3. Out of Channel noise analysis.

4. test verification

    4.1   test specification

    4.2   test equipments set up

5. Out of Channel noise prevention

6. Conclusion.

## 附 F    數位通訊信息錯率分析與防治

Appendix 6F (preface)

**digital communication PCM BER analysis and prevention Equipment**

    The Modern Electronic Equipment are well developed in digitalized Communication system. The quality of digital system is up to Tx-RCV BER. However, BER comes from Interference, Base on this , The contents in this topic offer digital signal BER analysis and prevention knowhow in order to prevent BER beforehand and improve digital signal communication Q.C. for your reference.

An Analysis of related parameters for PCM BER.(part A)

    PCM BER is most important factor to verify PCM communication performance , Mismatching due to reflection comes noise to affect PCM Communication performance. During A/D and D/A process, Transformation in A/D and D/A must be cared in more digitalized levels to improve PCM S/N ratio.  In other words , In the very beginning of signal process in compression and Expansion Should be set in strict specification in PCM communication system in order to meet higher S/N ratio to reach low BER specification.

## Contents

1. BER Analysis

    1.1   BER  V.S.  impedence matching

    1.2   Signal (bit) risetime / duration time (tr/td)

    1.3   BER  V.S.  trace and load Impedence Matching.

2. Bits/second  V.S  BW(bandwidth) / S/N.

3. BER  V.S.  RF C/N ,IF S/N (RF.radio frequency, C/No (carrier/noise, IF Intermediate frequency, S/No signal/noise)

4. feedback noise  V.S.  Analogy signal frequency fo/sampling rate signal frequency fs

    4.1　non feedback noise

    4.2　feedback noise

5. M (number of quantizes levels) V.S.  S/N (signal to noise ratio)

6. compression/expander

    6.1　compression at Transmitling port

    6.2　expander at Receiving port

    6.3　Compression and expander performance

    6.4　Compression and expander specification

        6.4.1　Japan (u law)

        6.4.2　Europe (A law)

        6.4.3　Linear/nonlinear compression

7. PCM BER  V.S.  Transmission noise

8. PCM BW (Bandwidth)  V.S.  M (number Of quantizen levels)

9. BER  V.S.  M (number of quantizes Levels) N(length of PCM),bits S/N (received analogy signal PWR To quantizing noise PWR)

10.Conclusion

## PCB EMI Prevention for PCM BER

    PCM BER consists of 3 parts , the first part Illustrates Identify and Analyze all parameters ralated to PCB BER.  the Second part try to find out the prevention method in PCB Level since PCB is the most important part of EE device.  To deal with PCB EMI problem very well , It can reduce noice level to get high S/N ratio in PCM system and make BER to meet specified BER specification within requi- red BW.  As for PCB EMI prevention , the Key point is to acknowledge relationship among EMI sou- rce , coupling path , EMI Victim in heatnoise / noise figure level within operating B.W..

    Besides, how to do Impedance Matching among. Source Impedance , tracc Impedance , load Im- pedance to prevent Relection is also important to reduce noise level. Meanwhile, It needs to analyze active parts noice spectrum to avoid interferencing adjacent tracel parts and passive parts R.L.C re- sponse at high frequency . In all , all kinds Of method to reduce noise level is for raising S/N ratio to reach BER specification in PCM Communication system.

# Contents

PCM BER Debug / Reset ckt design.

PCM BER analysis and prevention consists of3 parts . The first part is "Analysis of Related parameter for PCM BER" The Second part is "PCB EMI prevention for PCM BER" The third part illustrates

1. digital signal catalog and characteristics

2. digital signal. B.W. requirement

3. digital signal modulation mode

4. some parameter related to PCB BER

5. Debug and Reset ckt to improve PCB BER

All for reducing BER to meet PCM BER Specification in PCM Communication System.

## Contents

1. Digital signal catalog and characteristics

 1.1 Unipolar NRZ

 1.2 Polar NRZ

 1.3 Polar RZ

 1.4 Split phase

 1.5 alternate mark Inversion

 1.6 quarternary polar NRZ

 1.7 M type discrete level

 1.8 P.C.M.

2. Digital signal  B.W.

 2.1 I.S.I

 2.2 I.S.I.  V.S.  data sampling

 2.3 IFBW  V.S.  I.S.I.

3. digital signal modulation mode

 3.1 A.S.K

 3.2 F.S.K

 3.3 B.P.S.K

 3.4 Q.P.S.K

 3.5 B.P.S.K. / Q.P.S.K. V.S. Rb / IFBW

4. BER  V.S.  Eb/No，C/N  V.S.  S/N

 4.1 psk BER

 4.2 C/N  V.S.  Eb/No

 4.3 S/N  V.S.  PCM

5. Debug / Reset ckt

    5.1   BER  V.S.  Eb/No

    5.2   Debug / Reset catalog

    5.3   IFBW  V.S.  F.E.C. (forward ever conecting)

    5.4   Debug without F.E.C. and with F.E.C.

6. Conclusion

# 附 G　本書附錄 7 手機、基地台輻射傷害規格、檢測、防治與天線設計參數指引中譯英全文(part 1)(附 A)

### Appendix 7G(preface)

As for RH to biological cell in different organs, it is due to RF illuminating energy transfered to heat energy. Its unit is in the unit of SAR(specific absorption rate) as watt/kg. According to FCC regulation in 2001.1.1, the SAR specification is set as 1.6 watt/kg for cell phone RH. It is equal to $E(60V/m)$, $P(10Watt/m^2, 1mW/cm^2)$, $B(2mg)$ with cell phone cover SE(shielding effectiveness)(>3dB)at least. for 1800MHz cell phone with $P(av)= 0.125W$, $G_r= 1.0$ at NF/FF distance(2.65cm).

The people begin to concern RH since the cell phone and cell phone station are commonly used in daily life. The RH test specification was in unit of $E(V/m)$, $P(mW/cm^2)$, $B(mg)$ in the early day. Afterward, it has changed to SAR because people acknowledge more information about how the RH energy to injure biological cell in different organs of our body. This topics focus on radiator(cell phone), characteristics, specification, RF energy, gain, pattern, polorization, radiation mode, impedence, cover SE and receptor(users), cell phone AST (allowed safety time), ST(safety distance). The more, test method, NF, NF/FF, FF effect. In all, it is for users to acknowledge how to provent RH as possible.

## 附 A(part 1)

## Contents

1. Background

    1.1   MIL

    1.2   CIVIL

    1.3   Comparison between MIL and CIVIL

2. Unit

    2.1   MIL

    2.2   CIVIL

  2.3 Comparison between MIL and CIVIL

3. Heat effect

  3.1 Heat effect

  3.2 SAR

  3.3 Non heat effect

4. Characteristics

5. SAR

  5.1 Unit(E, P, SAR)

  5.2 SAR definition(math mode calculation)

  5.3 SAR specification specified

6. Mode

  6.1 Single radiator

  6.2 Multi radiators

  6.3 Comparison between single radiator and multi radiators

7. Testing

  7.1 Power, field

  7.2 SAR

8. Protection

  8.1 Distance(NF, NF/FF, FF)

  8.2 AST(allowed safety time)

  8.3 PWR density($W/m^2$, $mW/cm^2$)

9. Protection

  9.1 SAR vs cover size

  9.2 SAR vs material conductivity

  9.3 SAR vs material permeanbility

  9.4 SAR vs dielectric constant

  9.5 SAR vs 9.1, 9.2, 9.3, 9.4 in summary

10.Conclusion

  10.1 Old/New RH specification

  10.2 RH analysis

  10.3 RH specification specified

  10.4 Cell phone RH parameter analysis

  10.5 The perfermance of cell phone shielding cover

  10.6 RH comparison between 900M/1800M cell phone

# 1. Background

## 1.1 MIL

· 1950 － Motor, Non RH due to freq in kHz.

· 1960 － Radar/Communication RH due to freq in MHz/GHz with high PWR. It created RH because of resonance response in wavelength to height of human being almost equally, lnitiated by U.S. Navy bottle ship.

· 1970 － Computer era, the switching PWR supply and logic family components in MH/GHz range are widely used to cause RH.

· 1980 － Industrial field(FCC) established EE products EMI/EMC specification limits to control not only EMI limit but also RH concern.

＊ MIL

MIL always goes ahead of civil(FCC). During World War II, U.S. Navy first set RH shown in Fig.1.

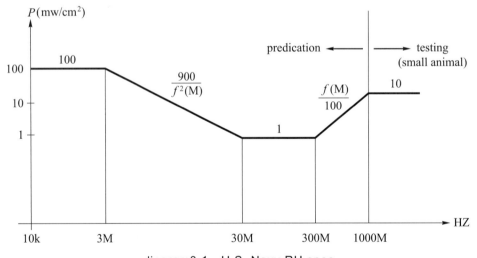

diagram8-1　U.S. Navy RH spec

$$\text{AST(allowed safety time)} = \frac{6 \times spec}{test}, \text{ minutes}$$

e.g. $\text{AST} = \dfrac{6 \times 10}{10} = 6\text{m}$　at $f > 1\text{GHz}$

e.g. $\text{AST} = \dfrac{6 \times 10}{2} = 30\text{m}$　at $f > 1\text{GHz}$

## 1.2 Civil(FCC)

In comparison between MIL and Civil, Civil concerns almost in commercial EE products, which freq range are almost located in 30M~300MHz. That is why Civil RH is set in 1mW/cm² shown in Fig.1.

It is coherent that quarter wavelength at 30M and 300M corresponding in 2.5 meter and 0.25 meter which is equal to the height of human being more or less. It creates a MAX resonance effect. This is why the RH PWR density is set as 1mW/cm² for commercial EE products mostly.

## 1.3 Comparison between MIL and Civil

### 1.3.1 MIL

Based on Fig.1, people have to measure RH in different freq range. Then figure out the total RH to verify whether it exists RH or not.

### 1.3.2 Civil

Based on Fig.1, people only to measure PWR density in 30M~300M RH, the limit is set as 1mW/cm² mostly.

## 2. Unit

## 2.1 MIL

PWR density(W/m², mW/cm²) at $f > 1$GHz.

$P = \dfrac{E^2}{Z}$, $E = 200$V/m, $P = \dfrac{200^2}{377} = 106$W/m² $= 10.6$mW/cm², $H = 0.53$A/m, $B = 6.66$mg

## 2.2 Civil

$P = \dfrac{E^2}{Z}$, $E = 61.5$V/m at $30-300$MHz

$P = \dfrac{60^2}{377} = 10.03$W/m² $= 1.03$mW/cm²

$Z = \dfrac{E}{H}$, $H = \dfrac{E}{Z} = \dfrac{61.5}{377} = 0.16$A/m

$B = \mu H = 4\pi \times 10^{-7}$h/m $\times 0.16$A/m $= 2 \times 10^{-7}$tesla

$1$T $= 10^7$mg

$B = 2 \times 10^{-7}$tesla $= 2 \times 10^{-7} \times 10^7$mg $= 2$mg

## 2.3 Comparison between MIL and Civil

**free of F.B. reference as MIL spc at 30−300M

tabular8-1  MIL / civil R.H. spc comparison

| spc \ unit | $P(\text{W/m}^2)$ (mW/cm²) | $E$(V/m) | $H$(A/m) | $B$(mg) | Remark |
|---|---|---|---|---|---|
| MIL | 1000 100* | 614 | 1.62 | 20.46 | 10k〜3M *1M |
| MIL | 90 9* | 184.2 | 0.48 | 6.14 | 3〜30MHz *10MHz |
| **MIL | 10 1* | 61.4 | 0.16 | 2.04 | 30〜300MHz *100MHz |
| MIL | 50 5* | 137.29 | 0.36 | 4.59 | 300〜1000MHz *500MHz |
| MIL | 106 10.6* | 200 | 0.53 | 8.29 | > 1000MHz *3000MHz |
| **civil | 10 1* | 61.4 | 0.16 | 2.04 | ** |

## 3. Heat effect

## 3.1 Heat effect

RF Illuminating→accelerate water particals to collide each other→produce heat effect

· $\sigma$(cell conductivity rate)

· $\varepsilon=$ permittivity

· $\varepsilon'=$ dielectric constant

· $\varepsilon''=$ loss factor

*$\sigma$ vs $\varepsilon=\varepsilon'-j\varepsilon''$

$\varepsilon''=0$, SAR $=0$, Absorption $=0$, 100% penetration, radome, $\varepsilon=\varepsilon'$.

$\varepsilon''\neq0$, SAR $\neq0$, Absorption $\neq0$, RF→heat effect, absorber, $\varepsilon\neq\varepsilon'$.

larger $\varepsilon''$, higher SAR, higher heat effect.

*$\sigma=2\pi f\varepsilon''$, $\sigma$ : cell conductivity rate, $\varepsilon''=$ loss factor.

higher $f$ : higher $\varepsilon''$, higher $\sigma$, higher SAR higher heat effect, higher RH.

## 3.2　SAR

$$SAR = \sigma \times \frac{E^2}{2D}$$

$\sigma$ : cell conductivity rate, $(s/m)$, $6 = 2\pi f \varepsilon''$

$s$ : conductivity coefficient

$m$ : cell length

$E$ : electrical field intensity(V/m)

$D$ : cell organ density(kg/m³)

$$E^2 = \frac{30 \times P_{(av)} \times G_r}{R^2}$$

SAR is proportion to $\sigma$, $E^2$, and inverse proportion to $D$.

RH is serious harmful to eyes and brain due to the percentage of water particals is the highest in cell organ. Since the distributed area is so small that it causes low heat dissipation effect to create the increasement of protein so called CATARACT.

## 3.3　Non-heat effect

In addition to heat effect, RF energy may be harmful to organ cell construction such as cell growth, DNA, immunity, blood···. As for identification, it is on the way in study so far.

## 4.　RH Characteristics

- Low non-ionized radiation
- No accumulated effect
- Allowed safety time(AST)
- RH safety distance
- RH freq range located in 30M～300M at MAX response
- RH at eyes(CATARACT, heat), brain, skin(itch, fever)
- RH from old regulation in the unit of EM field intensity(V/m), PWR density(W/m², mW/cm²), new regulation in the unit of SAR(watt//kg).

## 5.　SAR

## 5.1　SAR potential level

According to ANSI/IEEE C95.1, 1992 SAR = 1.6watt/kg. It refers 1mg cell under RF illumination in 30 minutes has to meet below in equivalent to RF energy. In SAR = 1.6watt/kg.

- If SAR < 1.6watt/kg, it passes SAR testing specification.
- If SAR > 1.6watt/kg, it fails SAR testing specification.

## 5.2　SAR Math model calculation

$$SAR = \sigma \times \frac{E^2}{2D}$$

## 5.3　SAR specification specified

- $$SAR = \sigma \times \frac{E^2}{2D}$$

$$E^2 = \frac{30 \times P_{(av)} \times G_{(ratio)}}{R^2} \qquad E = \frac{\sqrt{30 \times P_{(av)} \times G_r}}{R}$$

$P_{(av)}$ : cell phone av PWR, 0.125W

$G_{(Ratio)}$ : cell phone antenna, $G_{(r)} = 1.0$, theory.

$R = \frac{\lambda}{2\pi} \approx \frac{\lambda}{6}$ cell phone NF/FF boundary distance simulates distance between cell

phone and user's ear/brain, $\frac{\lambda}{6} = \frac{16.66}{6}$cm $= 0.0265$cm at $f = 1800$M.

- Check different $\sigma$(cell conductivity rate, s/m) and $D$(cell mass density kg/m³) for different organ such as bone, skin, blood, eye, brain, muscle.
- Substitute $E^2$, $\sigma$, $D$ in SAR caculation formula, the result is as following

1. SAR(bone) = 0.49watt/kg
2. SAR(skin) = 2.92watt/kg
3. SAR(blood) = 5.19watt/kg
4. SAR(eye) = 6.06watt/kg
5. SAR(brain) = 4.84watt/kg
6. SAR(muscle) = 3.47watt/kg

Av SAR $\frac{(0.49 + 2.92 + 5.19 + 6.06 + 4.84 + 3.47)}{6} = 3.82$watt/kg→5.82dBW/kg

SAR = 1.6watt/kg→2.04dBW/kg(spc)

- Av SAR − SAR(spc) = 5.82 − 2.04 = 3.78dBW/kg
- cell phone cover SE(shielding effectiveness) = 3～4dB.
- cell phone cover SE provides 3～4dB to offer Av SAR/SAR(spc) in 3.78dBW/kg difference to meet SAR = 1.66watt/kg as a SAR specification specified.

# 6. Mode

## 6.1 Single radiatior

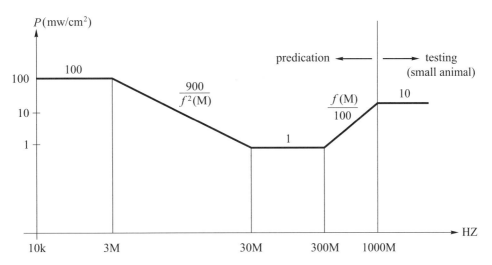

- Check where the frequency range is located for single radiator.
- Check its corresponding specification.
- Record the testing date in $P(mW/cm^2)$.
- Compare specification date and testing date in testing frequency range.

  If testing data $<$ specificate date, pass.

  It testing data $>$ specificate data, fail.

- AST(allowed safety time)$=\dfrac{6 \times spc}{test}$, minute

  smaller testing data, longer AST

  larger testing date, shorter AST.

- Testing distance ($d$)

  NF radiator $-$ voltage source $-$ major in static E field, open mode.

  $$d < \frac{\lambda}{2\pi} = \frac{\lambda}{6}$$

  NF radiator $-$ current source $-$ major in static H field, short mode.

  $$d < \frac{\lambda}{2\pi} = \frac{\lambda}{6}$$

  FF radiation field, $d > \dfrac{\lambda}{2\pi} = \dfrac{\lambda}{6}$

  radiation field will be attennated to follow

  $att(dB) = 32 + 20\log d(km) + 20\log f(MHz)$

  because of space distance and frequency.

## 6.2 Multi radiators

tabular 8-2

| Radiator freq range | Testing/spc (mW/cm$^2$) | Testing/spc (mW/cm$^2$) | Spc (mW/cm$^2$) |
|---|---|---|---|
| 10k~3M (1M) | 5/100 (0.05) | 3/100 (0.03) | 100 |
| 3M~30M (10M) | 3/9 (0.33) | 2/9 (0.22) | $\dfrac{900}{f^2(M)}$ |
| 30M~300M (100M) | 0.5/1 (0.5) | 0.1/1 (0.01) | 1 |
| 300M~1G (500M) | 1/5 (0.2) | 0.5/5 (0.1) | $\dfrac{f(M)}{100}$ |
| >1G (2000M) | 6/10 (0.6) | 0.2/10 (0.02) | 10 |
| Pass or fail | 1.68 > 1.0 Hazard | 0.38 < 1.0 Safety | |

Portable monitor offers a warning signal like ring a bell or colored light to stand for safety or hazard in quick check.

## 6.3 Comparison between single radiator and multi radiators in detail

If accurancy check is necessary, the different antennas in different ranges will be used.

·   Single radiator(portable monitor/antenna)

Monitor→NF(Static E or H field sensor)

Antenna→FF(select antenna at testing freq)

$$E^2 = \frac{30 \times P_{(av)} \times G_{(r)}}{R^2} \quad \text{at FF}$$

$$P = \frac{E^2}{Z}, Z = 120\pi = 377$$

$$P\left(\frac{W}{E^2}\right) \to P(mW/cm^2), \ W/m^2 \times 0.1 mW/cm^2.$$

·   Multi radiators(different antennas at different freq range)

Antennas→dBuV/m = dBuV + AF(dB), $AF = \dfrac{E}{V}$

·   dBuV：O/P of testing antenna at RCV, spectrum analyzer reading.

- $AF$(dB)：manufacture testing data sheet
- dBuV/m：to be tested
- dBuV/m→uV/m→V/m→W/m²→mW/cm²

$$P = \frac{E^2}{Z}, \text{ W/m}^2, Z = 377$$

$$P = \frac{E^2}{Z}, \text{ mW/cm}^2, Z = 3770$$

## 7.　RH testing

PWR density(W/m², mW/cm²).

$E$ field intensity(V/m, uV/m).

Magnetic field density(tesla, mg).

SAR(specific absorption rate), (watt/kg).

### 7.1　PD(W/m², mW/cm²)

#### 7.1.1　PD(W/m², mW/cm²)

$$\text{PD} = \frac{E^2}{Z}, Z = 120\pi = 377$$

$$E^2 = \frac{30 \times P_{(av)} \times G_{(r)}}{R^2}$$

$$E \propto \frac{1}{R}, \text{ PD} \propto \frac{1}{R^2}$$

$$\text{SA} = 32 + 20\log f(\text{MHz}) + 20\log R(\text{km}) \text{ at FF}$$

#### 7.1.2　$E$(V/m), $H$(A/m), $B$(mg)

At NF,

$E$(A/m)→voltage source, $P = \dfrac{V^2}{R} = \dfrac{E^2}{Z}$.　open mode.

$H$(H/m)→current source, $P = I^2 R = H^2 Z$.　short mode.

At FF,

$$P = E \times H, Z = \frac{E}{H} = 120\pi$$

$$E, H \propto \frac{1}{R}, P \propto \frac{1}{R^2}$$

$$B = \mu H, \text{ e.g. } H = \frac{E}{Z} = \frac{60}{377} = 0.16\text{A/m}$$

$$B = 4\pi \times 10^{-7} \times 0.16 = 2 \times 10^{-7}\text{Tesla}$$

$$1\text{Tesla} = 10^7\text{mg}$$

$$B = 2 \times 10^{-7}\text{Tesla} = 2 \times 10^{-7} \cdot 10^7\text{mg} = 2\text{mg}$$

## 7.2 SAR

- Artificial organ brain and eye lotion are used for a sample in SAR testing to verify whether it exists RH or not to head, while cell phone transmitting signal.
- It is a kind of testing method to simulate how high the transmitting PWR of cell phone to cause RH.
- The sensor will indicate the response of artificial brain and eye or gan lotion in terms of monitor shown from light to dark color or different colors due to heat effect from SAR. in different levels.

# 8. Protection

## 8.1 Distance

- $d < \dfrac{\lambda}{2\pi} = \dfrac{\lambda}{6} = \dfrac{16.66}{6} = 2.65$cm, NF.

  RH→static $E$ field, cell phone as a voltage source. (rod antenna)

- $d > \dfrac{\lambda}{2\pi} = \dfrac{\lambda}{6} = \dfrac{16.66}{6} = 2.65$cm, FF.

  RH→radiation field, cell phone as a radiator.

  Shorter distance, higher RH.

  Longer distance, lower RH.

## 8.2 Allowed safety time(AST)

$T = \dfrac{6 \times spec}{test}, f > 1$GHz, MIL, spec $= 10$mW/cm$^2$, reference 8-20.

$P_{(av)} = 0.125$W, $f = 1800$M

$G_r = 1.0$, $\lambda = 16.66$cm, in theory

$R = \dfrac{\lambda}{2\pi} = 0.0265$m, $Z = 120\pi = 377$ohm

$E = \dfrac{\sqrt{30P_{(av)} \times G_r}}{R} = 73$V/m

$P = \dfrac{E^2}{Z} = \dfrac{73^2}{377} = 14.13$W/m$^2 = 1.41$mW/cm$^2$

$*T = \dfrac{6 \times 10}{1.41} = 4.25$minutes(theory, in space)

## 8.3 PWR density

By testing in the unit of watt/m$^2$, mW/cm$^2$.

$T = \dfrac{6 \times \text{spec}}{\text{test}}$ at $f > 1000M$, civil, spec $= 1\text{mW/cm}^2$, reference 8-22.

Spec $= 10\text{watt/m}^2 = 1\text{mW/cm}^2$

smaller test data, longer AST time.

## 9.　Protection

### 9.1　SAR vs cover size

· Leakage surface current and induced radiation field intensity distributed on the cover of cell phone create a secondary radiator.

· Larger size of cell phone, it simulates a wide band high level radiator. It is a high harmful for users due to high level in SAR.

· Smaller size of cell phone, it simulates a narrow band low level radiator. It is a low harmful for users due to low level in SAR.

### 9.2　SAR vs material conductiviry ($\sigma$)

· High conductivity, higher absorption, higher SAR.

· Low conductivity, lower absorption, lower SAR.

　Low conductivity material is an advantage for cell phone cover design selection.

### 9.3　SAR vs material permeability ($\mu$)

· High permeability material can transfer surface current on the cell phone cover from $H$ field to surface current to heat energy ($P = H^2 Z = I^2 R$) to reduce SAR.

· High permeability material is an advantage for cell phone cover design selection, e. g. $\mu = 50$, SAR reduced to 50%.

### 9.4　Antenna length vs pattern vs dielectric constant ($\varepsilon$)

Antenna length $= \dfrac{\lambda(\varepsilon)}{4} = \dfrac{\frac{\lambda_0}{\sqrt{\varepsilon}}}{4}$, $\varepsilon = \varepsilon'$, $\varepsilon = \varepsilon' - j\varepsilon''$ ($\varepsilon'' = 0$)

$V = \lambda_0 f$, $\lambda_0$ : free space wave length, vertical polorization.　rod Antenna

Antenna pattern. $H$ plane, (twin/double fan type), side view.

Antenna pattern. $E$ plane, (circular/round type), top view.

Larger size cell phone creates diffraction wave to distorte regular pattern slightly.

## 9.5 SAR vs 9.1/9.2/9.3/9.4

### 9.5.1 SAR vs cell size

Larger size cell phone, wideband spectral distribution, higher energy level disadvantage to reduce SAR.

### 9.5.2 SAR vs material ($\varepsilon$) dieletric constant

$\varepsilon = \varepsilon' - j\varepsilon'' \ (\varepsilon'' = 0)$

$\varepsilon = \varepsilon'$

$\lambda_\varepsilon = \dfrac{\lambda_0}{\sqrt{\varepsilon}}$

· SAR independent of $\varepsilon$

· Higher $\varepsilon$, smaller size of cell phone.

### 9.5.3 SAR vs permeability ($\mu$)

Higher $\mu$, higher absorption, lower SAR.

### 9.5.4 SAR vs conductivity ($\sigma$)

Lower $\sigma$, lower RE, lower SAR.

### 9.5.5 SAR vs $\varepsilon, \mu, \sigma$

· $\varepsilon > 10$, independent of pattern and SAR.

· $\mu > 50$, improve cell phone cover SE by raising absorption rate to $H$ field distributed on the surface of cell phone cover from external ambinent noise field intensity and internal leakage current of cell phone cover. It results lower SAR to reach lower RH.

· $\sigma(1\sim10)$, lower $\sigma$, lower EM wave energy, lower RE, advantage for SAR.

However, some conductivity materials are used for SAR, e.g. cotton material mixed with conductivity carbon usually used for cell phone bag because it provides higher SE to reduce SAR.

How to select $\varepsilon(1\sim10)$, $\mu(1\sim50)$, $\sigma(1\sim10)$ is a trade off work. The proper $\varepsilon, \mu, \sigma$ selection will offer a MAX SE to obtain lowest SAR to reach lowest RH.

# 10.　Conclusion

## 10.1　Old and new RH regulation

Old － $E$ field instnsity, PWR density. (W/m, V/m, watt/m$^2$, mW/cm$^2$)

New － SAR(watt/kg)

## 10.2　RH background

RF illumination→heat energy→harmful to organ cell.

RH vs RF energy potential, illuminating time, distance, organ conductivity, mass density.

## 10.3　RH specification

$E$ field intensity(V/m)

PWR density(watt/m$^2$, mW/cm$^2$)

Magnetic field density(Tesla, mg), $1T = 10^7$mg

RH vs AST(allowed safety time)

RH vs distance(how close, how far), up to user's habit/cell phone type.

SAR vs RF energy to heat energy in different organ cell.

## 10.4　Cell phone RH parameters

Source － cell phone

| | |
|---|---|
| $P_{(av)} = 0.125$watt | $P_{(av)} = 0.125$watt |
| *$G_r = 1.0$, in theory(in space) | *$G_r = 3.2$, in practical(with GND plane) |
| $d = 2.65$cm(NF/FF) | $d = 2.65$cm(NF/FF) |
| RH unit $= 73$V/m $= 1.41$mW/cm$^2 = 2.4$mg | RH $= 131$V/m $= 4.57$mW/cm$^2 = 4.36$mg |
| AST $= 4.25$minutes $= 4$m15s | AST $= 1.31$minutes $= 1$m18s |
| Victim $=$ head(brain, eyes) | Victim $=$ head(brain, eyes) |
| Shorter AST(Ambinent max reflection factor included) | e.g. users stand near by metal wall |
| AST $= 2$m8s | AST $= 39$s |

## 10.5　Cell phone RH protection

· 　AST(allowed safety time)

· 　Keep distance(pocket, waist type)

· 　cell phone cover and bag vs SE ($\varepsilon$, $\mu$, $\sigma$)

## 10.6 900M, 1800M cellphone RH comparison

RH in comparison($2.65 < d < 5.3$)  d：cm

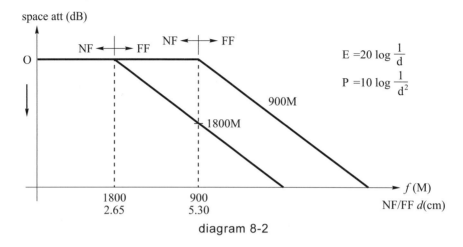

diagram 8-2

900MHz, NF/FF, $d = \dfrac{\lambda}{2\pi} = 5.3$cm, $\lambda = 16.66$cm.

1800MHz, NF/FF, $d = \dfrac{\lambda}{2\pi} = 2.65$cm, $\lambda = 33.33$cm.

RH at 900M > RH at 1800M→RH PWR at 900M is higher than RH at 1800M due to RH PWR at 900M without space att at $d = 5.3$cm higher than RH PWR at 1800M with space att at $d = 5.3$cm.

## 附 G　本書附錄 7 手機、基地台輻射傷害規格、檢測、防治與天線設計參數指引中譯英全文(part 2)(附 B)

Appendix 7G(preface)

1. Cell phone antenna design guideline
2. An analysis of cell phone RH in NF, NF/FF, FF
3. Cell phone AST(allowed safety time) in hand, pocket, waist style
4. Cell phone cover SE(shielding effectiveness)
5. Cell phone station antenna design guideline
6. Nearby cell phone station RH AST(allowed safety time) and SD(safety distance)

## 附 B(part 2)

## Contents

1. Cell phone antenna(rod/loop)
2. Cell phone antenna length vs electric constant
3. Cell phone antenna width vs BW/center freq.
4. Cell phone antenna gain, pattern, polorization in FF
5. Cell phone antenna input impedence
6. Impedence matching between cell phone antenna I/P Z and transmitter O/P Z
7. Cell phone field intensity, pattern, gain in NF, NF/FF, FF
   7.1　NF, NF/FF, FF vs distance
   7.2　AST(allowed safety time) in NF, NF/FF, FF
   7.3　Pattern/gain vs NF, NF/FF, FF
   7.4　Pocket/waist type cell phone vs AST
   7.5　Analysis of RH while users nearby cell phone station
8. SAR vs cell phone SE
9. Cell phone station antenna design parameters analysis
10. Conclusion

## Practoca; Emgomeeromg Application

1.  Cell Phone Antenna resonmance mode (rod, loop)

2.  ⊙(rod)

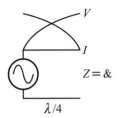 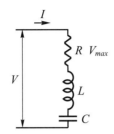

$Z = \sqrt{R^2 + |X_L + X_C|^2}$

Resonance $X_L = X_C$

$Z = Z_{min}$ , $I = I_{max}$

$P = \dfrac{V^2 max}{R} \longrightarrow P = \dfrac{E^2}{Z}$

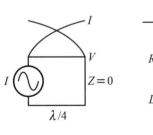

$Z = 120\pi$
$= 377 ohm$

rod
$E\uparrow$(V.P)

⊙(loop)

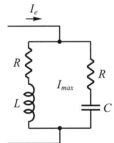

$Z = \dfrac{X_L X_C}{|X_L - X_C|}$ , $R = 0$

Resonance $X_L = X_C$

$Z = Z_{max}(\&)$

$I_e = 0$ , $I_i = I_{max}$

$P = I_{max}^2 R \rightarrow P = H^2 Z$

$Z = 120\pi$
$= 377 ohm$

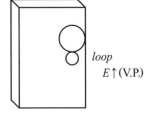

loop
$E\uparrow$(V.P.)

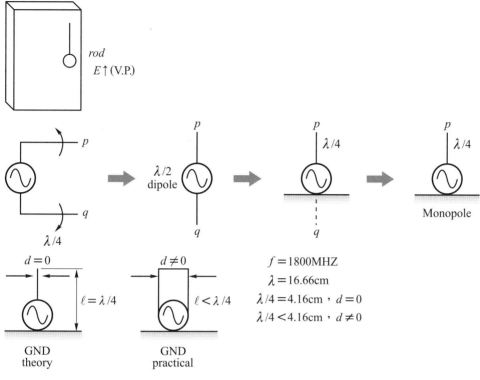

## 1. Antenna resonance parameters

· Dipole = 75ohm→monopole I/P = 37.5ohm→transmitter = 50ohm

· Impedence matching between 37.5ohm and 50ohm is an important job for EE engineers.

· Comparison sensitivity/selectivity between 900M amd 1800M system by $Q$ factor (sensitivity), $Q = \dfrac{f_0}{BW(\Delta f)}$.

tabular 8-3　cell phone $f_0$/BW

| ITEM \ SYSTEM | | 900M(MHz) | 1800M(MHz) |
|---|---|---|---|
| $T_x$ | BW | 890～915 | 1785～1910 |
| | $f_0$ | 902.5 | 1847.5 |
| | $BW(\Delta f)$ | 25 | 125 |
| RCV | BW | 935～960 | 1805～1880 |
| | $f_0$ | 947.5 | 1842.5 |
| | $BW(\Delta f)$ | 25 | 75 |

tabular8-4　cell phone 900/1800MHz sensitivity / selectivity in comparison

| ITEM \ SYSTEM | | 900M(MHz) | 1800M(MHz) |
|---|---|---|---|
| $Q$ factor $Q=\dfrac{f_0}{BW(\Delta f)}$ | $T_x$ | 36.10 $\left(\dfrac{902.5}{25}\right)$ | 14.77 $\left(\dfrac{1847.5}{125}\right)$ |
| | RCV | 37.91 $\left(\dfrac{947.5}{25}\right)$ | 24.56 $\left(\dfrac{1842.5}{75}\right)$ |

$T_x$ Sensitivity 900M better than 1800M. (36.1 > 14.78)

RCV Selectivity 1800M better than 900M. (24.56 < 37.9)

Sensitivity $(Q)=\dfrac{1}{Selectivity}$

# 2.　Antenna resonance length vs dielectric constant ($\varepsilon$)

## 2.1　$\varepsilon=\varepsilon'-j\varepsilon''$

$\varepsilon'=$ dielectric consstant 介電常數

$\varepsilon''=$ loss factor 損失因素

$\varepsilon=$ permittivity 容電率

### 2.1.1

$\varepsilon=\varepsilon'$, $\varepsilon''=0$, loss factor $=0$, radome.

$\varepsilon=\varepsilon'$, $\varepsilon''=0$, loss factor $=0$, capacitor.

$C=\varepsilon'\cdot\dfrac{A}{d}=\varepsilon\cdot\dfrac{A}{d}$　$(\varepsilon'=\varepsilon)$

### 2.1.2

$\varepsilon\neq\varepsilon'$, $\varepsilon''\neq0$, loss factor $\neq0$, absorber.

$\varepsilon=\varepsilon'-j\varepsilon''$

## 2.2　$\varepsilon=\varepsilon'$, $\varepsilon''=0$ vs size

$V_\varepsilon=\dfrac{V_0}{\sqrt{\varepsilon}}$, $\lambda_\varepsilon=\dfrac{V_\varepsilon}{f}=\dfrac{\frac{V_0}{\sqrt{\varepsilon}}}{f}$

$f=1800$MHz

$\lambda=16.66$cm

$\dfrac{\lambda}{4}=4.16$cm $(\varepsilon=1)$，$(\varepsilon=\varepsilon'=1.$ Air$)$

| $\varepsilon$ | 1 | 4 | 9 | 16 | $\varepsilon = 1$, air, microstrip |
|---|---|---|---|---|---|
| $\lambda_\varepsilon$ | 16.66 | 8.33 | 5.55 | 4.16 | |
| $\dfrac{\lambda_\varepsilon}{4}$ | 4.16 | 2.08 | 1.38 | 1.04 | $\varepsilon > 1$, stripline |

$\lambda_\varepsilon = $ cm, $V_0 = 3 \times 10^{10}$ cm/s, $f = $ Hz

$\varepsilon$ 越大，天線越短，佔用空間越小。

## 3. Cell phone antenna width vs B.W. / center frequency

| NB | BB |
|---|---|
| $\dfrac{\frac{f_H + f_L}{f_0}}{2} \leq 1.1(\pm 5\%)$ <br><br> $f_0 = \sqrt{f_H \times f_L}$ <br><br> $\begin{array}{ccc} 0.95 & 1.0 & 1.05 \end{array}$ <br> $\begin{array}{c|c} 1 \times 0.95 & 1 \times 1.05 \\ \hline -5\% & +5\% \end{array}$ <br> $f_0 = \sqrt{1.05 \times 0.95} = 1.0$ | $\dfrac{f_M}{f_L} \geq 1.5(\pm 20\%)$ <br><br> $f_0 = \dfrac{f_H + f_L}{2}$ <br><br> $f_L = 1.0$，$f_H = 1.5$ <br><br> $f_0 = \dfrac{1.5 + 1.0}{2} = 1.25$ <br><br> $\begin{array}{ccc} 1.0 & 1.25 & 1.5 \end{array}$ <br> $\begin{array}{c|c} -20\% & +20\% \end{array}$ <br> $1.25 \times 1.2 = 1.5$ <br> $1.25 \times 0.8 = 1.0$ |

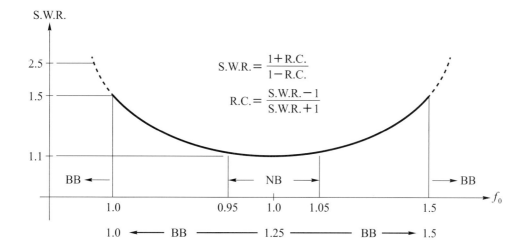

$$\text{S.W.R.} = \frac{1 + \text{R.C.}}{1 - \text{R.C.}}$$

$$\text{R.C.} = \frac{\text{S.W.R.} - 1}{\text{S.W.R.} + 1}$$

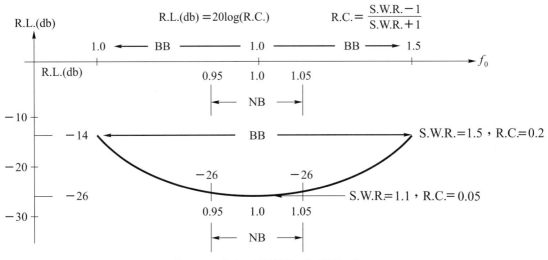

$$R.L.(db) = 20\log(R.C.) \qquad R.C. = \frac{S.W.R. - 1}{S.W.R. + 1}$$

diagram 8-3   NB/BB，S.W.R.  R.L.

Attention : $R_3$ is OK to meet BW requirement, check its center freq whether it shifts or not because of resonance length is too short to miss original design center freq. In general, the center freq will be a little bit higher than desired design center freq due to shorter length for higher freq at resonance.

wider diameter of rod or trace for wider BW design.

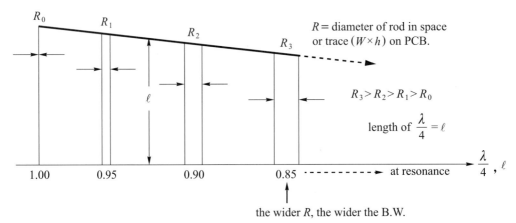

diagram 8-4   cell phone Antenna B.W. v.s. rod($R$), trace ($W \times h$), $\ell$

If $R_3$ is OK to meet BW requirement, designed $f_0$ may be shifted to higher frequency due to shorter length for higher frequency at resonance.

Adjust the result of $A + B$ to reach optimum design goal.

$R$ : diameter of rod or trace ($W \times h$)

$\ell$ : antenna length at resonance.

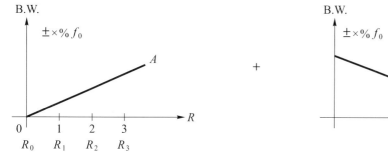

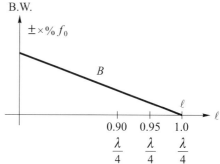

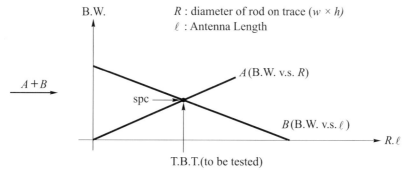

$R$ : diameter of rod on trace ($w \times h$)
$\ell$ : Antenna Length

diagram8-5　cell phone Antenna B.W. v.s. $R/\ell$

## 4.　Cell phone gain/pattern/polarization in FF

Isotropic→$G_r$= 1.00, $G$(dB)= 0dB, in space, theory.

Dipole→$G_r$= 1.65, $G$(dB)= 2.17dB, in space, theory.

Monopole(with GND)→$G_r$= 1.65×2 = 3.2, $G$(dB)= 2.17 + 3 = 5.17dB, In space, practica $\ell$

pattern→symmetrical in space(in theory).

V.P. E plane, Max at broadside at $y$, Min at endfire at $z$, twin circle type.

V.P. H plane, circle type(omnidirection).

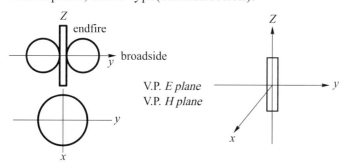

pattern→with GND plane unsymmetrical in space(in practical).

V.P. E plane, Max upward at boradside at $y$, Min at endfire at $z$.

V.P. H plane, circle type(omnidirection).

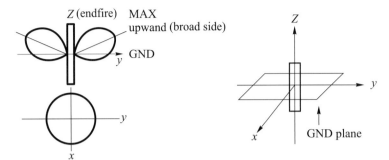

Polarization refers to direction of $E$ field direction. In general, it refers to V.P./H.P./CP (RCP, LCP).

Dipole pattern vs Antenna length $(L)$ with different diameter of rod $(D)$

cell phone $f = 1800MHz$, $\lambda = 16.66cm$, $\frac{\lambda}{4} = 4.16cm$

$L = 0.25\lambda \sim 1.375\lambda$ vs $L = 25D, 9.5D, 4.35D$

CYLINDRICAL DIPOLES

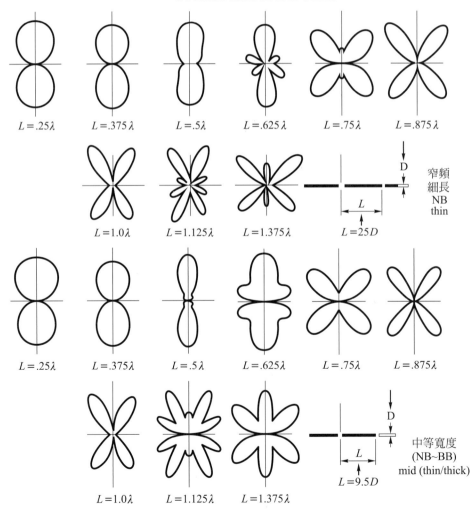

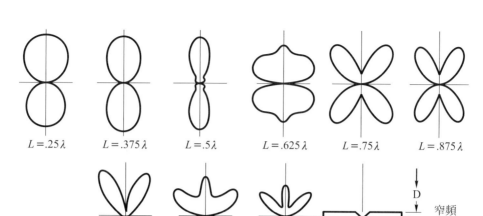

$L=.25\lambda$　　$L=.375\lambda$　　$L=.5\lambda$　　$L=.625\lambda$　　$L=.75\lambda$　　$L=.875\lambda$

$L=1.0\lambda$　　$L=1.125\lambda$　　$L=1.375\lambda$

$L=4.35D$

窄頻
粗短
BB
thick

diagram 8-6　Radiation patterns of center-driven cylindrical antenna with different length-to-diameter ratio

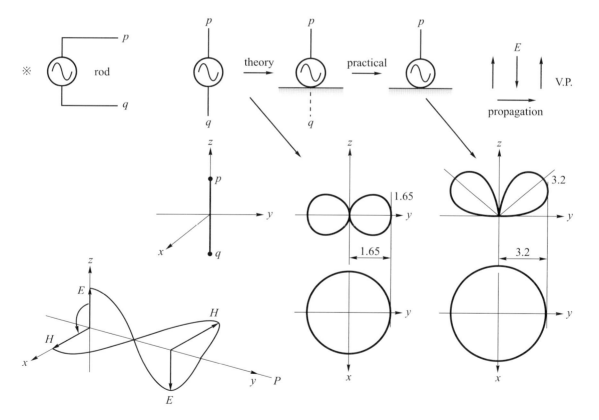

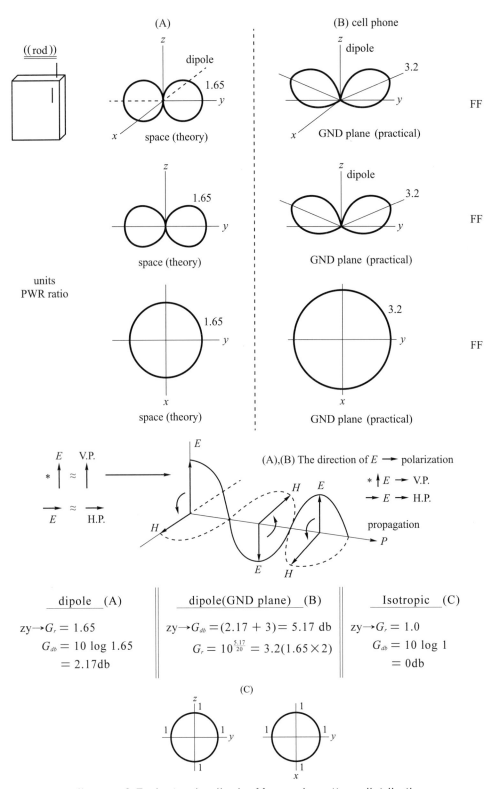

diagram 8-7   Isotropic, dipole, Monopole pattern distribution

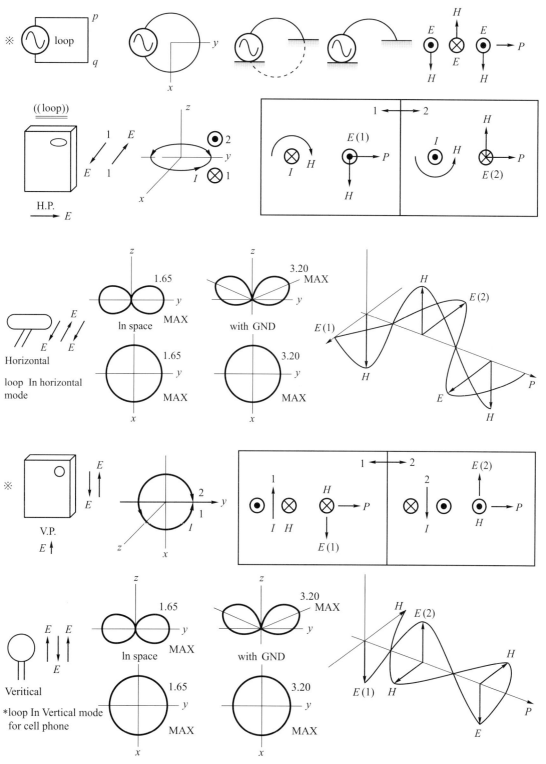

diagram 8-8　loop (H.P./V.P) pattern distribution

Dipole pattern vs Antenna length

$L= 0.25\lambda \sim 1.375\lambda$ under $D \approx 0$

the radiation field expressed in a spherical coordinate system is given by

$$E_\theta = \frac{j\eta I_o e^{jkR}}{2\pi R} \left[ \frac{\cos(k\ell\cos\theta) - \cos k\ell}{\sin\theta} \right], \; k = \frac{2\pi}{\lambda}$$

where $\eta = \left( \frac{\mu}{\varepsilon} \right)^{\frac{1}{2}} = 120\pi\,\text{ohms}$

$\theta =$ angle measured from axis of dipole, or 2 axis

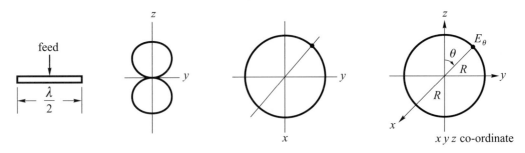

The field pattern is obtained by evaluating the magnitude of the term contained in the brackets of Eq.(3-6). Some of the commonly referred to patterns are sketched in Fig.3-8. Comparing those patterns with the actual patterns of a thin cylindrical.

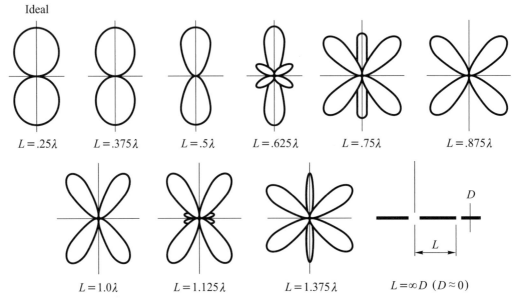

diagram 8-9  Radiation patterns of center-driven dipole assuming sinusoidal current distribution.

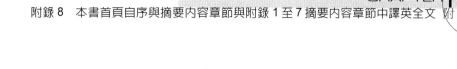

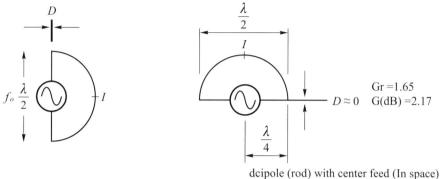

dcipole (rod) with center feed (In space)

At resonance $L = \dfrac{\lambda}{4}$, Ideal.  at $D = 0$.  $L < \dfrac{\lambda}{4}$ practical at $D \neq 0$.

## 5.　Cell phone antenna I/P Impedence

type (rod/trace)

$$Z_i = R(k\ell) - j\left[120\left(\frac{2\ell}{a} - 1\right)\cot k\ell - x(k\ell)\right]$$

$Z_i =$ I/P $Z$(ohms)，center driven，cylindriacl，total length $(k\ell)$，radius $(a)$

$k\ell = 2\pi\left(\dfrac{\ell}{\lambda}\right)$，$\ell$(antenna length)，$\lambda$(wavelength)

When length of antenna $(k\ell) < \lambda$，$> a$

$(Z_i)$short $= 20(k\ell)^2 - j\,120(k\ell)^{-1}\left(\log \dfrac{2\ell}{a} - 1\right)$ at $k = \dfrac{2\pi}{\lambda}$, $\ell = \dfrac{\lambda}{4}$

(dipole I/P $=$ 75ohms)

$\dfrac{R(k\ell)}{x(k\ell)}$ for I/P $Z$ of a center-driven cylindrical antenna(dipole)

dipole

| $k\ell$ | $R(k\ell)$ | $x(k\ell)$ |
|---------|------------|------------|
| 0 | 0 | 0 |
| 0.1 | 0.15 | 1.01 |
| 0.2 | 0.79 | 2.30 |
| 0.3 | 1.82 | 3.81 |
| 0.4 | 3.26 | 5.58 |
| 0.5 | 5.17 | 7.14 |
| 0.6 | 7.56 | 8.82 |
| 0.7 | 10.48 | 10.68 |
| 0.8 | 13.99 | 12.73 |
| 0.9 | 18.16 | 15.01 |
| 1.0 | 23.07 | 17.59 |
| 1.1 | 28.83 | 20.54 |
| 1.2 | 35.60 | 23.93 |
| 1.3 | 43.55 | 27.88 |
| 1.4 | 52.92 | 32.20 |
| 1.5 | 64.01 | 38.00 |
| ※ | 73.12 | 42.46 |

dipole (theory)

73.12-j42.46        37.06-j21.23

In space (dipole) theory    GND plane (Monopole)cell phone practical

$R(k\ell)$
$x(k\ell)$

73.12

dipole

$R(k\ell)$

42.46

$x(k\ell)$

≈75ohm

(90°)

$k\ell$

$k\ell = 2\pi\left(\dfrac{l}{\lambda}\right)$    $1 = \dfrac{\lambda}{4}$    $\pi/2$ ※

$k\ell = \dfrac{\pi}{2} = \dfrac{180°}{2} = 90°$    $\dfrac{\lambda}{4}$

Antenna length $\dfrac{\lambda}{4}$(space) at $r = 0$. theory

(a)

GND plane

Antenna length $< \dfrac{\lambda}{4}$(with GND) at $r \neq 0$. practical

$(Z_{I/P}) = \text{short} = 20(k\ell)^2 - j\dfrac{120}{k\ell}\left(\log\dfrac{2\ell}{a} - 1\right)$

$k = \dfrac{2\pi}{\lambda}$, $\ell > a$, $\log\dfrac{2\ell}{a} - 1 \rightarrow$ positive $\rightarrow$

$-j\dfrac{120}{k\ell} \times$ positive $\rightarrow -jX_C$, antenna impedence is capacitance reactance.$(-jX_C)$

$-jX_C + (jX_L)$ at resonance ($jX_L$ to be added in series with $X_C$)

Cell phone antenna(rod type) I/P Impedence.$= 73.12 - j42.46/2 = 37.06 - j21.23$

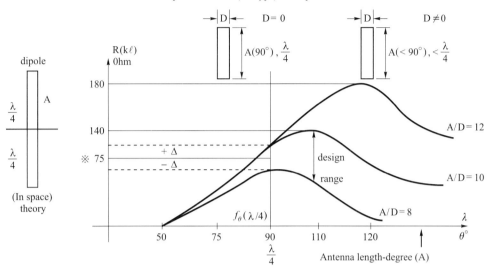

- The larger the ratio of A to D(smaller D, antenna length $\approx \frac{\lambda}{4}$), the larger $R(k\ell)$. The narrower BW disadvantage for impedence matching.
- The ratio of A to D in 8 to 10, $R(k\ell)$ approaches to 75 ohms, the wider BW advantage for impedence matching.

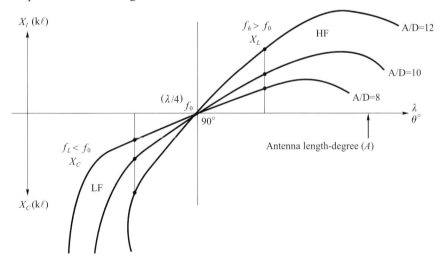

- The larger the ratio A to D(smaller D, antenna length $\approx \frac{\lambda}{4}$), the larger $X_L(k\ell)$ at HF ($f_H > f_0$), the larger $X_C(k\ell)$ at LF ($f_L < f_0$).
- The ratio of A to D in 8 to 10, no matter it is at HF or LF, either $X_L(k\ell)$ or $X_C(k\ell)$ is in low level. Advantage for $X_L(k\ell) = X_C(k\ell) = 0$ at resonance.

Based on concept of line impedence and $\lambda$ in Smith Chart, it shows $X_L$ at $f_h$, $X_L = X_C = 0$ at $f_0$, $X_C$ at $f_L$.

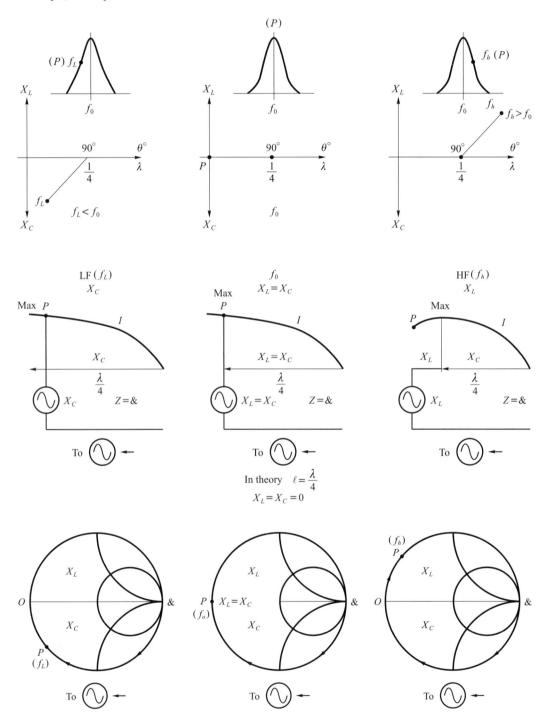

## 6. Impedence matching between cell phone antenna I/P $Z$ and transmitter O/P Z (imaginary part in mismatching)

If Transmitter O/P $Z = 50$ ohm $\approx \frac{\lambda}{2}$ dipole I/P $Z$ (75ohm). in matching.

Antenna $I/P$　$Z=75.12 - j\,42.46 \rightarrow X_C$

$\ell < \dfrac{\lambda}{4}$　at $R \neq 0$ (rod diameter)

$\dfrac{\lambda}{2}$ dipole with center feed

$\ell < \dfrac{\lambda}{4}$

at resonance $+jX_L = -jX_C$

$X_C \quad -jX_C \longleftarrow \dfrac{\lambda}{2}$ dipole Capacitive reactance

$X_L \quad +jX_L \longleftarrow$ Inductive reactance in series with Capacitive reactance for Matching $(-jX_C + jX_L = 0), (+jX_L = -jX_C)$

$X_L = 42.16$

$X_L = \omega L = 2\pi f_L$

$L = \dfrac{X_L}{2\pi f} = \dfrac{42.46}{2\pi \times 1800 \times 10^6}$

$L = 3.75 \times 10^{-3} \,\mu\text{h (theory)}$

As for how to design inductor $R/D$ work, it is involved selection of wire(AWG size), how long the wire, how many turns of wire, how ferrite material ($\mu$), then it will be tested by microwave spectrum analyzer to meet required $Q$ factor(Sensitivity/Selectivity). In all, it belongs to high frequency impedence matching network scope. Besides, to test inductor $L$ (inductance) for designed spc, the precious RLC meter is necessary provided.

## 7. Cell phone I/P and T$_x$/RCV O/P impedence matching

$\dfrac{\lambda}{4}$　　$\dfrac{\lambda}{4}$　　$\lambda/4$

$Z = R + jX_L / R - jX_C$

Monopole $\longleftrightarrow$ $Tx$ / RCV

$I/P \; Z = 37.5 \longleftrightarrow O/P \; Z = 50$

$X_L = X_C$ at resonance

Real part (R) in Mismatching

Imaginang part ( $X_L = X_C = 0$ ) in matching

Dipole　　75 ohm

Monopole　　37.5 ohm

$\dfrac{\lambda}{4}$

$\text{RC} = \left| \dfrac{R_1 - R_2}{R_1 + R_2} \right| = \left| \dfrac{50 - 37.5}{50 + 37.5} \right| = 0.14$

$\text{SWR} = \dfrac{1 + \text{RC}}{1 - \text{RC}} = \dfrac{1 + 0.14}{1 - 0.14} = 1.32$

$\text{RC} = \dfrac{\text{SWR} - 1}{\text{SWR} + 1} = \dfrac{1.32 - 1}{1.32 + 1} = 0.14$

$PR = (RC)^2 = (0.14)^2 = 0.0196 \doteqdot 0.02(2\%)$

$PT = 1 - PR = 1 - 0.02 = 0.98(98\%)$

$RL = + 20\log(RC) = + 20\log(0.14) = - 17.07\text{dB}$

$10^{-\frac{17.07}{10}} = 0.14$

$RL = - 20\log(RC) = - 20\log(0.14) = + 17.07\text{dB}$

$10^{\frac{17.07}{10}} = 7.14 \quad \left(\frac{1}{0.714} = 0.14\right)$

$ML = + 10\log[1 - (RC)^2] = + 10\log[1 - (0.14)^2] = - 0.086\text{dB}$

$\rightarrow \frac{O/P}{I/P} = \frac{98}{100}(2\%) \qquad 10^{-\frac{0.086}{10}} = 0.98$

$ML = - 10\log[1 - (RC)^2] = - 10\log[1 - (0.14)^2] = + 0.086\text{dB}$

$\rightarrow \frac{O/P}{I/P} = \frac{100}{102}(2\%) \qquad 10^{\frac{0.086}{10}} = 1.02$

$RC(\text{dB}) = 20\log\frac{V_+ - V_-}{V_+ - V_-}$

Metal，$V_- = - V_+$，$RC(\text{dB}) = \& \text{dB}$

Absorber，$V_- = 0$，$RC(\text{dB}) = 0\text{dB}$

- Cell phone antenna + GND→Monopole(rod)→(37.5ohm)→$T_x$/RCV(50ohm)

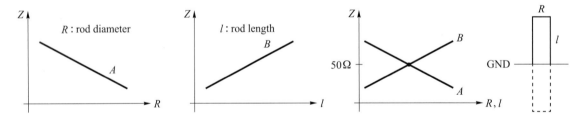

Adjust $\ell$ and $R$ to reach 50ohm to match with $T_x$/RCV O/P $Z= 50$ohm.

- Cell phone antenna + GND→Spiral (loop)→$R$ ohm→50Ω ($T_x$/RCV)

Adjust $RLC$ to reach 50Ω to match $T_x$ O/P $Z= 50$Ω

$R = 19 \times 10^3 N^2 \left(\frac{2r}{\lambda}\right)^4$, (loop type)

$C = \frac{\lambda}{2} = 2\pi r$

Initial wire length

longer wire length circle type

$C = \frac{\lambda}{2} = 2\pi r$

- side effect parasitic LC. $L = xx$ henry/m, $C = xx$ farad/m

- $f_0 = \dfrac{1}{2\pi\sqrt{LC}}$

- $Z_0 = \sqrt{\dfrac{L}{C}} = 50\,\text{ohm} = \sqrt{\dfrac{2500\ \mu\text{h/cm}}{1\ \mu\text{f/cm}}} = 50\,\text{ohm}$

- Spiral antenna(900M/1800M), loop type.

*1.* $37.5\text{ohm} \rightarrow \dfrac{1}{4}\lambda$           $R_1$

2. $350\text{ohm} \rightarrow \dfrac{1}{4}\lambda \sim 3\dfrac{1}{4}\lambda$    $R_2$

＊3. $50\text{ohm} \rightarrow 3\dfrac{1}{4}\lambda$         $R_3$

4. $200\text{ohm} \rightarrow 5\dfrac{1}{4}\lambda$        $R_4$

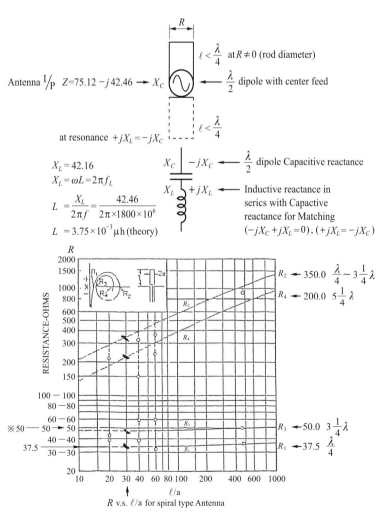

$$R$$

$\ell < \dfrac{\lambda}{4}$ at $R \neq 0$ (rod diameter)

Antenna $\frac{\text{I}}{\text{P}}$   $Z = 75.12 - j\,42.46 \rightarrow X_C$  ←  $\dfrac{\lambda}{2}$ dipole with center feed

$\ell < \dfrac{\lambda}{4}$

at resonance $+jX_L = -jX_C$

$X_L = 42.16$
$X_L = \omega L = 2\pi f_L$

$X_C$   $-jX_C$  ←  $\dfrac{\lambda}{2}$ dipole Capacitive reactance

$X_L$   $+jX_L$  ←  Inductive reactance in serics with Capacitive reactance for Matching

$L = \dfrac{X_L}{2\pi f} = \dfrac{42.46}{2\pi \times 1800 \times 10^6}$

$(-jX_C + jX_L = 0)$, $(+jX_L = -jX_C)$

$L = 3.75 \times 10^{-3}\ \mu\text{h}$ (theory)

$R_2 \leftarrow 350.0$   $\dfrac{\lambda}{4} \sim 3\dfrac{1}{4}\lambda$

$R_4 \leftarrow 200.0$   $5\dfrac{1}{4}\lambda$

$R_3 \leftarrow 50.0$   $3\dfrac{1}{4}\lambda$

$R_1 \leftarrow 37.5$   $\dfrac{\lambda}{4}$

RESISTANCE-OHMS

$\ell/a$

$R$ v.s. $\ell/a$ for spiral type Antenna

Longer wire, wider BW, higher impedence, side effect(parasitic LC).

- $L$ : Wire diameter ($R$), length($\ell$), number of turns ($N$), ferrite ($\mu$).

- $C : \varepsilon \times \dfrac{A}{d}$.

- $R = 19 \times 10^3 \times N^2 \times \left(\dfrac{2r}{\lambda}\right)^4$

$\varepsilon$ : PCB dielectric constant

$A$ : spiral antenna area

$d$ : gap between spiral antenna

$f_0 = \dfrac{1}{2\pi\sqrt{LC}}$

adjust $LC$ at $f_0$

loop $Z_0 = \sqrt{\dfrac{L}{C}}$, $L$ = henry/m, $C$ = farad/m.

adjuct $\sqrt{\dfrac{L}{C}} = Z_0 = 50\text{ohm}$

rod (PCB type)

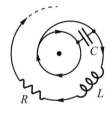

$C = \dfrac{\lambda}{2} = 2\pi r$

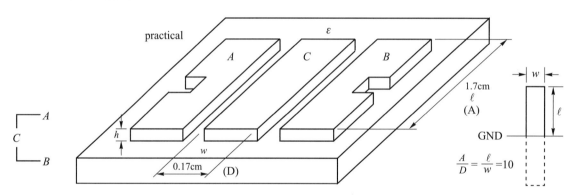

Built-in stripline antenna ($\varepsilon = 6$)

$f = 1800\text{M}$, $\lambda = 16.66\text{cm}$, $\dfrac{\lambda}{4} = 4.16\text{cm}$

$A = \dfrac{\lambda_\varepsilon}{4} = \dfrac{\frac{\lambda_0}{\sqrt{\varepsilon}}}{4} = \dfrac{\frac{16.66}{\sqrt{6}}}{4} = 1.7\text{cm}$  ref 8-48, $\dfrac{A}{D} = 10$,$D = \dfrac{A}{10} = \dfrac{1.7}{10} = 0.17\text{cm} = W$.

$C \rightarrow$ driving source(active comp)

$A, B \rightarrow$ radiator source(passive comp)

· Adjust trace length, width, height, dielectric constant to reach 50ohm at $f_0 = 1800\text{MHz}$.

· Larger dielectric constant($\varepsilon$), shorter antenna size, advantage for design shorter antenna
  length, advantage for built-in type antenna for cell phone in smaller space requirement.

# 8.　Cell phone field intensity, pattern, gain in NF, NF/FF, FF

## 8.1　NF, NF/FF, FF vs distance

Cell phone RH in NF, FF at $f$= 1800M, $\lambda$ = 16.66cm, $D$ : length of ear = 5cm

Compare $d=\dfrac{\lambda}{2\pi}=2.65$cm $\approx 3$cm. $\left(d\approx\dfrac{\lambda}{6}\right)$. at radiator side with

$R=\dfrac{2D^2}{\lambda}=\dfrac{2\times 5^2}{16.66}=3$cm　at receptor side.

$d=R<3$cm, NF, static $E$ field hazard.

$d=R>3$cm, FF, radiation hazard.

Whether it is NF or FF hazard, it is up to use's habit. If closer to ear, it is in NF. If far to ear, it is in FF.

No matter it is in NF or FF, the shorter time you talk, the lower RH the safety you are.

How to selece NF/FF?

| case | $\dfrac{\lambda}{2\pi}$ radiator | $\dfrac{2D^2}{\lambda}$ receptor | NF selection | FF selection |
|---|---|---|---|---|
| $A$ | 100 | 150 | < 100 | > 150 |
| $B$ | 200 | 120 | < 120 | > 200 |

Select larger for FF, select smaller for NF.

Radiator side

$R=\dfrac{\lambda}{2\pi}$ NF/FF

$R<\dfrac{\lambda}{2\pi}$ , NF

$R=\dfrac{\lambda}{2\pi}$ , NF/FF

$R>\dfrac{\lambda}{2\pi}$ , FF

Receptor side

$R=\dfrac{2D^2}{\lambda}$ NF/FF

$R<\dfrac{2D^2}{\lambda}$ , $\Delta>\dfrac{\lambda}{16}$ , NF

$R=\dfrac{2D^2}{\lambda}$ , $\Delta=\dfrac{\lambda}{16}$ , NF/FF

$R>\dfrac{2D^2}{\lambda}$ , $\Delta<\dfrac{\lambda}{16}$ , FF

$\Delta=\dfrac{\lambda}{16}$

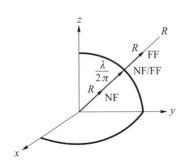

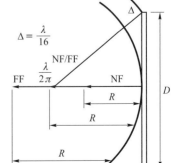

## 8.2 AST(Allowed Safety Time) in NF, NF/FF, FF

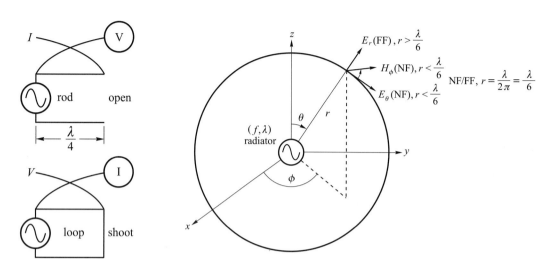

| | $r = \dfrac{\lambda}{2\pi} = \dfrac{\lambda}{6}$ | Voltage source | Current source |
|---|---|---|---|
| | | Open, rod | Short, loop |
| NF | $< \dfrac{\lambda}{6}$ | $E_\theta \left(\dfrac{1}{r^3}\right),\; H_\phi \left(\dfrac{1}{r^2}\right),\; E_r = \left(\dfrac{1}{r}\right)$ | $H_\phi \left(\dfrac{1}{r^3}\right),\; E_\theta \left(\dfrac{1}{r^2}\right),\; E_r = \left(\dfrac{1}{r}\right)$ |
| FF | $> \dfrac{\lambda}{6}$ | $E_r \left(\dfrac{1}{r}\right),\; H_\phi \left(\dfrac{1}{r^2}\right),\; E_\theta = \left(\dfrac{1}{r^3}\right)$ | $E_r \left(\dfrac{1}{r}\right),\; E_\theta \left(\dfrac{1}{r^2}\right),\; H_\phi = \left(\dfrac{1}{r^3}\right)$ |

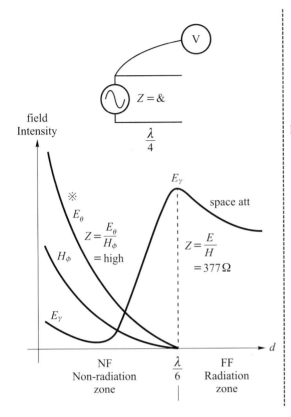

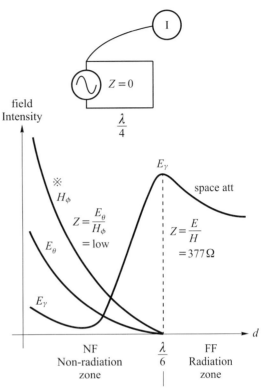

Cell phone $f = 1800\text{MHz}$，$\lambda = 16.66\text{cm}$.

Cell phone average PWR $(P_{av}) = 0.125\text{watt}$ $(P_{av})$

Cell phone gain(ratio, dB), in space $= 1.65(2.1\text{dB} = 10\log 1.65)$

Cell phone gain(ratio, dB), GND plane effect $= 3.23(2.1 + 3 = 5.1\text{dB} = 10\log 3.23)$ at NF/FF

· 2.65cm $= 0.0265\text{m}$ at NF/FF　$(R = \dfrac{\lambda}{2\pi} = \dfrac{\lambda}{6} = 0.0265\text{cm})$

$$E_R = \frac{\sqrt{30 \times P_{av} \times G_r}}{R} = \frac{\sqrt{30 \times 0.125 \times 3.23}}{0.0265}\text{V/m}$$

$E_R = 131.3\text{V/m}$，$P_R = \dfrac{E_R^2}{Z} = \dfrac{131.3^2}{377} = 45.7\text{W/m}^2$，$E_R = 20\log 131.3 = 42\text{ dBV}$

$P_R = 45.7\text{W/m}^2 \times 0.1 = 4.57\text{mW/cm}^2$，spc $= 1\text{mW/cm}^2$

$$T = \frac{6 \times \text{spc}}{P_R} = \frac{6 \times 10}{4.57} = 1.32\text{m(AST)}$$

AST(1.32m)(1m19s) (allowed safety time)

· 3cm $= 0.03\text{m}$ at FF, FF (0.03cm) $>$ NF/FF (0.0265cm)

$$E_R = \frac{\sqrt{30 \times P_{av} \times G_r}}{R} = \frac{\sqrt{30 \times 0.125 \times 3.23}}{0.03}\text{V/m}$$

$$E_R = 116.8\text{V/m} \text{ , } P_R = \frac{E_R^2}{Z} = \frac{116.8^2}{377} = 36.2\text{W/m}^2$$

$$P_R = 36.2\text{W/m}^2 \times 0.1 = 3.62\text{mW/cm}^2 \text{ , } \text{spc} = 1\text{mW/cm}^2$$

$$T = \frac{6 \times \text{spc}}{P_R} = \frac{6 \times 1.0}{3.65} = 1.65(\text{AST})$$

AST                 (allowed safety time)

| distance ⟍ AST | NF/FF $d = 0.0265$cm | FF $d = 0.03$cm |
|---|---|---|
| AST | $< 1.32$m <br> 1m19s | $< 1.65$m <br> 1m39s |

NF(static $E$ field RH)

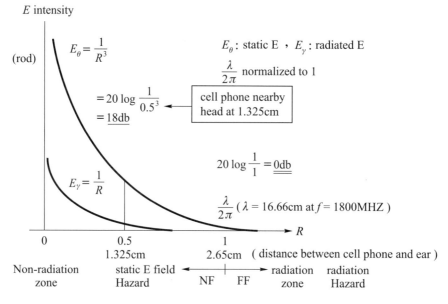

According to energy conservation law, the static energy at NF and radiated energy at FF is equal as a constant. If rediator is voltage source, its energy is static $E$ field(static $H$ field and radiated field are neglected). If radiator is current source, its energy is static $H$ field (static $E$ field and radiated field are neglected). Either static $E$ field energy or static $H$ field energy at NF compared with radiated field energy at FF should be equal at MAX radiated field energy at NF/FF boundary distance ($d = \frac{\lambda}{2\pi} = \frac{\lambda}{6}$). Therefore, if we want to figure out roughly the MAX static $E$ or $H$ field energy at NF, we may use radiated field energy formula to caculate the MAX radiated field energy at NF/FF boundary distance ($d = \frac{\lambda}{2\pi} = \frac{\lambda}{6}$). Since space impedence is applied in space attenuation formula(space attenuation = 0dB), the result tells MAX static energy($E$ or $H$) at NF is equal to MAX radiated energy at NF/FF.

- In NF, it belongs to non-radiation zone

It has no relationship with space impdedence. Hazard comes from static E field, not RH.

- In FF, it belongs to radiation zone

It has relationship with space impedence. Hazard comes from radiation field so called RH. If cell phone far away your head, the safety you are because of space attenuation to reduce RH.

$$P = VI$$
$$= \frac{V^2}{R}$$
$$= I^2 R$$

EE energy ←transfer→ EM energy

$$P = E \times H$$
$$= \frac{E^2}{Z}$$
$$= H^2 Z$$

$V = \sqrt{P \cdot R}, (G_r = 1.0)$

$V = \sqrt{P \cdot G_r \cdot R}, (G_r \geq 1.0)$

$\quad = \sqrt{0.125 \times 3.2 \times 37.5} = 3.87$　Monopole I/P $Z$ = 37.5ohm

$\quad = \sqrt{0.125 \times 3.2 \times 50} = 4.47$　$T_x$/RCV O/P $Z$ = 50.0ohm

$V$ = 3.87Volt ≈ 4Volt

$V$ = 4.47Volt ≈ 4Volt

$AF = \dfrac{E}{V}$

$E = V \times AF$

V/m $= V \times AF$

dBV/m = dBV + $AF$(dB)

$AF = \dfrac{9.73}{\lambda\sqrt{G_r}} = \dfrac{9.73}{0.166\sqrt{3.2}} = 32$　at $f$ = 1800MHz，λ = 0.166m

$AF$(dB) = 20log($AF$) = 20 log 30 = 30dB

dBV/m = 42　reference 8-56. $E_R$ = 131.3V/m = 42dBV

42 = dBV + 30

dBV = 12(20log$V$ = 12)

$V$ = 4Volts

$E = \dfrac{V}{d}$ ($V$ = 3.87, $V$ = 4.00), $E$ = 131V/m　reference 8-56

$d = \dfrac{V}{E} = \dfrac{4}{131} \simeq \dfrac{3.87}{131} \simeq 0.03$m　at $f$ = 1800MHz，λ = 0.166m

At NF/FF boundary distance→$d=\dfrac{\lambda}{2\pi}=0.0265\text{m}$ at $f=1800\text{MHz}$，$\lambda=0.166\text{m}$

compare $d=\dfrac{\lambda}{2\pi}=0.0265\text{cm}$ with $d=\dfrac{V}{E}$ $(E=\dfrac{V}{d})=0.0300\text{cm}$,

It is matched between EE↔EM energy transfer interchangeable.

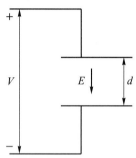

## 8.3    pattern vs NF, NF/FF, FF

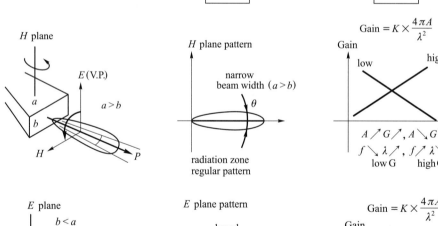

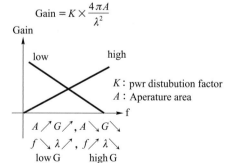

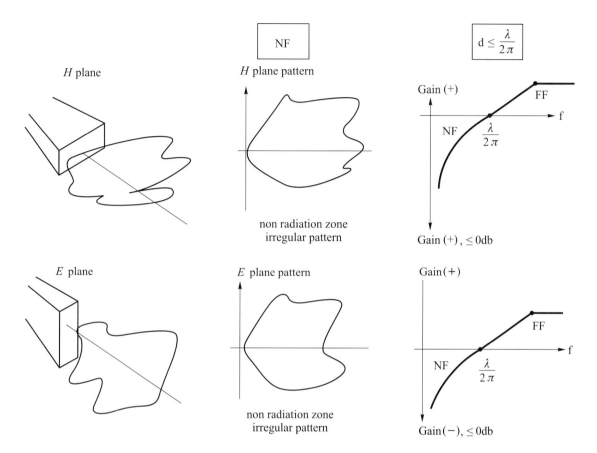

NF

$$d \le \frac{\lambda}{2\pi}$$

$H$ plane

$H$ plane pattern

non radiation zone
irregular pattern

Gain (+)

FF

NF  $\frac{\lambda}{2\pi}$  f

Gain (+), $\le 0$db

$E$ plane

$E$ plane pattern

non radiation zone
irregular pattern

Gain (+)

FF

NF  $\frac{\lambda}{2\pi}$  f

Gain (−), $\le 0$db

## 8.4　Pocket, waist type vs AST (allowed safety time)

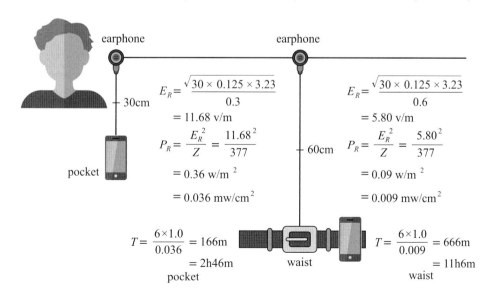

earphone

earphone

$-30$cm

pocket

$$E_R = \frac{\sqrt{30 \times 0.125 \times 3.23}}{0.3}$$
$$= 11.68 \text{ v/m}$$

$$P_R = \frac{E_R^2}{Z} = \frac{11.68^2}{377}$$
$$= 0.36 \text{ w/m}^2$$
$$= 0.036 \text{ mw/cm}^2$$

$-60$cm

$$E_R = \frac{\sqrt{30 \times 0.125 \times 3.23}}{0.6}$$
$$= 5.80 \text{ v/m}$$

$$P_R = \frac{E_R^2}{Z} = \frac{5.80^2}{377}$$
$$= 0.09 \text{ w/m}^2$$
$$= 0.009 \text{ mw/cm}^2$$

$$T = \frac{6 \times 1.0}{0.036} = 166\text{m}$$
$$= 2\text{h}46\text{m}$$
pocket

waist

$$T = \frac{6 \times 1.0}{0.009} = 666\text{m}$$
$$= 11\text{h}6\text{m}$$
waist

solution：

1. Reduce RH because of space seperation by long wire to keep cell phone far from user's head.
2. Side effect — long wire may induce cell phone RE or ambinent RE to become a secondary RE source.
3. long wire in horizontal position to reduce coupling from vertical polarization signal From cellphone RE or Ambient RE nearby.
4. Set wire in spiral circle type to reduce RE from ambinent radiators nearby and cell phone RE.
5. Shorter the length of wire, to reduce the possibility of coupling from wide bandwith noise from ambinent and cell phoue RE.
6. If users usually need to talk in a long time, pocket type or waist type cell phone will be recommended for their choice in use.
7. Analysis of RH while users near cell phone station is necessoty.

## 8.5　Analysis of RH while users nearby cell phone station

1. Cell phone station RH AST

$G(dB)= 18$, $G_r= 36$, $P_{(av)}= 200W$, $R= 14.12m$.

RH specification $= 1mW/cm^2$.

$E=\dfrac{\sqrt{30\times P_{av}\times G_r}}{R}=\dfrac{\sqrt{30\times 200\times 63}}{14.12}= 43.54V/m$，$P_{av}= 200W$，$G_r= 63$，$G(dB)= 18dB$

$P=\dfrac{E^2}{Z}=\dfrac{43.54^2}{377}= 5W/m^2= 0.5mW/cm^2$

$T=\dfrac{6\times 1}{0.5+0.036}= 11.19m$　pocket type. $(d= 30cm)$，$P= 0.036$ at FF ref：8-60

$T=\dfrac{6\times 1}{0.5+0.009}= 11.78m$　waist type. $(d= 60cm)$，$P= 0.009$ at FF ref：8-60

$T=\dfrac{6\times 1}{0.5+4.57}= 1.18m$　handle type. $(d= 2.65cm)$，$P= 4.57$ at NF/FF ref：8-56

$T=\dfrac{6\times 1}{0.5+3.62}= 1.45m$　handle type. $(d= 3cm)$，$P= 3.62$ at FF ref：8-57

| Cell phone type<br><br>Time | Handle<br><br>$d=2.65$cm<br>NF/FF | Pocket<br><br>$d=30$cm<br>FF | Waist<br><br>$d=60$cm<br>FF |
|---|---|---|---|
| Far away from cell phone station | 1.32cm<br>1m10s<br>ref：8-57 | 166m<br>2h46m<br>ref：8-60 | 666m<br>11h6m<br>ref：8-60 |
| Nearby cell phone station<br>$d=14.12$m | 1.18m<br>1m10s<br>ref：8-61 | 11.19m<br>11m11s<br>ref：8-61 | 11.78m<br>11m47s<br>ref：8-61 |

Unit：hour, minute, second

2. Cell phone antenna RH safety distance ($R$)

RH－safety distance ($R$)

$$E=\frac{\sqrt{30\times P_{(av)}\times G_r}}{R}=\frac{\sqrt{30\times 200\times 63}}{61.4}=10\text{m}$$

RH－spec $P=1$mW/cm$^2$, $E=61.4$V/m

Station av PWR $P_{(av)}=200$W

Antenna $G_{(r)}=63$, $G$(dB)$=18$.

※ theory：RH safety distance ($R$)$=10$m. In space without building shielding.

※ practical：A.S.T.$=\dfrac{6\times\text{spec}}{\text{test}}$, minutes.

A.S.T.$=\dfrac{6\times 1}{1}=6$m, at $R=10$m.

A.S.T.$-\dfrac{6\times 1}{0.1}-60$m, at $R=10$m.

A.S.T.$=\dfrac{6\times 1}{0.05}=120$m, at $R=10$m.

At $R=xx$ m,

spec $=1$mW/cm$^2$

test $=$ to be tested ($xx$ mW/cm$^2$)

Smaller test, longer A.S.T. larger test, shorter A.S.T..

## 8.6　SAR vs cell phone SE

Cell phone cover SE v.s. Human av SAR

| S.A.R. v.s. Shielding | Gaind ratio $G_r$ | Isotropic | Dipole | Monopole + GND |
|---|---|---|---|---|
| | | 0 db = 10 log 1 | 2.17 db = 10 log 1.65 | 2.17 + 3 = 5.17 db<br>5.17 db = 10 log 3.2 |
| W/kg<br>SAR(test)<br>dBW/kg | | 3.82<br>10 log3.82<br>5.82<br>ref : 8-24 | 7.15<br>10log7.15<br>8.54<br>predicated from : 8-24 | 11.40<br>10log11.40<br>10.57<br>predicated from : 8-24 |
| W/kg<br>SAR spc<br>dBW/kg | | 1.6<br>10log1.6<br>2.04<br>ref : 8-24 | 1.6<br>10log1.6<br>2.04<br>predicated from : 8-24 | 1.6<br>10log1.6<br>2.04<br>predicated from : 8-24 |
| Shielding<br>(dB) | | 3.78(AV)<br>(5.82−2.04) | 6.50(AV)<br>(8.54−2.04) | 8.53(AV)<br>(10.57−2.04) |

Isotropic/dipole(space)→theory

Monopole + GND→practical

According to SAR Formula, $SAR = \dfrac{6E^2}{2D}$, $E^2 = \dfrac{30P_{(av)} \times G_r}{R^2}$, the result tells while $G_r = 1$, it refers to isotropic source, SAR(W) = 3.82W/kg = 5.82dBW/kg. Check SAR spe = 1.6W/kg = 2.04dBW/kg, the cell phone cover should provide SE ≥ 3.78dB(5.82−2.04). While $G_r = 1.65$, it refers to dipole antenna, the cell phone cover should provide SE ≥ 6.5dB(8.54−2.04). While $G_r = 3.2$, it refers to monopole + GND(practical), the call phone cover should provide SE ≥ 8.53dB(10.57−2.04). However, $G_r = 1.0$ and $G_r = 1.65$ are both in theory only, $G_r = 3.2$ is used for practical in real. If we focus on brain, the SAR = 15.33W/kg, SE ≥ 9.81dB. (11.85−2.04) If we focus on eyes in predominance the SAR = 16.86W/kg SE ≥ 10.23dB. (12.27−2.04) That is why we engineers always design cell phone cover SE ≥ 10dB.

# 9. Cell phone ground station Antenna (T$_x$ 1785/6910，RSV 1805/1880)

Antenna Type 1800MHz

XPol F-Panel 1800 65° 18dB $\lambda = 16.66$cm，$\frac{\lambda}{2} = 8.33$cm，$\frac{\lambda}{4} = 4.16$cm

| Type No. | 739 494 |
|---|---|
| Input 2 sets × 7 space × (8 elements) | 2×7 − 16female |
| Connector position | Bottom or top |
| Frequency range | 1710~1880MHz |
| VSWR | < 1.5 |
| ※ Gain | 2×18 dBI← |
| Impedance | 50Ω |
| Polarization | vertical |
| Front-to-back ratio，copolar | > 30 dB |
| ※Half-power beam width← | + 45° polarization Horizontal：65°， vertical：6.5°← − 45° polarization Horizontal：65°， vertical：6.5°← |
| Isolation | > 30dB |
| Max, power per input | 200watt (at 50℃ ambient temperature) |
| Weight | 6kg |
| Wind load | Frontal：310N(at 150km/h) Latetal：110N(at 150km/h) Rearside：250N(at 150km/h) |
| Max, wind velocity | 200km/h |
| Packing size | 1404×172×72mm |
| Height/width/depth | 1302/155/49mm |

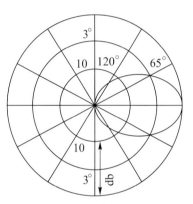

Horizontal Pattern

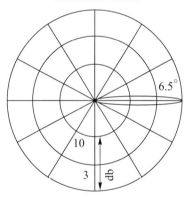

Vertical Pattern

HPBW(Vertical)

$(\theta_{3dB}) = 6.5°$(spc), 8 elements array.

$\ell = (n-1)d + \frac{\lambda}{4} \times 2$

$\ell = (8-1) \times 16.66 + 4.16 \times 2 = 125$

$(d = \lambda，n = 8)$

HPBW(horizontl)

$(\theta_{3dB}) = 130°$(spc)

$(130° = 65° \times 2)$

single dipole

$\theta_{3dB} = \frac{50.8 \times \lambda}{\ell}$，$\theta_{3dB} = \frac{50.8 \times 16.66}{125} = 6.77°← \approx 65°$(spc). one Line source array (8 dipoles)

Gain $\leftarrow 10\log(5.4-1) \times \dfrac{d}{\lambda}$, dbi.

line source in vertical $G$(dB)

$= 10\log 5.4 \,(n-1)\dfrac{d}{\lambda} = 15.7$dB

$(d=\lambda)$ , $(n=8)$

line source in vertical with reflector(odd 3dB)

$= 15.7 + 3 = 18.7 = 18.7$dB

$\approx 18$dB(one line)

2 line sources in array

Gain $\approx 2 \times 18$dBI $\leftarrow$

Cell phone ground station antenna

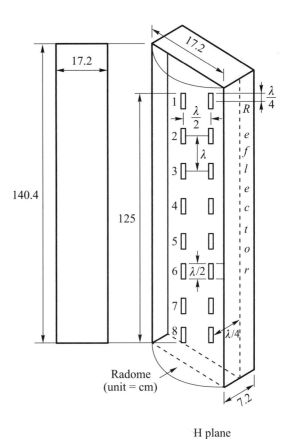

Radome
(unit = cm)

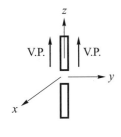

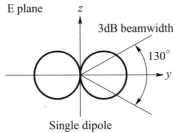

Single dipole

$\theta 3\text{dB} = 130°$

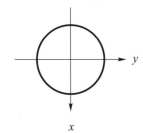

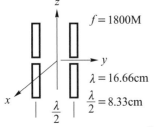

$f = 1800$M

$\lambda = 16.66$cm

$\dfrac{\lambda}{2} = 8.33$cm

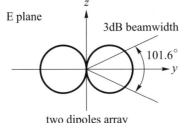

two dipoles array

$\theta 3\text{dB} = 50.8 \times \dfrac{\lambda}{\ell} = 50.8 \times \dfrac{16.66}{8.33} = 101.6° \;(\ell = \dfrac{\lambda}{2})$

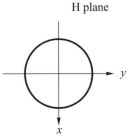

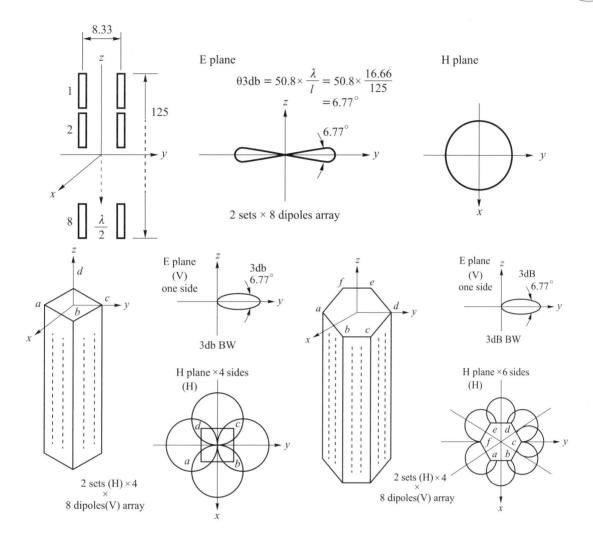

2 sets × 8 dipoles array

2 sets (H) × 4 × 8 dipoles(V) array

2 sets (H) × 4 × 8 dipoles(V) array

## 10.　Conclusion

1. Cell phone antenna design guideline parameters application.

2. Hand, pocket, waist type cellphone AST(allowed safety time).

3. The different response of analysis of RH in NF, NF/FF, FF.

4. SAR vs cell phone SE in theory(isotropic/dipole) and in practical(monopole + GND plane).

5. Cell phone station nearby RH AST and safety distance.

6. Cell phone station antenna design guideline parameters analysis.

To all member of my family in Taiwan and peckner, Marc Arion, Szu-Chung Tung, Sophia LC in San Francisco, California, U.S.A.

Auther: K.T. Tung.

phone: (03)489-5193

date: July  15 , 2018

國家圖書館出版品預行編目資料

電磁干擾防治與量測 / 董光天編著. -- 九版, --
　　新北市：全華圖書股份有限公司, 2021.02
　　　面；　公分
　　ISBN 978-986-503-558-7(平裝)


　　1.電磁波

338.1                                                  110001124

# 電磁干擾防治與量測

作者 / 董天光

發行人 / 陳本源

執行編輯 / 張峻銘

出版者 / 全華圖書股份有限公司

郵政帳號 / 0100836-1 號

印刷者 / 宏懋打字印刷股份有限公司

圖書編號 / 0501908

九版一刷 / 2021 年 4 月

定價 / 新台幣 720 元

ISBN / 978-986-503-558-7(平裝)

全華圖書 / www.chwa.com.tw

全華網路書店 Open Tech / www.opentech.com.tw

若您對書籍內容、排版印刷有任何問題，歡迎來信指導 book@chwa.com.tw

**臺北總公司(北區營業處)**
地址：23671 新北市土城區忠義路 21 號
電話：(02) 2262-5666
傳真：(02) 6637-3695、6637-3696

**南區營業處**
地址：80769 高雄市三民區應安街 12 號
電話：(07) 381-1377
傳真：(07) 862-5562

**中區營業處**
地址：40256 臺中市南區樹義一巷 26 號
電話：(04) 2261-8485
傳真：(04) 3600-9806(高中職)
　　　(04) 3601-8600(大專)

23671 新北市土城區忠義路21號
全華圖書股份有限公司

行銷企劃部 收

廣告回信
板橋郵局登記證
板橋廣字第540號

# 歡迎加入 全華會員

● **會員獨享**

會員享購書折扣、紅利積點、生日禮金、不定期優惠活動…等。

● **如何加入會員**

掃 QRcode 或填妥讀者回函卡直接傳真 (02) 2262-0900 或寄回，將由專人協助登入會員資料，待收到 E-MAIL 通知後即可成為會員。

## 如何購買 全華書籍

1. **網路購書**

全華網路書店「http://www.opentech.com.tw」，加入會員購書更便利，並享有紅利積點回饋等各式優惠。

2. **實體門市**

歡迎至全華門市（新北市土城區忠義路 21 號）或各大書局選購。

3. **來電訂購**

(1) 訂購專線：(02) 2262-5666 轉 321-324
(2) 傳真專線：(02) 6637-3696
(3) 郵局劃撥（帳號：0100836-1 戶名：全華圖書股份有限公司）

※ 購書未滿 990 元者，酌收運費 80 元。

OpenTech.com.tw
全華網路書店

全華網路書店 www.opentech.com.tw
E-mail: service@chwa.com.tw

※ 本會員制如有變更則以最新修訂制度為準，造成不便請見諒。